国家科学技术学术著作出版基金资助出版

“十四五”时期国家重点出版物出版专项规划项目

电化学科学与工程技术丛书　总主编　孙世刚

金属空气电池

张新波　黄　岗　陈　凯　著

科学出版社

北　京

内 容 简 介

本书是一部关于金属空气电池的综合性著作，重点介绍了锌空气电池和锂空气电池，对铝/钠/钾/镁/铁等空气电池也有所涉及。首先回顾电池及金属空气电池的发展史（第1～2章）；继而按照金属空气电池的部件分别进行阐释（第3～8章），包括正极的反应原理与优化、水系和非水系电解液的发展、负极的保护策略、隔膜的设计、气体组分对电池的影响以及氧化还原介体作用机制和种类的归纳等；接着介绍了理论计算和机器学习在金属空气电池研究中的应用（第9章）；之后从实际出发，总结了金属空气电池的常见结构和组装方法及柔性金属空气电池的发展现状（第10～11章）；最后进行了未来展望（第12章），概述了其应用要求及其面临的挑战，并提出了相关解决思路。

本书包含了丰富的基础和应用知识。内容深入浅出、通俗易懂，不仅可以作为化学、化工、材料等专业本科高年级学生和研究生的参考书，还可供从事相关领域工作的科技人员阅读参考。

图书在版编目（CIP）数据

金属空气电池/张新波，黄岗，陈凯著. —北京：科学出版社，2022.10

（电化学科学与工程技术丛书）

“十四五”时期国家重点出版物出版专项规划项目

ISBN 978-7-03-073071-8

Ⅰ. ①金… Ⅱ. ①张… ②黄… ③陈… Ⅲ. ①金属-空气电池－研究 Ⅳ. ①TM911.41

中国版本图书馆 CIP 数据核字（2022）第 162080 号

责任编辑：李明楠 / 责任校对：王萌萌

责任印制：吴兆东 / 封面设计：蓝正设计

科 学 出 版 社 出版

北京东黄城根北街 16 号

邮政编码：100717

http://www.sciencep.com

北京建宏印刷有限公司 印刷

科学出版社发行 各地新华书店经销

*

2022年10月第 一 版 开本：720 × 1000 1/16

2022年10月第一次印刷 印张：25 1/4

字数：502 000

定价：160.00 元

（如有印装质量问题，我社负责调换）

丛书编委会

丛书序

电化学是研究电能与化学能以及电能与物质之间相互转化及其规律的学科。电化学既是基础学科又是工程技术学科。电化学在新能源、新材料、先进制造、环境保护和生物医学技术等方面具有独到的优势，已广泛应用于化工、冶金、机械、电子、航空、航天、轻工、仪器仪表等众多工程技术领域。随着社会和经济的不断发展，能源资源短缺和环境污染问题日益突出，对电化学解决重大科学与工程技术问题的需求愈来愈迫切，特别是实现我国 2030 年“碳达峰”和 2060 年“碳中和”的目标更是要求电化学学科做出积极的贡献。

与国际电化学学科同步，近年来我国电化学也处于一个新的黄金时期，得到了快速发展。一方面电化学的研究体系和研究深度不断拓展，另一方面与能源科学、生命科学、环境科学、材料科学、信息科学、物理科学、工程科学等诸多学科的交叉不断加深，从而推动了电化学研究方法不断创新和电化学基础理论研究日趋深入。

电化学能源包含一次能源（一次电池、直接燃料电池等）和二次能源（二次电池、氢燃料电池等）。电化学能量转换[从燃料（氢气、甲醇、乙醇等分子或化合物）的化学能到电能，或者从电能到分子或化合物中的化学能]不受热力学卡诺循环的限制，电化学能量储存（把电能储存在电池、超级电容器、燃料分子中）方便灵活。电化学能源形式不仅可以是一种大规模的能源系统，同时也可以是易于携带的能源装置，因此在移动电器、信息通信、交通运输、电力系统、航空航天、武器装备等与日常生活密切相关的领域和国防领域中得到了广泛的应用。尤其在化石能源日趋减少、环境污染日益严重的今天，电化学能源以其高效率、无污染的特点，在化石能源优化清洁利用、可再生能源开发、电动交通、节能减排等人类社会可持续发展的重大领域中发挥着越来越重要的作用。

当前，先进制造和工业的国际竞争日趋激烈。电化学在生物技术、环境治理、材料（有机分子）绿色合成、材料的腐蚀和防护等工业中的重要作用愈发突出，特别是在微纳加工和高端电子制造等新兴工业中不可或缺。电子信息产业微型化过程的核心是集成电路（芯片）制造，电子电镀是其中的关键技术之一。电子电镀通过电化学还原金属离子制备功能性镀层实现电子产品的制造。包括导电性镀层、钎焊性镀层、信息载体镀层、电磁屏蔽镀层、电子功能性镀层、电子构件防护性镀层及其他电子功能性镀层等。电子电镀是目前唯一能够实现纳米级电子逻辑互连和微纳结构制造加工成形的技术方法，在芯片制造（大马士革金属互连）、微纳机电系统（MEMS）加工、器件封装和集成等高端电子制造中发挥重要作用。

近年来，我国在电化学基础理论、电化学能量转换与储存、生物和环境电化学、电化学微纳加工、高端电子制造电子电镀、电化学绿色合成、腐蚀和防护电化学以及电化学工业各个领域取得了一批优秀的科技创新成果，其中不乏引领性重大科技成就。为了系统展示我国电化学科技工作者的优秀研究成果，彰显我国科学家的整体科研实力，同时阐述学科发展前沿，科学出版社组织出版了“电化学科学与工程技术”丛书。丛书旨在进一步提升我国电化学领域的国际影响力，并使更多的年轻研究人员获取系统完整的知识，从而推动我国电化学科学和工程技术的深入发展。

“电化学科学与工程技术”丛书由我国活跃在科研第一线的中国科学院院士、国家杰出青年科学基金获得者、教育部高层次人才、国家“万人计划”领军人才和相关学科领域的学术带头人等中青年科学家撰写。全套丛书涵盖电化学基础理论、电化学能量转换与储存、工业和应用电化学三个部分，由 17 个分册组成。各个分册都凝聚了主编和著作者们在电化学相关领域的深厚科学研究积累和精心组织撰写的辛勤劳动结晶。因此，这套丛书的出版将对推动我国电化学学科的进一步深入发展起到积极作用，同时为电化学和相关学科的科技工作者开展进一步的深入科学研究和科技创新提供知识体系支撑，以及为相关专业师生们的学习提供重要参考。

这套丛书得以出版，首先感谢丛书编委会的鼎力支持和对各个分册主题的精心筛选，感谢各个分册的主编和著作者们的精心组织和撰写；丛书的出版被列入“十四五”时期国家重点出版物出版专项规划项目，部分分册得到了国家科学技术学术著作出版基金的资助，这是从书编委会的上层设计和科学出版社积极推进执行共同努力的成果，在此感谢科学出版社的大力支持。

如前所述，电化学是当前发展最快的学科之一，与各个学科特别是新兴学科的交叉日益广泛深入，突破性研究成果和科技创新发明不断涌现。虽然这套丛书包含了电化学的重要内容和主要进展，但难免仍然存在疏漏之处，若读者不吝予以指正，将不胜感激。

孙世刚

2022 年夏于厦门大学芙蓉园

前　言

随着电动汽车和电子设备的快速发展，人们对电池的性能提出了更高的要求。在众多的下一代候选电池中，金属空气电池因具有较高的能量密度而备受关注，近些年来得到了长足的发展。然而，关于金属空气电池的研究报道多以英文撰写的，目前仍缺乏专门介绍和总结金属空气电池相关发展的中文专著，这在一定程度上阻碍了大众对它的认识和了解。因此，我们组织撰写了《金属空气电池》这部书，希望能够将金属空气电池的概念普及并推动相关行业的发展。

本书由中国科学院长春应用化学研究所张新波研究员组织撰写，由张新波、黄岗、陈凯共同完成。黄岗和陈凯组织了对内容的修改和核对工作。张新波课题组内其他成员曹任飞、崔仰峰、李超乐、杨冬月、王金、于越、储将伟、梁羽隆、李紫微、杜家毅、谢子龙、刘建伟等参与了资料收集和整理，在本书撰写过程中提供了帮助、做出了贡献，在此深表谢意。

在本书撰写过程中，我们感慨于世界发展的日新月异和电池技术发展的迅猛。1991 年，索尼公司首次将锂离子电池商业化，而后在短短的 30 年里，锂离子电池就已经在各个领域得到了广泛的应用，并改变了人们的通信办公和交通出行方式。在此期间，很多其他的电池技术也在不断进步，比如铅酸电池、镍氢电池、锂硫电池等。对锂空气电池而言，Abraham 于 1996 年首次提出了可充电锂空气电池，但那时候对电池内部的反应原理认识不清，电池性能也较差。经过十多年的发展，研究人员基本掌握了锂空气电池的反应原理，并且还可以通过对电池组件的优化来提升电池的性能。目前锂空气电池的能量密度可达到 1200 W·h/kg，而且性能还在不断地取得突破。与此同时，锌空气电池领域近年来也取得了明显的进步，研究者们开发了新的电池体系，并实现了能量密度和循环性能的同步提升。我们非常欣慰地看到，中国在金属空气电池领域也有许多活跃的科研人员，他们瞄准科学问题，面向应用，取得了非常不错的研究成果。得益于中国科研水平的飞速发展以及国家对能源领域基础研究和应用研究的大力支持，我们的电池研究水平已经实现了从跟跑到并跑，再到领跑的飞跃。

最后，感谢科技部、中国科学院、国家自然科学基金委员会对我们前期工作的大力支持。

作　者

2022 年 8 月

目　录

第1章 能量储存与电池系统

1.1 能量储存与转化

自从18世纪60年代第一次工业革命以来，人们对能源的需求呈现了爆发式增长。蒸汽机的发明直接推动了第一次工业革命，为建立工业化社会和现代社会奠定了基础。当机器替代手工劳动，那么驱动机器的能源便是重中之重。当时煤炭是最广泛使用的能源，煤炭的大规模开采和使用，导致了严重的环境污染。18世纪末期，伦敦上空多次出现烟雾现象，造成植物死亡，居民患病或死亡，伦敦因此得名“雾都”。第二次工业革命之后，人类进入电气时代。19世纪70年代，发电机问世，电气成为补充和取代蒸汽为动力的新能源动力机。之后内燃机的发明，解决了交通工具的发动机问题，内燃机汽车、远洋轮船、飞机等交通工具都得到了迅速发展，并推动了石油的开发和石油工业的发展。石油的产量由1870年的80万吨增长到了1900年的2000万吨。而在过去的100年中，石油的产量迅速上升，1940年世界石油产量为2.86亿吨，1980年产油28.6亿吨，2019年达到46.35亿吨。除此之外，煤炭也是能量的主要来源，2019年全球煤炭总产量达到了81.29亿吨。这些一次能源的使用释放出了大量的二氧化碳，形成“温室效应”，加剧了世界范围内环境的变化，对人类的生存发展产生了重大影响。

气象观测数据表明，过去100年（1919～2018年）全球气温上升了0.81 ℃，且这种上升趋势依然在继续，导致全球气候的持续变暖。全球气候变暖主要是由CO_2的排放导致的，会引起严重的后果。世界气象组织发布的《2020年全球气候状况》报告中指出，2020年是有记录以来三个最暖的年份之一。全球平均温度比工业化前至初期（1850～1900年）水平约高1.2 ℃。自2015年以来的六年是有记录以来温度最高的年份。更严重的是，温度上升带来的影响不是线性的，如果之后温度继续升高，环境变化带来的影响将更为严重。

2016年，为了应对全球气候变化，170多个缔约方在联合国总部签署了《巴黎协定》，力争把全球平均气温较工业化前水平升高控制在2 ℃以内，并为把升温控制在1.5 ℃之内而努力。该协定的签署表明了遏制全球气候变暖的紧迫性，同时也说明了人类为了自身可持续发展而做出行动的决心。在这个协定中，中国负责任地发挥了积极的作用。2020年9月22日，习近平总书记在第七十五届联合国大会上提出，中国将提高国家自主贡献力度，采取更加有力的政策和措施，二氧化碳排放力争于 2030 年前达到峰值，努力争取 2060 年前实现碳中和。“碳达峰”与“碳中和”是我国“十四五”期间着手推进的一项重点工作。相比西方发达国家，我国的“碳达峰”与“碳中和”面临着更大的挑战。英国、美国和法国工业发展较早，碳排放在 1970 年就已经达到高峰，之后开始下降，他们承诺 2050 年达到“碳中和”，也就是说，他们有 70～80 年的时间进行准备，而中国的“碳达峰”与“碳中和”间隔仅有 30 年，无疑增加了困难。此外，目前我国的经济发展正处于上升期，未来对能源的需求还会持续上升。

近些年来，我国在大力发展可再生能源，以减少对传统化石能源的依赖。在风电领域，2019 年全国风电累计装机容量 21005 万 kW，同比增长 14.0%，新增装机容量 2678.5 万 kW，同比增长 26.7%；2020 年 1～8 月新增并网风电装机 1004 万 kW，累计装机容量 22009 万 kW。2020 年全球新增装机同比增长 53%，中国新增陆上和海上风电装机容量均位列全球第一。在太阳能发电的布局上，我国也发展迅速（图 1.1），在经过 2017 年新增光伏装机容量的井喷之后，2019 年全国新增光伏装机 3011 万 kW。尽管新增光伏装机容量同比下降，但是新增和总光伏装机容量仍继续保持全球第一。此外，中国的风电机组和光伏产品远销海外，为世界清洁能源的供给做出了巨大贡献。

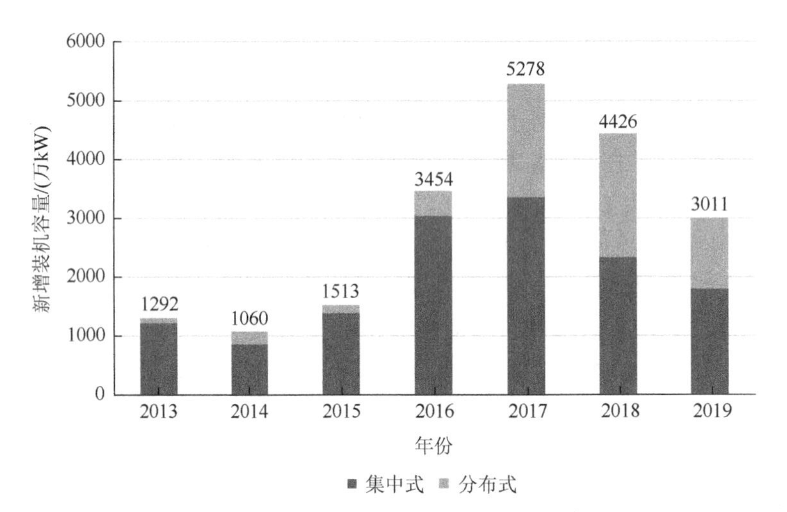

图 1.1 中国历年新增光伏装机容量[①]

我国目前的能源结构是以煤炭为主的一次能源结构。2018 年，煤炭能源消费总量占能源消耗总量的比重为 59.0%。尽管已经连续多年下降，但是其相对于石油、天然气的比例仍具有绝对优势，这主要是由我国的油气资源相对不足、在能

① 查看彩图请扫描封底二维码。余同。

源结构中比重偏低导致的。由于我国的能源结构不合理，能源利用率低，这就造成了严重的资源浪费，也对环境产生了严重的污染。煤炭的杂质含量高，燃烧不充分，产生了大量的废气和有毒颗粒。在主要能源中，煤炭是产生污染最为严重的。在 2018 年之前，雾霾对中国的大部分地区都产生了非常严重的影响，归根结底就是因为我们的能源结构严重依赖于煤。表 1.1 列举了 2002～2018 年的煤炭、石油、天然气在能源消费中的占比情况。经过多年的努力，中国能源消费结构不断优化，朝着良性的方向发展。煤炭在能源消费结构中的比重从 2002 年的 68.5%降低到了 2018 年的 59.0%，石油比重也有所下降，而天然气的比重从 2002 年的 2.3%增加到 2018 年的 7.8%。风电、光电、核电等清洁能源的消费占比也从 8.2%增长到了 14.3%，增长了将近一倍，但是这些清洁能源的总体占比仍然不高。煤炭的开采带来了环境的恶化，随着“绿水青山就是金山银山”理念的深入人心，一味地依赖煤炭资源显然不符合科学发展和可持续发展的目标。另外，我国的人均石油储量较少，且国内油田的开采难度也越来越大，这无疑会增加成本。而经济的不断增长需要原油的支持，现实条件的不足和需求的旺盛使中国成为石油进口大国。2019 年 11 月份，中国原油日进口量就达到了前所未有的 1118 万桶，超过了美国 2005 年 6 月创下的最高纪录 1077 万桶/日[1]。这其中大部分的原油是依靠海上进口，而由于地缘政治的影响，我们海上运输能源的安全性也会受到威胁。因此我们必须要进一步优化能源结构，保障能源安全，提高天然气和其他清洁能源的使用占比，减少二氧化碳的排放，推进生态文明建设，走绿色、可持续发展的道路。

表 1.1　2002～2018 年中国能源消费结构[2]

年份	能源消费总量/吨标准煤	占能源消费总量的比重/%			
		煤炭	石油	天然气	一次电力及其他能源
2002	169577	68.5	21.0	2.3	8.2
2004	230281	70.2	19.9	2.3	7.6
2006	286467	72.4	17.5	2.7	7.4
2008	320611	71.5	16.7	3.4	8.4
2010	360648	69.2	17.4	4.0	9.4
2012	402138	68.5	17.0	4.8	9.7
2014	425806	65.6	17.4	5.7	11.3
2015	429905	63.7	18.3	5.9	12.1
2016	435819	62.0	18.5	6.2	13.3
2017	448529	60.4	18.8	7.0	13.8
2018	464000	59.0	18.9	7.8	14.3

风能、太阳能等清洁能源具有资源和需求的不均衡性。在地广人稀的地方，清洁电力的产量高，但是当地消化不了那么多的电力。由于这些电力具有波动性和间歇性，一天中或者一年中各个时段产生的电量具有很大的波动性，如果直接将这些能量并入电网，会对电网的安全运营造成冲击，调峰困难，因此造成了大量的发电浪费。据统计，2020年，新疆、甘肃和内蒙古蒙西弃风率分别为10.3%、6.4%和7.0%；弃光方面，西藏弃光率高达25.4%，青海和新疆分别为8.0%和4.6%。要想将这些电力有效利用，势必要对其波动性进行调节，将这些电能存储起来，以在需要的时候将其释放。抽水蓄能、压缩空气储能、锂离子电池、液流电池、钠离子电池等技术都在这方面具有一定的优势，需要根据实际的情况进行具体选择。在选择储能装置的时候，电池是最受欢迎的，因为其能量转换效率高、反应快、安装简单灵活、对环境适应性好、成本低，因此电池可在清洁能源的存储和电网的调峰上发挥重要的作用，有利于清洁能源的充分利用，并减少资源浪费，是达到“碳达峰”和“碳中和”目标的重要措施。在推进“碳达峰”和“碳中和”的过程中，我们必须大力发展电池技术，提升电池的综合性能。此外，我们还需要支持下一代电池的发展，以为未来的能量存储技术做好铺垫。

电池的便携性已经彻底改变了人们的生活方式，现代社会已经离不开手机、计算机等电子设备，但是这些电子设备的续航依然是人们关心的问题。手机何时能够摆脱“一天一充”，笔记本电脑何时能够续航两三天？近年来，在政府政策的助力下，电动汽车的研制进程也得到了快速的发展。电动汽车能够减少对燃油的使用，从而减少我国对国外石油的依存度，同时还可改善环境，更加环保。但是到目前为止，电动汽车的里程焦虑仍然存在。电动汽车上的电池如何能一次充电让车行驶1000千米？至少目前的锂离子电池要做到这点仍然非常困难。因此我们需要不断地研究具有更高能量密度的电池，以推动电动运输工具的发展。

金属空气电池具有比锂离子电池高出5～10倍的能量密度，因此受到了世界各国的关注。本书即介绍了金属空气电池领域近年来的研究进展，希望能够吸引更多的从业者关注这一快速发展的领域，并推动其深层次发展。

在追求“碳达峰”和“碳中和”的过程中，机遇与挑战并存。降低碳排放的要求推动着技术的积累与进步，这其中很可能会引起下一代变革型能源新技术的出现，例如世界各国正在争相发展的太阳能电池、氢燃料电池、高安全核电技术等。因此我们必须要加快能源结构的调整，全力减少化石能源的使用以及发展可再生能源及储能技术。此外，各地区之间碳排放的协调问题需要更高的管理水平，对行业和社会的发展大有裨益。我们需要把握机会，拥抱发展，与时俱进。

1.2　电池系统发展简史

电池的发展史就是人类追逐更大容量、更快充放电速率、更长循环寿命的电池的历史。在电池发展历程中，不断有新的电池体系得到关注和发展，占领其他电池的市场份额，即所谓“长江后浪推前浪”。与此同时，旧电池体系也在不断地发展，稳固属于自己的市场地位。电池的发展带动了很多其他产业的进步，如航空航天、通信产业、影像产业、电子产品、造车产业等。此外，电池还推动了其他学科的进步，比如电学、电磁学、电力工程等，从而推动人类的发展进程。

1.2.1　伏打电堆

在 1800 年，当意大利物理学家伏打发明了世界上第一个发电器——伏打电堆时，他做梦也不会想到，在 200 年后，电池已经彻底改变了这个世界的生活方式。1800 年，伏打把锌片和铜片堆叠在一起，中间夹着盐水浸湿的纸片叠成电堆，这样产生了电流。伏打当时认为是由两种金属接触而产生的电流，而没有意识到是化学作用引起的。伏打电堆中发生的反应是

$$Zn + 2H^+ \longrightarrow Zn^{2+} + H_2 \tag{1.1}$$

在这个过程中铜并没有参与反应。

伏打电堆的发明，不仅开创了电学发展的新时代，还为电磁学的发展奠定了基础。英国化学家戴维把 2000 个伏打电池连在一起，正负极上安装木炭，调整电极间距离使之放电而发出强光，这开启了用电照明的历史。1820 年，丹麦的奥斯特教授发现，在与伏打电池连接的导线旁放一个磁针，磁针马上就发生了偏转；其后，法国的安培发现了电流周围产生的磁场方向的规律——安培定律（1820 年）；此后，法拉第发现了划时代的电磁感应现象（1831 年），使电磁学得到了快速地发展。

伏打电池中的铜没有参与反应，因此并不是铜锌原电池。1836 年丹聂尔发明了第一个实际应用的电池：铜锌原电池，即著名的丹聂尔电池。该电池是将 Zn 置于 $ZnSO_4$ 溶液中，Cu 置于 $CuSO_4$ 溶液中，用盐桥将两种电解质连接在一起而放电，这种电池可应用于铁路信号灯上。

1.2.2　锌锰电池

19 世纪 60 年代，法国人勒克朗谢（Leclanché）发明了酸性的锌锰电池，这种电池后来也被称为勒克朗谢电池。这种电池是基于改进伏打电池而来的，用糊

状的电解质（氯化铵和二氧化锰的混合物）代替了盐水，石墨棒代替了铜棒作为电池的正极，而外壳依然使用锌皮作为电池的负极。电池中放电发生的反应是

$$Zn + 2MnO_2 + 2NH_4Cl \longrightarrow Zn(NH_3)_2Cl_2 + 2MnO(OH) \tag{1.2}$$

这个电池的发明是电池史上的一个重大转折，这种类型的电池一直延续使用至今。1888 年，加斯纳将淀粉加入到了氯化铵电解质中，制成了糨糊状电解质，锌锰“干电池”就此问世，这也导致了 20 世纪初手电筒的发明。

虽然碱性锌锰电池在 1882 年就已研制成功，但是其应用推广进程十分缓慢，直到 1949 年美国悦华公司的“皇冠”型电池投产才开始了其商业化之路。1960 年，圆筒形电池结构开发成功后，碱性锌锰电池得到了迅速发展。碱性锌锰电池若使用 KOH 替代 NH_4Cl 做电解质，其电池放电反应为

$$Zn + MnO_2 + 2H_2O + 4OH^- \longrightarrow Mn(OH)_4^{2-} + Zn(OH)_4^{2-} \tag{1.3}$$

虽然碱性锌锰电池是一种一次电池，但是具有独特的优势：工作温度范围宽（可在−20～60 ℃之间工作），低温放电性能好，倍率性能佳，大电流下连续放电容量是酸性锌锰电池的 5 倍左右。碱性锌锰电池，如“五号”和“七号”电池已广泛应用于遥控器、测试仪表、收音机、对讲机等电子产品中。此外，在军事装备中，它凭借高容量、高可靠性和长日历寿命被用于战术电台、野战电话、仪器仪表中。近几年，酸性锌锰电池在基础研究领域也取得了一些进展。酸性锌锰电池可获得 2.5 V 以上的放电电压[3-7]，但是为了防止锌负极的腐蚀，需要隔膜将正负极的电解液隔开，电池的耐久性欠佳，并且电池结构也更为复杂。

1.2.3 铅酸电池

1859 年，法国物理学家普兰特制造出了第一个可实用的铅酸蓄电池。1881 年，法国科学家卡米尔·阿方斯·富尔改进了铅酸电池的设计，使得第一辆以铅酸电池为动力的三轮车得以诞生，车重为 160 kg，但时速仅为 12 km/h。铅酸电池是利用二氧化铅和铅分别作为正、负极，硫酸作为电解液组成的蓄电池，放电时，电池的反应为

$$\text{正极：} PbO_2 + 4H^+ + SO_4^{2-} + 2e^- \longrightarrow PbSO_4 + 2H_2O \tag{1.4}$$

$$\text{负极：} Pb + SO_4^{2-} - 2e^- \longrightarrow PbSO_4 \tag{1.5}$$

$$\text{总反应：} PbO_2 + Pb + 2H_2SO_4 \longrightarrow 2PbSO_4 + 2H_2O \tag{1.6}$$

铅酸电池的主要优点是电压稳定、价格便宜，1 kW·h 的铅酸电池的价格在 500 元及以下，而 1 kW·h 的锂电池价格高达 1200 元；缺点就是比能量低、使用寿命短和日常维护频繁，对环境有潜在污染。尽管电池中所含的铅对环境有害，但是铅酸电池的回收价值比较高。原生铅矿中的铅含量仅有 30%左右，剩余的 70%都是废弃物，而铅酸电池里的含铅量高达 62%，绝大部分都是可用的金属，因此，

如果进一步规范铅酸电池的回收体系，铅酸电池的回收有望实现闭环，从而消除其引起的环境污染。但是从回收渠道上，我国铅酸电池有组织的回收率只有 30%左右，回收率的提高还需要政策法规的配套。美国 2014～2018 年的铅酸电池回收率为 99%，远高于其他消费类产品。2015 年，我国再生铅的消费比例接近 47.9%，而欧美发达国家的再生铅消费比例超过 80%。目前铅酸电池仍然在市场上有广阔的应用空间和价格优势。我国的电动自行车绝大多数依然使用的是铅酸电池，而在内燃机车中，都会配备一个铅酸电池作为起动电池，这归结于它的技术成熟、价格低廉和安全性高。此外，铅酸电池技术也在不断进步，综合了各种新技术的铅酸电池比能量可以提升到 60～80 W·h/kg，功率可以达到 600～700 W，接近锂离子电池的技术指标。铅酸电池发展到目前已经历了 160 余年，经久不衰，无论市场如何变化，它都能占据一席之地，具有顽强的生命力。

1.2.4　镍镉电池

1899 年，瑞典人 W.容纳（Waldemar Jungner）发明了镍镉电池。镍镉电池是一种二次电池，可重复充电 500 次以上，具有高放电率、低温性能好、耐过放过充、能在−30～50 ℃范围内保存等优点。但是，镍镉电池存在记忆效应，每次充电都需要先放电，否则它的记忆功能将大大降低电池的电量。镍镉电池的正极由氧化镍粉和石墨组成，负极是金属镉（Cd），电解液是氢氧化钠或氢氧化钾。放电时，负极的 Cd 失去电子和电解液中的 OH^- 反应，生成氢氧化镉，并附着在负极上，正极的 NiO(OH)和电解液中的水反应生成 $Ni(OH)_2$ 和 OH^-，所以放电反应方程式为

$$Cd + 2NiO(OH) + 2H_2O \longrightarrow 2Ni(OH)_2 + Cd(OH)_2 \tag{1.7}$$

镍镉电池存在记忆效应的原因是，其负极是由较粗的颗粒烧结而成的，如果镍镉电池在彻底放电之前就充电，镉晶粒就会团聚成块，使电池放电时形成次级放电平台影响放电容量。消除记忆效应的方法是定时深度放电。记忆效应会影响电池容量的完全发挥，而在放电终止电压设定比较高的设备上，镍镉电池的可用容量更小，因此镍镉电池在摄像机等设备上的应用逐渐被淘汰。此外，镉有剧毒，会对环境造成一定的污染，因此镍镉电池报废后必须进行回收。这些缺点导致了镍镉电池的市场份额在 20 世纪 90 年代缩减了 80%，逐渐被镍氢电池、锂离子电池取代。

1.2.5　镍氢电池

20 世纪 60 年代，人们发现一些金属化合物有超乎寻常的储氢能力，氢分子

可以在合金中先分解成单个氢原子，然后插入到金属之间的缝隙中，形成金属氢化物。1969 年，荷兰飞利浦实验室报道了 $LaNi_5$ 合金具有很高的储氢能力，最大储氢量可达 1.379%（质量分数），室温下可与几个大气压的氢发生反应，生成具有六方晶格结构的 $LaNi_5H_6$，氢化反应为

$$LaNi_5 + 3H_2 \longrightarrow LaNi_5H_6 \tag{1.8}$$

这种合金的优点是吸氢量大、易活化、不易中毒、滞后小。1968 年，Reilly 和 Wiswall 在美国 Brookhaven 国家实验室首次采用高温熔炼法制备出了一种 Mg_2Ni 储氢合金，Mg_2Ni 进行氢化反应后生成 Mg_2NiH_4。相比于 $LaNi_5$，Mg_2Ni 合金具有质量轻、储氢密度高、资源丰富、环境污染小等优点。Mg_2NiH_4 中氢的质量分数可以达到 3.6%。1973 年，$LaNi_5$ 开始用于二次电池的负极材料，但是其循环性能较差。1984 年，荷兰飞利浦公司成功解决了 $LaNi_5$ 合金在循环中的容量衰减问题，为镍氢电池的发展及商业化奠定了基础，从此储氢合金的研究开始兴起。1989 年，由戴姆勒-奔驰公司和德国大众公司赞助，经过 20 年的研发，第一款商业镍氢电池终于问世。镍氢电池是一种对镍镉电池的改良品，在组成上与镍镉电池十分相似，都是以氢氧化镍为正极，使用碱性电解液，区别在于镍镉电池使用的是金属镉作为负极，而镍氢电池则是以高能储氢合金为负极，因此镍氢电池具有更高的能量密度，是镍镉电池的 1.5 倍以上。镍氢电池的充电反应为

$$\text{正极：} Ni(OH)_2 + OH^- \longrightarrow NiOOH + H_2O + e^- \tag{1.9}$$

$$\text{负极：} M + H_2O + e^- \longrightarrow MH_{ab} + OH^- \tag{1.10}$$

$$\text{总反应：} Ni(OH)_2 + M + H_2O \longrightarrow NiOOH + MH_{ab} \tag{1.11}$$

其中，M 代表储氢合金，H_{ab} 是指吸附氢。根据合金的组成，可以分为 AB5 型稀土系合金、AB2 型 Laves 相合金、A2B 型镁基合金和 AB 型钛系合金四个系列。目前商业化的镍氢合金还是主要使用以 $LaNi_5$ 为代表的 AB5 一类合金，A 是稀土元素的混合物和钛，B 是镍、钴、锰、铝等。合金吸氢后，晶胞体积膨胀较大，容易粉化，造成合金的表面积增大，逐渐被氧化，这会引起镍氢电池的容量快速衰减。稀土元素 La 价格昂贵且不能满足工业生产的需求，因此人们利用混合稀土（La、Ce、Nd、Pr）、Ca、Ti 等元素置换 La，利用 Co、Al、Mn、Fe、Cr、Cu、Si、Sn 等元素来置换 Ni，在降低价格的同时，提升电池性能，开发出了多元混合稀土储氢合金。Mg_2Ni 型合金的理论放电容量接近 1000 mA·h/g，而商用的 $LaNi_5$ 型合金的容量仅为 370 mA·h/g。因此，镁系合金也得到了广泛的关注。目前来看，提升镍氢电池中储氢合金性能的方法主要有两大类，第一类是对合金的化学成分进行调整优化，也就是在 A 和 B 中掺杂更多的合金种类，来提升合金的容量、稳定性，减少滞后；第二类是对合金的表面进行处理，如表面包覆和修饰、酸/碱处理、氟化物处理、化学还原处理等。

镍氢电池在很多方面和镍镉电池十分相似，比如电压区间、倍率性能、电池制造和结构方面；镍氢电池的使用寿命也比镍镉电池要长得多，因此镍氢电池可在很多应用领域中完全取代镍镉电池，且不需要对设备进行任何改造。更重要的是，镍氢电池没有“记忆效应”，发明之后被大量应用于移动通信、笔记本电脑等小型便携式的设备中，取代了原来属于镍镉电池的市场。更大容量的镍氢电池组已经用于电动车辆上，中国科学院长春应用化学研究所近年来开发的宽温（−45～60 ℃）储氢合金电池，在−45 ℃和 60 ℃下，电池的放电容量为额定容量的 80%以上，在−40 ℃下 1C 充放电循环 100 次，电池容量保持率仍大于 90%，可以作为极地考察和高寒、高热地区的能量存储电源系统。镍氢电池还有其他诸多优点：对环境友好；电池中不包含剧毒成分；储氢合金中含有稀土金属，回收价值高，每吨废镍氢电池可回收得到 37.5 kg 纯度为 80%的稀土金属，非常接近于氟碳铈矿的组成，经济价值高。

储氢合金还能促进氢能的利用。氢气的存储与运输是氢能利用的关键，合金储氢法储氢密度高、不易爆炸，具有良好的安全性，而且储存运输方便，还能多次循环使用，这些为其在氢能中的利用奠定了一定的基础。镍氢电池中不同体系的储氢合金各具优势，可将不同性能的合金进行复合来改善镁基储氢合金的整体性能。此外，我们还可以对储氢合金的生产方法（机械合金化、氢化燃烧法等）进行改良。最后，我们可结合近年来发展迅速的计算材料学、机器学习等方法对材料的分子动力学、性能与合金占比之间的关系进行研究，在原子层面上建立起材料的模型，加深对合金的认识，从而指导复合储氢合金的开发与利用。

1.2.6　氢燃料电池

提到氢气的储存，就会涉及氢能源产业和氢燃料电池。燃料电池发展至今，已有近 200 年的历史。1839 年，英国物理学家格罗夫发明了燃料电池，这也被视为燃料电池的诞生年。1889 年，两位化学家蒙德和兰格改进了格罗夫的发明，做出了第一个实用的氢氧燃料电池。20 世纪 50 年代，美国通用电气公司发明了首个质子交换膜燃料电池，之后这种电池开始用于航空航天领域。

氢燃料电池阴极板供给的氧可直接从空气中获得，因此仅需不断给阳极板供应氢气并及时把水带走，氢燃料电池就可以不断地提供电能。这个过程中只产生水，无污染，能量转换效率高，因此氢气被视为最清洁的燃料，氢能也是目前被认为的最理想能源。但是目前中国氢能的产业链还不太完善，各个环节的成本都高居不下，这严重阻碍了氢能的大规模铺开应用。从氢气的生产来看，目前无论是煤制氢还是电解水制氢，成本都较高，目前最有希望的是利用清洁能源（风能、太阳能等）产生的电力来电解水制氢，降低成本。产氢之后遇到的问题就是储氢，目前的储氢技术包括物理储氢和化学储氢。物理储氢，就是改变储氢条件提高氢气密度，该技术是纯物理过程，无需储氢介质，成本低且放氢容易。物理储氢方式主要有两种。第一种是高压气态储氢，但是，储氢密度受压力影响较大，会受到储氢罐材质的限制。增加金属储氢罐厚度能在一定程度上提升储氢的压力，但是因为金属储氢罐的质量大，运输成本高，所以这类储氢罐仅适用于固定式、小储量的氢气储存，不能满足长距离的车载系统。近年来，各种轻质、高强度、耐疲劳的纤维被用到储氢罐中，其中金属作为内衬封闭氢气，纤维用于增强层来承压，这可大大降低储氢罐的质量。另外一种物理储氢技术是低温液化储氢，使氢气在高压、低温条件下液化。由于氢气在液态的密度是气态时的 845 倍，这种方法能够高效储氢，提升输运效率。液氢的沸点是 20.37 K，与环境温差极大，这对储氢罐的材质、绝热方案和冷却设备都有较高的要求。储氢罐需要抗冻、抗压，还必须严格绝热，因此这种储氢罐制造难度大、成本高昂，还存在挥发问题，运行过程中安全隐患大。液氢液化过程耗能极大，仅对于大量、远距离的储运有优势，目前这种储氢方式主要用在航空航天领域中，其中液氢作为低温推进剂。化学方法储氢除了上面提到的金属氢化物储氢，还可以用液态有机物储氢，比如环己烷、甲基环己烷、十氢化萘等，这些分子可以通过加氢还原和脱氢氧化反应来实现氢的存储—运输—释放。这些有机物的运输可以用现有的石油运输设施，如油罐和常规的邮轮，不需要低温和高压的环境，长途运输也具有很好的安全性。到达目的地后，这些有机物可以长期储存。当需要氢的时候，使用脱氢剂将氢从有机物中分离即可。此外，这些有机物还可以重复利用。有机物在脱氢过程中需要用到高温或者催化剂，目前正在发展低温脱氢技术和高效的催化剂来减少脱氢过程的能耗。中国的氢阳新能源控股有限公司、日本的千代田化工建设公司和德国的 Hydrogenous Technologies 公司在有机储氢方面取得了很大的进展。储氢技术的发展对氢燃料电池的发展具有重要意义。

目前氢能产业仍处于发展的初期阶段，面临着储运成本高、整体运营成本较贵等问题。基于氢燃料电池系统的整车造价要高于纯电动汽车，在推广上并不具备成本优势。这需要多个产业链互相配合，同时不断进行技术攻关，共同推进，以降低成本。在《中华人民共和国国民经济和社会发展第十四个五年规划和 2035 年远景目标纲要》决议中，氢能正式被纳入其中。在规划纲要第九章“发展壮大战略性新兴产业”之第二节“前瞻谋划未来产业”里提出，“在类脑智能、量子信息、基因技术、未来网络、深海空天开发、氢能与储能等前沿科技和产业变革领域，组织实施未来产业孵化与加速计划，谋划布局一批未来产业。”日本在氢能产业方面走在了世界的前列，丰田公司和本田公司已经推出了多款燃料电池车。随着技术的进步、生产规模的扩大以及加氢站的普及，丰田的 Mirai 燃料电池车成本从

723.6 万日元，降低至 293.6 万日元。充满 Mirai 的储氢罐大约需要 3～5 分钟，车的续航里程可达 700 千米，便捷程度要远超过当前的电动汽车。

氢燃料电池还缺乏有效的催化剂。目前催化剂的主要成分为铂基催化剂。铂具有高活性、耐酸碱的特点，能降低反应的活化能，提高反应速率，使燃料电池的商业化成为可能。但铂资源极为稀有，铂及催化剂的载体材料都有较高的技术门槛，价格高，还容易被毒化。目前主流的研究方向是不断地降低金属铂在催化剂中的用量，以及寻找其他高效的催化剂来代替铂催化剂。在安全性方面，氢能并没有人们想象中的那么危险，氢气质量轻，在空气中向上扩散的速度可达 20 m/s，万一泄露着火后会迅速上升，可在一定程度上保护车身和乘客的安全，而锂电池组是安装在车辆的底部，一旦发生着火和爆炸，整车都会报废。氢能的危险来源在于高压的储氢罐，气瓶在外力作用下发生破损而引起爆炸。在国家的大力支持下，氢能目前处于快速发展期，前景非常好。

1.2.7　锂离子电池

在锂离子电池发展之前，大家研究的重点是锂金属电池。1972 年，美国石油公司埃克森美孚意识到将来石油可能会面临短缺的问题，能源问题将变得突出，于是寻求转型，将他们的兴趣从石油和化学品扩展到广泛的能源领域，其中包括电池、燃料电池和太阳能光伏。锂的高比能量和低的电位（–3.04 V *vs*. SHE）使其成为理想的负极材料，但是缺乏合适的正极材料与之配对。当时为埃克森美孚石油公司工作的科学家 Whittingham 研究发现 TiS_2 能够作为正极与锂负极匹配。选用 TiS_2 的原因是，它是一种半金属，这意味着在正极中不需要添加导电剂，如炭黑等。此外，Li_xTiS_2 在 x 的所有组分（0～1）中都是单一相，因此在成核过程中没有能量消耗。晶格在插入时膨胀率小于 10%，这意味着机械应力较小。此外，TiS_2 的晶格可屏蔽静电相互作用，使锂离子具有较高的扩散系数。这些特性使 TiS_2 成为出色的离子/电子混合导体，进而可以充当一种模型阴极材料。Whittingham 发现，使用锂箔做负极，溶解锂盐的醚作为电解液，长度 1 cm 和厚度 1 mm 的 TiS_2 晶体作为正极组装成电池，Li^+ 可以很容易地插入到 TiS_2 晶体中。在 2 mA/cm^2 的条件下，Li/TiS_2 电池可以很容易地进行深度循环，循环次数超过 400 次；即使在 10 mA/cm^2 的条件下，仍可以循环 100 圈。该实验在 1972 年完成，于 1973 年申请了相关专利[8]，并在 1976 年发表在了 *Science* 杂志上[9]。虽然 TiS_2 并没有获得商业上的成功，但是它为电池领域之后的高电压层状氧化物（如 $LiCoO_2$）的发现带来了启发[10]。

TiS_2 与锂组成的电池电位较低（＜2.5 V），电池的能量密度受到了制约，这促使了当时在牛津大学的 Goodenough 开始研究高电压的正极材料。因为对固体中氧化还原能量的了解，他尝试了层状氧化物，其中过渡金属离子进行氧化还原，而电池的结构框架不变。他重点研究了层状 $LiMO_2$ 氧化物中的 $Cr^{3+/4+}$、$Fe^{3+/4+}$、$Co^{3+/4+}$和 $Ni^{3+/4+}$氧化还原对[11]，这促使了层状 $LiCoO_2$ 的发现[12]。与二卤系阴极相比，$LiCoO_2$ 可使电池电压增加到 4 V。这一稳定带有锂源的正极化合物的发现，实现了电池可以在放电状态下的组装，并可从本质上避免锂金属的使用，这为当今锂离子电池的广泛使用奠定了基础。Goodenough 研究小组在 20 世纪 80 年代又研制出了 $LiNiO_2$ 正极，之后又发现了锰酸锂、磷酸铁锂正极材料（图 1.2）。

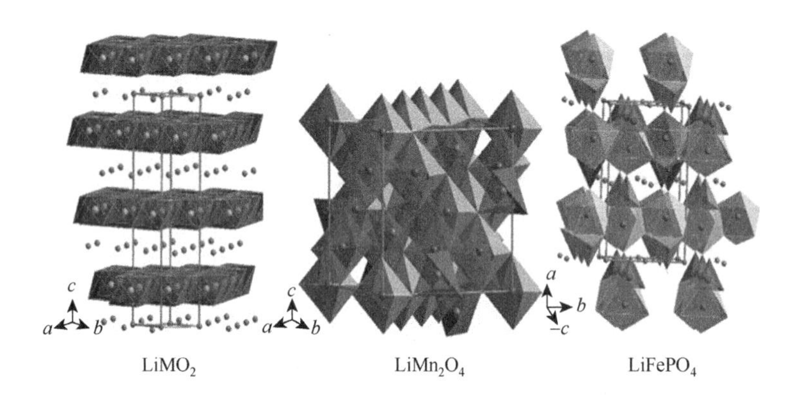

图 1.2　层状 $LiMO_2$（M = Mn，Co，Ni）、尖晶石 $LiMn_2O_4$ 和橄榄石 $LiFePO_4$ 的晶体结构[13]

与大家预期不同的是，锂金属电池的研究并不顺利。因为在循环过程中，锂枝晶的出现会导致电池内部的短路，从而引发电池热失控，造成安全风险。但是加拿大的一个公司 Moli Energy 还是将锂金属电池推向了市场。1985 年，他们使用 MoS_2 作为正极，锂金属作为负极，推出了 AA 型电池，其能量密度可达 100 W·h/kg。这震惊了市场，特别是在电子产品十分发达的日本引起了轰动。之后，该公司又于 1989 年春推出了第二代产品，使用 MnO_2 来替代 MoS_2 正极。但是第二代产品问世不久后便出现了多起电池爆炸事故，引起了公众的恐慌；到夏季，Moli Energy 便宣布召回所有已售出的产品；该年年底，Moli Energy 进入了破产清算阶段，锂金属电池的高光时刻到此暂停。枝晶问题就像是悬在锂金属电池头上的达摩克利斯之剑，尽管其高能量密度非常诱人，但是其危险性也远超当时流行的其他电池（铅酸电池、镍氢电池等）。

1981 年，在旭化成公司工作的日本化学家吉野彰发现聚乙炔作为负极材料具有非常好的前景，因为聚乙炔能导电、容量大、循环中容量基本稳定。但是，需要找一个正极与其配对，因为聚乙炔是不含锂的，因此需要找到含锂的正极材料。吉野彰看到了 Goodenough 关于的 $LiCoO_2$ 的工作，于是，在 1983 年实现了新型锂离子电池原型的构筑。后面，经过一系列的优化，这种电池最终在 1991 年由索尼公司和 A&T 电池公司商业化[14]。因为 Goodenough、Whittingham 和吉野彰等人在锂电领域的开创性工作，他们共同获得了 2019 年的诺贝尔化学奖。

近些年来，锂离子电池的正极不断发展。为了对电池正极的能量密度、稳定性、倍率和成本方面均衡和调控，发展了三元材料 NCM 正极材料，也就是 $LiMO_2$ 中的 M 是由 Ni、Co、Mn 三种元素组成。为了提升电池的稳定性，又用 Al 替代 Mn 元素，实现了更长的循环寿命，但是 NiCoAl 制作的工艺和成本都比较高。此外，正极的一个趋势就是不断提升正极材料中的 Ni 含量，同时减少 Co 含量，因为 Ni 能够经历两个价态的变化，提供更高的能量密度，而 Co 的开采带来了环境等问题，其价格也更加高昂。因此正极的发展经历了从 NCM111 到 NCM532、NCM622、NCM71515，再到 NCM811，目前正在向 NCM90505 迈进，最终目标是实现无钴正极。这个演进的驱动力是更低的成本和更高的能量密度，以满足人们对电池续航的要求。但是，锂离子电池能量密度提升的进展相对比较缓慢。针对能量密度逐渐成为锂离子电池应用瓶颈的现状，各国均制定了相应的研究目标，期待促进电池行业在能量密度方面的突破。中、美、日、欧盟纷纷将 2020 年的目标定在了 300 W·h/kg，2030 年的远景目标是 500 W·h/kg，甚至是 700 W·h/kg。

目前主流的 NCM523 可以达到 160～200 W·h/kg，而 NCM622 和 NCM811 分别可以达到 230 W·h/kg 和 280 W·h/kg。2018 年，天津力神电池公司利用高镍正极 NCA 材料开发出的单体电池能量密度超过了 300 W·h/kg，体积能量密度大于 642 W·h/L，在 25 ℃下 1C 充放电循环 710 次（100%DOD），容量保持率达到 80%。国轩高科表示已经开发出三元 811 材料软包电芯，能量密度能够达到 302 W·h/kg。2021 年，国联汽车动力电池研究院宣布了能量密度为 350 W·h/kg 的锂电池研究成果，其正极使用的是高镍三元材料，负极为硅碳复合材料，350 W·h/kg 的电池容量可以达到 80 A·h，循环 500 周后容量保持率大于 90%，3C 放电倍率下容量保持率大于 97%，−40 ℃下容量保持率大于 85%。在安全方面，350 W·h/kg 的锂离子电池满足国标检测要求。实现 300 W·h/kg 的锂离子电池的目标已经不成问题（部分公司已达到），但是要实现 500 W·h/kg 甚至 700 W·h/kg 的目标，在当前的锂离子电池体系中进行改进是非常困难的。因此，从原理上突破能量密度的限制，开发新的电池体系来取代当前的锂离子电池体系是非常重要的。

1.2.8　锂硫电池

在所有的电池体系中，锂硫电池和金属空气电池最有可能实现以上的能量密度要求。锂硫电池是以锂作为负极，单质硫作为正极活性物质，其正极材料理论比容量和电池理论比能量较高，分别达到 1675 mA·h/g 和 2600 W·h/kg，远高于当前的锂离子电池。

1962 年，Herbet 和 Ulam 首次提出使用硫作为正极材料，以碱性高氯酸盐为电解质，实现了一次锂硫电池。2009 年，加拿大滑铁卢大学 Nazar 在 *Nature Materials* 上报道了可充的锂硫电池[15]。该电池将有序介孔碳 CMK-3 与硫复合制备了高性能的 S 正极材料，从而实现了 1320 mA·h/g 的高比能量，掀起了锂硫电池的研究热潮。经过十余年的发展，锂硫电池中的负极保护、电解液、正极结构理性设计等方面都获得了巨大的进步。锂硫电池的反应原理是

$$2Li + S \longrightarrow Li_2S \tag{1.12}$$

在反应过程中，会生成可溶解于电解液的多硫化物 Li_2S_n，导致“穿梭效应”。但是通过电解液调节、隔膜改性和正极包覆可以部分缓解这一问题。此外，硫的导电性比较差，反应过程中还会有高达 79%的体积膨胀/收缩。通过硫与碳材料的复合及材料的纳米化可在一定程度上降低这两个缺点带来的负面效应。目前已经有公司在开展锂硫电池商业化的运作，比较有名的公司有英国的 OXIS 能源公司，它在 2018 年研发出了能量密度为 425 W·h/kg 的锂硫电池，现在已经商业化。美国的 SION POWER 公司是该领域的另一领跑者。2010 年，该公司将锂硫电池应用在了无人机上，白天靠太阳能电池给锂硫电池充电，晚上电池放电提供动力，创造了无人机连续飞行 14 天的纪录。国内锂硫电池的研究主要集中在中国科学院大连化学物理研究所、防化研究院、北京理工大学等单位。目前国内研制的锂硫电池的能量密度已经可达到 450 W·h/kg，但是循环寿命有待进一步提高。此外，锂硫电池的能量密度正在向 600 W·h/kg 进发。2019 年全球锂硫电池市场价值总值达到了 3.9 亿元，预计到 2026 年可以增长到 366 亿元。

除了以上的电池体系外，近年来备受关注的金属空气电池也有望在电池能量密度上有所突破，比如铝空气电池的理论能量密度为 2796 W·h/kg，锌空气电池的理论能量密度为 1084 W·h/kg，锂空气电池的理论能量密度高达 3500 W·h/kg 之多。除了这三种金属空气电池，还有一些以其他金属为负极的金属空气电池也在基础研究阶段，如钠/钾/镁/钙-空气电池等，本书主要内容就是对金属空气电池体系进行详细介绍。

参考文献

[1] 中国原油进口量仍持续保持上涨趋势[J]. 乙醛醋酸化工，2020，2：43.

[2] 2002 年—2018 年中国能源生产、消费结构[J]. 煤化工，2020，48：85.

[3] Chen L，Guo Z，Xia Y，et al. High-voltage aqueous battery approaching 3V using an acidic-alkaline double electrolyte[J]. Chem Commun，2013，49：2204-2206.

[4] Yadav G G，Turney D，Huang J，et al. Breaking the 2 V barrier in aqueous zinc chemistry：Creating 2.45 and 2.8 V

MnO_2-Zn aqueous batteries[J]. ACS Energy Lett，2019，4：2144-2146.

[5] Chao D，Ye C，Xie F，et al. Atomic engineering catalyzed MnO_2 electrolysis kinetics for a hybrid aqueous battery with high power and energy density[J]. Adv Mater，2020，32：2001894.

[6] Liu C，Chi X，Han Q，et al. A high energy density aqueous battery achieved by dual dissolution/deposition reactions separated in acid-alkaline electrolyte[J]. Adv Energy Mater，2020，10：1903589.

[7] Zhong C，Liu B，Ding J，et al. Decoupling electrolytes towards stable and high-energy rechargeable aqueous zinc-manganese dioxide batteries[J]. Nat Energy，2020，5：440-449.

[8] Whittingham M S. Chalcogenide battery：US，4009052 [P]. 1973-04-05.

[9] Whittingham M S. Electrical energy storage and intercalation chemistry[J]. Science，1976，192：1126-1127.

[10] Whittingham M S. Lithium titanium disulfide cathodes[J]. Nat Energy，2021，6：214.

[11] Goodenough J B，Mizushima K，Takeda T. Solid-solution oxides for storage-battery electrodes[J]. Jpn J Appl Phys，1980，19：305-313.

[12] Mizushima K，Jones P C，Wiseman P J，et al. Li_xCoO_2（$0<x\leqslant1$）：A new cathode material for batteries of high energy density[J]. Mater Res Bull，1980，15：783-789.

[13] Manthiram A. An outlook on lithium ion battery technology[J]. ACS Cent Sci，2017，3：1063-1069.

[14] Yoshino A. From polyacetylene to carbonaceous anodes[J]. Nat Energy，2021，6：449.

[15] Ji X，Lee K T，Nazar L F. A highly ordered nanostructured carbon-sulphur cathode for lithium-sulphur batteries[J]. Nat Mater，2009，8：500-506.

第 2 章　金属空气电池概述

2.1　金属空气电池介绍

金属空气电池，顾名思义，就是金属和空气组成的电池。具体说来，金属作为负极，正极上通常负载有可促进氧气还原或者析出反应发生的催化剂。根据电池组成的不同，发生的反应也不完全相同。比如在碱性电解液（KOH 水溶液）的锌空气电池中，发生的反应如下

$$负极：2Zn + 4OH^- \longrightarrow Zn(OH)_4^{2-} + 2e^- \quad (2.1)$$

$$Zn(OH)_4^{2-} \longrightarrow ZnO + H_2O + 2OH^- \quad E^\ominus = -1.25\ V \quad (2.2)$$

$$正极：O_2 + 2H_2O + 4e^- \longrightarrow 4OH^- \quad E^\ominus = 0.40\ V \quad (2.3)$$

$$总反应：2Zn + O_2 \longrightarrow 2ZnO \quad E^\ominus = 1.65\ V \quad (2.4)$$

而在非水系锂空气电池里面发生的是以下的反应

$$负极：Li \longrightarrow Li^+ + e^- \quad (2.5)$$

$$正极：O_2 + 2Li^+ + 2e^- \longrightarrow Li_2O_2 \quad (2.6)$$

$$总反应：2Li + O_2 \longrightarrow Li_2O_2 \quad E^\ominus = 2.96\ V \quad (2.7)$$

可以看出，以上的反应过程与锂离子电池有很大的区别。锂离子电池是基于主体（$LiNi_xCo_yMn_{1-x-y}O_2$，$LiFePO_4$ 等）中锂离子的嵌入/脱出，依赖于主体本身的物理化学性质，因此能量密度受到了限制。而金属空气电池利用环境中的空气为原料，且不需要负载在电池中，因此能量密度能够显著提升。

尽管金属空气电池的能量密度很高（图 2.1），但是它也面临着一系列的问题，这些问题阻止了金属空气电池的商业化。在正极侧，发生的氧还原和氧析出反应需要催化剂，如何得到低成本、高效率的催化剂是过去科研工作者的广泛研究内容。贵金属（铂、钯、金、钌等）虽然具有较好的催化活性，但是成本太高，所以需要开发廉价高效的催化剂，利用碳材料、过渡金属氧化物、过渡金属硫族化合物，辅以纳米合成技术来调控结构，以达成高效、低成本催化剂的开发。在负极侧，金属负极的枝晶和腐蚀问题也广泛存在于各类金属空气电池中，如何利用负极保护策略达到大容量、长循环的金属空气电池也是发展的重点。在电解液方面，水系金属空气电池的电解液都是水溶液，因为水的电压窗口有限，面临着循环过程中析氢和析氧的问题，所以电解液干涸的问题十分严重。而在非水系的体系中，有机电解液的分解还会导致副产物在正极上

的堆积，导致正极孔道的堵塞，这会影响正极的导电和传质，最终造成电池的失效。

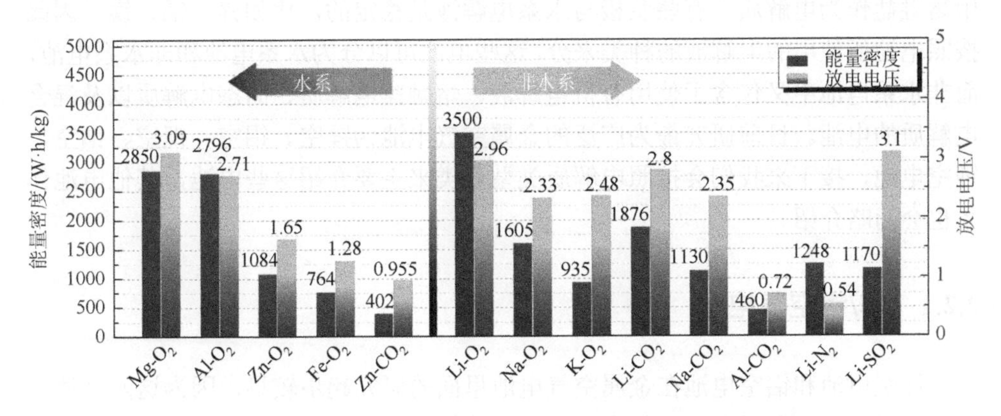

图 2.1　各种金属空气电池的理论能量密度和电池工作电压[1]

在各种金属空气电池中，锂空气电池的理论能量密度最高，达到了 3500 W·h/kg 的程度，这是因为其正极的活性物质来自于空气中的氧气，大大减轻了电池自身的质量。关于锂空气电池的能量密度有多种说法，其实最根本的原因在于计算方法的不同，比如：

基于金属锂（0.0069 kg/mol）的质量计算，排除 O_2 的质量：

$$\text{能量密度}=\frac{3\ \text{V}\times 96500\ \text{C/mol}}{3600\ \text{C/(A}\cdot\text{h)}\times 0.0069\ \text{kg/mol}}\approx 11650\ \text{W}\cdot\text{h/kg}$$

基于 Li_2O_2（0.04588 kg/mol）的质量计算：

$$\text{能量密度}=\frac{3\ \text{V}\times 2\times 96500\ \text{C/mol}}{3600\ \text{C/(A}\cdot\text{h)}\times 0.04588\ \text{kg/mol}}\approx 3500\ \text{W}\cdot\text{h/kg}$$

因为锂空气电池的高能量密度，它被视为人类的“终极电池”，目前还没有发现能量密度比锂空气电池还高的电池。但是锂空气电池的实用化仍然面临着很多问题，仍然需要全球的科学家进行深入的研究来解决这些问题。这些问题包括循环中负极的腐蚀和枝晶的形成、电解液的分解以及正极的钝化。只有深入认识电池中的（电）化学过程，才能有效解决这些问题。

2.2　金属空气电池系统

金属空气电池的负极是金属，按照负极的种类分，可以分为锌空气电池、铝空气电池、锂空气电池、钠空气电池、钾空气电池、镁空气电池、铁空气电池等

（可分别简称为锌空电池、铝空电池、锂空电池……）。但是有些电池的负极与水系电解液不稳定，比如锂、钠、钾等，只能用有机溶剂作为电解质的溶剂或者使用熔融盐作为电解质。有些负极与水系电解液是稳定的，比如锌、铝、镁。因此按照电池所使用的电解液的种类来分，这些电池可以分为水系电池和非水系电池，而非水系电池中又包含了使用有机电解液、熔融盐电解质、固态电解质以及混合电解质的电池。目前研究最为广泛的金属空气电池为锌空、铝空、锂空、钠空、钾空电池，接下来我们会按照电解质类型分类来主要介绍这些电池，其他电池体系也会简略介绍。

2.2.1 锌/铝空气电池

锌空电池和铝空电池在金属空气电池里面的研究起步较早，因为这两个体系都是水系电池，所以在电池的安全性上有独特的优势，再加上锌和铝两种金属价格比较低廉，所以成本也相对较低，但是它们面临着循环稳定性差的问题。在发展初期，这两种电池都是一次电池，但是之后，研究人员对它们的体系进行了优化，实现了二次电池的成功制备，其循环性能也得到了进一步的发展。

1. 锌空电池原理

锌空电池（zinc-air battery）是以空气中的氧气作为正极活性物质，锌为负极，中性或者碱溶液为电解质的一种原电池[2]。

1878 年，法国的 Maiche 在锌锰电池中用含铂的多孔性炭电极代替二氧化锰炭包，使用中性氯化铵水溶液做电解液，发明了首个锌空电池。这种电池的放电电流密度仅有 0.3 mA/cm^2。1932 年，Heise 和 Schumacher 将电解液由中性改为碱性，提高了电解液的导电能力，减小了电池的内阻，提高了电池的性能。此外，他们还实现了中性锌空电池的商业化。使用中性电解液的好处就是，中性氯化铵不会与二氧化碳反应生成碳酸盐。20 世纪 60 年代，由于对宇航用常温燃料电池的空气电极研究获得了很大的成功，于是研究人员把低成本、能在常压下工作的薄型空气电极引进到了锌空电池中，据此开发出了可实用化的大功率锌空电池。到 70 年代中期，科研人员又发展出了微型纽扣式锌空电池。锌空电池由于利用大气中的氧作为正极活性物质，具有很高的社会和经济效益。

式（2.1）～式（2.4）所给出的锌空电池的电化学反应是在水系电解液中实现的，ZnO 沉积在负极 Zn 的表面，Zn 消耗完，电池放电终止。该电池是一次电池，因为充电的过程中会导致严重的析氢副反应发生，充电效率不高。为了实现高度可逆的锌空电池，近些年来，研究者发展了多种策略，比如使用锌粉作为负极、负极表面修饰、电解液调控等。与此同时，正极催化剂的研究也在不断进步，这使锌空电池的循环性能和倍率性能得到了很大的提升。此外，通过对成分进行调控，还可改变锌空电池的基本原理，实现基于负极 Zn 沉积和溶解的锌空电池，以及通过改变正极的反应原理，实现了基于 ZnO_2 生成和分解的锌空电池。基于这些新的认识和原理的进步，我们进一步加深了对锌空电池原理的理解，其实用化有望得到进一步的发展。

2. 铝空电池原理

铝空电池的化学反应与锌空电池类似，以铝为负极，氧气为正极活性物质，氢氧化钾或氢氧化钠水溶液为电解质。铝空电池的理论能量密度高达 8100 W·h/kg（基于铝的质量），铝空电池系统的能量密度可超过 300 W·h/kg。铝空电池的价格低廉，环境友好，安全性高。此外，铝负极还可回收利用，也可以采用更换铝电极的方法来解决铝空电池充电较慢的问题。

铝空电池的原理为

$$负极：4Al \longrightarrow 4Al^{3+} + 12e^- \tag{2.8}$$

$$正极：3O_2 + 6H_2O + 12e^- \longrightarrow 12OH^- \tag{2.9}$$

$$总反应：4Al + 3O_2 + 6H_2O \longrightarrow 4Al(OH)_3\downarrow \tag{2.10}$$

因为氢氧化铝具有极强的吸水性，1 g 氢氧化铝可以吸收 4 mL 水，生成白色泥浆状的沉淀。因此，铝空气电池也有一定的劣势，如：

（1）只能放电，不能反复充电，需要更换铝电极才能继续工作；

（2）容量比较高，但是电池放电电压较低、电流密度较小，导致功率密度比较低（50～200 W/kg）；

（3）电池充放电缓慢，电压滞后，自放电严重；

（4）电池放电产热严重，需要热管理系统以防止电池过热而引起安全隐患；

（5）需要采用附加空气循环系统和氢氧化铝的分离和回收系统。

实用化的铝空电池的形状和燃料电池的形状相似，是把若干个片块状的小电池组合在一起，做成电池堆，其关键技术是正极结构和电解质中沉淀物的处理。对正极来说，要对氧还原反应有良好的催化性能，还要求有足够大的表面积，提升倍率性能。放电过程中，生成的氢氧化铝沉淀也要及时清除，否则会影响电池的电导率。此外，还得附带空气循环系统，除去空气中的微粒和 CO_2，因为微粒覆盖在正极表面会影响电池反应的进行，CO_2 会在正极生成碳酸盐，导致电池性能下降。

3. 锌空/铝空电池的商业化

锌空电池是金属空气电池里商业化最早的。锌空电池的能量密度高，并且能够提供接近水平的放电曲线，以稳定电压、保护电器，因此，它能为助听器提供理想的能源供给。纽扣式锌空电池正极侧会使用密封条用于隔绝空气，这样能够使其在使用之前不发生反应，增加储存寿命。在使用的时候把密封条撕下来，空气就可以从壳体上的透气孔进入到电池正极，从而发生放电反应。但是之后即使再贴上密封条，电池内部的化学反应依然会继续，直至电池电量耗尽。目前商业化的锌空电池还只是一次电池，发展锌空二次电池仍是未来的发展方向。

1995 年，以色列 Electric Fuel 公司就首次将锌空电池用于电动车，使锌空电池进入了实用化阶段。之后欧美纷纷在电动车上推广锌空电池，但都是在尝试阶段，没有商用的产品问世。2018 年，美国 NantEnergy 公司率先推动锌空电池的商业化应用，创造了全球首个规模化的低成本绿色能源存储系统。该公司宣布已实现成本节约及技术改进，将蓄电池成本降至了 100 美元/千瓦时以下，这可能会颠覆整个可再生能源电网储能行业。因为在大规模储能行业中，质量因素变得微不足道，成本成为考量的主要因素。报道称，通过采用先进的控制技术，NantEnergy 不仅创造了一个可扩展的电池平台，而且还研制了一个全新的能源存储类别，其可与高效光伏板相结合。锌空电池可为大规模储能提供一种可再生、可靠和廉价的能源存储系统。

锌空电池可以采取更换锌电极的方法进行“机械充电”。通过简单的锌电极更换就相当于完成了充电过程，这有别于其他的常规二次电池。其充电时间极短，可以随车携带锌电极，使用方便，对电池的普及非常有利。北京中航长力能源科技有限公司是以锌空气金属燃料电池为主要业务的能源公司，其基于锌空电池的电动大巴车在 2008 年北京奥运会期间投入了使用。博信电池（上海）有限公司也致力于锌空电池的商业化，在 2010 年上海世博会上，该公司研制的锌空气燃料电池电动巴士作为清洁能源汽车穿梭于各个场馆之间。

由于铝空电池的结构与锌空电池的相似性，目前的铝空一次电池也是以更换负极的方式进行充电。铝空电池在 20 世纪 70 年代就已经用于电视广播、航海航标灯、矿井照明等小功率的器件中。90 年代，美国能源部资助了劳伦斯-利弗莫尔国家实验室研发代替内燃机的金属空气电池，后来该实验室与陶氏化学公司联合开发了动力型金属空气电池系统 Voltek A-2，成为世界上第一个用来推动电动汽车的铝空电池系统。2014 年美铝（美国铝业公司）加拿大公司和以色列 Phinergy 公司合作，开发出了 100 kg 铝、续航 3000 km 的铝空电池车。2018 年现代汽车新能源汽车研发基地所在地韩国蔚山，推出了能量密度高达 2500 W·h/kg 的铝空电池汽车，1 kg 铝所实现的续航里程达到了 700 km。到目前为止，铝空电池的主要应用场景仍然是作为应急电源，针对野营、野外勘探、应急救援、战时保障等范畴。中铝集团旗下的宁波烯铝新能源有限公司已经开发出了铝燃料应急通信电源、便携式铝燃料应急电源、水电热一体铝燃料应急保障设备，可在一定程度上满足军用和民用的需求。

2.2.2　锂空气电池

众所周知，锂离子电池的反应原理是基于锂离子在正负极之间的迁移，正负极材料的晶格间距能够容纳体积比较小的锂离子［图 2.2（a)]。锂空电池的原理和锂离子电池不同，它使用的是锂金属作为电池的负极，多孔材料作为正极。一般来说，锂空电池根据电解液的种类可以分为非水系和水系锂空电池。非水系锂空电池一般使用的是有机电解液或者离子液体电解液，这类电解液与金属锂负极比较稳定，放电产物是 Li_2O_2［图 2.2（b)]。另一种是水系锂空电池，电解液是水溶液，与锌空和铝空电池的电解液类似，但是电解液与锂负极不稳定，还需要在电解液与负极的界面放置一层导锂离子的电解质防止锂与水发生副反应，电池的放电产物是 LiOH［图 2.2（c)]。相比于非水系锂空电池，水系锂空电池结构更加复杂，所以非水系锂空电池的研究最为广泛。

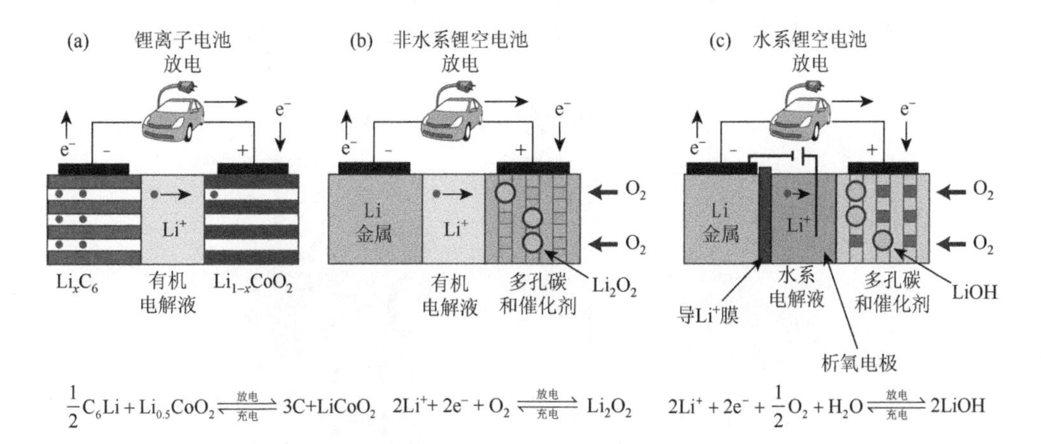

图 2.2 （a）锂离子电池，（b）非水系锂空电池和（c）水系锂空电池的示意图

（引自 *Nat.Mater.*，2011，11：19-29）

锂空电池为什么具有超高的能量密度呢？这需要我们从源头来看，根据电池的能量密度计算公式：质量比能量（W·h/kg）= 电压（V）×容量（A·h）/质量（kg），我们可知要想获得高质量比能量的电池必须尽量满足以下三个条件：

（1）高电压（负极低电势，正极高电势）；

（2）高容量（多价载流子，正负极存储更多载流子）；

（3）轻质量（比重小的载流子，轻质正负极，从外部获得反应物）。

而锂空电池可同时满足以上的要求。具体说来，①锂具有最低的电势

（−3.04 V *vs*. SHE），且是最轻的金属，还是除 H^+外最轻的载流子；②锂可与氧气发生反应，进而设计成电池；③氧气来源于外界，可降低电池自重；④轻质碳材料作为锂空电池的正极；⑤锂空电池发生的转化反应可以存储更多的载流子。因此，锂空电池具有非常高的理论比能量（3500 W·h/kg）。尽管如此，充分发挥出锂空电池能量密度的优势仍有一些阻碍，那就是体系反应的复杂性。从图 2.2 中可以看到，无论是对水系还是非水系锂空电池，电池的反应方程式均非常简单，但是实际上，电池中发生的反应的复杂程度远远超出我们的想象。二十多年来，经过全球科学家的努力，我们对锂空电池内部发生的反应有了更加深刻的认识。

非水系锂空电池的总反应为 $2Li + O_2 \longrightarrow Li_2O_2$，但这是在理想情况下发生的反应。实际上，在电池充放电过程中，正极、电解液和负极都会发生副反应（图 2.3）。在负极方面，锂金属会受到电解液中产生的水、溶解的氧气以及各种中间体的进攻，导致锂的腐蚀、粉化和开裂；电解液会在高电压下和受到中间体的进攻等影响而分解、挥发及易燃；而在正极方面，放电产物的残留会导致正极结构的钝化，加剧副反应的发生并导致正极孔道的堵塞。我们必须要发展对应的策略来减少这些副反应的发生，接下来将对这三部分所存在的问题分别进行介绍。

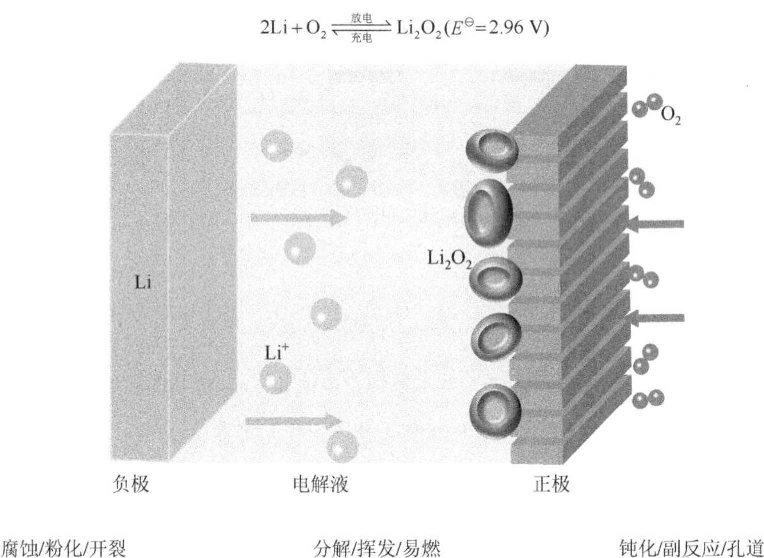

图 2.3　锂空电池发展所面临的挑战[3]

1. 锂空电池的放电原理及影响因素

从锂空电池的反应过程来看，氧气在正极还原的反应会经历以下几个过程：

$$O_{2(g)} + e^- + Li^+_{(sol)} \longrightarrow LiO_{2(ads)} \tag{2.11}$$

$$LiO_{2(ads)} + e^- + Li^+_{(sol)} \longrightarrow Li_2O_{2(ads)} \tag{2.12}$$

或者是

$$O_{2(g)} + e^- + Li^+_{(sol)} \longrightarrow LiO_{2(sol)} \tag{2.13}$$

$$2LiO_{2(sol)} \longrightarrow Li_2O_{2(sol)} + O_{2(g)} \tag{2.14}$$

其中，sol 代表溶解在电解液中，g 代表气体，ads 代表吸附在正极上。

具体来说，首先氧气会被还原进而与锂离子结合生成 LiO_2，由于电解液和正极与 LiO_2 之间存在相互作用，LiO_2 会存在两种状态，一种是吸附在电极表面，另一种是溶解在电解液中，这也就对应着以上两种反应路径，前者是表面吸附路径（surface-adsorption route），后者是溶剂化路径（solvation-mediated route）。表面吸附路径中，LiO_2 会经历第二个还原过程，生成 Li_2O_2；而在溶剂化路径中，LiO_2 会经过自身的歧化反应生成 Li_2O_2 和 O_2。这两种路径对电极的影响是不一样的：表面吸附路径倾向于薄膜状 Li_2O_2 的生长，覆盖在正极表面，由于 Li_2O_2 的导电性较差，在电极表面生长后会阻碍电子的传输，因此电池的放电容量会受到影响；而溶剂化路径中的 Li_2O_2 容易生长成为尺寸较大的 Li_2O_2，一旦成核，会在核上慢慢长大，这样的话，电子的传输不会受到阻隔，电池的放电容量也较大。

放电过程究竟遵循哪一种路径是由电解液和正极的性质决定的。Bruce 认为，放电路径与电解液溶剂的 DN 值有关［图 2.4（a）］[4]，DN 值决定了该反应的吉布斯自由能变 $\Delta G^{\ominus}$（*代表吸附在正极上的物质）。

$$LiO_2^* \rightleftharpoons Li^+_{(sol)} + O^-_{2(sol)} \tag{2.15}$$

当溶剂的 DN 值较高时［如二甲基亚砜（DMSO），1-甲基咪唑（Me-Im）］，$\Delta G^{\ominus} < 0$，该反应向右移动，说明超氧化锂更容易溶解在电解液中，这时，Li_2O_2 的生成主要是通过 LiO_2 的歧化反应，电池容量也更大。而当溶剂的 DN 值较低时［如 CH_3CN，二甲醚（DME）］，$\Delta G^{\ominus} > 0$，该反应向左移动，说明超氧化锂在电解液中溶解度较低，倾向于吸附在正极表面，因此从正极上传递的电子更容易将其进一步还原。从动力学上来说，Li_2O_2 一旦在正极表面形成，不容易与其他位置生成的产物成核生长，这会导致 Li_2O_2 覆盖整个正极表面，造成电子传输困难，因此电池的放电容量较低。从图 2.4（b）中可以看到，以 DMSO 和 Me-Im 为电解液的锂空电池的容量要远远大于使用 DME 和 CH_3CN 的电池容量，这就是电池放电路径的不同导致的。

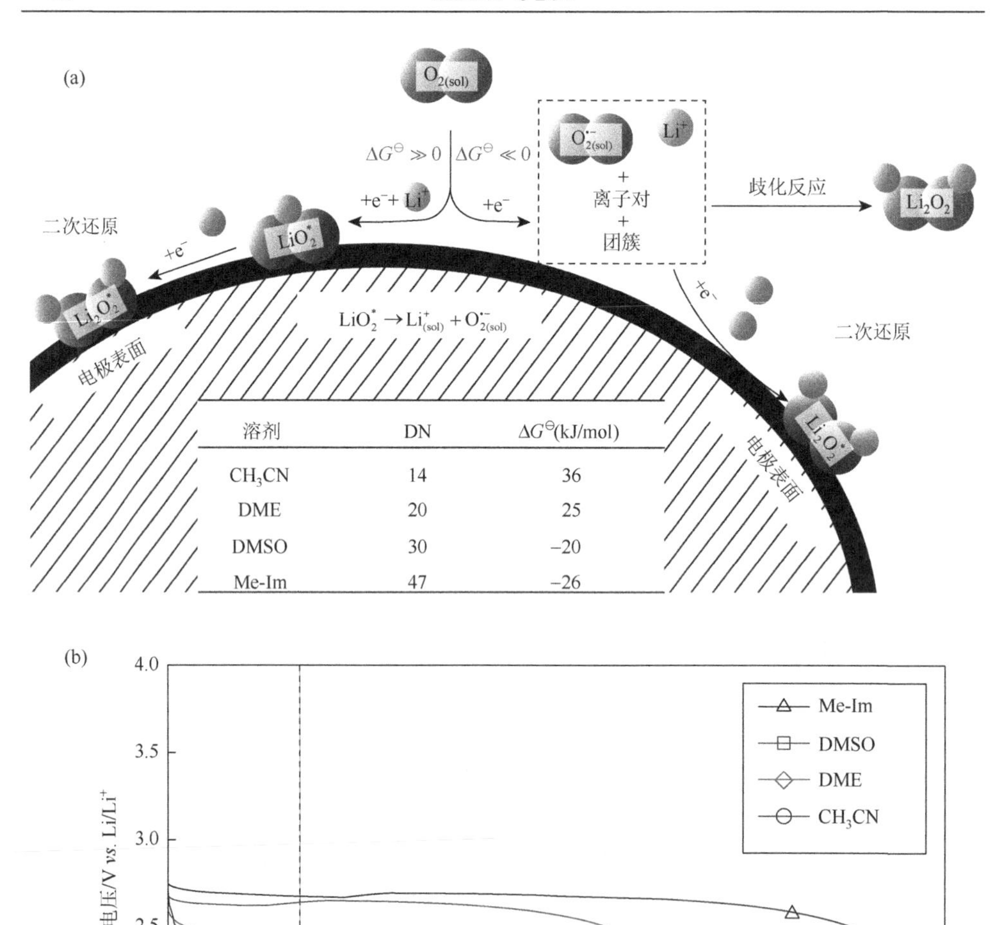

图 2.4 （a）电解液的 DN 值对放电路径的影响；（b）电解液的 DN 值对放电容量的影响[4]

此外，电池正极对 LiO_2 的吸附能也能影响电池的放电路径。2016 年，中国科学院长春应用化学研究所张新波课题组报道了利用负载 RuO_2 的碳纳米管（CNT）来减小 CNT 与 LiO_2 的结合能，从而实现溶剂化路径来促进放电容量的增加[5]。如图 2.5（a）～（c），当使用 CNT 为正极，电池放电至 500 mA·h/g 时，放电产物的形貌为纳米片状；而当容量增加到 1000 mA·h/g 和 2000 mA·h/g 时，产物的形貌没有变化，而是纳米片的数量有所增加。当正极是 RuO_2/CNT，放电至

500 mA·h/g 时，放电产物呈花状，直径为 5 μm；当放电容量增加至 1000 mA·h/g，放电产物变大了，直径生长到了 8 μm；而增加到 2000 mA·h/g 时，花状产物数量增多，并且尺寸进一步增长，达到了 9 μm［图 2.5（d）～（f）］。从这可以看出 RuO_2 的负载确实能够促进产物的溶剂化路径，促进产物的块状生长。经过对产物的表征，可以看到，尽管产物的大小不同，但产物都是 Li_2O_2。在 100 mA/g 的电流下，RuO_2/CNT 能使电池放出 29900 mA·h/g 的电量，远大于 CNT 的 6050 mA·h/g；当电池放电电流增大至 2 A/g，RuO_2/CNT 依然能维持高达 8930 mA·h/g 的容量，但是 CNT 的容量减少至 60 mA·h/g，说明 RuO_2/CNT 不仅能够促进产物的溶剂化生长，还能够催化氧还原反应。

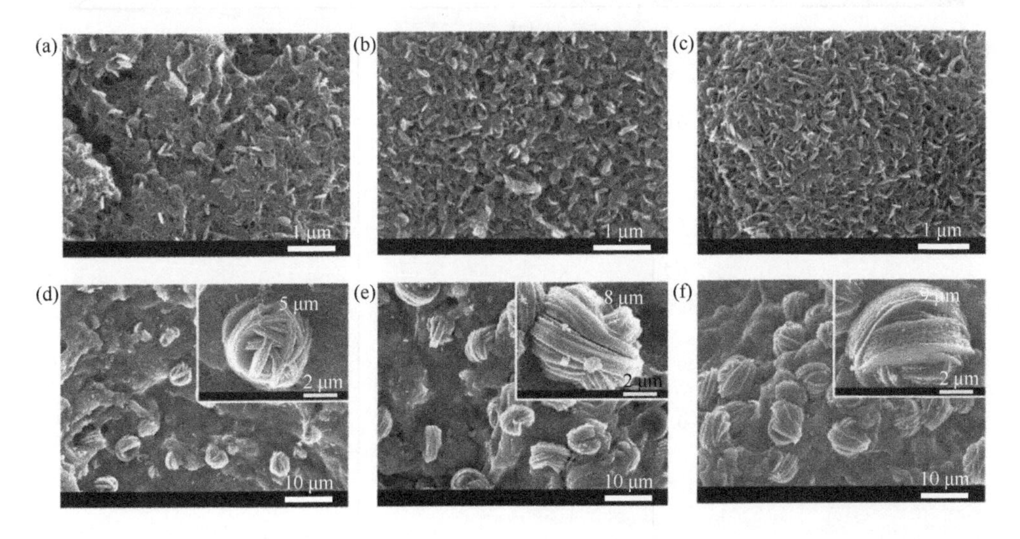

图 2.5　(a)～(c)以 CNT 为正极的锂氧电池分别放电至 500 mA·h/g，1000 mA·h/g，2000 mA·h/g 时的正极产物形貌；(d)～(f)以 RuO_2/CNT 为正极的锂氧电池放电至 500 mA·h/g，1000 mA·h/g，2000 mA·h/g 时的正极产物形貌

为了解释为什么 RuO_2 能够促进溶剂化路径，作者进行了 DFT 理论计算来比较 CNT 和 RuO_2/CNT 对 LiO_2 的吸附能。在 CNT 上，基底对 O_2^- 和 LiO_2 吸附能为−0.82 eV 和−1.72 eV，高于在 RuO_2/CNT 上的−0.13 eV 和 0.21 eV，表明了在 RuO_2/CNT 上，这两种物质更容易从表面进入到电解液中，因此遵循溶剂化路径，这与生成尺寸大的 Li_2O_2 相一致。此外，线性扫描伏安曲线（LSV）可以进一步证明 RuO_2 的作用［图 2.6（b）］。之前的研究者证明在 2.5 V 处的峰是与表面吸附路径的 Li_2O_2 生成有关，而在 2.3 V 处的峰始于溶剂化路径的 Li_2O_2 生长，而 RuO_2/CNT 在 2.22 V 展现出很强的峰，说明了溶剂化路径的 Li_2O_2 的形成。

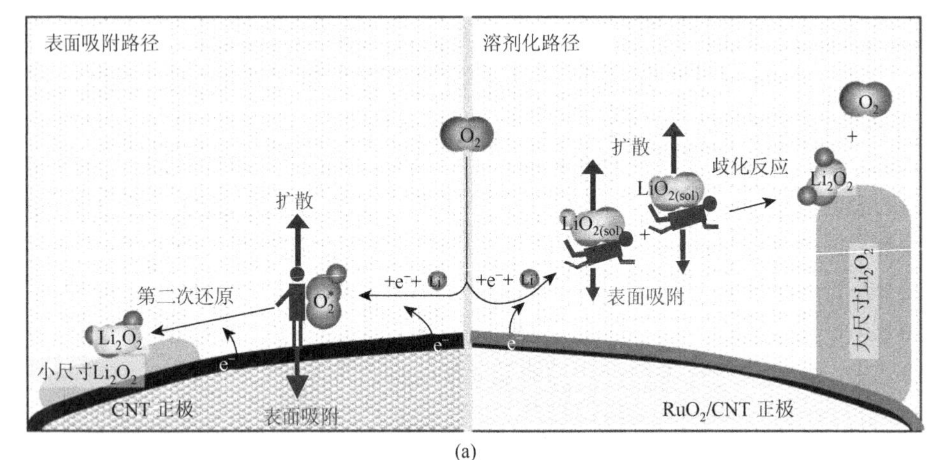

(a)

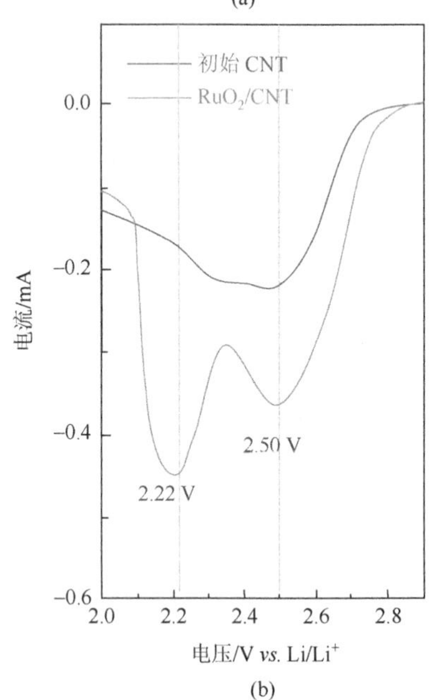

(b)

图 2.6 (a)表面吸附路径和溶剂化路径生成产物示意图;(b)以 CNT 和 RuO_2/CNT 为正极的锂氧电池 LSV

2. 正极部分的副反应

在锂空电池研究初期，研究者所用的正极材料都是商业化碳材料，比如 Super P、XC-72 等。碳材料在高电位下是不稳定的，这是其中一个副反应的来源。Bruce 课题组研究了碳的稳定性[6]，他们证明，在 3.5 V 以下（*vs.* Li/Li^+），碳相对来说是稳定的，但是在 3.5 V 以上是不稳定的，因为 Li_2O_2 的存在，碳会氧化分解形成 Li_2CO_3。此外，碳还促进了电解液的分解，导致了 Li_2CO_3、甲酸锂和乙酸锂等副产物的增加。

Luntz 等也证明了 Li_2O_2 和碳是不稳定的，在它们的界面会生成 Li_2CO_3，Li_2O_2 和电解液之间的界面也会生成 $LiRCO_3$ 等副产物[7]。麻省理工学院的邵阳课题组在 2012 年用同步辐射 X 射线吸收谱给出了 CNT 与 Li_2O_2 界面之间形成 Li_2CO_3 类似物的证据[8]，Li_2CO_3 类似物的累积导致了锂氧电池①的不可逆性增大。

为了避免正极分解所导致的副反应，一些人提出了利用非碳材料来作为锂空正极，2012 年，Bruce 使用多孔金作为正极[9]，在研究锂空电池原理上取得了成功。但是多孔金的成本太高了，合成步骤也很麻烦，于是他们又提出了价格相对低廉的 TiC 来做电池正极[10]，相比于多孔金来说，质量仅为原来的四分之一，合成步骤也更加简单。TiC 正极容量为 350 mA·h/g［图 2.7（a）］，并且能够在 100 圈（电池循环圈数）后仍保持 98%的容量［图 2.7（b）］，而多孔金 100 圈后的容量保持只有 95%。

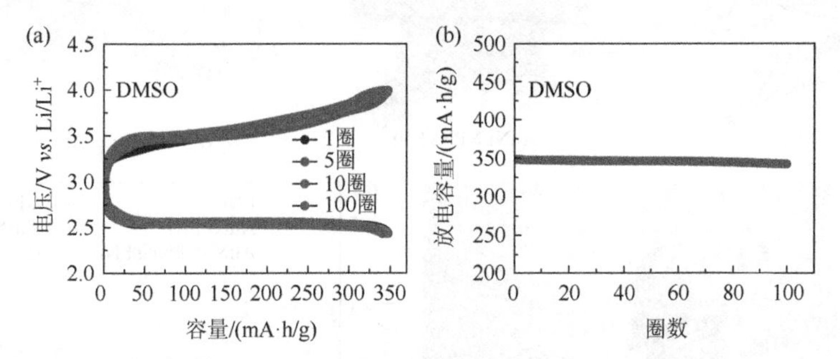

图 2.7 （a）使用 TiC 正极的锂氧电池循环曲线及（b）相应的容量变化

0.5 mol/L $LiClO_4$/DMSO，电流密度为 0.5 mA/cm²

由上可以看出，非碳正极的使用能够显著增强电池的容量保持率，但是由于金属的密度要比碳材料大得多，相应地，基于正极计算得到的电池的质量能量密度要低一些。为了提升非碳正极材料的能量密度，必须要对正极的结构进行设计，使其在保持化学稳定性的同时，有更大的比表面积和活性位点。为此，张新波课题组报道了一种纳米工程设计的超轻、稳定的全金属正极，实现了锂空电池的高容量和长循环稳定性[11]。图 2.8(a)是纳米化全金属正极合成的示意图，以泡沫镍(FNi)为基础，经过煅烧、Au 沉积和合金化等步骤，合成了一体化的金属正极 AuNi/NPNi/FNi，这种正极特别轻，密度只有 3.8 mg/cm³［图 2.8（b）］。在随后的电化学测试中，这种正极表现出了极低的过电势，在 1 A/g 的电流密度下，过电势只有 0.68 V［图 2.8（c）］。此外，这种纳米化的正极能量密度高达 22551 mA·h/g，远超之前的非碳正极材料［图 2.8（d）］。这种全金属电极还能够有效地抑制副反应的发生，从图 2.8（e）可以看出，在 40 圈循环之后，在 Super P 正极上 Li_2O_2 与副产物的比值

① 锂氧电池是指该金属空气电池在氧气环境下测试，锂空电池是指在空气环境下测试。其他金属电池如铝氧（气）电池、锌氧（气）电池，命名含义类同。详细请参考本书 7.1 节。

为 41.3/58.7，而纳米化全金属正极上的 Li_2O_2 与副产物比值为 87.7/12.3。由于副产物的减少，正极钝化的情况明显获得改善，因此纳米化全金属正极使得锂氧电池在 1 A/g 电流下、容量为 3000 mA·h/g 时的循环寿命达到了 286 圈。

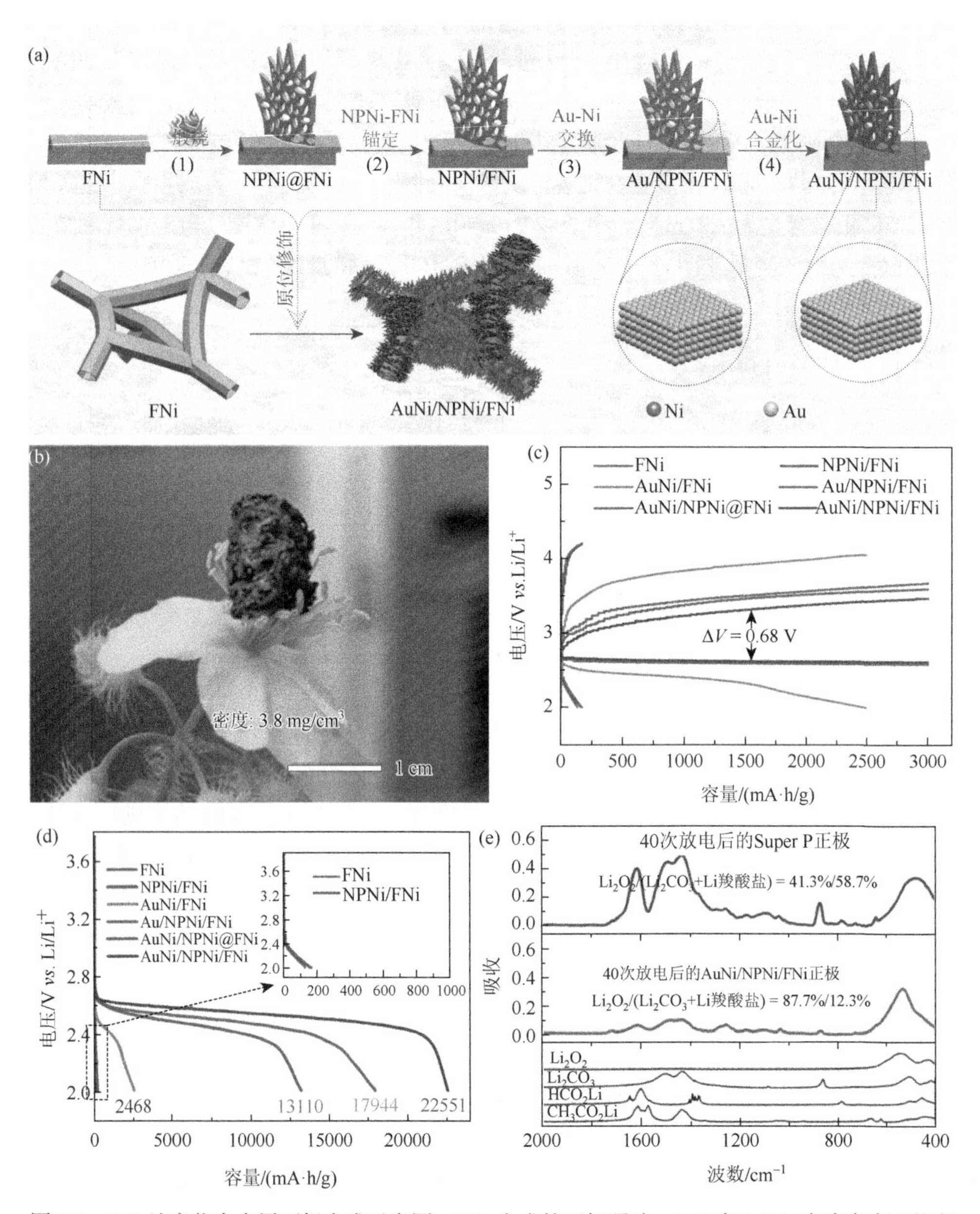

图 2.8 （a）纳米化全金属正极合成示意图；（b）合成的正极照片；（c）在 1 A/g 电流密度下的充放电曲线；（d）放电容量的比较；（e）纳米化全金属正极与 Super P 正极上发生的副反应比较

3. 电解液的副反应

电解液起到了正负极之间桥梁的作用，用于离子的传输。电解液的性质对电池的正负极上离子的反应行为有着重大的影响，同时，也影响着电池的循环性能、倍率性能和比能量。所以，一个理想的电解液应该具有以下特点：

（1）高的离子电导率，一般应达到 $1\times10^{-3}\sim2\times10^{-2}$ S/cm；

（2）高的热稳定性和化学稳定性，不易挥发，在较宽的电压范围内不发生分解；

（3）较宽的电化学窗口，在较宽的电压范围内保持电化学性能的稳定；

（4）与电池其他部分例如电极材料、电极集流体和隔膜等具有良好的相容性；对电池内的反应中间体稳定；

（5）安全、无毒、无污染性。

实际上，在锂空电池的发展过程中，很多研究都是参考锂离子电池的，特别是在电解液方面。在锂空电池的发展初期，人们所用的电解液都是从锂离子电池电解液里面挑选的，当时使用最广泛的是碳酸酯类电解液，那时人们还没有意识到锂空电池体系的复杂性和中间体的攻击性，这些不稳定的电解液一定程度上阻碍了对锂空电池反应机理的认识，减缓了锂空电池的研究进程。在研究初期，很多研究者都报道了碳酸锂、甲酸锂、乙酸锂存在于放电后的正极上，这也就造成了虽然 1996 年就报道了首例非水系锂空电池，但是直到 2012 年才证实了 Li_2O_2 的可逆性。后来，人们逐渐认识到，放电中间体超氧根 O_2^- 及 LiO_2 具有很强的攻击性，会造成电解液的分解，大家开始开发专为锂空电池设计的电解液。逐渐地，人们发现有几个相对来说比较稳定的电解液体系，比如 DME、DMSO、TEGDME（四乙二醇二甲醚）基的电解液，以及一些离子液体型电解液。

2005 年，Kuboki 报道，当使用疏水性离子液体替代 PC（碳酸丙烯酯）/EC（碳酸乙烯酯）电解液时，电池的容量和电池的稳定性都大幅度提升[12]，但是离子液体的高黏度限制了锂空电池的倍率性能。为了减少放电过程中电解质成分的变化和锂负极与水的反应，需要具有低挥发性和低吸湿性的有机溶剂。将电解质制成高极性也是至关重要的，这样可以减少碳基空气电极的润湿和浸水，从而提高电池性能。2009 年，美国西北太平洋国家实验室许武为了寻找合适的一次锂空电池电解液，对一系列的电解质进行了筛选，最终认为 PC/EC 混合溶剂与 LiTFSI 盐的组合是最有希望的电解液[13]。

2011 年，西北太平洋国家实验室张继光研究组发现，在使用 1 mol/L LiTFSI/(PC∶EC，质量比 = 1∶1）时，锂氧电池放电过程中，碳酸烷基锂、碳酸烃基锂和碳酸锂是放电的主要产物，而很难检测到 Li_2O_2 和 Li_2O，这些副产物是由于超氧根阴离子对碳酸酯类电解液的分解导致的[14]。因此，锂氧电池在有机碳酸酯电解质中的循环实际上是一个不可持续的过程，对于真正可充电的锂氧电池来说，需要一种稳定的、在放电和充电过程中不会产生不可逆副产物的电解质。同一年，他们也比较了不同类型的电解液在非水系锂空电池中的稳定性[15]，放电之后，有大量的 Li_2O_2 生成在醚类电解液中，而在腈类、离子液体、磷酸三乙酯（TEPa）、DMSO 中只有少量的 Li_2O_2 生成，并且伴随着副产物 Li_2CO_3、LiF 的产生。根据同位素标记的结果，Li_2CO_3 的来源是电解液溶剂的氧化分解，而不是来自碳正极的分解，LiF 可以归因于超氧根阴离子对黏结剂 PTFE 的攻击和/或含氟盐的分解。BDG 是所研究的电解液中最稳定的。

Bruce 课题组在电解液方面也进行了很多探索，2011 年，他们使用 1 M① $LiPF_6$/TEGDME 作为锂空电池电解液[16]，发现放电产物中不仅含有 Li_2O_2，还有 Li_2CO_3、HCO_2Li、CH_3CO_2Li，并且放电产物会随着电池的循环而累积，作者将这种产物的来源归因于 O_2^- 导致的电解液的分解。作者认为尽管醚类电解液要比碳酸酯类电解液更加稳定，但是他们在循环过程中都不稳定，因此都不适合作为锂空电池电解液。

2011 年，他们也提出了碳酸烷基酯的分解机理，解释了为什么在放电过程中会产生一系列的含锂有机物和碳酸锂[17]。以碳酸丙烯酯为例，超氧根会进攻亚甲基的位置，使其开环，经过进一步的氧化分解可以生成 H_2O、CO_2、HCO_2Li、CH_3CO_2Li 等副产物，而开环后如果进一步失氧，再与 CO_2 反应，则会生成更长链的锂盐。更进一步地，他们在 2012 年证明了二甲基甲酰胺不适合作为锂空电池的电解液，也会生成以上的副产物[18]。

2012 年之后，稳定电解液的使用推动了锂空电池的快速发展，此时电解液已经不是限制锂空电池研究的因素了。2012 年，张新波课题组报道了 DMSO [19]和环丁砜（TMS）[20]作为锂空电池的电解液。与基于 TEGDME 和 PC 的电解液相比，基于 DMSO 的电解液的电池即使使用普通的碳阴极，也表现出了高放电平台（2.8 V *vs.* Li^+/Li）和大容量（9400 mA·h/g）等特点。DMSO 这种溶剂在之后的锂空电池研究中作为电解液的溶剂被广泛使用，包括 Bruce 在 2012 年证明 Li_2O_2 可逆的报道[9]，以及 Asadi 在 2018 年报道的类空气环境下的长循环锂空电池[21]。另一种溶剂，环丁砜（TMS），也在 2012 年被提出[20]，因为它具有较高的锂盐溶解度、低毒性、优越的安全性、低挥发性和耐高压性（5.6 V *vs.* Li^+/Li）。因此，该电池展现出良好的性能，在 0.05 mA/cm^2 时达到 9100 mA·h/g，在 0.5 mA/cm^2 时达到 1700 mA·h/g。此外，Jung 等在 2012 年报道了 $LiCF_3SO_3$-TEGDME 作为稳定的电解液[22]，这种电解液的组成在之后也广为接受。

以上所谈到的电解液的不稳定性来源于高电压和超氧根的攻击，直到 2016 年，

① M 在表示浓度时是一个业界通用用法，1 M = 1 mol/L，本书余同。

这个认识才开始被打破。慕尼黑工业大学 Wandt 等在锂氧电池充电过程中观测到了单线态氧（$^1O_2$）的产生[23]，他们利用原位的电子顺磁共振（EPR）装置发现，在 Li_2O_2 充电至 3.5 V 以上时，单线态氧开始产生。单线态氧是激发态氧分子。基态氧分子（三线态氧分子，$^3O_2$）被激发后，原本两个 2pπ*轨道中两个自旋平行的电子，既可以同时占据一个 2pπ*轨道、自旋相反，也可以分别占据两个 2pπ*轨道、自旋相反。两种激发态，S = 0，2S + 1 = 1，即他们的自旋多重性均为 1，是单重态（分别用 $^1\Delta_g$ 和 $^1\Sigma_g^+$ 表示），其分子轨道如图 2.9 所示。$^1\Delta_g$ 和 $^1\Sigma_g^+$ 的能量高出基态的值分别为 92.0 kJ/mol 和 154.8 kJ/mol，因此单线态氧是一种很强的氧化剂。

自此报道之后，单线态氧的问题开始受到领域内的重视。奥地利科学技术研究所 Freunberger 课题组在该领域做出了重要贡献。2017 年，他们在 *Nature Energy* 上发表报道，指出在锂氧电池放电过程中和充电初始阶段产生的 $^1O_2$ 是造成副产物的主要来源[24]。放电过程中产生的 $^1O_2$ 比较少，充电过程中产生的 $^1O_2$ 比较多，这与充放电过程中 e^-/O_2 的值与理论值 2 的偏差相一致。而 $^1O_2$ 的来源可能是超氧化物或过氧化物。他们还证明了添加 $^1O_2$ 猝灭剂作为电解质添加剂可以显著减少与 $^1O_2$ 有关的副产物的量[25]。

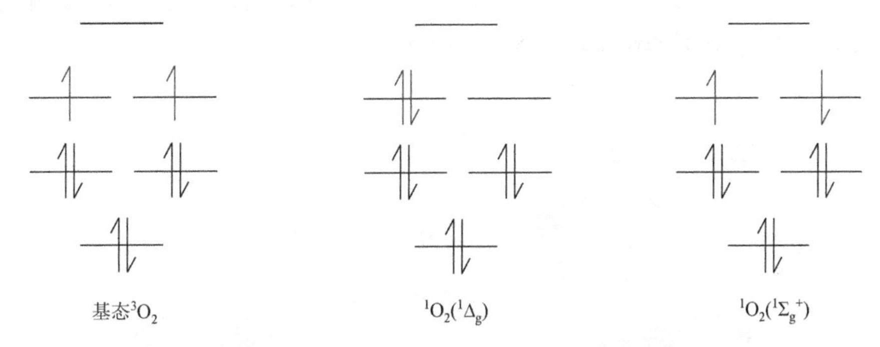

图 2.9　基态氧（$^3O_2$）和单线态氧（$^1O_2$）的分子轨道

前面的研究只是证明了 $^1O_2$ 的产生，但是其生成的机理并没有被研究清楚。2019 年，Freunberger 课题组继续进行了深入研究[26]，提出了 $^1O_2$ 的来源是因为超氧根或者超氧化物的歧化反应导致的：

$$2O_2^- \longrightarrow O_2^{2-} + x^3O_2 + (1-x)^1O_2 \tag{2.16}$$

该反应中，$^1O_2$ 组分可以被较弱的 Lewis 酸（如有机阳离子）增强，同时随着 $^1O_2$ 成分的增加，过氧化物的产量有所减少。知道了 $^1O_2$ 的生成原理，就可以通过加入添加剂来捕获 O_2^-，从而减少单线态氧的产生。2020 年，香港中文大学卢怡君课题组就证明了在电解液中加入氧化还原介体（RM）可以减少 $^1O_2$ 的生成[27]，在充电过程中，RM 会被氧化成 RM^+，RM^+随后与 O_2^- 结合，通过系间窜越（处于激发态分子的电子发生自旋反转而使分子的多重性发生变化的非辐射跃迁的过程）使 O_2^- 变成 O_2。本方法从源头上控制了 Li_2O_2 充电过程中 $^1O_2$ 的生成，要比加入猝灭剂更加有效果。具体地，他们用原位的紫外可见光谱证明了在充电过程中，如果有 1 mmol/L 的氧化还原介体 TEMPO（2, 2, 6, 6-四甲基哌啶氧化物）的存在，猝灭剂 DMA（9, 10-二甲基蒽）的消耗会显著降低；如果没有 TEMPO，那么充电过程中 DMA 就会很快地消耗；而增加 TEMPO 的浓度至 2 mM 时，那么 DMA 的浓度没有明显的变化。

单线态氧不仅仅会促进电解液的分解，还会使 RM 分解失效。Sun 和 Freunberger 课题组在 2019 年报道，单线态氧会使 DMPZ（二甲基吩嗪）和 TTF（四硫富瓦烯）失活[28]。同年，Sun 课题组就报道了使用 RM 与猝灭剂相结合的方式可以减少副反应的发生（图 2.10）。在充电过程中，电池的电压甚至会上升至 4.5 V，而很多猝灭剂的稳定电压不超过 4 V，所以猝灭剂在循环过程中逐渐失效。为了解决这个问题，就需要降低充电电压。在电解液中加入 RM 就是降低充电电压的有效策略，因此，当 RM 加入时，电压得到了降低，猝灭剂就能够稳定下来。而猝灭剂又能够将 $^1O_2$ 转变成 $^3O_2$，使得 RM 稳定下来，这样，两者实际上是起到了互相保护的效果，这就类似于生物学中的共生关系，离开一方，另一方就无法稳定存在（*ACS Catalysis*，2019，9：9914-9922）。

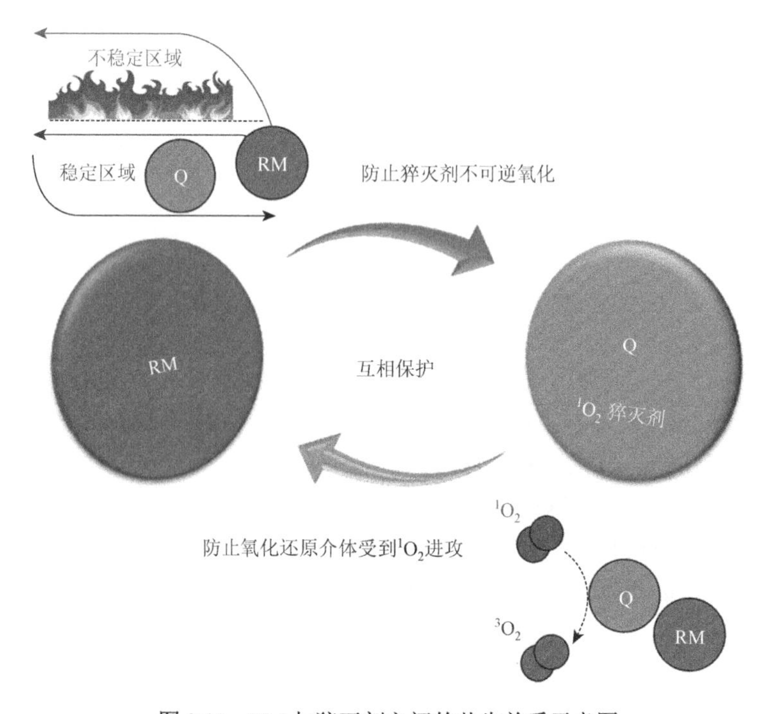

图 2.10　RM 与猝灭剂之间的共生关系示意图

4. 负极的副反应

在锂空电池发展初期，电池的循环性能主要受正极一侧的制约，对负极的关注比较少。当锂空电池领域慢慢发展起来，电池性能有了大幅度提升之后，负极的问题变得更加突出，引起了人们的关注。2012 年，Assary 等开始关注到负极的腐蚀情况[29]，他们认为氧气穿梭在锂负极腐蚀中起到了重要作用，在 O_2 的存在下，锂与电解液界面之间的反应会发生变化，作者利用非原位 XRD（X 射线衍射）和红外光谱在界面发现了 LiOH 和碳酸酯类化合物。2013 年，当时在美国阿贡国家实验室工作的水江澜利用同步辐射原位 XRD 和原位 X 射线 3D 扫描对锂氧电池循环过程中的负极演化进行了监测[30]，XRD 结果表明，随着循环的进行，LiOH 的峰越来越强，而锂的峰越来越弱，这就鉴定了锂负极腐蚀的主要产物是 LiOH，这也说明了锂氧电池中锂的可逆性很差。而生成的 LiOH 的形貌也能够被 3D 扫描清楚地观察到，具体来说，LiOH 层显示出巨大的裂缝和孔洞，随着腐蚀深入，这些裂缝和孔洞会裂开，形成更小的孔洞。最终，具有光滑纹理的金属锂转变为多孔的氢氧化物层。LiOH 的来源很可能是锂和循环过程中电解液分解所产生的 H_2O 反应导致的。而生成的 LiOH 是疏松多孔的，Li^+仍然能够传输，电解液产生的水仍然能够渗透进去，直到锂金属消耗殆尽。

值得注意的是，在本研究工作中并没有观察到锂枝晶的存在，这也证明了在锂空电池中，锂的腐蚀问题比锂枝晶问题更加突出。在认识了锂负极腐蚀的原理之后，大家开始针对性地提出了各种负极保护的措施。而锂空负极的保护策略的发展时间与锂金属电池的研究是同步的，因此，这两种电池的保护策略能够相互借鉴，同步发展。

为了抑制锂的腐蚀，就要利用多种方式对锂表面进行修饰，或者从根源上解决腐蚀锂的物种，目前锂保护的方法已经研究了很多种，大致有以下几种思路。

一是直接在锂表面用非原位的方法生成保护膜或者形成一层固态电解质界面（SEI）层，这层保护膜能够阻止电解液中的水、超氧根、电解液分解的副产物等物质的攻击，从而稳定负极，但是这层膜容易在循环过程中破损，导致后续的电池循环性能下降。

二是直接包覆的方法，包覆层要比 SEI 层厚，但是包覆层可以被赋予多种不同的性质，比如疏水性来阻隔水的侵入，还能调节锂离子扩散，使其均匀沉积，减少锂枝晶的出现。这种保护效果通常比较持久。

三是在电解液中加入特定的添加剂使其在电池运行过程中原位生成保护性的膜，这种方法简单易行，还可以针对 LiOH 的性质加入添加剂与 LiOH 反应，生成自修复的膜。

四是对负极进行合金化，比如锂碳合金、锂硅合金、锂钠合金等，利用合金更加稳定、更耐腐蚀的特点，实现负极稳定的长循环。

除了负极的保护，对负极表界面进行探测也在近年来得到了快速的发展。原位光学显微镜能够清楚地观察到在充放电过程中锂表面的演化过程，渐渐地变成了一种常规手段，这种简便的方法在观测枝晶时非常有效。但是光学显微镜的分辨率（～0.2 μm）限制它在更加微观尺度上的观测。扫描电镜、透射电镜和原子力显微镜可以在更小的尺度上（1～10 nm）来观察，由于透射电镜中的电子打到锂上会产生热效应，破坏锂的结构，近年来，冷冻电镜在解析锂金属枝晶的结构上也发挥了重大的作用。以上是结构的观测工具，对成分的测试可以用 X 射线衍射（XRD）、X 射线光电子能谱（XPS）、傅里叶变换红外光谱（FTIR）、Raman 光谱、核磁共振（NMR）以及飞行时间二次离子质谱（TOF-SIMS）。总之，利用多种分析测试手段有利于我们加深对锂空电池中负极的演化机制的认识，从而开发出更具有针对性的保护策略。

2.2.3 钠空气电池

近年来随着动力锂电池在电动车上的应用，市场对锂电池的需求不断增加，这就使得锂的价格不断升高，购买电动车的成本也越来越高。为了充分发挥金属空气电池的高能量密度的优势，同时降低电池的价格，可以考虑将金属锂替换成金属钠。与此同时，在离子电池领域，钠离子电池的研究也越来越多，在瞄准低成本电池方面，这两个不同的电池领域展现出了研究的一致性。为了直观展示钠空电池的优势，表 2.1 给出了钠氧电池和锂氧电池的区别。

表 2.1 $Na-O_2$ 电池和 $Li-O_2$ 电池的比较[31]

	$Na-O_2$ 电池	$Li-O_2$ 电池
能量密度（W·h/kg）	1108（NaO_2）	3500（Li_2O_2）
放电电压（V）	～2.2	～2.7
放电产物	NaO_2 或/和 Na_2O_2	Li_2O_2
充放电过电势	～0.2 V（生成 NaO_2）	～1.5 V（生成 Li_2O_2）
元素丰度	地壳含量的 2.3%	地壳含量的 0.0065%
当前金属价格（$/t）	3000	16500
金属离子半径（Å）	0.98	0.69
副反应	较少	复杂

相比于锂空电池，钠空电池的发展要滞后很多。尽管在 1972 年，美国阿贡国家实验室的 O'Hare 就已经利用热力学和理论计算得到了 $2Na(c)+\frac{1}{2}O_2(g)\longrightarrow Na_2O(c)$[32]，但钠空电池的首次报道是在 2011 年，Peled 等报道了在 105 ℃下运行的钠氧电池[33]，这个温度高于钠的熔点（97.8 ℃），因此是液态钠氧电池，所用的电解质是聚合物电解质，电池的放电电压为 1.7 V，而充电电压为 2.8 V。本文主要研究的是负极的沉积溶解情况，并没有涉及对正极的表征，只是猜测正极的产物是 Na_2O_2 或 NaO_2。2012 年，傅正文报道了室温下的钠空电池[34]，用的是 1 M $NaPF_6$/（EC/DMC）电解液，正极的气体是用干燥的空气，电池放电电压高达 2.3 V，充电电压为 3.5 V，充电电压比上一个工作要高，可能是因为在干燥的空气下，CO_2 可能参与了反应，生成了 Na_2CO_3，还有可能是电解液的分解引起了一些副产物的堆积，这些产物更加难以分解，导致充电电压的升高。该电池在 1/60C 和 1/20C 的电流下，可实现高于 3500 mA·h/g 和 2500 mA·h/g 的比容量。作者利用透射电镜选区电子衍射对正极的产物进行了表征，发现正极的主要产物是多晶 Na_2O_2。相比高温下的钠空电池，常温下钠空电池可能面临着循环性能差、枝晶生长和安全问题。

2012 年，德国吉森大学 Janek 和 Adelhelm 课题组报道了在室温下的钠氧电池[35]，该电池使用 0.5 M NaOTf（商业）/TEGDME 电解液，无催化剂的纯碳正极 GDL 在大电流下（0.2 mA/cm^2）实现了非常低的过电势（＜200 mV），容量高达 3.3 mA·h［图 2.11（a）］，在各个电流下所展示出的电池的容量都比相应的锂氧电池要更高。经过气体消耗的定量测试，作者发现，充放电都是通过 $1e^-/O_2$ 反应进行的［图 2.11（b）］，放电产物只有立方体形状的超氧化钠（NaO_2），这得到了 SEM 形貌表征和 XRD 测试的证实［图 2.11（c），（d）］。这个工作展现了钠空电池具有极低的过电势，这意味着它的能量效率要更高，同时所伴生的副反应要更少，体系也更加稳定，这是相对于锂空电池的优势。

2013 年，韩国首尔国立大学 Kang 课题组分别利用 1 M $NaClO_4$/PC 电解液和 1 M $NaClO_4$/TEGDME 电解液作为钠空电池的电解液，使用 KB 碳（ketjenblack）作为电池正极[36]。当使用 1 M $NaClO_4$/PC 电解液时，对放电后的正极进行了 XRD 和红外的表征，作者发现碳酸钠是放电的主要产物，这种情况归结于 PC 的分解。这与之前所报道的 Na_2O_2 或 NaO_2 是钠空电池的产物不一致，但是与之前的锂空电池的情况一致，使用碳酸酯电解液的锂空电池放电产物是 Li_2CO_3。在充电之后，Na_2CO_3 能够完全分解。放电过程中生成的 O_2^- 会进攻 PC 分子，导致开环反应，产生 CO_2，之后进一步产生 $C_2O_6^{2-}$，最终生成 Na_2CO_3；而在充电过程中，Na_2CO_3 能够分解生成 CO_2 和 O_2^-，而 O_2^- 能够进一步促进 PC 分解成 CO_2 和 H_2O。

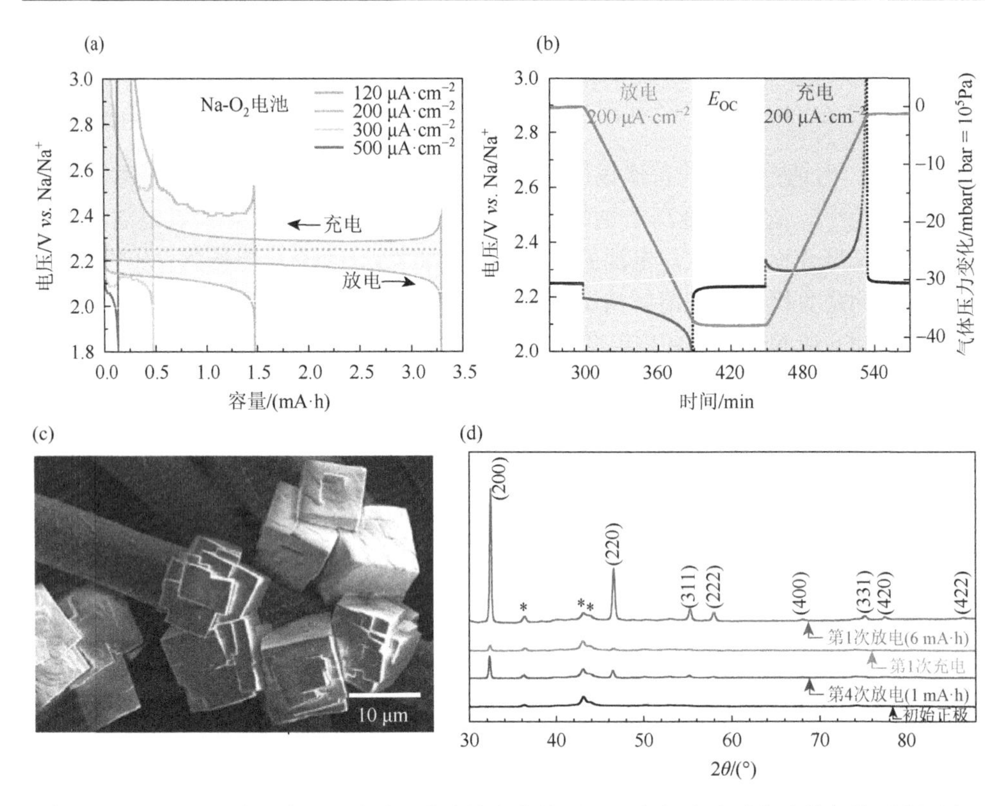

图 2.11 （a）Na-O_2 电池在不同电流下的充放电曲线；（b）放电-充电过程中的气体压力测试；（c）放电产物的形貌；（d）对放电产物的 XRD 测试

在 1 M $NaClO_4$/TEGDME 电解液中，电池的首圈放电容量高达 6000 mA·h/g，但是放电电压为 2 V，要低于在 PC 电解液中的电压，这也表明，在两种电解液中发生的反应是不一样的。从对放电后的正极 XRD 结果来看，$Na_2O_2·2H_2O$ 是主要放电产物，也存在少量的 NaOH，这与之前所预料的 Na_2O_2 和 Na_2O 不一致，水合物的 Na_2O_2 还是首次报道。作者猜测水合物的形成是因为 TEGDME 的分解产生的水与 Na_2O_2 反应生成。之后作者测试了不同充电阶段的正极的 XRD，在恒压 2.5 V 下充电后，$Na_2O_2·2H_2O$ 产物完全分解，只剩下 NaOH，在随后的充电中，NaOH 能够完全分解。

2013 年，傅正文课题组报道了石墨烯纳米片（GNS）在钠空电池中的应用[37]，相比普通的碳正极，使用 GNS 的电极片的电池具有更高的容量，在 300 mA/g 电流下，电池的放电容量为 6208 mA·h/g，远高于 C 正极的 2030 mA·h/g，在 200 mA/g 电流下，容量更是达到了 9268 mA·h/g。从线性伏安扫描曲线上看，C 正极的起始电位是 2.58 V，而 GNS 起始电位为 2.82 V，还原峰和氧化峰的峰电流也更大，证明了 GNS 优异的氧还原反应（ORR）和氧析出反应（OER）性能。使用 GNS 的钠空电池能够在循环前 10 圈保持稳定，但是之后极化现象明显，这可能是由于产物沉积在正极导致的。作者利用透射电镜电子衍射鉴定得到放电产物是 Na_2O_2。

2014 年，Kang 课题组利用第一性原理对钠氧电池的反应机理进行了研究[38]，他们发现，在标准状态下，钠氧电池和锂氧电池的放电产物分别是 NaO_2 和 Li_2O_2，此外，对放电产物主要表面的 OER 进行了模拟，结果显示 NaO_2 的分解能垒要远低于 Li_2O_2 的反应能垒，因此 NaO_2 才能在如此低的电位下分解。而在 Ceder 课题组的计算结果中（*Nano Lett*，2014，14：1016-1020），他们研究了温度、氧压、晶粒大小对 Na_2O_2 和 NaO_2 的稳定性，最终认为在标准状态下，体相的 Na_2O_2 要比 NaO_2 更加稳定，然而在尺寸＜10 nm 时，NaO_2 是更加稳定的。作者还得出结论，从动力学上来说，NaO_2 比 Na_2O_2 更容易成核。虽然还需要进一步的研究来澄清这些差异，但很明显，Na_2O_2 和 NaO_2 的形成驱动力是非常接近的。

2014 年，Janek 和 Adelhelm 注意到大家在钠空电池的放电产物上产生了分歧，前面提到了 Na_2CO_3、Na_2O_2、$Na_2O_2{\cdot}2H_2O$、NaO_2 已经被报道，到底是什么原因导致了这些差异呢？他们又利用不同的碳材料作为钠空电池的正极，来检测一下正极材料是否会对放电产物产生影响[39]。经过对热力学的分析，NaO_2 和 Na_2O_2 都是可能的放电产物，尽管如此，他们在利用了六种碳材料的钠空电池中还是只得到了 NaO_2 为最终产物。从图 2.12（a）可以看到，尽管不同碳贡献的容量有所不同，但是过电势都还是保持在较低的水平，而在图 2.12（b）的放电产物的 XRD 测试中，可以看到，都是 NaO_2 的峰。由此可以看到，正极材料的变化不太可能会影响放电产物的类型，这就意味着可能是其他隐藏因素导致了产物的不同。之后他们又尝试了使用 CNT 作为钠氧电池的正极[40]，NaO_2 为放电产物，放电容量达到了 4.2 mA·h/cm^2（1530 mA·h/g），在 0.5 mA·h 固定容量下，电池循环寿命能达到 140 圈。

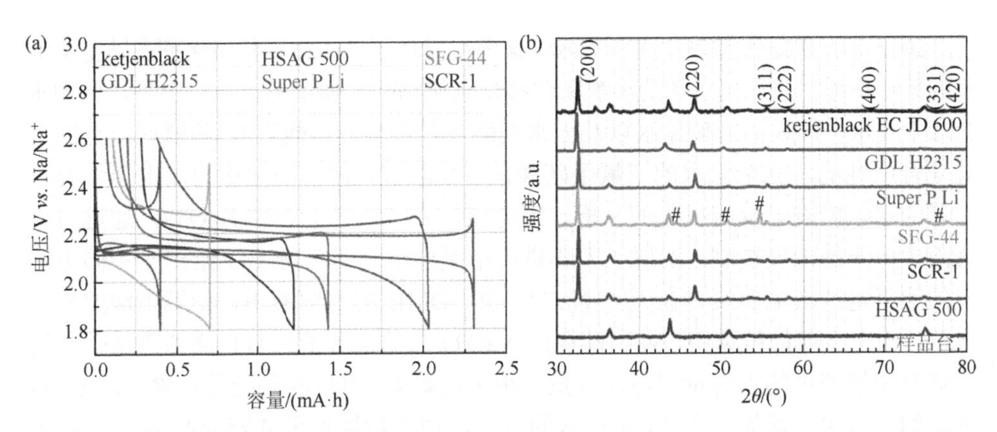

图 2.12　（a）不同碳正极的钠空电池放电-充电曲线以及（b）放电后的正极的 XRD 测试

之后，Yang 课题组报道了使用 0.1 M $LiClO_4$/DME 为电解液，CNT 为正极的钠空电池[41]，他们发现，在这个电池中 NaO_2 仍是唯一的放电产物，即使电解液中水含量高达 6000 ppm（1 ppm = 10^{-6}），仍然没有测试到 Na_2O_2 的存在，但是当 NaO_2 暴露在环境空气下，就会生成 $Na_2O_2·2H_2O$，这就意味着空气中的水可能会对产物产生影响。此外，他们还研究了放电产物 NaO_2 的晶粒尺寸对放电电流的依赖关系，在大电流下放电，产物尺寸小，在小电流下放电，产物尺寸可达 500 nm。

为了研究空气中水的影响，加拿大西安大略大学孙学良课题组研究了不同湿度下的钠空电池的放电产物（图 2.13）[42]。在干燥的空气下，电池的放电产物是 Na_2O_2 和 NaO_2 的混合物；当 RH 增加到 10%时，产物是 Na_2O_2 和 NaOH；当增加到 30%时，产物又变成了 $NaOH·H_2O$；当 RH 进一步增加到 60%，产物变成了 Na_2CO_3。这表明了空气中的 H_2O 对钠空电池的显著影响，实现真正在空气下运行的钠空电池困难重重。

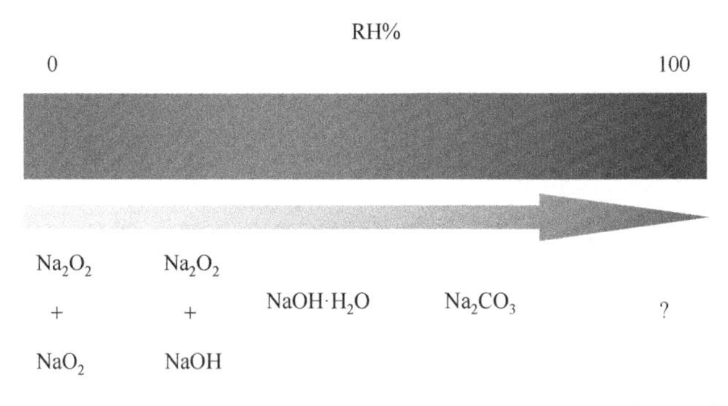

图 2.13　不同的相对湿度（RH）下，钠空电池放电产物的演变

2015 年，加拿大滑铁卢大学 Nazar 课题组发现了质子相转移催化剂在钠空电池里的独特作用，质子可以帮助溶解和转移超氧化物[43]。质子的来源有多种，比如水合盐中的水、体系中的痕量水以及无水弱酸（苯甲酸、乙酸等）。理解这一点的关键是合成纯的、完全无水的三氟甲磺酸钠（NaOTf）盐。商业化的盐中会含有一定量的水，影响对反应机理的分析，因此该作者合成了无水的 NaOTf，通过对电解液中质子的浓度控制，实现了大容量的钠氧电池。图 2.14（a）给出了不同电解液的钠氧电池放电曲线，在无水 NaOTf/DEGDME 的电解液中，钠氧电池的容量很低，而在之前的报道中，使用商业的 NaOTf 盐的电解液具有很高的容量[35]，这意味着电解液中的水含量对电池容量有很大的影响。可以看到随着水含量的增多，电池的容量也在增加，含 14 ppm 水的电解液使容量增加至 4.25 mA·h/cm^2，加入 10 ppm 苯甲酸和 10 ppm 乙酸也能使电池的放电容量分别增加至～4.5 mA·h/cm^2

和～5.2 mA·h/cm²。而对应的放电后正极的 XRD 测试表明，生成的产物是 NaO_2［图 2.14（b）］。从图 2.14（c）～（f）中，可以看到放电容量的增加所引起的产物尺寸增加。

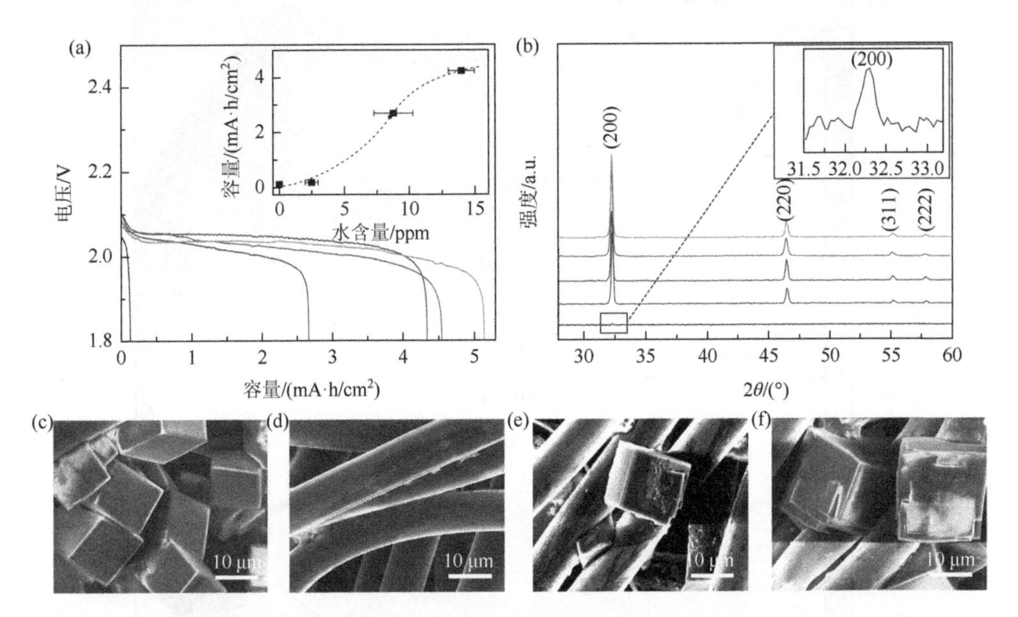

图 2.14 （a）不同水含量的电解液的钠氧电池首次放电曲线，电流密度为 50 μA/cm²；无质子催化剂对应容量为 0.1 mA·h/cm²，含 8 ppm H_2O 的电解液对应容量为 2.65 mA·h/cm²（产物尺寸为 10 μm），含 14 ppm H_2O 的电解液的对应容量为 4.25 mA·h/cm²（产物大小为 25～30 μm），含 10 ppm 苯甲酸的电解液对应容量为～4.5 mA·h/cm²，含 10 ppm 乙酸的电解液对应容量为～5.2 mA·h/cm²；（b）对应的放电后的正极 XRD 测试；放电后正极上产物的形貌：（c）含 8 ppm H_2O；（d）无水电解液；（e）商业 NaOTf 盐的电解液；（f）含 10 ppm 苯甲酸的 NaOTf 电解液

在充电过程中，作者利用微分电化学质谱（DEMS）对含 10 ppm 水的电解液的电池进行了监测，产生的气体中只有 O_2，是 1.1 e^-/O_2 过程，没有 CO_2 的出现。接下来作者对质子的作用进行了探讨，他们认为，当 O_2 被还原成 O_2^- 后，因为 O_2^- 是强布朗斯特酸（Brønsted acid），所以能够从 H_2O 或弱酸中获得一个质子，形成 HO_2，溶解在电解液中。当遇到溶剂化的 Na^+ 后，生成 NaO_2，即

$$HO_2 + Na^+ \longrightarrow NaO_2 + H^+ \tag{2.17}$$

重新生成的 H^+ 能够继续在下一个循环中发挥作用［图 2.15（a）］。当电解液中的 NaO_2 饱和后，就会成核生长。在充电过程中，NaO_2 能够完全分解。在没有水存在的电解液中，充电电位要高于 4.0 V，能量效率较低；而在含有 10 ppm 水的电解液中，充电电位显著降低（＜2.5 V）。在这个过程中，H^+ 也起到了关键的

作用，有点类似于锂氧电池中氧化还原介体的作用，促进电荷的转移和产物的分解［图 2.15（b）］。

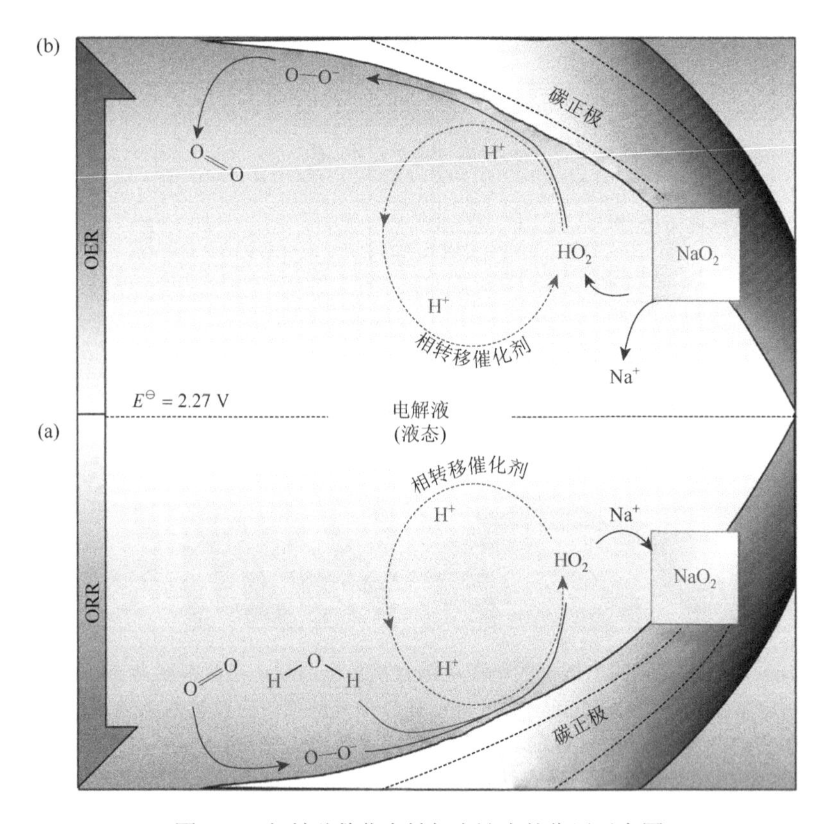

图 2.15　相转移催化在钠氧电池中的作用示意图

正极产物的争论依然在继续。2015 年，孙学良课题组使用在碳纸上原位生长的氮掺杂的 CNT 为正极，0.5 M NaOTf/DEGDME 为电解液用于组装钠氧电池，经过同步辐射检测，作者认为 Na_2O_2 和 NaO_2 都存在于放电产物中[44]。温兆银课题组利用负载 Pt 纳米粒子的石墨烯纳米片，1 M $NaClO_4$/PC 电解液[45]，得到的钠空产物是 Na_2CO_3。郭向欣课题组比较了 EC/PC、PP13TFSI、TEGDME 等电解液，还是没有得到纯的 NaO_2 放电产物[46]。利物浦大学 Hardwick 认为，电解液溶剂的性质决定了产物类型[47]，在低 DN 值的电解液中生成的是 Na_2O_2，高 DN 值的电解液中生成的是 NaO_2。

2016 年，Janek 课题组总结了之前报道的钠空电池的结果，发表综述指出[48]，尽管 NaO_2 和 Na_2O_2 作为放电产物都有报道，但是，NaO_2 的鉴定是毋庸置疑的，无论是用拉曼光谱还是 XRD，都能得到 NaO_2 的清晰信号。而 Na_2O_2 的表征相对来说不太可靠，甚至连反应机理都是不清楚的，因此作者提出了可能的反应路径（图 2.16）来解释 Na_2O_2 的形成。

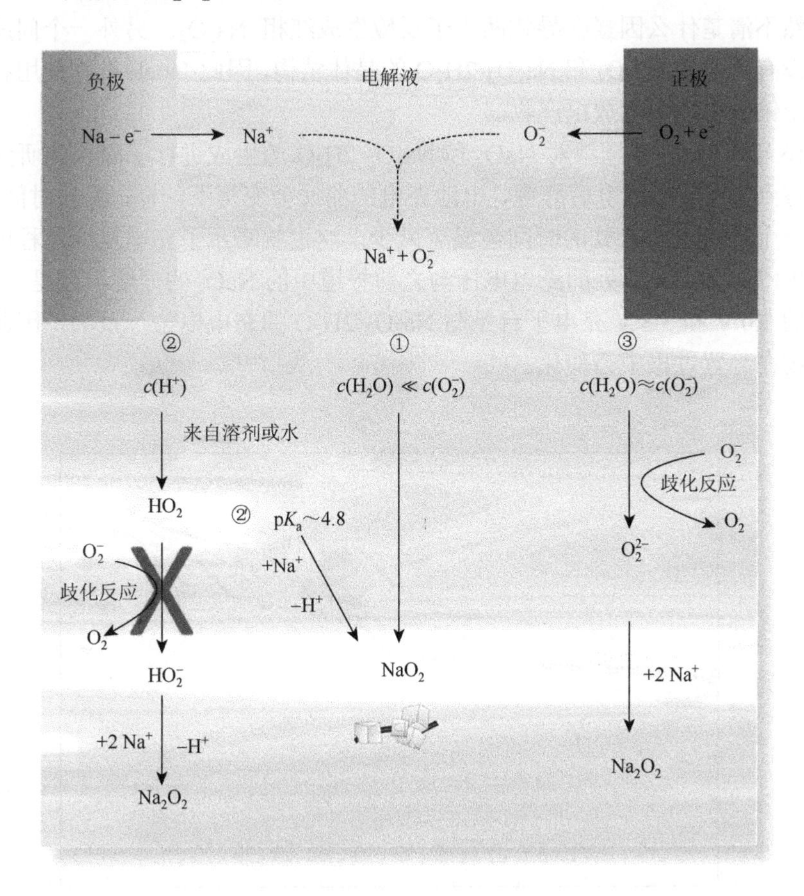

图 2.16　NaO_2 和 Na_2O_2 可能的生成路径

对路径①来说，即使很少的水也能影响 O_2^- 和 NaO_2 的溶解度，当水的浓度远小于 O_2^- 的浓度，电解液中水含量在 10～1000 ppm 时，直接生成 NaO_2 这个路径是最有可能的。当水含量与 O_2^- 相当时，可能会通过歧化反应生成 O_2^{2-}，进一步生成 Na_2O_2（路径③）。之前提到过，除了水之外，有机物（苯甲酸、乙酸）也可提供质子，通过路径②来生成 Na_2O_2。但是溶剂化的 O_2^- 可能会与质子结合生成 HO_2，HO_2 的 pK_a 为 4.8，导致 HO_2 的浓度很低，进一步还原为 HO_2^- 的反应不太可能发生，那么 NaO_2 的沉积是更加合理的。此外，结合之前的报道和热力学计算，$Na_2O_2 \cdot 2H_2O$ 可以通过反应（2.18）来进行：

$$2NaO_2 + 2H_2O \longrightarrow Na_2O_2 \cdot 2H_2O + O_2 \tag{2.18}$$

而进行该反应所需的水含量更多，电解液中痕量水无法满足该反应的要求，因此 $Na_2O_2 \cdot 2H_2O$ 的生成也可能是因为电解液中的水含量过高导致的。到目前为止，仍然不清楚什么因素会导致两电子反应生成纯相 Na_2O_2。另外一个问题就是目前还没有人报道 Na_2O_2 和 $Na_2O_2 \cdot 2H_2O$ 的晶体结构，因此 Janek 推荐使用拉曼光谱来鉴定钠氧电池中的放电产物。

2016 年，Kang 课题组对 NaO_2 和 $Na_2O_2 \cdot 2H_2O$ 的生成进行了深入的研究[49]，他们观察到，当电池放电后静置，电池充电的曲线会变得不一样，静置时间增加，充电第一个平台 2.5 V 处的时间会显著减少，这也就暗示了充电反应过程的不一样（图 2.17）。在 2.5 V 处的充电电压与之前报道中的 NaO_2 的分解电压是一致的，而之后的 3.0 V 和 3.8 V 充电平台是与 $Na_2O_2 \cdot 2H_2O$ 的充电电位一致的，因此他们猜测产物在静置过程中会变化。

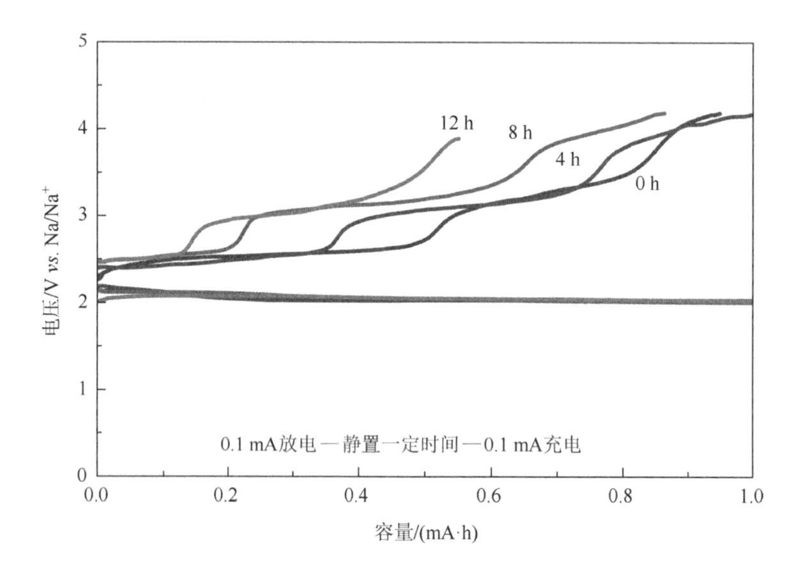

图 2.17　静置不同时间后的钠氧电池充电曲线

为了对以上的猜测进行证实，作者进行了不同静置时间后的产物的表征。从 XRD 测试和拉曼测试中可以清晰地看到，在放电后立即测试，电池正极上只含有 NaO_2 产物，随着老化时间的增加，NaO_2 的信号不断减弱，$Na_2O_2 \cdot 2H_2O$ 的信号不断增强。这也就证实了 NaO_2 静置过程中会逐渐地转变成 $Na_2O_2 \cdot 2H_2O$。此外，作者观察了不同静置时间后，产物的形貌变化。从图 2.18 可以看到，刚开始的产物是规则的立方体形状；老化 4 h 后，立方体产物表面变得粗糙；8 h 后，立方体形状逐渐消失；而 12 h 后，立方体形状则完全消失。

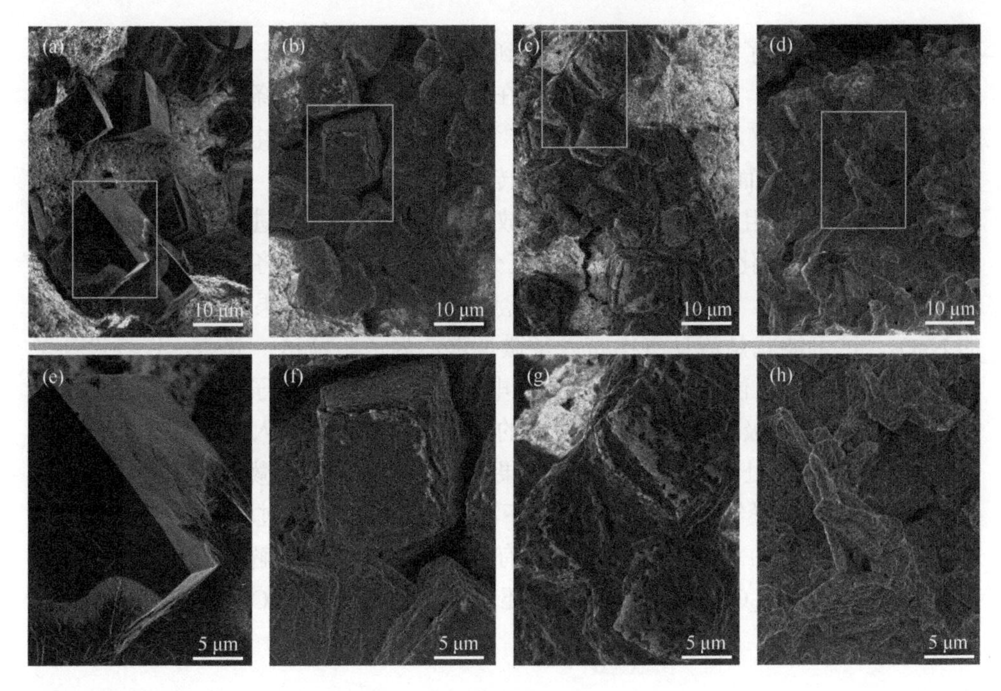

图 2.18　放电后静置 0 h [(a)、(e)]，4 h [(b)、(f)]，8 h [(c)、(g)]，12 h [(d)、(h)] 后的放电产物表征

观察到这个现象后，作者对机理进行了探讨，作者利用顺磁共振技术验证了电解液中存在 O_2^-，这意味着 NaO_2 的溶解。O_2^- 是很强的亲核试剂，因此会与溶剂分子上的 H 结合，生成 HO_2，同时溶剂分子会发生氧化反应生成 CO_2、H_2O 和 OH^-。HO_2 可能会发生自身的歧化反应生成 H_2O_2 和 O_2。在 Na^+ 和 OH^- 的存在下，可能会形成 NaOH，它会进一步地与 H_2O_2 反应生成 $Na_2O_2 \cdot 2H_2O$，在整个过程中涉及的反应如表 2.2。

表 2.2　静置时可能的反应过程

反应历程名称	具体反应过程
放电反应	$Na^+ + O_2 + e^- \rightleftharpoons NaO_2$
溶解过程	$NaO_2 \longrightarrow Na^+ + O_2^-$
溶剂去质子过程	$HA + O_2^- \longrightarrow A^- + HO_2$
歧化反应	$2HO_2 \longrightarrow H_2O_2 + O_2$
溶剂分解	$A^- + HO_2 \longrightarrow CO_2$，$H_2O$，$OH^-$
过氧化-氢氧化反应	$2Na^+ + 2OH^- + H_2O_2 \longrightarrow Na_2O_2 \cdot 2H_2O$

虽然本文解释了他们在实验中观察到的产物变化，但是，这并不足以阐明放电产物的这个争议，因为很多报道中，在放电后没有静置的条件下，在充电开始阶段，并没有 2.5 V 处的第一个平台[34, 45-46, 50]。也就是说，电池的放电产物直接就是 $Na_2O_2·2H_2O$，而不是 NaO_2 立方体转变而来。

之后 Janek 小组继续对钠氧电池中放电产物的影响因素进行探索[51]。他们排除了电池结构、电化学测试参数、氧气分压的影响，最终将目光聚集在测试环境中水含量的影响。之前所有用流动气测试钠氧电池的结果中，都没有形成纯的 NaO_2，这可能就是流动气中带入了微量水。为了验证这一观点，作者设计了如图 2.19（a）的原位 XRD 测试装置。电池密封在 XRD 台子上，正极向上，保证测试的准确，正极上面是由外界通入的气体，可以控制通入干燥气体（用 P_2O_5 干燥）或者是未经处理的气体，气体如果未经处理，会带入微量水。图 2.19（b）和（c）分别是在干燥气氛下和含水气氛下测试的电池充放电过程中正极原位 XRD 的结果。可以看出在干燥的气体中，只有 NaO_2 的生成和分解。而在含水的气氛中，则是 $Na_2O_2·2H_2O$，此外，在 38.4°还观察到了微弱的 NaOH 的峰。

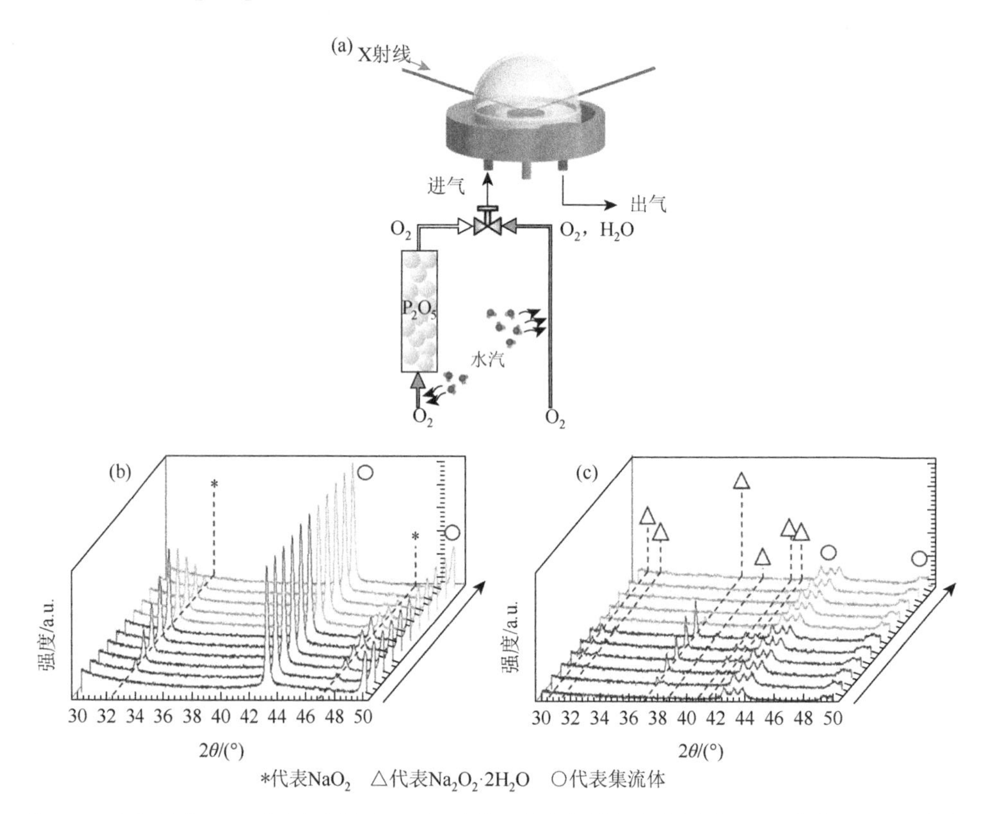

图 2.19 （a）原位 XRD 装置示意图；（b）干燥气体中的钠氧电池原位 XRD 曲线；（c）潮湿气体中的钠氧电池原位 XRD 曲线

利物浦大学 Hardwick 小组利用原位表面增强拉曼光谱研究了溶剂对钠氧电池放电产物的影响[47]。值得注意的是，作者并没有使用钠金属作为负极，而是使用铂丝为对电极、银丝为准参比电极、金为工作电极的三电极体系，采取循环伏安法以 0.1 V/s 的速度扫描，使还原反应发生。在 DMSO 和 DMA 基的电解液中，还原产物是 NaO_2［图 2.20（a）、（b）］，两种溶剂的 DN 值分别为 29 和 26。而在 DN 值相对较低的 DEGDME 基（DN = 18）和 MeCN 基（DN = 14）电解液中，还原产物是 Na_2O_2［图 2.20（c）、（d）］。电解液的 DN 值决定了溶剂分子对 O_2^- 的溶剂化能力。在 DN 值高的 DMSO 和 DMA 中，对 O_2^- 的溶剂化更强，O_2^- 能在电解液中更加稳定地存在，所以在原位 SERS（表面增强拉曼光谱）中能探测到 O_2^- 的峰；而在 DN 值较低的电解液中，O_2^- 的溶解度更低，更倾向于吸附在电极表面，因此 O_2^- 很容易被进一步还原，生成 Na_2O_2。在不同电解液中的示意图如图 2.21 所示。

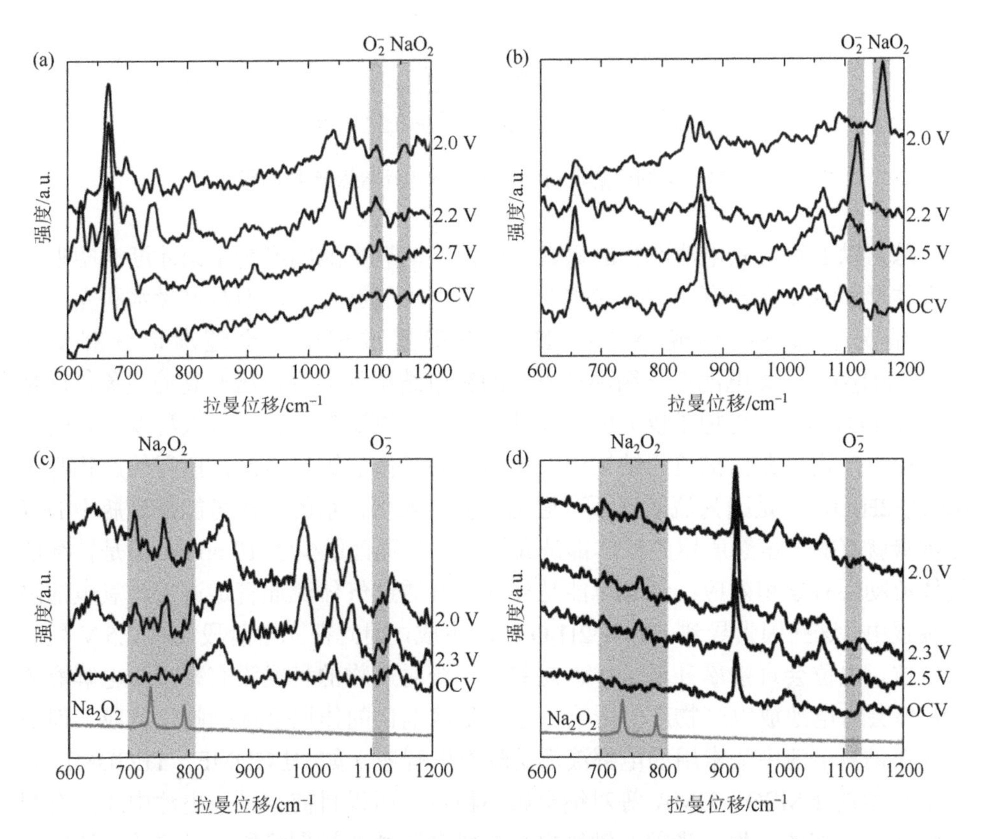

图 2.20　原位表面增强拉曼光谱测试含不同电解液钠氧电池的产物

（a）0.1 M NaOTf/DMSO；（b）0.1 M NaOTf/DMA；（c）1 M NaOTf/DEGDME；（d）0.1 M NaOTf/MeCN

值得注意的是，本文中因为要做原位 SERS，所用的正极是金电极，而在之前的报道中使用碳正极和 DEGDME 电解液的钠空电池中，电池的放电产物是 NaO_2。造成这种现象的原因可能是因为 O_2^- 的溶解度不仅仅是由电解液的 DN 值决定的，还与 O_2^- 与正极的结合能有关，这两种相互作用共同决定了 O_2^- 的溶解情况。此外，原位 SERS 所得到的是中间体的信息，对这些电解液中的最终放电产物并没有进行表征，因此真正生成的稳定产物是什么，我们无法知道。

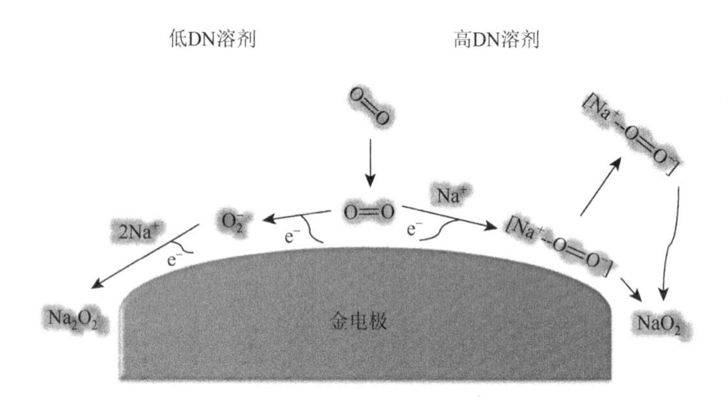

图 2.21　不同电解液对钠氧电池放电路径及产物的影响

总结以上对钠氧电池产物的探索与分析，钠氧电池的产物争论才渐渐明晰。立方体形 NaO_2 在含有一定含量水的电解液中才能够形成，但是过量水和完全无水的情况下都不能形成 NaO_2。NaO_2 在静置过程中，会逐渐地分解变成 $Na_2O_2·2H_2O$，因此电池在长循环过程中的充电结尾处会有电压升高的现象，这是因为 $Na_2O_2·2H_2O$ 更加难以分解。此外，电池的测试条件也会很大程度上影响电池的放电产物。在已报道的结果中，使用流动气体的钠氧电池，所得的产物都是 $Na_2O_2·2H_2O$，这是因为流动气不可避免地会引入水，水的来源可能是钢瓶中的气体本身就有的，虽然所用的气体都是高纯的，杂质含量少于 10 ppm，但是持续的气体流动会有累积效应；还有可能是外界空气透过气体流通管道进入钠氧电池测试装置中，这些因素导致 $Na_2O_2·2H_2O$ 即时生成，因此在充电阶段没有 2.5 V 处的低电位，电位会直接攀升至 4.0 V 左右。正极对产物的种类没有影响，电解液的 DN 值会对电池放电产物产生影响，主要是溶剂化的作用会影响歧化反应，但是目前在钠氧电池中最常用的电解液都是醚类电解液（如 DEGDME，TEGDME），高 DN 值的 DMSO、DMA 等对钠金属不稳定，所以目前在钠氧电池中还没有观察到 Na_2O_2 相的产生。当前，钠氧电池的研究还处在初期阶段，目前的电池循环寿命还非常有限（表 2.3），特别是当电池在循环过程中不可避免会使电解液分解产生水时，导致后面循环的充电电位升高，副反应进一步增加，从而引起恶性循环，电池性能不断下降。此外，从钠氧电池到钠空电池的转变依然困难重重，我们已经看到了在环境空气下产物的不稳定，而且钠也比锂要更加活泼，负极的稳定性也面临着更大的挑战。

表 2.3　钠氧电池循环性能比较

文献	年份	电流密度	容量	循环次数
[37]	2013	300 mA/g	1200 mA·h/g	10
[52]	2016	0.05 mA/cm^2	0.15 mA·h/cm^2	150
[50]	2017	200 mA/g	550 mA·h/g	112
[53]	2019	200 mA/g	1000 mA·h/g	307
[54]	2020	0.2 mA/cm^2	0.5 mA·h/cm^2	50
[55]	2020	0.2 mA/cm^2	2 mA·h/cm^2	25
[56]	2020	200 mA/g	1000 mA·h/g	80
[57]	2021	0.2 mA/cm^2	0.5 mA·h/cm^2	95

2.2.4　钾空气电池

在各种金属空气电池中，钾空电池具有最低的过电势和最高的能量转换效率。钾氧电池的理论比能量为 935 W·h/kg。2013 年吴屹影课题组首次在 *J. Am. Chem. Soc.*报道该结果之后[58]，引起了广泛的关注。他们课题组以 Super P 为正极，0.5 M KPF_6/DME 为电解液实现了具有极低过电势（<50 mV）的钾氧电池［图 2.22（a），（b）］，其放电电位为 2.47 V，而钾氧电池理论放电电位为 2.48 V，而充电电位仅为 2.51 V，这么低的过电势能够极大地提升电池的能量效率。低过电势的原因可能是因为 KO_2 的高导电性（室温下大于 10 S/cm）。之后作者对产物进行了鉴定，无论是 XRD 还是拉曼光谱测试的结果都验证了 KO_2 是唯一的产物，并且在充电后，KO_2 能够完全分解［图 2.22（c），（d）］。文中展现的电池循环性能不太好，只能循环几圈，而且电池的容量也急剧降低。但是，本文的结果提供了一个化学原理，为之后的优化奠定了基础。

前文中提到电池的循环性能不太好，之后吴屹影课题组又对以上电池中的副反应进行了研究[59]。电池放电后，对钾负极进行了表征，发现钾负极表面存在 KO_2、KOH、K_2CO_3 和 KPF_6，钾氧电池副反应的来源是负极的副反应，更换隔膜后，性能提升。KPF_6 的出现可能是因为电解液挥发或者分解导致 KPF_6 的溶出，KO_2 的出现可能是因为 O_2 穿过电解液到达负极与 K 反应。将 K 浸泡在电解液中之后，也在其表面测到了 KOH 和 K_2CO_3，说明这两种物质的生成是 K 与电解液自发反应的结果，与电池循环无关。除了以上的无机成分，作者还利用 NMR 测试得到

K 表面还有 HCOOK、CH_3OK、CH_3OCH_2COOK 等有机成分，证明了电解液的分解。为了解决氧气穿梭导致的副反应，作者在两个玻璃纤维膜之间放置了一个 Nafion-K^+选择性透过膜，电池的循环从 9 圈提升到了 40 圈，这说明了稳定负极对电池的循环性能有重要影响。尽管如此，选择性透过膜并不能完全阻止 O_2 的穿梭，在电池循环结束之后，负极的表面还是能看到 KO_2 引起的变黄现象，防止 K 长期暴露在氧气中仍然是一个重大挑战。

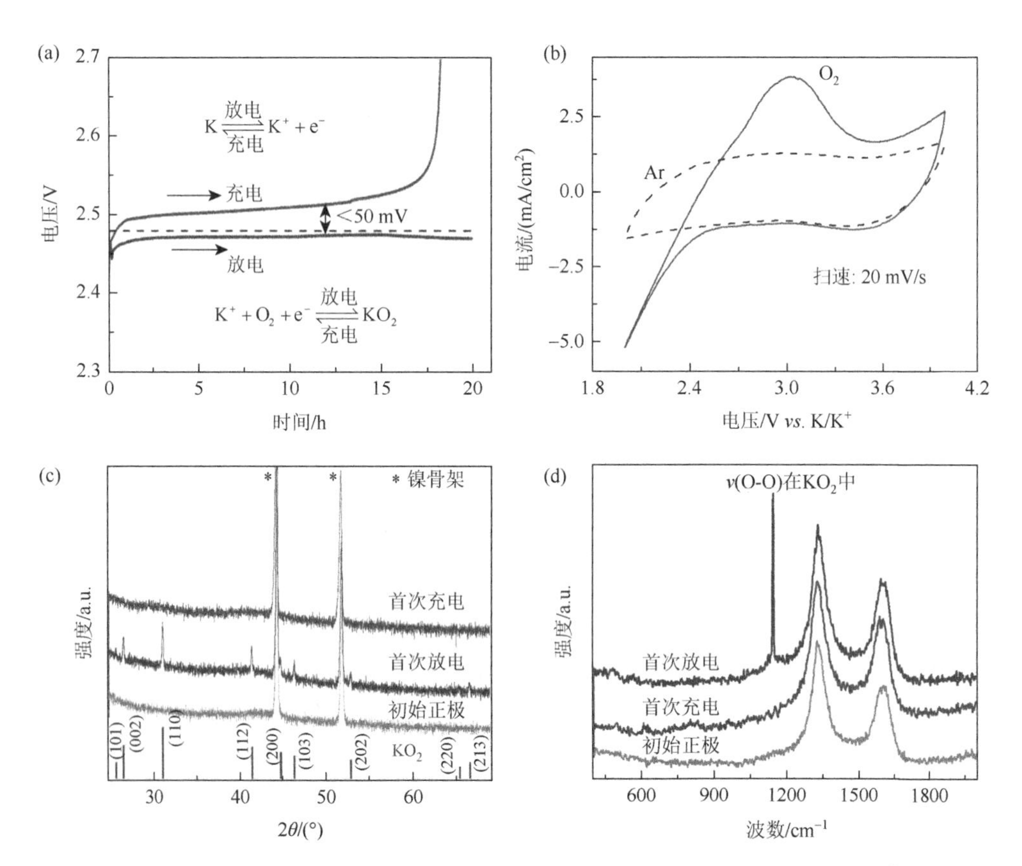

图 2.22 （a）以 Super P 为正极，0.5 M KPF_6/DME 为电解液的钾氧电池在 0.16 mA/cm^2 电流下的放电-充电曲线；（b）钾氧电池的循环伏安曲线；（c）和（d）放电产物的检测及产物分解情况

为了解决上述问题，各种钾负极保护的策略也被开发出来。吴屹影课题组发现，使用电解液 1 M KTFSI/DME 能够避免 K 在 DME 中的溶解，能够在钾负极表面形成保护膜[60]，大幅提升电池循环寿命至 60 圈。从图 2.23（a）中可以看到，使用 1 M KPF_6/DME 电解液的钾氧电池在循环 2～4 圈之后，电池的曲线就开始紊乱，在放电过程中会出现骤降，在充电过程中会出现波动。电池循环 10 圈之后，

负极钾的表面变黄，这是因为 KO_2 的生成导致；从图 2.23（c）的界面图来看，大约 400～500 μm 的钾已经被腐蚀了。而使用 1 M KTFSI/DME 电解液的钾氧电池循环曲线非常稳定，放电电压和充电电压非常平稳［图 2.23（b）］。在 10 圈之后，钾表面依然保持着金属光泽，通过扫描电镜对截面分析可以看到表面几乎没有腐蚀［图 2.23（d）］，通过 EDX（能量色散 X 射线光谱仪）可以看到其表面有大约 30 μm 厚的含氟 SEI，这层 SEI 阻止了溶剂分子和氧气的透过，从而阻止了负极的腐蚀。

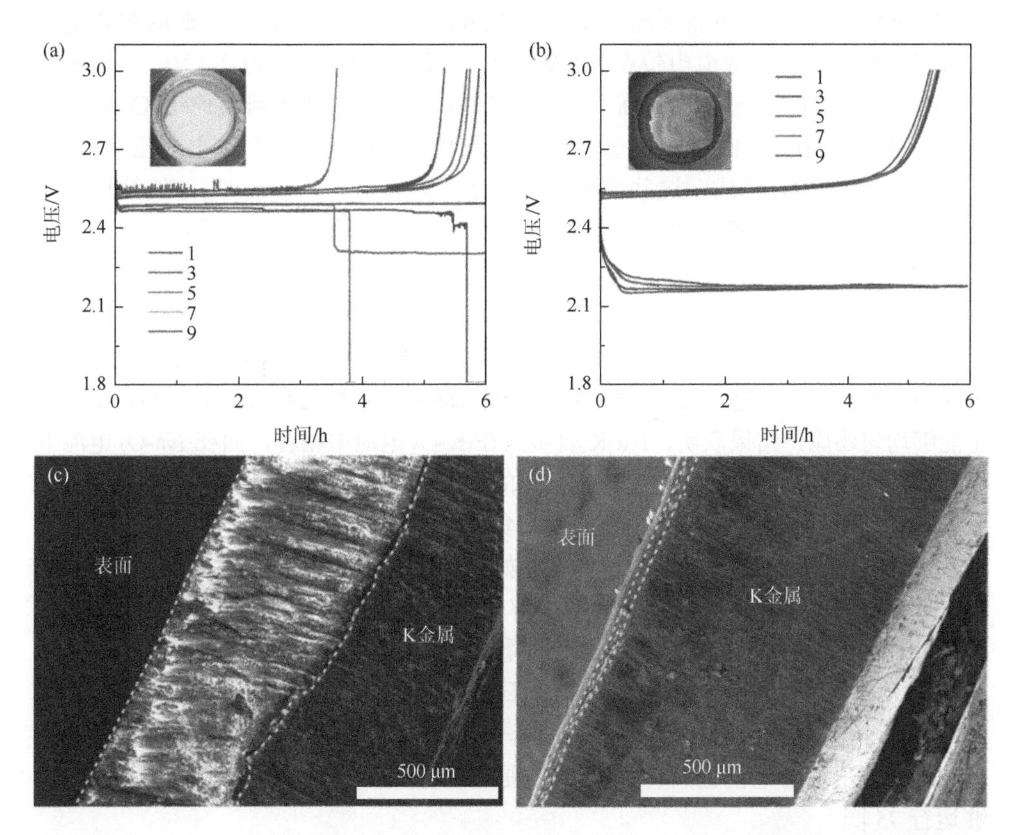

图 2.23 （a）和（c），使用 1 M KPF_6/DME 电解液的钾氧电池的循环曲线及循环后的负极截面；（b）和（d），使用 1M KTFSI/DME 电解液的钾氧电池的循环曲线及循环后的负极截面

此外，还可以在钾金属表面合成人工 SEI 层起到保护效果[61]。吴屹影课题组将 K 电极浸泡在 SbF_3/DME 溶液中，在 K 表面形成了含有 KF，Sb，KSb_xF_y 的保护层，不仅保持了 K^+导电性，还有效地防止了 K 阳极的腐蚀，对氧气和水分的阻隔也确保了电池的安全，进一步证明了阳极寿命和循环性能（>30 天）的提高。他们还利用 S 掺杂的石墨烯覆盖在钾表面[62]，XPS 和 FTIR 的测试表明，掺杂的

S 与氧气/超氧化物反应生成阴离子磺酸盐/硫酸盐，在局部促进了 KO_2 的成核和生长。锚定在石墨烯外表面的 KO_2 层作为保护层，阻止了氧气到达金属 K 表面。

作为钾氧电池的负极，K 金属在电池循环过程中不稳定，腐蚀产生的 SEI 会增大电池内部的阻抗，对电池循环性能产生影响。此外，K 金属对于钾氧电池的放电容量是大大过量的，即使在循环中有副反应导致离子的损失，也不会造成性能的衰减，这对于发现钾氧电池存在的问题是不利的。吴屹影课题组又研究了 K_3Sb 合金作为钾氧电池负极[63]，K_3Sb 合金展现出了 650 mA·h/g 的可逆容量，能在 250 mA·h/g 的容量下循环超过 50 圈。从 K_3Sb-O_2 电池和 K-O_2 电池的充放电电压可以看出，前者的放电电位在 1.8 V 左右，低于 K-O_2 电池的 2.4 V，这是因为 K_3Sb 的电位比 K 的电位要更高。此外，K_3Sb-O_2 电池的过电势要比 K-O_2 电池的更高，是因为利用了 K^+/Nafion 来阻止氧气穿梭，不过其放电产物主要还是 KO_2，还有少许的 K_2CO_3 生成，这些产物可以在充电后分解。K_3Sb-O_2 电池的循环性能表明负极和正极反应都可以可逆循环。然而，可以观察到电池电压随着循环次数的增加而降低。这可以归因于氧气穿梭，这是所有氧基电池都存在的问题。

受到离子嵌入负极的启发，清华大学深圳研究生院康飞宇课题组利用钠钾液态合金作为钾氧电池负极[64]，在室温下首次实现了无枝晶 K-O_2 电池。在这个合金负极电池中，液态合金和电解液之间独特的液-液接触提供了均匀和持久的界面，使得离子能够均匀还原。结果表明，Na-K 合金只在 K-O_2 电池中相容，而在 Na-O_2 电池中不相容，这主要是由于在放电过程中，钾的还原性更强，热力学上 KO_2 的生成相对于 NaO_2 更有利。他们发现，基于液态合金负极的 K-O_2 电池具有较长的循环寿命（超过 620 h）和较低的放电-充电过电势（初始循环约 0.05 V）。此外，对 K-O_2 电池降解机理的研究表明，O_2 穿梭效应和醚电解质不稳定性是 K-O_2 电池的关键问题。

2020 年，康飞宇课题组又报道了石墨作为负极[65]，定向生长的碳纳米管作为正极的钾氧电池。与 K_3Sb 负极一样，石墨也需要先组装半电池，在负极上嵌入钾，之后再与正极配对组成 KC_x-O_2 电池。因为石墨的嵌钾电位要比钾沉积的电位高，所以该电池的电位也只有 2.0 V，但是电池循环性能较以往有较大的提升，能够运行 75 圈。

除了传统的无机负极，卢怡君课题组将有机负极引入了钾氧电池中[66]，芳香烃可以在极低的电位下将一个电子吸收到其最低未占据分子轨道（LUMO），形成相应的阴离子自由基配合物，这些配合物长期以来被用作强大的还原剂，这个过程是高度可逆的。他们研究了联苯（Bp）、萘（Nap）、苯并菲（Tph）和菲（Pha）对 K/K^+的氧化还原电位（$E_{1/2}$）分别为 0.35 V、0.42 V、0.45 V 和 0.46 V。为了获得高电池电压，他们利用了 Bp 与钾离子配合的还原形式 BpK 替代 K-O_2 电池中的金属钾阳极，BpK 溶解在 DME 中，利用固态电解质 K-β″-Al_2O_3 将其与正极侧分隔。由于固态电解质对氧气的阻隔作用以及高度可逆的负极阻止了传统 K 金属的腐蚀和枝晶问题的发生，电池获得了非常好的倍率性能和循环稳定性（图 2.24）。使用碳纸做正极，在 0.1 mA/cm^2 电流下，BpK-O_2 电池能有 2.5 mA·h/cm^2 的容量，当电流增加到 0.5 mA/cm^2，容量依然大于 1.25 mA·h/cm^2，电位也能得到很好地保持。在 2.0 mA/cm^2 和 4.0 mA/cm^2 电流下，固定容量为 0.25 mA·h/cm^2 测试循环性能，分别达到了 2000 圈和 3000 圈。

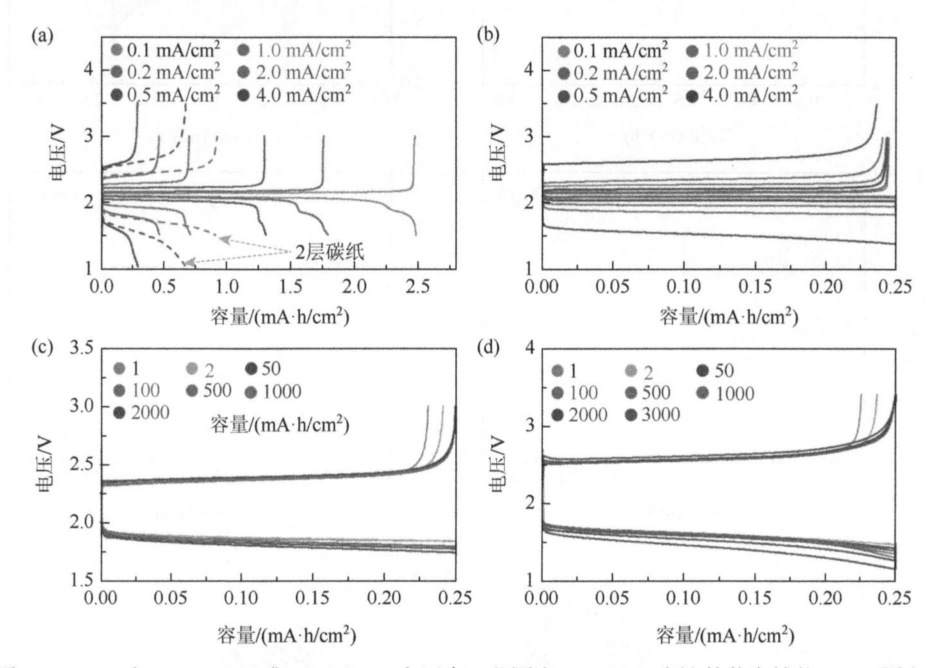

图 2.24 （a）在 1.5～3.0 V 或 1.0～3.5 V 电压窗口范围内，BpK-O_2 电池的倍率性能；（b）固定容量下的 BpK-O_2 电池的倍率性能；在 2.0 mA/cm^2（c）和 4.0 mA/cm^2（d）电流下电池的循环性能

以上的报道都是使用醚作为钾氧电池电解液，DMSO 作为钾氧电池电解液还未有报道，主要还是因为 K 与 DMSO 不稳定。因此，要将 DMSO 用于钾氧电池需要使用双电解液，即在负极使用对 K 稳定的醚类电解液，在正极使用 DMSO 电解液。2018 年，卢怡君课题组和华盛顿大学 Ramani 课题组先后报道了 DMSO 作为正极电解液的钾氧电池。

卢怡君课题组的钾氧电池使用 0.5 M KPF_6/DME 作为负极电解液，0.5 M KPF_6/DMSO 作为正极电解液，中间用聚合物密封的 K-beta 固态电解质来阻止溶剂混合及 O_2 穿梭[67]。他们发现 DMSO 中的 ORR 的反应速率比 DEGDME 中的快大约 8000 倍，但是 O_2 在 DMSO 中的扩散系数（2.80×10^{-5} cm^2/s）要低于在 DEGDME 中的扩散系数（7.13×10^{-5} cm^2/s）。旋转圆盘电极（RDE）结果显示，在 DMSO 中的 O_2 氧化还原反应有更好的动力学特性和更好的可逆性，电池充放电的过电势更低［图 2.25（a）～（d）］。

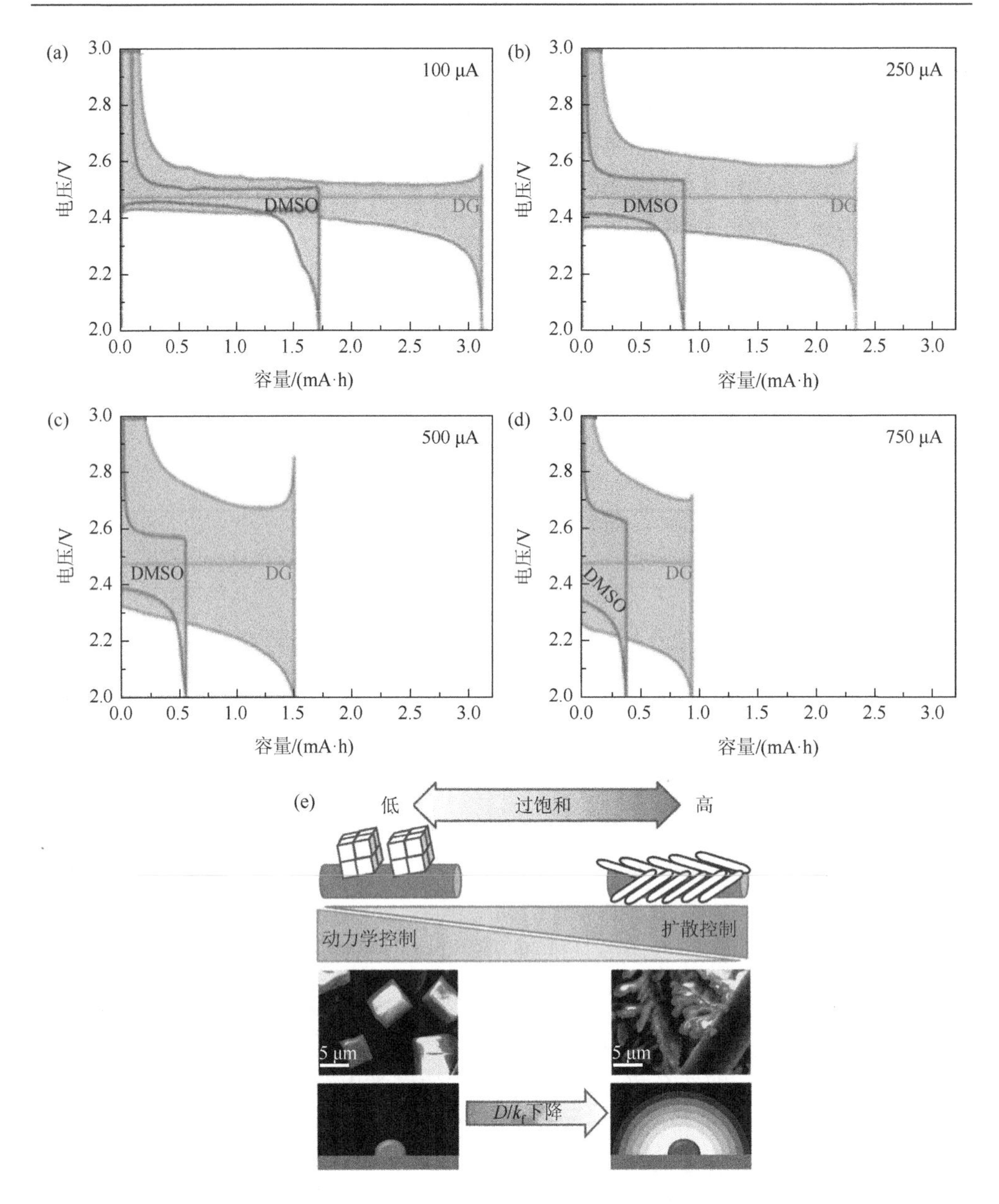

图 2.25 （a）～（d）使用 DMSO 电解液和 DG（DEGDME）电解液的钾氧电池在不同电流下的性能测试；（e）不同电解液对放电产物的影响

在 DMSO 电解液中观察到了一种新的产物形貌，树枝状的 KO_2，之前的报道都是立方体形状的。其作者认为这是因为 DMSO 中的放电过程是扩散控制的，KO_2 的生成速率远大于 O_2 补充的速率，导致了在初始形核处 O_2 浓度梯度，因为树枝状 KO_2 尖端的传质更好，因此，KO_2 会不断变长。而在 DEGDME 中，放电产物是受动力学控制，KO_2 的生成速率远低于 O_2 扩散速率，在这种情况下，KO_2 的生长是各向同性的，使表面能最小化，并形成紧凑的多面体/立方结构［图 2.25（e)］。

华盛顿大学 Ramani 课题组也利用三电极体系证明了在 DMSO 电解液中钾氧电池放电过程是单电子反应[68]，经过电池性能对比，使用 DMSO 电解液的钾氧电池相比使用 DME 电解液的钾氧电池拥有更低的过电势，证明了 DMSO 电解液在钾氧电池中的使用潜力。此外，在他们的循环伏安测试中，有两个还原峰，第一个还原峰是 KO_2 的形成，第二个还原峰被认为是 KO_2 进一步反应生成 K_2O_2。但是，在放电产物的测试中，并没有观察到 K_2O_2。

之前的 K-O_2 电池的产物都是 KO_2，因为其热力学上和动力学上都更加稳定，不会自发进行歧化反应生成 K_2O_2。但是，2018 年，Bruce 课题组报道了 K_2O_2 也可以作为 K-O_2 电池的放电产物[69]。他们使用低 DN 值的乙腈作为溶剂，减少 O_2^- 的溶解，实现产物表面路径的生长，这在锂氧电池中已经得到广泛的证明。作者以金电极为工作电极、银丝为对电极、Li_xFePO_4 为参比电极，组成三电极体系用于原位拉曼测试。在−0.7 V 时，可以观测到 KO_2 的峰，而当电位继续降至−1.1 V 可以看到 K_2O_2 的峰，KO_2 的峰消失。作者推测反应机理如下（*代表吸附在 Au 表面）

$$O_{2(sol)} + e^- \longrightarrow O_{2\,(sol)}^- \tag{2.19}$$

$$K^+_{(sol)} + O_{2(sol)} + e^- \longrightarrow KO_2^* \tag{2.20}$$

$$KO_2^* + e^- + K^+_{(sol)} \longrightarrow K_2O_2^* \tag{2.21}$$

因为 KO_2 具有良好的导电性，在控制电位为−1.1 V 下放电，生成的 K_2O_2 厚度可以达到 1 μm，这也打破了之前认为的表面吸附路径会导致电池放电容量低的结论。值得注意的是，本文是在三电极的条件下实现了 K_2O_2 的生成，在两电极的 K-O_2 电池中，乙腈对 K 是不稳定的，且乙腈容易挥发，在实际电池中，不太可能选用乙腈作为电解液。此外，K_2O_2 作为产物是在恒电位下放电实现，在恒电流下放电能不能实现还未知。

2017 年，吴屹影课题组发表论文验证了 KO_2 的稳定性[70]，利用离子色谱来定量测试由于电解液分解产生的 KF、CH_3COOK、HCOOK 等副产物。尽管有这些副产物的生成，但是他们主要是在第一个循环中生成，在 5 次循环后，三种副产物的增长幅度不大，证明 KO_2 不会导致电解液的严重分解（图 2.26）。作者还用 $TiO(SO_4)$来滴定放电后的 KO_2，放电 1 mA·h 后（对应 37.3 μmol e^-），滴定结果显示生成了 36.6 μmol 的 KO_2，对应 e^-/KO_2 摩尔比为 1.02；当充电电压限制在 3.0 V

时，也获得了 e^-/KO_2 摩尔比 1.02 的结果，这说明了 KO_2 的生成和分解在电池体系中是高度可逆的。此外，作者还利用 DEMS 来检测充电过程中产生的气体，得到了（1.06±0.16）e^-/O_2 摩尔比，而且整个充电过程中没有 CO_2 的生成。KO_2 作为放电产物也能够在电池中稳定存在，放电后，经过 0 天、5 天、10 天、20 天和 30 天静置之后，比较再充电的库仑效率（CE），未静置的电池 CE 为 98%，5 天和 10 天静置后 CE 为 97%，而经过 20 天和 30 天静置的 CE 分别为 95%和 94%。以上的结果说明了 K-O_2 电池具有优异的稳定性、高库仑效率、寄生反应少且保质期长。这些发现揭示可逆 KO_2 电化学的关键作用，促进了超氧基金属氧气电池的发展。

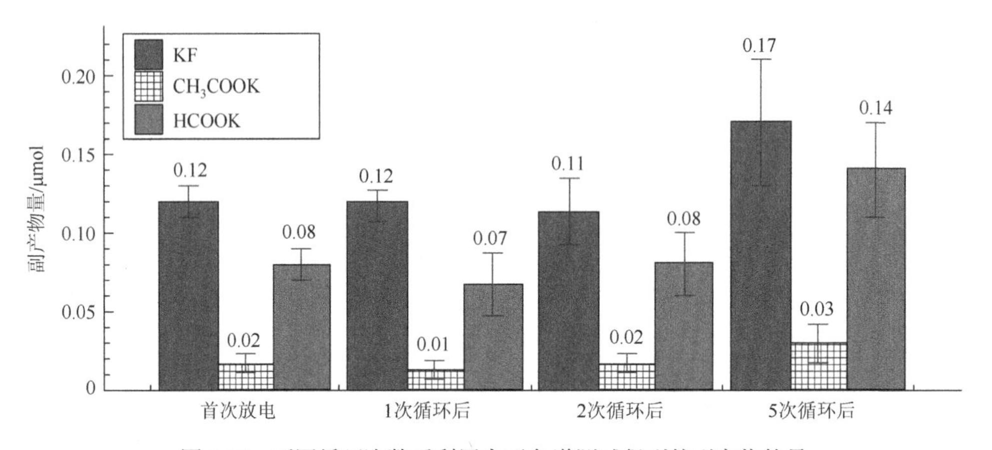

图 2.26 不同循环次数后利用离子色谱测试得到的副产物的量

前面证实了 KO_2 在氧气环境下的良好的稳定性，那么它是否能在空气中稳定呢？2020 年，吴屹影课题组继续在钾氧电池方面发力，证明了钾氧电池在干燥的空气中是可以稳定循环的[71]。作者首先检验了 KO_2 在干燥 CO_2、潮湿 CO_2、干燥空气、干燥 O_2 中的稳定性，结果只有在潮湿 CO_2 中的 KO_2 会由淡黄色变成白色，证实了 KO_2 对 CO_2 是稳定的，而对水不稳定。经过 XRD 和拉曼光谱的验证，白色的生成物是 $KHCO_3$，是 H_2O、CO_2 和 KO_2 共同反应的结果。而 KO_2 在环境空气下（湿度为 30%）也不稳定，会生成 K_2CO_3 和 KOH。KO_2 在干燥的空气下稳定促使作者研究钾氧电池在干燥空气下的运行性能。从循环曲线上可以看到，钾氧电池在干燥的空气下运行是非常稳定的，以 0.2 mA 电流放电至 0.5 mA·h，再充电至 3.0 V，能够稳定循环 100 圈，电压能够一直保持稳定，过电势小于 74 mV，而且平均库仑效率能够达到 99%。无论是深度放电还是浅度放电，电池的充电电位都能够很好地保持，库仑效率在 99%。XRD 验证放电后的产物是 KO_2，SEM 测试结果表明产物的形貌仍是立方体，这说明了空气中其他的成分并没有影响放电过程中的电化学反应。在充电后，大部分产物能够分解，在原来位置会残留薄膜状的副产物，这在之前的工作中已经得到了深入的分析。之后作者进行了干燥空气下运行的钾空电池的定量分析，在放电 1 mA·h（相当于 37.3 μmol e^-）后，对产物进行滴定，发现有 37.1 μmol 的 KO_2 生成，在充电至 3.0 V 后，还能检测到 0.7 μmol 的残余 KO_2。作者推测这可能是因为 KO_2 与 H_2O 形成了 KHO_2，但这说明了有 36.4 μmol 的 KO_2 能够电化学分解，这都说明了在干燥空气下，KO_2 的形成和分解是高度可逆的。

之后卢怡君课题组证明了 KO_2 对电解液中的水也是稳定的，从而实现了在真正的环境空气（相对湿度为 55%～60%）下运行的钾空电池[72]。作者使用 BpK 有机负极作钾空电池的负极，K-β″-Al_2O_3 用来隔离正负极，正极为碳纸，正极侧电解液为 0.5 M KPF_6/DMSO，其中含有 0～1000 ppm 的水。从实验结果来看 1000 ppm 的水并不会影响电池的放电性能、放电产物的种类以及 O_2 的消耗量。从图 2.27（a）来看，在 500 ppm 和 1000 ppm 水的电解液中，电池的放电容量是 2.75 mA·h /cm^2，大于在 0 ppm 水的电解液中的容量 2.25 mA·h/cm^2。XRD 证明了 KO_2 仍是电池的主要放电产物［图 2.27（b）］，尽管含有少量的 KOH·H_2O，但这与电解液中的水含量无关。这说明了水对电池的稳定性影响不大。

接下来作者讨论 CO_2 对电池性能的影响，钾氧电池在干燥空气下和含 21.8% O_2 的 N_2 中的电池容量分别为～1.3 mA·h/cm^2 和～1.55 mA·h/cm^2，这可以看出，CO_2 的存在会减小电池容量，但是电池的充电电位没有明显变化［图 2.27（c）］。作者还比较了环境空气下的钾空电池的性能，可以看到其容量比前两者更高，有 1.65 mA·h/cm^2，这归因于水的存在导致电池放电产物形貌的不同。在环境空气中，因为 H_2O 的存在，促进了立方体状 KO_2 的形成。但是 CO_2 的存在会降低电池充电的库仑效率，干燥空气下和环境空气下的库仑效率为 87%～88%，而含 21.8% O_2 的 N_2 中的库仑效率为 94%～95%，这可能是因为副产物碳酸盐的形成。

之后，作者对环境空气下的 BpK-O_2 电池的循环性能进行了测试，可以看到，在 1 mA/cm^2 电流密度下，容量为 0.25 mA·h/cm^2 时，可以循环 1000 圈，电池的最终库仑效率在 99.7%［图 2.28（a）和（c）］，在 1.0 mA·h/cm^2 容量下，电池能够循环超过 400 圈［图 2.28（b）和（d）］。该电池能够取得这么好的循环性能的原因可归为以下几点：①O_2/KO_2 氧化还原对具有快的反应动力学，不需要催化剂就能够在低电位下进行充电，大大减少了高电位引起的副反应；②KO_2 在热力学上更加稳定，能够经受住空气中成分的进攻；③所采用有机负极和固态电解质有效阻隔了负极发生的副反应，使电池来自负极的极化可以忽略不计。

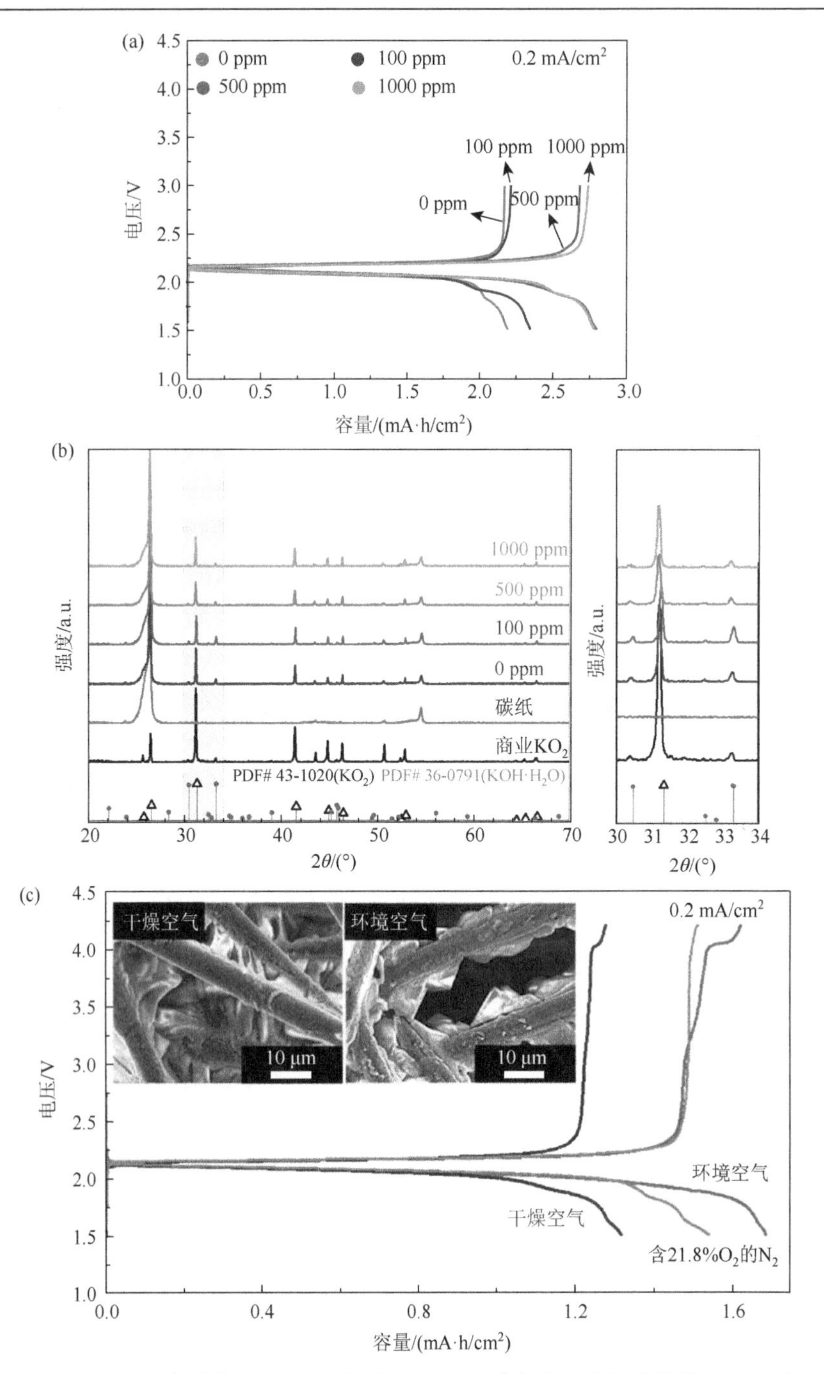

图 2.27 （a）含不同水含量的 BpK-O_2 电池在 0.2 mA/cm^2 条件下的恒流曲线；（b）对 BpK-O_2 电池在 0.2 mA/cm^2 条件下第二次充分放电后的碳纸电极进行 XRD 表征，水分含量为 0～1000 ppm；（c）在不同气氛下（干燥空气、环境空气、含 21.8% O_2 的 N_2）的 BpK-O_2 电池的首次循环及放电产物的形貌

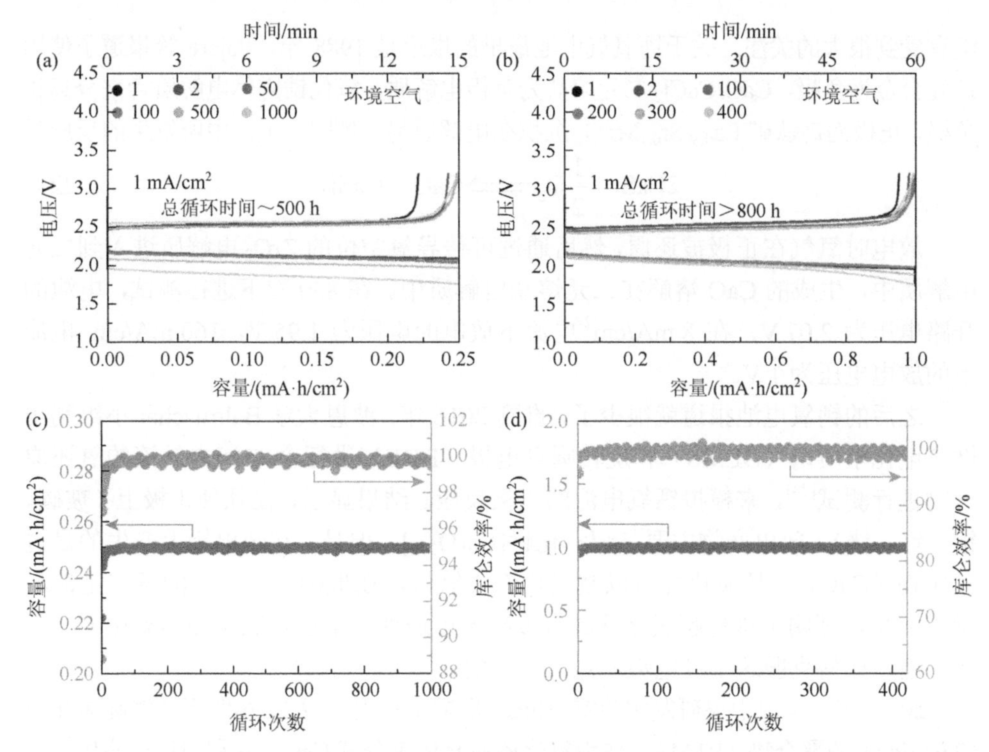

图 2.28 环境空气下 BpK-O_2 电池在 1 mA/cm^2 电流下的循环性能

（a）和（c）容量为 0.25 mA·h/cm^2，（b）和（d）容量为 1.0 mA·h/cm^2

但是本文距离真正实用化的钾空电池还是有差距的：电池的测试并不是在敞开体系中测试，空气环境是不断变化的，当电解液中的水含量是 6000 ppm 和 10000 ppm 时，电池的电化学曲线发生了变化，因此，当空气中湿度太大时，可能会导致电池体系的不稳定。此外，这种电池构造使用了 K-β″-Al_2O_3 固体电解质来分隔正负极电解液，这种电解质的成本比较高，使得电池的实用化比较困难。

2.2.5 其他金属空气电池

其他类型的金属空气电池体系包含钙氧气电池、镁空电池和铁空电池，因为这三种电池研究的内容相对前面几种空气电池要更少，因此它们的介绍主要集中在此处，在后续的具体研究中不再赘述。

1. 钙氧气电池

金属钙在地壳中含量高达 4.15%，排名第五，海水中氯化钙的含量为 0.15%，因此钙元素的来源非常丰富，价格便宜，非常适合作为储能材料。然而钙氧气电池并没有受到很大的关注。关于钙氧气电池最早的报道是 1988 年，Pujare 等报道了使用钙硅合金为负极，$CaO/CaCl_2$ 二元熔盐为负极电解质，氧化锆固体电解质管来分离正负极，正极为钙钛矿 $La_{0.89}Sr_{0.1}MnO_3$ 沉积在电解质另一侧[73]。电池中所发生的反应是

$$2CaSi + \frac{1}{2}O_2 \rightleftharpoons CaO + CaSi_2 \tag{2.22}$$

放电时氧气在正极被还原，然后通过可传导氧空位的 ZrO_2 电解质进入到二元电解质中，生成的 CaO 溶解在二元熔盐电解质中。在 850 ℃下进行测试，电池的开路电压为 2.07 V，在 8 mA/cm^2 电流下放电的电压为 1.95 V，160 mA/cm^2 电流下的放电电压为 1 V。

之后的钙氧电池报道就很少了，直到 2016 年，波恩大学 Baltruschat 小组利用微分电化学质谱（DEMS）和旋转圆盘电极（RDE）进行含 Ca^{2+}电解液的氧还原产物进行测试[74]，来模拟钙氧电池的正极反应。结果显示，在几种正极上（玻碳、铂、钌、铑），放电产物主要是超氧化钙[$Ca(O_2)_2$]，但是，在金电极上产生的是过氧化物（CaO_2）。超氧化物可以被氧化产生氧气，在玻碳上，产生的氧气是消耗量的 95%，证明了这种超氧化钙具有很高的可逆性。不过超氧化物的氧化电位要高一些，如何克服这个过电势还是很重要的。

2017 年，丰田中央研发实验室 Shiga 报道了利用含 2,2,6,6-四甲基哌啶氧化物（TEMPO）的聚合物（PTMA）作为氧化还原介体来分解 CaO，并利用离子液体二乙基甲基-(2-甲氧乙基)铵基双(三氟甲磺酰基)酰亚胺（DEMETFSA）为溶剂、$Ca(TFSA)_2$ 为盐组成电解液，浓度为 0.2 M，在 60 ℃下进行电池测试。作者发现，Ca 只能够部分地可逆沉积和溶解，与 Ca 金属组成的 $Ca\text{-}O_2$ 电池能充电，但是电池的循环性能很差，电池充电的过电势也较高（*J. Mater. Chem. A*，2017，5：13212-13219）。

2019 年，韩国全南国立大学 Kim 课题组针对负极的钝化问题，提出了利用 $CaLi_2$ 合金作为钙氧气电池的负极，Li 作为负极的主体材料[75]。当使用 0.1 M $Ca(CF_3SO_3)_2$/TEGDME 为电解液，Super P 为正极时，在 50 mA/g 电流下，电池的放电电压为 2.3 V，充电电压为 4.3 V，电池的放电产物是 CaO_2。相比之前，电池的循环性能有所提升，不过这是基于 300 mA·h/g 的容量来循环的，产物能多大程度上分解仍然不清楚。

总的来说，钙氧气电池的研究还处于起步阶段，公开的报道也比较少，电池运行的机制仍然不太明确。从以上的报道来看，电池的放电产物在不同的条件下都是不一样的，那么其中的反应过程肯定受到了很多因素的影响。之后的钙氧气电池研究还必须克服正极的催化剂和 Ca 的可逆沉积及溶解两大难题。

2. 镁空电池

镁空电池的原理和锌空电池相似，镁空电池使用的是中性的电解质，在放电

时，正极发生的是氧还原反应，负极 Mg 转变成 $Mg(OH)_2$，附着在 Mg 表面，具体反应如下

$$\text{负极：} Mg \longrightarrow Mg^{2+} + 2e^- \tag{2.23}$$

$$\text{正极：} 2Mg^{2+} + O_2 + 2H_2O + 4e^- \longrightarrow 2Mg(OH)_2 \tag{2.24}$$

$$\text{总反应：} 2Mg + O_2 + 2H_2O \longrightarrow 2Mg(OH)_2 \tag{2.25}$$

镁空电池的理论电压为 3.1 V，比能量为 6800 W·h/kg（基于 Mg），目前来看镁空电池仍然是一次电池，但是可以使用新鲜的镁金属来替换使用后的金属镁，使电池活化。阻碍镁空电池大范围使用的两个主要问题，一是镁空电池的极化比较大，镁空电池的实际电压只有 1.2～1.6 V；二是能量密度低，镁空电池实际的能量密度只有不到理论值的 1/10。这两个问题的根源在于 Mg 的腐蚀和氧还原的动力学缓慢。

镁的腐蚀主要来源于反应

$$Mg + 2H_2O \longrightarrow Mg(OH)_2 + H_2 \tag{2.26}$$

生成的 $Mg(OH)_2$ 沉积在负极表面，$Mg(OH)_2$ 往往是致密的，会阻挡活性的 Mg 与电解液接触，导致 Mg 不能够被充分利用。除此以外，负差效应（negative difference effect，NDE）也会造成镁的腐蚀。一般来说，腐蚀反应可以是阳极反应，也可以是阴极反应。对于大多数金属，如铁、锌，当外加电位增大时，阳极电流增大，同时阴极电流减小；然而，Mg 表现出了完全不同的行为，阳极电流和阴极电流均随电势的增加而增加。Mg 的这种奇怪的表现被称为负差效应。负差效应增加了析氢电流，加快了 Mg 的腐蚀速率。另外一个腐蚀因素是电化学腐蚀，是由 Mg 片中的铁、镍、铜等杂质导致的。

为了克服 Mg 的腐蚀问题，很多研究者使用镁合金替代纯金属镁作为负极，比如东北大学乐启炽课题组使用掺 Sm 的 AZ80 合金（Mg-Al-Zn-Sm）用于镁空电池负极[76]，研究 Sm 的掺入对负极的稳定性的影响。结果表明，Sm 的加入产生了 Al_2Sm 相，重塑了 α-Mg 晶界，随着 Sm 含量的增加，$Mg_{17}Al_{12}$ 相颗粒的数目和尺寸减小，因为 Al 和 Sm 优先成键。在 40 mA/cm^2，含有 3 wt% Sm 的 AZ80-3Sm 阳极的镁空电池具有最大的放电容量（1439 mA·h/g）和最高的效率（65%）。重塑的 $Mg_{17}Al_{12}$ 相改善了自腐蚀阻抗，导致了性能的优化。他们还研究了 Mg-6%Zn-1%Y 合金对负极稳定性的影响[77]，Mg-6%Zn-1%Y 合金是由 Mg 和 Mg_3Zn_6Y 相组成，这种合金组成的镁空电池比 ZK60 具有更高的开路电压、更强的电化学活性和更高的抗腐蚀性。Mg-6%Zn-1%Y 合金在 40 mA/cm^2 的电流下，放电容量高达 1162 mA·h/g，负极效率为 55.14%。长沙学院熊汉青等研究了 AZ61 和 AZ61-0.5La（wt%）中 La 对负极稳定性的影响[78]，在 AZ61-0.5La 合金相中形成了 $Al_{11}La_3$ 相，促进晶粒细化，形成均匀的微观组织，AZ61-0.5La 表现出了低自腐蚀和较强的活性。日本国家先进工业科学技术研究所 Yuasa 小组研究了在

AM60（Mg-6wt%Al-0.3wt%Mn）中掺入 2wt%Ca（AMX602）对镁负极的影响[79]，与 AM60 合金相比，AMX602 合金表现出更好的放电性能，特别是在低电流密度下。AMX602 合金的放电产物致密且薄，在各种电流密度下均有大量裂纹出现，保证了电解液的渗透，保持了负极的活性。相比之下，AM60 合金在放电过程中表面形成了较厚的放电产物，放电产物几乎不发生开裂，降低了放电性能。

除了对负极的改进，还有的通过改进电解质的组成，缓解 Mg 的腐蚀。澳大利亚莫纳什大学 Winther-Jensen 在 2008 年报道了可以通过调节电解液的 pH 来实现负极的稳定[80]。具体来说，是在 pH 为 11 的水溶液中加入接近饱和的 LiCl 和 $MgCl_2$ 或者是两者的混合物作为电解液，这使得电解液中的水活性降低，抑制了析氢反应，而且在 Mg 表面形成了稳定的保护膜，这种镁空电池的放电电压可以达到 1.5 V，但是由于高浓度的盐使电解液的黏度变大，传质变慢，电池的倍率性能太低了。2021 年，南京大学张晔课题组报道了一种双层凝胶电解质（图 2.29）[81]，在正极侧使用的是聚丙烯酰胺水凝胶为氧还原提供水，负极侧是聚氧化乙烯有机凝胶来保护负极，抑制析氢反应，生成的放电产物为针状的 $Mg_2Cl(OH)_3$，避免了产物的堆积和负极的钝化，所获得的镁空电池的比容量为 2190 mA·h/g，镁的利用效率高达 99.3%。

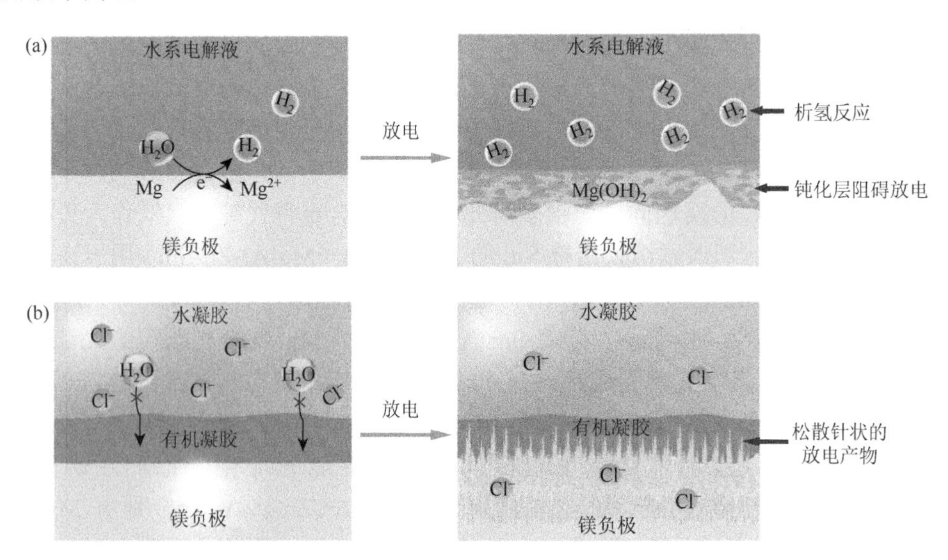

图 2.29　镁空电池在水系电解液（a）和双层凝胶电解质（b）中的放电示意图

解决电池缓慢动力学的方法要关注正负极两个方面，一方面是要在正极侧使用氧还原催化剂来促进还原反应，这个方面与铝空和锌空电池类似，也取得了很多进展[82-88]。另一方面就是对金属镁负极进行处理，增大其比表面积，增加负极活性和提高负极利用率[89-90]。

镁空电池的理论能量密度高达 6800 W·h/kg（基于 Mg），具有低成本、无毒害、高功率、高能量密度等特点。早在 20 世纪 60 年代，美国通用电气公司就实现了以 NaCl 溶液为电解液的镁空燃料电池。现在，镁空电池是常用的储备电池，储备寿命长达 10 年以上，使用前加水使其活化即可使用。镁空电池在自然灾害中能够作为临时电源发挥重要作用。例如，中国科学院大连化学物理研究所研制的镁空电池在 2008 年的四川汶川地震灾区中使用，能够满足一台 10 W 的 LED 灯照明 30 天，或者为 200 部智能手机充满电。另外一个镁空电池的应用场景是海底设备。1996 年，挪威和意大利合作开发了镁空燃料电池，用于 180 米深的海底油田勘探的自动控制系统，该燃料电池由两个大堆组成，电池系统能量达到 650 kW·h，寿命为 15 年。加拿大 Greenvolt Power 公司研制的 100 W 和 300 W 级镁空电池，能量密度是铅酸电池的 20 倍以上，可为电视、照明灯、便携计算机、手机及 GPS 等设备供电。镁空电池也用于灯塔、船只和海底监测设备，同时，镁空电池是军事应用的一种选择，用于通信设备、传感设备的电源供应。

3. 铁空电池

铁的储量丰富，应用广泛，在地壳中的含量为 4.75%，特别适合发展为能源存储材料。铁空电池的开路电压为 1.28 V，理论能量密度为 764 W·h/kg。空气正极和锌空电池中的正极比较类似，都要求有较强的氧析出和氧还原催化性能。铁空电池发展面临着与镁空电池相似的问题：一个是负极的析氢反应，这个过程会消耗电解液中的水，还会浪费电能，导致电池的库仑效率比较低；另一个就是在放电过程中生成的绝缘 $Fe(OH)_2$ 会增大电池内阻，电流增大时，过电势除了受到正极的影响，还会受到负极界面的影响。因此，在研究铁空电池时需要减少析氢反应和避免铁电极的钝化。碱性铁空电池的结构如图 2.30 所示，包含 Fe 负极、电解液和空气正极。电池的电解液一般使用的是 KOH 的水溶液，因为碱性电解液有很好的导离子能力，对铁电极也相对稳定。

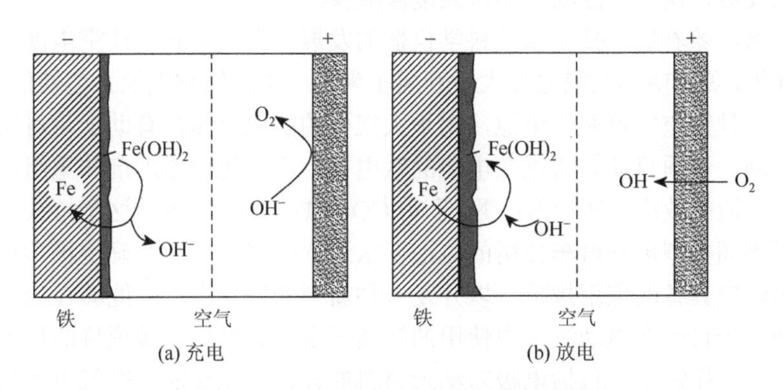

图 2.30　碱性铁空电池的充电和放电过程

放电时的反应如下

$$\text{阳极：} Fe + 2OH^- \longrightarrow Fe(OH)_2 + 2e^- \quad (2.27)$$

$$\text{阴极：} O_2 + 2H_2O + 4e^- \longrightarrow 4OH^- \quad (2.28)$$

1968年之前，美国国家航空航天局（NASA）就已经开展了铁空电池的研究。1968年的一份报告中，NASA提出了铁空电池的四种衰减机制，分别为自放电、负极氧化、活性材料损失和水损失。自放电的原因主要是铁电极中低析氢过电势的杂质引起的。通过苯或其他有机液体对铁进行钝化可以减少自放电。关于负极氧化，有报道在电解液中添加1%的硅酸钠或者磷酸钠可以钝化负极。铁电极会被溶解在电解液中的空气氧化，在阳极上包覆半透膜，使空气只能通过空气阴极的孔隙进入系统是有效的策略。第三个问题是活性材料损失，纯碱性铁体系中，铁电极在放电上受到限制，通过不可逆的电化学反应失去容量。通过使用石墨、钼、钨和硫添加剂，铁粉的利用率得到稳定和提高，这些添加剂对减少铁阳极的自放电可能是有益的。水损失问题是所有金属空气系统的共同问题。对于铁空电池，由于自放电反应和过充需要，失水问题是非常严重的，通过减小自放电，增大活性材料利用率以及提供过量的电解液可以缓解这个问题。那时已经开发出了5～20 A·h级别的铁空电池，循环寿命超过200圈，能量密度为60～70 W·h/磅，并已经用于电话和电器中。由此可见，铁空电池在那时已经受到了相当大的关注。1978年，瑞典发展公司开发出了首个铁空电池，能量密度为80 W·h/kg，循环次数超过了1000次而没有能量衰减[91]。同年，美国西屋电气公司报道了电极面积为100 cm^2的铁空电池，他们预测，铁空电池的最终能量密度可达140 W·h/kg，循环次数可达1000圈，而成本只有30美元/kW·h。此外，由于担心石油危机，德国西门子公司和日本松下公司在铁空电池领域也非常活跃。1984年，经过对电池空气正极的优化，西屋电气公司报道了循环超过500圈、运行时间超过4000 h的铁空电池[92]。到20世纪90年代，锂离子电池的问世和商业化，阻碍了包含铁空电池的多种电池体系的发展，铁空电池的基础研究慢慢减少。

近年来，随着纳米技术以及科学仪器的发展，人们重新对铁空电池产生了兴趣。2010年，美国南加利福尼亚大学开展了为期三年的铁空电池大型储能的项目，旨在开发一种铁空气可充电电池，用于大规模的能源存储，有助于将可再生能源整合到电网。该项目计划通过在电池的铁电极上添加化学添加剂和重组催化剂来显著提高电池的效率。2012年，欧盟NECOBAUT项目立项，这个持续三年的项目首先对不同类型电动汽车使用的电池要求进行研究，目的是确定该项目中开发的铁空电池应具备的应用规范，以开发一种新型的铁空电池，能够在能量密度和成本方面优于目前在电动汽车中使用的锂离子电池。然后，该项目的技术工作被安排在几个工作链中，包括电极新纳米材料的开发到完整的铁空气电池的最终测试和验证。但是目前来看，铁空电池的实际应用还比较遥远，美国能源部预测，只有当铁空电池的效率从50%提升到80%，循环次数从2000次提升到5000次时，才能有应用的前景。

为了解决液体电解质带来的负极析氢、电解液泄露和结冰的问题，很多研究者避免使用水系电解液，转而研究固态电解质在铁空电池中的应用以及使用熔融盐的铁空电池。2014年，日本丰桥技术科学大学Tsuneishi等利用固体氧化物KOH-ZrO_2和KOH-LDH分别作为铁空电池的电解质[93]，Fe_3O_4与碳混合作为阳极材料。但是，电池循环30圈之后，电解质就发生了严重的降解。由于电极与电解液的接触不好，电池的放电容量也非常有限，放电平台也不明显。2011年，美国南卡罗来纳大学Huang课题组报道了一种新型的铁空电池[94]，利用ZrO_2作为电解质传导O^{2-}，正极是利用H_2O/H_2的氧化还原，负极是FeO/Fe之间的转换，电池需要在800 ℃下工作，获得的能量密度为348 $W·h/kg_{Fe}$，前20圈的能量效率高达91.5%。不过使用全固态电解质的缺点也很明显，那就是需要在高温的条件下运行来克服低的离子电导率和反应动力学，但是长循环时，界面的阻抗还是会不断增大，从而限制了电池的寿命。因此，熔融盐电解质体系的铁空电池受到人们的青睐，熔融盐电解质运行的温度更低，更加节省能源，并且固液界面要比固固界面阻抗更低。2013年，美国华盛顿大学Licht等报道了以Li_2CO_3-Fe_2O_3-Li_2O为电解质的熔融盐铁空电池[95]，碳酸锂在723 ℃下熔融。充电过程中，Fe_2O_3经过三电子转移生成Fe和O_2，Fe沉积在负极集流体上，O_2从正极放出。在730 ℃下测试，实现了84%的电压效率和75%的库仑效率，相比之前的电池，性能有了很大的提升。然而，这种电池运行的温度还是太高了。继而他们又开发了可以在600 ℃下运行的铁空电池，熔融电解液成分为$Li_{0.87}Na_{0.63}K_{0.50}CO_3$-$Fe_2O_3$-$Li_2O$的混合物[96]，放电电位限到0.5 V时，该电池展现了92%的库仑效率。之后，他们又采用KCl-LiCl-LiOH-NaOH-Fe_2O_3为电解质[97]，将温度进一步降低至500 ℃，在该温度下，电池循环了60圈，平均放电电压为1.04 V，平均充电电压为1.21 V，放电电位限到0.5 V时，库仑效率为99.1%。

2018年，中国科学院上海硅酸盐研究所的王建强和彭程等将熔融碳酸盐和固体氧化物双相电解质引入到铁空电池中[98]，负极一侧是熔融碳酸盐，正极一侧是YSZ离子导体，这样能够在不影响容量的情况下，显著提高电池反应动力学和功率。放电时，氧气在正极被还原成O^{2-}，通过电解质传导到负极，与Fe^{3+}结合。根据熔融盐质量计算，这种铁空电池的比能量为129.1 W·h/kg，比功率密度2.8 kW/kg，电池的循环次数超过了200圈。2021年，他们又报道了一种准固态电解质（Na_2CO_3-K_2CO_3和YSZ纳米颗粒的质量比1∶1混合）用于铁空电池[99]，由于YSZ的加入，熔融盐与YSZ之间存在相互作用力，大大减少了熔融盐的挥发。这种准固态电解质构筑的铁空电池具有高的库仑效率和能量效率。

目前来看，铁空电池的研究依然是一个比较小众的领域，其应用面临着很大的阻力。从目前的发展情况来看，无论是选择哪种电解质体系，它的能量密度与循环性能和锌空电池都有很大的差距，不过由于铁的来源丰富，在未来还是有一定的潜力在特定场合中使用。

参考文献

[1] Zhou J，Cheng J，Wang B，et al. Flexible metal-gas batteries：A potential option for next-generation power accessories for wearable electronics[J]. Energy Environ Sci，2020，13：1933-1970.

[2] Li Y G，Dai H J. Recent advances in zinc-air batteries[J]. Chem Soc Rev，2014，43：5257-5275.

[3] Chen K，Yang D Y，Huang G，et al. Lithium-air batteries：Air-electrochemistry and anode stabilization[J]. Acc Chem Res，2021，54：632-641.

[4] Johnson L，Li C，Liu Z，et al. The role of LiO_2 solubility in O_2 reduction in aprotic solvents and its consequences for Li-O_2 batteries[J]. Nat Chem，2014，6：1091-1099.

[5] Xu J J，Chang Z W，Wang Y，et al. Cathode surface-induced，solvation-mediated，micrometer-sized Li_2O_2 cycling for Li-O_2 batteries[J]. Adv Mater，2016，28：9620-9628.

[6] Ottakam Thotiyl M M，Freunberger S A，Peng Z，et al. The carbon electrode in nonaqueous Li-O_2 cells[J]. J Am Chem. Soc，2013，135：494-500.

[7] McCloskey B D，Speidel A，Scheffler R，et al. Twin problems of interfacial carbonate formation in nonaqueous Li-O_2 batteries[J]. J Phys Chem Lett.，2012，3：997-1001.

[8] Gallant B M，Mitchell R R，Kwabi D G，et al. Chemical and morphological changes of Li-O_2 battery electrodes upon cycling[J]. J Phys Chem C，2012，116：20800-20805.

[9] Peng Z，Freunberger S A，Chen Y，et al. A reversible and higher-rate Li-O_2 battery[J]. Science，2012，337：563-566.

[10] Ottakam Thotiyl M M，Freunberger S A，Peng Z，et al. A stable cathode for the aprotic Li-O_2 battery[J]. Nat Mater，2013，12：1050-1056.

[11] Xu J J，Chang Z W，Yin Y B，et al. Nanoengineered ultralight and robust all-metal cathode for high-capacity，stable lithium-oxygen batteries[J]. ACS Cent Sci，2017，3：598-604.

[12] Kuboki T，Okuyama T，Ohsaki T，et al. Lithium-air batteries using hydrophobic room temperature ionic liquid electrolyte[J]. J Power Sources，2005，146：766-769.

[13] Xu W，Xiao J，Zhang J，et al. Optimization of nonaqueous electrolytes for primary lithium/air batteries operated in ambient environment[J]. J Electrochem Soc，2009，156：A773-A779.

[14] Xu W，Xu K，Viswanathan V V，et al. Reaction mechanisms for the limited reversibility of Li-O_2 chemistry in organic carbonate electrolytes[J]. J Power Sources，2011，196：9631-9639.

[15] Xu W，Hu J，Engelhard M H，et al. The stability of organic solvents and carbon electrode in nonaqueous Li-O_2 batteries[J]. J Power Sources，2012，215：240-247.

[16] Freunberger S A，Chen Y，Drewett N E，et al. The lithium-oxygen battery with ether-based electrolytes[J]. Angew Chem Int Ed，2011，50：8609-8613.

[17] Freunberger S A，Chen Y，Peng Z，et al. Reactions in the rechargeable lithium-O_2 battery with alkyl carbonate electrolytes[J]. J Am Chem Soc，2011，133：8040-8047.

[18] Chen Y，Freunberger S A，Peng Z，et al. Li-O_2 battery with a dimethylformamide electrolyte[J]. J Am Chem Soc，2012，134：7952-7957.

[19] Xu D，Wang Z L，Xu J J，et al. Novel DMSO-based electrolyte for high performance rechargeable Li-O_2 batteries[J]. Chem Commun，2012，48：6948-6950.

[20] Xu D，Wang Z L，Xu J J，et al. A stable sulfone based electrolyte for high performance rechargeable Li-O_2 batteries[J]. Chem Commun，2012，48：11674-11676.

[21] Asadi M，Sayahpour B，Abbasi P，et al. A lithium-oxygen battery with a long cycle life in an air-like atmosphere[J]. Nature，2018，555：502-506.

[22] Jung H G，Hassoun J，Park J B，et al. An improved high-performance lithium-air battery[J]. Nat Chem，2012，4：579-585.

[23] Wandt J，Jakes P，Granwehr J，et al. Singlet oxygen formation during the charging process of an aprotic lithium-oxygen battery[J]. Angew Chem Int Ed，2016，55：6892-6895.

[24] Mahne N，Schafzahl B，Leypold C，et al. Singlet oxygen generation as a major cause for parasitic reactions during cycling of aprotic lithium-oxygen batteries[J]. Nat. Energy，2017，2：17036.

[25] Petit Y K，Leypold C，Mahne N，et al. DABCOnium：An efficient and high-voltage stable singlet oxygen quencher for metal-O_2 cells[J]. Angew Chem Int Ed，2019，58：6535-6539.

[26] Mourad E，Petit Y，Spezia R，et al. Singlet oxygen from cation driven superoxide disproportionation and consequences for aprotic metal-O_2 batteries[J]. Energy Environ Sci，2019，12：2559-2568.

[27] Liang Z，Zou Q，Xie J，et al. Suppressing singlet oxygen generation in lithium-oxygen batteries with redox mediators[J]. Energy Environ Sci，2020，13：2870-2877.

[28] Kwak W J，Kim H，Petit Y K，et al. Deactivation of redox mediators in lithium-oxygen batteries by singlet oxygen[J]. Nat Commun，2019，10：1380.

[29] Assary R S，Lu J，Du P，et al. The effect of oxygen crossover on the anode of a Li-O_2 battery using an ether-based solvent：Insights from experimental and computational studies[J]. ChemSusChem，2013，6：51-55.

[30] Shui J L，Okasinski J S，Kenesei P，et al. Reversibility of anodic lithium in rechargeable lithium-oxygen batteries[J]. Nat Commun，2013，4：2255.

[31] Chen K，Huang G，Zhang X B. Efforts towards practical and sustainable Li/Na-air batteries[J]. Chin J Chem，2021，39：32-42.

[32] O'Hare P A G. Thermochemical and theoretical investigations of the sodium-oxygen system. Ⅰ. The standard enthalpy of formation of sodium oxide（Na_2O）[J]. J Chem Phys，1972，56：4513-4516.

[33] Peled E，Golodnitsky D，Mazor H，et al. Parameter analysis of a practical lithium-and sodium-air electric vehicle battery[J]. J Power Sources，2011，196：6835-6840.

[34] Sun Q，Yang Y，Fu Z W. Electrochemical properties of room temperature sodium-air batteries with non-aqueous electrolyte[J]. Electrochem Commun，2012，16：22-25.

[35] Hartmann P，Bender C L，Vracar M，et al. A rechargeable room-temperature sodium superoxide（NaO_2）battery[J]. Nat Mater，2013，12：228-232.

[36] Kim J，Lim H D，Gwon H，et al. Sodium-oxygen batteries with alkyl-carbonate and ether based electrolytes[J]. Phys Chem Chem Phys，2013，15：3623-3629.

[37] Liu W，Sun Q，Yang Y，et al. An enhanced electrochemical performance of a sodium-air battery with graphene nanosheets as air electrode catalysts[J]. Chem Commun，2013，49：1951-1953.

[38] Lee B，Seo D H，Lim H D，et al. First-principles study of the reaction mechanism in sodium-oxygen batteries[J]. Chem Mater，2014，26：1048-1055.

[39] Bender C L，Hartmann P，Vračar M，et al. On the thermodynamics，the role of the carbon cathode，and the cycle

life of the sodium superoxide（NaO_2）battery[J]. Adv Energy Mater，2014，4：1301863.

[40] Bender C L，Bartuli W，Schwab M G，et al. Toward better sodium-oxygen batteries：A study on the performance of engineered oxygen electrodes based on carbon nanotubes[J]. Energy Technol，2015，3：242-248.

[41] Ortiz-Vitoriano N，Batcho T P，Kwabi D G，et al. Rate-dependent nucleation and growth of NaO_2 in Na-O_2 batteries[J]. J Phys Chem Lett，2015，6：2636-2643.

[42] Sun Q，Yadegari H，Banis M N，et al. Toward a sodium-“air” battery：Revealing the critical role of humidity[J]. J Phys Chem C，2015，119：13433-13441.

[43] Xia C，Black R，Fernandes R，et al. The critical role of phase-transfer catalysis in aprotic sodium oxygen batteries[J]. Nat Chem，2015，7：496-501.

[44] Yadegari H，Banis M N，Xiao B，et al. Three-dimensional nanostructured air electrode for sodium-oxygen batteries：A mechanism study toward the cyclability of the cell[J]. Chem Mater，2015，27：3040-3047.

[45] Zhang S，Wen Z，Rui K，et al. Graphene nanosheets loaded with Pt nanoparticles with enhanced electrochemical performance for sodium-oxygen batteries[J]. J. Mater Chem A，2015，3：2568-2571.

[46] Zhao N，Guo X. Cell chemistry of sodium-oxygen batteries with various nonaqueous electrolytes[J]. J Phys Chem C，2015，119：25319-25326.

[47] Aldous I M，Hardwick L J. Solvent-mediated control of the electrochemical discharge products of non-aqueous sodium-oxygen electrochemistry[J]. Angew Chem Int Ed，2016，55：8254-8257.

[48] Bender C L，Schroder D，Pinedo R，et al. One-or two-electron transfer? The ambiguous nature of the discharge products in sodium-oxygen batteries[J]. Angew Chem Int Ed，2016，55：4640-4649.

[49] Kim J，Park H，Lee B，et al. Dissolution and ionization of sodium superoxide in sodium-oxygen batteries[J]. Nat Commun，2016，7：10670.

[50] Ma J L，Meng F L，Xu D，et al. Co-embedded N-doped carbon fibers as highly efficient and binder-free cathode for Na-O_2 batteries[J]. Energy Storage Mater，2017，6：1-8.

[51] Pinedo R，Weber D A，Bergner B，et al. Insights into the chemical nature and formation mechanisms of discharge products in Na-O_2 batteries by means of operando X-ray diffraction[J]. J Phys Chem C，2016，120：8472-8481.

[52] He M，Lau K C，Ren X，et al. Concentrated electrolyte for the sodium-oxygen battery：Solvation structure and improved cycle life[J]. Angew Chem Int Ed，2016，55：15310-15314.

[53] Ma J L，Meng F L，Yu Y，et al. Prevention of dendrite growth and volume expansion to give high-performance aprotic bimetallic Li-Na alloy-O_2 batteries[J]. Nat Chem，2019，11：64-70.

[54] Munuera J M，Paredes J I，Enterria M，et al. High performance Na-O_2 batteries and printed microsupercapacitors based on water-processable，biomolecule-assisted anodic graphene[J]. ACS Appl Mater Interfaces，2020，12：494-506.

[55] Jung M S，Ha S，Koo D，et al. Electrochemically generated KO_2 as a phase-transfer mediator for Na-O_2 batteries[J]. J Phys Chem C，2020，124：7644-7651.

[56] Wang J，Ni Y，Liu J，et al. Room-temperature flexible quasi-solid-state rechargeable Na-O_2 batteries[J]. ACS Cent Sci，2020，6：1955-1963.

[57] Enterria M，Gomez-Urbano J L，Munuera J M，et al. Boosting the performance of graphene cathodes in Na-O_2 batteries by exploiting the multifunctional character of small biomolecules[J]. Small，2021，17：e2005034.

[58] Ren X，Wu，Y. A low-overpotential potassium-oxygen battery based on potassium superoxide. [J]. J Am Chem Soc，2013，135：2923-2926.

[59] Ren X，Lau K C，Yu M，et al. Understanding side reactions in K-O_2 batteries for improved cycle life[J]. ACS Appl Mater Interfaces，2014，6：19299-19307.

[60] Ren X，He M，Xiao N，et al. Greatly enhanced anode stability in K-oxygen batteries with an *in situ* formed solvent-and oxygen-impermeable protection layer[J]. Adv Energy Mater，2017，7：1601080.

[61] Xiao N，Zheng J，Gourdin G，et al. Anchoring an artificial protective layer to stabilize potassium metal anode in rechargeable K-O_2 batteries[J]. ACS Appl Mater Interfaces，2019，11：16571-16577.

[62] Hu K，Qin L，Zhang S，et al. Building a reactive armor using S-doped graphene for protecting potassium metal anodes from oxygen crossover in K-O_2 batteries[J]. ACS Energy Lett，2020：1788-1793.

[63] McCulloch W D，Ren X，Yu M，et al. Potassium-ion oxygen battery based on a high capacity antimony anode[J]. ACS Appl Mater Interfaces，2015，7：26158-26166.

[64] Yu W，Lau K C，Lei Y，et al. Dendrite-free potassium-oxygen battery based on a liquid alloy anode[J]. ACS Appl Mater Interfaces，2017，9：31871-31878.

[65] Lei Y，Chen Y，Wang H，et al. A graphite intercalation composite as the anode for the potassium-ion oxygen battery in a concentrated ether-based electrolyte[J]. ACS Appl Mater Interfaces，2020，12：37027-37033.

[66] Cong G，Wang W，Lai N C，et al. A high-rate and long-life organic-oxygen battery[J]. Nat Mater，2019，18：390-396.

[67] Wang W，Lai N C，Liang Z，et al. Superoxide stabilization and a universal KO_2 growth mechanism in potassium-oxygen batteries[J]. Angew Chem Int Ed，2018，57：5042-5046.

[68] Sankarasubramanian S，Ramani V. Dimethyl sulfoxide-based electrolytes for high-current potassium-oxygen batteries[J]. J Phys Chem C，2018，122：19319-19327.

[69] Chen Y，Jovanov Z P，Gao X，et al. High capacity surface route discharge at the potassium-O_2 electrode[J]. J Electroanal Chem，2018，819：542-546.

[70] Xiao N，Rooney R T，Gewirth A A，et al. The long-term stability of KO_2 in K-O_2 batteries[J]. Angew Chem Int Ed，2018，57：1227-1231.

[71] Qin L，Xiao N，Zhang S，et al. From K-O_2 to K-air batteries：Realizing superoxide batteries on the basis of dry ambient air[J]. Angew Chem Int Ed，2020，59：10498-10501.

[72] Wang W，Lu Y C. Achieving a stable nonaqueous air cathode under true ambient air[J]. ACS Energy Lett，2020，5：3804-3812.

[73] Pujare N U，Semkow K W，Sammells A F. A calcium oxygen secondary battery[J]. J Electrochem Soc，1988，135：260-261.

[74] Reinsberg P，Bondue C J，Baltruschat H. Calcium-oxygen batteries as a promising alternative to sodium-oxygen batteries[J]. J Phys Chem C，2016，120：22179-22185.

[75] Kim M J，Kang H J，Im W B，et al. Rechargeable intermetallic calcium-lithium-O_2 batteries[J]. ChemSusChem，2020，13：574-581.

[76] Chen X R，Liao Q Y，Le Q C，et al. The influence of samarium（Sm）on the discharge and electrochemical behaviors of the magnesium alloy AZ80 as an anode for the Mg-air battery[J]. Electrochim Acta，2020，348：136315.

[77] Chen X R，Zou Q，Le Q C，et al. The quasicrystal of Mg-Zn-Y on discharge and electrochemical behaviors as the anode for Mg-air battery[J]. J Power Sources，2020，451：227807.

[78] Wu Y P，Wang Z F，Liu Y，et al. AZ61 and AZ61-La alloys as anodes for Mg-Air battery[J]. J Mater Eng Perfor，2019，28：2006-2016.

[79] Yuasa M，Huang X S，Suzuki K，et al. Discharge properties of Mg-Al-Mn-Ca and Mg-Al-Mn alloys as anode materials for primary magnesium-air batteries[J]. J Power Sources，2015，297：449-456.

[80] Winther-Jensen B，Gaadingwe M，Macfarlane D R，et al. Control of magnesium interfacial reactions in aqueous electrolytes towards a biocompatible battery[J]. Electrochimica Acta，2008，53：5881-5884.

[81] Li L，Chen H，He E，et al. High-energy-density magnesium-air battery based on dual-layer gel electrolyte[J]. Angew Chem Int Ed，2021，133：15445-15450.

[82] Cheng C，Li S，Xia Y，et al. Atomic Fe-N-*x* coupled open-mesoporous carbon nanofibers for efficient and bioadaptable oxygen electrode in Mg-Air batteries[J]. Adv Mater，2018，30：1802669.

[83] Jiang M，He H，Huang C，et al. α-MnO_2 nanowires/graphene composites with high electrocatalytic activity for Mg-Air fuel cell[J]. Electrochim Acta，2016，219：492-501.

[84] Jiang M，He H，Yi W J，et al. ZIF-67 derived Ag-Co_3O_4@N-doped carbon/carbon nanotubes composite and its application in Mg-air fuel cell[J]. Electrochem Commun，2017，77：5-9.

[85] Kukunuri S，Naik K，Sampath S. Effects of composition and nanostructuring of palladium selenide phases，Pd4Se，Pd7Se4 and Pd17Se15，on ORR activity and their use in Mg-air batteries[J]. J Mater Chem A，2017，5：4660-4670.

[86] Li C S，Sun Y，Lai W H，et al. Ultrafine Mn_3O_4 nanowires/three-dimensional graphene/single-walled carbon nanotube composites：Superior electrocatalysts for oxygen reduction and enhanced Mg/air batteries[J]. ACS Appl Mater Interfaces，2016，8：27710-27719.

[87] Ma J L，Qin C H，Li Y Q，et al. Properties of reduced graphene oxide for Mg-air battery[J]. J Power Sources，2019，430：244-251.

[88] Zhao C C，Jin Y H，Du W B，et al. Multi-walled carbon nanotubes supported binary PdSn nanocatalyst as effective catalytic cathode for Mg-air battery[J]. J Electroanal Chem，2018，826：217-224.

[89] Li W Y，Li C S，Zhou C Y，et al. Metallic magnesium nano/mesoscale structures：Their shape-controlled preparation and Mg/air battery applications[J]. Angew Chem Int Ed，2006，45：6009-6012.

[90] Xin G B，Wang X J，Wang C Y，et al. Porous Mg thin films for Mg-air batteries[J]. Dalton Trans，2013，42：16693-16696.

[91] Ojefors L，Carlsson L. Iron-air vehicle-battery[J]. J Power Sources，1978，2：287-296.

[92] Westinghouse Electric Corporation.Overview of iron/air battery development at westinghouse[J]. J Power Sources，1984，11：214-215.

[93] Tsuneishi T，Esaki T，Sakamoto H，et al. Iron composite anodes for fabricating all-solid-state iron-air rechargeable batteries[J]. Key Eng Mater，2014，616：114-119.

[94] Zhao X，Li X，Gong Y，et al. A novel intermediate-temperature all ceramic iron-air redox battery：The effect of current density and cycle duration[J]. RSC Adv，2014，4：22621-22624.

[95] Licht S，Cui B，Stuart J，et al. Molten air—A new，highest energy class of rechargeable batteries[J]. Energy Environ Sci，2013，6：3646-3657.

[96] Cui B，Licht S. A low temperature iron molten air battery[J]. J Mater Chem A，2014，2：10577-10580.

[97] Liu S，Li X，Cui B，et al. Critical advances for the iron molten air battery：A new lowest temperature，rechargeable，ternary electrolyte domain[J]. J Mater Chem A，2015，3：21039-21043.

[98] Peng C，Guan C，Lin J，et al. A Rechargeable high-temperature molten salt iron-oxygen battery[J]. ChemSusChem，2018，11：1880-1886.

[99] Zhang S，Yang Y，Cheng L，et al. Quasi-solid-state electrolyte for rechargeable high-temperature molten salt iron-air battery[J]. Energy Storage Mater，2021，35：142-147.

第3章　正极电化学

3.1　空气电池正极电化学

金属空气电池具有开放的电池结构，其正极活性物质为氧气，可以从空气中源源不断地获取，具有低成本和高能量密度的优势。金属空气电池家族的成员都有着较高的能量密度，尤其是锂空气电池，理论比能量高达 11140 W·h/kg（不包括氧气质量），几乎可以跟汽油相媲美。

3.1.1　锌/铝空气电池正极电化学

1. 锌空气电池正极电化学

锌空气电池拥有较高的理论能量密度（1084 W·h/kg），负极使用的原料为锌，其储量丰富且价格低廉，而且水系电解液具有更高的安全性，被人们所关注。锌空气电池，以锌为负极，空气中的氧或纯氧为正极活性物质，电解质包括酸性、碱性和中性电解液。

典型的锌空气正极由三部分组成：气体扩散层，氧气催化反应层（催化剂层）和两层之间的导电集流体层。不同部分具有不同的功能。其中，气体扩散层是多孔的，可以使外部的氧气能够到达电催化剂层，又是疏水的，用来防止液体电解质的泄漏；催化剂层具有多孔性、亲水性和导电性，合适的多孔结构有利于液体电解质中的反应物运输到活性催化位点；导电集流体层应具有高的导电性。空气正极在放电时消耗氧气，电池充电时释放氧气。因此，空气正极需要高活性的催化剂用于氧还原反应（ORR）和氧析出反应（OER），其中 ORR 发生在空气正极的三相界面（空气/固体催化剂/液体电解质），OER 发生在两相界面（固体催化剂/液体电解质）。

在碱性电解液中的反应机理如下。

碱性电解质中的 ORR 有两种反应途径[1-5]：

第一种是通过 $4e^-$途径将 O_2 直接还原成 OH^-：

$$O_2 + 2H_2O + 4e^- \longrightarrow 4OH^-\text{（0.401 V } vs.\text{ SHE）} \tag{3.1}$$

第二种是第一步经过 $2e^-$途径将 O_2 还原为 HO_2^-，接着进一步形成 OH^-或者通过歧化形成：

$$O_2 + H_2O + 2e^- \longrightarrow HO_2^- + OH^- \ (-0.076\ V\ vs.\ SHE) \tag{3.2}$$

$$HO_2^- + H_2O + 2e^- \longrightarrow 3OH^- \ (0.878\ V\ vs.\ SHE) \tag{3.3}$$

$$2HO_2^- \longrightarrow 2OH^- + O_2 \tag{3.4}$$

碱性电解质中的 OER 路径[6-8]（活性位点表示为*）：

$$OH^- + * \rightleftharpoons HO* + e^- \tag{3.5}$$

$$HO* + OH^- \rightleftharpoons O* + H_2O + e^- \tag{3.6}$$

$$O* + O* \rightleftharpoons O_2 + * + * \tag{3.7}$$

$$O* + OH^- \rightleftharpoons HOO* + e^- \tag{3.8}$$

$$HOO* + OH^- \rightleftharpoons O_2* + H_2O + e^- \tag{3.9}$$

$$O_2* \rightleftharpoons O_2 + * \tag{3.10}$$

活性位点(*)首先与碱性电解质中的 OH^- 反应，形成 HO*和 O*，如式(3.5)和式（3.6）。在较高的 O*覆盖区域，两个相邻的 O*部位直接结合释放氧气如式（3.7）。在较低的 O*，O*将与 OH^- 反应形成 HOO*，见式（3.8），分解生成 O_2，如式（3.9）和式（3.10）。碱性电解质中的 OH^- 容易和空气中的 CO_2 反应，进而在空气正极的表面生成难溶的碳酸盐副产物，会堵塞反应通道，从而影响氧气进一步参与反应。

中性电解质的 ORR 与酸性电解质的 ORR 相似，反应机理如下

$$O_2* + H^+ + e^- \rightleftharpoons HOO* \tag{3.11}$$

$$HOO* + H^+ + e^- \rightleftharpoons O* + H_2O \tag{3.12}$$

$$O* + H^+ + e^- \rightleftharpoons HO* \tag{3.13}$$

$$HO* + H^+ + e^- \rightleftharpoons H_2O + * \tag{3.14}$$

需要注意的是，在中性电解液中，ORR 机制在不同的催化位点也不同。可以直接通过 $4e^-$ 转移途径，还可以通过 $2e^-$ 转移途径，或者双催化位点上的两步 $2e^-$ 转移途径，抑或是两步 $2e^-$ 转移路径和直接 $4e^-$ 转移路径都存在。OER 在不同的电催化剂上也有不同的机理，这些机理受到电解质 pH、温度，有时还受气体压强的强烈影响。

近期文献报道了一种新型非碱性可充电锌空电池，使用具有疏水特性的三氟甲磺酸锌[$Zn(OTf)_2$]作为电解液的盐，在空气正极表面形成锌离子富集的特征双电层结构，实现非质子二电子转移过程，并分析了基于过氧化锌（ZnO_2）的可逆生成与分解的反应机制[9]。由于 $Zn(OTf)_2$ 基电解液不与 CO_2 发生副反应，这种非碱性锌空电池表现出长循环稳定性能。需要注意的是，由于电解液的不同，在传统的 $ZnSO_4$ 电解液中，正极发生 H_2O 和 O_2 的四电子反应形成 OH^-，电解液的 pH 随着反应进行不断变化，正极生成碱式硫酸锌；而在 $Zn(OTf)_2$ 电解液中，正极发生二电子转移反应，放电产物为过氧化锌，有不同的反应机制。

锌空电池在放电过程中发生氧还原反应，涉及氧气的吸附、多电子还原反应、O ═ O键的断裂等步骤，是个动力学较缓慢的反应，使锌空电池有较大的极化[10]，因此需要发展有效的催化剂来降低ORR过电势。ORR催化剂材料包括贵金属（银、铂、钯以及其合金）、金属氧化物（二元和三元的尖晶石氧化物、钙钛矿或其他结构的非贵金属氧化物）和碳材料。其中碳作为催化剂载体在电池运行过程中易被电化学腐蚀，而双功能催化剂可同时促进氧还原和氧析出反应。目前，Pt、Ir/Ru及其合金作为双功能催化剂，电池具有低过电势和高的电流密度，但是贵金属的高成本给实际应用造成了不便，使用受到了限制。因此，需要发展低成本、高稳定和高效的双功能催化剂。非贵金属双功能催化剂包括过渡金属氧化物及碳基材料等。

2. 铝空气电池正极电化学

铝的理论比容量高达2980 mA·h/g，仅次于锂（3860 mA·h/g），而且成本低，因此在未来的大规模储能领域中具有广阔的应用前景。此外，铝是一种储量丰富且环保的金属，具有高可回收性。铝空电池具有较高的理论电压（2.7 V）和理论能量密度（2796 W·h/kg）。铝空电池以铝为负极，空气为正极，氢氧化钾或氢氧化钠水溶液为电解质。

空气正极是铝空电池的重要组成部分之一，一般由气体扩散层、集流体和催化活性层组成。气体扩散层由碳材料和疏水性黏合剂如聚四氟乙烯（PTFE）组成，使扩散层仅可渗透空气并防止水渗透。集流体通常由镍金属网制成，可以连接到外部电路并增强电子转移过程。催化活性层由电催化剂、碳材料和黏合剂组成。

碱性电解质中ORR有两种典型反应途径：直接四电子途径或连续双电子途径。直接的四电子途径［式（3.1）］是首选途径。或者，在连续的双电子途径中，首先涉及过氧化物HO_2^-的产生，随后经历过氧化物HO_2^-到OH^-的双电子还原或歧化，由式（3.2）、式（3.3）和式（3.4）可见。如果式（3.2）和式（3.3）非常快，则ORR直接通过四电子转移途径发生。

在酸性溶液中，四电子［式（3.15）］和二电子［式（3.16）、式（3.17）和式（3.18）］途径为：

$$O_2 + 4H^+ + 4e^- \longrightarrow 2H_2O \qquad E^\ominus = 1.229\ \text{V}\ vs.\ \text{SHE} \tag{3.15}$$

$$O_2 + 2H^+ + 2e^- \longrightarrow H_2O_2 \qquad E^\ominus = 0.695\ \text{V}\ vs.\ \text{SHE} \tag{3.16}$$

$$H_2O_2 + 2H^+ + 2e^- \longrightarrow 2H_2O \qquad E^\ominus = 1.776\ \text{V}\ vs.\ \text{SHE} \tag{3.17}$$

$$2H_2O_2 \longrightarrow 2H_2O + O_2 \tag{3.18}$$

空气电极中的催化剂影响着电池性能和能量密度。然而，ORR的反应动力学缓慢，导致大的过电势。因此，使用电催化剂提高ORR效率和降低过电势尤为重要。常用的正极催化剂，包括贵金属及合金、过渡金属氧化物/硫属元素化物、金属大环化合物和含碳材料。最常用的贵金属催化剂有铂（Pt）、钯（Pd）、金（Au）和银（Ag）。然而，Pt 贵金属的资源有限，成本高，需要减少 Pt 基催化剂中 Pt 负载量。寻找 Pt 的替代品已经引起了科研人员的广泛兴趣，使用非贵金属催化剂替代 Pt。非贵重催化剂，如过渡金属氧化物、尖晶石型金属氧化物、钙钛矿。碳纳米材料，包括石墨、石墨烯和碳纳米管等，由于其高电导率、大比表面积、环境可接受性和耐腐蚀性，通常被用作催化剂或载体。

3.1.2 锂/钠/钾空气电池正极电化学

1. 锂空气电池正极电化学

在众多金属空气电池中，锂空电池的理论能量密度最高（约 3500 W·h/kg）。非水系锂空电池，由锂金属负极、非水电解质（包括有机溶剂和锂盐）和多孔正极组成。碳由于质量轻、成本低和导电性好等优点常被用作正极。锂空电池经过多年的发展取得较大的进步，但仍存在许多挑战需要克服，例如对充放电机理和催化机制了解不足、高的充电过电势导致能量效率低和电解液分解，正极被放电产物以及循环过程中产生的副产物堵塞。这些使电池的放电容量低、倍率性能较差，循环寿命有限。

因此了解锂空电池的充放电反应机制尤为重要。空气侧主要反应物是氧气，所以多数情况下只考虑氧气的反应。放电时，氧气与正极表面的锂离子和电子发生反应形成固体反应产物，通常为过氧化锂（Li_2O_2），沉积在多孔正极。在充电时，Li_2O_2 分解生成氧气。发生如下反应

$$2Li + O_2 \rightleftharpoons Li_2O_2 \qquad E^{\ominus} = 2.96\ V \tag{3.19}$$

经过不断地研究发现，正极放电反应可以通过表面生长路径进行，也可以通过溶液途径进行[11-16]。

在表面反应机理中，O_2 得到一个电子后在电极表面与 Li^+ 结合，见式（3.20）。之后，$Li_2O_{(ads)}$ 再得到一个电子和锂离子形成 $Li_2O_{2(ads)}$［式（3.21）］。

$$O_{2(g)} + e^- + Li^+_{(sol)} \longrightarrow LiO_{2(ads)} \tag{3.20}$$

$$LiO_{2(ads)} + e^- + Li^+_{(sol)} \longrightarrow Li_2O_{2(ads)} \tag{3.21}$$

式中，“ads”和“sol”下标分别指吸附在表面和存在于溶液中的物质。

在溶液介导的机制中，O_2 得到一个电子在电极表面还原形成超氧化锂［式（3.22）］，然后扩散到溶液中形成 $LiO_{2(sol)}$；$LiO_{2(sol)}$ 溶解在电解质中（处于平衡状态）。溶液中生成的 $LiO_{2(sol)}$ 可以被进一步还原生成 Li_2O_2［式（3.23）］，也可发生歧化反应，通过式（3.24）生成 $Li_2O_{2(sol)}$ 和 $O_{2(g)}$。由于 Li_2O_2 在有机电解质中的溶解度低，会从溶液中沉淀出来，成核并生长为 Li_2O_2。

$$O_{2(g)} + e^- + Li^+_{(sol)} \longrightarrow LiO_{2(sol)} \tag{3.22}$$

$$LiO_{2(sol)} + e^- + Li^+_{(sol)} \longrightarrow Li_2O_{2(sol)} \tag{3.23}$$

$$2LiO_{2(sol)} \longrightarrow Li_2O_{2(sol)} + O_{2(g)} \tag{3.24}$$

对于充电反应，Li_2O_2 的氧化可以通过直接的双电子电化学反应，

$$Li_2O_{2(s)} \longrightarrow O_{2(g)} + 2e^- + 2Li^+_{(sol)} \tag{3.25}$$

根据电解质的溶剂化特性，可能根据以下的反应路径[17-18]，

$$Li_2O_{2(s)} \longrightarrow Li_{2-x}O_{2(s)} + xe^- + xLi^+_{(sol)} \tag{3.26}$$

$$Li_{2-x}O_{2(s)} \longrightarrow O_{2(g)} + (2-x)e^- + (2-x)Li^+_{(sol)} \tag{3.27}$$

或

$$Li_{2-x}O_{2(s)} \longrightarrow LiO_{2(sol)} + (1-x)Li + (1-x)e^- \tag{3.28}$$

$$2LiO_{2(sol)} \longrightarrow Li_2O_{2(s)} + O_{2(g)} \tag{3.29}$$

2. 钠空气电池正极电化学

锂空电池虽然可以提供最高的理论能量密度，但锂资源含量较少，这引起了人们寻求替代锂金属负极的兴趣。钠含量较为丰富，可作为金属空气电池的负极，提供 1605 W·h/kg 的理论能量密度（基于 Na_2O_2）。钠的比容量为 1166 mA·h/g。锂空电池的能源成本是$300～500 kW/h，而钠空电池是$100～150 kW/h。典型的钠氧电池由金属钠作为负极，多孔碳材料作为空气/氧正极，含有非质子电解质的隔膜夹在这两个电极之间。

在水系或混合钠空电池中，采用了 NASICON 型（$Na_3Zr_2Si_2PO_{12}$）固态电解质隔膜，阻隔水与钠负极的反应，正极使用水系电解质有助于减少正极孔隙被放电产物堵塞。主要发生如下反应[19-22]

正极：$O_2 + 2H_2O + 4e^- \rightleftharpoons 4OH^-$　　$E_c = 0.40\ \text{V}\ vs.\ \text{SHE}$　（3.30）

负极：$Na \rightleftharpoons Na^+ + e^-$　　$E_a = 2.71\ \text{V}\ vs.\ \text{SHE}$　（3.31）

总反应：$4Na + O_2 + 2H_2O \rightleftharpoons 4NaOH$　　$E_{cell} = 3.11\ \text{V}$　（3.32）

与锂氧电池不同，对于钠空电池非水系电解液，钠与氧结合可以形成 NaO_2，在充电时有助于放电产物的可逆反应。主要发生如下反应[23-24]

正极：$O_2 + e^- \rightleftharpoons O_2^-$　　$E_c = 0.44\ \text{V}$　（3.33）

或　$O_2 + 2e^- \rightleftharpoons O_2^{2-}$　　$E_c = 0.38\ \text{V}$　（3.34）

负极：$Na \rightleftharpoons Na^+ + e^-$　　$E_a = 2.71\ \text{V}$　（3.35）

总反应：$Na + O_2 \rightleftharpoons NaO_2$　　$E_{cell} = 2.27\ \text{V}$　（3.36）

或　$2Na + O_2 \rightleftharpoons Na_2O_2$　　$E_{cell} = 2.33\ \text{V}$　（3.37）

3. 钾空气电池正极电化学

在钾空电池中，空气侧多数情况下也只考虑氧气。与其他碱金属氧气电池（如锂氧电池和钠氧电池）不同，钾氧电池的放电产物是 KO_2，其在室温下动力学和热力学均稳定。放电时发生单电子转移，因此钾氧电池不需要催化剂便具有快速的反应动力学，并具有超低的过电势（～50 mV）和高能量转换效率（大于 90%）。地球上丰富的钾资源使钾氧气电池在储能应用方面具有吸引力。钾空电池由钾金属、多孔碳和浸润非水电解质的隔膜组成。

由于晶体堆积结构中阳离子之间的空间斥力，放电时它优先形成热力学稳定的 KO_2 而不是 K_2O_2，充电是反向过程，由 KO_2 变回 O_2 和 K^+。放电反应过程如下

$$\text{正极：} O_2 + e^- \rightleftharpoons O_2^- \qquad E_c = 0.44\ V \tag{3.38}$$

$$\text{负极：} K \rightleftharpoons K^+ + e^- \qquad E_a = 2.93\ V \tag{3.39}$$

$$\text{总反应：} K + O_2 \rightleftharpoons KO_2 \qquad E_{cell} = 2.48\ V \tag{3.40}$$

KO_2 晶体的生长可能涉及两种不同的机制：①电子通过 KO_2 晶体的表面转移，并与溶解的 O_2 和 K^+反应，这由 KO_2 的电子传导率控制；②氧气首先在碳表面被还原，通过电解液扩散，然后被 K^+捕获。

正极反应需要电解液中的 K^+（液相）、氧分子（气相或溶解在电解液中）和碳基体（固相）传导的电子共同参与，因此，碳表面的 KO_2 钝化和氧传输的困难是限制 K-O_2 电池容量和倍率性能的关键因素。当放电倍率较低时，沉积的 KO_2 晶体较大；而当放电倍率较高时，KO_2 晶体较小，会紧密地堆积在碳电极表面。K-O_2 电池的容量与放电倍率成反比[25]。此外，放电容量也高度依赖于电极的比表面积和孔径分布。

3.1.3　其他金属空气电池正极电化学

1. 钙氧气电池正极电化学

最近研究发现钙氧电池在化学反应中产生超氧化物还是氧化物取决于正极材料。在 Pt、Ru 和 Rh 等多种材料上，放电时生成 $Ca(O_2)_2$，具有高可逆性。放电产物溶解性好，约 90%溶解在电解液中，只有少部分沉积在正极上。

非水体系中的反应为

$$\text{负极：} Ca \rightleftharpoons Ca^{2+} + 2e^- \tag{3.41}$$

$$\text{正极：} 2O_2 + Ca^{2+} + 2e^- \rightleftharpoons Ca(O_2)_2 \tag{3.42}$$

$$\text{总反应：} Ca + 2O_2 \rightleftharpoons Ca(O_2)_2 \qquad E_{cell} = 1.66\ V \tag{3.43}$$

使用Au电极，形成CaO_2，反应为

$$\text{负极：}Ca \rightleftharpoons Ca^{2+} + 2e^- \tag{3.44}$$

$$\text{正极：}O_2 + Ca^{2+} + 2e^- \rightleftharpoons CaO_2 \tag{3.45}$$

$$\text{总反应：}Ca + O_2 \rightleftharpoons CaO_2 \qquad E_{cell} = 3.38\ V \tag{3.46}$$

其中，放电产物也是部分可溶的。

2. 镁空气电池正极电化学

与其他金属空气结构相似，镁空电池由镁（或镁合金）负极、空气正极和盐水电解质组成。镁空电池的理论电压是3.09 V，理论能量密度为2850 W·h/kg。镁空电池是一种很有前途的电化学能量存储和转换装置，因为镁在地球上储量丰富、反应活性高、质量轻、毒性低，且有相对较高的安全性。

典型的镁空正极结构由四层组成：防水透气层，气体扩散层，催化剂层和导电集流体层。防水透气层通常是防水的多孔物质（如石蜡或Teflon），用于隔开电解质和空气，只允许O_2渗透，阻挡CO_2和H_2O。气体扩散层通常由含有乙炔黑和疏水材料如聚四氟乙烯（PTFE）组成，具有较高的孔隙率和较高的电子导电性。催化剂层由用于氧还原反应的活性催化剂组成。

镁空电池反应原理如下

水体系：

$$\text{负极：}Mg \rightleftharpoons Mg^{2+} + 2e^- \qquad E_a = -2.69\ V\ vs.\ SHE \tag{3.47}$$

$$\text{正极：}O_2 + 2H_2O + 4e^- \rightleftharpoons 4OH^- \qquad E_c = 0.40\ V\ vs.\ SHE \tag{3.48}$$

$$\text{总反应：}2Mg + 2H_2O + O_2 \rightleftharpoons 2Mg(OH)_2 \qquad E_{cell} = 3.09\ V \tag{3.49}$$

非水体系：

$$\text{负极：}Mg - 2e^- \rightleftharpoons Mg^{2+} \tag{3.50}$$

$$\text{正极：}O_2 + 2e^- \rightleftharpoons O_2^{2-} \tag{3.51}$$

$$\text{总反应：}Mg + O_2 \rightleftharpoons MgO_2 \qquad E_{cell} = 2.94\ V \tag{3.52}$$

$$\text{或}\quad 2Mg + O_2 \rightleftharpoons 2MgO \qquad E_{cell} = 2.95\ V \tag{3.53}$$

影响镁空电池发展的主要问题是高极化和低库仑效率。镁空电池的实际工作电压通常低于1.2 V，实际能量密度也低于理论能量的10%。造成这个问题的原因有两个：一是Mg与电解液反应导致Mg负极腐蚀，二是空气正极氧气还原反应动力学迟缓。因此，为了降低过电势，需要高效的催化剂。

3. 铁空气电池正极电化学

铁空电池的开路电压约为1.28 V，理论能量密度为764 W·h/kg，形成$Fe(OH)_3$[26]。铁空电池具有资源丰富和成本低的优点。铁空电池是以铁作为负极活

性物质，空气中的氧气作为正极活性物质。铁在地壳中含量丰富，使其成本低于其他金属空气电池。

在水系电解质中主要发生如下反应

负极：$Fe + 2OH^- \rightleftharpoons Fe(OH)_2 + 2e^-$　　$E_a = -0.88\ V\ vs.\ SHE$　（3.54）

正极：$O_2 + 2H_2O + 4e^- \rightleftharpoons 4OH^-$　　$E_c = 0.40\ V\ vs.\ SHE$　（3.55）

总反应：$Fe + 1/2O_2 + H_2O \rightleftharpoons Fe(OH)_2$　　$E_{cell} = 1.28\ V$　（3.56）

电池内部会发生水解反应产生氢气，消耗约 50%的电池能量，由此大大降低了它的效率。

文献中也报道了一种基于固体电解质的铁空电池[27-28]。电解质为氧化物离子导体，不过工作温度需大于 600 ℃。固体氧化物铁空电池利用 FeO-Fe 相平衡作为一种储存电化学能量的方法。

如上所述，用于金属空气电池系统，特别是碱金属空气电池系统的理想正极材料不仅应具有优异的催化性能，还应为放电产物提供足够的空间以满足高比能的需求。目前，广大科研工作者已经开发出大量的正极材料并成功应用于金属空气电池体系，取得令人瞩目的成就。为使读者更清晰地了解金属空气电池正极的发展、存在的问题以及后续发展的方向，本章选取锂空电池和锌空电池为代表，详细叙述其正极材料的发展，并简要介绍其他空气电池体系。本章先详细地论述纯碳正极和贵金属、过渡金属化合物碳基正极及其面临的问题，再介绍近年来逐渐发展的无碳/非碳基正极材料，最后对金属空气电池正极的未来发展方向做出展望。

3.2　碳基正极材料

碳材料由于其优异的导电性和较大的比表面积，通常作为催化剂载体、导电剂和电极材料，在锂离子电池、燃料电池和超级电容器中广泛使用。为实现金属空气电池高比能量，轻质的碳基材料通常作为催化剂载体和导电剂，其多孔结构为金属空气电池的放电产物提供丰富的活性位点和存储空间，同时还具备一定的 OER 和 ORR 催化能力。目前已被广泛应用的碳基正极可分为三类：①纯碳正极材料；②贵金属催化剂碳基正极材料；③过渡金属化合物碳基正极材料。下面分别讨论三类碳基正极材料在金属空气电池中的应用。

3.2.1　纯碳正极材料

在空气电池发展的早期阶段，商业碳材料，如 Super P、KB、活性炭及多功能碳材料如石墨烯、碳纳米管等都被用作金属空气电池的正极材料。虽然高比表面积的 Super P 和 KB 可以为 Li_2O_2 提供许多活性中心，但它们容易团聚使 O_2 传输困难，特别是团聚体内部不能再作为活性中心，这阻碍活性物种在可持续循环过程中向催化活性反应位点的流动，导致电池容量持续衰减，过早死亡。除此之外，研究发现碳正极会引发许多副反应，在电压大于 3.5 V *vs*. Li^+/Li 时会被氧化，引起电解质分解产生副产物并在循环过程中持续积累，导致电池失效。碳基材料的发展按照其性能可以分为两部分：商业碳材料和功能性碳材料。下面分别讨论不同碳质材料在金属空气电池中的应用。

1. 商业碳材料

商业碳材料应用到锂空电池中，最早追溯到 1996 年，美国 EIC 实验室的 Abraham 等使用乙炔黑和石墨粉作为正极材料，在 0.1 mA/cm^2 的电流密度下实现锂氧电池的充电，其比容量为 1410 mA·h/g [29]。随着对锂氧电池正极研究的深入，不同类型的碳材料被逐渐开发并使用。例如，美国陆军实验室 Read [30]使用 Super P 作为空气正极研究不同电流密度下锂氧电池的比容量，发现随着电流密度的增大其比容量逐渐降低。由于碳酸酯类电解液在锂氧电池中不够稳定，会引发一系列的副反应，影响电池的性能。韩国汉阳大学 Sun 课题组首次使用 TEGDME-$LiCF_3SO_3$ 电解液，以 Super P 为正极实现锂氧电池可以在高达 5000 mA·h/g 的容量水平下工作，且平均放电电压为 2.7 V，从而产生非常高的理论能量密度[31]。对于不同正极材料，其放电比容量也各不相同，清华大学王诚等对比研究不同碳材料的放电容量，研究发现以 Super P 作为空气正极，其放电容量远高于活性炭 SYTC-03，KB EC600JD，Vulcan XC-72[32]。除 Super P 外，科研人员也研究其他碳基正极的性能。Beattie 等[33]使用 KB 作为空气正极研究负载量和容量的关系，研究发现随着负载量的增大，电池比容量大幅下降。张继光课题组[34]研究发现最优的负载量为 15.1 mg/cm^2，负载量继续增大时比容量将显著降低；空气电极的容量随正极中孔数量的增大而增大，随电解质质量的增加而增大。在最佳条件下，KB 的质量比容量为 1756 mA·h/g。对比以上可知，大的负载量将会导致电池比容量的降低，通过优化碳材料内部的孔道微结构有望实现大载量下的高比容量。

综上，电流密度、电解液用量、碳的种类和负载量等多种因素均会影响电池容量。相比正极材料，锂空电池体系由于过氧化锂的不溶性，孔隙结构是决定锂空电池容量的重要因素，具有大孔容和比表面积的正极，有利于容纳放电产物并为气体的传输提供有效的通道。Hayashi 等研究发现碳材料的放电容量与比表面积存在一定的相关性，碳材料上的介孔等纳米孔道能够作为正极反应的活性中心，具有高比表面积和更多中孔的碳材料可以提供更高的放电容量[35]。同样，Meini 等研究发现碳材料的比表面积与其放电容量存在很强的相关性。例如，比表面积分别为 240 m^2/g、834 m^2/g 和 1509 m^2/g 的 Vulcan XC72、KB EC600JD 和 BP 2000 的碳材料可以分别显示约 183 mA·h/g、439 mA·h/g 和 517 mA·h/g 的放电容量[36]。

与此同时，众多学者详细研究孔径对空气正极的影响，Hall 等制备一系列不同孔体积的多孔碳正极材料，发现较大的孔隙体积为过氧化锂的形成和存储提供了丰富的空间，进一步提高了电池的容量[37]。相比之下，张华民等研究商业 KB 和 Super P 的孔径分布和孔隙体积对电池容量的影响[38]，研究发现，KB 具有较大的比表面积（1379 m^2/g）和孔容（2.61 m^3/g），而 Super P 的比表面积和孔容仅分别为 54 m^2/g 和 0.23 m^3/g，但两者的比容量却相差无几，这表明孔容和电池的容量并不是简单的线性关系。孔容和孔径的形成，Watanabe 等给出了答案，其研究发现空气正极的孔径存在两个峰值，空气正极的大孔是由超疏水的黏结剂引起的，孔内充满了气体，因此大孔内不存在三相界面，反应活性位点主要位于小孔和中孔中[39]。而 Kordesch 等也发现相同的规律，他们认为，大孔构成电极的骨架，其内存储电解液，而小孔则用于气体扩散，反应发生在大孔和小孔的结合处[40]。

尽管商业碳材料可以作为金属空气电池的正极材料，但由于其催化活性较差，导致金属空气电池的能量利用效率较低，倍率性能和循环性能也差强人意，因此提升碳材料的催化性是实现碳材料商业化的必由之路。基于商业碳材料较差的催化稳定性，在最近的研究中，商用碳材料通常用作导电剂或催化剂载体，而不再用于非水锂空电池的正极催化剂。

2. *功能性碳材料*

与上述碳材料不同，功能性碳材料如石墨烯、介孔碳、碳纳米管（CNT）和碳纳米纤维（CNFs），由于其相比商业碳材料具有独特的结构和更多的缺陷，具有更大的研究价值和改进空间，因此，在金属空气电池中被广泛研究。

碳纳米管是一维纳米材料，按照石墨烯片层数分类可分为单壁碳纳米管（SWCNTs）和多壁碳纳米管（MWCNTs），由于其质量轻、结构完美，具有较高的化学稳定性、热稳定性和较高的弹性、抗拉强度、导电性，因此近年来广泛用作金属空气电池的正极材料。中南大学张治安课题组通过化学蚀刻的方法得到多壁碳纳米管，对比研究发现蚀刻后的碳纳米管放电容量比蚀刻前放电容量增加一倍，主要是因为通过蚀刻增加活性边缘位点和空隙的体积，这为碳纳米管在锂氧电池中的应用提出一个可行的方向[41]。除了对商业碳纳米管进行简单的改性之外，许多原位合成碳纳米管的方法也被开发出来。例如，北京理工大学王浩等使用 CVD 方法制备碳纳米管并分别在碳酸酯和乙醚基电解液中测试其性能。结果表明两者放电容量的差异可能是由电解液对放电过程电化学反应的影响所致，这部分内容将在第四章电解液的章节被讨论[42]。其次，邵阳课题组通过气相沉积的方法制备一种无黏结剂的多孔碳纳米管[43]，在多孔阳极氧化铝膜上生长垂直排列的空心碳纤维。郭向欣课题组制备一种垂直排列的碳纳米管，这种垂直排列的碳纳米管阵列有利于电子、离子和气体沿着纳米管方向运输，有利于形成定向的产物[44]。

石墨烯具有丰富的表面官能团，是研究表面活性与电池性能的合适材料。除此之外，石墨烯作为一种二维碳基材料，由于其高电导率、高比表面积（2630 m^2/g）和机械柔韧性，不仅为反应位点提供极大的有效面积，而且有利于氧气和金属离子的接触，在金属空气电池及其他电池领域中得到广泛的应用。

除了商用石墨烯之外，科研工作者也通过其他技术原位制备不同结构的石墨烯。例如，浙江大学谢健等使用 CVD 技术在泡沫镍表面原位生长 3D-石墨烯[45]，如图 3.1 所示。通过石墨烯的组装可以进一步增强石墨烯形态的优势。为了增大石墨烯的活性位点，张继光等报道一种分层排列结构和功能化的石墨烯纳米片正极，他们设计了一个具有大比表面积的多孔结构，以扩大三相区域（*Nano Lett.*，2011，11：5071-5078）。该多孔框架的内部空间提供了扩散路径，同时石墨烯上的缺陷和官能团可以促进 Li_2O_2 粒子的形成，以防止阴极中的空气阻塞。这表明碳基底形态是决定锂空电池电化学性能的关键因素。张新波课题组研究还发现，从石墨烯中衍生出来的独立分层多孔碳可以作为锂空电池的有效正极。为了确保碳基板的有效利用，他们设计了具有大孔隙体积的多孔碳，这也提供了一个三维框架。石墨烯不仅作为基本的碳源，也被用作 3D 凝胶的骨架。由于这种独特的结构，放电过程中大孔隙促进了氧气的传输而内部的小孔隙为反应产物的形成和分解提供了较大的三相区域[46]。

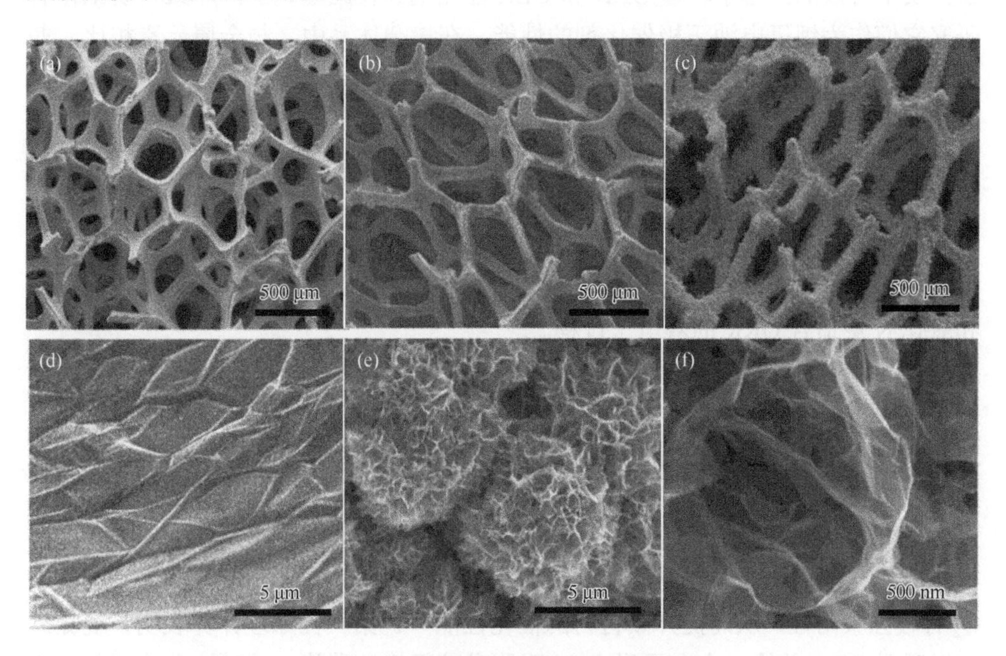

图 3.1　不同条件下正极材料 SEM 图像

（a）原始多孔泡沫镍；（b）涂覆石墨烯的泡沫镍；（c）负载 δ-MnO_2 石墨烯涂层的泡沫镍；（d）～（f）相应的高倍放大 SEM 图

3. 掺杂碳材料

除多孔处理和纳米结构工程等策略外，在碳材料中引入其他杂原子来调节碳材料的表面化学性质已被证明是一种提高碳材料 ORR 和 OER 性能的有效方法。

掺杂在碳晶格中的杂原子可以显著改变碳的电子和几何结构，导致原子缺陷、自旋及原子电荷密度的非均匀分布，从而调节其吸附性能和催化活性[47]。碳材料中的原子缺陷可以成为吸附氧气和金属离子的活性中心，增加反应中心的密度，从而改善非水电解质基金属空气电池的放电容量和过电势。虽然外来原子的掺杂可以显著促进碳材料的 ORR 性能。但与纯碳相比，在接触高氧化环境时稳定性将进一步恶化，这是因为放电过程中产生具有高度侵略性的反应中间体，如超氧化锂和其他含氧自由基，这与断裂的 C—C 键和产生的缺陷有关，将加速碳材料的腐蚀、钝化和性能衰减。因此，杂原子掺杂是一把双刃剑，它有助于提升碳材料的活性，但也可能导致耐久性变差。

碳材料作为金属空气电池的正极材料已多次被证明是一种潜在的措施，但对于锂空电池而言，它们对过氧化锂形成和分解的催化活性相对较低。杂原子掺杂的碳材料由于其可调谐的电子结构比纯碳材料具有更好的催化活性，已被证明是水介质中有效的四电子转移 ORR 和 OER 催化剂。在此基础上，广大科研工作者研究它们作为锂氧电池正极催化剂的性能。在掺杂体系中，与金属元素相比，非金属元素更容易掺杂到 sp^2 杂化的 C—C 晶格中，形成单元素掺杂的无金属催化剂。例如，氮族元素有一个价电子超过 C 元素，这有利于吸电子反应，如单电子 ORR 过程。此外，由于它们原子尺寸与 C 原子相近，因此 N 原子很容易掺到碳晶格中，形成吡啶、吡咯和石墨化的 N 结构。根据实验和理论计算结果可知，由于未配对电子和孤对电子的差异，不同 N 物种的 ORR 催化活性顺序为：吡啶 N＞吡咯 N＞石墨 N＞氧化 N＞碳。虽然吡啶 N 和吡咯 N 催化中心有利于四电子过程，但石墨 N 和氧化 N 更适合 ORR 的双电子过程。

杨勇课题组利用 DFT 计算石墨烯和氮掺杂石墨烯对氧气的吸附和解离活性，结果表明 N 掺杂不仅能够增强氧原子吸附且可以降低 O_2 的脱附能垒，脱附能从 2.39 eV 降低到 1.20 eV，从而提高氧析出的催化活性[48]。Sakaushi 等[49]以氮掺杂碳为空气正极，氮掺杂碳正极具有较低的放电过电势 0.3 V，比 Pt-C 催化剂的放电过电势 0.45 V 更优异，其放电比容量远高于纯碳的放电比容量，故 N 掺杂碳具有较高的 ORR 活性。南开大学周震课题组报道 N 掺杂碳材料中吡啶氮对 Li 和 O_2 有较强吸附性，从而提升碳材料的催化性能[50]。第一性原理计算表明，吡啶氮可以吸引 Li^+，并给一个电子形成 Li 吸附吡啶氮掺杂碳片，同时该吡啶氮是一个很强的 O_2 吸附和活化位点，因此可以催化电化学反应。

除氮族元素外，硫族元素也被用作掺杂剂，提高碳的 ORR 性能[51-52]。2012 年，孙学良课题组[51]首次制备掺杂硫的石墨烯，并观测其对 Li_2O_2 的形貌影响。与石墨烯相比，硫的引入能促进 Li_2O_2 的纳米棒形成，而纯石墨烯促进不规则的 Li_2O_2 生成。S 掺杂调节原始石墨烯的电子状态，降低 O_2^- 和石墨烯之间的结合能，但并不促进 O—O 键的断裂。超氧离子的扩散增强导致纳米棒 Li_2O_2 的生长。相反，由于石墨烯扩散差导致不规则 Li_2O_2 的生成堵塞电极，降低其放电容量。硒是人体中一种典型的抗氧化剂，它能有效地清除自由基。哈尔滨工业大学尹鸽平课题组[52]合成掺杂硒元素的碳材料并用作锂氧电池的正极。结果表明，与纯碳相比，Se 掺杂碳正极具有较高的放电容量、较低的过电势和较好的倍率性能，该正极的高稳定性归因于硒元素优异的抗氧化能力。

为探究不同非金属元素的掺杂效果，温兆银课题组[53]系统地研究 B、N、Al、Si 和 P 掺杂石墨烯作为锂空正极材料的可行性。研究发现掺 P 的石墨烯在降低电池充电过电势方面具有最高的催化活性，掺 B 的石墨烯在降低电池放电过电势方面具有最高的活性。通过 B 和 P 的共掺杂，显著降低电池在充电和放电过程的过电势。除此之外，赵天寿等对石墨烯、N 掺杂石墨烯、B 掺杂石墨烯，以及 N-B 共掺杂正极催化剂进行第一性原理计算研究，如图 3.2 所示[54]。结果表明，B 掺杂石墨烯展现出较低的充放电过电势，同时他们发现在锂原子存在下，N 和 B 原子的共掺杂并没有增强 ORR 和 OER 性能，这表明质子存在下的协同效应并未发生。理论计算的结果证实掺杂 B 和 N-B 共掺杂石墨烯在锂氧电池中的高催化活性。

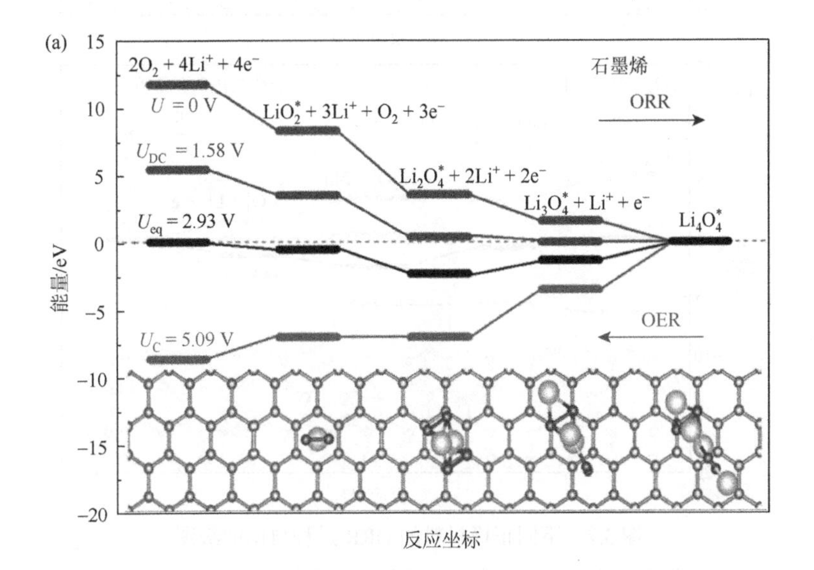

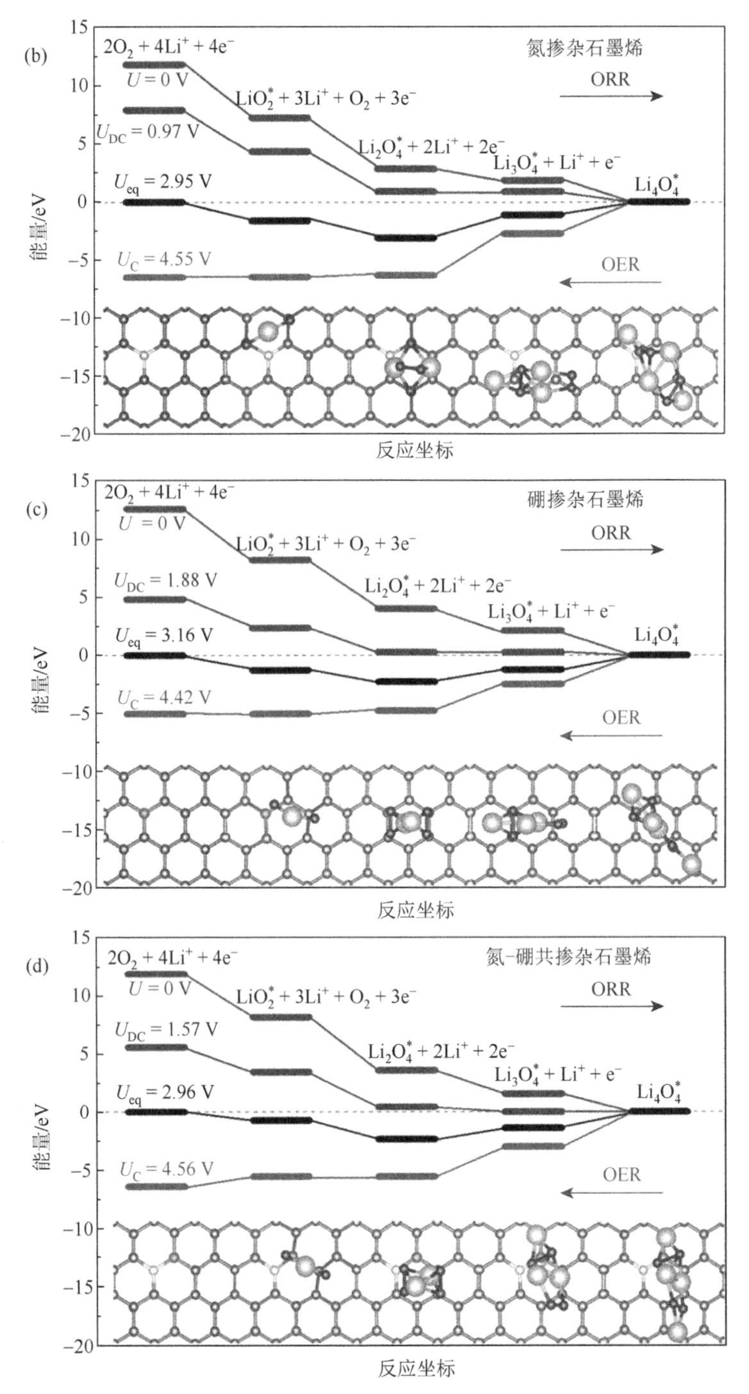

图 3.2 不同正极材料的 ORR 过程自由能级图

(a) 石墨烯；(b) 氮掺杂石墨烯；(c) 硼掺杂石墨烯；(d) 氮-硼共掺杂石墨烯

棕色、蓝色、深绿色、浅绿色和红色球体分别表示碳、氮、硼、锂、氧原子（扫封底二维码见彩图）

以上对非金属掺杂及共掺杂的分析，取得了令人瞩目的成绩，同样，将金属与非金属共掺杂在提升碳材料的催化性能方面也大放异彩。早在 1964 年，Raymond 初步证明酞菁钴在室温碱性电解液中具有氧还原活性[55]。在此基础上，碳负载过渡金属和氮元素形成 M-N-C。其中，M 通常为过渡金属原子，由于过渡金属原子不稳定，因此需要掺杂 N 元素来稳定其配位环境[56]。目前这种结构的活性位点仍然不清楚，Van Veen 模型坚持认为 M-N 的中心金属原子作为 ORR 的活性中心，但 Wiesener 认为金属不起活性中心的作用，只是作为 N 掺杂碳的促进剂。相反，Savy 和 Dodelet 的模型认为金属中心和 N 均是活性中心。虽然关于材料的活性中心大家众说纷纭，但在一些领域达成了共识：①ORR 的活性中心对吸附 O_2 和 O—O 键的断裂具有重要的意义；②M-O_2 的结合能与中心过渡金属的 d 轨道有关，表明了通过调整电子结构或载体来优化其他含金属催化剂的可能性[57]。同时根据理论计算，M-N 的 ORR 活性遵循 Fe＞Co＞Ni＞Cu≈Mn 的规律[58]。

M-N 共掺杂的碳基 ORR 催化剂合成路线需要氮源、金属源、碳载体和合适的热处理技术，由于具有较好的 ORR 催化活性，在金属空气电池中被广泛应用。吴刚课题组以含笼金属有机骨架为模板，以双氰胺为氮、碳前驱体，合成了 N-Fe 共掺杂石墨烯-石墨烯管结构的锂空电池正极催化剂[59]。最近由于单原子催化剂的兴起，因此在金属空气电池中，M-N-C 结构的单原子催化剂也被广泛利用。例如，山东大学赵兰玲课题组采用一锅热解方法制备钴纳米粒子锚定多孔 N 掺杂碳纳米片并将其作为锂空电池的正极材料。DFT 计算表明活性 Co 位比 N 位具有更稳定的结合能且 Li_2O_2 能够在循环过程中可逆地形成和分解。由于 Co-N-C 的高催化活性，致使锂氧电池取得 11329 mA·h/g 的高比容量和 120 圈的循环寿命[60]。重庆大学徐朝和课题组采用金属-有机骨架 MOF 辅助空间限域、离子取代策略制备 Ru 锚定的多孔氮掺杂碳的单原子催化剂，在电流密度为 0.02 mA/cm^2 时，具有 0.55 V 的超低过电势并通过 DEMS 分析循环过程的电子转移数为 2[61]。

氮掺杂碳材料除了在锂空电池中广泛应用之外，在其他空气电池也有涉及。例如，大连理工大学于洪涛课题组采用微波等离子体强化化学气相沉积的方法制备了 B-N 共掺杂的纳米碳材料[62]，制备的一次锌空电池最大功率密度为 24.8 mW/cm^2，高于相同测试条件下的商业 Pt/C 催化剂的最大功率密度 22.4 mW/cm^2。温州大学杨植等以苄基二硫化物为硫源制备硫掺杂的石墨烯。RDE 测试结果显示 S 掺杂的石墨烯起始电位与商业 Pt/C 类似，半波电位以及极限电流密度都明显高于商业 Pt/C，由此显示出 S 掺杂石墨烯良好的氧还原活性（*ACS Nano*，2021，6：205-211）。

3.2.2 贵金属催化剂碳基正极材料

贵金属及其氧化物通常被认为是化学反应的最佳催化剂，无论是热催化还是电催化过程。由于其优异的催化性能，被广泛在金属空气电池中应用，尤其是锂空电池和锌空电池领域。目前，金属空气电池正极催化剂研究的主要贵金属包括Pt[63-64]，Au[65]，Pd[30]，Ru[63]和 Ir[64]等。除此之外，其氧化物 RuO_2、IrO_2 等也广泛应用于金属空气电池体系[66-67]。在锂空电池体系中，研究表明贵金属催化剂对放电产物 Li_2O_2 的形成和分解是有效的，而且，其不仅具有良好的催化性，在诱导放电产物的生长方面也具有特殊功能[68]。在晶体生长方面，贵金属催化剂有利于降低电池的过电势，提高放电容量。下面将具体展开介绍。

1. 单元素贵金属催化剂

Bruce 制备出一种三维多孔金正极催化剂，以 DMSO 为电解液在电流密度 500 mA/g 限容量 300 mA·h/g 下，循环 100 圈后仍具有 95%的容量保持率以及小于 1 V 的充电过电势。研究证明充电时，Li_2O_2 在金电极上分解动力学比碳电极快约一个数量级。汪国秀等研究不同晶面 Au 在锂氧电池中的 OER 催化活性[69]。研究发现高指数的（441）晶面比（111）和（110）晶面具有更低的充放电过电势（0.7～0.8 V）和更高的容量（20298 mA·h/g）。高指数面比低指数面具有更高的催化活性，因为高指数面具有较高的表面能，它们的高密度低配位原子（包括边缘、台阶和扭结）为催化反应提供了致密的活性位点。

由于碳基钌催化剂具有良好的 OER 活性，可以降低锂氧电池的充电电位。因此，金属钌及其氧化物作为锂空电池正极催化剂受到人们的广泛关注。Yilmaz 等研究发现在 RuO_2/MWCNTs 生长的 Li_2O_2 是非晶型的，这是其过电势低的原因[70]。最近的一项 DFT 计算表明，单层和晶体的 RuO_2 的 OER 和 ORR 催化性能具有很大的差异，结果表明，单层 RuO_2 表现出比金红石 RuO_2 更高的催化活性[71]，这是由于单层 RuO_2 和 Li_2O_2（0001）晶面具有相似的晶格结构，因此在放电过程中可以诱导 Li_2O_2 晶体在 RuO_2 表面形成。除此之外，单层 RuO_2 可以自发地将游离的 Li_2O_2 吸附到其表面，在充电过程中保持固-固的反应界面。这一结果表明单层 RuO_2 不仅是 Li_2O_2 形成和分解反应的催化剂，而且是形成结晶 Li_2O_2 的促进剂和 Li_2O_2 的吸收剂。由于锂氧电池放电产物的绝缘特性，为了提升 Ru 基等贵金属的催化性能，需要对载体的结构进行优化以提升电池的放电性能。汪国秀课题组在泡沫镍载体上构建了基于 Ru 粒子修饰的垂直石墨烯纳米片，在 200 mA/g 的电流密度下其放电容量可高达 23684 mA·h/g[72]，此外，在全充放电的条件下具有 0.45 V 的超低过电势和 50 圈的循环稳定性，由此说明 Ru 基催化剂在锂氧电池中具有优异的 OER 性能。

由于碳载体在高压下会被氧化，因此一种替代的金属氧化物基底材料被发掘当作贵金属催化剂的载体。首先，Kim 课题组制备了一种复合催化剂 RuO_2/Mn_2O_3，由于两种金属氧化物的协同作用使该催化剂表现出优异的催化活性和良好的循环稳定性[73]。其次，周豪慎课题组研究 Ru/MnO_2 催化剂在含有微量水的 TEGDME 基电解质中的电化学性能[74]。由于水的参与，因此以 $LiFePO_4$ 为负极，避免金属锂的腐蚀。研究表明，少量水的参与可以实现约 0.3 V 的低充电过电势，这主要是因为 MnO_2 对 LiOH 的生成具有促进作用且 Ru 能分解 LiOH。除此之外，还有对在离子液体基电解中的催化活性进行的研究[75]，研究表明电池具有 0.4 V 的低充电过电势，在电流密度为 500 mA/g、限放电容量 1000 mA·h/g 时，具有超过 95 圈的循环稳定性。

Ir 基催化剂由于在水系中具有优异的 OER 活性，因此其也被广泛应用于金属空气电池体系。陆俊等研究表明以 Ir/RGO 为正极的锂氧电池，其放电产物为 LiO_2[76]。此外，充电过程中产生少量的 CO_2 和 H_2，证明 LiO_2 电池具有优异的可逆性。LiO_2 这种中间金属化合物的形成可能是由于 LiO_2 与 Ir_3Li 的晶格相似，Ir_3Li 能诱导晶体 LiO_2 的成核和生长，同时 LiO_2 表面的溶剂可以进一步抑制 LiO_2 晶相的歧化，从而有助于保证 LiO_2 的稳定性。因此，在 IrO_2 和 Ir 基正极上调节放电产物的生长途径，从而实现锂氧电池高性能将成为一种可能。

2. 贵金属合金催化剂正极

不同种类的贵金属催化剂作为金属空气电池的正极催化剂被广泛研究。然而由于不同贵金属其催化性能不同，因此期望通过贵金属合金来实现对金属空气电池充放电反应的双功能催化。首先 Shao-Horn 等研究 Pt-Au 合金在锂氧电池中的催化性能[63]，研究表明 PtAu/C 正极的充电电压在 3.3～3.8 V，略低于 Pt 催化剂的充电电位；同时发现 PtAu 纳米颗粒展现出优异的双功能催化性，表面的 Au 和 Pt 原子分别对锂氧电池的 ORR 和 OER 反应过程起催化作用，但不幸的是，有机碳酸酯电解质在锂氧电池体系中会发生严重的分解。Whittingham 课题组通过在不同条件下热处理两相制备不同成分、合金化的相分离 PtAu/C 催化剂，比较了不同催化剂在非水系锂空电池中的催化性能，结果如表 3.1 所示[77]。为节约成本，张新波课题组[20]在泡沫镍上原位制备一种分级的宏观介孔 Au-Ni 合金催化剂正极。电化学分析表明 Li_2O_2 可逆地形成和分解，从而产生较低的过电势、较高的放电比容量和循环稳定性，在 1 A/g 的电流密度下达到 22551 mA·h/g 的放电容量并限容量 1000 mA·h/g 时循环 286 圈。这出色的性能归因于催化剂的高比表面积和多孔结构提供了足够的体积来容纳放电产物 Li_2O_2 并确保快速的质量传递。

表 3.1　在 $Li\text{-}O_2$ 电池中测试的不同催化剂的放电-充电电压和放电比容量

催化剂	放电			充电	电压差
	U_{onset}（V_{Li}）	$U_{discharge}$（V_{Li}）	比容量（$mA\cdot h/g_{carbon}$）	U_{charge}（V_{Li}）	$\Delta U(U_c - U_d)$(V)
C	2.7	2.6	1022	4.5	1.9
Pt/C	2.7	2.5	605	3.9	1.4
Au/C	2.6	2.4	1237	4.0	1.6
$Au_{22}Pt_{78}/C$（***a***）	2.8	2.7	1104	4.0	1.3
$Au_{22}Pt_{78}/C$（***b***）	2.8	2.7	1093	3.9	1.2
$Au_{22}Pt_{78}/C$（***c***）	2.7	2.4	630	4.4	2.0
$Au_{49}Pt_{51}/C$	2.8	2.7	1329	4.0	1.3

注：（***a***）、（***b***）、（***c***）表示制备材料的煅烧温度分别为 300 ℃、500 ℃和 700 ℃。

由于金属的电子结构可以通过客体金属来调整，因此除贵金属合金外，与非贵金属合金化也可以提升贵金属的催化活性。罗文斌等合成一种由一维 $TiN@Pt_3Cu$ 纳米线组成的三维阵列，并作为锂氧电池中的整体多孔空气电极[78]。氮化钛纳米线由于其高取向的一维晶体结构，主要用作空气电极框架和催化剂支撑，以提供高电导率网络。同时，沉积的二十面体 Pt_3Cu 纳米晶体由于具有丰富的（111）活性晶格面和多个双边界而表现出高效的催化活性。这种多孔空气电极在全充全放模式下表现出优异的能量转换效率和倍率性能。在电流密度为 0.2 mA/cm^2 时，放电容量高达 4600 mA·h/g，转换效率为 84%；当电流密度增加到 0.8 mA/cm^2 时，放电容量仍然大于 3500 mA·h/g，转换效率接近 70%。

总之，贵金属催化剂已经被证明具有降低正极反应过电势的能力，它们的活性可以通过调节孔结构和表面工程来进一步提升。但最近却有相反的结论发表，Bruce 等认为贵金属催化剂除了 Au 之外，其他的催化活性都有待被证明，主要的问题是由于贵金属催化剂与有机电解质的催化反应导致电解质分解。过电势的降低可能表现为电解质的分解，因此下一步研究的重点还应该关注催化剂与有机电解质在较宽电位窗口下的相容性。克服这个问题的可能方法是改变催化剂的电子结构，通过选择高度稳定的溶剂或者优化电解液的添加剂来抑制电解质的氧化。

3.2.3　过渡金属化合物碳基正极材料

虽然贵金属基催化剂在金属空气电池领域，特别是锌空电池和锂空电池领域具有优异的性能，但它们的高成本和稀缺性以及对有机电解质的氧化性在目前状态下是很难被克服的。因此，开发高效的非贵金属催化剂是解决这些问题的一种可能策略，因为它们成本低廉、丰度大且对有机物无氧化性。迄今为止，各种过渡金属化合物材料，如金属氧化物、金属硫化物和氮化物及钙钛矿由于其低成本和环境友好，长期以来一直被认为是OER和ORR的良好非贵金属催化剂，被广泛应用在金属空气电池领域。特别是在锂空电池领域，其中一些非贵金属催化剂对Li_2O_2的形成和分解具有较高的催化活性，具有诱导Li_2O_2生长的能力。此外，调整非贵金属的多孔结构，获得高效的传质路径以及较大的Li_2O_2存储空间是实现锂空电池长效稳定运行的关键。下面内容将着重介绍几种常见的过渡金属化合物催化剂在金属空气电池中的应用。

锰氧化物作为早期锂空电池正极研究最成功的催化剂，不仅可以提升电池的往返效率，而且可以提高电池的放电比容量。Ogasaware课题组在2006年将电解MnO_2（EMD）引入锂氧电池中[79]，随后他们比较几种锰氧化物作为正极催化剂的性能，例如商业EMD、α-MnO_2和β-MnO_2的固体颗粒及其纳米线、γ-MnO_2、λ-MnO_2、Mn_2O_3和Mn_3O_4[80]。其中α-MnO_2纳米线可以在电流密度为70 mA/g下提供3000 mA·h/g的放电容量，且其放电平台为2.6 V，充电电压约为4.0 V。在此基础上，锰氧化物作为锂氧电池的正极催化剂被广泛研究。Scott等研究不同晶型、不同结构锰氧化物在不同电解液中的催化活性，研究发现α-MnO_2在TEGDME基电解液中展现出最好的放电容量，而α-MnO_2/C在$LiPF_6$/PC基电解液中表现出最好的放电容量[81]。根据该研究的结果，作者又对不同尺寸的α-MnO_2的材料进行深入的研究，发现MnO_2的催化活性与其大小和表面积有关，而且取决于基本的MnO_6排列。

虽然锰氧化物被广泛研究，但是其催化机理一直不清楚，因此Kang和Cho课题组研究了α-MnO_2的催化机理[82]。Kang等制备（002）和（11–2）取向的单晶α-MnO_2，分析表面的氧和金属位点对锂氧电池催化活性的重要性。通过将实验结果和理论分析相结合，证明表面氧空位在测定α-MnO_2的催化活性方面比金属活性位更重要。具有（002）取向的α-MnO_2纳米棒的碳催化剂放电容量高达10000 mA·h/g，远高于（11–2）取向的放电容量；（002）取向的充电电位约为3.5 V，低于（11–2）取向的充电电位4.0 V。（002）取向的α-MnO_2材料的优异性能可归因于潜在暴露表面的（100）、（110）、（210）、（310）的均匀和丰富的表面活性氧，它们与Li和氧气进一步反应。Bruce课题组研究表明，以α-MnO_2为催化剂，放电产物主要为Li_2O_2和LiOH，相比碳材料并没有Li_2CO_3、HCO_2Li和CH_3COOLi。但当α-MnO_2作为催化剂时，FTIR光谱显示存在HCO_2Li、CH_3COOLi和Li_2CO_3。因此，放电时伴随着Li_2O_2的产生，电解质的降解程度明显增加。故而在锂氧电池中作为正极材料时，应该仔细考虑使用α-MnO_2时电解质加速降解的负面影响[83]。除此之外，Banerjee等研究δ-MnO_2薄膜的催化机理[84]，在没有外加电位的情况下，δ-MnO_2单层优先与Li^+而不是O_2分子反应，形成LiO_2，然后放电产物通过与晶格氧原子间稳定的Li—O化学键与单层的MnO_2强烈相互作用。这证实了 Li_2O_2 薄膜均匀地沉积在 δ-MnO_2 表面，其中 Li_2O_2-MnO_2 界面作为电子导体。

钴的氧化物（CoO_x）已被证实为水介质中有效的ORR和OER催化剂，因此其作为一种潜在的金属空气电池正极催化剂已被考虑。在2007年，Bruce等评价Fe_3O_4，CuO，Fe_2O_3，Pt，NiO，Co_3O_4等在锂氧电池充放电过程中的催化活性，研究发现，以初始容量和容量保持率来看，Co_3O_4@Super P表现出最佳的性能。这种良好的电池性能刺激了许多研究人员进一步研究 CoO_x 作为锂氧电池中潜在的正极材料。据报道钴氧化物的催化活性与其暴露面有关。汪国秀等合成不同暴露面的单晶Co_3O_4纳米粒子[85]。通过DFT计算可知，不同Co_3O_4晶面与充放电电位降低相关，呈（100）＜（110）＜（112）＜（111）的趋势，这与Co^{3+}的离子键密度有关。在Li-O_2电池中，暴露（111）面的Co_3O_4八面体的比容量、循环性能和倍率性能要比具有暴露（001）平面的Co_3O_4立方体高得多。他们将不同的性能归因于Co_3O_4八面体（111）平面上的较多的Co^{2+}，而不是像上面提到的Co^{3+}。崔光磊课题组研究CoO在Li-O_2电池运行过程中对OER过程的关键作用[86]。通过DFT计算发现中间产物LiO_2倾向于吸附在CoO表面而不是碳表面，因此CoO/Super-P正极的循环性能是纯碳的300倍。为了进一步确定Li-O_2电池OER过程中Co_3O_4的催化活性中心，Kang等研究一个（100）面Co_3O_4立方体仅有Co^{2+}位点和一个（112）面暴露Co^{3+}的Co_3O_4板作为Li-O_2电池的催化剂[87]。结果表明，Co^{3+}位点在决定反应物的吸附性能方面起着至关重要的作用，Co_3O_4板具有较高的往返效率和循环稳定性，并对 Li_2O_2 的形貌有影响。为了提升催化剂的性能，结合锂空电池的特点，构建三维结构的 Co_3O_4 电极可以为 Li_2O_2 的形成和分解提供有效的传输通道和开放空间。

除钴和锰氧化物之外，其他过渡金属及其氧化物也被用于金属空气电池的正极催化剂来研究。Wagemaker课题组试图以NiO纳米晶为催化剂，以此来控制放电产物Li_2O_2的尺寸和形貌[88]。研究表明杂化六方NiO纳米颗粒和活性炭组成的电极材料作为Li_2O_2生长的种子晶体，这被扫描电子显微镜和能量色散X-射线能谱证实，同时作者发现少量的NiO颗粒可以作为Li_2O_2成核的优先位置，有效地减小了Li_2O_2微晶的平均尺寸，促进了Li_2O_2的生长。除此之外，TiO_2也被用作金属空气电池的正极材料。最开始人们只是利用 TiO_2 材料中存在大量的氧空位[89]，由于TiO_2作为一种半导体材料在光电催化中被广泛使用，因此人们将其引入到金属空气电池领域。例如，张新波课题组以自支撑的部分N化TiO_2/TiN阵列为正极，以氙灯模拟太阳光，研究发现，将光引入到锂氧电池体系可以显著降低其充电过电势[90]。

3.2.4 碳基材料中的副反应

由于目前金属空气电池中使用较多的仍是碳基催化剂，因此碳基材料的稳定性至关重要。其稳定性取决于结构、催化活性和操作条件（电压、电解质等），这在决定金属空气电池性能方面起着关键作用。例如，与疏水碳相比，具有C—O、C ═ O、C—OH 和 COOH 表面官能团的亲水碳材料更容易引起碳和电解质的分解；碳缺陷的边缘由于具有较多的活化反应位点更利于氧气的吸附，从而提升ORR的反应活性，提高锂氧电池的放电电压和能量效率；另外，由上文可知具有大比表面积和分级孔径的碳材料，由于其具有更大的存储空间，因此在锂氧电池中具有更加优异的性能。

由于碳材料无论在成本还是性能方面都具有一定的优势，仍是目前研究的主流，但其OER性能较差且稳定性仍然是个严重的问题。在锂空电池体系中，Itkis等研究发现由于在锂氧电池中糟糕的氧化环境导致碳腐蚀，碳材料通常会导致电池性能衰减[91]。在 Li_2O_2 氧化的情况下，碳分解只发生在3.5 V以上。在低电压下，即使 Li_2O_2 被氧化，碳也不会被分解。除了碳分解外，Bruce指出碳在Li-O_2 电池的放电和充电过程中会促进电解质的分解，产生 Li_2CO_3 和其他锂有机物。由于超氧阴离子自由基与碳反应，碳电极在金属空气电池中的应用受到一定的限制。尽管碳材料的缺陷，边缘和表面的官能团对ORR反应具有一定的催化性，但其更易与超氧自由基反应导致副反应增加。虽然有序碳的稳定性能好，但其边缘和官能团仍是限制其性能的关键因素。例如，Zakharchenko等研究发现碳的缺陷，如碳上的环氧基会与超氧化物自由基发生更多的副反应，导致电池性能降低[92-93]。

锂氧电池体系工作电压范围通常在 2.0～4.5 V，存在电解质和正极的恶化，导致放电产物积累、钝化从而导致更高的充电电位。需要注意的是，在第一次放电时，大部分的副产物并不是由于碳分解，而是由于电解质的分解导致。在充电时主要的副产物 Li_2CO_3 会在 4.0～4.5 V 被部分氧化，在这一过程中由于电压的升高导致碳材料被分解，进而引发连锁反应，电解质和碳的分解会进一步导致副产物增多，分解电压变大，形成恶性循环。除此之外，在 Li_2O_2 或中间产物存在的条件下，碳材料本身也会直接分解为 CO_2。在循环过程中观察到 Li_2CO_3 的连续累积，主要来自碳或电解质的分解。为了清晰地认识碳材料在金属空气电池中的稳定状况，采用同位素 ^{13}C 电极、原位微分电化学质谱研究了碳电极在充电过程中的行为[94-95]，研究发现当碳电极在 3.5 V 以上充电时，它表现出显著分解，形成 $Li_2{}^{13}CO_3$。除此之外，随着充电电压的增加碳分解形成的 $Li_2{}^{13}CO_3$ 增多，同时在原位 DEMS 分析表明在此过程中 $Li_2{}^{13}CO_3$ 也在分解。因此，$Li_2{}^{13}CO_3$ 在充电过程中同时形成并被氧化。其在锂氧电池中的反应如下所示

$$Li_2O_2 + C + 0.5O_2 \longrightarrow Li_2CO_3 \quad (\Delta G = -542.4\ \text{kJ mol}^{-1}) \tag{3.57}$$

$$2Li_2O_2 + C \longrightarrow Li_2O + Li_2CO_3 \quad (\Delta G = -533.6\ \text{kJ mol}^{-1}) \tag{3.58}$$

碳酸盐被进一步氧化成 CO_2 气体：

$$2Li_2CO_3 \longrightarrow 4Li^+ + 2CO_2 + O_2 + 4e^- \tag{3.59}$$

Gallant 等[95]证明在无黏结剂下，碳和 Li_2O_2 是不稳定的。其使用 X 射线吸收近边结构（XANES）技术研究碳纳米管阵列（VACNTs）和 Li_2O_2 的稳定性，研究发现在 Li_2O_2 和 VACNTs 界面上生成表面氧物种(Li—O—C 化学键)和 Li_2CO_3。在循环过程中，由于消耗 Li_2O_2 生成更难分解的 Li_2CO_3 导致界面电阻增加，进而导致充电电压从 4.0 V 升至 4.5 V。

除了碳材料作为正极材料有一定的副反应之外，其还会与电解质发生反应。因此使用碳材料作为正极时，电解质的稳定性应该被给予关注。文献报道指出，将碳材料换成多孔纳米金可以从本质上降低电解质的分解，由此说明电解质对碳的敏感性[96]。虽然使用碳材料作为正极，电解质降解已经得到证实，但其作用机制仍然没有明确。目前普遍的认知是碳材料促进了电解质的分解，加速 Li_2CO_3 的积累，由此导致活性反应位点减少，反应过电势增大，进一步导致电解质降解引起电池的过早死亡。事实上，碳引起电解质分解的机理是复杂的，取决于碳材料的表面缺陷、结晶度及其亲水性（表面官能团特性）。例如 Bae 等使用碳同位素研究了碳的结晶度对电解质（1 M LiTFSI/TEGDME）的影响，研究发现结晶度越低的碳材料对电解质的分解影响程度越高[97]。然而，当用 Py13TFSI 等稳定的电解质溶剂时，碳的亲水或疏水性对电解质的稳定性影响可以忽略，这是由于在缺陷处形成钝化层[98]。为了更清晰地认知副产物中的碳来源，使用 ^{13}C 来区分副产物中碳来源于电解质而不是碳分解。在放电过程中主要放电产物为 Li_2O_2，而副产物主要来源于电解质的分解。副产物是 Li_2CO_3 还是羧酸锂等产物这主要取决于碳材料本身的官能团。在放电时，碳材料较稳定但在充电过程中已被证实在电位大于 3.5 V 时，碳材料直接分解，并在 4 V 左右诱导电解质分解形成碳的副产物。因此，碳材料和电解质的稳定性需要同时被考虑，如果电解质在超氧自由基存在的条件下不够稳定，其会化学降解。当碳表面含有官能团时，在高电压下其同样会促进电解质的分解。由于使用碳材料作为正极催化剂或载体，不可避免地需要使用黏结剂。碳材料的亲水性对放电产物及电解质的稳定性具有很大的影响。因此，黏结剂的亲疏水性也同样需要被考虑。但是，不要忘记，在一定程度上稳定的黏结剂虽然可以提升电池的性能，但其同样会降解并影响其他材料的稳定性。

综上，稳定的碳材料对锂氧电池的性能具有较大的影响。为了克服这种挑战，我们要认识到：第一，碳材料具有较低的官能团化程度和缺陷，可以提升其稳定性；第二，表面疏水性或亲水性对正极与电解质之间的副反应有很大的影响，文献报道指出疏水碳在放电时相对稳定，这是因为它只与电解质具有轻微的接触，只形成少量的碳酸盐物种；第三，也有人指出离子液体可以通过钝化层抑制 Li_2CO_3 等副产物的形成。因此，在非水系电解质中，碳催化剂的挑战可以通过控制电压、改变碳材料的疏水性及减少缺陷等手段来抑制，但目前仍没有一种很好的方法能得到大家的一致认同。

3.3 无碳正极材料

由于碳材料在金属空气电池中存在诸多问题，因此人们探索了众多稳定碳正极的方法，但仅对碳材料的优化并不能从根本上解决碳腐蚀的问题。其后使用 RM 来替代碳基催化剂，虽然可以解决催化剂的问题，但又会带来诸多弊端，这部分将在下文中详细阐述。由于碳材料的不稳定性引发的无法妥协的问题，人们对非碳基正极材料研究的投入极大热情。将非碳基催化剂作为空气正极，不仅可以促进氧气的扩散，还可以减轻体系的副反应。为了更好地探索新型的无碳正极材料，用于金属空气电池正极的无碳材料需要满足以下要求：①低的制作成本和简单的材料；②多孔结构利于气体的传输以及最大的比表面积；③优越的电导率可促进反应的快速进行；④具有较好的 ORR 和 OER 催化活性。

目前各种非碳基正极催化剂包括贵金属、过渡金属及其衍生物，它们广泛地被应用到金属空气电池，特别是锂空电池体系中。此类材料表现出对活性氧的极大稳定性，特别是在高电位下；同时在降低反应过电势方面也取得不错的效果。因此，使用无碳材料替代碳材料无疑可以提升催化剂的 OER 性能，并抑制高电位下引起的各种寄生反应。

首先，贵金属由于其高稳定性和优越的催化活性而被认为是最引人注目的锂空电池正极催化剂。上文已对其在碳基催化剂中的性能展开详细的讨论，因此这里主要讨论无碳材料在锂空电池中的应用。为了降低金电极的重量和成本，Kim 等通过简单的电沉积将金纳米颗粒沉积在 Ni 纳米线集流体上作为氧电极，使用 TEGDME 电解液取得了 110 圈的循环寿命[99]。除此之外，美国加州理工学院徐晨等利用 3D 聚合物框架制备 3D 金微格，为研究锂氧电池的电化学性能提供了有效表面，通过使用这种良好的结构观察到了放电产物的演变。研究发现环面的 Li_2O_2 只有在相对较低的电流密度下形成，随着循环过程中碳酸锂和甲酸锂等副产物的积累，形貌逐渐转变为板状[100]。

虽然贵金属展现出出色的催化性能，但由于其价格昂贵，亟须一种替代品。过渡金属及其衍生物由于出色的 ORR 和 OER 性能及低成本，成为人们争相研究的对象。Bruce 作为探究无碳材料的先驱，带领团队率先研究 TiC 作为锂氧电池正极材料的性能。在循环 100 圈以后，仍具有 98%的容量保持率，甚至优于多孔金电极。详细研究表明，TiC 的稳定性来源于表面氧化层（TiO_2 和 TiOC）[101]。此外，另一项研究表明，TiC 由于其合适的表面酸度，在锂氧电池中具有较高的催化活性[102]。第一性原理计算和实验结果表明可以氧化 TiC 的表面来提升其对 Li_2O_2 的稳定性。除此之外，计算结果还表明 TiC 的面可能是 Li_2O_2 的成核中心[103]。同样具有高电催化活性的金属 Mo_2C 氧电极也被应用于 Li-O_2 电池，Mo_2C 的稳定性同样由其氧化表面引起。

这些轻质、稳定、导电、具有良好电催化活性的材料用于锂空电池的空气电极，如过渡金属碳化物。然而，满足这些要求的材料相对较少，因此需要将催化剂和合适的非碳基载体结合。例如，Ru 及其衍生物已被证明是金属空气电池体系良好的催化剂，然而其高质量和高成本对其应用提出了挑战。为了减少 Ru 催化剂的用量，Ru 被负载在各种非碳基载体上用于金属空气电池。例如 Ru/TiO_2，Ru/MnO_2，Ru/ITO，Ru/$TiSi_2$ 等。除此之外，Pt 也附着在 TiO_2 上，在极高的电流密度 1 A/g 和 5 A/g 下展现出超过 140 圈的循环寿命[104]。

无碳材料和无黏结剂的空气电极有效地解决了碳基电极的问题。然而在实际应用中，需要对电极的结构进行优化以降低电极质量，这是获得高比能的关键，否则金属空气电池的优势将被削弱。因此，需要开发新材料和新结构的空气正极，包括对金属空气电池空气电化学的理解、对电解质的开发以及电池设计的创新。只有在电池系统多方面协同匹配的情况下，才能充分发挥金属空气电池高比能的优势，加快金属空气电池的应用步伐。

碳基材料在碱土金属空气电池中的应用，我们以锂金属空气电池为主线在上文进行了详细的介绍。由于碱土金属与水的强烈反应导致其一般在非水系电解液中使用。除了碱土金属外，另一类以锌、铝、镁、铁为代表的金属元素可以在水系中使用，而它们所使用的正极材料都具备相同的特点，即优异的 ORR 和 OER 性能。而其中又以锌空电池发展得最为出色，因此本节将着重以锌空电池为主线，介绍其正极材料的发展过程及存在的问题。

自 1930 年，锌空电池商业化以来，其显示出巨大的发展潜力。然而，发展可充电的锌空电池仍面临一系列的挑战，最关键的问题是 ORR 和 OER 缓慢的动力学，缺乏优异的催化剂。因此，开发一种有效的双功能催化剂是十分有必要的。尽管贵金属材料钌和铂及其衍生物被认为是优异的电催化剂，但它们的稀有性、高成本和稳定性限制了其大规模的应用。因此，开发高性能且成本低廉的双功能催化剂是十分必要和必需的。

典型的锌空电池包括四个部分：锌负极、电解质、隔膜和空气电极。空气电极分为催化剂层和空气扩散层。谈到正极便不可缺少地要提到空气扩散层，与锂空电池的空气扩散层通常是碳纸、碳布等材料不同，锌空电池中具有丰富氧气扩散通道的空气扩散层通常由多孔碳基催化剂和防水聚合物组成。而催化剂层负责提高氧化还原的效率以降低充放电过程中的电势差，并必须忍受碱性电解质中的恶性氧化还原环境（说明：目前商业化的锌空电池通常是碱性电解液，当然实验室阶段还有中性和酸性的电解液，这方面将在水系电解液部分详细阐述）。到目前为止，大多数新型的催化剂层的碳材料仍以细粉末的形式存在，因此空气电极通常是将催化剂直接集成到空气扩散层的集流体上，这导致一些不利的因素，如材料分布的不均匀、空间利用率低、活性位点被覆盖以及催化剂的脱落等。针对催化剂，碳基材料由于其低成本、优异的电导率和良好的成本适配性被广泛地研究。碳材料除了作为催化剂和催化剂载体之外，在锌空电池领域，由于碳基材料自身的催化性较弱，因此并不直接喷涂在导电基底上使用，而是将碳基催化剂与疏水性扩散层（碳纸、碳布）具有良好相容性、亲水性的碳材料直接生长在导电多孔基质上，这种结构不仅可以提供较多的催化活性位点，而且还可以提供较低的界面接触电阻，有利于大规模的空气电极制造。Liu 等采用 Ar 等离子处理的原位技术在碳布上生长富边缘结构的石墨烯[105]，如图 3.3（a）所示，并直接作为锌空电池的双功能催化剂。另外，高温热解的方法也通常被用来原位制备碳材料催化剂。例如，戴黎明等利用热解聚酰亚胺的方法制备了一种纳米多孔的碳纤维薄膜，如图 3.3（c）所示[106]，得到的碳纤维薄膜具有较好的柔性、大的比表面积（1249 m^2/g）、高的电导率和抗拉伸强度。

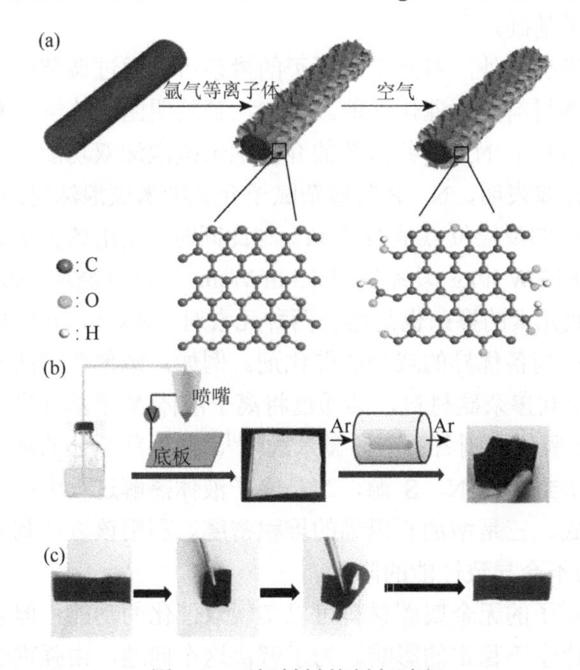

图 3.3 正极材料的制备过程

（a）原位制备富边缘和富氧功能化的石墨烯/碳纤维电极；（b）和（c），纳米多孔碳纤维薄膜成膜过程在改进空气扩散层方面，碳材料也具有一定的作用。例如，1980 年日本 Toray 公司将碳纸作为空气扩散层在上面负载石墨化的碳层，以保证较高的孔隙率和导电性，然后用 PTFE 疏水处理，再用碳粉做成微孔层，利于将催化剂附着在表面[107]。为了使氧气的渗透性最大化，空气扩散层的厚度要设计得尽可能薄。尽管如此，原始的商业碳材料以及功能碳材料例如炭黑、多孔碳、碳纳米管和石墨烯的催化活性较弱。通常对其掺杂杂原子，例如掺杂 N、P、S 硼等可以显著提高其 ORR 活性，导致 ORR 进行四电子转移路径生产 OH^-。杂原子引起的催化活性的增强可以归纳为碳原子对杂原子的电负性更强，导致邻近碳原子缺失电子或者结构变得无序，促进了氧在碳表面的吸附。以 N 掺杂为例，在碳材料中掺杂 N 元素，根据氮结构的不同可以创造出三种类型的活性位点：石墨氮、吡啶氮、吡咯氮。石墨氮可以给 P 共轭体系电子，增加邻碳环的亲核强度，增强碳表面的吸附能力；而吡啶氮可以接受相邻碳原子的电子，促进水氧化中间体的吸附，从而产生更高的氧化活性。华南理工大学余皓团队首次证明 N 掺杂石墨烯纳米带中双功能的活性位点，其中石墨氮具有较好的 ORR 性能，而吡啶氮具有较强的 OER 活性[108]。通过将三聚氰胺和 *L*-半胱氨酸混在氩气下两步氮化，成功制备出 N 掺杂的石墨烯纳米带并作为正极材料应用于锌空电池，该正极表现出 65 mW/cm^2 的超高功率密度并在 20 mA/cm^2 电流密度下稳定工作 30 h。这一发现为杂原子掺杂碳双功能催化剂的发展奠定了基础。

除了单元素掺杂之外，双元素双原子的掺杂可以通过调节电子结构和表面极性来进一步提高碳材料的电催化性能。例如，戴黎明团队热解含有植物酸的聚苯胺气凝胶成功地制备了 N、P 共掺杂的介孔纳米碳泡沫双功能电催化剂用于锌空电池。密度泛函计算表明，N、P 共掺杂赋予介孔纳米碳泡沫更高的 ORR 活性，而对于 OER，最佳的反应位点是 N 掺杂。与此同时，使用该正极的锌空电池具有较高的能量密度 835 W·h/kg、功率密度 55 mW/cm^2 且可以循环 180 圈[109]。除了 N、P 共掺杂外，其他元素的掺杂也是结合两种元素对 ORR 和 OER 催化的不同，结合两者元素的优势制备优异的双功能催化剂。例如，戴黎明团队又报道一种新颖的方法制备 N、S 共掺杂碳材料，其通过将离子液体 *N*-甲基吡咯烷酮硫酸氢盐作为富含 N、S 的前驱体来制备石墨烯微米线[110]。作为前驱体的离子液体发挥着三个作用，一是提供封堵的 N、S 源，二是离子液体热解过程中产生气体，会形成多孔结构的碳基底，三是增加石墨烯的堆积密度。利用该方法制备的碳材料可以工作 25 次循环而不会导致性能的降低。

尽管掺杂杂原子的无金属碳材料可以实现双催化的功能，但它们在氧化条件下很容易受到电化学不稳定的影响。为了解决这个问题，由强耦合作用的杂原子催化剂和金属氧化物催化剂组成的混合催化剂应运而生。这种催化剂在一定程度上可以解决碳的低稳定性，利用金属氧化物的高分散性提供强大的界面化学相互作用，两个成分协调催化，提升材料整体的 ORR 和 OER 性能。这种新材料最初由戴宏杰团队使用，例如 Co_3O_4/石墨烯[111]。2011 年，戴宏杰等首次提出了 Co_3O_4 和 N 掺杂石墨烯的相互作用，他们证明生产的 Co—N—C 和 Co—O—C 键是提升该催化剂 ORR 和 OER 性能的关键[111]。自此以后人们就一直致力于设计和发展具有不同结构和组成的金属氧化物-碳材料双功能催化剂。分析光谱及更多原位手段的使用使人们对催化剂的键合方式有了更清晰的认知，下面着重介绍一下同步辐射光谱在表征催化剂结构方面的应用。例如，Fabbri 等利用近边结构光谱学，对钙钛矿 $Ba_{0.5}Sr_{0.5}Co_{0.8}Fe_{0.2}O_{3-\delta}$（BSCF）和乙炔黑（AB）材料之间的结构进行表征，结果显示钙钛矿和碳之间可能产生电子效应，尽管 BSCF 和 BSCF/AB 中 Ba，Sr 和 Fe 的吸附边缘相同，但在将 BSCF 沉积到 AB 碳基底上后，Co 的 K-边缘显示出明显的变化。对于单元 BSCF，Co 的 K-边缘与 Co_3O_4 类似，而 BSCF/AB 的吸附边缘更接近 CoO，表明钴阳离子的电子密度在与 AB 符合后显著增加[112-113]，这为理解金属氧化物和碳材料之间的电子效应提供了一种新的研究方法。

过渡金属氧化物虽然表现出相对较好的催化性能，但由于其导电性较低，显著影响其催化性能，相比之下过渡金属及其合金具有良好的电导率，有望显示出更加优异的催化性能。因此，将过渡金属及其合金与碳材料复合成为构建锌空电池双功能催化剂的又一选择。

过渡金属与碳材料复合的类型有许多，最具代表性的当属 M-N-C 结构。基于量子化学计算，N 原子的电负性 3.04，远高于 C 原子的电负性 2.55。因此，掺杂 N 原子可以通过其强大的电子亲和力产生电催化活性中心，从而增加附近 C 原子的正电荷密度。M-N-C 结构在过去几年中被广泛研究，因此本节以 Co-N-C 为例简要介绍。Verpoort 团队等通过在还原气氛中直接热解沸石结构的前驱体直接将 Co 纳米颗粒封装在 N 掺杂的碳纳米骨架内，如图 3.4 所示[114]。Co 高度分散，表面成功地制备了高活性的 Co-N-C 并将其制备成锌空电池。结果表明，基于 Co-N-C 的催化剂表现出 90 mA/cm^2 的高电流密度和 101 mW/cm^2 的峰值功率密度及 130 次的循环。除了在还原/惰性气体气氛中直接热解前驱体外，在 NH_3 气氛下热解前驱体是合成 M-N-C 结构的又一方法。

除了单原子 M-N-C 外，ORR/OER 催化剂的电催化活性可以通过合金化进一步提高，因为它们具有良好的导电性。两种不同的过渡金属之间的键合可以有效地构成内在极性，与它们的同质金属实体相比，通过提供独特的反应途径能提供更好的活性[115]。许多研究人员已经研究了锚定在碳基材料上的镍钴颗粒。Goodenough 团队证明了多孔碳纳米纤维（NiCo/PFC）锚定的 NiCo 颗粒对 ORR/OER 的优异双功能性能，如图 3.5 所示[116]。中心合成基于新型 $K_2Ni(CN)_4/K_3Co(CN)_6$ 壳聚糖混合水凝胶可以有效地将过渡金属离子固定在特定位点。热解后的 NiCo 颗粒可以原位均匀地固定在具有坚固 3D 多孔框架的 N 掺杂碳纳米纤维内。作为具有 NiCo/PFC 的空气阴极，在长达 300 次循环 600 h 内实现了良好的循环稳定性，并且仅实现了往返过电势的小幅增加，明显优于昂贵的 Pt/C + IrO_2 混合催化剂（60 个循环，120 h）。除了 Co-Ni 合金之外，Fe-Co、Ni-Fe 等合金材料也被应用到该领域用于提升催化剂的 ORR 和 OER 的性能，由于催化机理类似，因此这里不过多赘述。

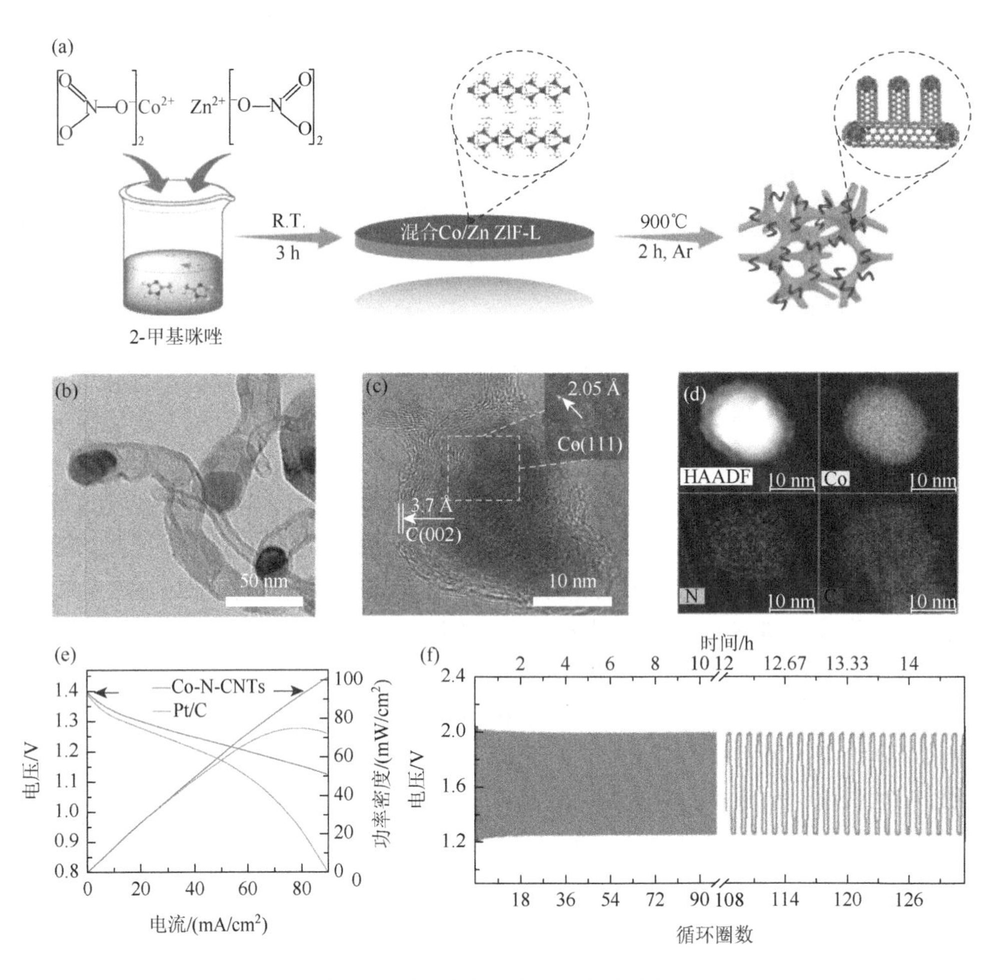

图 3.4　材料合成表征及电化学性能

（a）Co-N-CNT 材料的合成路线图；（b）～（d），Co-N-CNT 材料的 TEM，HRTE，HAADF-STEM 及相应的 EDS 图像；（e）和（f），锌空电池的电化学性能曲线

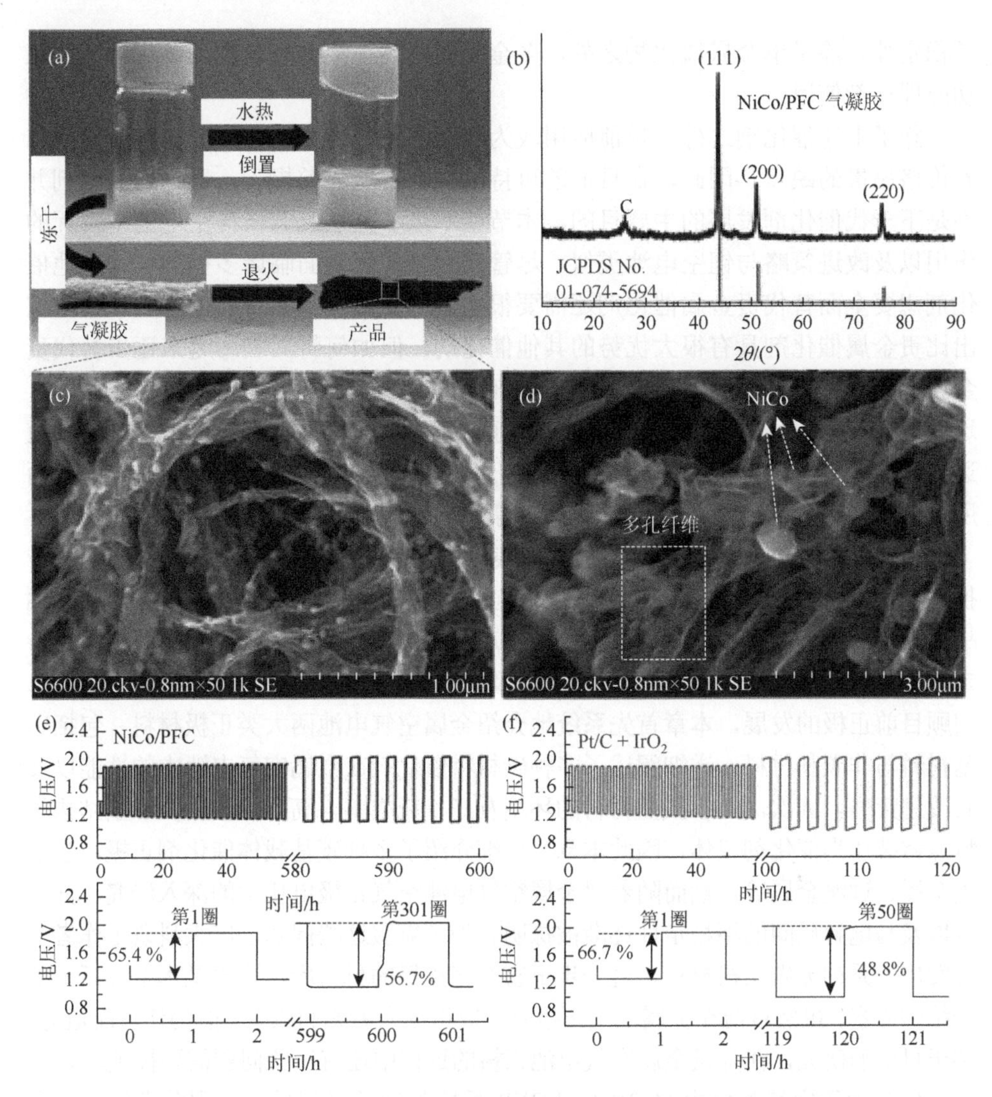

图 3.5 3D NiCo/PFC 正极催化剂制备过程、表征及其电化学性能

（a）制造过程；（b）XRD 图谱；（c）和（d），SEM 图谱；（e）和（f），锌空电池充放电曲线

当然，除了金属氧化物之外，金属硫化物、金属氮化物等其他材料也都作为锌空电池的双功能催化剂被研究。例如，清华大学张强团队将 Co_9S_8 纳米颗粒生长在 N/S 共掺杂的多孔碳上[117]，Co_9S_8 在碳材料表面的原位成核和生长加强了电荷转移，进一步提升了催化活性。通过理论计算可知，当电位达到−0.131/0.930 V *vs.* NHE 时，该材料同时促进了 OER 和 ORR。同时将该材料组装成锌空电池测试，结果表明该 Co_9S_8-N/S 共掺杂多孔碳材料赋予锌空电池较低的过电势和超长的循

环稳定性。除了单金属硫化物之外，多金属硫化物也被开发并作为锌空电池的双功能催化剂使用。

除了上述催化剂之外，目前应用较为广泛的还是贵金属催化剂，但是其面临着价格昂贵的缺点。因此，在目前的可持续绿色发展的前提下，贵金属催化剂并不是下一代催化剂发展的主要目的，本节就不过多赘述。其在锌空电池中发挥的作用以及改进策略与锂空电池类似。尽管贵金属催化剂面临诸多挑战，但其他催化剂想要全面替代贵金属催化剂还需要很多工作要做。虽然目前很多文献中报道出比贵金属催化剂具有很大优势的其他催化剂，但如何将其利用起来逐步替代贵金属催化剂，如何在产业中验证该催化剂优势，如何大规模地制备这些催化剂，这些难点都摆在我们面前，因此开发更好的无贵金属催化剂仍大有可为且任重道远。除此之外，碳基材料不稳定的问题仍然是一个“卡脖子”的问题，正如前面所示的一样。因此，无碳材料也在锌空等空气电池中广泛研究。

金属空气电池由于其超高的能量密度成为最有前景且受欢迎的能量储存和转换装置。然而目前还处于起步阶段，走向应用还有很多问题需要被克服，这些挑战似乎是由于金属空气电池低性能的正极造成的。因此寻找新的正极材料，设计特定的结构来降低过电势，提升能量效率以及电池稳定性是金属空气电池面临的问题。回顾目前正极的发展，本章首先系统地介绍金属空气电池两大类正极材料，包括碳基材料与非碳基材料，详细阐述了多种碳材料催化剂在金属空气电池中的性能以及其改进策略。其次，由于碳基材料的环境友好、低成本、高导电性以及多重结构等特点常被作为催化剂载体，因此本章又详细介绍了多种碳基载体催化剂正极，包括贵金属、过渡金属等。然而随着对金属空气电池空气正极电化学的深入研究，其自身以及与电解质间的不稳定性逐渐被探明。为了克服这些问题，广大科研工作者又开发出一系列无碳正极材料，进一步丰富空气正极的材料库，这也是本章最后一节介绍的内容。虽然目前在金属空气正极方面取得令人鼓舞的成果，但仍任重而道远。鉴于目前的研究，在开发金属空气电池正极的过程中还有一些问题需要被关注。

（1）由于空气电极中的 ORR 和 OER 反应都涉及多相反应，因此理解金属空气电池的多相界面反应原理，对于全面理解金属空气电池的空气电化学以及正极材料的选择和设计至关重要。

（2）开发具有高活性和稳定性的催化剂。由于金属空气电池涉及转换反应，因此反应的深度、速率以及可逆性决定电池的容量、倍率、循环稳定性以及能量效率。其次，自身稳定性以及在电池体系中的稳定性同样至关重要。

（3）开发多功能一体化的正极材料。目前研究正极结构以及制造工艺对电池整体性能的影响还较少。而正极对电池的性能起着决定性的作用，因此优化正极结构和制备工艺，强化其活性组分比例及各部分之间的紧密接触对提升金属空气电池性能、促进其实际应用具有重大意义。

（4）全面理解正极材料和催化剂的形貌、分布及相互作用对放电产物的形成和分解的影响。因为正极材料和催化剂的形貌和分布对金属空气电池，特别是锂氧电池的充放电过电势具有较大影响。

参考文献

[1] Roche I, Chainet E, Chatenet M, et al. Carbon-supported manganese oxide nanoparticles as electrocatalysts for the oxygen reduction reaction（ORR）in alkaline medium：Physical characterizations and ORR mechanism[J]. J Phys Chem C，2007，111：1434-1443.

[2] Hu C，Dai L. Carbon-based metal-free catalysts for electrocatalysis beyond the ORR[J]. Angew Chem Int Ed，2016，55：11736-11758.

[3] Pei Z, Gu J, Wang Y, et al. Component matters: Paving the roadmap toward enhanced electrocatalytic performance of graphitic C3N4-based catalysts *via* atomic tuning[J]. ACS Nano，2017，11：6004-6014.

[4] Stacy J，Regmi Y N，Leonard B，et al. The recent progress and future of oxygen reduction reaction catalysis：A review[J]. Renewable Sustainable Energy Rev，2017，69：401-414.

[5] Wang X，Li Z，Qu Y，et al. Review of metal catalysts for oxygen reduction reaction：From nanoscale engineering to atomic design[J]. Chem，2019，5：1486-1511.

[6] Holton O T，Stevenson J W. The role of platinum in proton exchange membrane fuel cells[J]. Platinum Metals Rev，2013，57：259-271.

[7] de Morais R F, Franco A A, Sautet P, et al. Coverage-dependent thermodynamic analysis of the formation of water and hydrogen peroxide on a platinum model catalyst[J]. Phys Chem Chem Phys，2015，17：11392-11400.

[8] Zhang L，Xia Z. Mechanisms of oxygen reduction reaction on nitrogen-doped graphene for fuel cells[J]. J Phys Chem C，2011，115：11170-11176.

[9] Sun W，Wang F，Zhang B，et al. A rechargeable zinc-air battery based on zinc peroxide chemistry[J]. Science，2021，371：46-51.

[10] Wang C, Li J, Zhou Z, et al. Rechargeable zinc-air batteries with neutral electrolytes: Recent advances, challenges, and prospects[J]. EnergyChem，2021，3：100055-100084.

[11] Johnson L，Li C，Liu Z，et al. The role of LiO_2 solubility in O_2 reduction in aprotic solvents and its consequences for Li-O_2 batteries[J]. Nat Chem，2014，6：1091-1099.

[12] Aetukuri N B, McCloskey B D, Garcia J M, et al. Solvating additives drive solution-mediated electrochemistry and enhance toroid growth in non-aqueous Li-O_2 batteries[J]. Nat Chem，2015，7：50-56.

[13] Burke C M, Pande V, Khetan A, et al. Enhancing electrochemical intermediate solvation through electrolyte anion selection to increase nonaqueous Li-O_2 battery capacity[J]. Proc Natl Acad Sci USA，2015，112：9293-9298.

[14] Laoire C O，Mukerjee S，Abraham K M，et al. Elucidating the mechanism of oxygen reduction for lithium-air battery applications[J]. J Phys Chem C，2009，113：20127-20134.

[15] Laoire C O, Mukerjee S, Abraham K M, et al. Influence of nonaqueous solvents on the electrochemistry of oxygen in the rechargeable lithium-air battery[J]. J Phys Chem C，2010，114：9178-9186.

[16] McCloskey B D，Scheffler R，Speidel A，et al. On the mechanism of nonaqueous Li-O_2 electrochemistry on C and its kinetic overpotentials：Some implications for Li-air batteries[J]. J Phys Chem C 2012，116：23897-23905.

[17] Adams B D，Radtke C，Black R，et al. Current density dependence of peroxide formation in the Li-O_2 battery and its effect on charge[J]. Energy Environ Sci，2013，6：1772-1778.

[18] Wang Y, Lai N C, Lu Y R, et al. A solvent-controlled oxidation mechanism of Li_2O_2 in lithium-oxygen batteries[J]. Joule, 2018, 2: 2364-2380.

[19] Senthilkumar B, Khan Z, Park S, et al. Exploration of cobalt phosphate as a potential catalyst for rechargeable aqueous sodium-air battery[J]. J Power Sources, 2016, 311: 29-34.

[20] Liang F, Qiu X, Zhang Q, et al. A liquid anode for rechargeable sodium-air batteries with low voltage gap and high safety[J]. Nano Energy, 2018, 49: 574-579.

[21] Zhao Y, Goncharova L V, Zhang Q, et al. Inorganic-organic coating *via* molecular layer deposition enables long life sodium metal anode[J]. Nano Lett, 2017, 17: 5653-5659.

[22] Yu J, Hu Y S, Pan F, et al. A class of liquid anode for rechargeable batteries with ultralong cycle life[J]. Nat Commun, 2017, 8: 14629-14635.

[23] Sahgong S H, Senthilkumar S T, Kim K, et al. Rechargeable aqueous Na-air batteries: Highly improved voltage efficiency by use of catalysts[J]. Electrochem Commun, 2015, 61: 53-56.

[24] Faktorovich-Simon E, Natan A, Peled E, et al. Oxygen redox processes in PEGDME-based electrolytes for the Na-air battery[J]. J Solid State Electrochem, 2017, 22: 1015-1022.

[25] Xiao N, Ren X, He M, et al. Probing mechanisms for inverse correlation between rate performance and capacity in K-O_2 batteries[J]. ACS Appl Mater Interfaces, 2017, 9: 4301-4308.

[26] Vijayamohanan K, Balasubramanian T S, Shukla A K. Rechargeable alkaline iron electrodes[J]. J Power Sources, 1991, 34: 269-285.

[27] Inoishi A, Ida S, Uratani S, et al. Ni-Fe-Ce(Mn, Fe)O_2 cermet anode for rechargeable Fe-air battery using $LaGaO_3$ oxide ion conductor as electrolyte[J]. RSC Adv, 2013, 3: 3024-3030.

[28] Zhao X, Gong Y, Li X, et al. Performance of solid oxide iron-air battery operated at 550°C[J]. J Electrochem Soc, 2013, 160: A1241-A1247.

[29] Abraham K M, Jiang Z. A polymer electrolyte-based rechargeable lithium/oxygen battery[J]. J Electrochem Soc, 1996, 143: 1-5.

[30] Read J. Characterization of the lithium/oxygen organic electrolyte battery[J]. J Electrochem Soc, 2002, 149: A1190-A1195.

[31] Jung H G, Hassoum J, Park J B, et al. An improved high-performance lithium–air battery[J]. Nat Chem, 2012, 4: 579-585.

[32] Gao Y, Wang C, Pu W H, et al. Preparation of high-capacity air electrode for lithium-air batteries[J]. Int J Hydrogen Energy, 2012, 37: 12725-12730.

[33] Beattie S D, Manolescu D M, Blair S L. High-capacity lithium-air cathodes[J]. J Electrochem Soc, 2009, 156: A44-A47.

[34] Xiao J, Wang D H, Xu W, et al. Optimization of air electrode for Li/Air batteries[J]. J Electrochem Soc, 2010, 157: A487-A492.

[35] Hayashi M, Minowa H, Takahashi M, et al. Surface properties and electrochemical performance of carbon materials for air electrodes of lithium-air batteries[J]. Electrochemistry, 2010, 78: 325-328.

[36] Meini S, Piana M, Beyer H, et al. Effect of carbon surface area on first discharge capacity of Li-O_2 cathodes and cycle-life behavior in ether-based electrolytes[J]. J Electrochem Soc, 2012, 159: A2135-A2142.

[37] Mirzaeian M, Hall P J. Preparation of controlled porosity carbon aerogels for energy storage in rechargeable lithium oxygen batteries[J]. Electrochim Acta, 2009, 54: 7444-7451.

[38] Zhang Y N, Zhang H M, Li J, et al. The use of mixed carbon materials with improved oxygen transport in a

lithium-air battery[J]. J Power Sources，2013，240：390-396.

[39] Watanabe M，Tomikawa M，Motoo S. Experimental-analysis of the reaction layer structure in a gas-diffusion electrode[J]. J Electroanal Chem，1985，195：81-93.

[40] Tomantschger K，Kordesch K V. Structural-analysis of alkaline fuel-cell electrodes and electrode materials[J]. J Power Sources，1989，25：195-214.

[41] Li J，Peng B，Zhou G，et al. Partially cracked carbon nanotubes as cathode materials for lithium-air batteries[J]. ECS Electrochem Lett，2013，2：A25-A27.

[42] Mi R，Liu H，Wang H，et al. Effects of nitrogen-doped carbon nanotubes on the discharge performance of Li-air batteries[J]. Carbon，2014，67：744-752.

[43] Mitchell R R，Gallant B M，Thompson C V，et al. All-carbon-nanofiber electrodes for high-energy rechargeable Li-O_2 batteries[J]. Energy Environ Sci，2011，4：2952-2958.

[44] Cui Z H，Fan W G，Guo X X. Lithium-oxygen cells with ionic-liquid-based electrolytes and vertically aligned carbon nanotube cathodes[J]. J Power Sources，2013，235：251-255.

[45] Liu S Y，Zhu Y G，Xie J，et al. Direct growth of flower-like delta-MnO_2 on three-dimensional graphene for high-performance rechargeable Li-O_2 batteries[J]. Adv Energy Mater，2014，4：1301960.

[46] Wang Z L，Xu D，Xu J J，et al. Graphene oxide gel-derived，free-standing，hierarchically porous carbon for high-capacity and high-rate rechargeable Li-O_2 batteries[J]. Adv Funct Mater，2012，22：3699-3705.

[47] Esrafili M D. Nitrogen-doped carbon nanotubes：A comparative DFT study based on surface reactivity descriptors[J]. Comput Theor Chem，2013，1015：1-7.

[48] Yan H J，Xu B，Shi S Q，et al. First-principles study of the oxygen adsorption and dissociation on graphene and nitrogen doped graphene for Li-air batteries[J]. J Appl Phys，2012，112：104316.

[49] Sakaushi K，Fellinger T P，Antonietti M. Bifunctional metal-free catalysis of mesoporous noble carbons for oxygen reduction and evolution reactions[J]. Chemsuschem，2015，8：1156-1160.

[50] Zhang Z，Bao J，He C，et al. Hierarchical carbon-nitrogen architectures with both mesopores and macrochannels as excellent cathodes for rechargeable Li-O_2 batteries[J]. Adv Funct Mater，2014，24：6826-6833.

[51] Qian Z Y，Guo R，Ma Y L，et al. Se-doped carbon as highly stable cathode material for high energy nonaqueous Li-O_2 batteries[J]. Chem Eng Sci，2020，214：115413.

[52] Li Y L，Wang J J，Li X F，et al. Discharge product morphology and increased charge performance of lithium-oxygen batteries with graphene nanosheet electrodes：The effect of sulphur doping[J]. J Mater Chem A，2012，22：20170-20174.

[53] Ren X D，Wang B Z，Zhu J Z，et al. The doping effect on the catalytic activity of graphene for oxygen evolution reaction in a lithium-air battery：A first-principles study[J]. Phys Chem Chem Phys，2015，17：14605-14612.

[54] Jiang H R，Zhao T S，Shi L，et al. First-principles study of nitrogen-，boron-doped graphene and Co-doped graphene as the potential catalysts in nonaqueous Li-O_2 batteries[J]. J Phys Chem C，2016，120：6612-6618.

[55] Raymond J. A new fuel cell cathode catalyst[J]. Nature，1964，201：1212-1213.

[56] Zhang L，Wilkinson D P，Liu Y Y，et al. Progress in nanostructured（Fe or Co）/N/C non-noble metal electrocatalysts for fuel cell oxygen reduction reaction[J]. Electrochim Acta，2018，262：326-336.

[57] Kattel S，Wang G F. A density functional theory study of oxygen reduction reaction on Me-N_4（Me = Fe，Co，or Ni）clusters between graphitic pores[J]. J Mater Chem A，2013，1：10790-10797.

[58] Behret H，Binder H，Sandstede G，et al. On the mechanism of electrocatalytic oxygen reduction at metal-chelates metal phthalocyanines[J]. J Electroanal Chem，1981，117：29-42.

[59] Li Q，Xu P，Gao W，et al. Graphene/graphene-tube nanocomposites templated from cage-containing metal-organic frameworks for oxygen reduction in Li-O_2 batteries[J]. Adv Mater，2014，26：1378-1386.

[60] Zhai Y，Jia W，Qi G，et al. Highly efficient cobalt nanoparticles anchored porous N-doped carbon nanosheets electrocatalysts for Li-O_2 batteries[J]. J Catal，2019，377：534-542.

[61] Hu X，Luo G，Zhao Q，et al. Ru single atoms on N-doped carbon by spatial confinement and ionic substitution strategies for high-performance Li-O_2 batteries[J]. J Am Chem Soc，2020，142：16776-16786.

[62] Liu Y M，Chen S，Quan X，et al. Boron and nitrogen codoped nanodiamond as an efficient metal-free catalyst for oxygen reduction reaction[J]. J Phys Chem C，2013，117：14992-14998.

[63] Lu Y C，Gasteiger H A，Shao-Horn Y. Catalytic activity trends of oxygen reduction reaction for nonaqueous Li-air batteries[J]. J Am Chem Soc，2011，133：19048-19051.

[64] Kavalsky L，Mukherjee S，Singh C V. Phosphorene as a catalyst for highly efficient nonaqueous Li-air batteries[J]. ACS Appl Mater Interfaces，2019，11：499-510.

[65] Peng Z，Freunberger S A，Chen Y，et al. A reversible and higher-rate Li-O_2 battery[J]. Science，2012，337：563-566.

[66] Yang Y，Liu W，Wu N，et al. Tuning the morphology of Li_2O_2 by noble and 3d metals：A planar model electrode study for Li-O_2 battery[J]. ACS Appl Mater Interfaces，2017，9：19800-19806.

[67] Bondue C J，Reinsberg P，Abd-El-Latif A A，et al. Oxygen reduction and oxygen evolution in DMSO based electrolytes：The role of the electrocatalyst[J]. Phys Chem Chem Phys，2015，17：25593-25606.

[68] Sayeed M A，Herd T，O'Mullane A P. Direct electrochemical formation of nanostructured amorphous $Co(OH)_2$ on gold electrodes with enhanced activity for the oxygen evolution reaction[J]. J Mater Chem A，2016，4：991-999.

[69] Su D W，Dou S X，Wang G X. Gold nanocrystals with variable index facets as highly effective cathode catalysts for lithium-oxygen batteries[J]. NPG Asia Mater，2015，7：e155-e167.

[70] Yilmaz E，Yogi C，Yamanaka K，et al. Promoting formation of noncrystalline Li_2O_2 in the Li-O_2 battery with RuO_2 nanoparticles[J]. Nano Lett，2013，13：4679-4684.

[71] Shi L，Xu A，Zhao T S. RuO_2 monolayer：A promising bifunctional catalytic material for nonaqueous lithium-oxygen batteries[J]. J Phys Chem C，2016，120：6356-6362.

[72] Su D W，Seo D H，Ju Y H，et al. Ruthenium nanocrystal decorated vertical graphene nanosheets@Ni foam as highly efficient cathode catalysts for lithium-oxygen batteries[J]. NPG Asia Mater，2016，8：e286-e296.

[73] Yoon K R，Lee G Y，Jung J W，et al. One-dimensional RuO_2/Mn_2O_3 hollow architectures as efficient bifunctional catalysts for lithium-oxygen batteries[J]. Nano Lett，2016，16：2076-2083.

[74] Li F J，Wu S C，Li D，et al. The water catalysis at oxygen cathodes of lithium-oxygen cells[J]. Nat Commun，2015，6：7843.

[75] Wu S C，Tang J，Li F J，et al. A synergistic system for lithium-oxygen batteries in humid atmosphere integrating a composite cathode and a hydrophobic ionic liquid-based electrolyte[J]. Adv Funct Mater，2016，26：3291-3298.

[76] Lu J，Lee Y J，Luo X Y，et al. A lithium-oxygen battery based on lithium superoxide[J]. Nature，2016，529：377.

[77] Yin J, Fang B, Luo J, et al. Nanoscale alloying effect of gold-platinum nanoparticles as cathode catalysts on the performance of a rechargeable lithium-oxygen battery[J]. Nanotechnology, 2012, 23: 305404.

[78] Luo W B，Pham T V，Guo H P，et al. Three-dimensional array of TiN@Pt_3Cu nanowires as an efficient porous electrode for the lithium-oxygen battery[J]. ACS Nano，2017，11：1747-1754.

[79] Debart A，Paterson A J，Bao J，et al. Alpha-MnO_2 nanowires：A catalyst for the O_2 electrode in rechargeable lithium batteries[J]. Angew Chem Int Ed 2008，47：4521-4524.

[80] Oloniyo O，Kumar S，Scott K. Performance of MnO_2 crystallographic phases in rechargeable lithium-air oxygen cathode[J]. J Electron Mater，2012，41：921-927.

[81] Kalubarme R S，Cho M S，Yun K S，et al. Catalytic characteristics of MnO_2 nanostructures for the O_2 reduction process[J]. Nanotechnology，2011，22：395402.

[82] Zheng Y P，Song K，Jung J，et al. Critical descriptor for the rational design of oxide-based catalysts in rechargeable Li-O_2 batteries：Surface oxygen density[J]. Chem Mater，2015，27：3243-3249.

[83] Freunberger S A，Chen Y，Drewett N E，et al. The lithium-oxygen battery with ether-based electrolytes[J]. Angew Chem Int Ed，2011，50：8609-8613.

[84] Liu Z, De Jesus L R, Banerjee S, et al. Mechanistic evaluation of Li_xO_y formation on delta-MnO_2 in nonaqueous Li-air batteries[J]. ACS Appl Mater Interfaces, 2016, 8: 23028-23036.

[85] Su D，Dou S，Wang G. Single crystalline Co_3O_4 nanocrystals exposed with different crystal planes for Li-O_2 batteries[J]. Sci Rep，2014，4：5767-5776.

[86] Shang C，Dong S，Hu P，et al. Compatible interface design of CoO-based Li-O_2 battery cathodes with long-cycling stability[J]. Sci Rep，2015，5：8335-8342.

[87] Song K，Cho E，Kang Y M. Morphology and active-site engineering for stable round-trip efficiency Li-O_2 batteries：A search for the most active catalytic site in Co_3O_4[J]. ACS Catal，2015，5：5116-5122.

[88] Ganapathy S，Li Z L，Anastasaki M S，et al. Use of nano seed crystals to control peroxide morphology in a nonaqueous Li-O_2 battery[J]. J Phys Chem C，2016，120：18421-18427.

[89] Yang J B，Ma D T，Li Y L，et al. Atomic layer deposition of amorphous oxygen-deficient TiO_{2-x} on carbon nanotubes as cathode materials for lithium-air batteries[J]. J Power Sources，2017，360：215-220.

[90] Yang X Y，Feng X L，Jin X，et al. An illumination-assisted flexible self-powered energy system based on a Li-O_2 battery[J]. Angew Chem Int Ed，2019，58：16411-16415.

[91] Itkis D M，Semenenko D A，Kataev E Y，et al. Reactivity of carbon in lithium-oxygen battery positive electrodes[J]. Nano Lett，2013，13：4697-4701.

[92] Zakharchenko T K，Kozmenkova A Y，Itkis D M，et al. Lithium peroxide crystal clusters as a natural growth feature of discharge products in Li-O_2 cells[J]. Beilstein J Nanotechnol，2013，4：758-762.

[93] Schafzahl L，Mahne N，Schafzahl B，et al. Singlet oxygen during cycling of the aprotic sodium-O_2 battery[J]. Angew Chem Int Ed，2017，56：15728-15732.

[94] Xu W，Hu J Z，Engelhard M H，et al. The stability of organic solvents and carbon electrode in nonaqueous Li-O_2 batteries[J]. J Power Sources，2012，215：240-247.

[95] Gallant B M，Mitchell R R，Kwabi D G，et al. Chemical and morphological changes of Li-O_2 battery electrodes upon cycling[J]. J Phys Chem C，2012，116：20800-20805.

[96] Thotiyl M M O，Freunberger S A，Peng Z Q，et al. A stable cathode for the aprotic Li-O_2 battery[J]. Nat Mater，2013，12：1049-1055.

[97] Bae Y，Yun Y S，Lim H D，et al. Tuning the Carbon Crystallinity for Highly Stable Li-O_2 Batteries[J]. Chem Mater，2016，28：8160-8169.

[98] Huang S，Fan W，Guo X，et al. Positive role of surface defects on carbon nanotube cathodes in overpotential and capacity retention of rechargeable lithium-oxygen batteries[J]. ACS Appl Mater Interfaces，2014，6：21567-21575.

[99] Kim J H，Park S K，Oh Y J，et al. Hierarchical hollow microspheres grafted with Co nanoparticle-embedded bamboo-like N-doped carbon nanotube bundles as ultrahigh rate and long-life cathodes for rechargeable lithium-oxygen batteries[J]. Chem Eng J，2018，334：2500-2510.

[100] Xu C, Gallant B M, Wunderlich P U, et al. Three-dimensional Au microlattices as positive electrodes for $Li-O_2$ batteries[J]. ACS Nano, 2015, 9: 5876-5883.

[101] Ottakam Thotiyl M M, Freunberger S A, Peng Z, et al. A stable cathode for the aprotic $Li-O_2$ battery[J]. Nat Mater, 2013, 12: 1050-1056.

[102] Zhu J Z, Wang F, Wang B Z, et al. Surface acidity as descriptor of catalytic activity for oxygen evolution reaction in $Li-O_2$ battery[J]. J Am Chem Soc, 2015, 137: 13572-13579.

[103] Wang Z Y, Chen X, Cheng Y H, et al. Adsorption and deposition of Li_2O_2 on the pristine and oxidized TiC surface by first-principles calculation[J]. J Phys Chem C, 2015, 119: 25684-25695.

[104] Chang Y, Dong S, Ju Y, et al. A carbon-and binder-free nanostructured cathode for high-performance nonaqueous $Li-O_2$ battery[J]. Adv Sci 2015, 2: 1500092.

[105] Liu Z, Zhao Z, Wang Y, et al. *In situ* exfoliated, edge-rich, oxygen-functionalized graphene from carbon fibers for oxygen electrocatalysis[J]. Adv Mater, 2017, 29: 1606207.

[106] Liu Q, Wang Y B, Dai L M, et al. Scalable fabrication of nanoporous carbon fiber films as bifunctional catalytic electrodes for flexible Zn-air batteries[J]. Adv Mater, 2016, 28: 3000-3006.

[107] Fu J, Cano Z P, Park M G, et al. Electrically rechargeable zinc-air batteries: Progress, challenges, and perspectives[J]. Adv Mater, 2017, 29: 1604685.

[108] Ning X M, Li Y H, Ming J Y, et al. Electronic synergism of pyridinic-and graphitic-nitrogen on N-doped carbons for the oxygen reduction reaction[J]. Chem Sci, 2019, 10: 1589-1596.

[109] Jiao Y, Zheng Y, Davey K, et al. Activity origin and catalyst design principles for electrocatalytic hydrogen evolution on heteroatom-doped graphene[J]. Nat Energy, 2016, 1: 16130.

[110] Zhang J T, Zhao Z H, Xia Z H, et al. A metal-free bifunctional electrocatalyst for oxygen reduction and oxygen evolution reactions[J]. Nat Nanotechnol, 2015, 10: 444-452.

[111] Liang Y, Li Y, Wang H, et al. Co_3O_4 nanocrystals on graphene as a synergistic catalyst for oxygen reduction reaction[J]. Nat Mater, 2011, 10: 780-786.

[112] Kerangueven G, Ulhaq-Bouillet C, Papaefthimiou V, et al. Perovskite-carbon composites synthesized through *in situ* autocombustion for the oxygen reduction reaction: The carbon effect[J]. Electrochim Acta, 2017, 245: 148-156.

[113] Fabbri E, Nachtegaal M, Cheng X, et al. Superior bifunctional electrocatalytic activity of $Ba_{0.5}Sr_{0.5}Co_{0.8}Fe_{0.2}O_3$/carbon composite electrodes: Insight into the local electronic structure[J]. Adv. Energy Mater, 2015, 5: 1402033.

[114] Wang T T, Kou Z K, Mu S C, et al. 2D dual-metal zeolitic-imidazolate-framework-（ZIF）-derived bifunctional air electrodes with ultrahigh electrochemical properties for rechargeable zinc-air batteries[J]. Adv Funct Mater, 2018, 28: 1705048.

[115] Su C Y, Cheng H, Li W, et al. Atomic modulation of FeCo-nitrogen-carbon bifunctional oxygen electrodes for rechargeable and flexible all-solid-state zinc-air battery[J]. Adv Energy Mater, 2017, 7: 1602420.

[116] Fu G T, Chen Y F, Cui Z M, et al. Novel hydrogel-derived bifunctional oxygen electrocatalyst for rechargeable air cathodes[J]. Nano Lett, 2016, 16: 6516-6522.

[117] Zhong H X, Li K, Zhang Q, et al. *In situ* anchoring of Co_9S_8 nanoparticles on N and S co-doped porous carbon tube as bifunctional oxygen electrocatalysts[J]. NPG Asia Mater, 2016, 8: e308.

第 4 章　金属空气电池电解质

4.1　水系电解液

根据水系电解液中 pH 的不同，金属空气电池一般可分为三类，分别为：碱性金属空气电池、中性金属空气电池以及酸性金属空气电池。同时，根据电解液的 pH 与电解液中盐的种类和浓度变化，金属空气电池又具有完全不同的负极与正极反应过程。本章根据电解液的 pH 环境，将金属空气电池分为碱性、中性以及酸性三类，并分别介绍在不同电解液中金属空气电池的反应过程。

4.1.1　碱性电解液

1. 碱性锌空气电池

在碱性电解液体系下，水系锌空电池常用的电解液有 LiOH、NaOH 和 KOH 电解液。其中，高浓度的 KOH 水溶液为锌空电池最常用的碱性电解液。这是因为其高的电化学反应动力学、高的锌盐溶解度以及高的离子电导率[1]。碱性锌空电池通常由锌负极、碱性电解液、隔膜和空气正极组成（催化剂通常喷涂在空气正极的气体扩散层表面），见图 4.1。在电池放电过程中[2-3]，金属锌负极会失去两个电子并与电解液中 OH^- 反应生成可溶的 $Zn(OH)_4^{2-}$，为反应式（4.1）。继续放电，当 $Zn(OH)_4^{2-}$ 在电解液中的浓度达到饱和时会转化为不溶的 ZnO，并在 Zn 负极表面沉积，为反应式（4.2）。而空气正极在放电过程中发生氧还原反应，O_2 会在催化剂的作用下与水分子发生反应，生成 OH^-，为反应式（4.3）。而整个锌空电池的总放电反应如式（4.4）。

负极放电反应：

$$Zn + 4OH^- \longrightarrow Zn(OH)_4^{2-} + 2e^- \qquad E^\ominus = -1.25\ V\ vs.\ SHE \qquad (4.1)$$

$$Zn(OH)_4^{2-} \longrightarrow ZnO + H_2O + 2OH^- \qquad (4.2)$$

正极放电反应：

$$O_2 + 2H_2O + 4e^- \longrightarrow 4OH^- \qquad E^\ominus = 0.40\ V\ vs.\ SHE \qquad (4.3)$$

放电总反应：

$$2Zn + O_2 \longrightarrow 2ZnO \qquad E_{总} = 1.65\ V \qquad (4.4)$$

相反，在充电过程中，放电产物 ZnO 会溶于电解液中生成$Zn(OH)_4^{2-}$，而电解液中的$Zn(OH)_4^{2-}$失去两个电子并在锌表面沉积，如反应式（4.5）和式（4.6）；与此同时电解液中的 OH^-会失去电子生成 H_2O 分子和 O_2 分子，如反应式（4.7）。因此，碱性锌空电池充电过程的总反应可以简化为式（4.8）。该碱性锌空电池具有 1.65 V 的理论电压，但由于空气正极缓慢的氧还原反应/氧析出反应动力学，实际的碱性锌空电池的工作电压一般小于 1.4 V；同时，可充的碱性锌空电池的电压效率通常＜60%。

负极充电反应：

$$ZnO + H_2O + 2OH^- \longrightarrow Zn(OH)_4^{2-} \tag{4.5}$$

$$Zn(OH)_4^{2-} + 2e^- \longrightarrow Zn + 4OH^- \qquad E^\ominus = -1.25\ V\ vs.\ SHE \tag{4.6}$$

正极充电反应：

$$4OH^- \longrightarrow O_2 + 2H_2O + 4e^- \qquad E^\ominus = 0.40\ V\ vs.\ SHE \tag{4.7}$$

充电总反应：

$$2ZnO \longrightarrow 2Zn + O_2 \qquad E_{总} = 1.65\ V \tag{4.8}$$

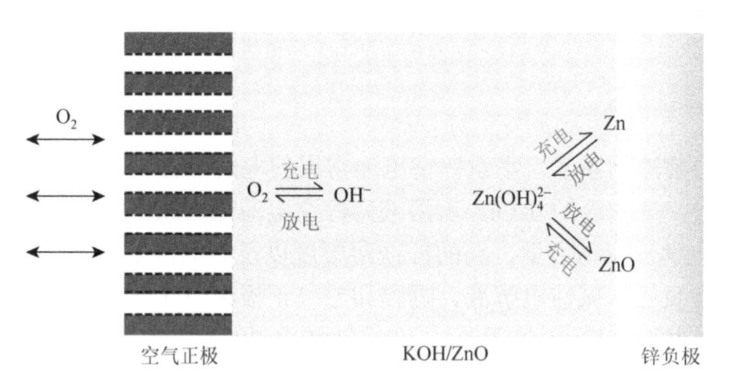

图 4.1　碱性锌空电池的反应示意图

尽管碱性锌空电池具有环保、无毒、廉价以及相较于中性锌空电池更高的能量密度和功率密度，但金属锌负极在强碱电解液环境中的使用面临着严峻的挑战[4-6]。具体为：第一，深度放电产物为电子绝缘的 ZnO，会钝化金属锌的负极表面；第二，金属锌在强碱环境下不稳定，伴随着金属腐蚀反应，生成绝缘 ZnO，进一步钝化锌负极表面，如反应式（4.9）；第三，充/放电过程中反复的锌的电化学沉积/溶解会造成锌负极产生形变；第四，由于碱性电解液具有超高的离子电导率、充电过程中金属锌负极表面电流分布不均匀等特点，会导致枝晶的生长；第五，由于金属锌的电沉积/溶解电位小于析氢反应电位，因此会导致在碱性锌空电池的充电过程中发生与金属锌电沉积反应竞争的析氢反应，伴随着严重的产氢现象，如反应式（4.10）。以上五点会严重缩短锌空电池的寿命。

$$Zn - 2e^- + 2OH^- \longrightarrow ZnO + H_2O \tag{4.9}$$

$$Zn + H_2O \longrightarrow ZnO + H_2 \tag{4.10}$$

因此，金属锌在电解液中的腐蚀、钝化问题对实现高锌利用率、高可逆的二次锌空电池是至关重要的。布拜图给出了锌在电解液中的腐蚀、钝化以及稳定的区域，如图 4.2。

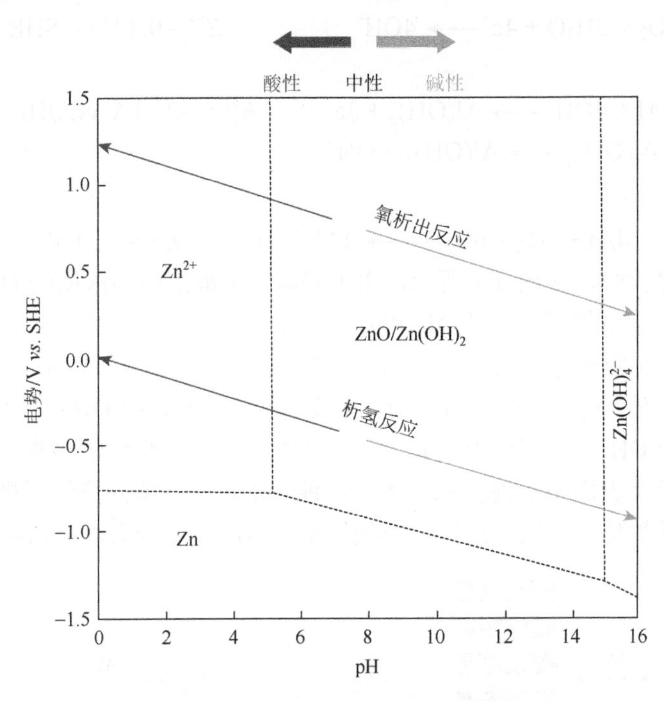

图 4.2　金属锌在水系环境下的布拜图

此外，空气正极在强碱电解液中的使用也面临着问题[3, 6]。首先，强碱环境中空气正极催化剂的催化活性被限制；其次，强碱环境会腐蚀空气正极中的碳材料，同时造成催化剂的脱落、溶解；再次，由于碱性电解液对空气中的 CO_2 敏感的特点，空气正极在空气环境下的长时间暴露会导致电解液中碳酸盐的生成，从而降低电解液的离子电导率；最后，不溶的碳酸盐会在空气正极表面沉积，堵塞气体扩散层的气体传导和催化剂的活性位点，如反应式（4.11）。因此，碱性锌空电池在空气中的长时间暴露使用会导致电池的性能降低。

$$2KOH + CO_2 \longrightarrow K_2CO_3 + H_2O \tag{4.11}$$

2. 碱性铝空气电池

由于快速反应动力学和低过电势有利于空气正极的氧还原反应，强碱性水溶液一直是铝空气电池最常用电解液[7]。两种最常见的选择是 KOH 和 NaOH 碱性电解液。相比之下，KOH 比 NaOH 具有更高的离子电导率、更低的黏度和更高的氧扩散系数，从而具有更优异的电化学性能。然而，由于金属铝在碱性 KOH 电解液中的腐蚀速率远高于在 NaOH 中的腐蚀速率，因此后者在许多情况下仍然是首选。

在放电过程中，电池经历了两步电化学反应，首先为

正极：

$$O_2 + 2H_2O + 4e^- \longrightarrow 4OH^- \qquad E^{\ominus} = 0.4\ \text{V}\ vs.\ \text{SHE} \tag{4.12}$$

负极：

$$Al + 4OH^- \longrightarrow Al(OH)_4^- + 3e^- \qquad E^{\ominus} = -2.31\ \text{V}\ vs.\ \text{SHE} \tag{4.13}$$

$$Al(OH)_4^- \longrightarrow Al(OH)_3 + OH^- \tag{4.14}$$

总反应：

$$4Al + 3O_2 + 6H_2O \longrightarrow 4Al(OH)_3 \qquad E_{总} = 2.71\ \text{V} \tag{4.15}$$

在放电过程中，如图 4.3 所示，由于强碱性电解液中高浓度的 OH^-，负极金属铝发生电化学溶解反应生成 $Al(OH)_4^-$；而空气正极一侧，来自于空气中的氧气会在催化剂与电解液之间的三相界面处发生氧还原反应，生成 OH^-，随后向铝负极表面转移。而当电解液中的 $Al(OH)_4^-$ 浓度达到饱和时，$Al(OH)_3$ 会在铝负极表面沉淀，并释放 OH^-。值得注意的是，放电产物 $Al(OH)_3$ 作为电子/离子绝缘的放电产物会在铝负极表面不断地沉积、生长，钝化铝负极、堵塞空气正极的气体扩散层和催化剂活性位点，因此最终会影响铝空电池的使用寿命以及倍率性能。

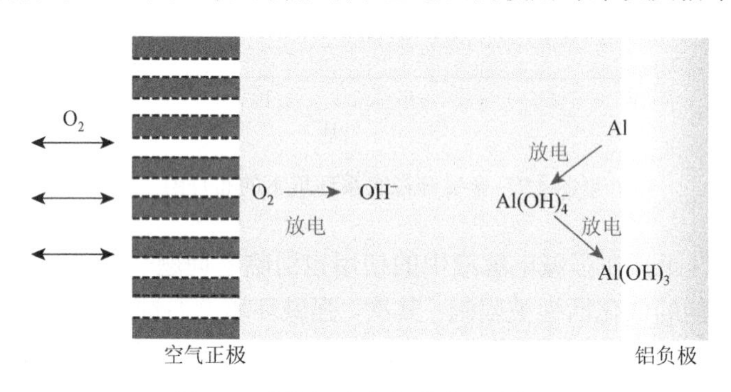

图 4.3　金属铝空电池放电反应机理

此外，由于金属铝在碱性电解液中不稳定的热力学性能，会导致严重的自放电问题(自腐蚀)，而这一问题会导致电池高的负极极化现象[8-11]，如反应式(4.16)。因此，尽管其具有 2.71 V 的理论开路电压，但实际情况中，铝空电池通常表现为 1.5～2.0 V 的开路电压。而这种由析氢反应参与的自放电现象自始至终贯穿整个铝空电池的使用过程，自放电产生的 $Al(OH)_4^-$ 不仅会消耗金属铝负极和电解液中的 OH^- 离子，而进一步的反应当 $Al(OH)_4^-$ 离子浓度达到饱和后，随即又以钝化产物 $Al(OH)_3$ 形式沉积在铝负极和空气正极表面。因此，整个自放电过程，不仅会

减小铝的有效使用率，并且会造成铝空电池在使用过程中明显增加的放电极化现象[12-15]。

$$2Al + 6H_2O \longrightarrow 2Al(OH)_3 + 3H_2 \tag{4.16}$$

因此，改善铝空电池中铝金属在碱性电解液的自腐蚀以及电极表面钝化问题是至关重要的。布拜图给出了金属铝在水系电解液中的腐蚀、钝化以及免疫的区域，见图4.4。

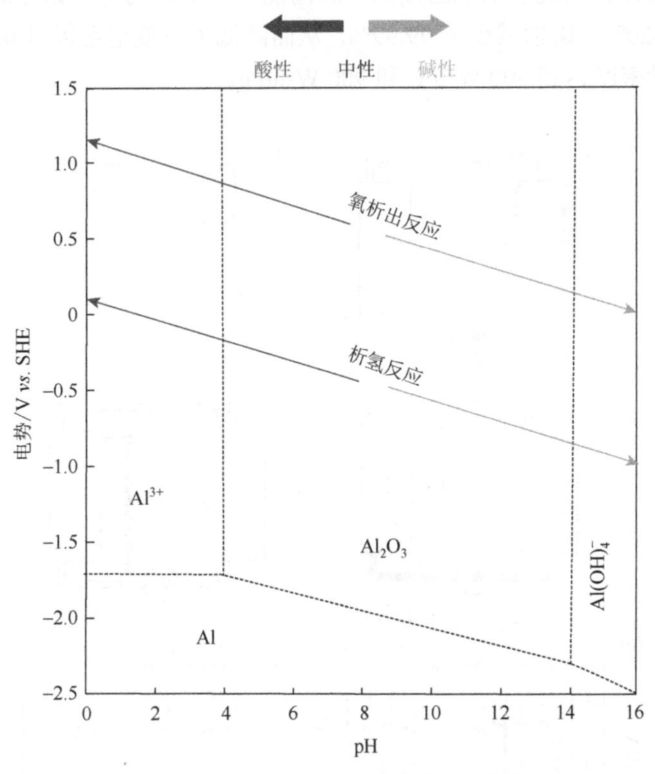

图4.4　金属铝在水系环境下的布拜图

通过使用过量的碱性电解液，设计电解液流动的铝空电池可以有效地解决放电产物以及腐蚀产物 $Al(OH)_4^-$ 在电解液中饱和后随即在铝负极表面沉积/钝化以及堵塞空气正极气体扩散层和催化剂活性位点等问题[16]。在电池放电过程中，通过不断地泵送碱性电解液，放电产物以及潜在的腐蚀产物 $Al(OH)_4^-$ 会通过泵送不断输送到电解液舱中，并最终生成副产物 Al_2O_3 和 $Al(OH)_3$。该流动体系尽管避免了钝化产物对电池的影响，但从根本上看，金属铝在碱性电解液中的腐蚀问题并未得到解决。应对金属铝在碱性电解液中腐蚀的常用策略有两种[8, 13, 17]：一是通过元素掺杂制备铝合金金属负极，使其在电解液中不易被腐蚀；二是通过添加电解液抑制剂、添加剂或络合剂对电解液进行改性，以降低电解液的腐蚀性。添加剂的作用是通过其在铝负极表面的吸附从而有效地减小腐蚀反应。

此外，2018 年麻省理工学院 Hopkins 等[18]设计了一种流动的碱性铝金属空气电池（图 4.5），通过在铝负极与碱性电解液界面处引入疏水惰性油来解决金属铝空电池在待机使用时金属铝的腐蚀问题。在电池使用过程中，碱性电解液被连续地泵送至电解液舱中；而在不使用时，通过泵送油至铝负极与腐蚀性电解液之间的界面处。该设计实现了电池的高功率和高能量密度。同时，该方法使可用能量密度增加了 420%，腐蚀减少了 99.99%，从而降低了自放电至每月 0.02%的比率，并使系统能量密度达到 700 W·h/L 和 900 W·h/kg。

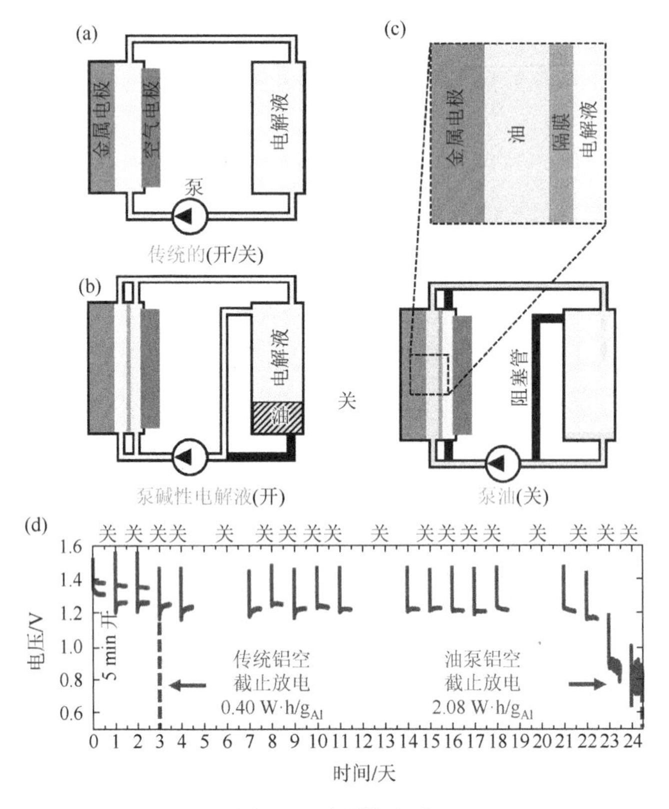

图 4.5　油置换方法

（a）常规流动电解质金属空气电池示意图；（b）用于流动电解质的金属空气电池的构造驱油系统示意图（电解液在操作过程中被连续泵送。不使用时，泵送油以在指定的时间内置换腐蚀性电解液）；（c）不使用时构造的驱油系统的示意图，以及放大后的金属电极和隔板的界面的示意图；（d）具有（a）传统电池设计和（b）和（c）构造电池设计的铝空气电池开/关循环的电压与时间关系图。电池在 150 mA/cm^2 的电流密度下工作，其中工作 24 h 和 72 h 处的间歇时间为 5 min，间歇期间电池处于开路状态。传统铝空电池在第 3 天开始时停止运行，产生的能量密度为（0.40±0.07）W·h/g_{Al}。相比之下，构建的油泵铝空电池持续时间超过 24 d，产生的能量密度为（2.08±0.07）W·h/g_{Al}

然而，碱性电解液的使用会对空气正极造成不可逆的负面影响。与锌空电池类似，铝空电池也面临着电解液碳酸化的挑战。在碳酸化过程中，空气中的 CO_2 会溶于碱性电解液中，并与 KOH 反应生成碳酸盐，而当碳酸盐在电解液中的浓度达到饱和后会在空气正极表面转化为 K_2CO_3 沉淀。该过程会降低电解液的离子电导率并堵塞用于 O_2 扩散的空气正极气体扩散层和催化剂的活性位点，进而导致碱性铝空电池性能退化。

3. 碱性铁空气电池

铁空电池通常使用碱性电解液，如 6 mol/L KOH，其具有高的电导率，同时对铁负极不会产生太大的腐蚀影响。此外，放电产物 $Fe(OH)_2$ 在电解液中具有低溶解度，因此避免了枝晶的形成。而由于金属铁负极腐蚀的问题，酸性电解液很少被报道，但酸性电解液的使用可以有效地避免电解液中碳酸盐的生成以及其对空气正极的堵塞。图 4.6 为常见的碱性铁空电池反应示意图，其具体的充/放电反应如反应式（4.17）、式（4.18）和式（4.19）。

铁负极反应：

$$Fe + 2OH^- \rightleftharpoons Fe(OH)_2 + 2e^- \qquad E^{\ominus} = -0.88\ V\ vs.\ SHE \tag{4.17}$$

空气正极：

$$\frac{1}{2}O_2 + H_2O + 2e^- \rightleftharpoons 2OH^- \qquad E^{\ominus} = 0.40\ V\ vs.\ SHE \tag{4.18}$$

总反应：

$$Fe + \frac{1}{2}O_2 + H_2O \rightleftharpoons Fe(OH)_2 \qquad E_{总} = 1.28\ V \tag{4.19}$$

因此，基于放电产物 $Fe(OH)_2$ 的放电反应过程，铁空电池具有 1.28 V 的理论电位和 764 W·h/kg 的理论能量密度[19-20]。此外，铁空电池具有潜在的深度放电反应[21]，如反应式（4.20）和式（4.21）。

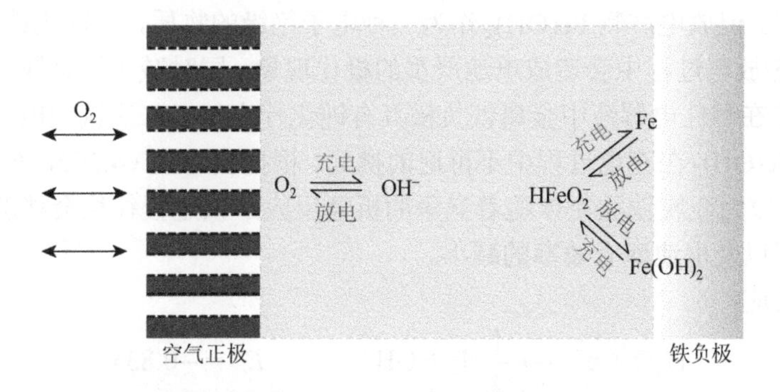

图 4.6　碱性铁空电池的充/放电反应示意图

深度放电：

$$Fe(OH)_2 + OH^- \rightleftharpoons FeOOH + H_2O + e^- \qquad E^{\ominus} = -0.56V\ vs.\ SHE \tag{4.20}$$

$$3Fe(OH)_2 + 2OH^- \rightleftharpoons Fe_3O_4 + 4H_2O + 2e^- \quad E^{\ominus} = -0.66V\ vs.\ SHE \tag{4.21}$$

相比于二价铁离子的放电产物$Fe(OH)_2$，三价铁离子放电产物FeOOH和Fe_3O_4表现出电化学惰性，因此在充电过程中不易被完全还原为金属铁。此外，与较浅度放电相比，深度放电表现出了较低的放电电位，这也使得铁空电池的深度放电失去了吸引力[22-23]。放电过程中，负极金属铁发生电化学氧化反应生成$Fe(OH)_2$是碱性铁空电池中金属铁负极的主要放电反应。然而，该过程尽管被研究了近一个世纪，确切放电反应机理仍然存在争议。广泛接受的机制是由卡尔波夫物理化学研究所的Kabanov等提出的[28]，根据其提出的反应机理，铁在浓碱性电解液中的第一次氧化反应涉及四个不同的反应步骤式（4.22），式（4.23），式（4.24）和式（4.25），包括在铁电极表面吸附两个氢氧根阴离子[29]。

第一步：

$$Fe + OH^- \rightleftharpoons FeOH + e^- \tag{4.22}$$

第二步：

$$FeOH + OH^- \rightleftharpoons Fe(OH)_2 + e^- \tag{4.23}$$

第三步：$HFeO_2^-$作为放电中间产物溶解于电解液中：

$$Fe(OH)_2 + OH^- \rightleftharpoons HFeO_2^- + H_2O \tag{4.24}$$

由于$HFeO_2^-$在强碱电解液中的溶解度有限，$Fe(OH)_2$在铁负极表面发生沉积。

第四步：

$$HFeO_2^- + H_2O \rightleftharpoons Fe(OH)_2 + OH^- \tag{4.25}$$

在铁空电池放电过程中，由于碱性电解液对放电产物$Fe(OH)_2$的溶解度有限，因此会导致放电产物在金属铁负极表面发生均匀的电化学沉积，这一过程解决了常见金属空气电池（如二次锌空电池）在不断循环的充/放电过程中金属枝晶形成、生长的问题。但放电产物$Fe(OH)_2$作为一种电子绝缘的物质，会钝化铁负极表面，这在电池充/放电过程中会造成电池严重的极化现象、同时减小了金属铁源的利用率[30]。除了在碱性电解液中金属铁负极具有钝化行为外，二次铁空电池还面临着放电产物$Fe(OH)_2$在充电过程中不可逆的挑战。根据反应式（4.26），充电过程中，$Fe(OH)_2$还原为金属铁往往伴随着竞争的析氢反应，该过程往往会伴随着电解液水分的消耗以及电池库仑效率的减小。

析氢反应：

$$H_2O + e^- \longrightarrow \frac{1}{2}H_2 + OH^- \qquad E^{\ominus} = -0.83V \tag{4.26}$$

铁空电池的反应机制可以从布拜图中得到进一步的理解。依据电解液的 pH 以及电极的电势，图 4.7 中布拜图提供了亚铁合物的稳定区域和电化学反应区域。从图中可以看出，布拜图确定了金属铁负极在水系电解液中的三种反应机制，即“免疫”、“钝化”和“腐蚀”机制。在“免疫”区域内，金属铁是电化学稳定的。在“钝化”区间内，金属铁会与电解液发生反应，并在铁电极表面形成薄的 $Fe(OH)_2$ 钝化层，阻止金属铁与电解液的进一步反应。此外，对于酸性（pH＜8.3）或强碱性溶液（pH＞12）区域，金属铁会不断地发生腐蚀反应，直到最终形成保护层而停止腐蚀。因此，在常见的碱性电解液环境中，具体反应如式（4.27）、式（4.28）和式（4.29）[29]。

氧化反应：

$$Fe + 3OH^- \longrightarrow HFeO_2^- + H_2O + 2e^- \tag{4.27}$$

还原反应：

$$2H_2O + 2e^- \longrightarrow 2OH^- + H_2 \tag{4.28}$$

总反应：

$$Fe + OH^- + H_2O \longrightarrow HFeO_2^- + H_2 \tag{4.29}$$

而当电解液中的 $HFeO_2^-$ 的浓度达到饱和后，$HFeO_2^-$ 会转化为腐蚀产物 $Fe(OH)_2$，其反应如式（4.30）和式（4.31）。

$$HFeO_2^- + H_2O \longrightarrow Fe(OH)_2 + OH^- \tag{4.30}$$

腐蚀总反应：

$$Fe + 2H_2O \longrightarrow Fe(OH)_2 + H_2 \tag{4.31}$$

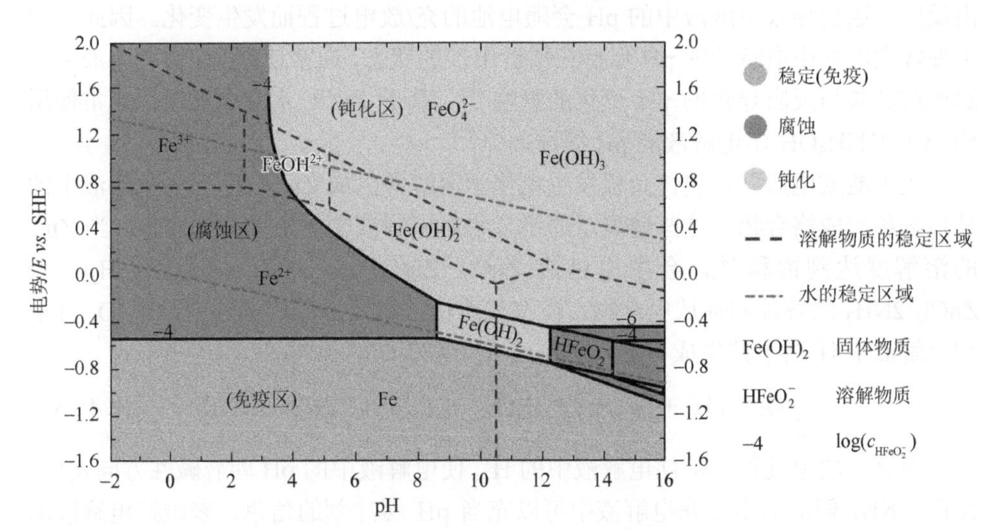

图 4.7　金属铁在水系电解液中的布拜图

4.1.2　中性电解液

1. 中性锌空气电池

相较于碱性锌空电池在碱性电解液中单一的反应机理，中性锌空电池的电解液选择、放电产物以及反应机理有多样性。金属锌负极在含有 Zn^{2+}的中性电解液中，发生的只有 Zn^{2+}在锌负极表面的电化学沉积/溶解反应[1, 4, 31-33]，不会涉及放电产物 $Zn(OH)_4^{2-}$ 和 ZnO 的形成，反应如式（4.32）。

放电过程：

$$Zn \rightleftharpoons Zn^{2+} + 2e^- \qquad E^{\ominus} = -0.76\ \mathrm{V}\ vs.\ \mathrm{SHE} \tag{4.32}$$

此外，在中性电解液中，氧化还原对 Zn^{2+}/Zn 具有比碱性电解液中更高的标准还原电势（−0.76 V *vs*. SHE），因此也说明碱性锌空电池具有更高的工作电位。然而，在中性电解液环境中，金属锌的电化学沉积/溶解行为的库仑效率要高于碱性电解液；此外，HER、枝晶与腐蚀问题也得到了改善[4, 34-38]。因此，从金属锌负极的角度考虑，中性电解液的使用可以极大改善锌空电池的循环寿命。此外，空气正极方面，使用中性电解液可以避免强碱环境对空气正极的腐蚀问题，同时也避免了碳酸盐沉积堵塞空气正极气体扩散层以及催化剂等问题[39-42]。

$ZnSO_4$、$ZnCl_2$ 和 $Zn(OTF)_2$ 水系溶液常作为二次锌离子电池中的电解液使用[4, 43-44]。而作为准中性电解液，在这些电解液中锌电沉积/溶解的库仑效率通常＞90%。实验研究表明，基于这些电解液的锌离子电池可以稳定地循环几百甚至几千次[36, 45-47]。然而，在锌空电池中，由于水分子参与空气正极的氧还原和氧析出反应，这会导致电解液中的 pH 会随电池的充/放电过程而发生变化。因此，为了使锌空电池中电解液的 pH 保持在接近中性的状态，通常使用 pH 缓冲溶液来消除电解液参与反应导致的 pH 变化的影响[48]。基于 $ZnCl_2$ 水系电解液，通常使用 NH_4Cl 和 NH_4OH 作电解液的 pH 缓冲剂[49-52]。

当电池放电后，金属锌负极发生电化学溶解并生成 Zn^{2+}，随后与电解液中的其他物种形成络合物。这些锌离子的络合物对电解液中的条件高度敏感，当 Zn^{2+}的溶解度达到饱和时，会生成包括 ZnO、$Zn(OH)_2$、$ZnCl_2{\cdot}4Zn(OH)_2{\cdot}H_2O$ 和 $ZnCl_2{\cdot}2NH_3$ 的各种固体放电产物。在空气正极，氧还原反应消耗空气中 O_2 分子和电解液中 H^+离子并生成 H_2O，如反应式（4.33）。

$$\frac{1}{2}O_2 + 2H^+ + 2e^- \rightleftharpoons H_2O \qquad E^{\ominus} = 1.229\ \mathrm{V}\ vs.\ \mathrm{SHE} \tag{4.33}$$

而这一放电过程会消耗电解液中的 H^+，使电解液中的 pH 朝着碱性方向发展。然而，NH_4^+弱酸的本质在电解液中可以充当 pH 缓冲剂的角色，来维持电解液的 pH 在一个相对稳定的准中性环境，反应如下

$$NH_4^+ \rightleftharpoons NH_3 + H^+ \tag{4.34}$$

$$Zn^{2+} + nNH_3 \rightleftharpoons Zn(NH_3)_n^{2+} \tag{4.35}$$

不难发现，电解液将 pH 稳定在中性范围的能力归因于 $ZnCl_2$ 和 NH_4Cl 之间的相互作用。由于 NH_4^+/NH_3 缓冲液的当量点为 pH = 9.8，仅包含 NH_4Cl 的电解液可在短时间内稳定 pH，但随着 NH_3 浓度的增加，电解液的 pH 将迅速变为碱性。而当 NH_4Cl 与 $ZnCl_2$ 混合时，Zn^{2+}可以与溶液中的 NH_3 形成络合物，在大约 6～10 的 pH 范围内稳定。通过提供一种吸附游离 NH_3 的方法，这些锌-氨基络合物的存在可以增加缓冲溶液在电解液中性范围内的容量。

当电池充电时，空气正极发生氧析出反应，消耗电解液中的水分子，生成 O_2 分子和 H^+。电解液中的 Zn^{2+}会在锌负极发生电化学沉积反应。同样，pH 缓冲液的反应可将 pH 稳定在接近中性的区域，而电解液中的锌离子络合物，其浓度降低至低于其饱和浓度的水平时，固体放电产物开始发生溶解。

不考虑 $ZnCl_2$-NH_4Cl 体系锌空电池在放电过程中生成各种锌离子络合物，新加坡国立大学 Khoo 等简化了该电池的充/放电反应机理[49]，如下所示

放电过程：

锌负极：$Zn \longrightarrow Zn^{2+} + 2e^-$　(4.36)

$Zn^{2+} + 6NH_4OH \longrightarrow [Zn(NH_3)_6]^{2+} + 6H_2O$　(4.37)

$[Zn(NH_3)_6]^{2+} + 6H_2O \longrightarrow ZnO + 6NH_4OH + 2H^+$　(4.38)

总反应：$Zn + H_2O \longrightarrow ZnO + 2H^+ + 2e^-$　(4.39)

空气正极：$O_2 + 4H^+ + 4e^- \longrightarrow 2H_2O$　(4.40)

充电过程：

锌负极：$ZnO + 6NH_4OH + 2H^+ \longrightarrow [Zn(NH_3)_6]^{2+} + 7H_2O$　(4.41)

$[Zn(NH_3)_6]^{2+} + 6H_2O + 2e^- \longrightarrow Zn + 6NH_4OH$　(4.42)

总反应：$ZnO + 2H^+ + 2e^- \longrightarrow Zn + H_2O$　(4.43)

空气正极：$2H_2O \longrightarrow O_2 + 4H^+ + 4e^-$　(4.44)

因此，基于上述的反应，$ZnCl_2$-NH_4Cl 基碱性锌空电池的总反应如下

放电过程：$2Zn + O_2 + 12NH_4OH + 4H^+ \longrightarrow 2[Zn(NH_3)_6]^{2+} + 14H_2O$　(4.45)

总反应：$2Zn + O_2 \longrightarrow 2ZnO$　(4.46)

充电过程：$2[Zn(NH_3)_6]^{2+} + 14H_2O \longrightarrow 2Zn + O_2 + 12NH_4OH + 4H^+$　(4.47)

总反应：$2ZnO \longrightarrow 2Zn + O_2$　(4.48)

由于传统的碱性和中性锌空电池其空气正极为四电子的 OER/ORR 反应，反应动力学缓慢，并需要电解液参与反应[53]；并且，特别是在碱性电解液中，大气中的 CO_2 会参与电池的反应发生不可逆的反应，影响电池性能[54]。2021 年年初，明斯特大学孙威等报道了一种在中性电解液中通过 $2e^-/O_2$ 两电子反应过程进行的 Zn-O_2/ZnO_2 的

电化学反应[55]。该反应可在中性锌空电池中实现高度可逆的氧化还原反应。相比于亲水的SO_4^{2-}，疏水的三氟甲磺酸根阴离子（OTf^-）在电场的作用下会在空气正极表面形成贫水且富含Zn^{2+}的内部亥姆霍兹层（IHL）。因此，由于$Zn(OTF)_2$电解液产生的这种水分子相对贫乏且富含Zn^{2+}的IHL环境，减少了水分子在空气正极的反应机会，同时为氧还原反应过程提供了更好的接触Zn^{2+}的途径。此外，通过量子化学的理论计算表明$Zn(OTf)_2$电解液中Zn^{2+}与OTf^-之间的亲和力弱，有助于形成含超氧化物的离子对，并促进了随后的涉及Zn^{2+}的$2e^-$反应机理途径，而Zn^{2+}与SO_4^{2-}之间高的亲和力抑制了Zn^{2+}的去溶剂化以及随后形成的含超氧化物的离子对的形成过程。因此在1 mol/L $Zn(OTf)_2$中性电解液中，电池的充/放电反应如式（4.49）

$$Zn + O_2 \rightleftharpoons ZnO_2 \tag{4.49}$$

而在1 mol/L $ZnSO_4$中性电解液中，电池的充/放电反应为

$$2Zn + O_2 + \frac{2}{3}ZnSO_4 + \frac{7}{3}H_2O \rightleftharpoons \frac{2}{3}Zn_4(OH)_6SO_4\cdot 0.5H_2O \tag{4.50}$$

尽管这种基于疏水性三氟甲磺酸盐阴离子的稀盐水系电解液通过去除亥姆霍兹层中的水，使空气正极表面上的两电子氧化还原反应（ZnO_2/O_2）成为可能，但金属锌负极一侧，这种稀盐的中性水系电解液[1 mol/L $Zn(OTF)_2$]中，金属锌的电化学沉积/溶解过程仍具有较高的不可逆性（库仑效率＜90%），因为金属锌是整个锌空电池电化学反应中不可缺少的一部分，因此提高锌在水系电解液中的电化学可逆性对实现二次锌空电池的商业化具有重大的意义。因此，王春生团队在基于1 mol/L $Zn(OTf)_2$水系电解液中性锌空电池的基础上，通过提高$Zn(OTf)_2$的浓度和加入烷基铵盐添加剂（4 mol/L $Zn(OTf)_2$ + 0.5 mol/L $Me_3EtNOTf$），在锌负极表面原位构建了稳定、导Zn^{2+}以及防水的固态电解质界面（SEI）层[56]。这种SEI的形成明显提高了金属锌电池的电化学性能：在Ti||Zn非对称电池中以99.9%的库仑效率进行1000次无枝晶的锌电沉积/溶解过程；在Zn||Zn对称电池中稳定充放电6000次循环（6000 h）；而组装的锌空电池具备325 W·h/kg能量密度，并稳定循环了300次。

2. 中性铝空气电池

早在1975年，贝尔莱德大学Despic等[59]便探讨了盐水中性铝空电池的可行性。其中电解质为12%NaCl水溶液时，接近电解液的最大离子电导率。然而，相比之下，盐水的电导率仍低于碱性电解质的电导率。此外，在放电过程中，铝在钠盐溶液中的负极电化学溶解最初导致与羟基或氯离子形成可溶性复合物，随后形成氢氧化铝凝胶状沉淀物[7, 60]。因此，由于铝负极钝化明显，中性电解液的性能劣于碱性电解液，其能量密度约为碱性铝空电池的三分之一左右。尽管如此，考虑到海水中有取之不尽的钠盐，中性电解液（特别是海水电解液）仍然具有潜在的应用场景和研究价值。

3. 中性镁空气电池

镁空电池作为一次电池，通常由镁金属负极、带有氧还原催化剂的气体扩散层空气正极以及中性电解液组成（海水电解液，主要为 NaCl 电解液）[61-62]，见图 4.8。其电池放电反应如式（4.51）、式（4.52）和式（4.53）。

负极：

$$Mg \longrightarrow Mg^{2+} + 2e^- \qquad E^\ominus = -2.48\ V\ vs.\ SHE \tag{4.51}$$

正极：

$$O_2 + H_2O + 4e^- \longrightarrow 4OH^- \qquad E^\ominus = 0.61\ V\ vs.\ SHE \tag{4.52}$$

总反应：

$$2Mg + O_2 + 2H_2O \longrightarrow 2Mg(OH)_2 \qquad E_{总} = 3.09\ V \tag{4.53}$$

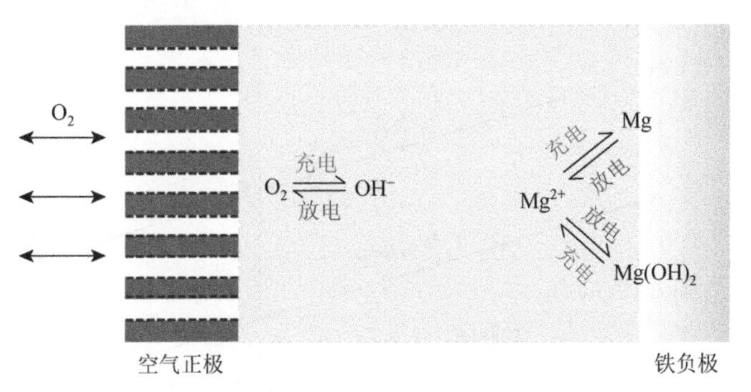

图 4.8　中性镁空电池工作原理示意图

在中性 NaCl 电解液体系中，放电过程伴随金属镁负极的电化学溶解反应并失去两电子，生成 Mg^{2+}；同时，来自于空气的氧气在空气正极气体扩散层催化剂与电解液的三相界面处得到两个电子，发生氧还原反应，生成 OH^-。由于在钠盐电解液中，放电产物 $Mg(OH)_2$ 的溶解度有限，$Mg(OH)_2$ 最终会在镁负极表面沉积。尽管镁空气电池具有较高的理论电压（3.09 V）和能量密度（6.8 kW·h/kg），但由于其明显的钝化现象和空气正极缓慢的 ORR 动力学，镁空电池通常表现出较低的工作电位（～1.2 V）和能量密度[63-65]。这个问题是由两个方面引起的：一是金属镁在水系电解液中严重的腐蚀，二是空气正极缓慢的氧还原反应动力学。

从布拜图可以看出，见图 4.9，金属镁在水系环境中是热力学不稳定的。在碱性电解液中，金属镁伴随着钝化层 $Mg(OH)_2$ 在镁金属表面生成，展示出高于中性电解液的耐腐蚀性能，这是由于 $Mg(OH)_2$ 层的存在可以有效地抑制镁的腐蚀。然而，由于其钝化层的存在，以及放电产物同为钝化 $Mg(OH)_2$ 的原因，这抑制了金属镁空气电池的进一步放电。因此，在金属镁空电池中，主要以中性电解液为主；在 pH＜11 的水系环境中伴随着 Mg^{2+} 的溶解反应，以及水分解反应生成 H_2 和 OH^-。

OH^-和Mg^{2+}的生成最终会导致钝化物$Mg(OH)_2$的生成，造成电池严重的极化[66]，具体的金属镁负极腐蚀反应如式（4.54）、式（4.55）和式（4.56）。

负极：

$$Mg \longrightarrow Mg^{2+} + 2e^- \tag{4.54}$$

正极：

$$2H_2O + 2e^- \longrightarrow H_2 + 2OH^- \tag{4.55}$$

总反应：

$$2Mg + 2H_2O \longrightarrow Mg(OH)_2 + H_2 \tag{4.56}$$

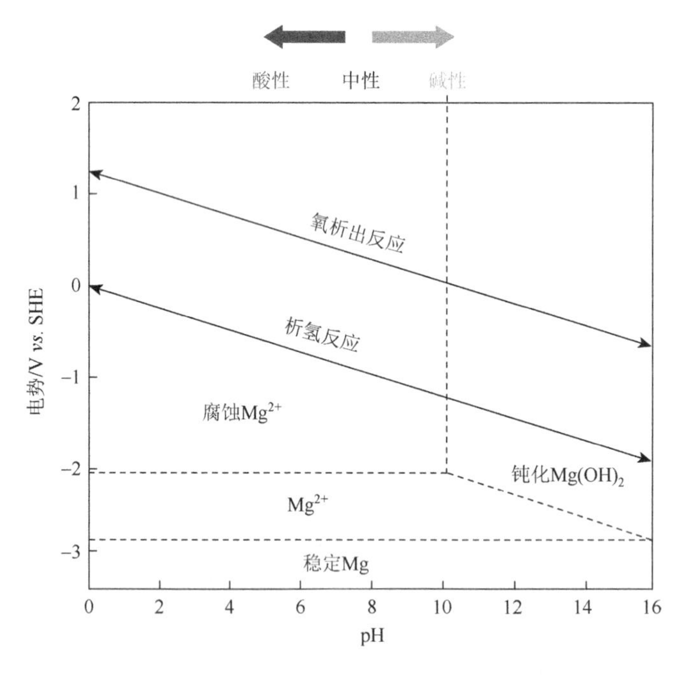

图 4.9　金属镁水系电解液中的布拜图

4. 中性锂空气电池

2015 年，王春生团队[67]报道了一种盐包水电解液（WiS），该电解液是由 21 mol/L 双（三氟甲烷磺酰基）亚胺锂（LiTFSI）配比的水系电解液。他们发现在盐包水电解液中，阴离子 $TFSI^-$会进入Li^+的溶剂化鞘层结构中，并在电池充电过程中在负极表面生成源于阴离子 $TFSI^-$还原分解的 SEI[68-70]，这种高浓度的盐包水电解质提供了～3.0 V 的电化学稳定窗口。拓宽的水系电解液窗口为水系锂离子电池在正/负极材料的选择上提供更多的可能性。

本质上，盐包水电解液利用了超高浓度 LiTFSI 在水溶液中的强溶剂化作用。通常，在稀盐水系电解液中，Li^+会与水分子发生溶剂化作用；而在盐包水电解液中（21 mol/L LiTFSI），$TFSI^-$会进入 Li^+和水的溶剂化鞘中，最终会导致盐包水中的大多数水分子都强烈地与两种离子（Li^+和 $TFSI^-$）发生溶剂化作用，只留下很少的游离水分子。因此，水分子的化学和电化学反应活性被大大地抑制；而盐包水电解液良好的离子电导率（10 mS/cm），为其作为水系电解液中快速的传质提供了保障。此外，盐包水电解液中有限的质子已被证明是强溶剂化的，因此对多硫化物等亲核试剂几乎没有反应性，从而证明了高性能的水性锂离子/硫电池[71]。在此基础上，王敦伟团队[72]探索了这种浓盐电解液在水系锂空电池中的可行性。由于盐包水电解液中无有机溶剂的特点，典型的锂空电池有机溶剂分解问题将会被避免。因此，副产物的生成也会被有效避免。此外，在浓盐电解液中正极的充/放电可逆反应是通过 O_2 和 Li_2O_2 之间转换的，在此过程中并未有水分子的参与。因此，与使用有机电解液的空气正极相比，使用盐包水电解液的空气正极可以实现明显更长的循环寿命。

尽管锂空电池在浓盐电解液中实现了 O_2/Li_2O_2 可逆的电化学反应，但由于水分子与金属锂高的反应活性，金属锂目前还从未在水系电解液中成功使用。而为了充分发挥金属锂高能量密度和低电势的优势，以及水系浓盐电解液的特点，周豪慎团队[73]通过解耦离子液体（金属锂负极一侧）-浓盐电解液（空气正极一侧）的策略，实现了电解液混合锂空电池。受益于双超疏液膜，盐包水正极电解液和离子液体负极电解液被分离到各自独立的电极反应环境中。因此，可逆的氧气分子氧化/还原反应（O_2/Li_2O_2）可以单独在 WiS 正极电解液中进行，并且可以充分挖掘 WiS 的潜力。同时，双超疏液膜防止了水渗到负极导致的腐蚀问题，并为电池运行提供可观的能量密度。

4.1.3　酸性电解液

先前提到的中性（准中性）水系电解液通常基于 $3<pH<7$ 的 pH 范围内，金属负极具有相对较高的电化学稳定性和耐腐蚀性。而在更低的 pH 范围内，如强酸电解液（$pH<1$），金属负极会伴随着明显的腐蚀现象和析氢反应，而组装的酸性金属空气电池通常会伴随着明显的副反应。因此，在金属空气电池中，酸性电解液的使用通常都是通过电解液解耦体系实现的，一般为在空气正极一侧使用强酸电解液（H_2SO_4 或 H_3PO_4），而负极一侧使用碱性电解液（LiOH 或 KOH）。在空气正极使用酸性电解液可以避免在碱性电解液中生成碳酸盐的问题以及碳酸盐沉积堵塞空气正极气体扩散层和催化剂活性位点等问题。此外，与碱性电解液相比，酸性电解液的氧还原/氧析出反应具有更高的氧化/还原反应电势，因此组装的酸性空气电池通常会有更高的工作电位[74]。

1. 酸性锌空气电池

酸性电解液为氧还原反应提供更高的氧化还原电势，从而导致金属空气电池的工作电位提高；同时，酸性电解液还消除了空气中二氧化碳导致的碳酸盐堵塞问题。但是，金属锌在酸性电解液中会发生严重的腐蚀现象，并产生氢气。基于此，2016年得克萨斯大学奥斯汀分校 Manthiram 等[75]通过在锌空电池中加入传导 Li^+的固态电解质（LTAP）解耦碱性和酸性电解液的方法，提出了一种酸性锌空电池，如图 4.10 所示。由于负极电解液使用的是碱性 LiOH 电解液，金属锌负极在充/放电过程完成的是 $Zn/Zn(OH)_4^{2-}$ 的电化学沉积/溶解，空气正极中使用的是酸性 H_3PO_4/H_2LiPO_4 电解液，因此空气正极在充/放电过程中具有更高的氧还原/氧析出反应电势。此外，电池在充/放电过程中 Li^+通过 LTAP 在两种电解液中的往返来实现电池的电荷平衡。该酸性锌空电池具有高达 2.5 V 的理论电位，具体反应如式（4.57）和式（4.58）。

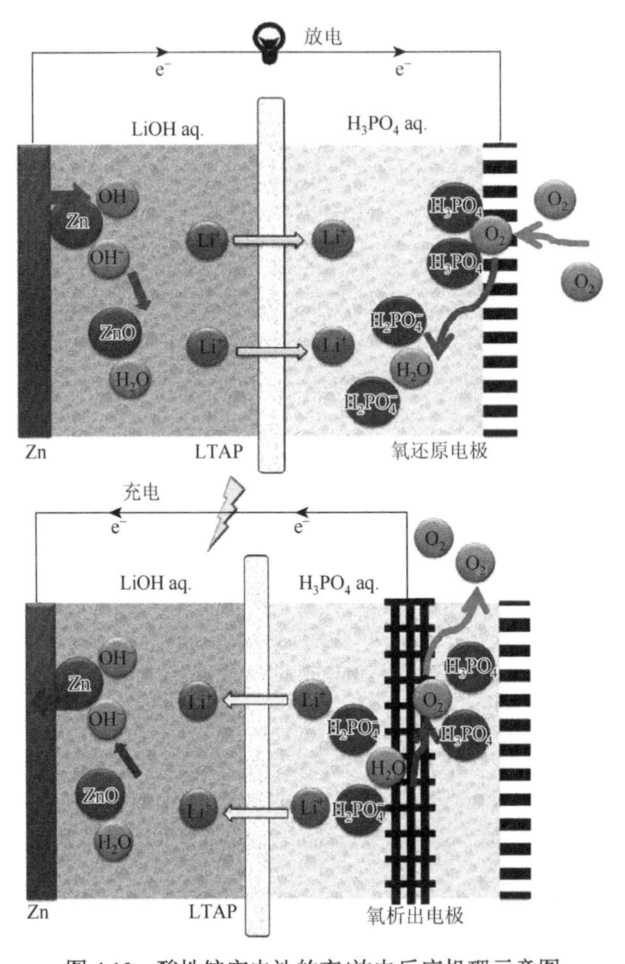

图 4.10　酸性锌空电池的充/放电反应机理示意图

负极充/放电反应：

$$Zn + 4OH^- - 2e^- \rightleftharpoons Zn(OH)_4^{2-} \qquad E^{\ominus} = -1.27\ V\ vs.\ SHE \qquad (4.57)$$

正极充/放电反应：

$$4H^+ + O_2 + 4e^- \rightleftharpoons 2H_2O \qquad E^{\ominus} = 1.23\ V\ vs.\ SHE \qquad (4.58)$$

基于这一充/放电反应过程，东华大学林超等[76]最近也报道了类似的解耦酸/碱电解液的混合体系锌空电池（AZnABs）。不同于使用固态电解质作为传导电荷用于两种电解液中的电荷平衡，他们研发了一种 Zn^{2+}传导的高分子隔膜用于隔绝两种 pH 环境的电解液。该体系在锌负极电解液中使用的是传统的 6 mol/L KOH + $Zn(Ac)_2$碱性电解液；同时，正极一侧使用的是 3 mol/L H_2SO_4 + $Zn(Ac)_2$强酸性电解液。通过解耦酸/碱电解液，展现出高的理论电位（2.48 V）及工作电压。

2. 酸性铁空气电池

常见的铁空电池通常是在碱性电解液中运行，理论电位为 1.28 V，正极和负极的充放电反应分别为式（4.59）和式（4.60）。

负极反应：

$$Fe + 2OH^- \rightleftharpoons Fe(OH)_2 + 2e^- \qquad E^{\ominus} = 0.88\ V\ vs.\ SHE \qquad (4.59)$$

正极反应：

$$O_2 + 2H_2O + 4e^- \rightleftharpoons 4OH^- \qquad E^{\ominus} = 0.40\ V\ vs.\ SHE \qquad (4.60)$$

而酸性电解液中的氧还原/氧析出反应具有更高的电化学反应电势，如式(4.61)。

正极反应：

$$O_2 + 4H^+ + 4e^- \rightleftharpoons 2H_2O \qquad E^{\ominus} = 1.23\ V\ vs.\ SHE \qquad (4.61)$$

因此，通过解耦酸性/碱性电解液[77]，电解液混合体系铁空电池将具有更高的理论电位（2.11 V）。用碱性电解液（负极电解液）和酸性电解液（正极电解液）展示了一种解耦酸/碱体系铁空电池。负极电解液和正极电解液通过碱金属离子（Li^+或 Na^+）传导的固体电解质解耦，其中碱金属离子作为离子介质平衡正极电解液和负极电解液中氧化还原反应所需要的电荷补偿。通过解耦酸碱电解液，混合体系铁空电池具有高的开路电压（1.7～1.8 V），但可能受限于固态电解质有限的离子电导率，电池并未展现出优异的倍率性能。此外，在小电流（1 mA/cm^2）的长循环测试上，铁空电池在 200 h 内表现出了稳定的充/放电性能。

4.2　非水系电解液

电解液如同人体中的血液，是任何一种电池必不可少的组成部分，它是电池中离子传输的载体，在电池正负两极之间起到传导离子的作用。对于锂空电池，电解液在正极和负极的氧化还原反应中起着至关重要的作用，对电池的性能有着极大的影响。类似地，对于金属空气电池，特别是锂/钠/钾空电池，这种具有高反应活性的体系，由于金属负极对水具有高化学反应活性，所以通常使用非水系电解液。

金属空气电池的理想电解液应满足以下要求：

（1）电解液是良好的离子导体和电子绝缘体，便于离子传输以满足预期的倍率需求，并且将自放电保持在最低限度；

（2）对氧气具有高溶解度和强扩散能力，确保在向正极侧传输过程中有足够的速率；

（3）具有低挥发性和不燃性，提高电池的安全性；

（4）具有宽的电化学窗口，避免电解液在电池工作范围内分解；

（5）在活性氧的存在下，具有优异的化学和电化学稳定性；

（6）与金属负极形成稳定的固态电解质界面层，具有良好的润湿性；

（7）电解液需要对电池组件比如电极、包装材料等具有惰性，防止其腐蚀。

在本节中，重点介绍金属空气电池非水系电解液的发展历程，包括非水系电解液中的溶剂和电解质盐，以及离子液体与熔融盐电解质。

4.2.1　碳酸酯类电解液

碳酸乙烯酯（EC），碳酸丙烯酯（PC）和碳酸二甲酯（DMC）等碳酸酯类溶剂是锂离子电池普遍使用的电解液。这些碳酸酯类溶剂具有低挥发性、高抗氧化性、液温窗口宽且获取途径方便等特点。低挥发性对于金属空气电池这种开放性体系来说是至关重要的，它可以避免电解液在正极侧的挥发。而抗氧化性高等这些特质也是实现电池充电的必要条件。因此，基于这些优点以及锂离子电池的快速商业化，在早期的锂空电池的研究中，人们将已成熟的碳酸酯类适用于锂离子电池的电解液借鉴到锂空电池中。

1996 年，美国东北大学 Abraham 等[78]首次使用聚丙烯腈（PAN），EC 和 PC 混合溶剂与六氟磷酸锂（$LiPF_6$）盐共同制备聚合物电解质，并将其成功应用在锂氧气电池中。随后，在 2005 年，英国圣安德鲁斯大学 Bruce 团队[79]将 1 mol/L $LiPF_6$ 添加到 PC 中作为电解液，将 Super P、二氧化锰和 Kynar2801 混合物涂覆在铝箔上作为正极材料，所组装的锂氧气电池可充放电循环 50 圈。在此基础上，美国西北太平洋国家实验室张继光团队[80]通过一系列盐与溶剂的筛选，发现在以 Darco G-60 活性炭作为空气正极，在 0.8 mol/L LiTFSI-PC/EC（1∶1 wt%）电解液中，锂空电池放电容量最大。

虽然，有研究表明锂氧气电池在碳酸酯类电解液中可以运行。然而，随着研究的不断进行，人们发现当使用碳酸酯类溶剂作为电解液时，在电池充电与放电曲线之间存在很大的极化现象。基于早期对羰基化合物与超氧化物的研究中可知，碳酸酯类溶剂在锂氧气电池充放电反应中不稳定，会发生部分分解[81-82]。日本丰田汽车公司 Mizuno 等[83]通过对正极进行透射电子显微镜（TEM）及傅里叶变换红外光谱（FTIR）表征分析，发现主要的放电产物是由电解液分解产生的碳酸盐而并非 Li_2O_2。图 4.11 是以 1.0 mol/L $LiPF_6$/PC 作为电解液，Super P/α-MnO_2/Kynar 正极经过在 O_2 下放电的 FTIR 谱图。放电产物并非以 Li_2O_2 为主，Li_2CO_3 的比例很高，并且还存在与 C═O，C—O，C—C 和 C—H 键相关的峰。通过 ^{13}C 和 ^{1}H MAS NMR 及 ^{1}H NMR 进一步证明放电产物中还存在丙烯碳酸锂、甲酸锂和醋酸锂等化合物[84]，这与张继光团队的发现一致[85-86]。此外，美国橡树岭国家实验室 Veith 等[87]通过对正极表征分析也证明在碳酸酯类电解液中，会生成含碳的放电产物覆盖在正极表面。这些结果清楚地表明，碳酸酯类电解液在锂氧气电池放电反应中并不稳定。

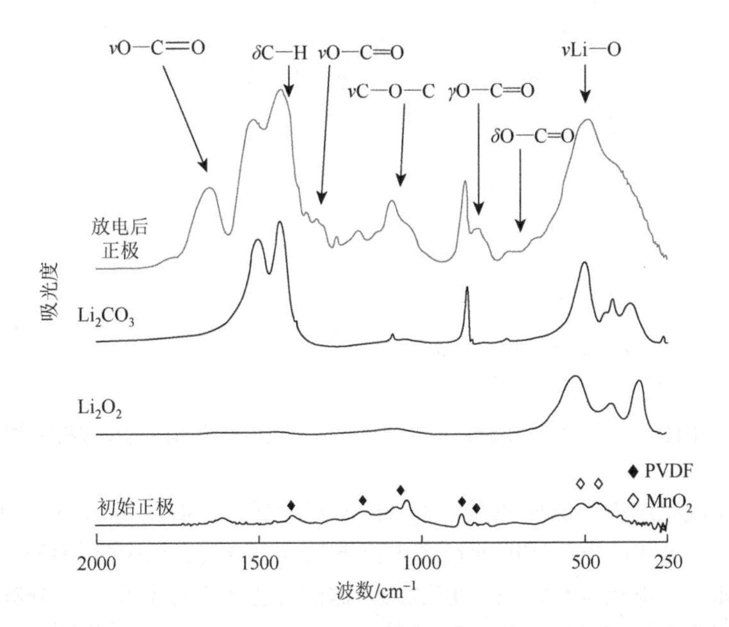

图 4.11 锂氧气电池在 1.0 mol/L $LiPF_6$/PC 电解液中，Super P/α-MnO_2/Kynar 正极经过在 O_2 下放电后的 FTIR 谱图[84]

计算表明，在电池放电过程中产生的 O_2^- 中间体对碳酸酯类溶剂中醚碳原子的亲核进攻是氧气电化学还原过程中碳酸酯类电解液分解的重要原因[88]。基于先前对 PC 还原机理的研究，将 PC 分解成 Li_2CO_3 或其他烷基锂碳酸盐的第一步是开环（断开 C—O 键）[89-90]。美国阿贡国家实验室 Amine 团队[91]通过密度泛函理论（DFT）计算了放电过程中可能产生的中间体（Li_2O_2，LiO_2^-，LiO_2，O_2^-）在 PC 分解中第一步的能垒。计算得出，这四种物质的能垒非常小，从无能垒到 23 kcal/mol，其中 LiO_2^- 是最活泼的。PC 开环后，若发生第二次电子转移，反应在热力学上下降，从而形成 Li_2CO_3 和其他产物。

此外，Bruce 对此提出了一种可能的反应机制，如图 4.12 所示。在锂氧气电池放电初期，O_2 通过反应（1）还原生成 $O_2^{\cdot-}$，$O_2^{\cdot-}$ 会通过 S_N2（双分子亲核取代反应）直接作用于—CH_2—基团上，开环生成环状化合物 2。然后在反应（4）中失去 O_2，形成双官能团烷氧基碳酸锂化合物 3。并且，在 CO_2 的存在下，很容易还原形成最终产物 4。中间产物 2 在 O_2 存在下容易发生氧化分解反应，不完全的分解会导致甲酸和醋酸的形成，在 Li^+ 电解液环境下将会形成甲酸锂和醋酸锂。而碳酸锂的形成可以通过 $O_2^{\cdot-}$ 与 CO_2 之间的反应[84]。

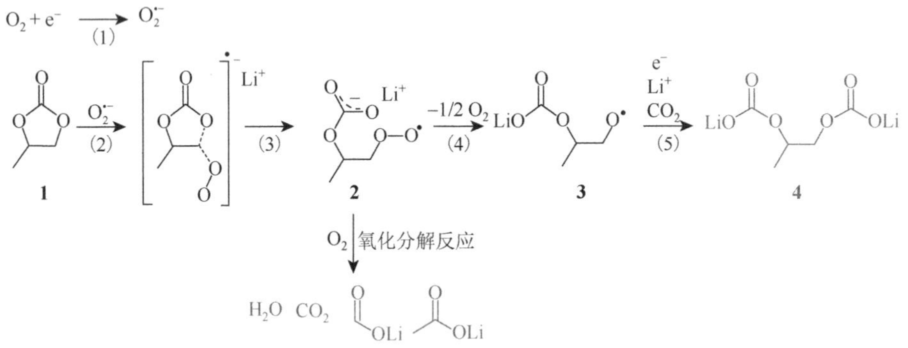

$$2O_2^- + 2CO_2 \longrightarrow C_2O_6^{2-} + O_2 \quad (6)$$

$$C_2O_6^{2-} + O_2^- + 4Li^+ \longrightarrow 2Li_2CO_3 + 2O_2 \quad (7)$$

图 4.12　在碳酸酯类电解液中，锂氧气电池放电产物形成的反应机制[84]

随着在放电过程中碳酸酯类电解液的不断分解，Li_2CO_3 等放电产物不断堆积到正极上，而这些放电产物即使在高电位下也难以分解。原位气相色谱/质谱分析也表明，即使充电至 4.6 V（*vs.* Li^+/Li），碳酸锂也不会被完全氧化分解，但一些烷基碳酸锂化合物可以被氧化，同时释放出 CO_2 和 CO 气体[85-86, 92]，这将致使锂氧气电池的充电过电势很大，从而导致电池在碳酸酯类电解液中充放电不可逆。

因此，基于以上的研究，人们发现碳酸酯类电解液并不适用于锂氧气电池。在电池的每一个充放电循环过程中，电解液都会面临着不断地消耗分解等问题，最终在正极表面上生成碳酸锂、甲酸锂、醋酸锂等副产物。这些副产物的生成会引起电池充电过电势急剧升高。此外，一旦大量的难于分解的碳酸锂等副产物累积到正极上，将会导致正极钝化，从而引发电池容量迅速衰减，使电池快速死亡，严重影响电池的寿命及性能。从以上的研究中可以看出，直接照搬其他体系中已经成熟的电解液到另一个电池体系中是不可行的，还是要针对锂氧气体系中存在的问题，对其进行进一步的研究与探索。

4.2.2　醚类电解液

在意识到碳酸酯类电解液在锂氧气电池工作过程中会发生严重的分解，从而生成碳酸锂等副产物钝化正极、严重影响电池性能和寿命后，研究人员们致力于寻找能耐超氧根进攻的，并能避免电解液分解问题的溶剂。醚类溶剂，因为它们不易被 O_2^- 进行亲核取代，具有比碳酸酯类溶剂高的稳定性，并且相对于 Li^+/Li 而言，在高达 4.5 V 的氧化电势下稳定。此外，在较高分子量的情况下，例如四乙二醇二甲醚（TEGDME），它们具有低挥发性和较高的介电常数。与碳酸酯相比，醚的黏度较低，对氧气的溶解性好，从而促进氧气在锂氧气电池中的运输。高的介电常数则提高了溶剂溶解电解质盐的能力，并且醚类溶剂对活泼的金属锂负极相对友好。因此醚类溶剂被视为锂氧气电池电解液的有力候选者。

2006 年，美国陆军研究实验室 Read[93]首次将醚类溶剂应用于锂氧气电池中。以 DOL∶DME（质量比为 1∶1）作为溶剂，结合四种不同的电解质盐来探究不同电解液的溶解氧浓度、黏度及电子电导率如何变化。实验证明，基于醚类溶剂的电解液适用于锂氧气电池中，表现出良好的稳定性和优异的倍率性能。随后，张继光[94]等发现，在电解液中加入冠醚可以影响电池的放电容量。当冠醚含量增加至 15 wt%时，12-冠-4 和 15-冠-5 可以将电池的容量分别提高约 28%和 16%，15-冠-5 甚至在 10 wt%～15 wt%之间展现出最大的放电容量。Abraham 团队[95]将 $LiPF_6$ 溶解在 TEGDME 中，以未负载催化剂的多孔碳作为正极，通过 X 射线衍射谱图（XRD）证明，在正常放电至 1.5 V 期间，电池的放电产物为过氧化锂，与 Amine[91]团队的结果一致。图 4.13 是在不同电解液下，经同位素标记的 O_2 与 CO_2 在电池充电过程中的变化。当电解液含有碳酸酯时，因为生成 Li_2CO_3 副产物，CO_2 是电池充电期间在高电势（4.5～4.6 V）下释放的主要物质。而以乙二醇二甲醚（DME）作为溶剂，放电产物为 Li_2O_2，在充电过程中会释放 O_2。同时，O_2 的同位素标记证实，在电池充电期间放出的 O_2 与放电过程中所消耗的 O_2 一致[92]。

随后，韩国汉阳大学 Sun 团队[96]以 $LiCF_3SO_3$-TEGDME（摩尔比为 1∶4）作为电解液，在正极未负载催化剂的条件下，实现了高性能的锂氧气电池。如图 4.14（a）所示，在这种电解液中，电池可以在放电容量高达 5000 mA·h/g 的情况下运行，平均放电电压为 2.7 V，从而得到 13500 W·h/kg 的超高能量密度。图 4.14（b）是使用恒流加速电压循环（PCGA）对锂氧气电池的正极进行分析，PCGA 提供有关给定电化学过程的准热力学信息，类似于恒电位间歇滴定技术（PITT）[97-98]。PCGA 通常是通过对电化学电池施加接近初始平衡值的电位，并在足以达到新的平衡电位的时间内监控所得电流来进行的。在 PCGA 曲线中，仅观察到两个峰，说明没有可能与形成氧自由基相关等中间步骤的发生，这一现象可以通过在 $LiCF_3SO_3$-TEGDME 电解液中，由氧分子还原为氧自由基 $O_2^{\bullet-}$ 的时间比较短来解释。

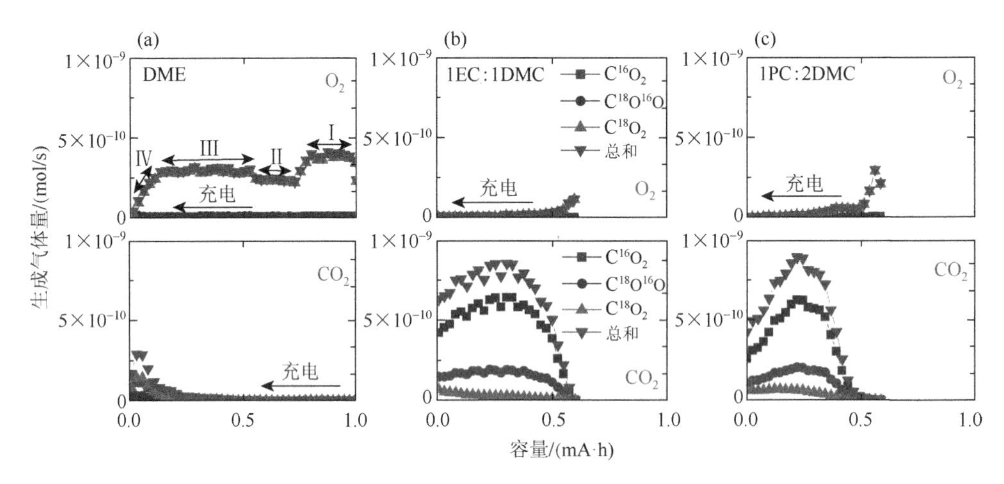

图 4.13　不同电解液下，锂氧气电池充电过程中所产生 O_2 和 CO_2 的气体变化[92]

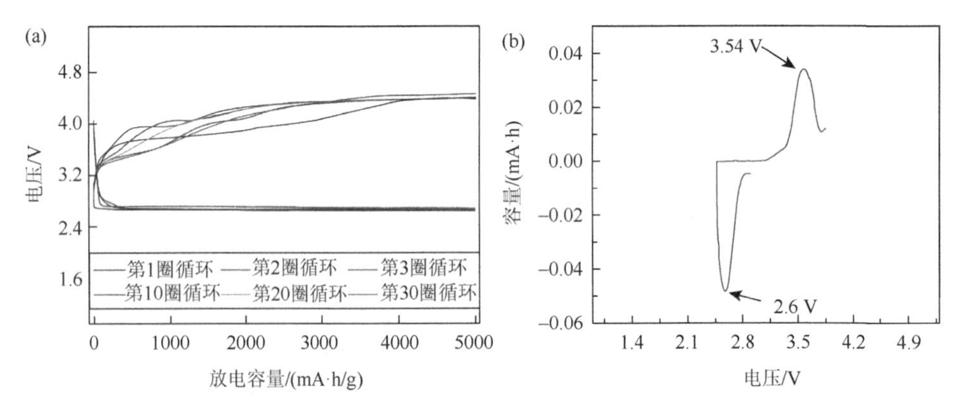

图 4.14　（a）在电流密度为 500 mA/g，放电容量为 5000 mA·h/g 的条件下，锂氧气电池的循环性能；（b）使用 $LiCF_3SO_3$-TEGDME（摩尔比为 1∶4）电解液对锂氧气电池的正极进行 PCGA 分析[96]

然而，尽管醚类相比于碳酸酯类电解液更稳定，随着研究的不断进行，人们发现，醚类电解液也并不是十全十美的，依然面临着分解的问题。在 1.0 mol/L $LiPF_6$-TEGDME 电解液中，Super P 正极在 Li_2O_2 生成的同时，也伴随着 Li_2CO_3、

HCO_2Li、CH_3CO_2Li 等副产物的生成，而且这些副产物在充电过后很难分解。对此，Bruce 团队[99]提出了在醚类电解液中，锂氧气电池放电过程中的可能机制，如图 4.15 所示。在正极侧，O_2 首先还原生成 O_2^-，之后结合 Li^+生成 LiO_2 进而生成 Li_2O_2[反应（2），（3）]。此外，O_2^- 可能会从醚类分子中结合一个质子形成烷基，进而导致醚过氧化物 2 的生成[反应（4），（5）]。反应中间体 2 很容易发生氧化分解反应导致 H_2O、二氧化碳、甲酸锂和乙酸锂等物质的生成。中间体 2 也可以进行重排反应，形成聚醚或聚酯。而碳酸锂的形成则与在碳酸酯类电解液中一致，发生在 O_2^- 与 CO_2 之间。

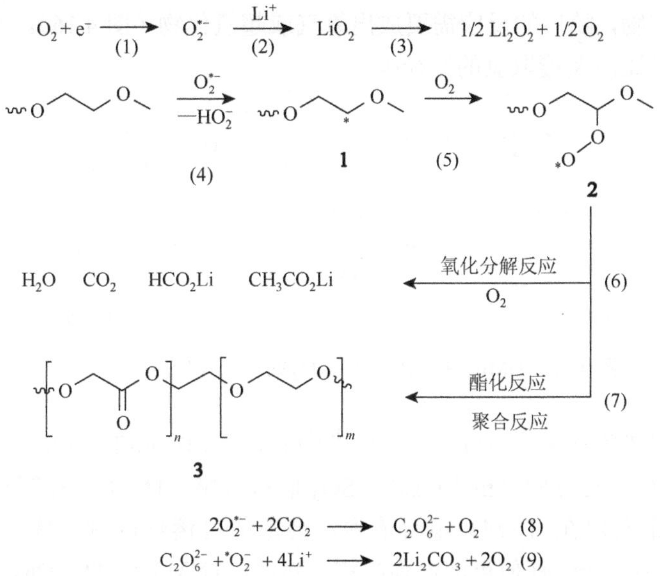

$$O_2 + e^- \xrightarrow{(1)} O_2^{\bullet-} \xrightarrow[(2)]{Li^+} LiO_2 \xrightarrow{(3)} 1/2\,Li_2O_2 + 1/2\,O_2$$

(4)　$\xrightarrow[-HO_2^-]{O_2^{\bullet-}}$　1　$\xrightarrow{O_2}$ (5)　2

2 $\xrightarrow[O_2]{\text{氧化分解反应}}$ H_2O　CO_2　HCO_2Li　CH_3CO_2Li　(6)

2 $\xrightarrow[\text{聚合反应}]{\text{酯化反应}}$ 3　(7)

$$2O_2^{\bullet-} + 2CO_2 \longrightarrow C_2O_6^{2-} + O_2 \quad (8)$$

$$C_2O_6^{2-} + {}^{\bullet}O_2^- + 4Li^+ \longrightarrow 2Li_2CO_3 + 2O_2 \quad (9)$$

图 4.15　在醚类电解液中，锂氧气电池放电过程中可能发生的机制[99]

除了链状醚类分子外，环醚，例如广泛应用在锂电池中的 1, 3-二氧戊烷和 2-甲基四氢呋喃，这些醚类分子在锂氧气电池中同样面临着不稳定的问题。在 1, 3-二氧戊烷电解液中，放电产物会存在聚醚/酯、Li_2CO_3、HCO_2Li 和 $C_2H_4(OCO_2Li)_2$ 副产物。在 2-甲基四氢呋喃中，会生成 HCO_2Li 和 CH_3CO_2Li 的混合物。而在这两种电解液中，放电过程中均会产生 CO_2 和 H_2O。而美国斯坦福直线加速器中心 Luntz 团队[100]利用 X 射线光电子能谱（XPS）和同位素标记与 DEMS 结合等表征方法证明在醚类电解液充放电过程中所产生的少量碳酸盐物质是由于 Li_2O_2 或 LiO_2 与电解液和碳正极的反应。在与碳正极的反应中，Li_2CO_3 是在碳与 Li_2O_2 的界面处形成的。而在与电解液的反应中，Li_2CO_3 是在充电过程中 Li_2O_2 与电解液的界面处形成的。同时，通过电化学模型表明在电解液-Li_2O_2 界面处产生的碳酸盐是锂氧气电池充电过程中过电势大的原因。理论电荷传输模型表征，C-Li_2O_2界面处的碳酸盐层会导致交换电流密度降低至原来的1/100～1/10[100]。

此外，美国阿贡国家实验室Curtiss团队[101]采用理论计算的方法研究了DME与主要放电产物过氧化锂的化学反应分解途径。使用小的Li_2O_2簇作为Li_2O_2表面潜在位点的模型进行了计算，同时考虑了攫取氢和攫取质子机制。计算表明，醚类溶剂最容易在过氧化锂表面上的某些位置发生分解，先与H结合然后再与O_2反应，这会导致氧化物质（如醛、羧酸盐及LiOH）在过氧化锂表面上生成。最容易发生的位置是Li—O—Li部位，它可能存在于小的纳米颗粒上或作为表面的缺陷部位。由单峰簇（O—O位点）从DME的次要位置提取质子而引发的分解途径会产生吸热产物，随后的反应需要放出氧气或超氧化物（图4.16）。因此，涉及攫取质子的途径比涉及攫取氢的途径少。

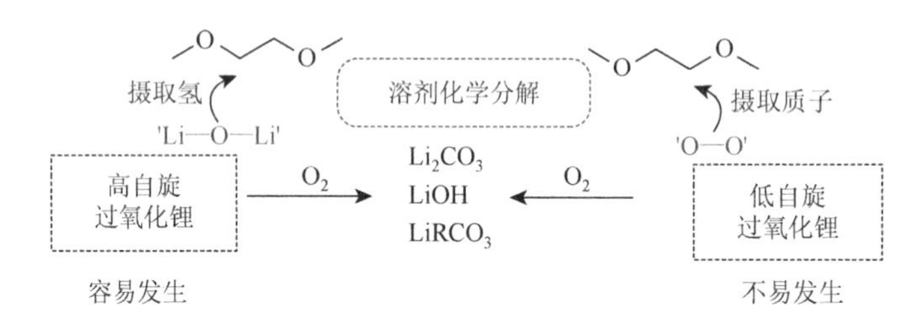

图4.16　DME与放电产物Li_2O_2的化学反应分解途径[101]

美国阿贡国家实验室Burrell团队[102]测试了1.0 mol/L $LiPF_6$-PC，1.0 mol/L $LiCF_3SO_3$-TEGDME和1.0 mol/L $LiCF_3SO_3$-硅氧烷醚（1NM3）在锂氧气电池中的稳定性。结果发现在1NM3电解液中，会形成可溶性的副产物，而在PC和TEGDME中不会产生任何可溶性副产物。然而，1NM3和TEGDME在锂氧气电池充电过程中会发生部分消耗，即使在没有O_2的中等电压下也是如此。在存在氧还原中间体的情况下，醚类电解液甚至在碳酸盐生成之前就会分解为含有烯烃的中间体。国防科技大学谢凯小组[103]发现，尽管基于DME的电解液显示出更高的放电容量，并且对于氧还原物质更加稳定，但由于过氧化物的形成，且长时间暴露在氧气下也会发生分解和持续消耗。美国伊利诺伊大学厄巴纳-香槟分校Gewirth等[104]使用$LiCF_3SO_3$-TEGDME作为电解液，发现只有使用金纳米颗粒作为正极时，锂氧气电池的循环能力得以提升，而使用Pt、Pd及二价Cu的氧化物作为催化剂时，电池性能都会下降，因为它们会催化溶剂或碳正极的分解。无论使用哪一种催化剂，充电后测得氧气的量都明显少于Li_2O_2形成和分解的预期量。

以色列巴伊兰大学Aurbach团队[105]利用电化学石英晶体微天平（EQCM）探索锂氧气电池在LiTFSI-三乙二醇二甲醚电解液中的充放电过程与副反应。结果发现，在过氧化锂分解的同时，也伴随着电解液的分解。而聚醚溶剂可能会改善醚类溶剂的稳定性。可以通过更大的基团或稳定的原子取代氢原子，或通过组合不同的添加剂来实现。随后，加拿大滑铁卢大学 Nazar 团队[106]利用这一观点，使用甲基（—CH_3）基团取代 DME 分子上的主链质子，从而合成 2, 3-二甲基-2, 3-二甲基丁氧烷（DMDMB）分子，消除了亚甲基的去氢现象，具体分子式如图 4.17 所示。通过有针对性的有机化学合成设计策略有效防止超氧根与溶剂分子中的 H 发生反应，很大程度上抑制了碳酸盐等副产物的形成。与 DME 相比，使用 DMDMB 在充电时 CO_2 的放出量明显减少为原来的 1/10。随后，同济大学黄云辉小组[107]提出了一种甲基化的环状醚，2, 2, 4, 4, 5, 5-六甲基-1, 3-二氧戊烷（HMD）作为锂氧气电池的稳定电解质溶剂。如图 4.18 所示，这种化合物在醚类分子的 α-碳上不包含任何氢原子，因此避免了 O_2^- 等中间体的进攻。该溶剂在 O_2^- 和单线态氧的存在下表现出优异的稳定性，此外，在充电过程中没有二氧化碳气体的释放。基于该电解液的锂氧气电池可以循环 157 圈，是 DOL 和 DME 电解液的 4 倍。

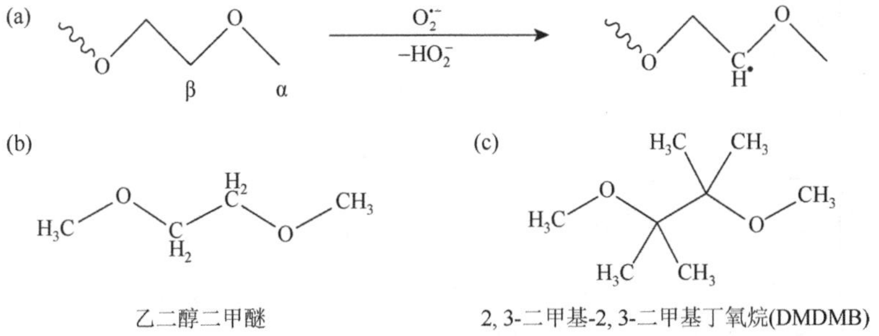

图 4.17　（a）醚类溶剂在锂氧气电池放电过程中由 O_2^- 引起的可能去氢机制；（b）DME 的分子式；（c）2, 3-二甲基-2, 3-二甲基丁氧烷（DMDMB）的分子式[106]

除了对醚类分子的结构进行改进，电解液浓度的调控也可以有效抑制副反应的发生。张继光小组[108]使用高浓度电解液，例如 3.0 mol/L LiTFSI-DME 作为锂氧气电池的电解液。高浓度电解液的特点是，通过提高电解液中盐的浓度，使溶剂分子与盐通过溶剂化紧密结合，从而大大降低电解液中自由溶剂分子的数目，进而提高电解液的稳定性。通过计算 DME 分子和 Li^+-$(DME)_n$ 溶剂化物质的分子轨道能，以及被 O_2^- 攻击的 DME 分子和 Li^+-$(DME)_n$ 溶剂化物质在 C—H 键断裂时的吉布斯活化能，证实超高浓度电解液增强了电解液对氧还原中间体的稳定性。东北师范大学谢海明团队[109]以 TEGDME 和 1, 1, 2, 2-四氟乙烯基-2, 2, 3, 3-四氟丙基醚（TTE）作为混合溶剂，体积比为 1∶1，在 LiTFSI 盐浓度为 3.4 mol/L 下，显著提高了电解液的离子电导率、阻燃性和电化学稳定性。其中 TTE 作为一种共溶剂，有助于提高电解液的离子电导率和阻燃性。

(a)

(b)

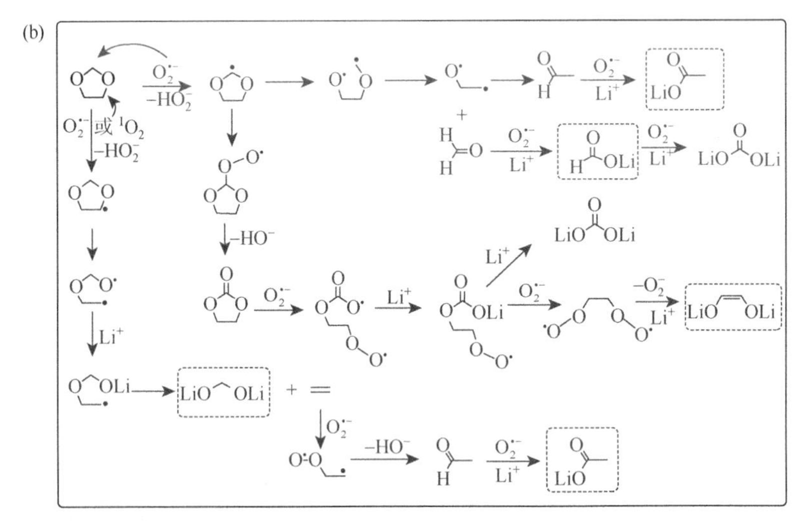

(c)

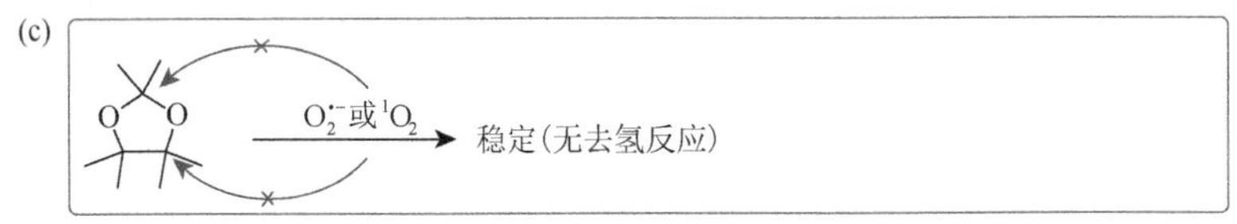

图 4.18 （a）DME，（b）DOL 和（c）HMD 可能的分解机制[107]

然而，虽然提高盐的浓度可以有效提高电解液的热稳定性、降低电解液的挥发性以及提高对超氧化物自由基的稳定性，但是，高浓度电解液黏度大，离子电导率低，溶氧能力和扩散氧的能力减弱，并且价格昂贵。因此，研究者们提出了一种局部高浓度电解液。局部高浓度电解液，通常使用氟醚类物质作为惰性稀释剂，这类物质通常不参与锂盐的溶剂化结构，从而使得电解液在低浓度的情况下，锂盐却依旧保持着高浓度电解液下的溶剂化结构与特点。而使用这类稀释剂，大大降低了电解液的成本和黏度，有助于提高离子电导率及界面润湿性。

张继光小组[110]使用 1H，2H，5H-八氟戊基-1, 1, 2, 2-四氟乙基醚（OTE）作为稀释剂，与 TEGDME 共同溶解 $LiCF_3SO_3$ 组成局部高浓度电解液，具体溶剂化结构如图 4.19 所示。在该电解液下，锂氧气电池的放电容量以及金属锂负极的稳定性大大增加，并且该电解液还具备抗单线氧侵蚀的能力。随后，该团队对比了三（2, 2, 2-三氟乙基）-原甲酸酯（TFEO）、TTE 和 OTE 三种稀释剂，并对其物理特性和电化学行为进行了研究。电化学测试和 DFT 计算表明，锂氧气电池的性能很大程度上取决于稀释剂的性质，这些特性包括挥发性、黏度、氧气溶解度以及与单线态氧的反应能，这些都极大地影响了电解液的电化学稳定性。在这三种氢氟醚稀释剂中，由于基于 OTE 的局部高浓度电解液对锂金属负极和单线态氧相比于其他电解液更稳定，所以该电解液在锂氧气电池的循环性能最长[111]。

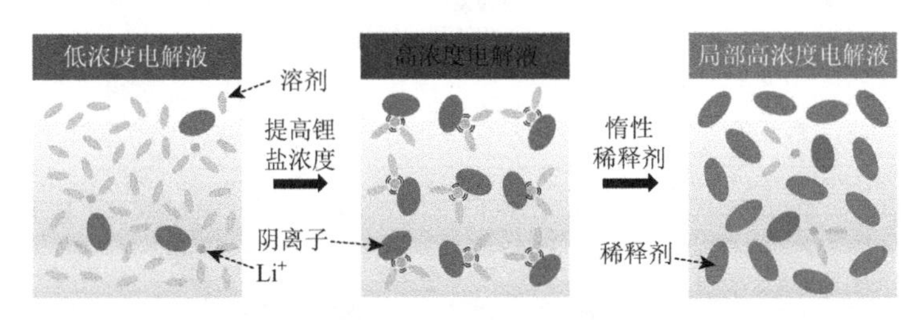

图 4.19　低浓度电解液、高浓度电解液与局部高浓度电解液的溶剂化结构示意图[110]

而对于钠氧气电池，第一个可充电的电池使用的是 100 ℃以上的熔融钠和基于聚环氧乙烷（PEO）的聚合物电解质[112]。随着锂氧气电池的逐渐发展，研究者们将相对稳定的醚类电解液应用在钠氧气电池中。2012 年，柏林洪堡大学 Adelhelm 团队[113]使用不添加催化剂的纯碳正极，在极低的过电势（＜200 mV）和 0.2 mA/cm^2 的电流密度下实现了基于超氧化钠（NaO_2）放电产物的单电子转移钠氧气电池，引起了人们的广泛研究热情。在该电池中，使用的电解液为 0.5 mol/L $NaCF_3SO_3$-DEGDME。

随后，Nazar 团队[114]发现质子相转移催化剂在钠氧气电池中有着非常关键的作用。质子可以从多种来源获得，比如不纯的盐水化合物或者电解液体系中存在的微量水。因此，Nazar 等通过一系合成手段，严格制备了 0.5 mol/L $NaCF_3SO_3$-DEGDME 电解液，并将其含水量控制在＜1 ppm 范围内，通过加入蒸馏水质子源，发现在没有相转移催化剂的条件下，在正极侧会形成准非晶态的 NaO_2 膜，并且电池的容量很低，可以忽略不计。而在相转移催化剂存在的情况下，如图 4.20 所示，O_2^- 与溶液中的 H_2O 反应生成 HO_2 和 OH^-，HO_2 作为一种可溶的中间体，在遇到溶剂化的 Na^+时会通过复分解反应形成 NaO_2 核。一旦过饱和 NaO_2 核生成，NaO_2 较大的负自由能将会驱动其沉淀。通过动力学和热力学的协同作用，可生长出较大的 NaO_2 立方晶体，从而产生了很高的容量。此外，也有研究发现使用醚类电解液的钠氧气电池，NaO_2 的形成不受痕量水杂质存在的影响[115]。

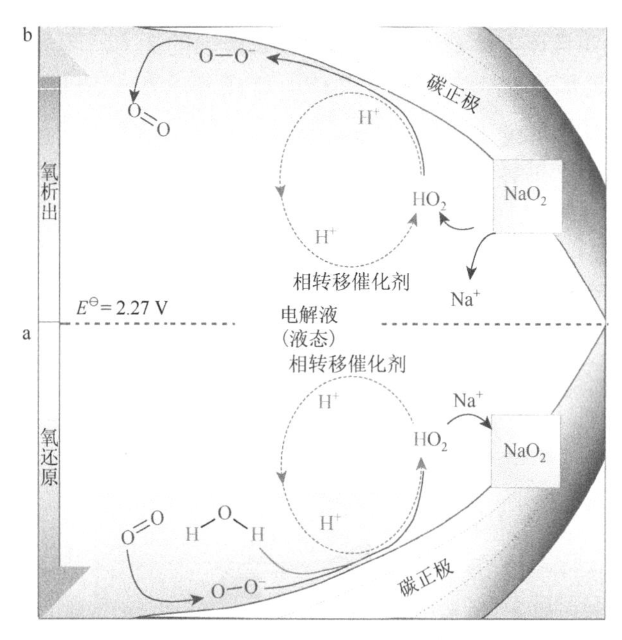

图 4.20　相转移催化剂在钠氧气电池中的机理图[114]

虽然钠氧气电池起源于锂氧气电池，但二者存在很大的差别。影响钠氧气电池性能的一个非常重要的因素就是在还原过程中大立方体状的 NaO_2 放电产物的形成机制。Bruce 等[116]通过比较各种链长的醚类电解液，表明溶剂的选择对电池的性能具有巨大影响。与锂氧气电池相反，高溶解度的 NaO_2 放电产物不一定会导致容量增加。长链醚类分子中强烈的溶剂-溶质相互作用将 NaO_2 的形成移向表面过程，从而引发亚微米级微晶的形成，导致非常低的放电容量。相反，促进去溶剂化的短链醚类分子可以促进大立方晶体放电产物（约 10 μm）的形成，从而实现高容量。

Veith 团队[117]通过 DFT 计算进一步证明溶剂的选择和盐浓度对电池的性能具有深远的影响，醚类溶剂的大小和动力学会影响钠氧气电池的充放电速率，从而影响电池整体性能。DME、DEGDME 和 TEGDME 三种溶剂分子的结构以及与钠离子的溶剂化结构如图 4.21 所示。从动力学来看，Na^+在 DME 中传输最快，在 TEGDME 中最慢，这本质上是由于黏性效应（TEGDME 的黏度高于 DME）。然而，在 DME 中，由于其电荷屏蔽作用较弱，去溶剂化能更难克服，也就是说，当 Na^+离开或者进入体系时，许多 DME 分子要一起运动并且消耗能量，所以 DME 相比于其他溶剂更不稳定。对于 TEGDME 溶剂，它具有四个螯合位点，这导致 Na^+迁移速率缓慢并且去溶剂化能垒高。综合稳定性、黏度和配位结构等因素，DEGDME 在低盐浓度或者低倍率高盐浓度体系下是优选的溶剂，在传输和反应动力学方面表现优异。

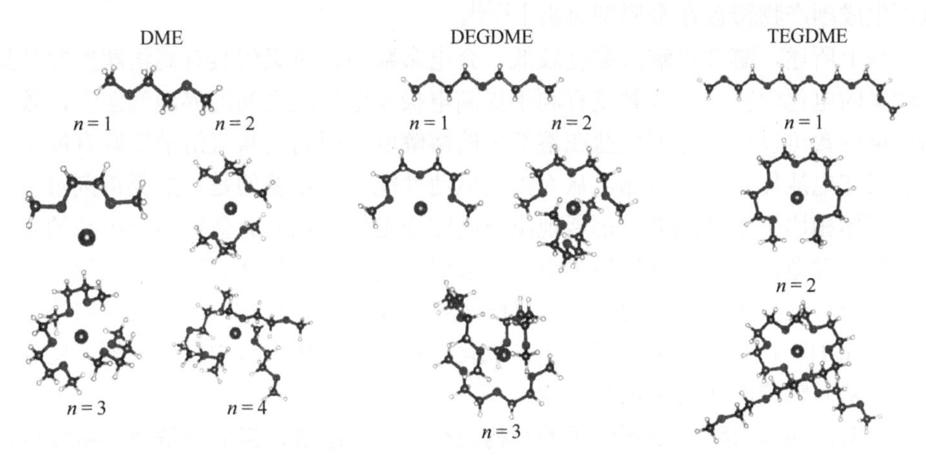

图 4.21　DME、DEGDME 和 TEGDME 溶剂分子的结构以及与 Na^+的溶剂化结构[117]

然而，与锂氧气电池面临相似的问题，醚类电解液在钠氧气电池运行过程中也会发生分解，在电池放电期间，O_2^- 和 NaO_2 与碳正极和醚类电解液发生反应形成羧酸钠盐等副产物，而这些副产物如同在锂氧气电池中一样，在充电过程中几乎不会发生分解[118]。也有研究表明，在醚类电解液中延长 NaO_2 的储存时间会引起 NaO_2 的溶解以及与电解液的副反应，从而导致电池的可逆性下降[119]。首尔国立大学 Kang 团队[120]通过使用高浓度电解液（3.0 mol/L $NaClO_4$-DEGDME）来阻止 NaO_2 的溶解并抑制电池在工作期间的副反应。提高电解液的浓度，可以消除游离溶剂，在高浓度电解液体系中，NaO_2 的化学稳定性明显提高，从而延长了 NaO_2 的寿命，进而提高了钠氧气电池的高效性和可逆性。此外，美国麻省理工学院邵阳团队[121]发现电解液中较高的 Na^+活性与游离 DME 溶剂分子活性的增加均可增强 NaO_2 的溶解度。因此，控制电解液的物理化学性质与电解液中的溶剂化结构对提高电池的性能有着非常重要的作用。

KO_2 是钾氧气电池的放电产物，不同于 Li_2O_2，KO_2 在极低的过电势下可以分解，KO_2 显著提高了电池的充放电效率。借鉴于锂氧气电池和钠氧气电池，首个钾氧气电池使用的电解液也是基于醚类溶剂分子，以 0.5 mol/L KPF_6-DME 作为电解液，在不使用催化剂的情况下，钾氧气电池在适当的电流密度下展现出小于

50 mV 的充放电电势差[122]。由于金属钾的化学性质非常活泼，对于钾氧气电池的研究，一般集中于金属钾负极保护方面，而溶剂通常选择对金属钾负极相对友好的醚类电解液。但基于金属钾的高活性，醚类溶剂也会自发地与金属钾负极发生反应，基于表面副产物的测定和 DFT 计算，发现电子从带负电的 DME 自由基转移到已经穿过负极的 O_2 分子是一个高度放热过程，这可能会引起 DME 分子中 C—O 键的断裂，产生的产物可以进一步与超氧化物离子或者氧分子发生反应，从而生成副产物覆盖在金属钾负极上[123]。

综上所述，醚类电解液黏度较低、介电常数高，对氧气具有高溶解度并且具有较宽的电化学窗口。低黏度有利于提高电极与电解液之间的界面润湿性，较高的介电常数可以提高电解质盐在溶剂中的溶解度，而高的氧气溶解度则有助于促进氧气在电池体系中的运输，从而提高电池性能。更重要的是，醚类溶剂对氧还原中间体相比于碳酸酯类溶剂展现出更高的稳定性，从而有效提高了电池的容量以及循环寿命。然而，虽然醚类溶剂不会引发超氧根中间体的亲核取代反应，但高活性的氧气及氧还原中间体会通过酸碱化学反应以路易斯碱的形式攻击溶剂分子中的 α-H，使得醚类溶剂易发生自氧化，在电池循环过程中发生分解，生成副产物，从而影响电池的电化学性能。

目前，通过对醚类溶剂分子的结构进行设计与改进，提高电解液的浓度以及引入惰性稀释剂的方法可以有效提高醚类溶剂分子在电池充放电过程中的稳定性。然而，对溶剂分子进行烦琐的设计合成，以及昂贵的高浓度电解质盐和惰性稀释剂并不利于电池的实际应用。此外，如同不能将已经成熟的碳酸酯类锂离子电池电解液照搬到锂空电池中一样，在属于同系列的锂空电池、钠空电池和钾空电池中，使用的醚类溶剂分子也是不同的。比如，在钠空电池体系中，DEGDME 相比于锂空电池中常用的 TEGDME 在传输和反应动力学方面更为优异。对于每一种电池体系均需要具体分析，对症下药。因此，寻找一种稳定、易获取且便宜的电解液依旧是发展金属空气电池的难题，未来还有很长的一段路要走。

4.2.3 砜类电解液

二甲基亚砜（DMSO），一种通用溶剂，黏度低（1.948 cP，1 cP = 10^{-3} Pa·S），具有良好的氧扩散能力和高电导率（2.11 mS/cm），在 2012 年首次应用在锂氧气电池中。中国科学院长春应用化学研究所张新波小组[124]以常用的 KB 作为正极，首次使用 1.0 mol/L LiTFSI/DMSO 作为锂氧气电池的电解液，放电容量可以达到 9400 mA·h/g。当以多孔氧化石墨烯作为正极时，可以达到 10600 mA·h/g 的放电容量，并且充电电位减小至 3.7 V，电池展现出优异的倍率性能，充分说明 DMSO 溶剂作为锂氧气电池电解液的可行性。继发现 DMSO 基电解液后，该小组又发现环丁砜（TMS）除了具有高溶解度、低毒性、优异的安全性以及离子动力学之外，比 DMSO 具有更低的挥发性和更高的抗电化学氧化性。在以 1.0 M LiTFSI/TMS 作为电解液时，在正极不负载任何催化剂的条件下，获得了具有高容量、优异往返效率和循环寿命的锂氧气电池[125]。

随后，Bruce 团队[126]基于 DMSO 电解液和纳米多孔金电极组装的锂氧气电池可以保持可逆循环，在 100 次循环后仍保持 95%的容量。通过 FTIR 和表面增强拉曼光谱（SERS）证实放电产物为 Li_2O_2，并且纯度大于 99%，并且在第 100 次循环中，Li_2O_2 在充电时可以完全氧化分解。DEMS 证明，放电和充电时的质荷比为 $2e^-/O_2$，两电子的反应路径进一步证实了该反应绝大多数是基于放电产物 Li_2O_2 的形成与分解。此外，多孔金电极可以促进 Li_2O_2 的分解，正极表面生成的 Li_2O_2 可以在 4.0 V 以下分解，约 50%可以在 3.3 V 以下分解，分解速率比在碳正极上高大约一个数量级。此外，德国太阳能与氢能研究中心 Marinaro 等[127]使用金涂覆的碳正极，以 1.0 mol/L LiTFSI-DMSO 作为电解液，可通过最大限度地减少最终副反应来确保非常好的循环稳定性。基于以上研究，锂氧气电池在 DMSO 基电解液中展现出优异的电化学性能，广泛吸引了研究人员们的热情。然而，虽然在金正极下，锂氧气电池展现出优异的电化学性能，但由于成本和质量问题，纳米多孔金电极并不适合应用于实际的电池中。而当使用便宜的碳作为正极材料时，在放电过程中生成过氧化锂的同时，依旧伴随着一些碳酸锂等副产物的生成。

因此，Bruce 团队[128]制备了 TiC 基的正极材料，其比纳米多孔金轻 3/4，成本更低，与 DMSO 基电解液接触的 TiC 正极每次放电可形成 Li_2O_2 的纯度大于 99.5%，并且在充电时可以完全氧化。如图 4.22 所示，在 1 mA/cm^2 的电流密度下，电池可以循环 100 圈，并且在循环 100 次后具有大于 98%的容量保持率。而在 TEGDME 基电解液下，当电流密度为 1 mA/cm^2 时，充电电压超过 TEGDME 的电势窗；将电流密度降低到 0.5 mA/cm^2 时，电池可以循环 25 圈，并且在充电时，电池极化随着循环次数的增加而增加。

随着研究的不断进行，人们逐渐发现，电解液中溶剂的选择对电池的放电容量有着非常重要的影响。在锂氧气电池的机理研究中，通常认为吸附在正极表面或者溶解在溶液中的 LiO_2 是氧还原过程中生成的第一个中间体。而这一超氧化物中间体的溶解度由电解液中非质子溶剂的供体数（donor number，DN）和受体数（acceptor number，AN）决定，很大程度上影响着电池的放电容量。根据软硬酸碱理论，非质子溶剂的碱性和酸性分别取决于 DN 值和 AN 值。Li^+是一种硬酸，对硬碱（高 DN 值溶剂）具有很高的亲和力。Li^+的酸度可以通过 Li^+与溶剂分子的配位键强度来调节，因此在高 DN 值溶剂中，Li^+的酸度比在低 DN 值溶剂中要降低很多。因此，中等软碱的 O_2^- 在高 DN 值溶剂中可以稳定更长的时间[129-130]。

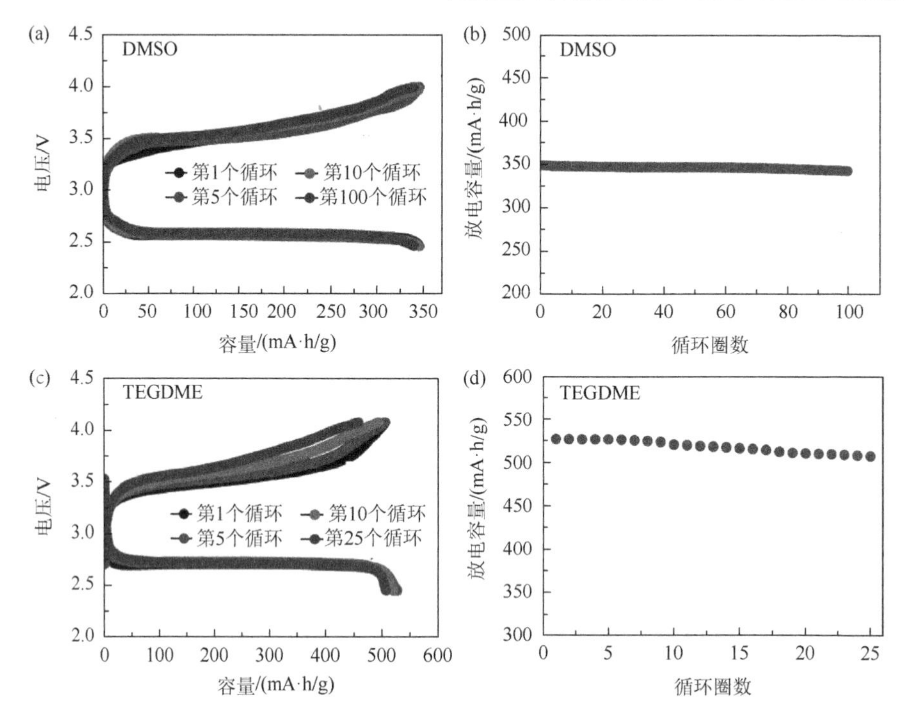

图 4.22　在 0.5 mol/L $LiClO_4$/DMSO 电解液，1 mA/cm^2 的电流密度下，锂氧气电池的（a）充放电曲线和（b）循环性能；在 0.5 mol/L $LiPF_6$/TEGDME 电解液，0.5 mA/cm^2 的电流密度下，锂氧气电池的（c）充放电曲线和（d）循环性能[128]

2014 年，Bruce 团队[129]通过比较四种具有不同 DN 值的溶剂，Me-Im（DN = 47），DMSO（DN = 30），DME（DN = 20）和 CH_3CN（DN = 14）证明溶剂可以通过影响 LiO_2 的溶解度来影响 O_2 的还原。通过表面增强拉曼光谱证明，在 DMSO 和 Me-Im 这类具有高 DN 值的溶剂中，任何电位下电极表面均未检测到 LiO_2，而在高电位短时间内，可以精准地观察到电极表面上形成 O_2^-，说明在高 DN 值溶剂中，氧气的还原主要是发生在溶剂化路径过程中，而非通过表面路径直接在正极表面生成放电产物。相反，在具有低 DN 值的 CH_3CN 中，表面增强拉曼光谱并没有检测出电极表面存在 O_2^-，而 LiO_2 的峰非常显著，这与放电过程中的表面路径相吻合。而对于 DME，溶剂化和表面路径在高电压下同时进行。

实际上，在所有溶剂中，O_2 的还原第一步都是进行单电子还原以形成 LiO_2，该 LiO_2 分别吸附在电极表面和溶解在电解质中的 LiO_2 之间（$LiO_2^* = Li^+_{(sol)} + O_2^{\cdot-}{}_{(sol)}$ + 离子对 + 聚合物）。在高 DN 溶剂中，LiO_2 溶解在溶液中，因此，溶解的 LiO_2 的吉布斯自由能比电极表面上的 LiO_2^* 低，平衡向右移动，还原过程主要通过溶液途径进行。在低 DN 溶剂中，主要观察到电极表面上的 LiO_2，表面上 LiO_2^* 的吉布斯自由能比溶解在溶液中的 LiO_2 的吉布斯自由能低，平衡向左移动，其中表面路径占主导地位，如图 4.23（a）所示。这一趋势与阳离子溶剂化是 LiO_2 溶解度的主要决定因素一致，高 DN 可以促进强溶剂化和 LiO_2 溶解。图 4.23（b）是锂氧气电池在不同溶剂中的放电容量。在低 DN 值溶剂中，由于 Li_2O_2 在电极表面上生长，电压很快衰减，导致电池死亡。相反，在高 DN 值溶剂中，由于大多数 Li_2O_2 从溶液中生长出来，放电容量显著提高。

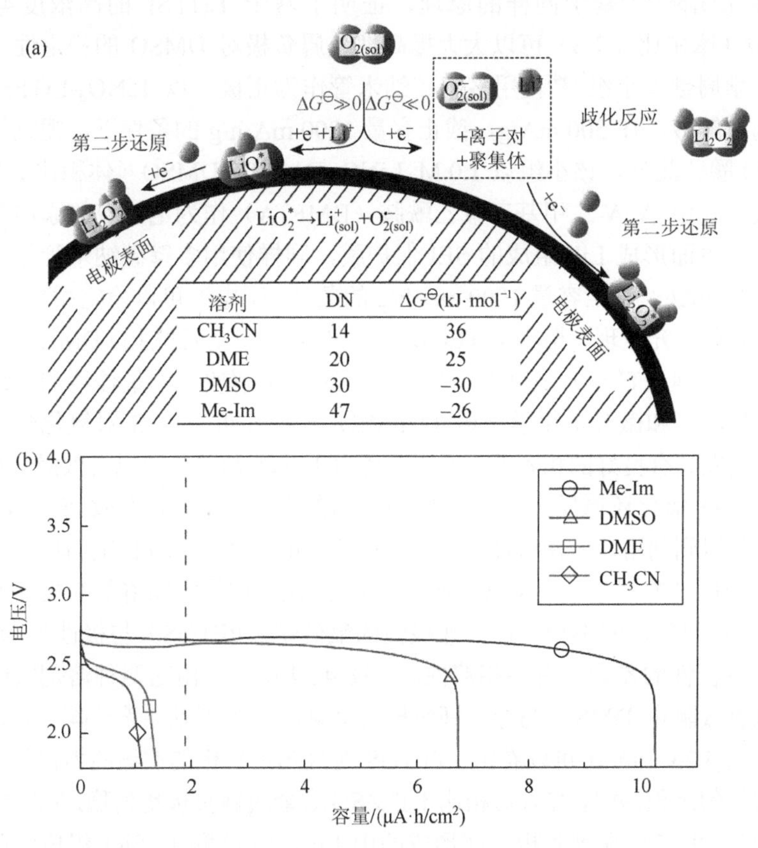

图 4.23　（a）氧气还原在不同 DN 值溶剂中的机理及示意图；
（b）锂氧气电池在不同溶剂中的放电容量[129]

然而，虽然具有高 DN 值的 DMSO 可以促进锂氧气电池放电过程中的溶剂化路径从而显著提高电池容量，但其对活泼的金属锂负极具有不稳定性，这将会在循环过程中导致极其有害的副反应和不受控制的锂枝晶生长。不稳定和重复的锂沉积、脱出过程也会导致金属锂从负极流失，这将导致电池的低库仑效率，甚至引发安全问题。因此，为解决这一问题，澳大利亚悉尼科技大学的汪国秀小组[131]在 DMSO 溶剂中加入在锂金属电池中经常用于保护金属锂负极的 $LiNO_3$ 盐作为电解液，电解液中的 $LiNO_3$ 可以与锂负极原位发生反应，在负极表面生成具有 Li_2O 和 $LiNO_2$ 的 SEI。电池在该电解液体系中充电过电势仅为 0.42 V。此外，有研究表明，与 LiFSI、LiTFSI 和 $LiClO_4$ 相比，$LiNO_3$ 在 DMSO 中的库仑效率最高，在高浓度电解液（4.0 mol/L $LiNO_3$/DMSO）中由于游离溶剂的减少，展现出增强且稳定的循环性能[132]。

张继光团队[133]基于同样的原理，证明了基于 LiTFSI 的高浓度电解液在 DMSO 中（摩尔比 1∶3）可以大大提高锂金属负极对 DMSO 的稳定性。日本国立东京大学周豪慎小组[134]使用多壁碳纳米管作为正极，以 $LiNO_3$-LiTFSI/DMSO 双盐作为电解液，在 500 mA/g，截止容量 1000 mA·h/g 的条件下，锂氧气电池可以循环 90 圈。此外，该小组以 1.0 M $LiNO_3$/DMTFA-DMSO（体积比 2∶98）作为电解液，其中 *N*, *N*-二甲基三氟乙酰胺（DMFTA）作为电解液的添加剂，有助于在锂负极表面形成 LiF 组成的 SEI 保护膜，同样使用多壁碳纳米管作为正极材料，在 1000 mA/g，截止容量 1000 mA·h/g 的条件下，电池可以稳定循环 92 圈[135]。

随后，有研究发现，相比于 TEGDME、*N*, *N*-二甲基乙酰胺（DMA）和 DMSO 等溶剂，环丁砜（TMS）是可以有效利用 $LiNO_3$ 电解质盐的最佳溶剂。线性扫描伏安法（LSV）和微分电化学质谱（DEMS）分析表明，TMS 对氧化分解稳定，并且与金属锂具有良好的相容性。此外，源自 $LiNO_3$ 盐的，可以有效降低充电过电势的 NO_2^-/NO_2 氧化还原反应在除 TMS 以外溶剂中并不是非常有效，而在 TMS 溶剂中可以充分得到利用，这使得锂氧气电池在这种电解液下可以稳定循环 100 圈[136]。

除了使用硝酸锂电解质盐外，河南大学赵勇小组[137]借助溶剂的极性差异来抑制 DMSO 对锂负极的不稳定性。非极性的氟硅烷（PFTOS）与极性的 DMSO 溶剂由于二者极性的差异具有不相溶性。如图 4.24 所示，由这两种溶剂组成的液液界面可以有效阻止 DMSO 与金属锂负极的接触，因此可以显著消除二者之间的副反应。从图 4.25（a）中可以看出，PFTOS 对金属锂负极的润湿能力很强，有利于锂离子的均匀沉积，并且PFTOS相比于DMSO对金属锂负极更为稳定[图4.25(b)]。此外，通过 PFTOS 和锂负极之间形成的由 LiF、Li_xC 和 Li_xSiO_y 组成的薄而均匀的 SEI 膜［图 4.25（c）］，可以实现均匀的锂离子传递与沉积。在这种存在液液界面的电解液下，锂氧气电池的循环性能显著提高了四倍。

另外，当电解液中加入氧化还原介体（redox mediator，RM）时，比如 LiI，DMSO 相比于 TEGDME 可以发挥出更大的优势。当 LiI 作为 RM 时，在充电过程中，I^- 会在正极上被氧化成 I_3^- 或者 I_2，这些氧化物质会扩散到负极侧从而腐蚀锂负极，这种现象被称作穿梭效应。中国科学院上海硅酸盐研究所张涛团队[138]结合理论计算与实验证明，不同于 TEGDME，DMSO 溶剂与 I_2 之间存在强烈的溶剂化作用，从而可以进一步锚定 I_2 阻止穿梭效应的发生，起到保护金属锂负极的作用，提高电池的循环寿命。

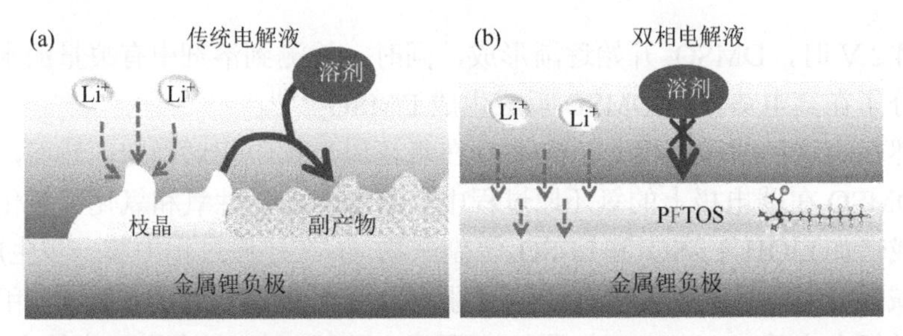

图 4.24　（a）金属锂负极表面锂枝晶的生长以及副反应；（b）液液两相电解质界面避免了电解液组分对金属锂负极的腐蚀，抑制枝晶生长，使锂离子均匀沉积[137]

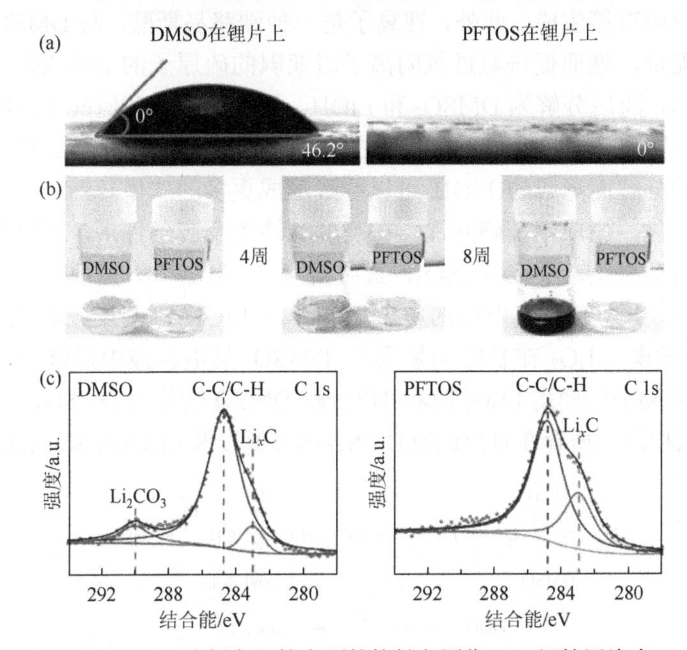

图 4.25　(a)DMSO 和 PFTOS 溶剂在锂箔表面的接触角图像;(b)锂箔浸泡在 DMSO 和 PFTOS 溶剂中不同时间后的数码图片；（c）浸泡 8 周后锂箔表面的 XPS 谱图[137]

然而，具有高 DN 值的砜类电解液虽然有着可以促进锂氧气电池放电过程中的溶剂化路径，进而提高电池放电容量的独特优势，但它与碳酸酯类和醚类电解液一样，在电池的循环过程中，也面临着分解的问题。早在 1968 年，科学家们就证明在超氧化物阴离子存在下，DMSO 可能会氧化成二甲基砜（$DMSO_2$）[139]。2013 年，有研究人员发现，将 KO_2 长期浸泡在 DMSO 溶液中，DMSO 在超氧阴离子的存在下经历化学分解为 $DMSO_2$，但是在不溶性过氧化锂的存在下没有发生明显的分解。但是，原位红外减法归一化傅里叶变换红外光谱（SNIFTIRS）实验表明，DMSO 在氧气的电化学还原过程中是稳定的，但在电池充电期间在高电位下会被电化学氧化为 $DMSO_2$。当使用金作为正极时，DMSO 在充电过程中当电压达到 4.2 V 时，$DMSO_2$ 开始逐渐形成，同时，检测到溶剂中有痕量的水消耗，说明水分子在高电势下与 DMSO 反应生成 $DMSO_2$[140]。

虽然在金这种非碳电极上，DMSO 在氧还原过程中相对稳定。然而，有研究发现，DMSO 在碳电极上的氧还原过程中，溶剂会被活性氧和氧化锂氧化，进而分解生成诸如 LiOH，Li_2SO_3 和 Li_2SO_4 等副产物。O_2 在还原过程中第一步生成的 O_2^- 具有强碱性，这种强碱可以从 DMSO 的弱酸性甲基中提取质子，生成二甲基阴离子和氢过氧自由基（HOO·），如图 4.26 所示。随后，HOO·会进一步结合 Li^+ 生成氢过氧阴离子。氢过氧阴离子也可以由锂氧气电池的主要放电产物 Li_2O_2 通过类似攫取质子反应直接生成。此外，锂离子是一种硬路易斯酸，与 DMSO 的亚砜氧会发生强烈配位，继而促进氢过氧阴离子对亚砜的硫原子的亲核攻击，从而产生四面体中间体，随后分解为 $DMSO_2$ 和 LiOH。而亚硫酸盐和硫酸盐产物的形成大概涉及二甲基阴离子几次连续的碱催化的自氧化，如图 4.27 所示。通过二甲基四面体中间体的分解而形成的 LiOH 可以导致形成更多的二甲基锂，进而可以进行碱催化的自氧化，生成甲基磺酸锂。在高度碱性的反应条件下，可以在剩余的甲基上再次被自动氧化，生成 Li_2SO_3，最终得到 Li_2SO_4[141]。随后，陆续有研究发现使用 DMSO 作为锂氧气电池的电解液会伴随 LiOH 等副反应的生成[142-143]。邵阳团队[143]发现 Li_2O_2 在长时间暴露于 DMSO 基电解液中后逐渐完全分解成 LiOH，并且实验证明商用 Li_2O_2 粉末可以分解 DMSO 转化为 $DMSO_2$，并且当 KO_2 这种具有超氧根的物质存在时会加速 DMSO 的分解以及 Li_2O_2 粉末向 LiOH 的转化。

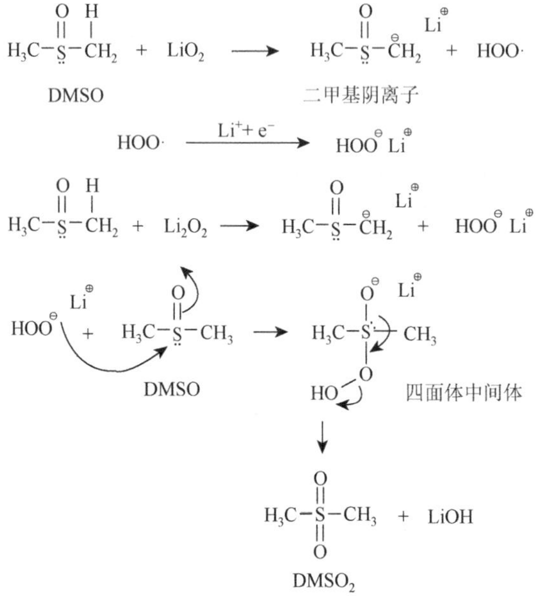

$$H_3C-S(=O)-CH_3 + LiO_2 \longrightarrow H_3C-S(=O)-\overset{\ominus}{C}H_2\ Li^{\oplus} + HOO\cdot$$

DMSO　　二甲基阴离子

$$HOO\cdot \xrightarrow{Li^+ + e^-} HOO^{\ominus}\ Li^{\oplus}$$

$$H_3C-S(=O)-CH_3 + Li_2O_2 \longrightarrow H_3C-S(=O)-\overset{\ominus}{C}H_2\ Li^{\oplus} + HOO^{\ominus}\ Li^{\oplus}$$

$$HOO^{\ominus}\ Li^{\oplus} + H_3C-S(=O)-CH_3 \longrightarrow H_3C-S(O^{\ominus}Li^{\oplus})(OOH)-CH_3 \longrightarrow H_3C-S(=O)_2-CH_3 + LiOH$$

DMSO　　四面体中间体　　$DMSO_2$

图 4.26　DMSO 在锂氧气电池放电时 ORR 过程中的分解机理[141]

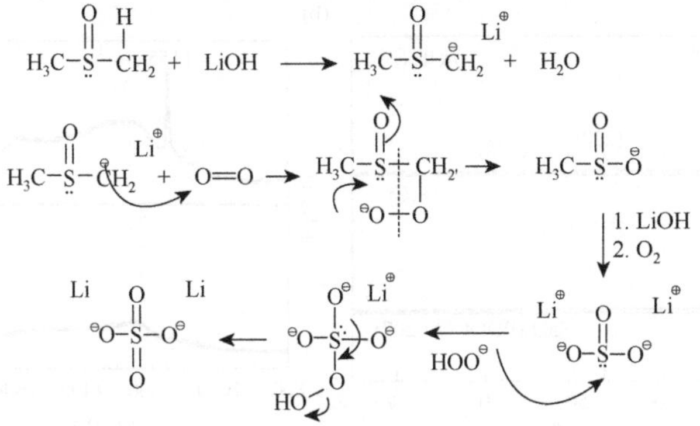

图 4.27 二甲基阴离子催化自氧化的机理[141]

对于钠氧气电池和钾氧气电池，由于 DMSO 对金属钠和金属钾本身的化学活泼性极强，所以一般不作为这两种电池的电解液。但是，特殊的电解液组成和独特的电池结构体系的设计，也使 DMSO 基电解液在钠氧气电池和钾氧气电池中发挥了独特的优势。2016 年，美国俄亥俄州立大学吴屹影小组[144]使用高浓度的 NaTFSI/DMSO 作为钠氧气电池的电解液，高浓度电解液中特殊的溶剂化结构使得金属钠负极在 DMSO 基电解液中稳定运行。通过拉曼光谱和分子动力学模拟表明，随着电解质盐浓度的提高，电解液中能与金属钠负极反应的游离 DMSO 溶剂逐渐减少，使得 $TFSI^-$ 阴离子的电子亲和力增强，从而参与到溶剂化鞘结构中，在金属钠负极表面分解形成稳定的 SEI，进而保护钠不与电解液发生反应。如图 4.28（a），（b）所示，XRD 和拉曼光谱图分析均表明，在该电解液下，NaO_2 为钠氧气电池唯一的放电产物。并且如图 4.28（c）所示，电池展现出更长的循环寿命，在 0.05 mA/cm^2 的电流密度下，当放电深度为 0.15 $mA·h/cm^2$ 时，使用 3.2 mol/L NaTFSI/DMSO 电解液的钠氧气电池可以成功循环超过 150 圈，最大库仑效率为 90%。然而，在 1.0 mol/L NaTFSI/DME 的传统低浓度醚类电解液中，在相同条件下，钠氧气电池仅能维持 6 圈的循环，并且容量出现明显的衰减［图 4.28（d)］。

由于 KO_2 的热力学稳定性和相对较低的形成自由能（$\Delta G^{\ominus} = -239.4$ kJ/mol），钾氧气电池有望作为无催化剂负载的低过电势能量存储系统。上文中提到，DMSO 具有较高的供体数，因此可以促进 KO_2 的产生。美国华盛顿大学 Ramani 等[145]于 2018 年阐明了使用 DMSO 电解质的钾氧气电池的氧还原反应机理。通过旋转圆盘电极测试发现基于 DMSO 电解液的钾氧气电池在放电的 ORR 过程中，KO_2 表面歧化形成 K_2O_2，并在电解液中发生相同的化学反应。表面歧化反应生成 K_2O_2 的速度与 KO_2 去吸附反应的速度相当，而发生在溶液中的歧化反应的速度比其要慢一个数量级。因此，以 DMSO 作为溶剂，KO_2 为钾氧气电池在放电过程中的还原产物，而并非 K_2O_2，进一步改善了电池的可逆性。

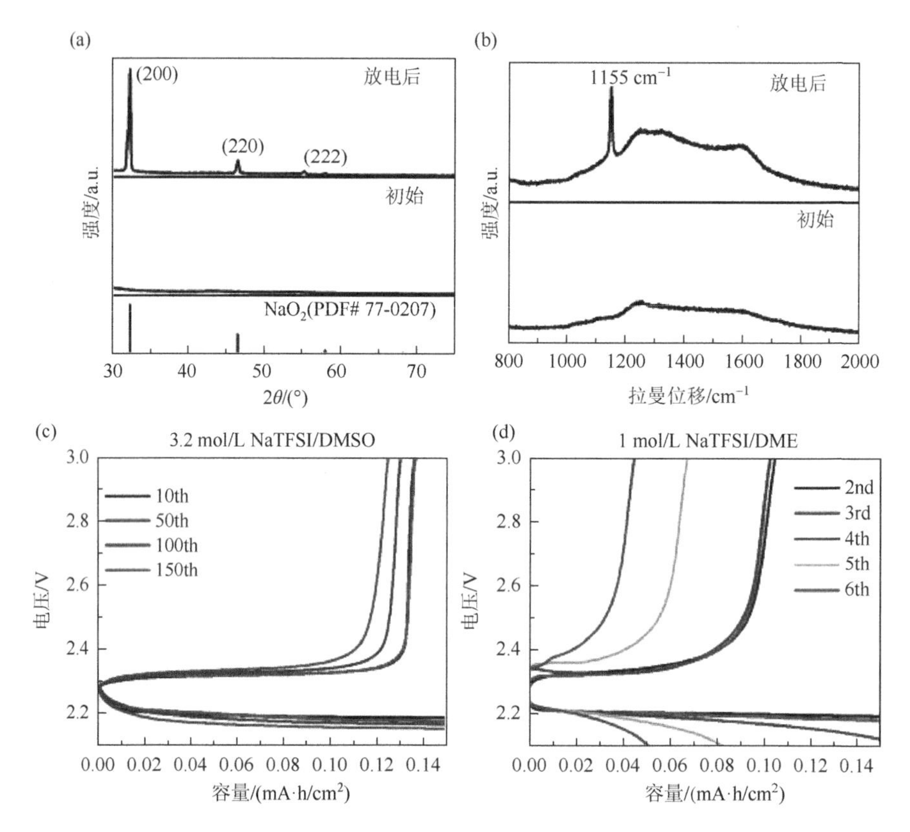

图 4.28　在 3.2 mol/L NaTFSI/DMSO 电解液中，钠氧气电池的初始碳正极与完全放电后的碳正极的（a）XRD 谱图和（b）拉曼光谱分析图；钠氧气电池在（c）3.2 mol/L NaTFSI/DMSO 和（d）1.0 mol/L NaTFSI/DME 电解液中的循环性能（电流密度为 0.05 mA/cm^2，电池放电深度控制在 0.15 mA·h/cm^2 [144]）

为了利用 DMSO 可以提高 O_2/KO_2 的可逆性和电荷转移动力学这一特点，香港中文大学卢怡君团队[146]设计了一种由 K^+导电固态电解质隔开的两室钾氧气电池。利用在线电化学质谱（OEMS）、旋转圆盘电极（RDE）、XRD 和 SEM 等技术证明，与弱电子给体溶剂 DME 相比，DMSO 中的钾氧气电池充放电过程中的 ORR 和 OER 反应均表现出更快的电极动力学和更高的可逆性。随后，该小组以相似的电池结构，设计了一种具有高倍率和长循环寿命的有机钾氧气电池（BpK-O_2）。如图 4.29（a）所示，这种有机钾氧气电池的电池组成结构与传统钾氧气电池不同。该电池在正负极两侧使用不同的电解液，在负极侧使用的是对负极稳定的醚类电解液，在正极侧使用的是可以更好稳定 KO_2 的 DMSO 基电解液，两种电解液中间以传导 K^+的 β″-Al_2O_3 固态电解质隔开。为了得到较高的电池电压，在该电池体系中，利用还原形式的联苯（Bp）与 K^+复合来代替钾氧气电池中的活泼的金属钾负极。该电池在 2.0 mA/cm^2 的电流密度下，可以稳定循环 2000 圈［图 4.29（b）］，即使在 4.0 mA/cm^2 的高电流密度下，也可展现出 3000 个循环的循环稳定性［图 4.29（c）］，并且平均库仑效率超过 99.84%，每个循环中副产物小于总排放产物的 0.3%。通过电池组成与结构的特殊设计，在负极侧，通过甲基化形成稳定的有机液体负极代替高活性的金属钾负极，并进一步降低负极氧化还原电位，提高电池的整体电压。同时，通过两室钾氧气电池的结构设计，在负极侧使用对负极相对稳定的醚类电解液，在正极侧使用 DMSO 基电解液，利用动力学上快速的 O_2/KO_2 氧化还原反应，消除了两电极之间的相互串扰，从而实现高性能、长循环的钾氧气电池。

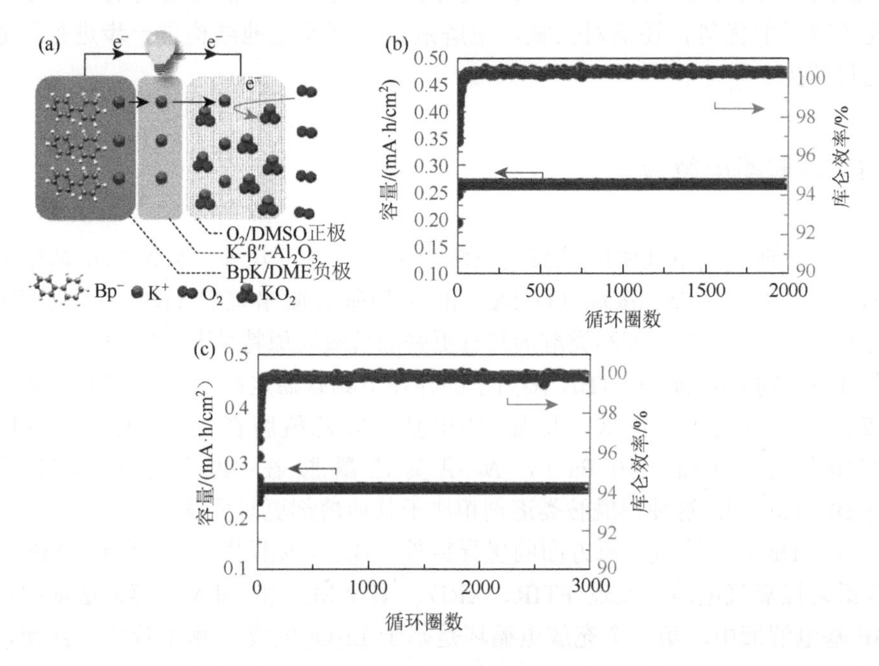

图 4.29 （a）有机钾氧气电池（BpK-O_2）的电池结构；BpK-O_2 电池在（b）2.0 mA/cm^2 和（c）4.0 mA/cm^2 下的循环性能及库仑效率[147]

综上所述，砜类电解液，主要以 DMSO 为主，具有良好的氧扩散能力和高的电导率，并且由于其具有高的供体数，可以更好地稳定放电过程中生成的超氧根离子，从而促进锂氧气电池放电过程中的溶剂化路线，有效提高电池容量。然而，利弊皆有，这类溶剂自身对金属锂存在不稳定性，因此，在电池的循环过程中通常要配合负极保护策略。目前，通过调节电解液的浓度和使用特殊的电解质盐、添加剂或溶剂可以有效保护金属锂负极。此外，在开放体系的锂氧气电池中，

DMSO 基电解液与醚类电解液有着一样的通病，电池运行过程中产生的不稳定中间体会促进 DMSO 分解成 $DMSO_2$，进一步生成氢氧化锂、硫酸锂等副产物，钝化正极表面。相对于碳基正极而言，非碳正极，比如金电极对 DMSO 有着更好的稳定性。

而对于与 DMSO 反应更剧烈的钠氧气电池和钾氧气电池，则需要对电解液的组成成分以及电池的结构进行特殊的设计，使活泼的金属钠负极和金属钾负极免受 DMSO 基电解液的侵蚀。比如通过提高电解液的浓度、减少电解液中游离的溶剂分子或者将正极侧的电解液与负极侧隔开等方法，均可以使 DMSO 基电解液成功应用在这两种电池体系中，并充分发挥砜类电解液的优势。因此，为了充分发挥具有高 DN 值的砜类电解液在金属空气电池中可以显著提高容量的优势，还需对负极、电解液、正极及电池结构进一步进行探索、优化与调控。

4.2.4 酰胺类电解液

应用在锂氧气电池中的酰胺类电解液主要有以下几种：*N*, *N*-二甲基甲酰胺（DMF），*N*, *N*-二甲基乙酰胺（DMA）和 *N*-甲基-2-吡咯烷酮（NMP）。根据之前的研究，酰胺比 DME 等醚类溶剂具有更好的抗氧还原特性[148-150]。DMF 还可以作为氧还原物的溶剂，在 TBA^+阳离子的存在下具有稳定性[151-152]。然而，典型的酰胺类溶剂蒸气压不够低，比如 *N*-甲基三氟乙酰胺在 25 ℃时，蒸气压为 3.8×10^{-3} bar（1 bar = 10^5 Pa），*N*-甲基乙酰胺在 40 ℃时的蒸气压为 0.5×10^{-3} bar[153]，这使得酰胺类溶剂相比于其他溶剂更易挥发。

由于 DMF 在抗氧还原方面的优异特性，Bruce 团队[149]首次使用 DMF 基电解液组装锂氧气电池。通过 FTIR、XRD、^{1}H NMR 和 DEMS 等方法证明，在 DMF 基电解液中，第一个充放电循环是基于 Li_2O_2 生成/分解的反应。然而，在 ^{1}H NMR 和 DEMS 测试中发现，即使在第一次放电过程中，电解液也存在着微量的分解。因此，随着电池循环不断增加，分解逐渐加剧，经过五个循环，放电后发现正极上存在 Li_2CO_3、HCO_2Li 和 CH_3CO_2Li，具体的分解机制如图 4.30 所示。根据之前在醚类电解液的研究结果，Li_2CO_3 在充电时不会被完全氧化分解，因此，残留的 Li_2CO_3 在循环时会不断累积，越来越多的副产物堵塞正极表面，引起电池容量的衰减。从上述实验结果来看，虽然 DMF 在锂氧气电池中抗氧还原方面的稳定性优于有机碳酸酯以及一系列线性和环状醚，但是 DMF 对放电过程中产生的氧还原中间产物的稳定性依旧不足。并且，DMF 对金属锂负极同样存在不稳定性。此外，在之前对醚类电解液的研究中，研究者们发现尽管醚和酰胺均是稳定的非质子溶剂，可抵抗超氧化物的亲核攻击，但它们中的许多在氧气气氛下容易发生自氧化[154]。因此，DMF 并不是一个适用于锂氧气电池长循环的酰胺类电解液。

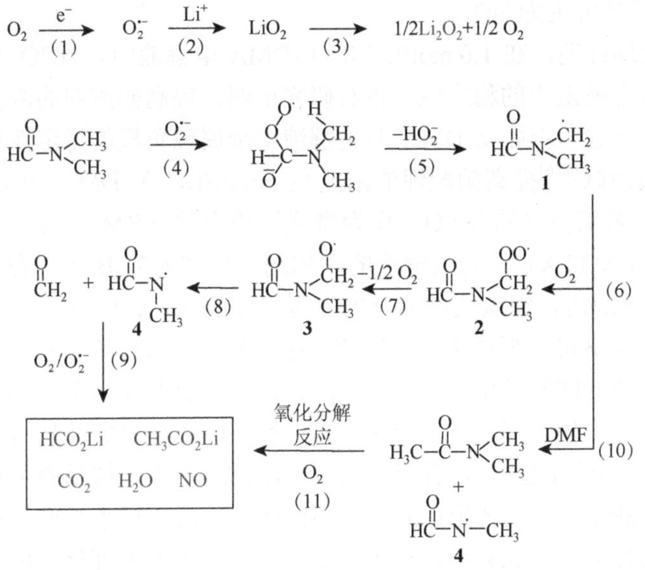

$$O_2 \xrightarrow[(1)]{e^-} O_2^{\cdot-} \xrightarrow[(2)]{Li^+} LiO_2 \xrightarrow[(3)]{} 1/2Li_2O_2 + 1/2\,O_2$$

氧化分解反应

$$2O_2^{\cdot-} + 2CO_2 \longrightarrow C_2O_6^{2-} + O_2 \quad (12)$$

$$C_2O_6^{2-} + 2O_2^{\cdot-} + 4Li^+ \longrightarrow 2Li_2CO_3 + 2O_2 \quad (13)$$

图 4.30　在锂氧气电池的放电过程中，DMF 基电解液发生分解的可能过程[149]

随后，美国加州 Liox Power 公司 Chase 团队[148]于 2013 年通过综合计算的方法从不同方面研究溶剂在锂空气电池中的稳定性，结果表明，由于 *N*, *N*-二烷基酰胺的优异的亲核稳定性，以 DMA 作为电解液的锂氧气电池在放电过程中形成 Li_2O_2 单一放电产物并在充电过程中可以可逆分解。然而，DMA 与 DMF 一样，同样面临着与金属锂负极界面接触不稳定的问题，使其在锂氧气电池中的应用受到限制。而该公司 Walker 等[150]使用 $LiNO_3$ 和 DMA 组成的电解液，显著提高了锂氧气电池的性能。电解液中的 $LiNO_3$ 盐可以与金属锂负极发生化学反应生成含有 Li_2O 和 $LiNO_2$ 的无机 SEI 膜，从而提高金属锂负极在 DMA 基电解液中的稳定性。此外，该公司 Addison 团队[155]的研究同样证明了 $LiNO_3$ 在 DMA 中具有负极保护的作用。基于此，他们还深刻研究了 $LiNO_3$ 在充放电过程中的转变途径。$LiNO_3$ 在与金属锂负极反应生成 Li_2O 和 $LiNO_2$ 后，可溶性

的 $LiNO_2$ 自由扩散到正极，当电极电势超过 3.6 V 时，在第一个充电半周期中它会被电化学氧化，进而生成 NO_2。一旦电化学产生了少量的 NO_2，一系列快速的化学反应就可以从 $LiNO_2$ 和溶解的 O_2 中再生 $LiNO_3$。因此，在锂氧气电池循环中，在不伴有任何副反应的情况下，在金属锂与 NO_3^- 之间的反应中形成的所有 NO_2^- 都可以再生为 NO_3^-。

以上研究均证明，在 1.0 mol/L $LiNO_3$-DMA 电解液中，$LiNO_3$ 可以提高金属锂在 DMA 基电解液中的稳定性。也有研究证明，提高硝酸锂的浓度并搭配合适的添加剂，可以进一步提高 DMA 基电解液中金属锂负极的稳定性从而提高电池性能。周豪慎团队[156]提高硝酸锂的浓度至 5 mol/L，在 DMA 中加入 2, 2, 6, 6-四甲基-1-哌啶基氧基（TEMPO）作为氧化还原介体（RM），添加 *N*, *N*-二甲基三氟乙酰胺（DMTFA）作为电解液的添加剂。如图 4.31 所示，在该电解液中，在 65 个循环周期内，锂氧气电池充电电压降低至 3.6 V 以内，并且在容量没有明显衰减的情况下可以循环 100 个周期。通过 XPS、EDX 和 EIS 等测试表征充分证明，在含有 DMTFA 添加剂的情况下，金属锂表面形成了含有 LiF 的保护层，从而抑制 RM 的穿梭效应，改善金属锂与电解质的界面稳定性从而减轻金属锂在 DMA 基电解液中的不稳定性，并且抑制了电池循环过程中枝晶的生长使得锂氧气电池在该电解液体系中展现出优异的循环性能。随后，该小组通过实验进一步证实高浓度的 $LiNO_3$ 由于在充电过程中析氧反应（OER）的催化作用而导致充电过电势较低，抑制了电解液的分解。通过 X 射线吸收近边结构（XANES）谱和 SEM 观察还发现，放电过程中 Li_2O_2 的生长与 $LiNO_3$ 的浓度有关。这一结果表明，电解液中高浓度 $LiNO_3$ 盐不仅提高了锂氧气电池的电池性能，而且有可能提高锂氧气电池的安全性[157]。

根据之前的研究，虽然高浓度电解液相比于传统的低浓度电解液对锂金属负极更加稳定，但是其价格昂贵、黏度高、动力学传输和传质缓慢，并且对金属锂负极的保护能力有限，并不是在实际应用中的最佳选择。最近，中国科学院长春应用化学研究所张新波小组[158]通过调控中等浓度下 Li^+ 的溶剂化结构设计了一种全新的基于 DMA 电解液的高性能锂氧气电池。实验结果和理论计算表明，在 DMA 中使用 2 mol/L LiTFSI 1 mol/L $LiNO_3$ 的优化混合电解质可以促进 LiF 和富含 LiN_xO_y 的 SEI 膜的形成，从而保护金属锂负极免受枝晶生长和腐蚀，并实现更快的传质和电极传输动力学，降低电解液浓度的同时，克服了高浓度电解质的缺点。如图 4.32（a）所示，在优化的中等浓度的电解液中，锂-锂对称电池在 0.1 mA/cm^2 的电流密度下可以稳定循环 1800 h，远远超过高浓度电解液。同样，该电解液的独特优势使锂氧气电池（180 个循环）在使用 DMA 基电解液的电池中具有最佳的电化学性能，而在高浓度电解液中循环止步于 80 圈［图 4.32（b）］。

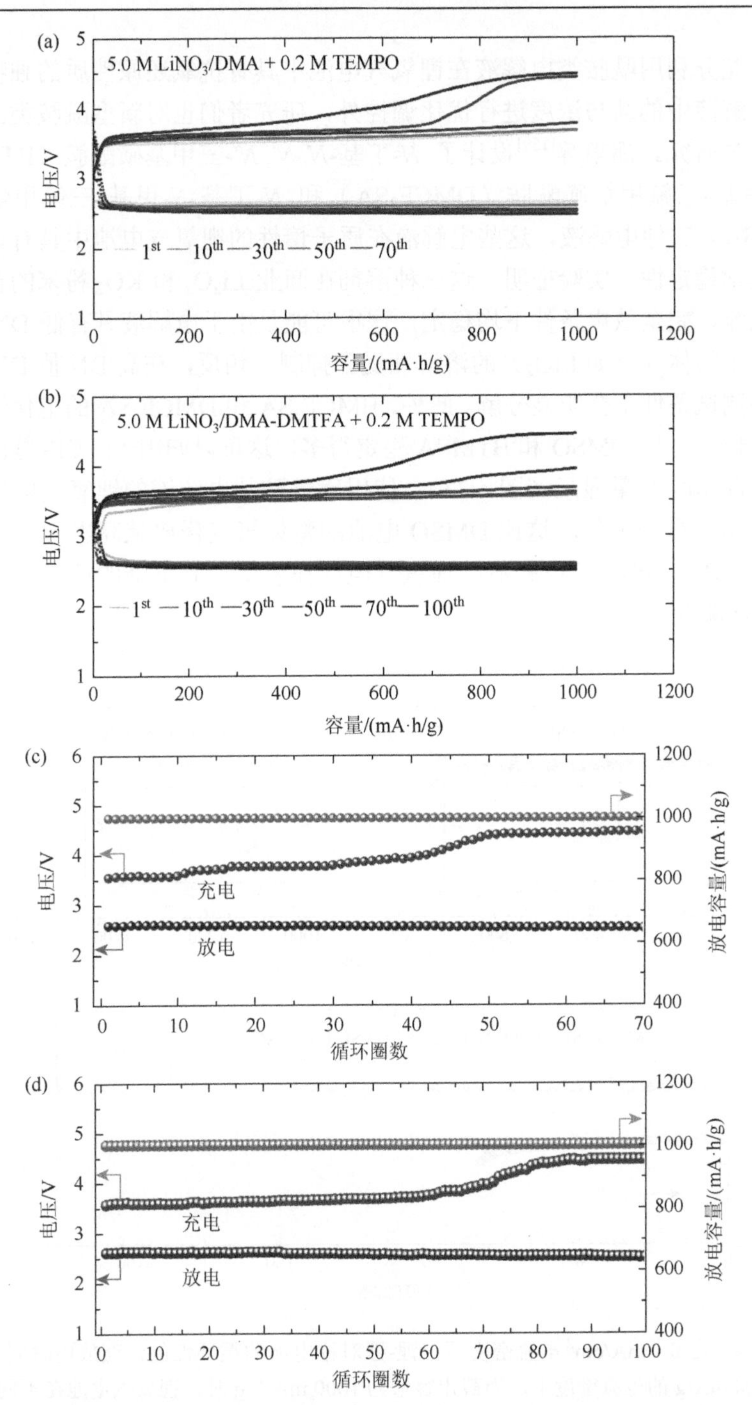

图4.31　在500 mA/g的电流密度下，锂氧气电池在（a）不含DMTFA和（b）含DMTFA电解液中的放电-充电曲线；锂氧气电池在（c）不含DMTFA和（d）含DMTFA电解液中放电容量和最终放电-充电电位的演变[156]

为了充分利用酰胺类电解液在锂氧气电池中具有抗氧还原性质的独特优势，除了对电解液中的盐与浓度进行优化调控外，研究者们也对新型酰胺类溶剂分子进行开发与研究。邵阳等[159]设计了 *N*-丁基-*N*, *N′*, *N′*-三甲基磺酰胺（BTMSA），*N*, *N*-二甲基-三氟甲烷磺酰胺（$DMCF_3SA$）和 *N*-丁基-*N*-甲基-三氟甲烷磺酰胺（$BMCF_3SA$）三种电解液，这些电解液在质子惰性的锂氧气电池中具有增强的化学和电化学稳定性。实验证明，这三种溶剂在商业 Li_2O_2 和 KO_2 粉末的存在下以及在恒电流、完全放电条件下均稳定，这很可能是由于电解液具有低 DN 值导致放电反应中间体（例如 LiO_2）的溶解性受到抑制。相反，在高 DN 值 DMSO 中，在相同的测试条件下会明显分解。此外，$BMCF_3SA$ 和 $DMCF_3SA$ 的电化学氧化稳定性（>4.5 V）比 DMSO 和 BTMSA 稳定得多，这可以归因于—CF_3 基团的吸电子作用。DEMS 测量显示（图 4.33），使用磺酰胺基电解液的锂氧气电池在充电时会释放出大量的氧气，这比 DMSO 电池的整体氧气释放量高出 50%。并且，使用基于 $DMCF_3SA$ 的电解液的锂氧气电池在容量没有下降的前提下可以稳定循环 90 个周期。

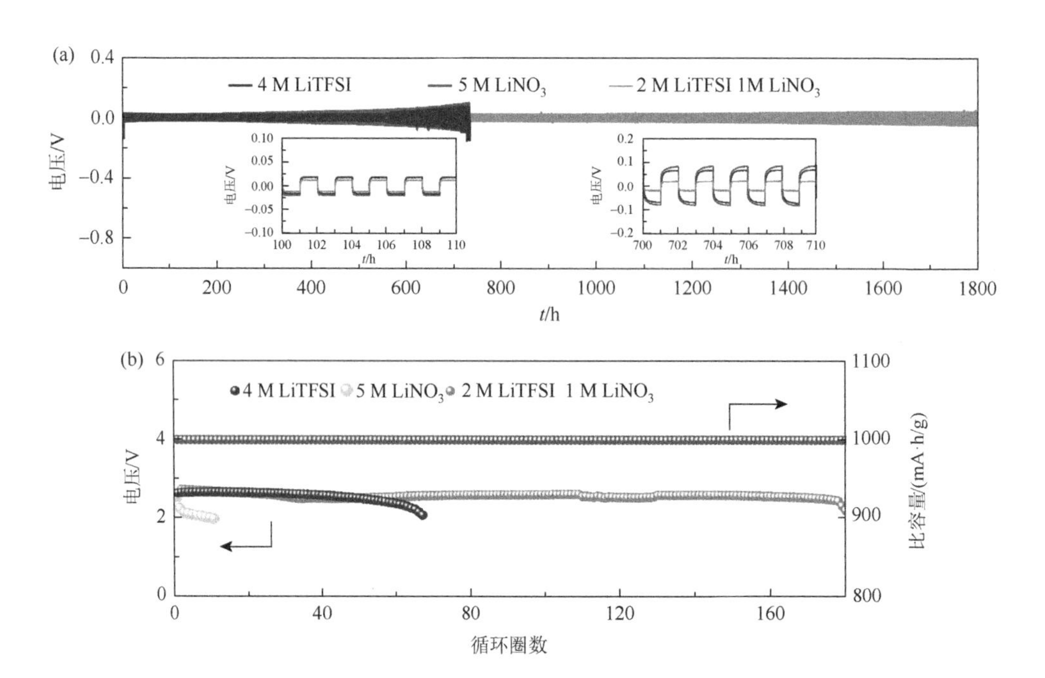

图 4.32　（a）在 0.1 mA/cm^2 电流密度下，锂-锂对称电池的循环性能，充放电时间各为 1 h；（b）在 300 mA/g 的电流密度下，当截止容量为 1000 mA·h/g 时，锂氧气电池在不同电解液中的长循环性能[158]

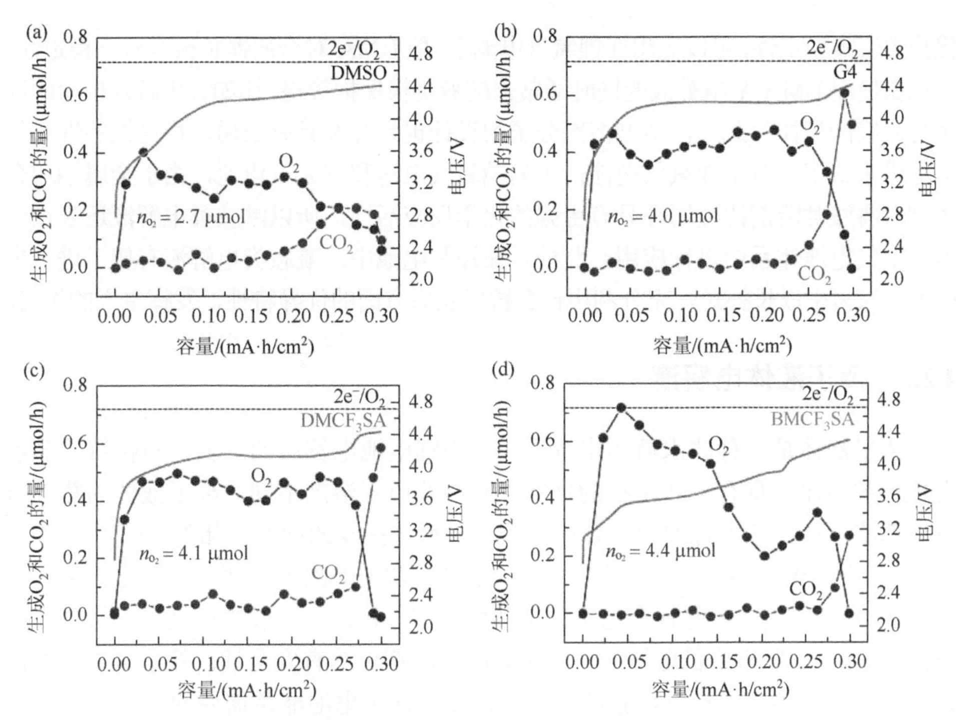

图 4.33　不同电解液中锂氧气电池的微分电化学质谱（DEMS）分析

研究者们还发现六甲基磷酰胺（HMPA）也可以应用在锂氧气电池中。在该电解液体系中，多孔正极的钝化或堵塞以及充电位过高的问题可以通过强溶剂化的 HMPA 溶剂和由锂磷氧氮化物（lithium phosphorus oxynitride，LiPON）组成的锂离子导体陶瓷膜保护锂负极表面得到解决。HMPA 溶剂能够溶解 Li_2O_2（0.35×10^{-3} mol/L）的一次放电产物以及 Li_2CO_3（0.36×10^{-3} mol/L）和 LiOH（1.11×10^{-3} mol/L）的潜在副反应产物，而这些副反应产物均不溶于目前广泛应用于锂氧气电池的液态电解质中。在这种电解液下，放电后氧气正极的钝化与堵塞现象得到明显缓解，充电时 Li_2O_2 氧化动力学得到明显改善，Li_2O_2 在 HMPA 中可以在 3.5 V 以下很好地进行氧化，从而有效地抑制了碳基正极和电解液中电池组件的分解。此外，在负极一侧，使用了一种 Li^+ 导体陶瓷膜（LiPON）来保护锂电极，这也使得基于 HMPA 电解液的锂氧气电池总体上具有可逆性。与其他液态锂氧气电池相比，HMPA 基锂氧气电池的容量、速率能力、光伏效率和循环寿命都得到了提高[160]。

结合之前的研究结果，可以看出酰胺类电解液相比于醚类和砜类电解液在锂氧气电池中的应用较少，但是它在抗氧还原方面有着独特的优势，依旧是开发锂氧气电池电解液的有力候选者之一。研究表明，在 DMF 和 DMA 两种常用酰胺类溶剂中，DMF 在充放电过程中对超氧化物中间体的稳定性依旧不足，会伴随碳酸锂等副产物的生成，堵塞或者钝化空气正极表面，从而导致容量的迅速衰减。而 DMA 由于具有优异的亲核稳定性，可以应用在锂氧气电池中，但 DMA 对金属锂负极具有不稳定性，所以在使用 DMA 基电解液的同时通常伴随着负极保护策略，比如说电解液中盐的选择与浓度的调控。此外，新型溶剂分子的设计也为开发具有长循环稳定性的锂氧气电池带来希望。对于锂氧气电池衍生的钠氧气电池和钾氧气电池，由于金属钠和金属钾对酰胺类溶剂比金属锂具有更强的化学反应活性，所以酰胺类电解液还未在这两种空气电池体系中进行应用。此外，在锂空电池中，酰胺类电解液有望于进一步研究与探索中取长补短，充分利用自身抗氧还原方面的优异特性，发挥更大的作用。

4.2.5 离子液体电解液

离子液体是一种非水液体电解质，作为锂电池电解质的一类，与传统的非水有机溶剂相比，具有一些潜在的优势。它与非质子溶剂不同，离子液体的蒸气压可以忽略不计，可以有效解决开放体系中电解液挥发的问题。此外，如图 4.34 所示，由于离子液体中与 N 原子结合的烷基是非常差的离域基团，使得它们不太容易受到 O_2^- 的攻击，因此具有更宽的电化学窗口。并且离子液体还具有低易燃性以及高化学/电化学和热稳定性，因此比非质子溶剂更具有安全性。除了这些基本特征之外，它们还可以提供增强的疏水性，这是锂空电池非常需要的。

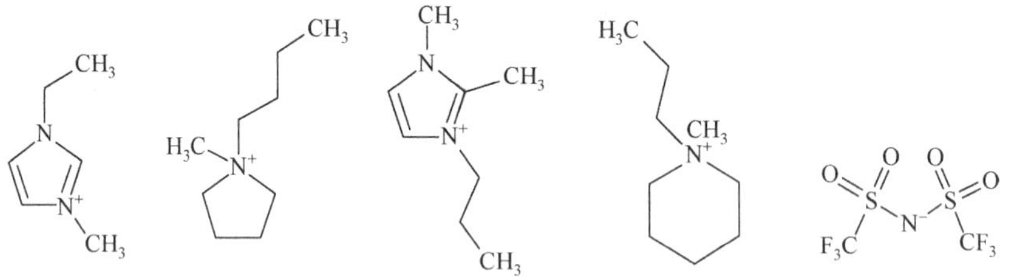

EMI　PYR　PMM　PP_{13}　TFSI

图 4.34　锂空电池研究中常用的离子液体阳离子（EMI，PYR，PMM，PP_{13}）和阴离子（TFSI）[161]

在锂空电池中常见的阳离子主要是咪唑鎓、吡咯烷鎓、哌啶鎓和季铵基四烷基铵，例如 1-乙基-3-甲基咪唑鎓（EMI），*N*-甲基-*N*-丁基-吡咯烷鎓（PYR_{14}），*N*-甲基-*N* 丙基哌啶鎓（PP_{13}）等。双（三氟甲磺酰基）亚酰胺（$TFSI^-$），双（氟磺酰基）亚酰胺（FSI^-），（三氟甲磺酰基）（非氟丁磺酰基）亚酰胺（IM_{14}^-）和双（五氟乙基磺酰基）亚酰胺（$BETI^-$）是最常用的阴离子，因为它们具有溶解氧气的能力。然而，带有 IM_{14}^- 的离子液体黏度很高，会导致界面润湿性及离子传输性差，不适合在电池中应用。而 FSI^- 可以降低离子液体的黏度，提高导电性，但是它不具有热稳定性[162]，并且有研究证明 $TFSI^-$ 比 FSI^- 在锂氧气电池中更加稳定[163]，因此，目前在锂空电池中可以应用的离子液体一般基于 $TFSI^-$。

离子液体作为锂氧气电池电解质的研究还处于初级阶段，而 O_2/O_2^- 在纯室温离子液体中电化学行为的研究已经有十几年了，研究结果表明，一些离子液体能够在没有杂质存在时支持电化学生成稳定的超氧离子[161]。日本东芝公司 Kuboki 等[164]首次将疏水氯化铝室温离子液体 EMITFSI［1-乙基-3-甲基咪唑双（三氟甲基磺酰基）亚酰胺］应用在锂空电池中。由于 EMITFSI 阻止了电解液的挥发和金属锂负极与水的反应，在该电解质下，电池可以在空气中工作 56 天，并且展现出 5360 mA·h/g 的高容量。受到这个工作的启发，研究者们尝试在锂空电池中应用由不同阳离子和阴离子结合的离子液体。Abraham 团队[165]在含有锂离子的离子液体EMITFSI和纯玻碳（GC）电极上研究了氧还原反应（ORR）和氧析出反应（OER）。结果表明，锂盐的存在对 ORR 和 OER 产生了强烈的影响，导致了不同的反应机理。在纯 EMITFSI 电解液中，发现类似单电子的 O_2/O_2^- 可逆电对在两电极上发生，而在添加 LiTFSI 后，最初形成的 LiO_2 分解为 Li_2O_2。此外，在 Li^+掺杂的溶液中，ORR 和 OER 在 Au 和 GC 电极之间表现出强烈的差异。在金电极上的伏安实验表明，该电极高度可充，产生 LiO_2 和 Li_2O_2，且经过多次循环后电极未钝化。随后该小组又基于一定范围的离子半径或电荷密度的单电荷阳离子的离子液体研究了氧还原和析出反应。使用循环伏安和旋转圆盘电极的方法在纯离子液体 EMITFSI 和 1-甲基-1-丁基吡咯烷鎓双（三氟甲烷磺酰基）亚酰胺（$PYR_{14}TFSI$）以及包含 LiTFSI、$NaPF_6$、KPF_6 和四丁基六氟磷酸铵（$TBAPF_6$）的溶液中研究了 ORR 和 OER 机理，发现 ORR 产物与离子电荷密度（包括离子液体的电荷密度）之间存在很强的相关性。通过 ^{13}C NMR 化学位移和 $^{13}C═O$ 的自旋晶格弛豫（T1）时间可以判断在碳酸亚丙酯溶液中这些带电离子的酸度，结果发现，离子液体的酸度在 TBA^+和碱金属之间，因此，可以通过软硬酸碱理论预测离子液体在有机电解液中的 ORR 产物[166]。

然而，基于咪唑的离子液体在空气正极上是不稳定的，而基于吡咯和吡啶类的离子液体对过氧化物自由基的攻击相对稳定，并且这两类离子液体也对金属锂负极表现出优异的稳定性。而基于咪唑的离子液体在锂沉积电位下不稳定，因此不能与锂金属负极一起使用[161]。罗马大学 Hassoun 等[167]开发了一种以 $PYR_{14}TFSI$-LiTFSI 为离子液体电解质介质的新型锂氧气电池。采用电化学阻抗谱、限容循环、场发射扫描电镜、高分辨率透射电镜和 X 射线光电子能谱对锂氧气电池进行了全面表征。结果表明，这种新型锂氧气电池具有稳定的电极-电解质界面和高度可逆的充放电循环行为，在该电解质下，如图 4.35 所示，放电 ORR 过程中生成过氧化锂的尺寸比通常在其他介质中获得的要小得多，这最终允许在充电 OER 过程中实现简单的再转化，使得充电过电势非常低，将能量效率提高到 82%，从而解决了阻碍锂氧气电池实际应用的最关键问题之一。波士顿学院王敦伟小组[168]的研究也同样证明，使用 $PYR_{14}TFSI$ 作为电解液时可以有效降低锂氧气电池的充电过电势，在 100 mA·h/g 的放电容量下，充电过电势低至 0.19 V。该小组提出，在该高极化的电解质中，充电过程由两电子途径向单电子途径转变，因此充电平台得以有效降低。然而，在放电过程中，由于 $PYR_{14}TFSI$ 中的 O_2 扩散率较低，表面结合的超氧化物离子的流动性差，因此放电过电势可能会无意中增加，可以通过添加有利于氧扩散的电解质（例如 DME）来解决。

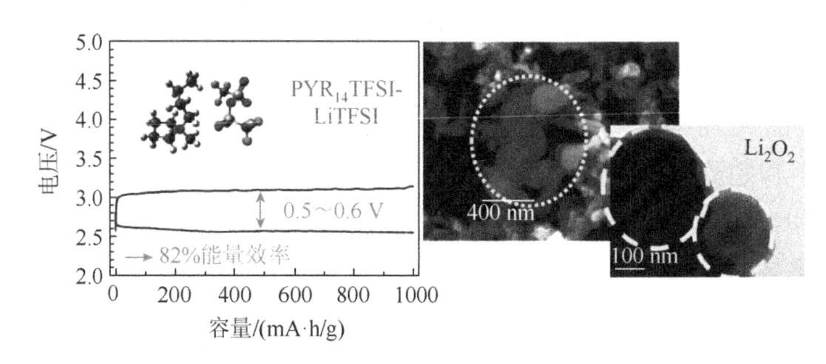

图 4.35　在 $PYR_{14}TFSI$-LiTFSI 离子液体电解质中，锂氧气电池的充放电曲线及放电产物过氧化锂的扫描图片[167]

此外，锂盐溶解在离子液体中至关重要的一个过程就是在金属锂负极表面形成稳定的 SEI 膜，否则离子液体的电化学窗口会逐渐减小，在循环的过程中会面临不断分解的问题。复旦大学余爱水小组[169]为防止金属锂在潮湿的空气中发生腐蚀，设计了一种既是电解质又是防潮屏障的疏水离子液体硅-PVDF-HFP 聚合物复合电解质，有效地保护金属锂负极免受水分的侵袭，而二氧化硅的添加则通过创造更高的非晶态来增强离子导电性。与纯离子液体相比，离子液体复合电解质的结构使放电容量增加了 50%，在电流密度为 0.02 mA/cm^2 的条件下，放电容量可以达到 3000 mA·h/g。除此之外，一些离子液体可以作为添加剂在负极保护方面展现出独特的优势。以 LiFSI 为电解质盐、TEGDME 和 $P[C_5O_2N_{MA,11}]FSI$ 聚合离子液体的混合物为溶剂形成的新型电解质可以在锂氧气电池负极侧形成稳定的电极-电解质界面。当与金属锂负极接触时，这种新型电解质能够产生均匀的 SEI 膜，具有较高的离子电导率，用于 Li^+的传输，并具有抑制树枝状锂生长的理想力学性能。此外，这种新型电解质具有较高的氧溶解度和增强的抗氧化性，有利于在正极侧可逆形成与分解放电产物过氧化锂，作为锂氧气电池的电解质溶液，可提高可逆性（O_2 回收率可达 94.4%）和循环寿命（35 次循环）[170]。周豪慎团队[171]通过独特的电池结构设计，在正极和负极侧使用不同的电解液，充分利用两种电解液的特点，使之发挥最大的优势。通过静电纺丝的方法合成了超疏水的隔膜，将正负极两侧不同的电解液分开。在正极侧使用高浓度水系电解液（21 mol/L LiTFSI-7 mol/L $LiCF_3SO_3$），在负极侧使用 1.0 mol/L $PYR_{13}TFSI$ 离子液体电解液，如此便可以利用离子液体的特殊性质保护金属锂负极，同时超疏水的隔膜可以阻隔正极侧水系电解液的渗透，防止金属锂负极与水发生化学反应引起腐蚀，实现了锂氧气电池的可逆、高能效、长期循环。

汪国秀小组[172]开发了一种具有氧化还原活性的离子液体：1,2-二甲基-3-[4-(2, 2, 6, 6-四甲基-1-氧基-1-4-哌啶氧基)-戊基]咪唑双（三氟甲烷）磺酰亚胺（IL-TEMPO）。它具有氧化还原介体、保护金属锂负极和电解质溶剂等多种功能。IL-TEMPO可以分别作为氧穿梭体和氧化还原介体来促进放电和充电过程，使电池在3.0 V和3.75 V时表现出高度可逆的氧化还原反应，实现低的充放电电势差[图4.36（a）]，与纯液态电解质（DEGDME）相比，在该电解质下放电容量增加了33倍。此外，IL-TEMPO的咪唑基团可以进一步促进金属锂负极表面稳定SEI的形成，有利于平稳地镀锂/剥锂，抑制副反应。IL-TEMPO的液体形式可以作为电解质溶剂，在此电解液体系中，如图4.36（b）所示，锂氧气电池展现出200次长循环寿命；并且电解质中离子液体的比例影响反应机理，高比例的IL-TEMPO可导致非晶态过氧化锂的形成[图4.36（c）]。在该电解液下，如图4.36（d）所示，当电池在空气中运行时，它依旧具有出色的电化学性能，电池在经历50次循环后，容量也没有发生明显的衰减。

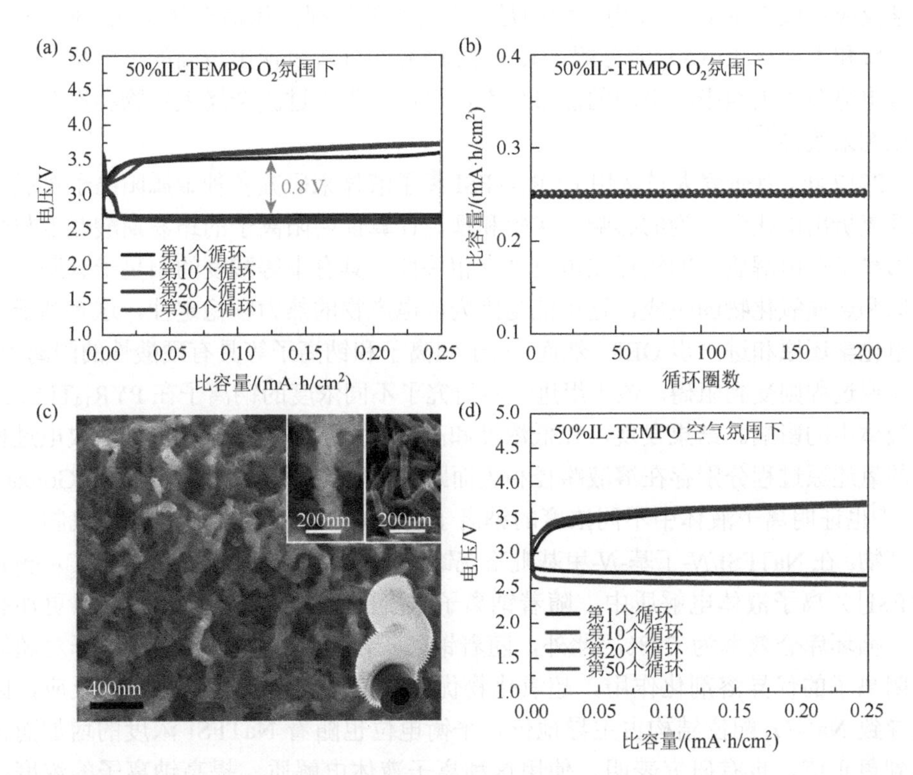

图4.36　锂氧气电池在IL-TEMPO（50%）电解液中的（a）充放电曲线；（b）循环曲线；（c）放电后正极的扫描电镜图片，插图是高倍扫描电镜图像下放电后碳纳米管（CNT）与原始CNT对比的示意图；（d）在IL-TEMPO（50%）电解液中，电池在空气中的循环曲线[172]

在正极方面，锂氧气电池正极材料的选择是至关重要的。周豪慎小组[173]利用单壁碳纳米管（SWCNTs），离子液体（IL）和交联网络凝胶（CNG）构筑独特的三维结构，可以陆续通过电子、离子和氧气，将传统的三相反应界面扩展到整个交联网络，实现高比能量和高比功率与在环境空气中运行的可行性相结合。SWCNTs/IL CNG 中未缠结的 SWCNTs 可导致有效反应位点的增殖，锚定的 IL 可通过抑制电解质的渗透而持续加速通过，因此，基于 SWCNTs/IL CNG 的锂氧气电池在 50%的相对湿度下展现出高达 10730 mA·h/g 的容量。随后，该小组又将 SWCNTs/IL CNG 与固体导体（$Li_{1.35}T_{1.75}Al_{0.25}P_{2.7}Si_{0.3}O_{12}$）相结合，将凝胶正极与固体导体直接接触，形成封闭的、可持续的凝胶/固体界面，实现了 56800 mA·h/g 的超高放电容量，在一个完整循环中，电池的充放电效率高达 95%。电池在 2000 mA·h/g 的限定容量下，可进一步维持重复循环 100 次（相当于 78 天）。在这种电池体系下，锂空电池的放电仍然是基于电化学水平上 Li_2O_2 的生成。在空气渗透的情况下，Li_2O_2 首先与水发生化学反应形成 LiOH，随后与二氧化碳发生化学反应生成 Li_2CO_3。充电过程则是一个复杂的过程，包括部分 Li_2O_2 和 LiOH 的分解和大部分 Li_2CO_3 的分解，其中 Li_2CO_3 的分解表现出较高的过电势。过高的过电势会极大地影响电池的能量效率，可通过引入过渡金属氧化物和贵金属等催化剂来改善[174]。

2017 年，有研究人员选用 $PYR_{14}TFSI$ 离子液体来研究各种金属阳离子对氧还原及氧析出电化学行为的影响。实验和理论计算证明阳离子的路易斯酸碱度与金属阳离子在电解质中的氧还原电位具有相关性。具有中等酸度的阳离子有助于氧还原和金属氧化物的生成，这可能是因为放电产物的热力学稳定性，这有利于氧的电化学还原和进一步 OER。然而，对于锂离子和钠离子等具有硬酸性的阳离子，氧还原过程则受到阻碍。该小组进一步研究了不同浓度的钠离子在 $PYR_{14}TFSI$ 离子液体中的影响。结果发现，在低浓度和高浓度电解质中，钠氧气电池放电过程中的氧还原过程分别存在溶液路径和表面路径[175]。随后，迪肯大学 Pozo-Gonzalo 等[176]也证明离子液体中不同浓度的钠离子会影响钠氧气电池的氧还原机制与放电产物。在 NaTFSI/*N*-丁基-*N*-甲基吡咯烷鎓双（三氟甲基磺酰基）亚胺（[C_4mpyr][TFSI]）离子液体电解质中，随着钠离子浓度的增加，氧还原过程变得更加有效，循环库仑效率为 74%。此外，随着钠离子浓度的增加，由于钠离子对超氧根阴离子的优异溶剂化作用，超氧化物优先与钠离子发生相互作用或反应，因此导致 Na^+-O_2^- 配位结构占主导地位，平衡电位也随着 NaTFSI 浓度的增加而移动到更正值。也有研究表明，使用这种离子液体电解质，提高钠离子的浓度，可以有效增大钠氧气电池的放电容量。在高浓度钠盐离子液体电解质中（16.6 mol%），放电容量显著提高达 10 倍，并且可以降低充电过电势及提高电池循环稳定性[177]。

然而，虽然离子液体由于其自身的物理化学性质具有吸引人的特性，但也存在着一些不足，比如离子液体通常对锂盐的溶解性较差、黏度大、电导率相对较低，锂离子迁移数低（<0.12）[161]，并且，$PYR_{14}TFSI$ 作为目前在锂空电池中相对适用的电解液在活性氧存在时也面临着分解的问题[163]。用于锂空电池的离子液体的开发还处于起步阶段，其电化学过程还不清楚。而将离子液体电解液应用于钠空电池和钾空电池的相关研究则更少，还有待于进一步的探索。目前，通过合理的设计，将一些离子液体以添加剂或者共溶剂的方式加入到电解液中可以提高锂空电池的电化学性能，然而，单独以离子液体作为电解质的锂空电池电化学性能通常较差。因此，对离子液体的开发与研究还有很长的一段路要走，需要进一步的研究才能找到稳定的、合适的离子液体电解质。

4.2.6　非水系电解液中的盐

电解液中的盐作为电解液的必要组成成分，很大程度上影响着电池的性能。在金属空气电池中，电解液中的盐不仅在溶剂中要具有高度溶解性，从而在一个特定浓度下可以快速传输金属离子，而且需要对溶剂分子、隔膜和集流体等电池组成配件，特别是对电池工作过程中产生的超氧化物等中间体稳定。此外，盐的选择也会影响电解液的黏度、氧气的溶解度和界面的润湿性，进而影响电池的性能。有研究表明，在 DME∶DOL（体积比 1∶1）溶剂中，同一浓度下，电解液中盐的选择很大程度上影响着放电容量，在这四种盐当中，电池放电容量遵循着双（五氟乙基磺酰基）亚氨基锂（LiBETI）<LiTFSI<$LiCF_3SO_3$<LiBr 的顺序，这是由于锂盐改变了电解液的黏度和氧气的溶解性[93]。

在早期对锂氧气电池的研究中，人们将已经成熟的商业锂离子电池的电解液借鉴到空气电池中，通常使用碳酸酯溶剂和六氟磷酸锂（$LiPF_6$）作为电解液中的盐。然而，在随后的研究中，研究者们发现，不仅仅碳酸酯类溶剂在电池的循环过程中会发生分解从而生成碳酸锂等副产物钝化正极，$LiPF_6$ 盐也同样面临着分解的问题[87, 178-183]。如果电解液中 PF_6^- 阴离子的溶解度非常小，考虑到 P—F 键的极性和不稳定性，电解液中的锂盐会发生取代反应从而分解[184]。实验方面，Veith 等[87]利用 X 射线光电子能谱、红外和拉曼光谱证明，当使用 EC/DC 和 $LiPF_6$ 盐作为电解液时，锂空电池的放电产物中不含有 Li_2O_2，而放电产物主要是由有机锂促进的有机基团不可逆加成反应，从而形成的醚类产物与 Li^+和 F^-结合产物，说明 $LiPF_6$ 盐在循环过程中同样发生分解。美国罗德岛大学 Chalasani 等[178]用核磁共振谱分析了液体电解质的稳定性，发现在电解液中的 $LiPF_6$ 盐发生快速分解，在溶液中产生 $OPF_2(OLi)$并生成固体 LiF，进一步通过 XPS 和拉曼光谱研究了 $LiPF_6$ 在溶液中的分解反应，结果表明，$LiPF_6$ 是一种较差的可充电锂氧气电池电解质盐，

并且在含有 $LiPF_6$ 的碳酸酯类溶剂中加入过氧化锂，将会导致电解液的热稳定性急剧下降。除此之外，XRD[183]和共振非弹性 X 射线散射（NIXS）[179]也观察到了相似的结果，在电池的循环过程中，$LiPF_6$ 会逐渐分解生成 LiF、$Li_xPF_yO_z$ 和其他含有 P—O 键的副产物，这些副产物会附着在正极表面，从而使正极表面钝化或者堵塞正极内部孔道[182]。$LiPF_6$ 的分解一方面可能来源于充放电过程中产生的高活性 O_2^- 或 LiO_2 中间体与盐的反应，另一方面可能来源于最终放电产物 Li_2O_2 与 $LiPF_6$ 的反应[185]。除此之外，与锂离子电池面临的问题相同，电解液中的痕量水对电池的性能有着非常强烈的影响。痕量水会与 $LiPF_6$ 发生反应，生成 HF，进而腐蚀电池集流体等组成部件[158]。此外，在锂空电池中，电解液以及空气中的水分也会引起放电产物由 Li_2O_2 向 LiOH 的转变[186]。

除 $LiPF_6$ 之外，研究者们也利用了相同的技术对一些常见的电解质锂盐，比如 $LiBF_4$ 和 $LiClO_4$ 等进行了研究。Veith 等[180]对比了在相对稳定的 TEGDME 醚类溶剂中 $LiPF_6$、$LiBF_4$ 和 $LiClO_4$ 的放电行为，结果发现，在这四种电解液下，放电产物均含有锂盐的成分，说明它们在放电过程中都经历着不同程度上的分解。从实验结果来看，$LiClO_4$ 似乎是最不活泼的锂盐，以 $LiClO_4$ 盐为基础的电解液中，放电产物中 Cl 的含量不到 8%，而在含 F 的电解液中，F 的含量大于 17%。图 4.37 是 Li_2O_2 接触 0.8 mol/L $LiBF_4$-EC/DEC（体积比 2∶1）电解液 10 min 或 48 h 后的表面相对元素组成以及相对含量，可以发现时间越长，电解液中盐分解得越剧烈[181]。XPS 结果同样证明，$LiPF_6$、$LiBF_4$ 和 $LiClO_4$ 等锂盐在接触放电产物 Li_2O_2 时都具有不稳定性。电解液盐中的 P—O 或 B—O 键与 Li_2O_2 反应分解形成 LiF 或 LiCl 等副产物[181]，也有研究证明 $LiBF_4$ 相比于 $LiPF_6$ 对 Li_2O_2 放电产物更加稳定[178]。

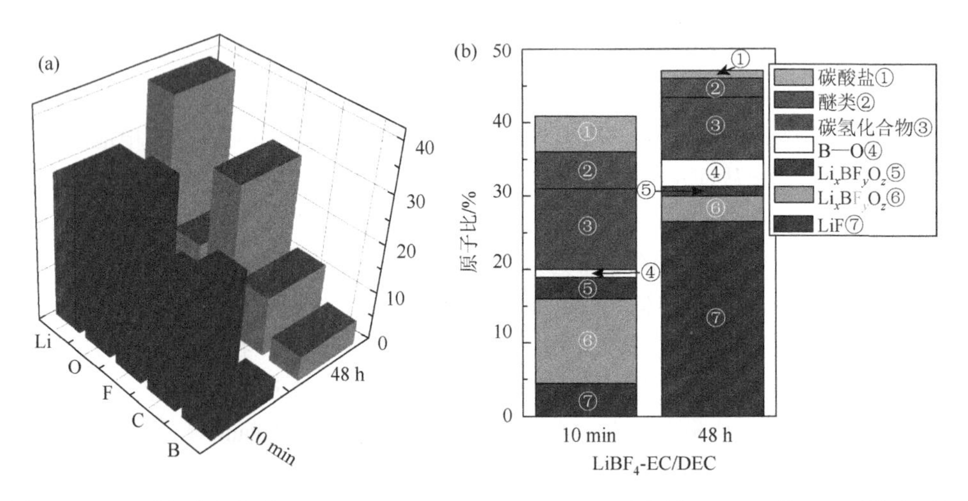

图 4.37 （a）过氧化锂接触 0.8 mol/L $LiBF_4$-EC/DEC（2∶1）电解液 10 min 或 48 h 后的表面相对元素组成；（b）B、F 和 C 元素的相对含量[181]

由于 $LiPF_6$、$LiBF_4$ 和 $LiClO_4$ 等电解液盐的分解，研究者们开始对其他电解质盐进行探索与研究。瑞典乌普萨拉大学 Younesi 等[187]对非氟化 $LiB(CN)_4$ 进行了初步的探索，然而不幸的是，在聚乙二醇二甲醚（PEGDME）和 TEGDME 两种溶剂中，锂氧气电池的容量都发生了迅速的衰减。利用同步加速器硬 X 射线光电子能谱（HAXPES），使用 2300 eV 和 6900 eV 两个光电子能量研究碳电极的表面化学，结果表明，$LiB(CN)_4$ 与 PVDF-HFP 黏结剂在循环过程中发生降解，在阴极表面形成了一层由盐和黏结剂残留组成的层，并且电池在循环过程中，$LiB(CN)_4$ 盐的降解程度高于 PEGDME。盐在两种实验溶剂中的降解机理不同，因此在循环过程中形成了不同类型的硼化合物。此外，在这种非氟化盐条件下，观察到 LiF 的形成，这源于黏结剂 PVDF-HFP，说明黏结剂也会发生一定程度的分解。因此，不仅仅需要盐和溶剂的稳定性，还需要考虑黏结剂的稳定性。二草酸硼酸锂（LiBOB）也是一种常见的锂盐，然而，实验证明，LiBOB 很容易被超氧自由基分解。通过 X 射线衍射和红外光谱观察，确定了用这种电解液盐从电池中产生的固体放电产物为草酸锂而非过氧化锂，这远远超过了 $LiPF_6$ 在典型锂离子电池中所经历的任何轻微分解。LiBOB 的分解主要是由于超氧自由基在硼中心的亲核取代反应，以及随后的一系列还原和气体释放反应，如图 4.38 所示。此外，密度泛函理论（DFT）计算证明草酸锂作为反应产物的生成是放热的，因此在热力学上是可行的。这个反应似乎与锂氧气电池中使用的溶剂无关，产生的草酸锂放电产物完全阻止了 Li_2O_2 放电产物的形成，导致电池快速死亡，因此 LiBOB 可能不适合用作锂氧气电池电解质中的盐[188]。

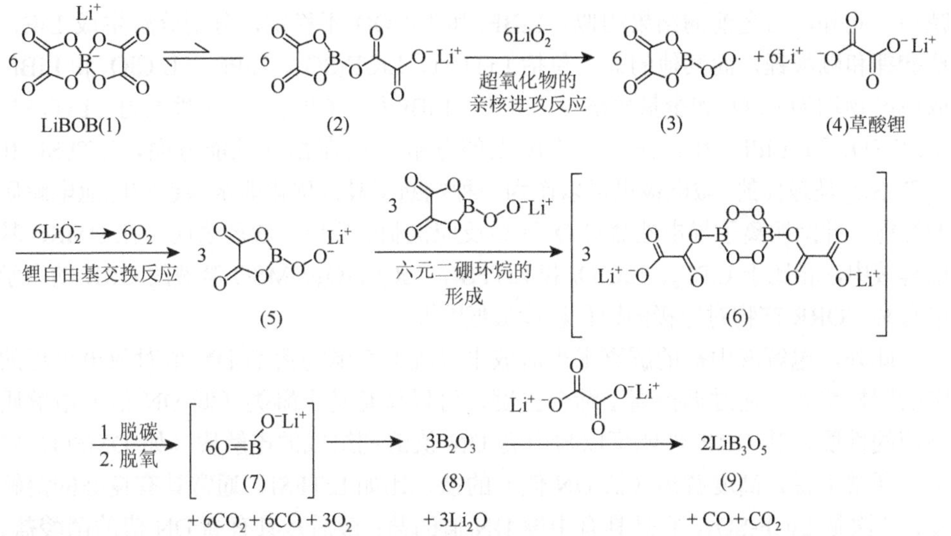

图 4.38　在放电过程中超氧自由基对 LiBOB 的进攻路线，以及随后形成草酸锂和三硼酸锂作为固体放电产物的分解机制[188]

此外，双三氟甲基磺酰基氨基锂（LiTFSA）盐曾被应用在锂氧气电池中，将LiTFSA以不同摩尔比溶解在三乙二醇二甲醚（G3）和四乙二醇二甲醚（G4）中，制备了一系列非水系电解液。结果发现，电池的循环性能与摩尔比存在很大的关系。当LiTFSA与G3/G4的临界摩尔比为1∶5时，锂氧气电池在流动的氧气及500 mA/g的电流密度下可以充放循环20圈，并且容量并没有发生衰减，经过XRD测试，首圈和第20圈的放电产物都是高度结晶的Li_2O_2；而在其他浓度下，无论降低盐的浓度还是提高盐的浓度，电池的循环性能均有所下降，说明电解液盐的浓度也是影响电池循环性能的重要因素[189]。此外，也有研究人员使用1 mol/L LiTFSA/TEGDME作为电解液，将空气正极和导电碳与总厚度为3 mm的三层泡沫镍板堆叠在一起，电池展现出80 mA·h/cm^{2}的超高放电容量[190]。

随着研究的不断进行，人们发现，LiTFSI和$LiCF_3SO_3$相比于其他电解液盐在锂空电池中相对稳定，也是目前在锂空电池研究中经常使用的两种盐。2012年，Sun团队[96]发现使用$LiCF_3SO_3$-TEGDME（摩尔比1∶4）电解液的锂氧气电池展现出优异的电化学性能及充放电可逆性，自此之后，$LiCF_3SO_3$-TEGDME电解液成了锂氧气电池研究中常用的电解液。随后在2013年，有实验证明在三乙二醇三甲基硅烷（1NM3）溶剂中，LiTFSI和$LiCF_3SO_3$并未发生分解，而$LiPF_6$在该溶剂中分解生成HF，从而触发1NM3溶剂的分解，导致电解液的降解，最终导致电池的可循环性差[183]。张继光小组[191]选择了七种常见的锂盐，系统地研究了锂盐对锂氧气电池性能的影响及锂盐阴离子在氧气氛围中充放电的稳定性。在这七种锂盐中，放电容量按照LiTFSI＞$LiCF_3SO_3$≈$LiPF_6$＞$LiClO_4$＞$LiBF_4$，LiBr，LiBOB的顺序依次减小。此外，与之前的结果相似，$LiBF_4$和LiBOB不稳定，分别分解生成LiF、草酸锂和硼酸锂，而其他的盐，包括LiTFSI、$LiCF_3SO_3$、$LiPF_6$、$LiClO_4$和LiBr，放电产物均为Li_2O_2和少量碳酸盐。其中，LiBr和$LiClO_4$的稳定性最好，LiTFSI、$LiCF_3SO_3$和$LiPF_6$都存在一定程度上的分解。而在循环性能方面，LiTFSI和$LiCF_3SO_3$是最佳的。微电极也可以作为一种判断工具来优化非水系锂空电池电解质的性能，并阐明离子导电性盐对O_2还原反应机制的影响。实验表明，在DMSO基电解液中，相比于$LiPF_6$、$LiClO_4$和LiTFSI，$LiCF_3SO_3$/DMSO溶液的ORR动力学最有利，ORR产物对电极的钝化程度最低[192]。

此外，电解液中盐的解离水平对放电过程的影响与溶剂DN值对放电进程的影响同样重要。通过调控离子缔合强度，可以调整基于醚类（低DN值）电解质溶液的性质，其ORR性能可以与由高DN值溶剂组成的电解质（如DMSO）媲美。通常来说，高度解离（低DN值）的盐，比如LiTFSI，通常具有良好的溶解度；其次是$LiCF_3SO_3$，它是具有中度DN值的盐；最后是具有高DN值的硝酸盐。放电过程中生成的O_2^-中间体可以通过电解液盐的阴离子间接稳定。如图4.39所示，在高度解离的低DN值盐中，过氧化锂的生成遵循着一种“自下而上”的机制，首先形成一个均匀的薄层，阻止了之后的放电产物的生长位点。与此相反，在具有高 DN 值电解液盐中，遵循着一种“自上而下”的生长机制，这使放电过程中的 ORR 路径延长，形成尺寸较大、不规则的 Li_2O_2 放电产物，由于表面的覆盖不会均匀地阻挡放电产物的生长，所以在这种电解液盐中，能够实现相对较长的电子转移过程，实现高放电容量[193]。

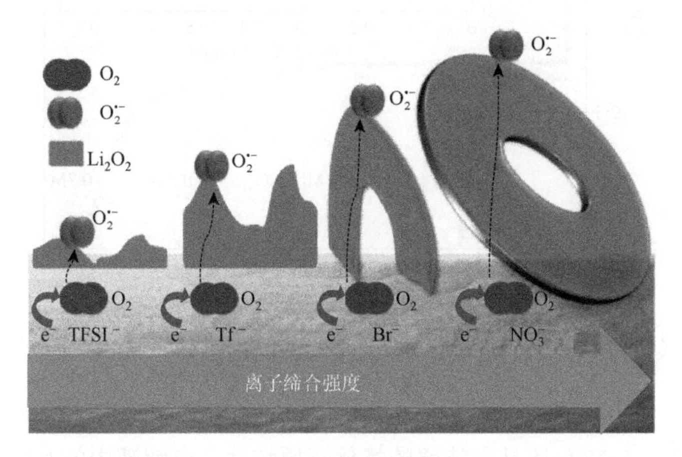

图 4.39　几种阴离子在锂盐中的离子结合强度[193]

美国加利福尼亚大学 McCloskey 团队[194]的研究同样发现，在电解液中加入 $LiNO_3$ 盐可以显著提高电池的放电容量。如图 4.40 所示，以 DME 作为溶剂，所有电解液的浓度均为 1.0 mol/L，通过改变 LiTFSI 和 $LiNO_3$ 的比例发现，随着电解液中 $LiNO_3$ 浓度的增加，放电容量也随之增加，当 $LiNO_3$ 的浓度提高至 0.7 mol/L 时，电池的容量增加到四倍以上，充分表明电解液中的 NO_3^- 对电池容量的实质影响。然而，容量的提高只体现在具有低 DN 值的 DME 溶剂中，在 DMSO 中加入 $LiNO_3$，容量并没有明显的变化。通过 ^{7}Li NMR 和建模证实容量的提高是由于 Li^+ 在溶液中被有效供体数高于溶剂的阴离子增强了稳定性，这反过来也导致了溶液中电化学形成的阴离子 O_2^- 的稳定性增强，从而诱导了中间体对 Li_2O_2 形成的溶解度。简而言之，由于 NO_3^- 的 DN 值高于 DME 而低于 DMSO，所以在 DME 溶剂中，引入高 DN 值的 NO_3^- 可以显著提高电池容量，而在 DMSO 溶剂中，NO_3^- 在 DN 值上并不占优势，所以电池容量并未发现明显变化。此外，也有研究证实，在 LiTFSI 和 $LiNO_3$ 的混合电解液中，以 TEGDME 作为溶剂，当电解液中 $LiNO_3$ 浓度高于 0.75 mol/L 时，碳表面的氮掺杂达到一个临界极限，超过这个极限对放电过程是不利的。并且，电池的最大放电容量强烈地依赖于碳正极的表面结构，而正极又严重地受到电解液组成的影响。因此，除了电解液中阴离子的缔合强度，正极的结构也对放电容量有着非常重要的影响[195]。

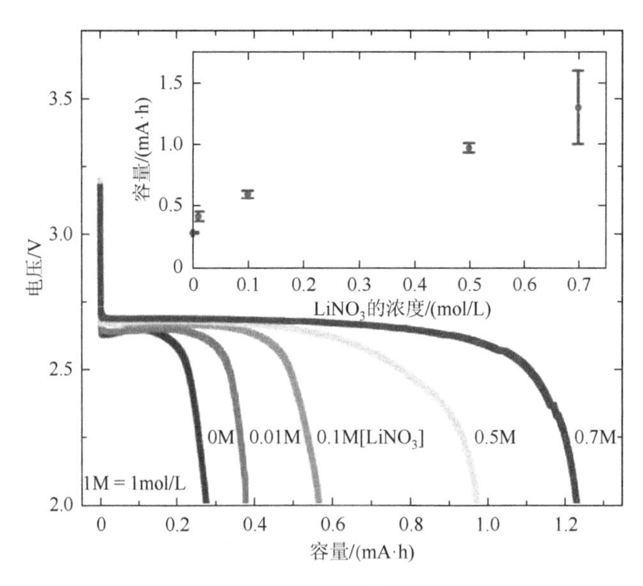

图 4.40　锂氧气电池在 1.5 atm（1 atm = 1.01325×10^5 Pa）氧气氛围中，450 μA/cm^2 电流密度下的放电曲线，截止电压为 2.0 V[194]

除此之外，$LiNO_3$ 还具有特殊的氧化还原特性。电解液中的 NO_3^- 阴离子可以与金属锂负极发生化学反应，形成可溶性的亚硝酸盐离子（NO_2^-），并在锂负极表面形成 Li_2O 钝化层。可溶性的 NO_2^- 随后通过电化学和化学的结合过程与溶解的氧气发生反应，从而导致硝酸盐的再生[155, 196]。其中，NO_3^- 和 NO_2^- 由于其阴离子性质，不能与 Li_2O_2 相互作用，但在电势低于 4.0 V 时，NO_2 极易氧化 Li_2O_2，随后 NO_2 还原形成的 NO_2^-（在 Li_2O_2 氧化过程中）会立即被重新氧化，如图 4.41 所示。因此，通过 NO_2/ NO_2^- 氧化还原对，只需要少量的亚硝酸盐就可以在 4.0 V 以下的电压下完全氧化 Li_2O_2[197]。由于这一特殊的性质，$LiNO_3$ 也通常被用作锂氧气电池中的氧化还原介体，降低充电过电势，提高电池的充放电效率。

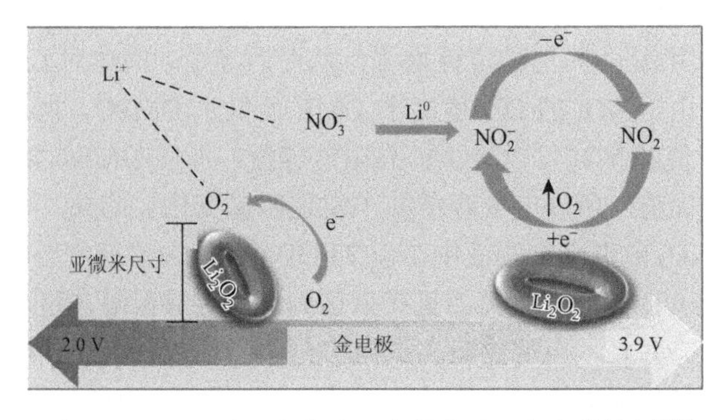

图 4.41　$LiNO_3$ 在锂氧气电池中的化学和电化学转变[197]

由于$LiNO_3$这一特殊的性质，$LiNO_3$经常与其他的盐一起搭配作为锂氧气电池的电解液。在$LiNO_3$-LiTFSI/DMSO混合电解液中发现，与LiTFSI相比，引入$LiNO_3$电解液的循环性能提高了50%以上，并且正极δ-MnO_2的循环性能得到改善。含有$LiNO_3$的电解液在正极表面产生的含有C—F键等化合物、Li_2SO_3和Li_2SO_4等副产物较少[198]。在DMA基电解液中，通过调控$LiNO_3$和LiTFSI配比也可以实现高性能的锂氧气电池，并且特殊的$LiNO_3$和LiTFSI的结合可以有效保护金属锂负极，在2 mol/L LiTFSI、1 mol/L $LiNO_3$电解液中，可以实现锂-锂对称电池循环1800圈，锂氧气电池稳定循环180圈的优异性能。通过从头算分子动力学模拟（AIMD）进一步深入研究了不同配比电解液的溶剂化结构，图4.42（a）～（d）是通过AIMD模拟的不同电解液的溶剂化结构，在3 mol/L LiTFSI电解液中，Li^+的许多溶剂化结构以离子对的形式存在，如图4.42（e）所示，而引入$LiNO_3$所制备的2 mol/L LiTFSI、1 mol/L $LiNO_3$混合盐电解液，形成了一些团聚体，进一步提高了溶剂化效果［图4.42（f）］。对于高浓度的电解液（4 mol/L LiTFSI和5 mol/L $LiNO_3$），则出现更多的团聚体，Li^+与溶剂和阴离子之间的相互作用进一步增加。高浓度电解液中大量的团聚体不可避免地会阻碍快速传质和电极动力学。因此，较强的溶剂化效应并不总是有利于较好的电化学性能。而采用2 mol/L LiTFSI、1 mol/L $LiNO_3$的电解液具有高浓度电解液的溶剂化效应，但与3 mol/L LiTFSI基电解液的溶剂化环境有很大的不同，与高浓度电解液相比，2 mol/L LiTFSI、1 mol/L $LiNO_3$电解液的离子运动增强，因此有助于Li^+在充放电过程中更好地传输，进而提高电池性能[158]。另外，$LiNO_3$也经常单独作为电解液中的盐，通过调控电解液的浓度及优化界面层，在DMA或DMSO这种高极性，但对金属锂负极具有不稳定性的溶剂中起到负极保护的作用，这在之前溶剂的章节已经具体描述，这里将不再赘述[135-136, 156-157]。另外，一些特殊的锂盐也被应用于锂氧气电池中。中国科学院长春应用化学研究所彭章泉团队[199]使用了一种新型锂盐，$Li[(CF_3SO_2)(n\text{-}C_4F_9SO_2)N]$（LiTNFSI），LiTNFSI能在金属锂负极上形成稳定、均匀、阻隔氧气的SEI，有效抑制锂枝晶生长和锂金属负极与含溶氧电解质之间的寄生副反应，如图4.43所示。因此，采用LiTNFSI-TEGDME电解质的锂氧气电池，其可逆性大大提高，氧气回收率高达95.7%。

由于早期对锂氧气电池电解液的充分研究，钠氧气电池和钾氧气在发展初期少走了许多弯路。首个室温钠氧气电池使用的盐就是衍生于锂氧气电池中的三氟甲磺酸盐，$NaCF_3SO_3$[113]，随后大多数钠氧气电池中都是用这种盐作为电解液的溶质。Younesi团队[200]使用原位同步辐射粉末X射线衍射仪（SR-PXD）来定量地跟踪NaO_2放电产物在钠氧气电池中的形成，以及测量电解质盐的选择如何影响结晶NaO_2的生长。结果表明，在弱溶剂化醚类溶剂中，NaO_2放电产物的生长取决于导电盐的选择，与具有低DN值的PF_6^-相比，钠氧气电池在含有$CF_3SO_3^-$的电解质盐中可以获得更高的容量。

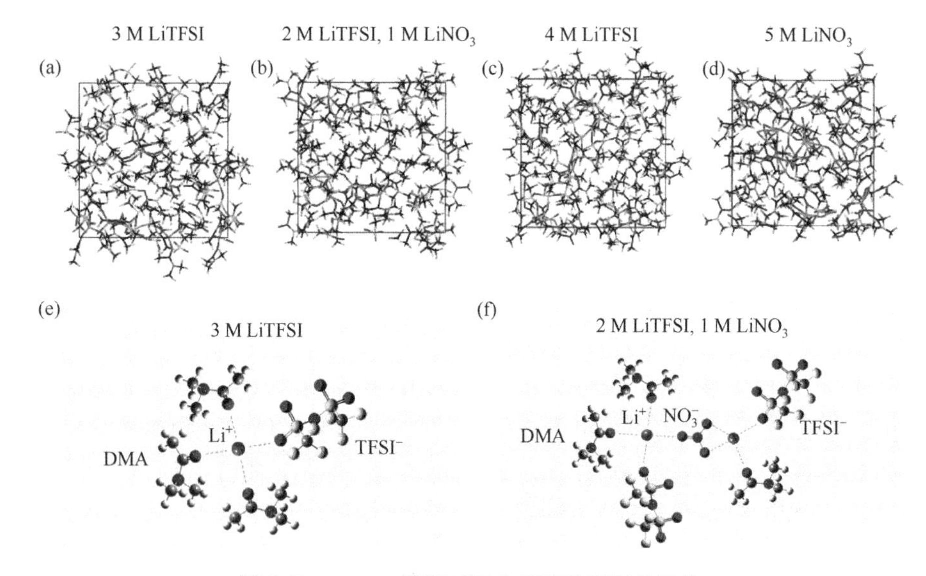

图 4.42　AIMD 模拟不同电解液的溶剂化结构

（a）3 mol/L LiTFSI；（b）2 mol/L LiTFSI 1 mol/L $LiNO_3$；（c）4 mol/L LiTFSI 和（d）5 mol/L $LiNO_3$ 电解液的 AIMD 仿真箱快照：（e）3 mol/L LiTFSI 和（f）2 mol/L LiTFSI 1 mol/L $LiNO_3$ 电解液的溶剂化结构示意图[158]

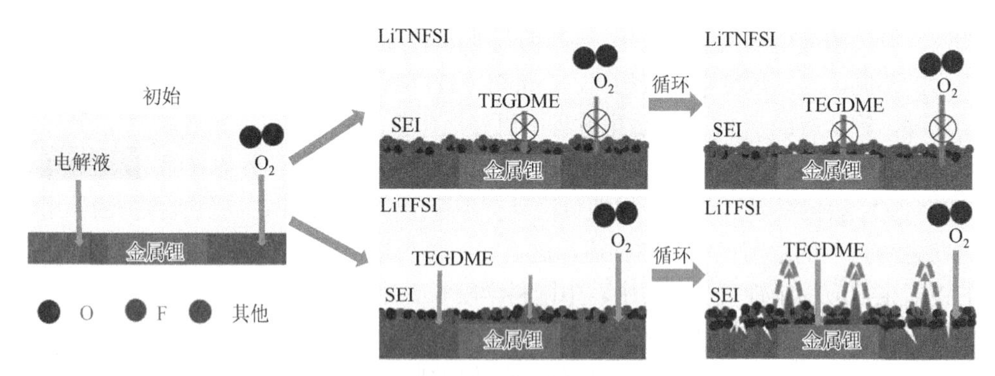

图 4.43　在 LiTNFSI-TEGDME 和 LiTFSI-TEGDME 电解液中，金属锂负极表面在循环过程中发生的反应原理图[199]

Bruce 团队[201]系统地研究了钠盐阴离子对钠氧气电池性能的影响。采用 ^{23}Na-NMR 技术来检测 Na^+在不同阴离子（ClO_4^-，PF_6^-，$CF_3SO_3^-$和 $TFSI^-$）中的存在环境，以说明溶剂-溶质在不同溶剂中的相互作用。事实证明，不同阴离子的相对路易斯碱度确实可以改变 Na^+在弱溶剂化溶剂（比如 DME）中的电子环境，阴离子相互作用的增加（$ClO_4^- < PF_6^- < CF_3SO_3^- < TFSI^-$）可以通过形成接触离子对来稳定 Na^+。当使用强溶剂化 DMSO 溶剂时，由于 DMSO 对 Na^+的强溶剂化作用，阴离子对 Na^+化学位移的影响较小。然而，增加 Na^+溶剂化并不一定意味着钠氧气电池的性能更好。但是，在醚类溶剂中，阴离子对金属钠负极表面 SEI 的形

成起着关键的作用，溶剂的化学还原产生的自由基会导致溶剂的聚合和盐离子的分解。通过 XPS 证明，在金属钠负极的 SEI 中存在有机低聚物、钠的卤化物和阴离子分解碎片。如图 4.44 所示，在这四种阴离子中，PF_6^- 与 DME 结合可以生成具有足够稳定性和离子导电性的含 NaF 的 SEI。由于 $CF_3SO_3^-$ 较大以及由 ClO_4^- 生成的 Na—Cl 键较弱，因此由 $CF_3SO_3^-$ 和 ClO_4^- 生成的 SEI 都不稳定。特别是 $TFSI^-$，可能由于其体积较大，对金属钠负极有一定的不利影响。然而，美国耶鲁大学王海亮团队[202]的研究结果与之相反，向 1 mol/L $NaCF_3SO_3$/TEGDME 电解液中添加 0.01 mol/L KTFSI 可以起到保护金属钠负极的作用。一方面，K^+可以通过静电屏蔽的作用使 Na^+在循环过程中均匀沉积。另一方面，$TFSI^-$可以诱导在金属钠负极表面生成稳定的含氮元素的 SEI。KTFSI 作为一种双功能添加剂可以使钠-钠对称电池在 10 μA·h/cm^2 的高容量下深度循环 400 h。然而，需要强调的是，KTFSI 的作用仅仅是在对称电池中得以验证，在钠氧气电池中的实际作用还需进一步的实验。除 K^+外，向 1 mol/L $NaCF_3SO_3$/DEGDME 电解液中加入少量 TBA^+离子，也可以起到静电屏蔽的作用保护负极，并且通过分子动力学模拟和密度泛函理论计算证实了 TBA^+离子有助于 O_2^- 的快速脱溶剂化动力学以及对 O_2^- 歧化反应的抑制。因此，具有 TBA^+的非质子钠氧电池具有较高的库仑效率和较好的倍率性能[203]。

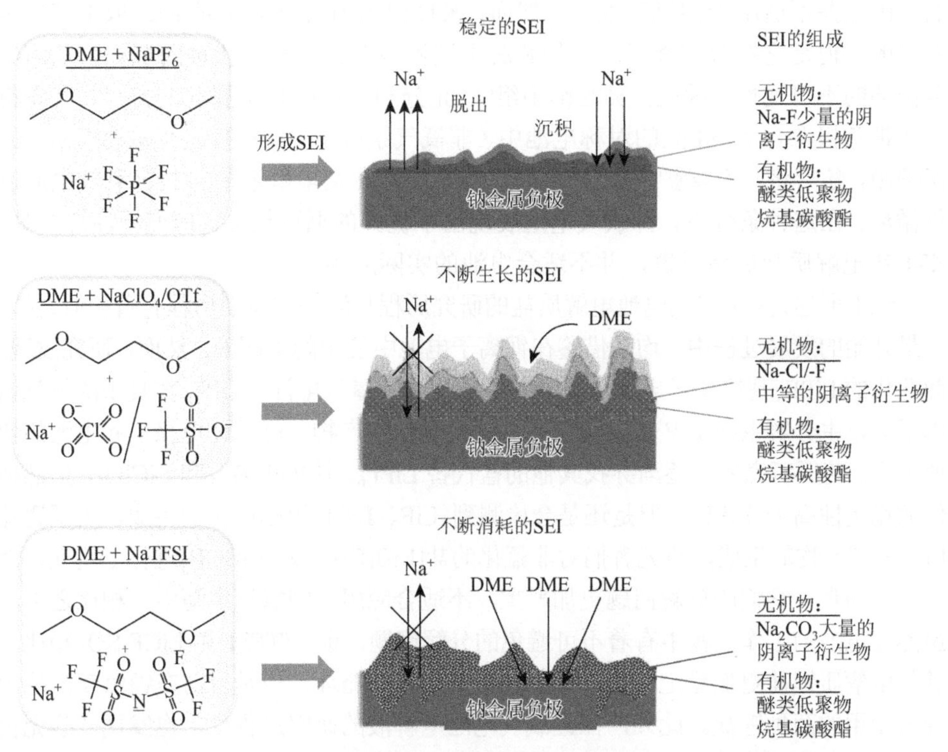

图 4.44　在 DME 溶剂中，金属钠负极表面在含有不同阴离子的金属钠盐中的组成[201]

对于钾氧气电池使用的电解质盐，并没有太多的研究。首个钾氧气电池使用的电解质盐是 KPF_6[122]，因此在之后的研究中，KPF_6 电解质盐得以延续。Ramani 团队[204]的研究证明溶剂化重组能和氧气扩散系数与 ORR 速率常数具有良好的相关性，在实际系统中，具有低溶剂化阴离子和高 ORR 速率常数的电解质表现出最低的放电极化，从而具有最高的放电速率能力，实现了空气电池的较高功率输出。而在钾氧气电池中，KPF_6/DMSO 具有较高的扩散系数，易溶解，展现出低的放电过电势（200 mV）。但是，需要说明的是，金属钾负极对 DMSO 有着极高的活性，需要合理的电解液及电池结构的设计才能在钾氧气中使用 DMSO 基的电解液。

除此之外，研究者们还将 KFSI 和 KTFSI 这两种电解质盐应用在钾空电池中，并对它们进行了深入的研究。以 1.0 mol/L KTFSI/TEGDME 作为电解液，KTFSI 可以在金属钾负极表面原位形成一个不渗透溶剂和氧气的 SEI 层，充分保护活泼的金属钾负极。因此，在加压氧气环境（2 atm）下，在该电解液中的钾氧气电池循环稳定性超过 60 次（≈700 h），循环性能是无保护层的钾氧气电池的 10 倍以上[205]。而 FSI^- 被认为是钝化碱金属负极的“神奇阴离子”[206]，KFSI/DME 电解液可以通过 S—F 键的解离形成富含 KF 的 SEI 钝化层保护金属钾负极。然而，在氧气氛围下，对于超氧化物或者氢氧化物的亲核攻击，KFSI 在化学上是极不稳定的，因此并不适用于钾氧气电池。然而，KTFSI 相比于 KFSI 对 KO_2 放电产物是稳定的，但是它在金属离子的沉积和脱出过程中会引发苔藓状钾的沉积，从而导致循环的不可逆性。因此，吴屹影小组[207]充分利用这两种金属盐的特点，首先将金属钾负极在含 KFSI 盐的对称电池中（非氧气氛围下）循环使之形成富含 KF 的保护膜，随后将具有保护膜的金属钾负极在 KTFSI 基电解液中组装钾氧气电池进行循环，在这种条件下，钾氧气电池展现出了优异的循环性能。但值得注意的是，KTFSI 电解质盐价格昂贵，并不适合电池的实际应用。

综上所述，金属空气电池电解质盐的研究历程与溶剂的发展历程有着相似之处，在最开始的发展过程中，均是借鉴在锂离子电池中使用的电解液。然而，研究发现，商业化的 $LiPF_6$ 基锂离子电池电解液并不适用于锂氧气电池，$LiPF_6$ 在复杂的氧气氛围下会发生分解生成 LiF 或其他带有 P—O 键的副产物，能钝化电极引起电池的快速死亡。随后研究者们逐渐寻找其他的盐代替 $LiPF_6$，比如 $LiBF_4$ 和 $LiClO_4$，虽然他们的稳定性高于 $LiPF_6$，但是还是会检测到 LiF、LiCl 等副产物的生成。为了避免 LiF 等副产物的生成，研究者们对非氟化的盐[$LiB(CN)_4$ 和 LiBOB]进行了研究，然而不幸的是，它们的分解问题更加严重，不适合应用在锂氧气电池中。相比之下，虽然在电池的工作过程中有着不可避免的分解问题，但 LiTFSI 和 $LiCF_3SO_3$ 相比于其他电解质锂盐更加稳定，更有利于锂氧气电池的循环，也是目前在锂氧气电池中经常使用的两种锂盐。此外，在锂氧气电池电解液的研究过程中，也发现一些无机盐，比如 $LiNO_3$ 在电池的氧化还原过程中发挥着独特的作用。对于钠氧气电池和钾氧气电池，电解质盐的选择基于锂氧气电池电解质盐的研究，在电解质盐上的研究并不如锂氧气电池深入。目前，钠氧气电池使用的钠盐通常是源于锂氧气电池的 $NaCF_3SO_3$，而基于第一个钾氧气电池使用的钾盐是 KPF_6，因此之后的研究中通常继续使用 KPF_6。此外，KTFSI 也在钾氧气电池中发挥了独特的优势。目前，并没有一种稳定的金属盐能够满足金属空气电池的长循环及高倍率的性能要求，因此，对金属空气电池电解质盐的研究还需要不断深入，特别是钠氧气电池和钾氧气电池。

4.2.7　熔融盐电解质

相比于非水系液态电解质，熔融盐电解质不易挥发，具有不燃性，并且具有化学特别是电化学稳定性，被视为锂氧气电池的另一种有前景的电解质。无机熔融盐电解质通常在高于 100 ℃的温度下融化，从而需要锂氧气电池在高温下运行。Addison 团队[208]首次将熔融盐电解质应用在锂氧气电池中，他们使用碱金属硝酸盐/亚硝酸盐共晶二元或三元混合物熔融盐电解质（$LiNO_3$-KNO_3 或 $LiNO_3$-KNO_2-$CsNO_3$）取代之前常用的易挥发、对空气不稳定的液态有机电解质，并在 120 ℃和 150 ℃下研究了氧气电化学，发现氧还原反应通过 $2e^-/O_2$ 反应生成 Li_2O_2 放电产物。此外，还观察到沉积的过氧化锂的形状为六边形，XRD 证实了 Li_2O_2 晶体的可逆形成，原位气体和压力分析表明在极低的过电势（0.1 V）下，氧气可以在充电过程中有效地形成。如图 4.45 所示，锂氧气电池在该熔融盐电解质下的性能显著优于传统有机液态电解液。锂氧气电池可逆性和倍率性能的提高是由于熔融盐电解质提高了放电产物的溶解度，从而减轻了沉积在电池正极上 Li_2O_2 固有的电子传输限制。然而，在该研究中使用的碳基正极材料倾向于与氧还原产物发生反应生成碳酸锂，并且非晶态碳电极的分解会导致电池失效，因此寻找合适的正极材料对锂氧气电池的开发依旧是至关重要的。

除了锂氧气电池常见的 Li_2O_2 放电产物外，Li_2O 是另一种有前景的能量存储材料，因为一个 Li_2O 分子可以存储两个电子，从而产生最高的能量密度（5.2 kW·h/kg）。此外，相比于 Li_2O_2 和 LiO_2，Li_2O 更具有稳定性，可以缓解困扰非水系锂氧气电池的化学不稳定性问题[209]。虽然在室温下，Li_2O_2 的电化学生成在热力学上比 Li_2O 更有利，然而当温度高于 150 ℃时，情况则相反。如图 4.46（a）所示，通过提高温度，可以使锂氧气电池在热力学上更倾向于生成 Li_2O 而不是 Li_2O_2。由于 $LiNO_3$-KNO_3 熔融盐电解质具有良好的化学稳定性和高导电性，Nazar 等[210]使用这种熔融盐作为锂氧气电池的电解质，并且使用固体电解质 $[Li_{1.5}Al_{0.5}Ge_{1.5}(PO_4)_3]$ 抑制可溶性产物的交叉污染保护金属锂负极，正极侧使用镍纳米颗粒原位包裹形成 Li_xNiO_2 作为非碳复合正极的重要催化剂，可以可逆催化 O—O 键的裂解和形成，电池的具体构造如图 4.46（b）所示。

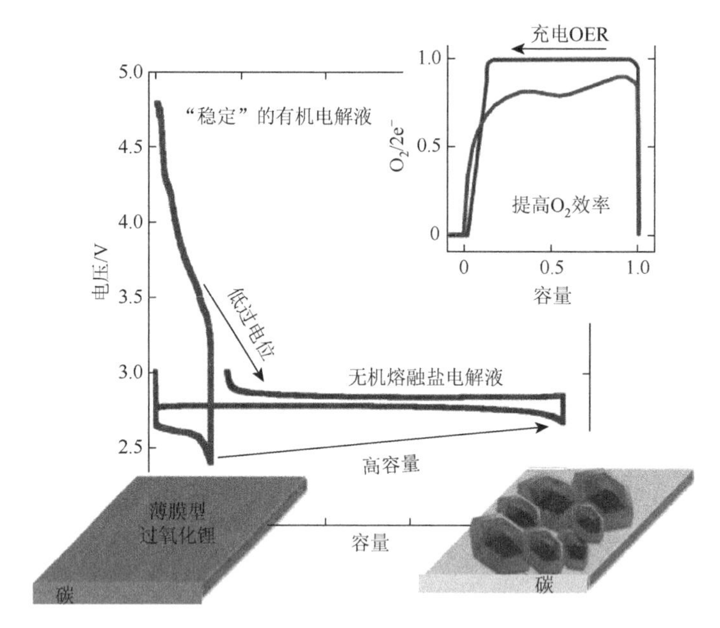

图 4.45　锂氧气电池在熔融盐电解质与有机液态电解质下的充放电曲线与放电产物形貌的对比[208]

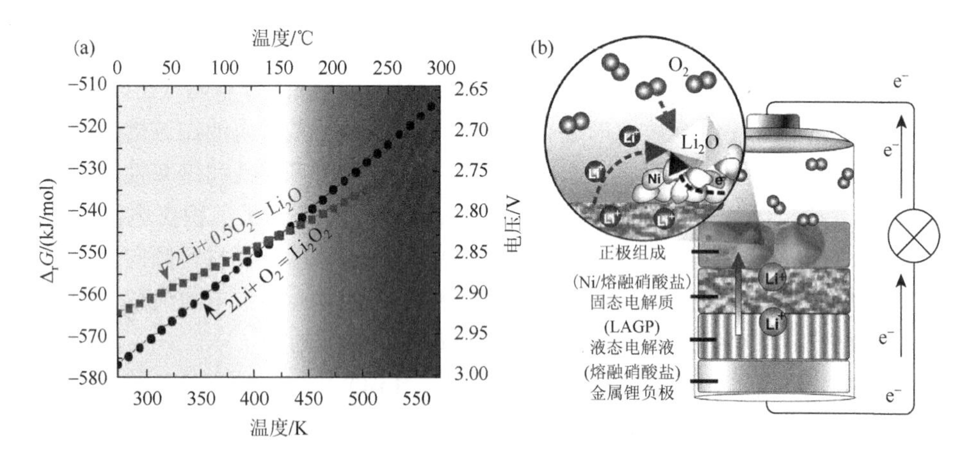

图 4.46　锂氧气电池的热力学性质和结构

（a）生成 Li_2O 和 Li_2O_2 的吉布斯反应能随温度变化的函数；（b）无机熔融盐电解质锂氧气电池结构及放电过程中 Li_2O 的形成示意图[210]

通过调节温度和使用双功能 ORR/OER 催化剂，在这种条件下，锂氧气电池可以克服热力学和动力学的阻碍，实现基于 Li_2O 放电产物的电化学，而非 Li_2O_2。通过对放电产物的滴定实验以及 DEMS 测试表明，Li_2O 的生成是四电子氧还原反应，氧回收率（OER/ORR）接近于 1。如图 4.47（a）所示，该电池在 2.7 V 时出现了一个主要的放电平台，在略低于 3.0 V 时出现了充电平台，并在充电结束时逐渐极化到 3.5 V，在 0.2 mA/cm^2 的电流密度下，0.5 mA·h/cm^2 的截止容量下，电池可以循环 150 圈并且没有明显的性能衰减［图 4.47（b）］。锂氧气优异的电化学性能得益于原位形成的 Li_xNiO_2 正极既能在放电过程中催化氧气中的 O—O 键解离，在催化剂表面形成双电子 Li_2O_2，然后歧化形成 Li_2O 和 O_2，最后溶液介导 Li_2O 成核和生长，也能在催化四电子氧气转移过程中以优异的库仑效率和极低的极化释放氧气。以 Li_2O 作为放电产物时，锂氧气电池是可逆的，这是氧化物相对于超氧化物和过氧化物反应活性较低的化学性质所导致的。此外，使用化学稳定的无机熔融盐电解质和非碳基正极可以有效避免有机液态电解质的分解和碳基正极的腐蚀。这项工作表明，一旦克服电解液、超氧化物和正极的主要问题，锂氧气电池的电化学就不会受到本质上的限制，可以达到接近 100%的库仑效率。

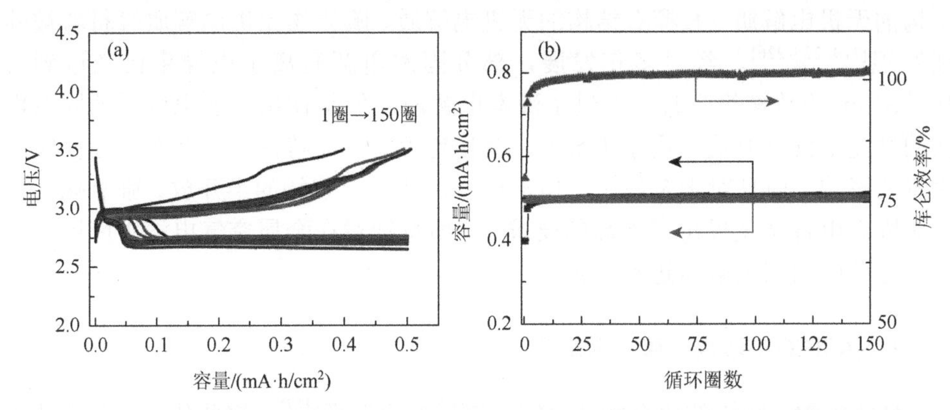

图 4.47　在 0.2 mA/cm^2 的电流密度下，0.5 mA·h/cm^2 的截止容量下，使用无机硝酸盐熔融盐电解质锂氧气电池的充放电曲线（a）及循环性能（b）[210]

使用熔融盐电解质的锂氧气电池在快速动力学方面具有独特的优势，然而这需要使电池在高温下进行工作，需要选择合适的电极、材料和电池组件来承受高温和严苛的实验条件。并且，对熔融盐电解质的金属空气电池的研究还处于早期阶段，目前仅在锂空电池中得以应用，尚未应用在钠空电池和钾空电池体系。已有研究表明，熔融盐电解质可以保护活泼的金属钠负极[211]。因此，熔融盐电解质在金属空气电池中的应用还有很大的发展空间，还需要进行进一步的探索与研究。

4.3　半固态和固态电解质

4.3.1　金属空气电池用固态电解质

在过去的几十年中，大多数电池研究都是聚焦在使用液体电解质的体系[212]。尽管液体电解质具有高离子电导率和对电极优异的润湿性，但是其电化学/化学稳定性不佳、离子选择性低，安全性差[213]。将液体电解质替换为固态电解质不仅可以解决这些问题，还有希望发展出基于固态电解质的新型电池体系[214-217]。基于这些优势，针对固态电解质的研究引起了广大学者的关注[218-219]。将固态电解质应用在室温电池中主要是基于已经商业化的锂离子电池安全性的考虑。应用于锂离子电池的固态电解质主要分为聚合物电解质和无机电解质两大类。1980 年，研究人员发现聚环氧乙烷（PEO）具有离子传递能力后，大量的聚合物电解质被开发出来，如聚丙烯腈（PAN）基聚合物电解质、聚偏氟乙烯（PVDF）基聚合物电解质等[220-223]。1990 年，美国橡树岭国家实验室开发出了锂磷氧氮（LiPON）薄膜电解质，被认为是首个在锂离子电池中成功应用的无机电解质[224]。之后，钙钛矿结构的无机电解质、钠离子快导体（NASICON）结构的无机电解质、石榴石结构的无机电解质、硫化物无机电解质等材料被陆续发现[219, 225-226]。经过多年发展，部分固态电解质离子电导率已经达到了 10^{-2} S/cm 的数量级，甚至超过了液态电解液。但是使用固态电解质的固态电池的性能不仅仅取决于离子电导率，其稳定性、界面特性等都会对电池性能产生重要影响。而且对于金属空气电池而言，其自身独特的半开放、强氧化性特点对固态电解质又提出了更高的要求。下面将针对在金属空气电池中应用过的几类主要的固态电解质进行介绍。

1. NASICON 结构的固态电解质

NASICON 结构的化合物在 1960 年被首次发现[227]。这些化合物的通式为 $AM_2(PO_4)_3$，其中 A 位被 Li、Na 或者 K 占据。M 位通常为 Ge、Zr 或者 Ti。该结构由 MO_6 八面体组成，通过角共享与 PO_4 四面体连接，进而形成三维相互连接的通道。$LiTi_2(PO_4)_3$ 是研究最多的体系。当用 Al 对 Ti 进行替代时得到的 $Li_{1+x}Al_xTi_{2-x}(PO_4)_3$（LATP）可以将室温离子电导率提高至 10^{-3} S/cm 的数量级[228]。除了高离子电导率，NASICON 结构固态电解质的空气稳定性非常好，而且电化学窗口也比较宽。遗憾的是，LATP 与锂金属接触后会被还原，造成对锂界面失效、离子电导率降低，还会产生热量造成安全隐患。$Li_{1+x}Al_xGe_{2-x}(PO_4)_3$（LAGP）对锂的稳定性优于 LATP，是目前 NASICON 结构固态电解质的主流研究方向[229]。但是其成本较为昂贵，制约了实际应用。

NASICON 结构固态电解质的制备方法有熔融-淬火法、机械活化法、溶胶-凝胶法、湿化学法、高温固相法等[230]。除了熔融-淬火法能够直接形成电解质片，其他的方法都需要先合成出纯相的电解质粉末再烧结为电解质片。在烧结过程中孔洞、杂相等的形成会大幅度降低离子电导率，因此通过使用助烧结剂、引入先进的烧结技术等措施来提高致密度和抑制杂相的生成是非常重要的[231-233]。

2. 石榴石结构的固态电解质

石榴石结构化合物的通式可以写为 $A_3B_2(XO_4)_3$，其中 A，B，X 分别是八配位、六配位、四配位的阳离子。当 X 位置被 Li 原子占据时就形成了具有锂离子传导能力的石榴石电解质。石榴石电解质可以分为四类：Li_3 系列，如 $Li_3Ln_3Te_2O_{12}$（Ln = Y，Pr，Nd 等）[234]；Li_5 系列，如 $Li_5La_3M_2O_{12}$（M = Ta，Sn，Nd 等）[235]；Li_6 系列，如 $Li_6ALa_2M_2O_{12}$（A = Ca，Sr，Ba 等，M = Nb，Ta 等）[236]；Li_7 系列，如 $Li_7La_3M_2O_{12}$（M = Zr，Sn 等）[237]。总体趋势是随着锂含量的增大，石榴石电解质的离子电导率几乎呈指数增长。2007 年，Murugan 等合成了 $Li_7La_3Zr_2O_{12}$（LLZO），离子电导率达到 3×10^{-4} S/cm，活化能为 0.3 eV[237]。研究人员针对 LLZO 进行了不等价离子（Ta，Al 等）掺杂，可以进一步提高石榴石电解质的离子电导率。随着烧结技术的发展，石榴石电解质几乎可以达到 100%的致密度，离子电导率也突破了 10^{-3} S/cm。除了高离子电导率，宽电化学窗口、优异的对锂稳定性都使石榴石电解质成了这几年最受关注的固态电解质。但是，石榴石电解质的空气稳定性不佳，与空气接触后会生成 Li_2CO_3 不良离子导体，造成电解质离子电导率下降和电极表面润湿困难等问题[238]。此外，无机电解质固有的较差的变形能力导致使用石榴石电解质的固态电池存在巨大的阻抗。因此，对负极/石榴石电解质和正极/石榴石电解质的界面优化是目前固态电池的重要研究方向。

石榴石电解质的制备需要在高温（≥1100 ℃）下烧结实现致密，这会导致锂元素的大量挥发，造成孔洞、杂相的生成。传统的解决办法是在原料中加入过量的锂盐弥补锂的挥发。近期研究人员开发了快速烧结方案，在短短几秒之内将石榴石电解质加热到高温并实现高致密度[239]。这样的方法能够最大限度地减少锂的挥发，并且能够实现石榴石电解质的连续烧结，有望实现大规模生产。

3. LiPON 固态电解质

LiPON 电解质的典型化学式可表示为 $Li_{2.88}PO_{3.73}N_{0.14}$，其室温锂离子电导率约为 3.3×10^{-6} S/cm，激发能约为 0.54 eV。LiPON 由 Bates 等首次提出，通过在 N_2 气氛中对 Li_3PO_4 靶材进行磁控溅射制备[240]。LiPON 一般制备为几百纳米厚度的薄膜，应用在薄膜电池中[241]。因为薄膜的厚度非常小，因此 LiPON 电解质虽然离子电导率低也不会造成电池阻抗过大。基于 LiPON 组装的薄膜锂离子电池在微型电子器件、微型医用设备上都已经获得了成功应用。但是由于微型电池尺寸比较小，电池的容量都非常小，限制了这种电池的发展。此外，LiPON 的制备成本也比较高昂。除了组装为薄膜电池外，LiPON 因其对锂金属和高电压正极优异的稳定性而被应用在多种电池体系中充当界面缓冲层。

4. 固态聚合物电解质

与无机固态电解质相比，固态聚合物电解质具有很多优势，如：质量轻、柔软、成本廉价、容易大规模制备等。固态聚合物电解质通常由锂盐溶解在高分子量的聚合物基质里面制备而成，锂离子通过聚合物链段的运动传递[242]。遗憾的是，固态聚合物电解质的室温离子电导率比较低，约为 10^{-5} S/cm[243]。一般来讲，降低固态聚合物电解质的玻璃化转变温度、结晶度都可以在一定程度上增强聚合物链段的运动能力，起到提高离子电导率的效果[244]。固态聚合物电解质种类繁多，如基于聚氧化乙烯（PEO）、聚丙烯腈（PAN）、聚偏氟乙烯（PVDF）、聚甲基丙烯酸甲酯（PMMA）等的聚合物电解质都取得了非常多的进展[245-247]。其中使用PEO基聚合物固态电解质的全固态锂离子电池已经被法国的博洛雷公司成功应用在汽车上，具有广阔的应用前景。但是固态聚合物电解质的抗氧化性较差，在金属空气电池中分解严重[248]。开发离子电导率更高、抗氧化性更强的固态聚合物电解质是未来的研究方向。

5. 塑晶固态电解质

塑晶固态电解质主要指腈类电解质。含有强极性和强吸电子能力的N≡C基团的腈类物质具有约30的高介电常数。而且腈类电解质具有较宽的电化学窗口。丁二腈基塑晶电解质是最常见的塑晶电解质，其室温离子电导率可以达到1 S/cm以上[249]。丁二腈基塑晶电解质的塑性很强，表明其能够很好地适应电极在充放电过程中发生的体积变化[250]。但是丁二腈基塑晶电解质的机械强度非常差，通常需要和聚合物基质混合提高力学性质。虽然丁二腈基塑晶电解质的优点很多，但是目前主要作为固态锂离子电池的正极离子传导材料使用[251]，其在金属空气电池中应用时需要解决对锂/钠等强还原性负极的聚合现象和在强氧化性环境中的缓慢分解现象[252]。

6. 凝胶电解质

尽管上述的固态电解质能够彻底解决电池中的安全问题，但是其制备过程复杂、界面阻抗高、室温离子电导率低等问题阻碍了固态电池的发展。凝胶电解质是一种含有少量非流动性电解液的半固态电解质。最常见的凝胶电解质是凝胶聚合物电解质。凝胶聚合物电解质的制备方式一般是聚合物膜浸泡电解液或者光引发原位聚合，其具有高离子电导率、高柔性、低界面阻抗、易于加工、高机械强度等优点。而且凝胶聚合物电解质具有疏水特性，在金属空气电池中能够起到保护金属负极的作用。基于PEO、PAN、聚甲基丙烯酸甲酯（PMMA）、

PVDF、聚偏氟乙烯-六氟丙烯（PVDF-HFP）的凝胶电解质都在金属空气电池中应用过。其中，基于 PVDF-HFP 的凝胶电解质综合表现较好，如离子电导率高、电化学和机械稳定性好、抗氧化性强等，在金属空气电池中的应用最为广泛。

4.3.2 半固态/固态金属空气电池的发展

1. NASICON 固态电解质在半固态/固态金属空气电池中的应用

NASICON 固态电解质因其具有较好的对水稳定性而在水系锂空电池中有着广泛的应用。水系电解质需要使用隔水层来保护锂金属，通常使用的是较厚的 NASICON 陶瓷层，该陶瓷层需要足够厚以确保良好的机械性能，但是这会使欧姆阻抗增大，导致电池的动力学性能较差。通过用陶瓷纤维代替固态陶瓷膜，使用有机疏水且不导电的聚合物填充陶瓷纤维空隙来获得复合电解质，则可以在不易碎的柔性材料中实现锂离子传导。

2004 年，Visco 等首次提出了水稳定的锂电极（water stable lithium electrode，WSLE）概念，该电极体系由三层构成，即锂片、隔离保护层、固体电解质[253]。由于 $LiM_2(PO_4)_3$ 在与金属锂接触后会发生还原反应，因此在金属锂与 $LiM_2(PO_4)_3$ 之间需要加入导锂隔层。初期采用固态锂离子导体作为保护隔层，比如 LiPON 等。然而，该固态保护隔层的离子电导率太低且不能适应在放电过程中金属锂表面形貌的变化。如何在电池各个部分之间形成良好接触是至关重要的。

Sammes 等采用了聚合物膜来替代常用的 LiPON 隔离层，制备了由金属锂、$PEO_{18}(LiNSO_2CF_3)_2$-$BaTiO_3$ 聚合物膜、导锂玻璃陶瓷材料 $Li_{1+x+y}Al_xTi_{2-x}P_{3-y}Si_yO_{12}$（LATP）构成的多层水稳定的锂负极，并于 60 ℃对该电极在 1 mol/L LiCl 水溶液中的阻抗行为进行了测试[254]。该电极体系的总阻抗为 171 $\Omega \cdot cm^2$，且经过 1 个月之后阻抗仍未有较大变化。作者以该电极体系与 1 mol/L LiCl 溶液为电解液，Pt 空气电极组成电池[Li|$PEO_{18}(LiNSO_2CF_3)_2$-10wt% $BaTiO_3$|LATP|1 mol/L LiCl|Pt]，其开路电压为 3.8 V，并表现出稳定的充放电性能。

南京大学刘一杰等通过溅射非晶 Ge 膜成功地改善了锂金属负极和 $Li_{1+x}Al_yGe_{2-y}(PO_4)_3$（LAGP）固体电解质的界面稳定性[255]。如图 4.48 所示，Ge 膜不仅可以抑制 Ge^{4+}还原为 Ge^0 和 Ge^{2+}，而且还可以通过形成锂离子导电中间层在锂负极和固体电解质之间产生紧密的接触。阻抗图和放电/充电曲线表明，与没有 Ge 膜的电池相比，Li/Ge/LAGP/Ge/Li 对称电池的性能大大提高。SEM、EDS 和 XPS 表征的进一步研究表明，Ge 膜对界面的稳定性具有积极的影响。基于此组装的准固态锂空电池在室温下实现了 30 次循环。

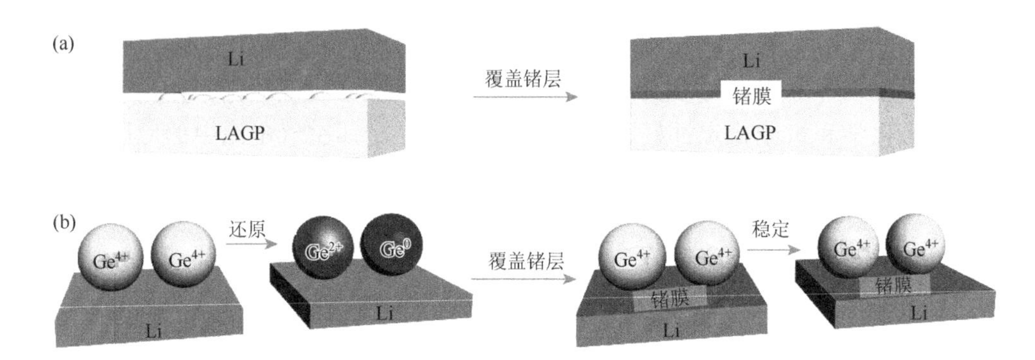

图 4.48 （a）LAGP 固态电解质和 Li 金属之间含有非晶 Ge 膜界面层的示意图；（b）无 Ge 膜界面层的情况下，LAGP 颗粒中的 Ge^{4+}与锂金属接触后将被还原为 Ge^{2+}和 Ge^{0}；有 Ge 膜界面层的情况下，LAGP 被保护并在循环后保持稳定

四川大学陈云贵团队通过简单的溶剂浇铸方法制备了一种柔性的自支撑式 NASICON 型混合固态聚合物电解质（HSPE）膜[256]。HSPE 上侧形成了 LATP 富集的粗糙表面，而在底部形成了富聚合物的光滑表面。HSPE 在室温下的离子电导率高达 1.02×10^{-4} S/cm，具有良好的柔韧性以及电化学和热稳定性。HSPE 膜在循环过程中稳定，并减轻了常规液体电解液/PP 隔膜体系通常遇到的负极腐蚀问题。此外，作为锂氧/空气电池中的电解质，HSPE 的光滑一侧可以直接与锂金属接触，LATP 富集的一侧与固态正极结合。HSPE 锂空气/氧气电池在纯氧气和空气环境中的初始放电容量分别为 4654 mA·h/g 和 5564.77 mA·h/g，表现出不错的电化学性能。

天津大学杨同欢等发现对玻璃陶瓷（LAGP/LATP）片和有机电解质之间的界面进行改性，可以显著提高电池的放电性能[257]。通过射频磁控溅射将 $Li_4Ti_5O_{12}$ 改性材料沉积到玻璃陶瓷板上，有效降低了玻璃陶瓷片和有机电解质之间的界面阻抗。经过优化，玻璃陶瓷片和有机电解质之间的界面阻抗降低约 20%～50%，电池放电电流提高了约 70%～80%。

对水稳定是 NASICON 电解质的优势之一，但是一些研究却发现这个结论并不完全正确。Hasegawa 等在各种水溶液中检查了用于锂空电池中的 NASICON 型锂离子固态电解质 LATP 的水稳定性[258]，发现 LATP 片在 1 mol/L $LiNO_3$ 水溶液和 1 mol/L LiCl 水溶液中稳定，但将 LATP 浸入 HCl 和 LiOH 水溶液中，则阻抗会显著变大。将 LATP 片浸入 1 mol/L LiOH 水溶液中，其会分解出现 Li_3PO_4。在不含电解质盐的蒸馏水中，LATP 片的电导率随浸入时间而略有增加，并且阻抗曲线表明在晶界出现了新相。因此，将 NASICON 电解质应用在水系锂空电池中时还需注意水系电解液成分的选择。

Manthiram 等成功开发了一种具有高容量和高电压特点的双电解质锂空电池[259]。该电池以浸泡在质子惰性电解液中的锂金属作为负极，在酸性磷酸盐缓冲溶液中的空气电极作为正极，以 NASICON 型电解质 LATP 作为隔板。LATP 固体电解质将质子惰性电解质与含水正极电解液分开，同时提供了锂离子传输的途径。pH 适中的磷酸盐缓冲溶液有助于保持固体电解质稳定并降低内部电阻和过电势，同时使可充电锂空电池具有较高的工作电压和能量密度。该锂空电池在 0.5 mA/cm^2 的电流密度下表现出 221 mA·h/g 的放电容量和约 770 W·h/kg 的能量密度，并具有良好的循环寿命。该电池在空气中延长循环时间后表现出非常好的稳定性，克服了传统质子惰性锂空电池在环境中的不稳定问题。

不同于固态电解质与锂金属或者其他电解液接触所形成的两相界面，锂空电池中的正极需要构建三相（Li^+，e^-，O_2）界面来进行电化学反应。如图 4.49 所示，刘一杰等提出了一种全固态锂空电池，该电池由锂金属负极，NASICON 型固体电解质 LAGP 和单壁碳纳米管（SWCNTs）/LAGP 作为空气电极组成[260]。SWCNTs 的高电子导电性能、大比表面积和高结晶度有利于电化学反应快速进行。这种全固态锂空电池在第一次放电时释放出 2800 mA·h/g 的容量，高于使用多壁碳纳米管构建空气正极的全固态锂空电池的首次放电容量（～1750 mA·h/g）。不过这个结果并不能让人满意：一方面，由于 CO_2 和 H_2O 的影响，在空气气氛中的电化学过程可能与在纯氧气氛中的电化学过程有很大的不同；另一方面，还需要进一步优化空气电极，需要寻找更高效的适用于全固态锂空电池的多功能催化剂。此外，该工作中构建的三相界面非常有限，很难实现大容量放电。

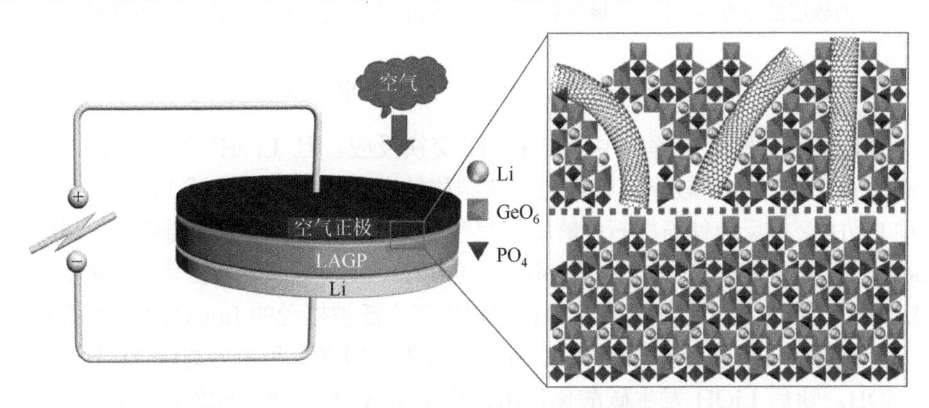

图 4.49　使用锂负极，LAGP 陶瓷电解质和由 SWCNTs/LAGP 组成空气正极的全固态锂空电池示意图

为了解决上面的问题，香港科技大学赵天寿团队在 NASICON 陶瓷电解质多孔骨架上原位包覆碳层构建连续且丰富的三相界面［图 4.50（a）］，使固态锂空电池的放电容量提高至 14200 mA·h/g［图 4.50（b）］，并在氧气环境中循环了一百多圈[261]。类似地，加拿大西安大略大学孙学良团队设计了一种一体化 e^-/Li^+ 导体正极。构建方式为在氮掺杂的碳纳米管表面原位包裹一层 $LiTaO_3$ 离子导体，将空

气正极中的三相界面转变为一体化 e^-/Li^+传导正极材料和空气接触的两相界面，最大限度地增加了活性面积[262]。除了以上这些传统的正极设计，引入外场辅助放电也能提高电池性能。南京大学何平团队在 LAGP 陶瓷片上制备了单层纳米钌正极，这种纳米钌颗粒具有等离激元功效，能够俘获太阳光并转化为热能，电池处于超低温（−73 ℃）环境时其阻抗比常规加热技术降低了两个数量级。该电池在−73 ℃环境中下能实现 3600 mA·h/g 的放电容量，并在室温和−73 ℃下均表现出优异的循环性能[263]。

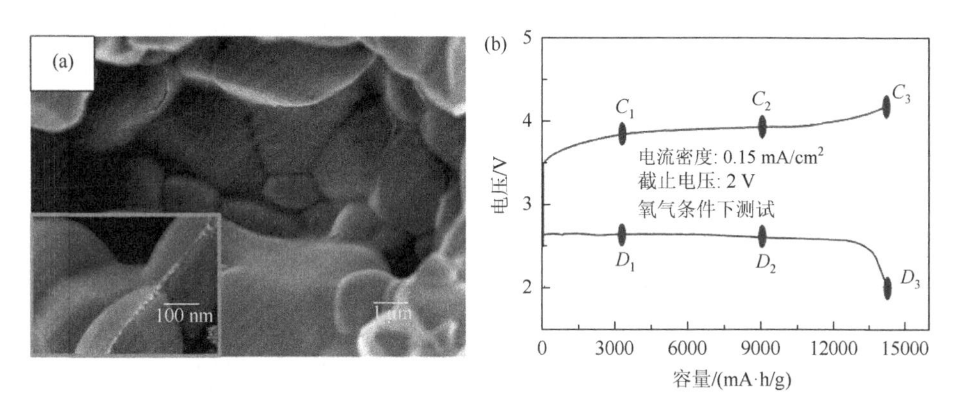

图 4.50 （a）多孔正极支撑体负载碳之后的 SEM 图片（插图为 LATP 骨架经过浸渍、裂解形成的碳层的厚度）；（b）正极碳载量为 2 mg/cm² 的锂氧气电池的放电/充电性能

2. 石榴石电解质在半固态/固态金属空气电池中的应用

研究发现石榴石电解质中存在 Li^+/H^+交换反应，且 Li^+/H^+的交换速率取决于溶液的 pH。如果 pH 较高，则可能导致结构转变甚至分解，造成 Li^+传导率降低。这种 Li^+/H^+交换反应使石榴石电解质在空气中无法保持稳定。在光谱研究的帮助下，Doeff 团队发现当石榴石电解质暴露在空气中时，Li_2CO_3 杂质会在其表面形成[264]。Sakamoto 团队结合实验测量和模拟计算提出了广泛被接受的 Li_2CO_3 形成机理[265]。LLZO 表面杂质层的分布如图 4.51 所示。首先，LLZO 和水分通过 Li^+/H^+交换形成 LiOH。随后 LiOH 发生碳酸化作用，产生 Li_2CO_3 杂质。此外，Li_2CO_3 的数量取决于暴露时间和相对湿度水平。随着暴露时间和相对湿度的增加，Li_2CO_3 的数量显著增加。在随后的研究中，上海交通大学段华南等确认 $LiOH·H_2O$ 是形成 Li_2CO_3 的必要中间产物[266]。Brugge 和 McGinn 等分别使用扫描电子显微镜和阻抗分析仪证明了 Li_2CO_3 倾向于在晶界处生长[267-268]。尽管 Li_2CO_3 的形成机理目前远未解释清楚，但是 Li_2CO_3 杂质会造成离子电导率下降、与电极接触不佳的现象是毋庸置疑的。因此，提高石榴石电解质的空气稳定性和对其进行界面改性是非常有必要的。

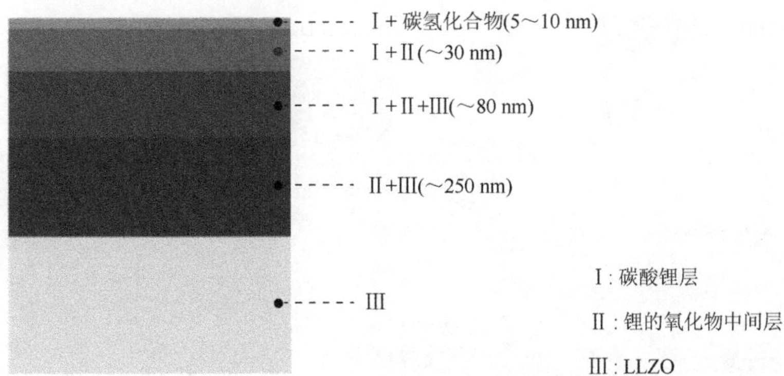

图 4.51　LLZO 表面杂质层示意图

张新波课题组通过引入助烧结剂 Al_2O_3 提高了石榴石陶瓷电解质的空气稳定性[269]。助烧结剂可以促进石榴石电解质致密化，减少晶界数量，从而减少碳酸锂生成位点。XPS 和 Raman 光谱的检测结果表明，该石榴石陶瓷电解质能够在空气中静置较长时间不产生 Li_2CO_3。作者基于该空气稳定性增强的石榴石陶瓷电解质构建了有机/陶瓷/有机电解质（OCOE）结构的复合固态电解质。OCOE 能够有效抑制因有机电解液降解和氧气从正极穿梭而引起的锂负极腐蚀。与使用有机电解液的锂氧气电池相比，使用 OCOE 的半固态锂氧气电池的放电容量和循环寿命得到了显著的提高。该工作所提出的策略可以较为便捷地扩展到 Na-O_2 电池等其他金属氧气电池系统中去。

石榴石电解质和锂负极的界面改性是近年来研究的热点。利用等离子体增强化学气相沉积（PECVD）、原子层沉积（ALD）、磁控溅射（MS）和热蒸发（TE）等薄膜制备技术在石榴石电解质表面制备一层亲锂的金属或非金属界面层是改善界面接触非常有效的手段[270-272]。如图 4.52 所示，马里兰大学胡良兵团队等通过 ALD 技术成功在石榴石陶瓷电解质上制备了一层 5 nm 厚的 Al_2O_3 包覆层[271]。这种气相沉积方法确保了 Al_2O_3 完全覆盖住凹凸不平的石榴石陶瓷电解质表面。随后的加热诱导使锂金属和 Al_2O_3 包覆层发生反应形成 Li-Al 合金界面，使石榴石陶瓷电解质能够和锂金属紧密接触，将表面积比电阻降低到 1 Ω/cm^2。除了 Al_2O_3 外，Si、Mg、Ag、Ga_2O_3 等界面层材料都被证明能够有效地改善界面接触[273-274]。

石榴石电解质和正极活性物质的界面设计也同样重要。清华大学南策文团队制备了如图 4.53 所示的具有致密 $Li_{6.75}La_3Zr_{1.75}Ta_{0.25}O_{12}$（LLZTO）层和多孔 LLZTO 层集成在一起的新型双层结构的电解质[275]。通过使用溶胶-凝胶法将正极活性物质 $LiCoO_2$ 渗透到多孔 LLZTO 层中，成功证明了新型全固态电池 LLZTO-$LiCoO_2$/LLZTO/Li 的可能性。此外，还将碳和银作为空气电极中的电子导电成分引入到多孔 LLZTO 层中，组装了概念演示型全固态锂氧电池。这两种电池的可充电性已经证明了这种新颖的双层结构的 LLZTO 在包括全固态锂氧电池之内的全固态锂电池中具备应用前景。

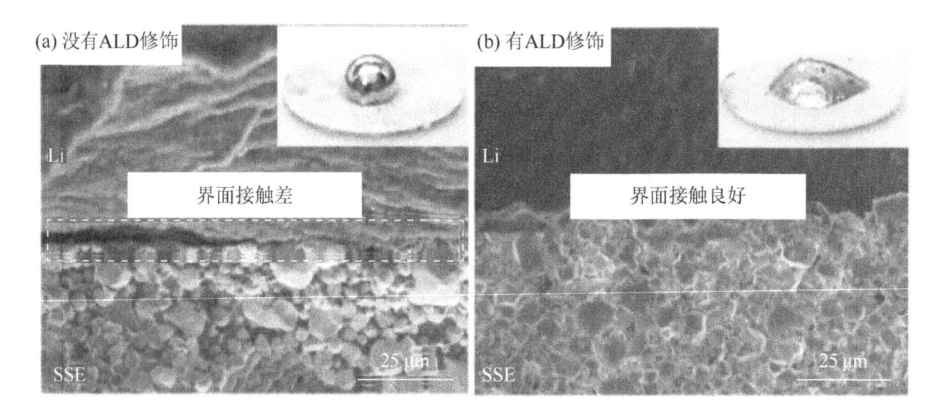

图 4.52 （a）没有 Al_2O_3 界面层的情况下，石榴石电解质和锂金属接触界面的 SEM 图片（插图为石榴石电解质和锂金属接触的数码照片）；（b）含有 Al_2O_3 界面层的情况下，石榴石电解质和锂金属接触界面的 SEM 图片（插图为熔融锂金属在石榴石电解质表面的数码照片）

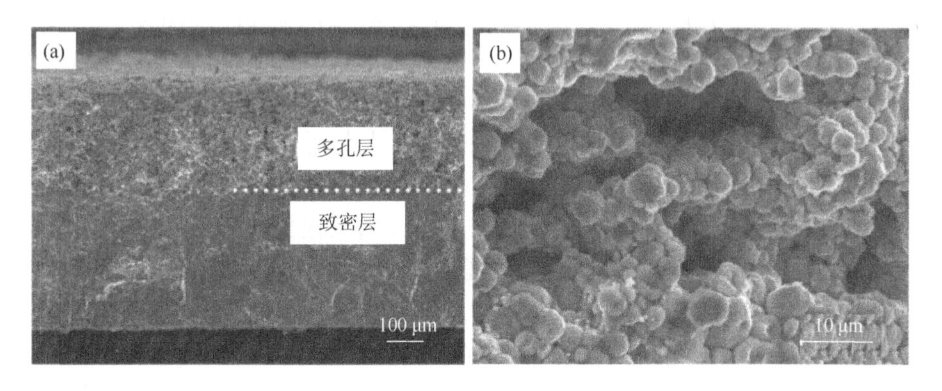

图 4.53 （a）多孔-致密双层结构 LLZTO 和（b）多孔层局部放大的 SEM 图片

加拿大西安大略大学赵昌泰等开发了基于石榴石电解质的复合电解质[276]。该复合电解质由凝胶聚合物电解质（GPE）注入 3D 石榴石多孔结构（PSSE）中制备而成。3D 石榴石多孔结构充当机械支撑和抑制锂枝晶的刚性材料，而 3D 框架中连续的 GPE 则确保了高离子电导率（1.06×10^{-3} S/cm）和整体紧凑性，可阻止 O_2 穿梭至正极，并且能够发挥缓冲层的作用，减小与电极的界面电阻。受益于这些综合优点，使用这种复合电解质组装的锂金属对称电池的循环稳定性显著改善（超过 6000 小时，250 天），且极化较低；组装的锂氧气电池在限容量 1250 mA·h/g 的高循环比容量下实现了 194 圈长循环寿命。

3. LiPON 在半固态/固态金属空气电池中的应用

LiPON 固态电解质是薄膜微电池中广泛使用的固体电解质，但它对环境湿度非常敏感。Nimisha 等通过表面形态和表面化学的变化，分析了在潮湿的环境条件下 LiPON 薄膜的离子电导率降低的原因[277]。LiPON 样品由于暴露在空气中，与水分、氧气和二氧化碳等发生反应，离子电导率从最初的 2.8×10^{-6} S/cm 下降至 9.9×10^{-10} S/cm。反应过程中释放出的 PH_3 和 NH_3 气体会在表面上形成“花状”副产物，从而使 LiPON 电解质膜变粗糙，这有可能会导致器件的短路。因此，尽管 LiPON 电解质已广泛地用作固态电解质、保护层等，其环境稳定性依然是应用面临的难题[278-279]。

Le 等制备了一种双层保护的 Li 电极（PLE），该电极由 Li 金属表面覆盖双层的 LiPON/铝取代的钛酸镧锂（A-LLTO）固体电解质构成[280]。A-LLTO 层覆盖在 LiPON 表面可以起到抑制分解的作用。研究者以锂对称电池和锂空电池为例，通过研究电池的电化学性能和锂枝晶的生长，验证了 LiPON/A-LLTO 保护层的效果。LiPON/A-LLTO 保护层可以有效地抑制锂枝晶的生长，使锂对称电池展现出优异的循环性能。此外，采用 LiPON/A-LLTO 保护层的锂空电池在氧气甚至在大气环境中工作时也表现出优异的电化学性能：在 1000 mA·h/g 的限容量条件下，在氧气环境中的循环寿命为 128 次循环，在空气环境中为 20 次循环。使用 LiPON/A-LLTO 保护层的锂空电池展现出的优异性能可归因于 LiPON/A-LLTO 对锂枝晶生长和电解质分解的有效抑制。此外，致密的 LiPON/A-LLTO 层很好地保护了锂金属电极免受氧气、湿气和其他污染物的渗透，缓解了锂金属的腐蚀。

4. 固态聚合物电解质在半固态/固态金属空气电池中的应用

最具代表性的固态聚合物电解质是基于 PEO 的体系[244]。PEO 与锂盐复合就具备了传递锂离子的能力，其在室温下的离子电导率大约为 10^{-6} S/cm 的数量级。不同于陶瓷电解质中 Li^+依靠空穴、离子迁移进行传递，PEO 的锂离子依靠其分子链段运动进行传递。PEO 基固态聚合物电解质中的 Li^+先与 EO 链段上的 O 结合，再通过分子链段的无序运动发生 Li—O 键的形成与断裂，实现锂离子的传递[281]。PEO 是一种半结晶的聚合物，无定形程度越高，链段运动能力越强，锂离子传递能力就越强。PEO 在高于玻璃化转变温度（60 ℃）时，无定形区域会大幅度增加[281]。因此，在升高温度后，PEO 的离子电导率会发生数量级的增长。除了升高温度，在固态聚合物电解质中加入无机电解质制备成复合电解质也是提高固态聚合物电解质离子电导率的重要手段[244]。

PEO 基聚合物电解质在固态锂空电池发展早期就被深入研究过。Balaish 等使用 PEO 基聚合物固态电解质（SPE）组装了全固态锂氧气电池[282]。该电池由锂片、SPE、自支撑碳管膜（CNT）空气正极组成。为了降低电池阻抗和构建三相界面，研究人员将电池的工作温度设定为 80 ℃。在高温下，SPE 从固态变成了凝胶态，正极的三相界面较为丰富，电池阻抗也大幅度降低，电池能够正常工作（图 4.54）。在电流密度为 0.05 mA/cm^2 的条件下，该全固态锂氧气电池的放电容量大约为

2000 mA·h/g。但是，SPE在强氧化性环境中会发生严重的分解，这种电化学不稳定性造成了全固态锂氧气电池的失效。到目前为止，由于聚合物电解质稳定性欠佳，使用聚合物电解质组装固态锂空电池的研究非常少。

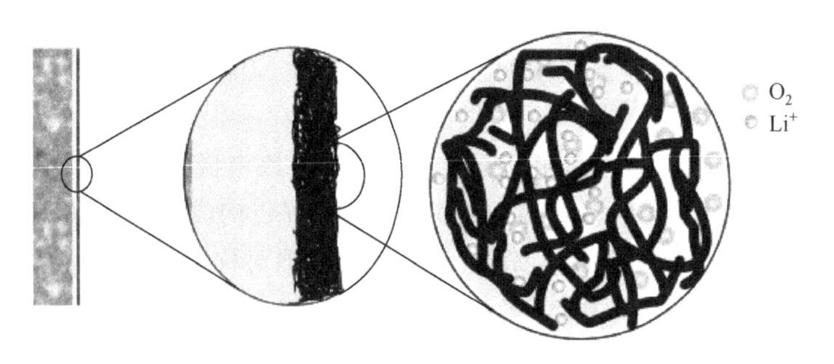

图 4.54　固态锂氧气电池的示意图

5. 塑晶电解质在半固态/固态金属空气电池中的应用

通常，固态电池中界面处的固-固接触不良会导致较大的内部电阻，阻碍了固态电池在室温下的实际使用。而且，在正极中锂离子导体的缺乏导致活性材料利用率低；在负极一侧有限的固-固接触面积会导致产生具有高电流密度的热点区域，从而形成枝晶。塑晶电解质因其柔软、离子电导率高等特点，被广泛地用于正负极界面处理。

加拿大西安大略大学王长虹等[283]将塑晶电解质置于硫化物电解质和锂金属之间，解决了两者间的界面挑战。结果表明使用塑晶电解质作为锂金属和硫化物电解质之间的界面中间层，可以抑制硫化物电解质和锂金属之间显著的界面反应。基于锂金属和$LiFePO_4$的全固态电池在0.1 C时显示出148 mA·h/g的高初始容量，且在0.5 C时显示出131 mA·h/g的高初始容量（1 C = 170 mA/g），在0.5 C下经过120次循环后容量仍为122 mA·h/g。此外，作者还展示了基于聚丙烯腈-硫复合材料的全固态锂硫电池，其初始容量为1682 mA·h/g，第二次放电容量为890 mA·h/g，在100个循环后容量保持在775 mA·h/g，比容量的衰减率低至0.14%。这项工作为应对锂金属和硫化物电解质之间的界面挑战提供了新策略。

但是常用的塑晶电解质，如丁二腈基电解质会被锂金属还原，造成电解质逐渐分解。Ciucci 团队等在丁二腈基塑晶电解质中加入了氟代乙烯碳酸酯（FEC）来解决这个问题[251]。FEC在锂金属表面会形成钝化保护层，将锂片和塑晶电解质隔离开，因此添加FEC的塑晶电解质显示出与锂金属负极较好的相容性。这种塑晶电解质具有出色的锂离子电导率（1.01 mS/cm）和电化学稳定性（高达4.79 V *vs.* Li/Li^+）。将该塑晶电解质置于锂金属和LLZTO中间，有效改善了Li和LLZTO界面之间的接触，LLZTO电解质的极限电流密度大幅度提高。经过修饰的Li|LLZTO|Li对

称电池可在 0.2 mA/cm^2 的电流密度下稳定循环 150 h 以上，而不会出现枝晶生长和极化增加的现象。类似地，南开大学陈军团队在负极表面预先形成一层保护膜来解决界面问题并将塑晶电解质应用在了 $Na-CO_2$ 固态电池中[250]。研究人员采用刮刀法制备了自支撑的丁二腈（SN）基塑晶电解质（SSE），并在 Na 金属表面制备了一层富含 NaF 的保护层（M-Na）来隔离 Na 负极和 SSE，从而抑制 SSE 在 Na 表面聚合和 Na 枝晶的生长［图 4.55（a）～（c）］。将 M-Na、SSE 和 CNT 正极组装为全固态 $Na-CO_2$ 固态电池［图 4.55（d）］，该电池在电流密度为 200 mA/g，限容量为 1000 mA·h/g 的条件下循环了 100 圈以上［图 4.55（e）］。

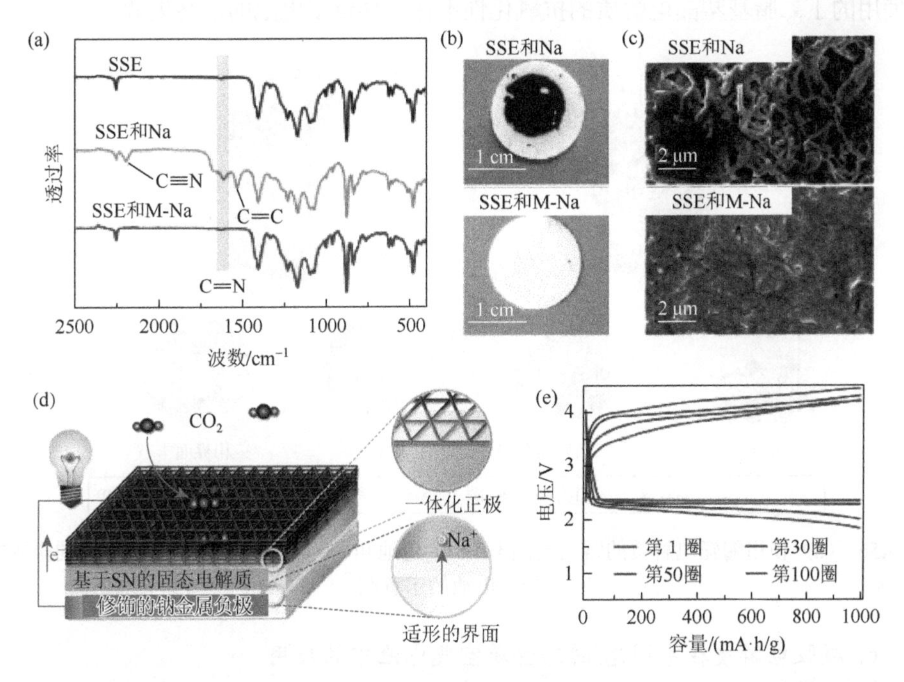

图 4.55　（a）SSE 在不同对称电池中循环前后的红外图谱；（b）SSE 在不同对称电池中循环后的光学照片；（c）Na 和 M-Na 在对称电池中循环后的 SEM 图片；全固态 $Na-CO_2$ 电池的（d）示意图和（e）放电/充电曲线

上海交通大学李磊团队制备了 1-ethyl-1-methyl pyrrolidinium bis（fluorosulfonyl）imide（$P_{12}FSI$）-LiFSI 有机离子塑晶电解质[284]。该电解质具有高离子电导率、良好的化学稳定性和宽的电化学窗口。使用该有机离子塑晶电解质组装的锂氧气电池表现出良好的倍率性能和出色的循环稳定性，能够在 500 mA·h/g 的限容量下稳定循环 320 次。此外，该有机离子塑晶电解质具有高热稳定性，不会被点燃。该研究的出色结果表明有机离子塑性晶体电解质为开发兼具高电化学性能和良好安全性的锂氧气电池提供了一种解决方案。

固态正极中有限的三相界面（TPBs）和固态电解质（SE）带来的高阻抗是高性能全固态锂氧气电池的难点。张新波课题组通过热致相分离（TIPS）技术制造了可调节孔隙率的塑晶电解质（PCE），克服了上述棘手的问题[252]。如图 4.56 所示，通过在活性材料表面上原位引入多孔 PCE 制备的固态正极有助于实现 Li^+/e^- 的同步传递，并确保 O_2 的快速流动，形成连续且丰富的三相界面。致密的 PCE 具有高 Li^+ 电导率、柔软和高黏附力等特点，可将全固态锂氧气电池的阻抗降至 115 Ω。基于这种孔隙率可调的 PCE 构建的全固态锂氧气电池具有卓越的性能：高比容量（5963 mA·h/g），优异的倍率性能以及在 32 ℃下高达 130 次循环的长循环寿命。但遗憾的是，该研究中使用的丁二腈基塑晶电解质的抗氧化性不佳，导致了电池的最终失效。

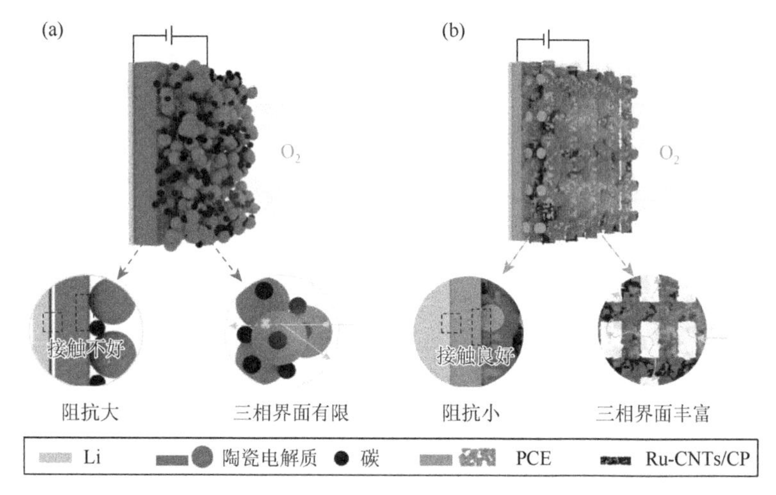

图 4.56 （a）使用陶瓷电解质的常规全固态 $Li-O_2$ 电池和（b）使用可调孔隙率 PCE 的全固态 $Li-O_2$ 电池的示意图

6. 凝胶电解质在半固态/固态金属空气电池中的应用

锂空电池的性能在很大程度上受空气环境中水分的影响。复旦大学彭慧胜团队通过低密度聚乙烯薄膜（可防止水渗透和二氧化碳进入）和包含 LiI 氧化还原介体的聚偏氟乙烯-六氟丙烯（PVDF-HFP）基凝胶电解质的组合，可使锂空电池在空气环境中实现 610 次超长循环[285]。低密度聚乙烯薄膜可以抑制空气环境中 Li_2O_2 放电产物转变为 Li_2CO_3，LiI 可以促进 Li_2O_2 在充电过程中的电化学分解，从而改善锂空电池的可逆性。类似地，华南理工大学廖世军团队以醋酸纤维素和 PVDF-HFP 混合物为原料，并采用溶液浇铸技术制造了凝胶电解质[286]。研究表明该凝胶电解质膜具有良好的电解液吸收能力，展示出高离子电导率以及出色的热稳定性和电化学稳定性。在相同条件下与使用商用液体电解质和聚乙烯（PE）隔膜的电池相比，使用凝胶电解质的锂氧气电池具有良好的倍率性能和更长的循环性能。研究者们将这种增强的性能归因于凝胶电解质可以限制氧气从空气正极扩散到锂金属负极。除了最常用的 PVDF-HFP 基凝胶电解质，聚氨酯的电化学稳定性也非常优异，适用于锂氧气电池中。南京工业大学邵宗平团队利用凝胶聚合物中热塑性聚氨酯和气凝胶 SiO_2 之间的氢键，形成了高度交联的准固态电解质（FST-GPE）[287]。FST-GPE 具有高离子电导率、高机械柔韧性、良好的阻燃性和优异的锂枝晶抑制能力。由于形成的独特的电极-电解质界面和氧气在正极中的快速扩散，所构建的凝胶聚合物基锂氧（空）气电池具有很高的反应动力学和稳定性，可以在氧气中实现 250 次循环（超过 1000 小时）。在空气环境中，电池在极端弯曲工作条件下也表现出色。此外，FST-GPE 电解质还具有耐火、防锂枝晶和水分侵蚀的优势，在实现实用化的锂氧（空）气电池方面显示出巨大的潜力。更重要的是，由于凝胶电解质的柔性较佳，非常适用于构建柔性电池，用于便携式和可穿戴电子设备的供电。

张新波团队受到伞布具有致密、良好柔性、疏水特性的启发，制作了一种稳定、疏水的多功能凝胶聚合物保护层（SHCPE），并将其涂覆在锂负极上，以防止负极受到有害物质的腐蚀[288]。由热塑性聚氨酯（TPU）和疏水性二氧化硅纳米粒子组成的 SHCPE 具有很高的柔性、良好的疏水性、较高的离子导电性和优异的稳定性。多功能凝胶聚合物保护层有效地保护了锂负极，并提高了锂空电池的电化学性能。更重要的是，研究人员基于多功能凝胶聚合物保护层制备了一种高安全的柔性软包锂空电池，如图 4.57 所示，该柔性电池无惧各种变形及浸水，在用钉子穿刺和高温工作环境中都能稳定工作，不发生电池短路或者爆炸，具有优良的电化学稳定性和安全性，这些都证明了这种在锂金属上涂覆多功能凝胶聚合物保护层的策略的可行性。

凝胶电解质的制备方法除了常见的刮刀法外，原位聚合法近期也引起了研究人员的关注。Chamaani 等利用紫外线原位聚合法制备了用于锂氧气电池的凝胶聚合物电解质（GPE）和一维玻璃微填料复合 GPE（cGPE）[289]。含有微填料的 cGPE 表现出比 GPE 更高的离子电导率、锂离子转移数和更优异的充放电循环能力。电化学阻抗谱、拉曼光谱和扫描电子显微镜的结果表明，性能提高的原因是 cGPE 的分解速率降低，从而降低了正极表面碳酸锂的形成速率，延长了电池的循环寿命。

天津理工大学丁轶等通过液态的四乙二醇二甲醚（G4）与生长在锂负极表面上的乙二胺锂（LiEDA）之间的交联反应原位形成凝胶电解质（图 4.58）[290]。这种方法生成的凝胶电解质不含有引发剂等添加剂，使凝胶保持了与液体电解液相当的高离子电导率，并且这种原位制备方法赋予了电解质与两个电极良好的界面接触。该方法具有良好的通用性，可以很容易地扩展到其他醚类电解质中。得益于高离子电导率和锂保护作用，使用该原位形成的凝胶电解质的锂空电池在空气环境中（湿度：10%RH～40%RH）表现出超过 1175 小时的稳定循环性能。此外，原位形成的凝胶增强了电极/电解质的界面接触，从而使电缆型锂空电池表现出非常优异的柔韧性。

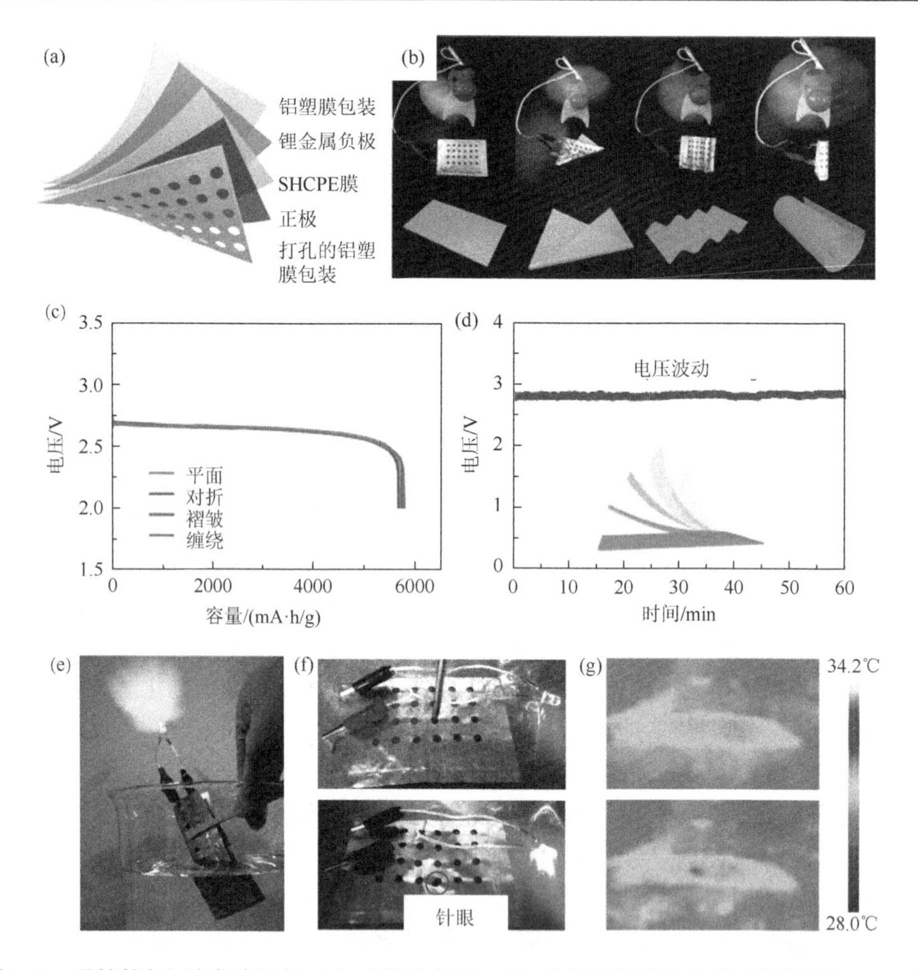

图 4.57　柔性软包锂空气电池的（a）结构示意图；（b）在不同形状下驱动风扇的照片；（c）相应的电池放电曲线；（d）在动态弯曲和释放过程中的开路电压变化；（e）被部分浸入在水中并为红色 LED 供电的照片；（f）在穿刺实验前后的照片；（g）红外热成像照片

为了在高温下实现高性能的半固态锂氧气电池，上海大学易金等将凝胶聚合物电解质与陶瓷电解质复合在一起设计并制备了半固态电解质（HSE），可提供较高的锂离子迁移数、高离子电导率、高柔性和高热稳定性[291]。与传统的基于醚类电解质的锂氧气电池相比，使用 HSE 组装的半固态锂氧气电池可提供超长的循环寿命（在 50 ℃下能够循环 350 圈，循环时间长于 145 天）。此外，所制备的柔性半固态锂氧气电池即使在弯曲情况下也可以循环 90 次，且容量衰减几乎可以忽略不计，这表明使用凝胶电解质的柔性电子设备在高温条件下也有广阔的应用前景。

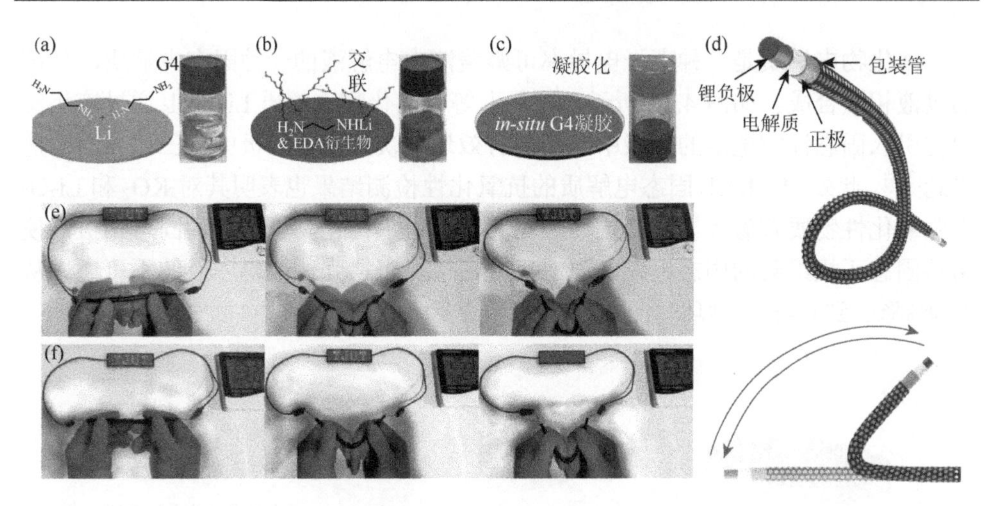

图4.58 (a)～(c) 原位聚合法制备凝胶电解质的示意图；(d) 柔性锂空电池示意图；使用 (e) 凝胶电解质和 (f) 液态电解液组装的电缆型锂空电池在不同弯折情况下点亮LEO灯的照片

7. 其他固态电解质在半固态/固态金属空气电池中的应用

近期，研究人员们开发了一些新型固态电解质，并在固态锂空电池中取得了进展。如图4.59所示，吉林大学徐吉静团队报道了一种锂离子交换沸石固态电解质LiXZM。LiXZM具有低电子电导率、高离子电导率、对空气和锂金属稳定性较佳的优异特点[292]。作者将锂金属作为负极，碳纳米管（CNT）作为正极，LiXZM作为固态电解质组装的锂空电池不存在电解质因与锂或空气反应而引发的电池性能衰退，从而展现出优异的电化学性能：高放电容量（12020 mA·h/g）和长循环寿命（在电流密度500 mA/g和限容量1000 mA·h/g条件下循环149次）。

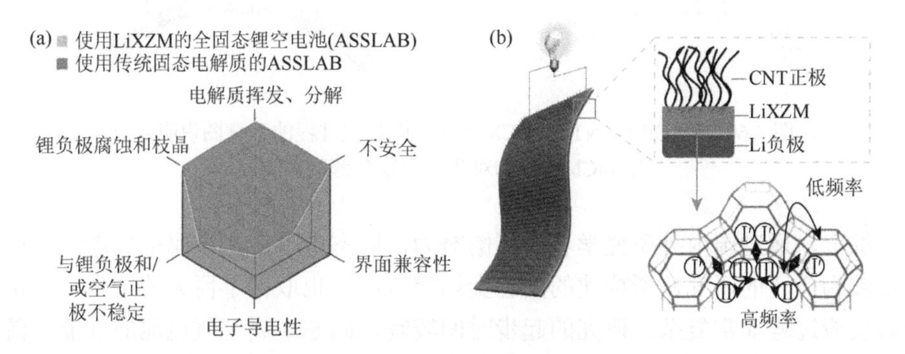

图4.59 (a) 使用传统固态电解质和使用LiXZM固态电解质分别组装的全固态锂空电池的特点对比雷达图；(b) 使用锂金属负极、LiXZM固态电解质和CNT正极组装的全固态锂空电池的示意图

卤化物电解质是一种离子电导率可媲美液态电解液的一种固态电解质，且可通过液相法合成。如图 4.60 所示，赵昌泰等将卤化物电解质 Li_3InCl_6 通过液相法原位引入固态锂空电池的正极中，简便有效地解决了固态正极中的三相界面构建难题[293]。此外，Li_3InCl_6 固态电解质的抗氧化性检测结果也表明其对 KO_2 和 Li_2O_2 等强氧化性物质有着优异的稳定性。相比没有引入卤化物电解质的固态正极，使用该固态正极组装的固态锂氧气电池反应活性显著增强，放电容量的不可逆性从 27.9%降低到 6.4%，循环时间也增加了一倍多。

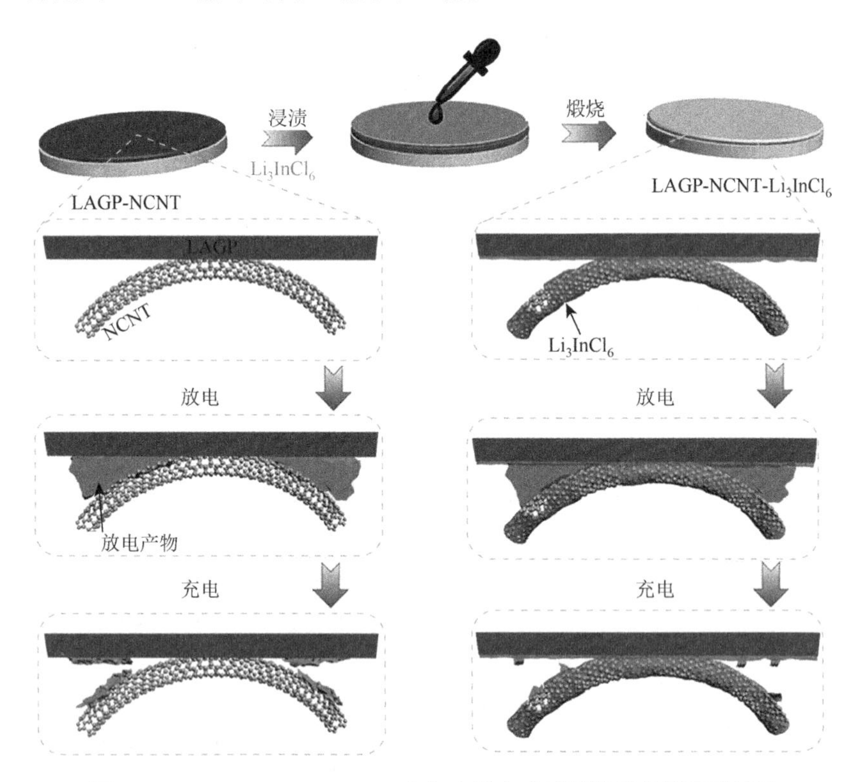

图 4.60　LAGP-NCNT-Li_3InCl_6 空气电极合成过程的示意图说明以及 Li_3InCl_6 修饰物对放电产物分解的影响

综上，通过国内外研究学者的不懈努力，固态电解质在金属空气电池中已经有了较为广泛的研究，所构建的固态金属空气电池也取得了巨大的进步。但是由于其反应过程非常复杂，研究的起步时间较晚，固态金属空气电池的性能目前低于预期值。此外，固态金属空气电池较大的阻抗会造成电池发生严重的极化，因此需要设计高效的催化剂来降低反应势垒。除了关注性能的提高，我们对固态金属空气电池反应机理的认识和工艺集成的探索尚为不足，后期还需在多方面进行深入研究。

参考文献

[1] Xu M，Ivey D G，Xie Z，et al. Rechargeable Zn-air batteries：Progress in electrolyte development and cell configuration advancement[J]. J Power Sources，2015，283：358-371.

[2] Yi J，Liang P，Liu X，et al. Challenges，mitigation strategies and perspectives in development of zinc-electrode materials and fabrication for rechargeable zinc-air batteries[J]. Energy Environ Sci，2018，11：3075-3095.

[3] Li Y，Dai H. Recent advances in zinc-air batteries[J]. Chem Soc Rev，2014，43：5257-5275.

[4] Hao J，Li X，Zeng X，et al. Deeply understanding the Zn anode behaviour and corresponding improvement strategies in different aqueous Zn-based batteries[J]. Energy Environ Sci，2020，13：3917-3949.

[5] Zhao Z Q，Fan X Y，Ding J，et al. Challenges in zinc electrodes for alkaline zinc-air batteries：Obstacles to commercialization[J]. ACS Energy Lett，2019，4：2259-2270.

[6] Zhang J，Zhou Q X，Tang Y W，et al. Zinc-air batteries：Are they ready for prime time？[J]. Chem Sci，2019，10：8924-8929.

[7] Goel P，Dobhal D，Sharma R C. Aluminum-air batteries：A viability review[J]. J Energy Storage，2020，28：101287.

[8] Deyab M A，Mohsen Q. Suppressing corrosion and hydrogen gas evolution in aluminum-air batteries via conductive nanocomposites[J]. J Power Sources，2021，506：230171.

[9] Wu S，Zhang Q，Sun D，et al. Understanding the synergistic effect of alkyl polyglucoside and potassium stannate as advanced hybrid corrosion inhibitor for alkaline aluminum-air battery[J]. Chem Eng J，2020，383：1231622.

[10] Tu J，Song W L，Lei H，et al. Nonaqueous rechargeable aluminum batteries：Progresses，challenges，and perspectives[J]. Chem Rev，2021，121：4903-4961.

[11] Yuan D，Zhao J，Manalastas W，et al. Emerging rechargeable aqueous aluminum ion battery：Status，challenges，and outlooks[J]. Nano Mater Sci，2020，2：248-263.

[12] Fan L，Lu H，Leng J，et al. The effect of crystal orientation on the aluminum anodes of the aluminum-air batteries in alkaline electrolytes[J]. J Power Sources，2015，299：66-69.

[13] Sun Z G，Lu H M. Performance of Al-0.5In as anode for Al-air battery in inhibited alkaline solutions[J]. J Electrochem Soc，2015，162：A1617-A1623.

[14] Yin X，Yu K，Zhang T，et al. Influence of rolling processing on discharge performance of Al-0.5Mg-0.1Sn-0.05Ga-0.05In alloy as anode for Al-air battery[J]. Int J Electrochem Sci，2017，12：4150-4163.

[15] Sun Z G，Lu H M，Hong Q S，et al. Evaluation of an alkaline electrolyte system for Al-air battery[J]. ECS Electrochem Lett，2015，4：A133-A136.

[16] Ryu J，Jang H，Park J，et al. Seed-mediated atomic-scale reconstruction of silver manganate nanoplates for oxygen reduction towards high-energy aluminum-air flow batteries[J]. Nat Commun，2018，9：3715.

[17] Wu S，Hu S，Zhang Q，et al. Hybrid high-concentration electrolyte significantly strengthens the practicability of alkaline aluminum-air battery[J]. Energy Storage Mater，2020，31：310-317.

[18] Hopkins B J，Yang S H，Hart D P. Suppressing corrosion in primary aluminum-air batteriesvia oil displacement[J]. Science，2018，362：658-661.

[19] Narayanan S R，Prakash G K S，Manohar A，et al. Materials challenges and technical approaches for realizing inexpensive and robust iron-air batteries for large-scale energy storage[J]. Solid State Ionics，2012，216：105-109.

[20] Hang B T，Watanabe T，Eashira M，et al. Comparative study of Fe_2O_3-nanoloaded carbon and Fe_2O_3-nano/carbon

mixed composites for iron-air battery anodes[J]. Electrochem Solid-State Lett，2005，8：A476-A480.

[21] Hang B T，Thang D H，Kobayashi E. Fe/carbon nanofiber composite materials for Fe-air battery anodes[J]. J Electroanal Chem，2013，704：145-152.

[22] Weinrich H，Gehring M，Tempel H，et al. Impact of the charging conditions on the discharge performance of rechargeable iron-anodes for alkaline iron-air batteries[J]. J Appl Electrochem，2018，48：451-462.

[23] Manohar A K，Malkhandi S，Yang B，et al. A high-performance rechargeable iron electrode for large-scale battery-based energy storage[J]. J Electrochem Soc，2012，159：A1209-A1214.

[24] Miiller-Ziilow S K，Lacmann R，Schneeweiss M A. Topological aspects of iron corrosion in alkaline solution by means of scanning force microscopy（SFM）[J]. Surf Sci，1994，311：153-158.

[25] Schmuki P，Büchler M，Virtanen S，et al. Passivity of iron in alkaline solutions studied by *in situ* XANES and a laser reflection technique[J]. J Electrochem Soc，1999，146：2097-2102.

[26] Weinrich H，Come J，Tempel H，et al. Understanding the nanoscale redox-behavior of iron-anodes for rechargeable iron-air batteries[J]. Nano Energy，2017，41：706-716.

[27] Vijayamohanan K，Balasubramanian T S，Shukla A K. Rechargeable alkaline iron electrodes[J]. J Power Sources，1991，4：269-285.

[28] Kabanov B，Burstein R，Frumkin A. The kinetics of electrode processes on the iron electrode[J]. Disc Faraday Soc，1947，1：259-269.

[29] Weinrich H，Durmus Y E，Tempel H，et al. Silicon and iron as resource-efficient anode materials for ambient-temperature metal-air batteries：A review[J]. Materials，2019，12：2132.

[30] Macdonald D D. Passivity-the key to our metals-based civilization[J]. Pure Appl Chem，1999，71：951-978.

[31] Zhang T，Tang Y，Guo S，et al. Fundamentals and perspectives in developing zinc-ion battery electrolytes：A comprehensive review[J]. Energy Environ Sci，2020，13：4625-4665.

[32] Huang S，Zhu J，Tian J，et al. Recent progress in the electrolytes of aqueous zinc-ion batteries[J]. Chemistry，2019，25：14480-14494.

[33] Zhang L，Hou Y. Comprehensive analyses of aqueous Zn metal batteries：Characterization methods，simulations，and theoretical calculations[J]. Adv Energy Mater，2021，11：2003823.

[34] Sui Y，Ji X. Anticatalytic strategies to suppress water electrolysis in aqueous batteries[J]. Chem Rev，2021，121：6654-6695.

[35] Zeng Y，Zhang X，Qin R，et al. Dendrite-free zinc deposition induced by multifunctional CNT frameworks for stable flexible Zn-ion batteries[J]. Adv Mater，2019，31：1903675.

[36] Wang T，Li C，Xie X，et al. Anode materials for aqueous zinc ion batteries：Mechanisms，properties，and perspectives[J]. ACS Nano，2020，14：16321-16347.

[37] Ma L，Schroeder M A，Borodin O，et al. Realizing high zinc reversibility in rechargeable batteries[J]. Nat Energy，2020，5：743-749.

[38] Huang M，Li M，Niu C，et al. Recent advances in rational electrode designs for high-performance alkaline rechargeable batteries[J]. Adv Funct Mater，2019，29：1807847.

[39] Borchers N，Clark S，Horstmann B，et al. Innovative zinc-based batteries[J]. J Power Sources，2021，484：229309.

[40] Yi J，Liang P C，Liu X Y，et al. Challenges，mitigation strategies and perspectives in development of zinc-electrode materials and fabrication for rechargeable zinc-air batteries[J]. Energy Environ Sci，2018，11：3075-3095.

[41] Wang C，Li J，Zhou Z，et al. Rechargeable zinc-air batteries with neutral electrolytes：Recent advances，challenges，and prospects[J]. EnergyChem，2021，3：100055.

[42] Liu X，Fan X，Liu B，et al. Mapping the design of electrolyte materials for electrically rechargeable zinc-air batteries[J]. Adv Mater，2021：2006461.

[43] Li M，Li Z，Wang X，et al. Comprehensive understandings into roles of water molecules in aqueous Zn-ion batteries：From electrolytes to electrode materials[J]. Energy Environ Sci，2021，14：3796-3839.

[44] Zhang Q，Luan J，Tang Y，et al. Interfacial design of dendrite-free zinc anodes for aqueous zinc-ion batteries[J]. Angew Chem，Int Ed Engl，2020，59：13180-13191.

[45] Zhang H, Liu X, Li H, et al. Challenges and strategies for high-energy aqueous electrolyte rechargeable batteries[J]. Angew Chem，Int Ed，2020，60：598-616.

[46] Yong B, Ma D, Wang Y, et al. Understanding the design principles of advanced aqueous zinc-ion battery cathodes：From transport kinetics to structural engineering，and future perspectives[J]. Adv Energy Mater，2020，10：2002354.

[47] Chen C Y, Matsumoto K, Kubota K, et al. A room-temperature molten hydrate electrolyte for rechargeable zinc-air batteries[J]. Adv Energy Mater，2019，9：1900196.

[48] An L，Zhang Z，Feng J，et al. Heterostructure-promoted oxygen electrocatalysis enables rechargeable zinc-air battery with neutral aqueous electrolyte[J]. J Am Chem Soc，2018，140：17624-17631.

[49] Thomas Goh F W, Liu Z, Hor T S A, et al. A near-neutral chloride electrolyte for electrically rechargeable zinc-air batteries[J]. J Electrochem Soc，2014，161：A2080-A2086.

[50] Sumboja A，Ge X，Zheng G，et al. Durable rechargeable zinc-air batteries with neutral electrolyte and manganese oxide catalyst[J]. J Power Sources，2016，332：330-336.

[51] Clark S，Mainar A R，Iruin E，et al. Towards rechargeable zinc-air batteries with aqueous chloride electrolytes[J]. J Mater Chem A，2019，7：11387-11399.

[52] Li Y，Fan X，Liu X，et al. Long-battery-life flexible zinc-air battery with near-neutral polymer electrolyte and nanoporous integrated air electrode[J]. J Mater Chem A，2019，7：25449-25457.

[53] Fu J，Liang R，Liu G，et al. Recent progress in electrically rechargeable zinc-air batteries[J]. Adv Mater，2019，31：1805230.

[54] Fu J，Cano Z P，Park M G，et al. Electrically rechargeable zinc-air batteries：Progress，challenges，and perspectives[J]. Adv Mater，2017，29：1604685.

[55] Sun W，Wang F，Zhang B，et al. A rechargeable zinc-air battery based on zinc peroxide chemistry[J]. Science，2021，371：46-51.

[56] Cao L，Li D，Pollard T，et al. Fluorinated interphase enables reversible aqueous zinc battery chemistries[J]. Nat Nanotechnol，2021，16：902-910.

[57] Yu Z，Wang H，Kong X，et al. Molecular design for electrolyte solvents enabling energy-dense and long-cycling lithium metal batteries[J]. Nat Energy，2020，5：526-533.

[58] Zachman M J，Tu Z，Choudhury S，et al. Cryo-STEM mapping of solid-liquid interfaces and dendrites in lithium-metal batteries[J]. Nature，2018，560：345-349.

[59] Despic D M D A R，Purenovic M M，Cikovic N. Electrochemical properties of aluminium alloys containing indium，gallium and thallium[J]. J Appl Electrochem，1976，6：527-542.

[60] Li Q F，Bjerrum N J. Aluminum as anode for energy storage and conversion：A review[J]. J Power Sources，2002，110：1-10.

[61] Zhang T, Tao Z, Chen J. Magnesium-air batteries: From principle to application[J]. Mater Horiz, 2014, 1: 196-206.

[62] Li C S，Sun Y，Gebert F，et al. Current progress on rechargeable magnesium-air battery[J]. Adv Energy Mater，

2017，7：1700869.

[63] Li C S，Sun Y，Lai W H，et al. Ultrafine Mn_3O_4 nanowires/three-dimensional graphene/single-walled carbon nanotube composites：Superior electrocatalysts for oxygen reduction and enhanced Mg/Air batteries[J]. ACS Appl Mater Interfaces，2016，8：27710-27719.

[64] Li Y，Zhang X，Li H B，et al. Mixed-phase mullite electrocatalyst for pH-neutral oxygen reduction in magnesium-air batteries[J]. Nano Energy，2016，27：8-16.

[65] Jia X，Wang C，Zhao C，et al. Toward biodegradable Mg-air bioelectric batteries composed of silk fibroin-polypyrrole film[J]. Adv Funct Mater，2016，26：1454-1462.

[66] Song G，Atrens A. Understanding magnesium corrosion-A framework for improved alloy performance[J]. Adv Eng Mater，2003，5：837-858.

[67] Suo L，Borodin O，Gao T，et al. "Water-in-salt" electrolyte enables high-voltage aqueous lithium-ion chemistries[J]. Science，2015，350：6263.

[68] Suo L，Borodin O，Sun W，et al. Advanced high-voltage aqueous lithium-ion battery enabled by "water-in-bisalt" electrolyte[J]. Angew Chem，Int Ed Engl，2016，55：7136-7141.

[69] Yamada Y，Usui K，Sodeyama K，et al. Hydrate-melt electrolytes for high-energy-density aqueous batteries[J]. Nat Energy，2016，1：16129.

[70] Yang C，Chen J，Ji X，et al. Aqueous Li-ion battery enabled by halogen conversion-intercalation chemistry in graphite[J]. Nature，2019，569：245-250.

[71] Yang C，Suo L，Borodin O，et al. Unique aqueous Li-ion/sulfur chemistry with high energy density and reversibility[J]. Proc Natl Acad Sci U. S. A.，2017，114：6197-6202.

[72] Dong Q，Yao X，Zhao Y，et al. Cathodically stable Li-O_2 battery operations using water-in-salt electrolyte[J]. Chem，2018，4：1345-1358.

[73] Qiao Y，Wang Q，Mu X，et al. Advanced hybrid electrolyte Li-O_2 battery realized by dual superlyophobic membrane[J]. Joule，2019，3：2986-3001.

[74] Yu X，Manthiram A. Electrochemical energy storage with mediator-ion solid lectrolytes[J]. Joule，2017，1：453-462.

[75] Li L，Manthiram A. Long-life，high-voltage acidic Zn-air batteries[J]. Adv Energy Mater，2016，6：1502054.

[76] Lin C，Kim S H，Xu Q，et al. High-voltage asymmetric metal-air batteries based on polymeric single-Zn^{2+}-ion conductor[J]. Matter，2021，4：1287-1304.

[77] Yu X，Manthiram A. A voltage-enhanced，low-cost aqueous iron-air battery enabled with a mediator-ion solid electrolyte[J]. ACS Energy Lett，2017，2：1050-1055.

[78] Abraham K M，Jiang Z. A polymer electrolyte-based rechargeable lithium/oxygen battery[J]. J Electrochem Soc，1996，143：1-5.

[79] Ogasawara T，De′bart A，Holzapfel M，et al. Rechargeable Li_2O_2 Electrode for Lithium Batteries[J]. J Am Chem Soc，2006，128：1390-1393.

[80] Xu W，Xiao J，Zhang J，et al. Optimization of nonaqueous electrolytes for primary lithium/air batteries operated in ambient environment[J]. J Electrochem Soc，2009，156：A733-A799.

[81] Gibian M J，Sawyer D T，Ungermann T，et al. Reactivity of superoxide ion with carbonyl compounds in aprotic solvents[J]. J Am Chem Soc，1979，101：640-644.

[82] Aurbach D，Daroux M，Faguy P，et al. The electrochemistry of noble metal electrodes in aprotic organic solvents containing lithium salts[J]. J Electroanal Chem，1991，297：225-244.

[83] Mizuno F，Nakanishi S，Kotani Y，et al. Rechargeable Li-air batteries with carbonate-based liquid electrolytes[J]. Electrochemistry，2010，78：403-405.

[84] Freunberger S A，Chen Y，Peng Z，et al. Reactions in the rechargeable lithium-O_2 battery with alkyl carbonate electrolytes[J]. J Am Chem Soc，2011，133：8040-8047.

[85] Xu W，Viswanathan V V，Wang D，et al. Investigation on the charging process of Li_2O_2-based air electrodes in Li-O_2 batteries with organic carbonate electrolytes[J]. J Power Sources，2011，196：3894-3899.

[86] Xu W，Xu K，Viswanathan V V，et al. Reaction mechanisms for the limited reversibility of Li-O_2 chemistry in organic carbonate electrolytes[J]. J Power Sources，2011，196：9631-9639.

[87] Veith G M，Dudney N J，Howe J，et al. Spectroscopic characterization of solid discharge products in Li-air cells with aprotic carbonate electrolytes[J]. J Phys Chem C，2011，115：14325-14333.

[88] Bryantsev V S，Blanco M. Computational study of the mechanisms of superoxide-induced decomposition of organic carbonate-based electrolytes[J]. J Phys Chem Lett，2011，2：379-383.

[89] Goodman J K S，Kohl P A. Effect of alkali and alkaline earth metal salts on suppression of lithium dendrites[J]. J Electrochem Soc，2014，161：D418-D424.

[90] Vollmer J M，Curtiss L A，Vissers D R，et al. Reduction mechanisms of ethylene，propylene，and vinylethylene carbonates[J]. J Electrochem Soc，2004，151：A178-A183.

[91] Zhang Z，Lu J，Assary R S，et al. Increased stability toward oxygen reduction products for lithium-air batteries with oligoether-functionalized silane eelectrolytes[J]. J Phys Chem C，2011，115：25535-25542.

[92] McCloskey B D，Bethune D S，Shelby R M，et al. Solvents' critical role in nonaqueous lithium-oxygen battery electrochemistry[J]. J Phys Chem Lett，2011，2：1161-1166.

[93] Read J. Ether-based electrolytes for the lithium/oxygen organic electrolyte battery[J]. J Electrochem Soc，2006，153：A96-A100.

[94] Xu W，Xiao J，Wang D，et al. Crown ethers in nonaqueous electrolytes for lithium/air batteries[J]. Electrochem Solid-State Lett，2010，13：A48-A51.

[95] Laoire C O，Mukerjee S，Plichta E J，et al. Rechargeable lithium/TEGDME-$LiPF_6$/O_2 battery[J]. J Electrochem Soc，2011，158：A302-A308.

[96] Jung H G，Hassoun J，Park J B，et al. An improved high-performance lithium-air battery[J]. Nat Chem，2012，4：579-585.

[97] Hwang J Y，Park S J，Yoon C S，et al. Customizing a Li-metal battery that survives practical operating conditions for electric vehicle applications[J]. Energy Environ Sci，2019，12：2174-2184.

[98] Wen C J，Boukamp B A，Huggins R A，et al. Thermodynamic and mass transport properties of "LiAl" [J]. J Electrochem Soc，1979，126：2258-2266.

[99] Freunberger S A，Chen Y，Drewett N E，et al. The lithium-oxygen battery with ether-based electrolytes[J]. Angew Chem Int Ed Engl，2011，50：8609-8613.

[100] McCloskey B D，Speidel A，Scheffler R，et al. Twin problems of interfacial carbonate formation in nonaqueous Li-O_2 batteries[J]. J Phys Chem Lett，2012，3：997-1001.

[101] Assary R S，Lau K C，Amine K，et al. Interactions of dimethoxy ethane with Li_2O_2 clusters and likely decomposition mechanisms for Li-O_2 batteries[J]. J Phys Chem C，2013，117：8041-8049.

[102] Ryan K R，Trahey L，Ingram B J，et al. Limited stability of ether-based solvents in lithium-oxygen batteries[J]. J Phys Chem C，2012，116：19724-19728.

[103] Wang H，Xie K. Investigation of oxygen reduction chemistry in ether and carbonate based electrolytes for Li-O_2

batteries[J]. Electrochim Acta，2012，64：29-34.

[104] Barile C J，Gewirth A A. Investigating the Li-O_2 battery in an ether-based electrolyte using differential electrochemical mass spectrometry[J]. J Electrochem Soc，2013，160：A549-A552.

[105] Sharon D，Etacheri V，Garsuch A，et al. On the challenge of electrolyte solutions for Li-air batteries：Monitoring oxygen reduction and related reactions in polyether solutions by spectroscopy and EQCM[J]. J Phys Chem Lett，2013，4：127-131.

[106] Adams B D，Black R，Williams Z，et al. Towards a stable organic electrolyte for the lithium oxygen battery[J]. Adv Energy Mater，2015，5：1400867.

[107] Huang Z，Zeng H，Xie M，et al. A stable lithium-oxygen battery electrolyte based on fully methylated cyclic ether[J]. Angew Chem Int Ed Engl，2019，58：2345-2349.

[108] Liu B，Xu W，Yan P，et al. Enhanced cycling stability of rechargeable Li-O_2 batteries using high-concentration electrolytes[J]. Adv Funct Mater，2016，26：605-613.

[109] Zhao Q，Zhang Y，Sun G，et al. Binary mixtures of highly concentrated tetraglyme and hydrofluoroether as a stable and nonflammable electrolyte for Li-O_2 batteries[J]. ACS Appl Mater Interfaces，2018，10：26312-26319.

[110] Kwak W J，Chae S，Feng R Z，et al. Optimized electrolyte with high electrochemical stability and oxygen solubility for lithium-oxygen and lithium-air batteries[J]. ACS Energy Lett，2020，5：2182-2190.

[111] Kwak W J，Lim H S，Gao P，et al. Effects of fluorinated diluents in localized high-concentration electrolytes for lithium-oxygen batteries[J]. Adv Funct Mater，2020，31：2002927.

[112] Peled E，Golodnitsky D，Mazor H，et al. Parameter analysis of a practical lithium-and sodium-air electric vehicle battery[J]. J Power Sources，2011，196：6835-6840.

[113] Hartmann P，Bender C L，Vracar M，et al. A rechargeable room-temperature sodium superoxide（NaO_2）battery[J]. Nat Mater，2013，12：228-232.

[114] Xia C，Black R，Fernandes R，et al. The critical role of phase-transfer catalysis in aprotic sodium oxygen batteries[J]. Nat Chem，2015，7：496-501.

[115] Abate II，Thompson L E，Kim H C，et al. Robust NaO_2 electrochemistry in aprotic Na-O_2 batteries employing ethereal electrolytes with a protic additive[J]. J Phys Chem Lett，2016，7：2164-2169.

[116] Lutz L，Yin W，Grimaud A，et al. High capacity Na-O_2 batteries：Key arameters for solution-mediated discharge[J]. J Phys Chem C，2016，120：20068-20076.

[117] Ortiz Vitoriano N，Ruiz de Larramendi I，Sacci R L，et al. Goldilocks and the three glymes：How Na^+solvation controls Na-O_2 battery cycling[J]. Energy Stor Mater，2020，29：235-245.

[118] Black R，Shyamsunder A，Adeli P，et al. The nature and impact of side reactions in glyme-based sodium-oxygen batteries[J]. ChemSusChem，2016，9：1795-1803.

[119] Kim J，Park H，Lee B，et al. Dissolution and ionization of sodium superoxide in sodium-oxygen batteries[J]. Nat Commun，2016，7：10670.

[120] Park H，Kim J，Lee M H，et al. Highly durable and stable sodium superoxide in concentrated electrolytes for sodium-oxygen batteries[J]. Adv Energy Mater，2018，8：1801760.

[121] Tatara R，Leverick G M，Feng S，et al. Tuning NaO_2 cube sizes by controlling $Na^+$and solvent activity in Na-O_2 batteries[J]. J Phys Chem C，2018，122：18316-18328.

[122] Ren X，Wu Y. A low-overpotential potassium-oxygen battery based on potassium superoxide[J]. J Am Chem Soc，2013，135：2923-2926.

[123] Ren X，Lau K C，Yu M，et al. Understanding side reactions in K-O_2 batteries for improved cycle life[J]. ACS Appl

Mater Interfacess，2014，6：19299-19307.

[124] Xu D，Wang Z L，Xu J J，et al. Novel DMSO-based electrolyte for high performance rechargeable Li-O_2 batteries[J]. Chem Commun，2012，48：6948-6950.

[125] Xu D，Wang Z L，Xu J J，et al. A stable sulfone based electrolyte for high performance rechargeable Li-O_2 batteries[J]. Chem Commun，2012，48：11674-11676.

[126] Peng Z，Freunberger S A，Chen Y，et al. A reversible and higher-rate Li-O_2 battery[J]. Science，2012，337：563-566.

[127] Marinaro M，Balasubramanian P，Gucciardi E，et al. Importance of reaction kinetics and oxygen crossover in aprotic Li-O_2 batteries based on a dimethyl sulfoxide electrolyte[J]. ChemSusChem，2015，8：3139-3145.

[128] Ottakam Thotiyl M M，Freunberger S A，Peng Z，et al. A stable cathode for the aprotic Li-O_2 battery[J]. Nat Mater，2013，12：1050-1056.

[129] Johnson L，Li C，Liu Z，et al. The role of LiO_2 solubility in O_2 reduction in aprotic solvents and its consequences for Li-O_2 batteries[J]. Nat Chem，2014，6：1091-1099.

[130] Abraham K M. Electrolyte-directed reactions of the oxygen electrode in lithium-air batteries[J]. J Electrochem Soc，2015，162：A3021-A3031.

[131] Sun B，Huang X，Chen S，et al. An optimized $LiNO_3$/DMSO electrolyte for high-performance rechargeable Li-O_2 batteries[J]. RSC Adv，2014，4：11115-11120.

[132] Togasaki N，Momma T，Osaka T. Enhanced cycling performance of a Li metal anode in a dimethylsulfoxide-based electrolyte using highly concentrated lithium salt for a lithium-oxygen battery[J]. J Power Sources，2016，307：98-104.

[133] Liu B，Xu W，Yan P，et al. Stabilization of Li metal anode in DMSO-based electrolytes via optimization of salt-solvent coordination for Li-O_2 batteries[J]. Adv Energy Mater，2017，7：1602605.

[134] Yoo E，Zhou H. Carbon cathodes in rechargeable lithium-oxygen batteries based on double-lithium-salt electrolytes[J]. ChemSusChem，2016，9：1249-1254.

[135] Yoo E，Zhou H. Enhanced cycle stability of rechargeable Li-O_2 batteries by the synergy effect of a LiF protective layer on the Li and DMTFA additive[J]. ACS Appl Mater Interfaces，2017，9：21307-21313.

[136] Ahn S M，Suk J，Kim D Y，et al. High-performance lithium-oxygen battery electrolyte derived from optimum combination of solvent and lithium salt[J]. Adv Sci，2017，4：1700235.

[137] He X，Liu X，Han Q，et al. A liquid/liquid electrolyte interface that inhibits corrosion and dendrite growth of lithium in lithium-metal batteries[J]. Angew Chem Int Ed Engl，2020，59：6397-6405.

[138] Zhang X P，Li Y N，Sun Y Y，et al. Inverting the triiodide formation reaction by the synergy between strong electrolyte solvation and cathode adsorption for lithium-oxygen batteries[J]. Angew Chem Int Ed Engl，2019，58：18394-18398.

[139] Bai S，Liu X，Zhu K，et al. Metal-organic framework-based separator for lithium-sulfur batteries[J]. Nat Energy，2016，1：16049.

[140] Mozhzhukhina N，Méndez De Leo L P，Calvo E J. Infrared spectroscopy studies on stability of dimethyl sulfoxide for application in a Li-air battery[J]. J Phys Chem C，2013，117：18375-18380.

[141] Sharon D，Afri M，Noked M，et al. Oxidation of dimethyl sulfoxide solutions by electrochemical reduction of oxygen[J]. J Phys Chem Lett，2013，4：3115-3119.

[142] Younesi R，Norby P，Vegge T. A new look at the stability of dimethyl sulfoxide and acetonitrile in Li-O_2 batteries[J]. ECS Electrochem Lett，2014，3：A15-A18.

[143] Kwabi D G，Batcho T P，Amanchukwu C V，et al. Chemical instability of dimethyl sulfoxide in lithium-air

batteries[J]. J Phys Chem Lett，2014，5：2850-2856.

[144] He M，Lau K C，Ren X，et al. Concentrated electrolyte for the sodium-oxygen battery：Solvation structure and improved cycle life[J]. Angew Chem Int Ed Engl，2016，55：15310-15314.

[145] Sankarasubramanian S，Ramani V. Dimethyl sulfoxide-based electrolytes for high-current potassium-oxygen batteries[J]. J Phys Chem C，2018，122：19319-19327.

[146] Wang W，Lai N C，Liang Z，et al. Superoxide stabilization and a universal KO_2 growth mechanism in potassium-oxygen batteries[J]. Angew Chem Int. Ed Engl，2018，57：5042-5046.

[147] Cong G，Wang W，Lai N C，et al. A high-rate and long-life organic-oxygen battery[J]. Nat Mater，2019，18：390-396.

[148] Bryantsev V S，Uddin J，Giordani V，et al. The identification of stable solvents for nonaqueous rechargeable Li-air batteries[J]. J Electrochem Soc，2012，160：A160-A171.

[149] Chen Y，Freunberger S A，Peng Z，et al. Li-O_2 battery with a dimethylformamide electrolyte[J]. J Am Chem Soc，2012，134：7952-7957.

[150] Walker W，Giordani V，Uddin J，et al. A rechargeable Li-O_2 battery using a lithium nitrate/*N*，*N*-dimethylacetamide electrolyte[J]. J Am Chem Soc，2013，135：2076-2079.

[151] Sawyer D T，Valentine J S. How super is superoxide？[J]. Acc Chem Res，2002，14：393-400.

[152] Maricle D L，Hodgson W G. Reducion of oxygen to superoxide anion in aprotic solvents[J]. Anal Chem，2002，37：1562-1565.

[153] Zhang X，Dong P，Song M K. Metal-organic frameworks for high-energy lithium batteries with enhanced safety：Recent progress and future perspectives[J]. Batteries & Supercaps，2019，2：591-626.

[154] Bryantsev V S，Faglioni F. Predicting autoxidation stability of ether-and amide-based electrolyte solvents for Li-air batteries[J]. J Phys Chem A，2012，116：7128-7138.

[155] Uddin J，Bryantsev V S，Giordani V，et al. Lithium nitrate as regenerable SEI stabilizing agent for rechargeable Li/O_2 batteries[J]. J Phys Chem Lett，2013，4：3760-3765.

[156] Yoo E，Zhou H. LiF protective layer on a Li anode：Toward improving the performance of Li-O_2 batteries with a redox mediator[J]. ACS Appl Mater Interfaces，2020，12：18490-18495.

[157] Yoo E，Qiao Y，Zhou H. Understanding the effect of the concentration of $LiNO_3$ salt in Li-O_2 batteries[J]. Journal of Materials Chemistry A，2019，7：18318-18323.

[158] Chang Z，Qiao Y，Deng H，et al. A stable high-voltage lithium-ion battery realized by an in-built water scavenger[J]. Energy Environ Sci，2020，13：1197-1204.

[159] Feng S，Huang M，Lamb J R，et al. Molecular design of stable sulfamide-and sulfonamide-based electrolytes for aprotic Li-O_2 batteries[J]. Chem，2019，5：2630-2641.

[160] Zhou B，Guo L，Zhang Y，et al. A high-performance Li-O_2 battery with a strongly solvating hexamethylphosphoramide electrolyte and a LiPON-protected lithium anode[J]. Adv Mater，2017，29：1701568.

[161] Balaish M，Kraytsberg A，Ein-Eli Y. A critical review on lithium-air battery electrolytes[J]. Phys Chem Chem Phys，2014，16：2801-2822.

[162] Lai J，Xing Y，Chen N，et al. Electrolytes for rechargeable lithium-air batteries[J]. Angew Chem Int Ed Engl，2020，59：2974-2997.

[163] Das S，Højberg J，Knudsen K B，et al. Instability of ionic liquid-based electrolytes in Li-O_2 batteries[J]. J Phys Chem C，2015，119：18084-18090.

[164] Kuboki T，Okuyama T，Ohsaki T，et al. Lithium-air batteries using hydrophobic room temperature ionic liquid

electrolyte[J]. J Power Sources，2005，146：766-769.

[165] Allen C J，Mukerjee S，Plichta E J，et al. Oxygen electrode rechargeability in an ionic liquid for the Li-air battery[J]. J Phys Chem Lett，2011，2：2420-2424.

[166] Allen C J，Hwang J，Kautz R，et al. Oxygen reduction reactions in ionic liquids and the formulation of a general ORR mechanism for Li-air batteries[J]. J Phys Chem C，2012，116：20755-20764.

[167] Elia G A，Hassoun J，Kwak W J，et al. An advanced lithium-air battery exploiting an ionic liquid-based electrolyte[J]. Nano Lett，2014，14：6572-6577.

[168] Xie J，Dong Q，Madden I，et al. Achieving low overpotential Li-O_2 battery operations by Li_2O_2 decomposition through one-electron processes[J]. Nano Lett，2015，15：8371-8376.

[169] Zhang D，Li R，Huang T，et al. Novel composite polymer electrolyte for lithium air batteries[J]. J Power Sources，2010，195：1202-1206.

[170] Liu Z J，Huang J，Zhang Y T，et al. Taming interfacial instability in lithium-oxygen batteries：A polymeric ionic liquid electrolyte solution[J]. Adv Energy Mater，2019，9：1901967.

[171] Qiao Y，Wang Q，Mu X，et al. Advanced hybrid electrolyte Li-O_2 battery realized by dual superlyophobic membrane[J]. Joule，2019，3：2986-3001.

[172] Zhang J，Sun B，Zhao Y，et al. A versatile functionalized ionic liquid to boost the solution-mediated performances of lithium-oxygen batteries[J]. Nat Commun，2019，10：602.

[173] Zhang T，Zhou H. From Li-O_2 to Li-air batteries：Carbon nanotubes/ionic liquid gels with a tricontinuous passage of electrons，ions，and oxygen[J]. Angew Chem Int Ed Engl，2012，51：11062-11067.

[174] Zhang T，Zhou H. A reversible long-life lithium-air battery in ambient air[J]. Nat Commun，2013，4：1817.

[175] Azaceta E，Lutz L，Grimaud A，et al. Electrochemical reduction of oxygen in aprotic ionic liquids containing metal cations：A case study on the Na-O_2 system[J]. ChemSusChem，2017，10：1616-1623.

[176] Pozo-Gonzalo C，Howlett P C，MacFarlane D R，et al. Highly reversible oxygen to superoxide redox reaction in a sodium-containing ionic liquid[J]. Electrochem Commun，2017，74：14-18.

[177] Zhang Y，Ortiz-Vitoriano N，Acebedo B，et al. Elucidating the impact of sodium salt concentration on the cathode-electrolyte interface of Na-air batteries[J]. J Phys Chem C，2018，122：15276-15286.

[178] Chalasani D，Lucht B L. Reactivity of electrolytes for lithium-oxygen batteries with Li_2O_2[J]. ECS Electrochem Lett，2012，1：A38-A42.

[179] Karan N K，Balasubramanian M，Fister T T，et al. Bulk-sensitive characterization of the discharged products in Li-O_2 batteries by nonresonant inelastic X-ray scattering[J]. J Phys Chem C，2012，116：18132-18138.

[180] Veith G M，Nanda J，Delmau L H，et al. Influence of lithium salts on the discharge chemistry of Li-air cells[J]. J Phys Chem Lett，2012，3：1242-1247.

[181] Younesi R，Hahlin M，Björefors F，et al. Li-O_2 battery degradation by lithium peroxide（Li_2O_2）：A model study[J]. Chem Mater，2012，25：77-84.

[182] Younesi R，Urbonaite S，Edström K，et al. The cathode surface composition of a cycled Li-O_2 battery：A photoelectron spectroscopy study[J]. J Phys Chem C，2012，116：20673-20680.

[183] Du P，Lu J，Lau K C，et al. Compatibility of lithium salts with solvent of the non-aqueous electrolyte in Li-O_2 batteries[J]. Phys Chem Chem Phys，2013，15：5572-5581.

[184] Hassoun J，Croce F，Armand M，et al. Investigation of the O_2 electrochemistry in a polymer electrolyte solid-state cell[J]. Angew Chem Int Ed Engl，2011，50：2999-3002.

[185] Younesi R，Veith G M，Johansson P，et al. Lithium salts for advanced lithium batteries：Li-metal，Li-O_2，and Li-S[J].

Energy Environ Sci，2015，8：1905-1922.

[186] Li F，Wu S，Li D，et al. The water catalysis at oxygen cathodes of lithium-oxygen cells[J]. Nat Commun，2015，6：7843.

[187] Younesi R，Hahlin M，Treskow M，et al. Ether based electrolyte，$LiB(CN)_4$ salt and binder degradation in the $Li-O_2$ battery studied by hard X-ray photoelectron spectroscopy（HAXPES）[J]. J Phys Chem C，2012，116：18597-18604.

[188] Hyoung O S，Yim T，Pomerantseva E，et al. Decomposition reaction of lithium bis（oxalato）borate in the rechargeable lithium-oxygen cell[J]. Electrochem Solid-State Lett，2011，14：A185-A188.

[189] Li F J，Zhang T，Yamada Y，et al. Enhanced cycling performance of $Li-O_2$ batteries by the optimized electrolyte concentration of LiTFSA in glymes[J]. Adv Energy Mater，2013，3：532-538.

[190] Hayashi M，Sakamoto S，Nohara M，et al. electrochemical properties of large-discharge-capacity air electrodes with nickel foam sheet support for lithium air secondary batteries[J]. Electrochemistry，2018，86：333-338.

[191] Nasybulin E，Xu W，Engelhard M H，et al. Effects of electrolyte salts on the performance of $Li-O_2$ batteries[J]. J Phys Chem C，2013，117：2635-2645.

[192] Gunasekara I，Mukerjee S，Plichta E J，et al. Microelectrode diagnostics of lithium-air batteries[J]. J Electrochem Soc，2014，161：A381-A392.

[193] Sharon D，Hirsberg D，Salama M，et al. Mechanistic role of Li^+ dissociation level in aprotic $Li-O_2$ battery[J]. ACS Appl Mater Interfaces，2016，8：5300-5307.

[194] Burke C M，Pande V，Khetan A，et al. Enhancing electrochemical intermediate solvation through electrolyte anion selection to increase nonaqueous $Li-O_2$ battery capacity[J]. Proc Natl Acad Sci U. S. A，2015，112：9293-9298.

[195] Iliksu M，Khetan A，Yang S，et al. Elucidation and comparison of the effect of LiTFSI and $LiNO_3$ salts on discharge chemistry in nonaqueous $Li-O_2$ batteries[J]. ACS Appl Mater Interfaces，2017，9：19319-19325.

[196] Sharma R，Akabayov S，Leskes M，et al. Bifunctional role of $LiNO_3$ in $Li-O_2$ batteries：Deconvoluting surface and catalytic effects[J]. ACS Appl Mater Interfaces，2018，10：29622-29629.

[197] Sharon D，Hirsberg D，Afri M，et al. Catalytic behavior of lithium nitrate in $Li-O_2$ cells[J]. ACS Appl Mater Interfacess，2015，7：16590-16600.

[198] Togasaki N，Gobara T，Momma T，et al. A comparative study of $LiNO_3$ and LiTFSI for the cycling performance of $\delta-MnO_2$ cathode in lithium-oxygen batteries[J]. J Electrochem Soc，2017，164：A2225-A2230.

[199] Tong B，Huang J，Zhou Z，et al. The salt matters：Enhanced reversibility of $Li-O_2$ batteries with a $Li[(CF_3SO_2)(n-C_4F_9SO_2)N]$-based electrolyte[J]. Adv Mater，2018，30：1704841.

[200] Liu C，Rehnlund D，Brant W R，et al. Growth of NaO_2 in highly efficient $Na-O_2$ batteries revealed by synchrotron In operando X-ray diffraction[J]. ACS Energy Lett，2017，2：2440-2444.

[201] Lutz L，Alves Dalla Corte D，Tang M，et al. Role of electrolyte anions in the $Na-O_2$ battery：Implications for NaO_2 solvation and the stability of the sodium solid electrolyte interphase in glyme ethers[J]. Chem Mater，2017，29：6066-6075.

[202] Shi Q，Zhong Y，Wu M，et al. High-performance sodium metal anodes enabled by a bifunctional potassium salt[J]. Angew Chem，Int Ed Engl，2018，57：9069-9072.

[203] Zhao S，Wang C，Du D，et al. Bifunctional effects of cation dditive on $Na-O_2$ batteries[J]. Angew Chem Int Ed Engl，2021，60：3205-3211.

[204] Sankarasubramanian S，Kahky J，Ramani V. Tuning anion solvation energetics enhances potassium-oxygen battery performance[J]. Proc Natl Acad Sci U. S. A，2019，116：14899-14904.

[205] Ren X，He M，Xiao N，et al. Greatly enhanced anode stability in K-oxygen batteries with an *in situ* formed

solvent-and oxygen-impermeable protection layer[J]. Adv Energy Mater，2017，7：1601080.

[206] Shkrob I A，Marin T W，Zhu Y，et al. Why bis（fluorosulfonyl）imide is a “magic anion” for electrochemistry[J]. J Phys Chem C，2014，118：19661-19671.

[207] Xiao N，Gourdin G，Wu Y. simultaneous stabilization of potassium metal and superoxide in K-O_2 batteries on the basis of electrolyte reactivity[J]. Angew Chem Int Ed Engl，2018，57：10864-10867.

[208] Giordani V，Tozier D，Tan H，et al. A molten salt lithium-oxygen battery[J]. J Am Chem Soc，2016，138：2656-2663.

[209] Liu T，Vivek J P，Zhao E W，et al. Current challenges and routes forward for nonaqueous lithium-air batteries[J]. Chem Rev，2020，120：6558-6625.

[210] Xia C，Kwok C Y，Nazar L F. A high-energy-density lithium-oxygen battery based on a reversible four-electron conversion to lithium oxide[J]. Science，2018，361：777-781.

[211] Ruiz-Martínez D，Kovacs A，Gómez R. Development of novel inorganic electrolytes for room temperature rechargeable sodium metal batteries[J]. Energy Environ Sci，2017，10：1936-1941.

[212] Tarascon J M，Armand M. Issues and challenges facing rechargeable lithium batteries[J]. Nature，2001，414：359-367.

[213] Quartarone E，Mustarelli P. Electrolytes for solid-state lithium rechargeable batteries：Recent advances and perspectives[J]. Chem Soc Rev，2011，405：2525-2540.

[214] Hu Y Y. Batteries：Getting solid[J]. Nat Energy，2016，1：16042.

[215] Goodenough J，Park K. The Li-ion rechargeable battery：A perspective[J]. J Am Chem Soc，2013，135：1167-1176.

[216] Cabana J，Monconduit L，Larcher D，et al. Beyond intercalation-based Li-ion batteries：The state of the art and challenges of electrode materials reacting through conversion reactions[J]. Adv Mater，2010，22：E170-192.

[217] Busche M R，Drossel T，Leichtweiss T，et al. Dynamic formation of a solid-liquid electrolyte interphase and its consequences for hybrid-battery concepts[J]. Nat Chem，2016，85：426-434.

[218] Kato Y，Hori S，Saito T，et al. High-power all-solid-state batteries using sulfide superionic conductors[J]. Nat Energy，2016，1：16030.

[219] Sakuda A，Hayashi A，Tatsumisago M. Sulfide solid electrolyte with favorable mechanical property for all-solid-state lithium battery[J]. Sci Rep，2013，3：2261.

[220] Fenton D，Parker J M，Wright P. Complexes of alkali metal ions with poly（ethylene oxide）[J]. Polymer，1973，14：589.

[221] Abraham K M，Alamgir M. LiK conductive solid polymer electrolytes with liquid like conductivity[J]. J Electrochem Soc，1990，137：1657-1658.

[222] Appetecchi G B，Croce F，Scrosati B. Kinetics and stability of the lithium electrode in poly（methylmethacrylate）-based gel electrolytes[J]. Electrochim Acta，1995，40：991-997.

[223] Choe H S，Giaccai J，Alamgir M，et al. Preparation and characterization of poly(vinyl sulfone)-and poly(vinylidene fluoride)-based electrolytes[J]. Electrochim Acta，1995，40：2289-2293.

[224] Dudney N，Bates J B，Zuhr R，et al. Sputtering of lithium compounds for preparation of electrolyte thin films[J]. Solid State Ionics，1992，53-56：655-661.

[225] Goodenough J，Hong H，Kafalas J A. Fast Na^+-ion transport in skeleton structures[J]. Mater Res Bull，1976，11：203-220.

[226] Cussen E J. The structure of lithium garnets：Cation disorder and clustering in a new family of fast Li^+conductors[J]. Chem Commun，2006，4：412-413.

[227] Thangadurai V, Weppner W. Recent progress in solid oxide and lithium ion conducting electrolytes research[J]. Ionics, 2006, 12: 81-92.

[228] Cruz A M, Ferreira E, Rodrigues A C. Controlled crystallization and ionic conductivity of a nanostructured $LiAlGePO_4$ glass-ceramic[J]. J Non-Cryst Solids, 2009, 355: 2295-2301.

[229] Thokchom J S, Gupta N, Kumar B. Superionic conductivity in a lithium aluminum germanium phosphate glass ceramic[J]. J Electrochem Soc, 2008, 155: A915-A920.

[230] Xiao W, Wang J, Fan L, et al. Recent advances in $Li_{1+x}Al_xTi_{2-x}(PO_4)_3$ solid-state electrolyte for safe lithium batteries[J]. Energy Storage Mater, 2019, 19: 379-400.

[231] Schroeder M, Glatthaar S, Binder J. Influence of spray granulation on the properties of wet chemically synthesized $Li_{1.3}Ti_{1.7}Al_{0.3}(PO_4)_3$ (LATP) powders[J]. Solid State Ionics, 2011, 201: 49-53.

[232] Mariappan C R, Gellert M E, Yada C, et al. Grain boundary resistance of fast lithium ion conductors: Comparison between a lithium-ion conductive Li-Al-Ti-P-O-type glass ceramic and a $Li_{1.5}Al_{0.5}Ge_{1.5}P_3O_{12}$ ceramic[J]. Electrochem Commun, 2012, 14: 25-28.

[233] Bai H, Hu J, Li X, et al. Influence of $LiBO_2$ addition on the microstructure and lithium-ion conductivity of $Li_{1+x}Al_xTi_{2-x}(PO_4)_3$ ($x = 0.3$) ceramic electrolyte[J]. Ceram Int, 2018, 44: 6558-6563.

[234] O'Callaghan M, Lynham D R, Cussen E J, et al. Structure and ionic-transport properties of lithium-containing garnets $Li_3Ln_3Te_2O_{12}$ (Ln = Y, Pr, Nd, Sm-Lu) [J]. Chem Mater, 2006, 18: 4681-4689.

[235] Gao Y, Wang X, Wang W, et al. Sol-gel synthesis and electrical properties of $Li_5La_3Ta_2O_{12}$ lithium ionic conductors[J]. Solid State Ionics, 2010, 181: 33-36.

[236] Thangadurai V, Weppner W. $Li_6ALa_2Ta_2O_{12}$ (A = Sr, Ba): Novel garnet-like oxides for fast lithium ion conduction[J]. Adv Funct Mater, 2005, 15: 107-112.

[237] Murugan R, Thangadurai V, Weppner W. Fast lithium ion conduction in garnet-type $Li_7La_3Zr_2O_{12}$[J]. Angew Chem Int Ed, 2007, 46: 7778-7781.

[238] Huo H, Luo J, Thangadurai V, et al. Li_2CO_3: A critical issue for developing solid garnet batteries[J]. ACS Energy Lett, 2019, 5: 252-262.

[239] Wang C, Ping W, Bai Q, et al. A general method to synthesize and sinter bulk ceramics in seconds[J]. Science, 2020, 368: 521-526.

[240] Bates J, Dudney N, Neudecker B, et al. Thin-film lithium and lithium-ion batteries[J]. Solid state ionics, 2000, 135: 33-45.

[241] Hamon Y, Douard A, Sabary F, et al. Influence of sputtering conditions on ionic conductivity of LiPON thin films[J]. Solid State Ionics, 2006, 177: 257-261.

[242] Ratner M A, Shriver D F. Ion transport in solvent-free polymers[J]. Chem Rev, 1966, 88: 109-124.

[243] Wright P V. Electrical conductivity in ionic complexes of poly (ethylene oxide) [J]. Polym. Int, 1975, 7: 319-327.

[244] Chen L, Li Y, Li S P, et al. PEO/garnet composite electrolytes for solid-state lithium batteries: From "ceramic-in-polymer" to "polymer-in-ceramic" [J]. Nano Energy, 2018, 46: 176-184.

[245] Chen-Yang Y W, Chen H C, Lin F J, et al. Polyacrylonitrile electrolytes I. A novel high-conductivity composite polymer electrolyte based on PAN, $LiClO_4$ and α-Al_2O_3[J]. Solid State Ionics, 2002, 150: 327-335.

[246] Jacob M M E, Prabaharan S R S, Radhakrishna S. Effect of PEO addition on the electrolytic and thermal properties of PVDF-LiClO polymer electrolytes[J]. Solid State Ionics, 1997, 104: 267-276.

[247] Rajendran S, Babu R S, Sivakumar P. Investigations on PVC/PAN composite polymer electrolytes[J]. J Membr Sci, 2008, 315: 67-73.

[248] Balaish M，Peled E，Golodnitsky D，et al. Liquid-free lithium-oxygen batteries[J]. Angew Chem Int Ed，2015，54：436-440.

[249] Alarco P J，Abu-Lebdeh Y，Abouimrane A，et al. The plastic-crystalline phase of succinonitrile as a universal matrix for solid-state ionic conductors[J]. Nat Mater，2004，3：476-481.

[250] Lu Y，Cai Y，Zhang Q，et al. A compatible anode/succinonitrile-based electrolyte interface in all-solid-state Na-CO_2 batteries[J]. Chem Sci，2019，10：4306-4312.

[251] Lu Z H，Yu J，Wu J X，et al. Enabling room-temperature solid-state lithium-metal batteries with fluoroethylene carbonate-modified plastic crystal interlayers[J]. Energy Storage Mater，2019，18：311-319.

[252] Wang J，Huang G，Chen K，et al. An adjustable-porosity plastic crystal electrolyte enables high-performance all-solid-state lithium-oxygen batteries[J]. Angew Chem Int Ed，2020，132：9468-9473.

[253] Visco S J，Katz B D，Nimon Y S，et al. Protected active metal electrode and battery cell structures with non-aqueous interlayer architecture：U.S，7，282，295 [P]. 2007-10-16.

[254] Zhang T，Imanishi N，Hasegawa S，et al. Water-stable lithium anode with the three-layer construction for aqueous lithium-air secondary batteries[J]. ECS Solid State Lett，2009，12：A132-A135.

[255] Liu Y，Li C，Li B，et al. Germanium thin film protected lithium aluminum germanium phosphate for solid-state Li batteries[J]. Adv Energy Mater，2018，8：1702374.

[256] Zhang K，Mu S，Liu W，et al. A flexible NASICON-type composite electrolyte for lithium-oxygen/air battery[J]. Ionics，2019，25：25-33.

[257] Yang T，Liu X，Sang L，et al. Control of interface of glass-ceramic electrolyte/liquid electrolyte for aqueous lithium batteries[J]. J Power Sources，2013，244：43-49.

[258] Hasegawa S，Imanishi N，Zhang T，et al. Study on lithium/air secondary batteries-stability of NASICON-type lithium ion conducting glass-ceramics with water[J]. J Power Sources，2009，189：371-377.

[259] Li L，Zhao X，Manthiram A. A dual-electrolyte rechargeable Li-air battery with phosphate buffer catholyte[J]. Electrochem Commun，2012，14：78-81.

[260] Liu Y，Li B，Kitaura H，et al. Fabrication and performance of all-solid-state Li-air battery with SWCNTs/LAGP cathode[J]. ACS Appl Mater Interfaces，2015，7：17307-17310.

[261] Zhu X B，Zhao T S，Wei Z H，et al. A novel solid-state Li-O_2 battery with an integrated electrolyte and cathode structure[J]. Energy Environ Sci，2015，8：2782-2790.

[262] Zhao C，Zhu Y，Sun Q，et al. Transition of the reaction from three-phase to two-phase by using hybrid conductor for high-energy-density high-rate solid-state Li-O_2 battery[J]. Angew Chem Int Ed，2020，60：5821-5826.

[263] Song H，Wang S，Song X，et al. Solar-driven all-solid-state lithium-air batteries operating at extreme low temperatures[J]. Energy Environ Sci，2020，13：1205-1211.

[264] Cheng L，Crumlin E J，Chen W，et al. The origin of high electrolyte-electrode interfacial resistances in lithium cells containing garnet type solid electrolytes[J]. Phys Chem Chem Phys，2014，16：18294-18300.

[265] Sharafi A，Yu S，Naguib M，et al. Impact of air exposure and surface chemistry on Li-$Li_7La_3Zr_2O_{12}$ interfacial resistance[J]. J Mater Chem A，2017，5：13475-13487.

[266] Xia W，Xu B，Duan H，et al. Reaction mechanisms of lithium garnet pellets in ambient air：The effect of humidity and CO_2[J]. J Am Ceram Soc，2017，100：2832-2839.

[267] Brugge R H，Hekselman A K O，Cavallaro A，et al. Garnet electrolytes for solid state batteries：Visualization of moisture-induced chemical degradation and revealing its impact on the Li-ion dynamics[J]. Chem Mater，2018，30：3704-3713.

[268] Jin Y，McGinn P J. $Li_7La_3Zr_2O_{12}$ electrolyte stability in air and fabrication of a $Li/Li_7La_3Zr_2O_{12}/Cu_{0.1}V_2O_5$ solid-state battery[J]. J Power Sources，2013，239：326-331.

[269] Wang J，Yin Y，Liu T，et al. Hybrid electrolyte with robust garnet-ceramic electrolyte for lithium anode protection in lithium-oxygen batteries[J]. Nano Res，2018，11：3434-3441.

[270] Feng W，Dong X，Zhang X，et al. Li/garnet interface stabilization by thermal-decomposition vapor deposition of an amorphous carbon layer[J]. Angew Chem Int Ed，2020，59：5346-5349.

[271] Han X，Gong Y，Fu K K，et al. Negating interfacial impedance in garnet-based solid-state Li metal batteries[J]. Nat Mater，2017，16：572-579.

[272] Huo H，Gao J，Zhao N，et al. A flexible electron-blocking interfacial shield for dendrite-free solid lithium metal batteries[J]. Nat Commun，2021，12：176.

[273] Kim S，Jung C，Kim H，et al. The role of interlayer chemistry in Li-metal growth through a garnet-type solid electrolyte[J]. Adv Energy Mater，2020，10：1903993.

[274] Meng J，Zhang Y，Zhou X，et al. Li_2CO_3-affiliative mechanism for air-accessible interface engineering of garnet electrolyte via facile liquid metal painting[J]. Nat Commun，2020，11：3716.

[275] Ren Y，Liu T，Shen Y，et al. Garnet-type oxide electrolyte with novel porous-dense bilayer configuration for rechargeable all-solid-state lithium batteries[J]. Ionics，2017，23：2521-2527.

[276] Zhao C，Sun Q，Luo J，et al. 3D porous garnet/gel polymer hybrid electrolyte for safe solid-state Li-O_2 batteries with long lifetimes[J]. Chem Mater，2020，32：10113-10119.

[277] Nimisha C S，Rao G M，Munichandraiah N，et al. Chemical and microstructural modifications in LiPON thin films exposed to atmospheric humidity[J]. Solid State Ionics，2011，185：47-51.

[278] Puech L，Cantau C，Vinatier P，et al. Elaboration and characterization of a free standing LiSICON membrane for aqueous lithium-air battery[J]. J Power Sources，2012，214：330-336.

[279] Jadhav H S，Kalubarme R S，Jadhav A H，et al. Highly stable bilayer of LiPON and B_2O_3 added $Li_{1.5}Al_{0.5}Ge_{1.5}(PO_4)$ solid electrolytes for non-aqueous rechargeable Li-O_2 batteries[J]. Electrochim Acta，2016，199：126-132.

[280] Le H T T，Ngo D T，Ho V C，et al. Insights into degradation of metallic lithium electrodes protected by a bilayer solid electrolyte based on aluminium substituted lithium lanthanum titanate in lithium-air batteries[J]. J Mater Chem A，2016，4：11124-11138.

[281] Ratner M A，Shriver D F. Ion transport in solvent-free polymers[J]. Chem Rev，1966，88：109-124.

[282] Balaish M，Peled E，Golodnitsky D，et al. Liquid-free lithium-oxygen batteries[J]. Angew Chem Int Ed，2015，54：436-440.

[283] Wang C，Adair K R，Liang J，et al. Solid-state plastic crystal electrolytes：Effective protection interlayers for sulfide-based all-solid-state lithium metal batteries[J]. Adv Funct Mater，2019，29：1900392.

[284] Tian S，Shao B，Wang Z，et al. Organic ionic plastic crystal as electrolyte for lithium-oxygen batteries[J]. Chin Chem Lett，2019，30：1289-1292.

[285] Wang L，Pan J，Zhang Y，et al. A Li-air battery with ultralong cycle life in ambient air[J]. Adv Mater，2018，30：1704378.

[286] Leng L，Zeng X，Chen P，et al. A novel stability-enhanced lithium-oxygen battery with cellulose-based composite polymer gel as the electrolyte[J]. Electrochim Acta，2015，176：1108-1115.

[287] Zou X，Lu Q，Zhong Y，et al. Flexible，flame-resistant，and dendrite-impermeable gel-polymer electrolyte for Li-O_2/air batteries workable under hurdle conditions[J]. Small，2018，14：1801798.

[288] Liu T，Feng X L，Jin X，et al. Protecting the lithium metal anode for a safe flexible lithium-air battery in ambient

air[J]. Angew Chem Int Ed，2019，58：18240-18245.

[289] Chamaani A，Safa M，Chawla N，et al. Composite gel polymer electrolyte for improved cyclability in lithium-oxygen batteries[J]. ACS Appl Mater Interfaces，2017，9：33819-33826.

[290] Lei X，Liu X，Ma W，et al. Flexible lithium-air battery in ambient air with an *in situ* formed gel electrolyte[J]. Angew Chem Int Ed，2018，57：16131-16135.

[291] Yi J，Liu Y，Qiao Y，et al. Boosting the cycle life of Li-O_2 batteries at elevated temperature by employing a hybrid polymer-ceramic solid electrolyte[J]. ACS Energy Lett，2017，2：1378-1384.

[292] Chi X，Li M，Di J，et al. A highly stable and flexible zeolite electrolyte solid-state Li-air battery[J]. Nature，2021，592：551-557.

[293] Zhao C，Liang J，Li X，et al. Halide-based solid-state electrolyte as an interfacial modifier for high performance solid-state Li-O_2 batteries[J]. Nano Energy，2020，75：105036.

第 5 章　金属负极保护

5.1　负极挑战概述

目前，锂离子电池技术取得了极大的进步，在促进社会智能化、便携化进程中发挥了重要作用。基于电化学插层反应的锂离子电池经过将近三十年的发展，能量密度趋近于理论极限，但仍不能满足当代社会的储能需求。发展高安全、高比容量的下一代电极材料势在必行。金属空气电池由于其高比能的优势引起了科研人员的广泛研究[1-4]。如图 5.1 所示，金属空气电池的能量密度远远高于现行的锂离子电池[5]。

金属空气电池可以分为水系和非水系两种。水系金属空气电池负极主要包含锌、铝、镁、铁四种。对于水系电池而言，随着科研人员的不断攻关，锌空电池体系逐渐走向商品化，铝空和镁空电池的研究也已经非常深入[6]。对于水系金属空气电池而言，金属负极主要面临的问题有析氢腐蚀、枝晶、钝化以及电极变形等。

非水系金属空气电池的金属负极主要包含锂、钠和钾三种[5]。非水系金属空气电池中，锂空电池具有极高的能量密度，是一种非常有前景的金属空气电池；钠空电池以钠元素较丰富的地球储备含量以及较低的价格吸引了人们的目光；钾空电池虽然负极非常活泼，但是其较低的充电过电势也吸引了人们的注意。对于非水系金属空气电池而言，金属负极主要面临的问题有腐蚀、枝晶、体积膨胀、库仑效率低等[7]。

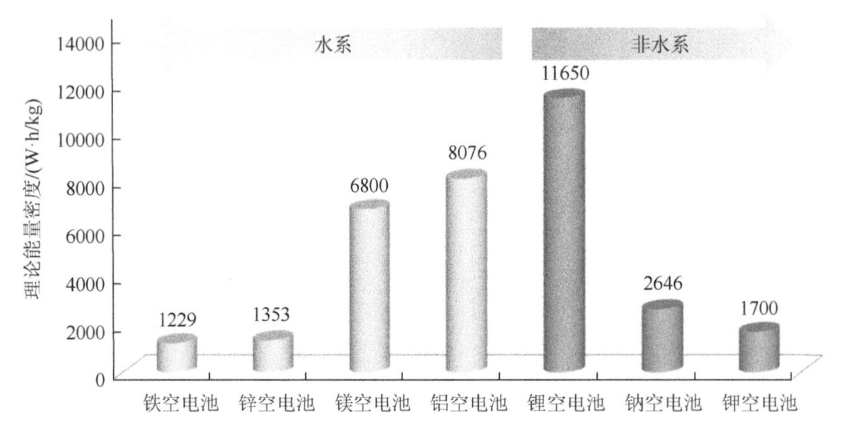

图 5.1　金属空气电池能量密度对比图（基于金属的质量计算）[5]

在大多数金属负极中，锂金属在金属中具有最小的密度而且标准电势为−3.045 V，金属锂的理论比容量为3860 mA·h/g，据此计算得到锂空电池的理论比能量密度3500 W·h/kg（考虑活性物质氧气质量在内）或11650 W·h/kg（排除活性物质氧气质量进行计算）。锂金属电池是最有希望的下一代高能量密度储能设备之一，金属锂也是最为理想的负极材料。然而锂枝晶的生长带来的安全隐患和较大的体积膨胀使得锂金属电池始终无法商业化应用。金属锂作为电池负极材料的安全使用仍面临着巨大挑战[1, 8-14]。

金属钠是一种在地球有较高丰度、成本低廉，同时具有较合适还原电位的金属材料（$E_{Na^+/Na}=-2.71$ V *vs.* SHE），可充电的钠金属电池甚至可以与锂金属电池媲美。金属钠电池仍然面临着诸多挑战，如钠枝晶不可控生长造成电池短路、较低的库仑效率导致电池快速失效，以及在长循环过程中严重的体积膨胀，同时金属钠比金属锂还要强的反应活性会令其面临严重腐蚀，这些都是金属钠在大规模产业化之前需要克服的挑战。

金属钾的理论可逆容量高达678 mA·h/g，约为使用石墨负极的锂离子电池的两倍，又由于钾金属电池较低的负极电位，金属钾也是一种很有前景的负极材料。然而金属钾较强的反应活性，金属钾枝晶不可控生长的问题也愈发严重，同样由于其远超于锂、钠的强还原性，金属钾腐蚀问题也非常严重，金属钾作为电池负极材料的商业化进展目前仍面临很大难题。

锌来源丰富、价格低廉、化学稳定性好、氧化还原电位低（−0.76 V *vs.* SHE）且易于加工，是水系锌电池最佳的负极选择。然而，金属锌负极存在的锌枝晶生长问题一直是锌离子电池研究发展的瓶颈[13]。对于锌空电池而言，锌金属负极主要面临析氢腐蚀、枝晶、电极变形、钝化几个方面的问题，枝晶加速催化电解液分解，诱发枝晶生长断裂进而产生“死锌”。

铝空电池也已经被研究和开发以用作一次电池，但是铝空电池存在两个主要问题：一是铝负极放电不可逆，二是铝负极自放电非常快。铝空电池使用碱性或盐水电解质，负极金属铝在电解液中被腐蚀形成凝胶状的水合氧化铝，这会严重降低电池容量。铝金属表面覆盖有氧化膜，这会增加溶解反应的过电势。氢气生成而导致自放电也是非常严重的[15]。尽管铝空电池具有优秀的市场前景，但是铝负极存在的以下几个问题也是限制其商业化应用的关键阻碍[16, 17]：一是铝在碱性电解液中腐蚀速率非常大；二是在电池反应中，铝负极表面会形成 Al_2O_3 或 $Al(OH)_3$ 膜，抑制铝负极的电化学活性，使电极电位正移，导致电压滞后；三是在电池反应中，铝会与水发生严重的析氢副反应，降低了铝的实际利用率[6, 17]。电极的活化和抗腐蚀性能的提高是铝负极研究过程中需要解决的主要问题。

由于镁化学活性高、电极电势低，在大多数的电解质溶液中，镁的溶解速率较快，产生大量的氢气，导致负极的法拉第效率降低。普通镁（纯度99.0%～99.9%）

中存在的有害杂质成为发生微观原电池腐蚀反应的驱动力，造成镁的自腐蚀速率加大。镁基体与Fe、Ni等金属杂质形成微电偶联，增强了负极的反应活性和析氢反应[18]。同时，反应时产生较致密的$Mg(OH)_2$钝化膜，影响了镁负极活性溶解[19]。寻找负极利用率高的镁合金负极材料，关键是寻求高性能镁合金材料，减少析氢腐蚀，解决活化与钝化的矛盾。

铁空电池一般都使用碱性电解液，碱性电池中铁电极在碱性溶液中容易钝化，铁空电池在大电流或较低温度放电下，铁电极会发生钝化，极大地降低电极的活性表面积，使电极容量急剧下降。铁电极在碱性溶液中很容易发生析氢反应，同时，铁生成氢氧化亚铁，造成铁电极自放电从而降低电极活性物质的利用率[20, 21]。

5.1.1 腐蚀

在水系金属空气电池中，锌、铝、镁、铁等负极主要发生析氢腐蚀；对于非水系金属空气电池，锂、钠、钾等金属电极材料性质活泼，极易发生腐蚀和自放电现象，导致金属电极快速失效。

锂、钠、钾等碱金属相比其他金属，具有相当高的反应活性，在空气电池中，不仅会与空气组分（氧气、氮气、二氧化碳、水蒸气等）发生反应，而且会与电解液中的溶剂、盐、添加剂等发生副反应。严格意义来说，甚至找不到一种电解液体系可以对碱金属负极完全稳定。此外，空气电池在反应过程中会产生强氧化性放电产物及中间体，电解液也会发生化学及电化学分解，碱金属负极也会不可控地与这些物质反应，这使得碱金属面临着极大的腐蚀困境，甚至会在电池循环过程中被消耗殆尽。为了解决这些问题，目前已经有一些调控碱金属/电解液界面层的有效工作。

锌在碱性水溶液中易发生析氢腐蚀，在锌负极表面由水电解产生的H_2导致在充电期间电池内部压力增大，使电池出现漏液、鼓底、电池膨胀等问题，严重影响了电池的性能和循环寿命[22]。此外，腐蚀反应消耗电化学活性物质锌，也会使电池的容量降低。为了延缓腐蚀，还可以在电解液中加入缓蚀剂，缓蚀剂的种类分为无机缓蚀剂、有机缓蚀剂和复合缓蚀剂。无机缓蚀剂有汞、铅、镉、铋、锡、铝、钙、钡及镓的化合物，这些化合物被还原后的金属具有较高的析氢过电势，对抑制析氢腐蚀有较好的作用，但由于存在毒性物质而被限制使用，因此安全无毒、种类繁多的有机锌缓蚀剂受到关注[23]。

金属铝活性高、自然界丰度高、来源广泛、性质优良易加工、比能量高，是一种很好的电池负极材料。在酸性电解质环境中，金属铝的标准电极电势有−1.65 V *vs.* SHE，在强碱性电解质环境中，金属铝的标准电极电势能够达到−2.35 V *vs.* SHE，是一种很有应用前景的电池负极。然而，金属铝一旦组成铝空电池进入实际工作状态后，电池的性能显得很差。强碱性铝空电池的电动势只能达到 1.8 V 左右，而在 100 mA/cm^2 的放电电流密度下，电池工作电势只有 1.2 V 左右。传统解释是说金属铝负极表面覆盖着一层几纳米厚的氧化铝钝化膜，这会导致铝的电化学活性受到抑制，从而出现电极电势正移、电池电势滞后、输出功率下降等问题。

在碱性铝空电池中，铝负极的析氢自腐蚀是非常严重的，很大程度上降低了铝负极的实际利用率，影响一次性的使用效率。目前对于铝空电池自腐蚀问题的研究主要在铝负极合金化、电解液添加剂等方面。电解液添加剂是目前研究较多的。工业级铝片本身就含很多的杂质，例如铁、硅、铜、锰、镁和锌等。这些杂质相的存在会使相界面处铝的析氢腐蚀加剧，而大量杂质铁的存在则会与铝形成局部原电池，导致铝的电化学腐蚀成倍增加[17]。然而，由于纯铝在实际用作铝空电池的负极时不够稳定，使用铝合金则可以有效地延长电池工作时间和降低自腐蚀速率。如今，很多元素都已被尝试用于铝合金负极，如 Ga、In、Sn、Zn、Bi、Mn 和 Mg。在铝空电池中比较常见的几种合金为 Al-Zn，Al-In，Al-Ga 和 Al-Sn 合金。

目前的镁空电池是一次电池，通常是采用水系电解质，它可以通过换新的负极和电解液来进行电池的替换。但是由于在负极上存在 MgO 或 MgO_2 的氧化膜阻碍了镁负极在放电中的进一步反应，同时镁合金在碱性溶液中的析氢和自腐蚀也加快了镁合金的消耗，这使得镁负极的能量密度进一步降低。对负极金属的改性是提高镁空电池的方法之一。通常将纯镁与 Al、Zn、Ga、Ca、Pb、Li、Mn 和稀土元素等金属或元素掺杂制备出的镁合金可以有效地抑制负极的析氢和自腐蚀反应，加速氧化产物的剥落，从而降低镁负极的极化。热处理和控制金属的塑性变形能够有效地控制镁合金的晶粒尺寸和形貌，这也有利于提高镁空电池的性能[18]。

5.1.2　枝晶

树枝状晶体的生长非常普遍，并且可以通过日常玻璃窗上的雪花图案形成和霜状图案来说明枝晶的形貌。在冶金学中，枝晶是随着熔融金属凝固而生长的一种典型的树状晶体结构，其形状是沿有利的晶体学方向快速生长而形成的天然分形图案。由于电致结晶，当生长速率受溶质原子向界面扩散速率限制时，在枝晶不稳定生长形成的情况下，必须存在从溶液中的过饱和值到与表面晶体浓度平衡的浓度梯度。任何突起都会在其尖端伴随着更陡峭的浓度梯度，这增加了向尖端的扩散速率。与此相反的是，表面张力的作用趋于使突起变得平坦，并建立了从突起向外延伸到侧面的溶质原子通量。在两种作用力下，突起变得更加陡峭，一次又一次地发生直到产生枝晶[1]。

枝晶的形成是电池重复充电和放电后金属沉积不均匀造成的。电池使用时间延长，金属晶簇会生长，形状类似树枝状晶体，有时能够穿透隔膜，进而造成电池短路，使设备“死亡”。枝晶生长的机制研究主要着重于成核与生长过程[24]。

20 世纪 30 年代提出的金属电结晶模型奠定了目前锂金属成核过程的研究基础。该模型给出了在一定过电势下晶核形成的自由能变化与其半径、形核速度与临界自由能变之间的定量关系。Chazalviel 等[9, 10, 25, 26]从扩散定律开始推导，引入溶液中离子空间电荷方程，进而描述了电极表面离子耗尽对电沉积的影响。离子耗尽会产生净空间电荷区从而增大局部过电势，造成细小枝晶的生长。该理论针对稀溶液提出，因为稀溶液中更有可能出现界面上的离子耗尽（即使在高浓度溶液中也会出现界面离子耗尽的问题）。因此，无论在形核还是生长过程中，锂金属电极界面上由离子浓度变化导致的过电势，即浓差极化所造成的影响都是十分重要的[27]。

5.1.3 体积膨胀

电极材料在循环过程中通常会发生体积膨胀，如石墨负极的体积膨胀为 10%。然而，金属锂负极在循环过程中的体积膨胀是无限的，自发生成的 SEI 层的机械强度往往较差而不能适应这种持续、巨大的界面变化，导致 SEI 层自身发生断裂，暴露的新鲜金属锂会与电解质继续发生反应而生成新的 SEI 层。随着金属锂电极反应的进行，SEI 层不断地破裂和再生，造成了金属锂表面被严重腐蚀及有机溶剂和锂盐不断被消耗，电池的库仑效率（CE）大幅度降低，最终导致电解液的干涸和活性物质严重损失，使电池失效[1, 2, 4]。

5.1.4 低库仑效率

根据定义，库仑效率（CE）是电池中特定电极的放电容量与充电容量的比值。由于容量是由从一极到另外一极的总电荷流量来衡量的，而锂离子电池的总容量通常是正极决定的。库仑效率可以表示为在一个完整循环中，返回到正极的锂离子或电子数量与离开正极的锂离子或电子数量的比值[28]。由于在锂电池研究中库仑效率反映了锂离子在每个循环过程中的损失，因此通常用库仑效率来估计锂离子电池的循环寿命。尽管库仑效率也经常被用来解释锂金属的循环寿命，但它并不能非常有效地监测锂金属电池的寿命。由于缺乏与现实的高能锂金属电池条件相关的标准协议，不同研究人员测量的库仑效率本身也有很大差异[29]。

如果需要 1000 个稳定的周期，并保持超过 90%的容量，则平均库仑效率必须至少为 99.99%。根据以往的研究，低库仑效率主要归因于“死锂”和界面副反应[29]。2019 年，孟颖团队[30]开发了一种滴定气相色谱法来量化死锂的数量的方法，根据锂与水的反应中产生的 H_2 气体就可以估计出死锂的数量。2020 年剑桥大学 Gunnarsdóttir 等[31]使用核磁共振（NMR）来量化死锂的数量。如果已经测量得到了库仑效率，就可以计算副反应的锂离子消耗。这些研究表明，界面反应和死锂都是电池容量衰减的原因，而电解质类型对电池库仑效率起了主导作用，一般来说，稳定的 SEI 有利于抑制死锂和界面副反应。

5.2 负极保护策略

5.2.1 负极主体设计

修饰负极主体结构是一种十分常见的稳定金属空气电池负极的方法，主要通过影响金属沉积成核过程和电流电场分布来影响沉积形貌。传统的金属负极存在负极/电解液界面离子流不均一导致发生枝晶不可控生长等问题，为了克服这些困难，目前研究者们倾向于制备大比表面积、高电子传导且具有亲锂位点的三维骨架结构，帮助金属均匀沉积，避免枝晶的不可控生长。

碳材料是一种便于制备具有较高电子传导率、高比表面积亲锂骨架的一种材料，复旦大学彭慧胜课题组报道了一种三维交错堆叠结构的碳纳米管材料（3D-CSC）用来容纳金属锂的沉积（图 5.2），这种材料是由极质轻、低电阻的定向碳纳米管组成，这种具有高比表面积的可扩展的多孔构架可以有效减少不可控的锂枝晶生长，减少负极体积膨胀问题，同时这种骨架结构也具有非常好的电化学稳定性和结构稳定性。电场模拟证实了这种三维骨架结构可以使骨架内部锂离子均匀分布。这种负极结构表现出了极高的可逆容量（3656 mA·h/g），应用于锂氧气电池中，可以实现高于普通锂片负极近五倍的循环性能[32]。

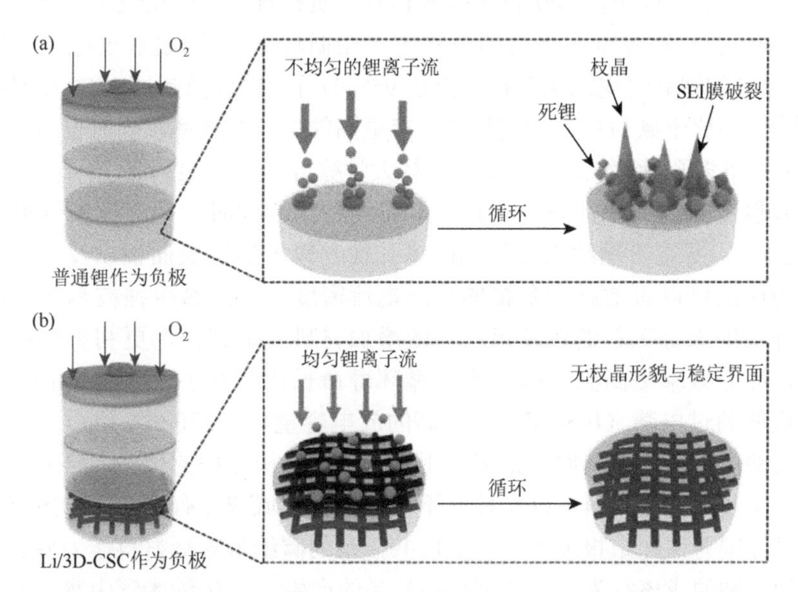

图 5.2 （a）普通锂负极沉积过程示意图以及（b）Li/3D-CSC 作为负极的沉积过程示意图[32]

除了碳纳米管材料外，石墨烯材料也是一种便于制备具有较高电子传导率、高比表面积亲锂骨架的一种材料。日本东北大学陈明伟课题组报道了一种石墨烯基骨架结构来容纳金属锂，这种电池的电解液采用氧化还原介体修饰的凝胶聚合物电解质，而正极采用与负极同样的石墨烯骨架结构，共同组装成一种准固态石墨烯基锂氧气电池。这种电池结构解决了锂氧气电池充电过电势过高、液态电解质不稳定以及金属锂负极的不可控枝晶生长、粉化问题，并通过实验验证石墨烯基骨架结构在扣式电池以及软包电池中均可有效提高电池效率、循环稳定性、倍率性能，并获得较高的能量密度[33]。除了纯碳材料外，各种碳复合材料也展现了其优异的性能，复旦大学王永刚课题组将 RuO_2-CNT 应用为负极骨架结构，金属锂在沉积过程中会与 RuO_2 发生反应生成 Ru/Li_2O，其中 Ru 会作为亲锂位点引导金属锂均匀沉积，同时碳纳米管会提供反应所需的缓冲区域，这种策略可以有效阻止金属锂的不均匀沉积，稳定金属锂表面 SEI 膜，稳定金属锂/电解液界面。使用预先负载少量锂的 RuO_2-CNT@Li 负极搭配 RuO_2-CNT 正极组装锂氧气电池全电池，获得了超过 200 圈以上的长循环寿命，大大提升了电池的能量密度[34]。中国科学院长春应用化学研究所彭章泉课题组制备了一种 Li-碳纳米管复合负极材料，这种材料具有微球形外观，内部则由强韧的碳纳米管互穿导电网络组成，并在材料的表面通过磷酸正十八酯的自组装形成了人造保护层，由于其独特的结构设计及表面化学，这种 Li-CNT 复合负极可以有效减少锂沉积过程中的体积膨胀问题以及锂枝晶不可控生长问题。此外，Li-CNT 表面的 SEI 膜也可以有效防止金属锂发生严重的副反应，即使将 Li-CNT 复合负极置于干燥空气五天后，仍然可以保持 95%的初始容量，组装的对称电池在循环 300 圈之后过电势仍然小于 30 mV，组装的锂氧气电池也获得了高达 95%的可逆性以及超过 1800 小时的长循环寿命[35]。相比于碳材料，金属材料具有更高的电子传导率，同时也易于制备大比表面积三维多孔骨架结构，因此，吉林大学徐吉静课题组制备了一种新颖的纳米金颗粒包覆的铜纳米针阵列材料，并将这种结构同时应用于锂氧气电池的正极与负极[36]。受益于铜纳米针阵列的多孔性、较大的比表面积以及较高的导电性，这种电池可以有效减少负极的实际电流密度，帮助减少锂枝晶的不可控生长。此外，纳米金颗粒的包覆可以有效增加材料的亲锂性，更利于金属锂的均匀沉积，库仑效率提高到 96%以上，循环寿命长达 970 小时。组装的锂氧气电池拥有极低的过电势（0.64 V）和极高的放电容量（27270 mA·h/g）。

金属钠作为一种碱金属，很多适用于金属锂负极保护的策略同样适用于金属钠，其中碳及其复合材料在抑制枝晶不可控生长领域依然有非常好的效果。悉尼科技大学汪国秀课题组报道了一种氮硫共掺杂的碳纳米管纸材料作为界面层，可以有效调控钠的成核行为，有效减少钠枝晶的产生[37]。碳纳米管中富含的氮硫官能团均具有高度亲钠特性，可以引导钠的初始成核并使其均匀分布在碳纳米管纸中，有效阻止钠枝晶不可控生长，稳定金属钠/电解液界面，组装的对称电池库仑效率可以在 500 圈之后也高达 99.8%，组装的钠氧气电池循环寿命也会大大提升（53 圈）。南开大学陈军院士课题组报道了一种羟基化 MXene/碳纳米管（h-Ti_3C_2/CNT）纤维骨架材料作为金属钠的沉积载体，这种复合材料具有快速钠离子/电子传输动力学、非常好的热传导性及机械稳定性，h-Ti_3C_2 具有充足的亲钠功能性位点，可以帮助金属钠均匀沉积成核，碳纳米管具有很好的拉伸力并易于成膜。使用这种复合骨架材料可以实现 99.2%的高库仑效率，并保持循环 1000 圈以上没有枝晶的形成，组装的 h-Ti_3C_2/CNT/Na 对称电池在 1 mA/cm^2 的电流密度下循环寿命可达 4000 小时，组装的钠氧气电池也以极低的过电势（0.11 V）循环了 70 圈以上[38]。除了碳基材料，高导电性、高比表面积的金属基材料也同样具有良好的抑制枝晶性能。天津大学罗家严课题组报道了一种多孔铝集流体来有效阻止钠枝晶生长的问题[39]。由于铝不会与钠反应，所以是一种廉价而轻便的更胜于铜集流体的新型集流体材料。多孔铝集流体具有交叉互穿网络结构，有效增加钠的成核位点并减少钠离子聚集，促进其均匀沉积，有效稳定钠/电解液界面，在对称电池中，多孔铝集流体可以帮助电池在较低的过电势下稳定循环 1000 圈以上，并获得了高达 99.9%的库仑效率。这种集流体应用于钠氧气电池中，获得了高达 200 圈的高循环寿命。

金属钾的活泼程度远高于金属锂与金属钠，因此使用金属钾作为负极难度很大，目前相关报道相对较少。其中，美国俄亥俄州立大学吴屹影课题组对钾空电池进行了较多的研究，他报道了一种自支撑三维双连续孔隙通道的硫掺杂石墨烯材料来保护金属钾免于氧穿梭等造成的腐蚀（图 5.3）[40]。通过 X 射线光电子能谱（XPS）以及红外光谱（FTIR）等证实了硫掺杂点会与氧气/超氧化物等发生反应形成阴离子磺酸盐，帮助超氧化钾成核生长，由此形成的固定在石墨烯外表面的 KO_2 层充当阻挡层，阻止氧气到达钾金属表面，钾金属可以在循环 140 圈（550 小时）以上仍然仅生成少量副产物。这种策略可以有效保护金属钾，延长钾氧气电池寿命。

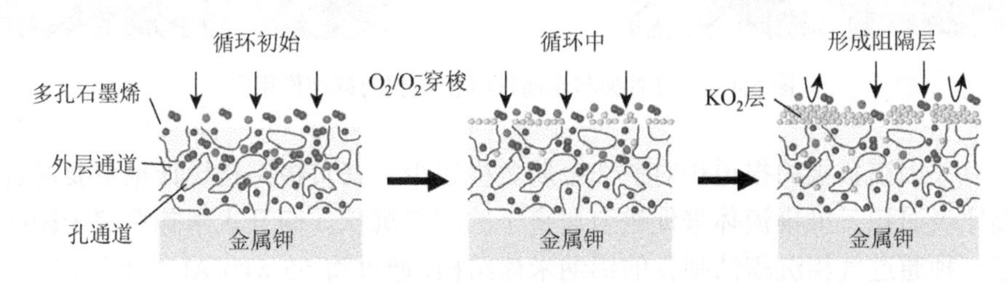

图 5.3　多孔石墨烯包覆金属钾负极的沉积过程示意图[40]

除了碱金属锂、钠、钾之外，锌、铝、镁等空气电池的负极保护也非常重要，它们虽然没有碱金属反应性活泼，但是同样存在严重的枝晶及腐蚀问题。其中有关锌空电池的报道相对较多，对负极结构的调控以构建高导电性、高比表面积的负极三维骨架集流体为主，旨在增加沉积活性位点，以较大的比表面积来减少实际电流密度，从而减少枝晶的生长。美国海军研究实验室 Rolison 课题组制备了一种 3D 锌海绵状骨架网络来作为锌空电池的负极（图 5.4），这种多孔分级结构具有长程导电特性以及更均一的电流分布，较大的比表面积还可以减少实际电流密度；同时，这种材料还具有较高的机械稳定性，可以有效地使金属锌均匀沉积，避免枝晶刺透隔膜造成短路，即使在深度放电情况下仍然具有较低的内部阻抗；而且，较大的比表面积可以实现高比容量的锌空一次电池性能（锌利用率大于 85%），实现高容量以及抑制锌枝晶的不可控生长[41]。美国海军研究实验室 Long 课题组报道了一种三维锌线负极，应用在锌空电池中，这种交叉相连的多孔三维结构具有长程导电性、较好的机械性能等特性，可以降低锌负极表面实际电流密度，并保持电流均一分布，可以有效控制金属锌均匀地沉积/剥离，在电池运行过程中即使没有使用电解液添加剂，也可以有效避免枝晶不可控生长，稳定锌负极/电解液界面。将其应用于锌空一次电池时，实现了 90%的高利用率以及高达 728 mA·h/g 的高理论容量[42]。

图 5.4　三维骨架与金属锌沉积形貌的调控作用[41]

有关铝镁负极的报道相对前述金属负极较少，其负极结构设计也主要通过构建高比表面积三维集流体来促进金属离子的均匀沉积。南开大学陈军院士团队报道了一种通过气相沉积法制备的铝纳米棒结构，通过将 65 wt% Al 纳米棒，25 wt% 碳及 10 wt%聚四氟乙烯（PTFE）混合制成负极材料，展现了超越普通铝粉负极更好的电化学特性，提高了负极利用效率，组装的铝空电池展现了高放电容量和高平台电压以及更长的电池寿命[43]。美国田纳西大学胡安明课题组报道了一种激光打印的铝空电池负极材料，使用铝纳米颗粒浆料作为原料，通过 3D 打印技术，组装的铝空电池在工作电压 0.95 V 下表现了 239 mA·h/g 的高放电容量，同时为了增加负极载量，作者也通过打印不同层数的负极制备了厚度分别为 360 μm、560 μm、680 μm 的铝负极，经测试，电池容量分别能达到 1.5 mA·h、2.8 mA·h、3.23 mA·h，这种 3D 打印负极有助于制备高载量、高利用率且稳定的负极材料[44]。南开大学陈军院士课题组通过气相沉积法合成了镁纳米结构材料，其中海胆状镁纳米结构展现了极佳的电池性能（高能量密度），相比块体材料，这种微纳米尺度的材料具有更优异的化学与物理稳定性，增加镁电极的活性位点并提高电极利用率，减少镁负极极化及腐蚀情况，微纳米结构的镁负极可以帮助减少实际电极电流密度，减少极化。将这种海胆状镁电极应用在镁空电池中，展现出了极佳的放电倍率性能，并提高了功率密度输出能力[45]。

5.2.2 负极表面修饰

金属负极的电化学特性取决于离子在界面层中的扩散与电极表面的电化学反应。人造保护膜应用于金属负极引起了极大的关注。原位 SEI 膜是指向电解液中添加合适的锂盐或溶剂促使锂金属负极在初始活化周期中构建更加稳定的 SEI 膜。然而，在电池循环过程中电解液添加剂逐渐被消耗，对后续生成的 SEI 膜的组分和厚度都有所影响，且通过优化电解液原位形成的 SEI 膜机械稳定性差且不具备高模量，难以抑制枝晶的生长[27]。而通过化学气相沉积（chemical vapor deposition，CVD）、原子层沉积（atomic layer deposition，ALD）和磁控溅射（magnetron sputtering，MS）等方法构建的非原位人造保护膜在厚度和机械强度等方面可以实现高度可控。理想的人造保护膜应满足以下要求：①高的锂离子传导性，促进 Li^+ 均匀传输；②良好的化学稳定性和柔韧性，适应电池循环期间的体积波动；③高弹性模量，以达到机械抑制枝晶生长的目的；④优异的阻隔性能及电子绝缘性，以阻断金属锂与电解液之间的副反应[46]。若根据预处理方法可以分为物理预处理、化学预处理、电化学预处理三种。根据锂金属表面保护膜成分又可以将非原位人造保护膜分为聚合物保护膜、无机保护膜、复合保护膜和合金保护膜四种。

1. 聚合物保护膜

有机聚合物人造界面层通常具有较好的柔韧性和较高的杨氏模量，可以有效地缓解并适应金属锂负极在循环过程中的体积变化。高弹性聚合物具有优异的界面适应能力，能够通过界面波动来缓解金属锂沉积带来的体积膨胀，促进金属锂的均匀沉积（图 5.5 和图 5.6）[47]。

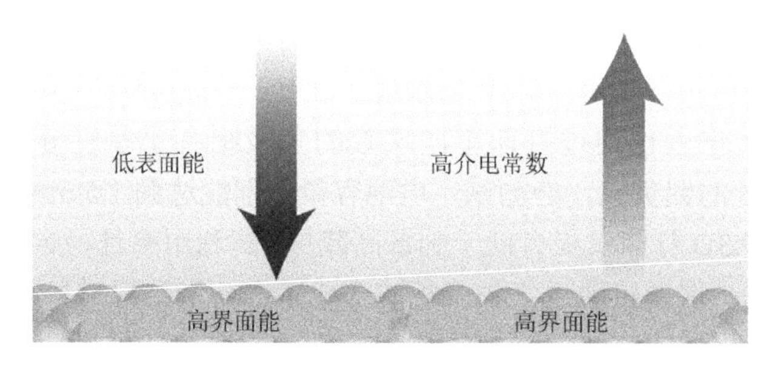

图 5.5　利于抑制枝晶生长的聚合物膜设计原理图[47]

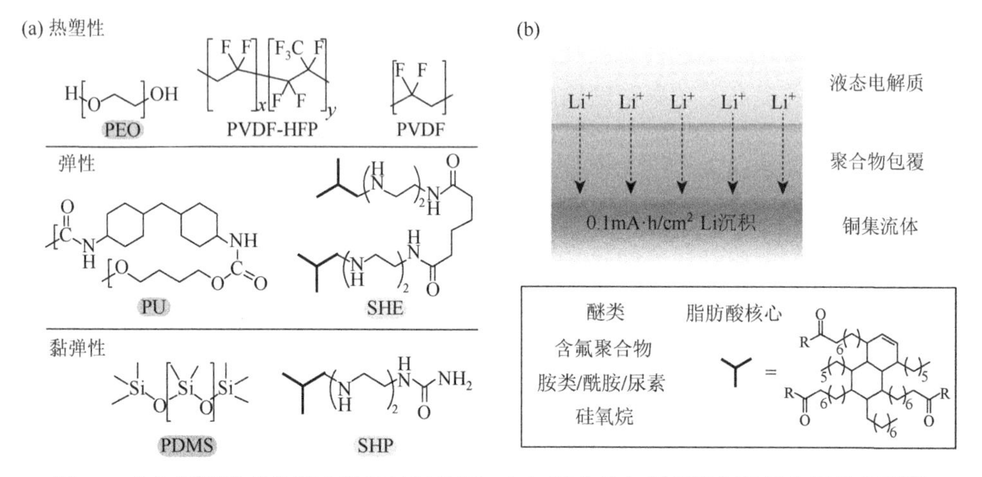

图 5.6　(a) 不同种类的聚合物保护层选择；(b) 聚合物包覆层抑制枝晶生长示意图[47]

中国科学院化学研究所郭玉国课题组[48]通过简单地将聚丙烯酸（PAA）溶解在二甲基亚砜（DMSO）当中，然后涂覆到锂金属负极表面发生原位反应得到一种智能的、可以根据应变变化自动调节强度的 Li-PAA SEI 保护膜。通过原位处理工艺制造的柔性 SEI 膜可以适应体积变化并通过自适应界面波动来抑制锂枝晶。具有均匀结构和高结合能力的自适应 Li-PAA 保护膜可抑制 Li 金属与空气之间的反应，从而显著提高锂负极的安全性。Li-PAA 保护的锂负极可实现 700 h 的稳定循环（图 5.7）。

在金属锂电池中，提高阳离子迁移数，能够有效延长“Sand 时间”，因此，开发聚合物单离子导体可有效提高金属锂电池的安全性。美国康奈尔大学 Archer 团队[49]将离聚物溶液直接浇注在打孔的金属锂表面，该离聚物可将锂离子迁移数提高至 0.9。直接的可视化研究表明，该离聚物 SEI 层可以使金属锂更均匀地沉积。在电流密度为 3 mA/cm^2、沉积/剥离容量为 3 mA·h/cm^2 的对称电池中，可达到超过 800 h 的稳定循环。

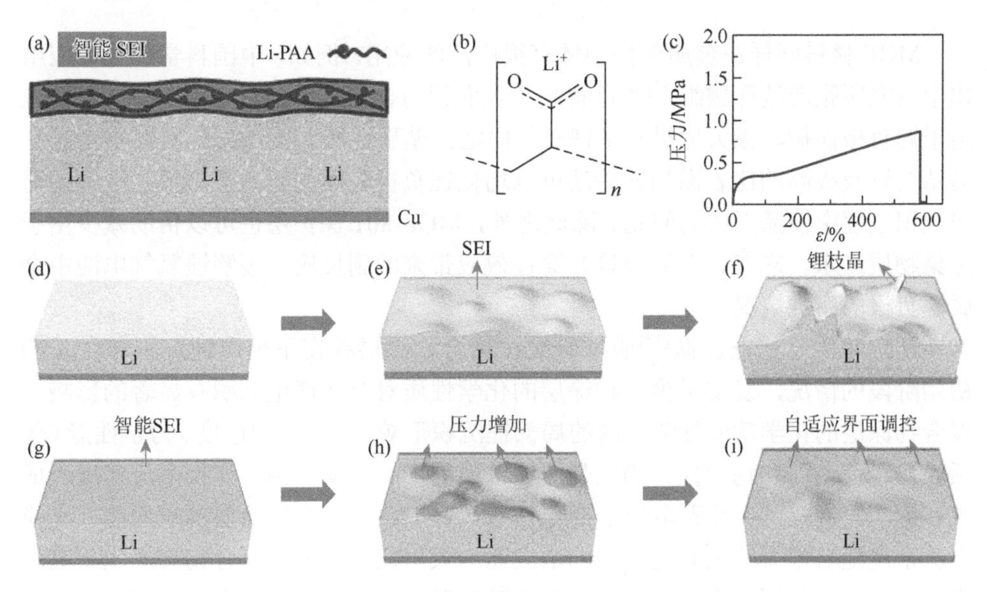

图 5.7 （a）Li-PAA 智能 SEI 膜设计示意图；（b）Li-PAA SEI 膜的化学结构；（c）智能 SEI 膜的拉伸应变示意图；(d)～(f)没经过任何保护的金属锂沉积过程示意图；(g)～(i)经过智能 SEI 膜保护的金属锂沉积过程示意图[48]

加利福尼亚大学卢云峰团队[50]成功地在锂金属表面通过简单的气相沉积方法制备了杂化硅酸盐涂层。在锂箔表面 Li_2O 和 LiOH 的催化下，甲基丙烯酸3-(三甲氧基硅基)丙酯（MPS）和正硅酸乙酯（TEOS）的蒸气可以原位形成保护涂层。在锂锂对称电池和可充电锂电池中，锂负极的电化学稳定性显著提高。这种增强源于有机和无机成分混杂的硅酸盐结构。该简单而有效的方法为金属负极的稳定开辟了一条新途径，使可充电锂金属电池离实际应用又近了一步。

由于 Li^+和极性基团（—COOR，—OH，—F 等）之间的强相互作用，将带有极性基团的聚合物层作为人工保护层能够有效调控锂金属负极表面的锂离子通量。加拿大西安大略大学孙学良团队[51]通过分子层沉积法（MLD）制备了一种新型超薄的聚脲有机人工保护层。聚脲中大量的极性基团可以有效地调节锂离子通量，促使锂均匀沉积。文中使用碳酸盐电解质组装电池，当电流密度增加到 3 mA/cm^2 时，由于枝晶快速生长刺破隔膜，未保护的锂电极在循环 62 h 后失效，而聚脲膜保护的锂电极能够稳定循环 200 h，是未保护的锂金属电极循环寿命的3 倍多，在较高的电流密度下表现出了优异的循环稳定性和循环寿命。南京大学周豪慎团队[52]设计了一个与 LiF 结合的三维氧化聚丙烯腈纤维网络（OPAN-LiF）保护层，被证明可以引导自下向上的 Li 沉积到扁平而致密的结构中。极性官能团引入至纤维使其与电解质具有良好的润湿性并可以均化锂离子流量。LiF 的加入进一步调整了锂沉积，并抑制了死锂的形成。

MOF 材料同样在金属保护领域有很广泛的应用。例如，中国科学院长春应用化学研究所张新波课题组[53]通过将高比表面积的金属有机框架 MOF-801 材料应用于锂负极保护，极大地提升了锂氧气电池的循环性能。该 MOF 材料丰富的孔道结构以及极高的比表面积的特性可以均化锂负极表面的锂离子流量，缓解锂金属沉积过程中枝晶形成的问题。除此之外，MOF-801 保护层也可以帮助减少由于污染物质（水、氧气、超氧根等）穿梭效应带来的副反应，缓解锂氧气电池中金属锂负极的腐蚀情况。

斯坦福大学崔屹团队[47]通过研究在聚合物涂层存在下金属锂沉积和生长的初始阶段的情况，发现了聚合物涂层的化学性质对金属锂电沉积有显著的影响。聚合物涂层的化学功能导致不同的局部锂沉积形貌，但涂层的厚度、力学性能（包括模量、流动性和均匀性）仍然是非常重要的影响因素。由于交换电流密度对成核有影响，锂核的大小既取决于介电常数，又取决于聚合物涂层的表面能，交换电流密度随着聚合物膜介电常数的增大而增大，低表面能的聚合物会产生更高的界面能，从而共同增大锂离子沉积时的颗粒尺寸。他们认为聚合物涂层设计特性应该包括高介电常数、低表面能和低反应性。理想情况下，涂层也应该可以溶解在非极性溶剂中，或者在低于锂熔点温度下进行，这样就可以直接在锂金属表面涂覆，这对制造实际的锂金属电池是很重要的。

为了减少腐蚀反应以及氧析出反应的发生，韩国庆熙大学 Lee 课题组报道了一种使用不同量 HCl 制备的导电聚合物聚苯胺作为金属锌负极的保护层，制备的 20PANI@Zn 能非常有效地防止锌负极自放电。随着苯胺浓度的增加，金属锌表面的包覆层会变得更厚更均一，可以明显提升 20PANI@Zn 的容量。另外，PANI 包覆层可以阻止金属锌与氢氧化钾的直接接触，减少腐蚀与 HER 的发生，同时其他 PANI@Zn 材料也展现了良好的防止自放电发生的效果，可以在锌空电池中起到很好的保护效果[54]。

日本京都大学 Abe 课题组使用了一种具有碳氢聚合物骨架和季铵盐官能团的高效阴离子交换膜修饰金属锌负极，来阻止锌枝晶的不可控生长，在充放电曲线中可以看出，使用 AEI 修饰的氧化锌电极比未经保护的氧化锌电极表现出了更高的放电容量和效率，并在循环多圈后仍然没有明显的枝晶生长，作者将这种性能的提升归因于 AEI 膜的离子选择透过性，可以阻止$[Zn(OH)_4]^{2-}$渗透。这是关于使用阴离子交换膜抑制枝晶生长的首次报道[55]。

2. 无机保护膜

除了聚合物保护层，无机保护膜也是一种可以有效保护金属负极的材料，金属锂的性质极其活泼，为稳定电解液/锂金属界面，研究者们开发了各类保护膜。

保护膜若不具有良好的机械性能，在电池长久运行后枝晶生长依然是重要的问题。相较于其他保护膜，无机保护膜展现出高机械强度和优异的离子传导性。研究人员主要从氧化物、含锂化合物、碳材料几个研究方面做出了努力。

（1）氧化物

在锂沉积过程中，Li^+更倾向于在低过电势或低势垒的区域成核，通过降低成核势垒以此减小锂形核的驱动力。因此构建亲锂性的保护层能够降低锂成核过电势，抑制锂枝晶生长。部分金属氧化物都具有亲锂性，且与电解液中的极性基团具有很强的相互作用，因而具有良好的润湿性。美国马里兰大学帕克分校 Kozen 等[56]使用原子层沉积技术在锂金属负极上制备了 14 nm 厚的 Al_2O_3 涂层。这些涂层可以有效地防止锂金属在空气、多硫化锂、电解液中受到腐蚀。这种方法也有望用到钠、镁、铝等金属负极的保护当中去。其中 Al_2O_3 这种材料在各种金属保护领域得到了相当广泛的应用。美国伊利诺伊理工大学 Elam 团队[57]使用原子层沉积技术以三甲基铝（TMA）和 H_2O 为气相前驱体交替脉冲，在锂金属表面制备了 Al_2O_3 薄膜。在电流密度 1 mA/cm^2、沉积容量 1 $mA·h/cm^2$ 条件下循环 50 个周期后，未保护的锂负极表面变得高度多孔并伴随枝晶的生长，而经过 Al_2O_3 层修饰的锂负极表面光滑致密，没有枝晶生长的迹象，或许是因为 Al_2O_3 涂层增强了锂表面对碳酸盐和醚类电解质的润湿性，使电解液更加均匀地覆盖在电极表面，促进形成均匀稳定的 SEI 膜。马里兰大学胡良兵课题组报道了一种通过等离子体增强的原子沉积法在金属钠表面沉积了一层 Al_2O_3 保护层，这种超薄 Al_2O_3 保护层作为金属钠的人造 SEI 膜，可以明显提高碳酸酯基电解液对称电池的稳定性，抑制枝晶不可控生长，这种策略可以应用在钠离子、钠硫及钠氧电池中，均可以有效保护金属钠[58]。加拿大西安大略大学孙学良课题组通过利用分子层沉积技术设计了一种铝基有机-无机复合保护层来保护金属钠，有效抑制钠枝晶的不可控生长，并显著延长电池寿命，这种复合膜表现出了远超原子层沉积 Al_2O_3 的性能，为金属钠的保护提供了新思路[59]。

有关其他金属氧化物保护金属负极的报道也很多。德国拜罗伊特大学 Schmid 等通过球磨法制备了氧化铋基陶瓷材料 Bi_2O_3-ZnO-CaO（40 mol%-25 mol%-35 mol%）作为锌负极的包覆层，通过对电池施加充放电阶跃过程证明了包覆层具有很好的对金属锌的钝化作用，经过保护的金属锌可以在 20 圈内保持很好的循环稳定性，而未经保护的金属锌在首次放电后电极即钝化。由于保护膜的溶胶形成，保护层中的锌酸盐离子会被固定。此外，保护层中的 Bi 导电通路可以帮助减少电极钝化，锌酸盐离子的固定和 Bi 导电通路的形成都可以帮助提升电池的循环稳定性，同时包覆层还可以有效减少负极表面形貌变化，使用 Bi_2O_3-ZnO-CaO 包覆的锌负极的电池（效率大于 100%）相比未经保护的锌负极（效率小于 100%）电池的可充电性大大提升，金属锌利用率提升了 465%，锌空电池的循环寿命也得到提升[60]。

除了金属氧化物，非金属氧化物也同样可以对金属负极起到非常有效的保护作用。拜罗伊特大学 Schmid 等为了减少锌负极氧化生成 ZnO 和 $Zn(OH)_2$，使用正硅酸四乙酯前驱体通过化学气相沉积与化学溶液沉积在金属锌表面制备了二氧化硅保护层，这种保护层可以有效保护金属锌负极免于锌腐蚀钝化，并增强金属锌的氧化稳定性。通过一系列电化学测试证明二氧化硅保护层可以减少金属锌氧化钝化以及氢析出反应的进行，在 6 M KOH 电解液中金属锌的腐蚀可以减少 40%[61]。

（2）含锂化合物

含锂化合物类保护膜具有促进 Li^+的传输、刚性强度较大的优点，但是这类保护膜的柔韧性还需进一步提高，以此适应金属锂负极的体积变化，避免循环过程保护膜频繁破裂导致负极快速失效。美国橡树岭国家实验室 Dudney[62]利用磁控溅射法制备了稳定的锂磷氧氮（LiPON）固体电解质薄膜。LiPON 的弹性模量高达 77 GPa 且具有优异的化学和电化学稳定性。相似地，美国阿贡国家实验室 Elam 课题组[63]使用原子层沉积技术在锂金属负极上制备了超薄的离子导电的锂铝硫化（Li_xAl_yS）涂层。该薄膜涂层在室温下具有很高的离子电导率 2.5×10^{-7} S/cm，并能有效地稳定锂金属和液态有机电解质之间的界面，使得锂金属负极与有机电解质的界面阻抗降低到原来的 1/5。此外，Li_xAl_yS 能有效抑制 Li 沉积/剥离过程中锂枝晶的生长，该方法为提高 Li-S 和 Li-O_2 电池性能提供了广阔的前景。

首尔大学 Kim 等[64]将黑磷在 Ar 气氛下超声分散到 EC∶DEC（体积比 1∶1）溶剂中，然后旋涂到锂负极表面，极大地提升了锂负极的表现。他们通过理论计算阐明了 Li_3P 对电子绝缘，锂原子在其上沉积不利，进而将在保护层下的锂金属上沉积。将其应用于锂氧气电池中时可以极大地提升电池的性能。中国科学技术大学姚宏斌团队[65]将金属氯化物钙钛矿薄膜作为一种新型的界面层应用到锂金属负极上。他们发现金属氯化物钙钛矿界面层具有较低的锂离子传输势垒，这有助于锂离子的快速传输，同时还形成了“钙钛矿-合金-锂金属”的梯度渐变结构，极大地改善了锂离子的沉积/剥离行为。在金属氯化钙钛矿保护下，锂金属负极表现出稳定的锂沉积/剥离曲线。

LiF 的高界面能和低 Li^+表面扩散势垒可以引导锂的均匀沉积，减少不可控的枝晶生长，而其大的带隙（13.6 eV）可以阻止电子隧穿保护层，有利于最大限度地减少腐蚀反应的发生。此外，LiF 还具有较宽的电化学稳定窗口和较高的剪切模量（55.1 GPa）[66, 67]。中国科学院长春应用化学研究所张新波课题组[68]利用熔融 Li 与聚四氟乙烯一步原位反应的方法，在锂金属负极上制备了一种多功能互补 LiF-F 掺杂碳梯度保护层。位于上表面大量的 C—F 极性基团可以吸附并均化锂离子通量，同时调节 LiF 的电子构型，使 Li^+准自发地从碳扩散到 LiF 表面，避免强力吸附下沉积到碳层表面。LiF 作为优良的锂离子导体可以均化锂离子通量。这种精心设计的保护层使锂金属负极在醚基和碳酸酯基电解质中都具有非常好的性能，甚至应用到 Li-O_2 电池锂负极保护，其优势仍然得到出色发挥，使锂氧气电池稳定循环（180 次循环）。除了 LiF、Li_3P 等优良的锂离子导体被研究外，Li_3N[69]、Li_2S/Li_2Se[36]、LiCl[70]、Li_3PO_4[71]等也被广泛研究应用于锂金属负极保护（图 5.8）。

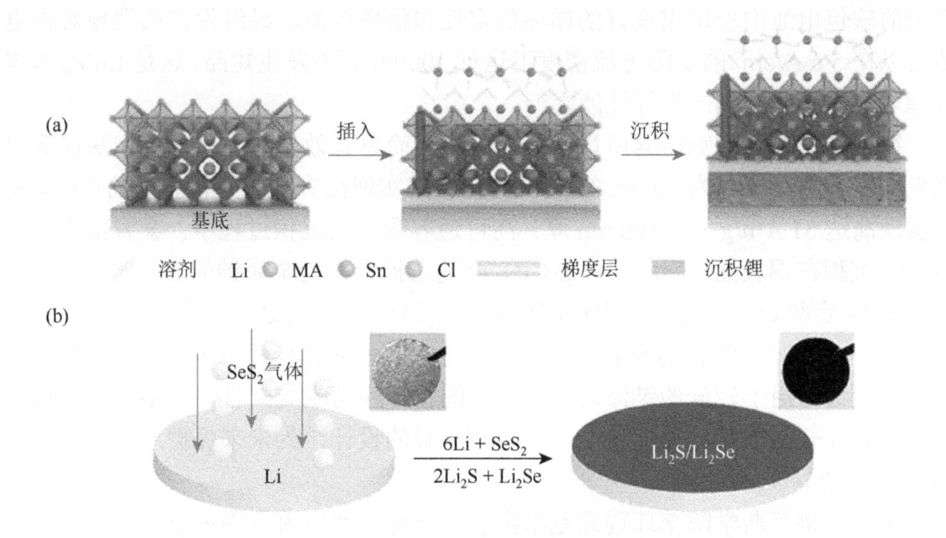

图 5.8 （a）LiCl、锂合金保护层抑制枝晶生长的示意图；（b）Li_2S、锂硒合金保护层抑制枝晶生长示意图[36, 65]

上海交通大学 Hirano 课题组报道了一种通过在碳酸二甲酯溶剂中与 SbF_3 的简单交换反应，简单而有效地在金属钠表面形成富含氟化钠和 Na_3Sb 条格状的 SEI 膜，这种 Na 合金网络和化学/电化学互补的 SEI 膜可以极大地增强界面强度和钠离子传导率。这种协同作用明显降低了金属钠的化学活性，降低了界面电阻，阻止了金属钠枝晶的不可控生长，并减少了电解液的腐蚀。将经过保护的金属钠组装成对称电池，其沉积/剥离过程无明显枝晶生长，即使在 5 mA/cm^2 高电流密度和 10 mA·h/cm^2 大沉积容量下依旧保持稳定循环。并且该负极与不同种类正极材料均可兼容，并展现出优异的循环性能[72]。

（3）碳材料

碳材料也已被开发用于锂金属负极保护。它有结晶和非晶态两种形式，其中非晶态碳由 sp2、sp3 杂化碳组成，具有高硬度、高弹性模量、化学稳定等优异的性质，能够有效抑制枝晶的生长，且在充放电循环过程中不易产生裂纹。斯坦福大学崔屹课题组在锂金属负极上沉积了一种高灵活性、互连的空心非晶碳纳米球层。该保护膜具有优异的化学稳定性，能与金属锂稳定相存，其杨氏模量高达

200 GPa，足以抑制枝晶生长且不会增加 Li^+传输的阻力。碳层与集流体之间存在一定的结合力，在循环过程中碳层能够上下移动适应锂沉积的体积变化。在电流密度 1 mA/cm^2 及沉积量 1 mA·h/cm^2 的条件下循环 150 个周期后库仑效率高达 99%。

美国特拉华大学魏秉庆课题组[73]在温和的条件下用碱金属（Li、Na、K）直接还原氧化石墨烯，可以在锂金属表面原位生成还原的石墨烯涂层，在与 $LiFePO_4$ 组装的软包电池中展现出良好的循环稳定性和倍率性能。经过保护的锂锂对称电池可以在 5 mA/cm^2 的实际电流密度下运行 1000 h 而不发生短路，这是 $LiPF_6$ 基碳酸酯电解液所能达到的最好性能之一。

德国马克斯普朗克研究所肖凯课题组通过简单有效的化学气相沉积法在铜电极表面制备了厚度约为 10 nm 的 g-C_3N_4 薄膜来实现高容量储存钠金属的功能，最终实现高达 51 A·h/g（约 500 nm 厚）高可逆容量。在沉积过程中，金属钠会穿过 g-C_3N_4 沉积在铜表面，与此同时 g-C_3N_4 会随之抬升作为金属钠的 SEI 膜。通过详尽的 XPS 实验表明，这种欠电位沉积是由于铜和 g-C_3N_4 之间的金属-半导体异质结造成的，g-C_3N_4 的正功函会产生一种贫电子铜，可以有效稳定金属钠的沉积。虽然这种策略由于较低的钠渗透率和较大的实际应用困难，目前还不能大规模使用，但是其开创了可控孔隙与电子结构 SEI 膜的设计，为未来保护层的构建提供了新思路[74]。

美国达特茅斯学院李玮瑒课题组报道了一种在宽电流范围内以及长循环过程中具有高度稳定性的可调控厚度的自支撑石墨烯保护层来保护金属钠，作者发现即便不同石墨烯厚度仅有几纳米的区别，对于金属钠负极的稳定性和倍率性能都有很大的影响。经过一系列优化实验，作者通过控制化学气相沉积过程中的过程参数，发现一种 5 nm 厚的多层石墨烯保护层对稳定金属钠效果最好，在没有任何添加剂的情况下，可以在电流密度 2 mA/cm^2、沉积容量为 3 mA·h/cm^2 条件下实现长达 100 圈的循环寿命[75]。

3. 复合保护膜

无机 SEI 膜具备较好的机械强度和离子传导特性，但易于产生晶界缺陷以及存在韧性差等缺点，而有机 SEI 膜拥有一定的强度和弹性，能够缓解负极的体积变化。如果我们可以结合有机 SEI 膜与无机 SEI 膜的特性，构筑有机/无机复合 SEI 膜就有望获得具有良好离子传导性、机械强度和有一定弹性的保护层[76]。清华大学张强课题组[77]通过将金属锂浸入氟代碳酸乙烯酯（FEC）当中，使其表面形成了致密的有机/无机双层复合 SEI 膜，其中靠近金属锂一侧的为 Li_2CO_3 和 LiF 组成的无机膜层，靠近电解液一侧为 $ROCO_2Li$ 和 ROLi 组成的有机膜层。该复合膜层具有良好的离子传导性，可调控锂的均匀沉积，抑制枝晶形成，并能缓解锂金属与电解液的副反应，从而使锂负极可以长期稳定循环。华中科技大学黄云辉课题组[78]通过将锂金属浸泡在溶解了硼酸 BA 的 DMSO 溶剂中，在氧气气氛下，Li 金属表面形成了连续而致密的 SEI 膜，可以显著减少不必要的副反应，抑制 Li 枝晶的生长。这种 SEI 膜主要由纳米晶硼酸锂与非晶态硼酸盐、碳酸盐、氟化物和一些有机化合物连接而成，它具有离子导电性，比普通锂金属电池中的常规 SEI 膜具有更强的机械强度。因此改性后的锂负极可实现长效循环稳定性，大幅度提升了 $Li\text{-}O_2$ 电池的表现。

中国科学院物理研究所李泓课题组[79]将溶解了二氟（草酸）硼酸锂 $LiBF_2(C_2O_4)$（LiDFOB）和偶氮二异丁腈（AIBN）的聚（乙二醇）二丙烯酸酯（PEGDA）溶液均匀涂覆在金属锂表面，在 80 ℃下 AIBN 单体发生原位聚合，形成坚稳的有机-无机复合的 SEI 膜。该人造 SEI 膜由于锂化聚合物的形成而与 Li 金属负极具有密切接触，对循环过程中的体积变化具有很高的耐受性，并且随着 LiDFOB 的分解可提供良好的锂离子传输路径和更好的化学稳定性。此外，良好的机械性能有利于无枝晶表面，并抑制锂金属负极与碳酸酯基电解质之间的严重副反应。因此，这些特征使电池具有较长的循环寿命和低电势。

韩国科学技术院 Kim 课题组[80]将 Al_2O_3、PVDF-HFP、DMF 与 1 M $LiClO_4$/（EC∶PC = 1∶1 vol%）电解液混合的浆液涂覆到锂金属表面，真空干燥 2 h 即可得到 25 μm 厚的复合保护层。涂覆了复合保护层的锂金属电极在 1 mA/cm^2 条件下稳定循环 400 次，比未涂覆复合保护层的锂金属电池的循环寿命长 4 倍以上，且其在 400 次循环后保持了 91.8%的初始放电容量；即使在 10 mA/cm^2 的电流密度下，锂对称电池也可以稳定循环。南京大学周豪慎课题组[81]将锂片在 70 ℃的 $GeCl_4$/THF 蒸气中静置一段时间，即可得到一层 1.5 μm 厚的复合保护层，能够有效阻挡水分对锂负极的腐蚀，抑制锂枝晶的生长。

2019 年，台湾科技大学黄冰乔研究小组[82]报道了一种由 PVDF 和 $Li_7La_{2.75}Ca_{0.25}Zr_{1.75}Nb_{0.25}O_{12}$ 以及 $LiClO_4$ 填料组成的人工 SEI 复合材料。$Li_7La_{2.75}Ca_{0.25}Zr_{1.75}Nb_{0.25}O_{12}$ 和 $LiClO_4$ 填料有助于构建连续的离子导电框架，从而降低了界面电阻。此外，陶瓷填料也改善了聚合物界面的力学性能，复合固态电解质界面改性的无负极电池的循环稳定性也有所提高。具有较高离子电导率和机械强度的高分子材料的人工 SEI 膜将是未来的发展方向。

4. 合金保护膜

由于大部分金属与金属锂的晶体结构并不匹配，所以金属锂沉积在其他金属集流体上面会有成核过电势。但部分金属（如 Ag、Au、Mg、Zn 等）在锂金属中具有一定的溶解度，在纯锂金属相形成之前，这些金属会溶解到金属锂中形成合金相的固溶体表面层，这些固溶体表面层与金属锂晶体结构具有较高的匹配度，为后续的锂沉积提供缓冲作用，有效地降低了成核势垒[83]。其他与金属锂可以形成合金的材料（C、Sn、Si 等）虽然不能溶解到金属锂中，其成核过电势仍小于与金属锂不能形成合金的铜集流体。因此，合金材料可以有效降低锂的成核过电势，并且提供快速的锂离子传输通道，能够有效引导金属锂的均匀沉积，是一种优良的锂负极界面层。

加拿大滑铁卢大学 Nazar 课题组[70]开发了一种利用金属锂和金属氯化物（MCl_x）的原位反应形成合金的简便方法（图 5.9）。通过金属锂与金属氯化物表面反应合成了内部嵌入 LiCl 的 $Li_{13}In_3$、LiZn、Li_3Bi 和 Li_3As 合金。合金界面层的上表面被电子绝缘的LiCl完全覆盖，使得锂离子穿过合金层在合金层的下面沉积，并且合金层可以为锂离子的输运提供快速通道，抑制枝晶结构的形成。当与钛酸锂（LTO）组装为全电池时，在电流密度为 5 C 条件下，纯金属锂负极循环 600 圈后就提前“死亡”，而合金层保护的电极在循环 1500 圈后，仍然没有明显的容量衰减。相似地，河南大学赵勇课题组[84]也开发了一种利用金属锂与金属氟化物原位反应生成锂合金/氟化锂双相表面层的简便方法，系统地证明了双相表面层能够显著提升电池循环过程中锂金属负极/电解质界面的离子传输速率和机械稳定性，从而提升锂负极的稳定性。另外 LiAl[85]、LiSi[86]等合金在金属锂表面被设计制备出来，研究表明这些合金人工界面层可以促进金属锂的均匀沉积（图 5.10）。

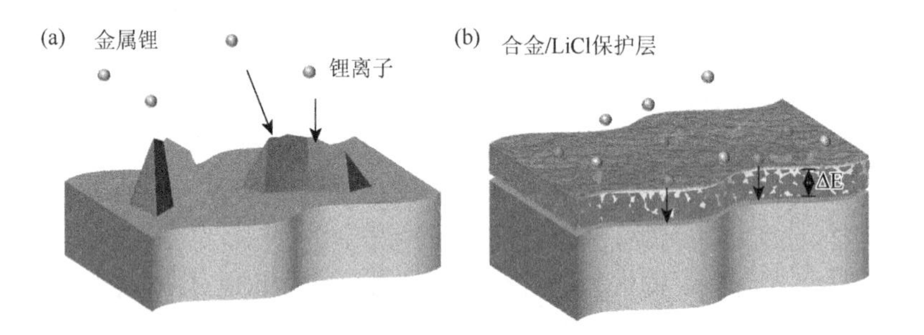

图 5.9　合金/LiCl 抑制枝晶机理示意图[70]

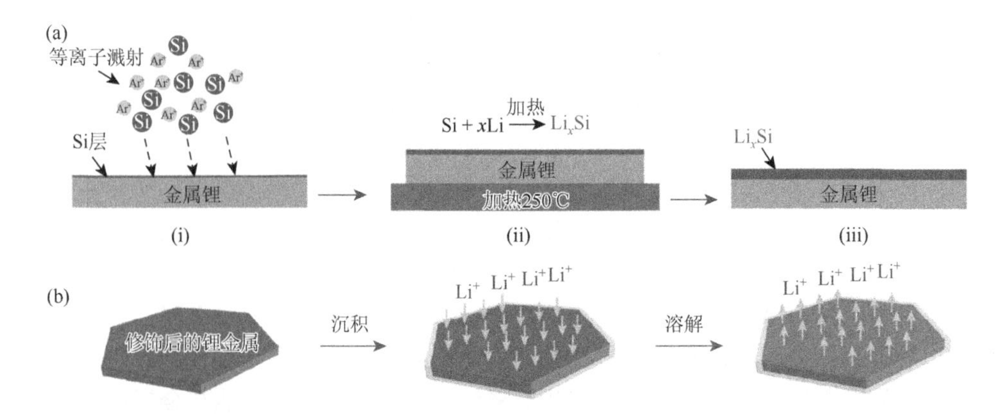

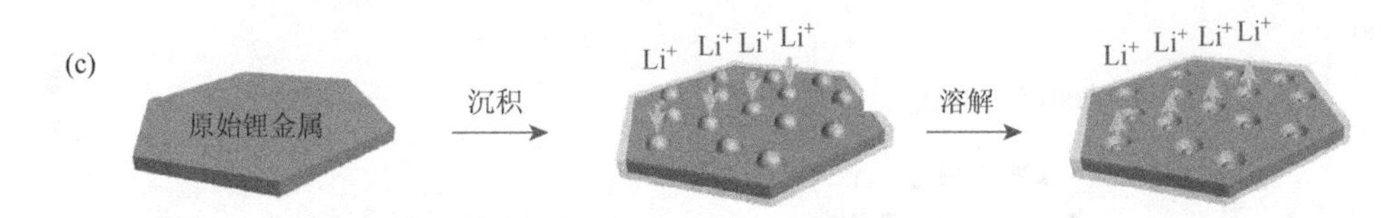

图 5.10 （a）Li-Si 合金保护膜的制备过程示意图；（b）经过保护的金属锂沉积/剥离的示意图；（c）未经过保护的金属锂沉积/剥离过程示意图[86]

5.2.3 负极合金化

金属合金负极也是一种常见的金属负极替代策略。与纯金属负极相比，这些合金材料常常具有更好地抑制枝晶生成的优势，电池的整体安全性能也得到提升。目前已经有多种合金材料成功应用于金属空气电池中。

美国阿贡国家实验室 Amine 课题组联合报道了一种锂硅合金材料应用于锂氧气电池负极材料。为解决锂空电池中金属锂的高反应活性以及存在的安全问题，作者首次使用锂化的硅碳材料作为负极，电池放电电位在 2.4 V 左右，理论能量密度完全基于 Li_xSi-O_2 电池体系，高达 980 W·h/kg，这种使用合金材料代替金属锂的策略可以有效减少不可控枝晶生长以及腐蚀的发生，使得电池获得更加安全的性能以及较高的能量密度[87]。复旦大学王永刚课题组制备了一种锂铝合金作为锂氧气负极，使用锂化的铝碳复合材料作为电池负极，在初期循环过程中，电解液分解会在电极材料表面形成稳定 SEI 膜，有效稳定负极，避免不可控枝晶生长以及纯金属锂的严重腐蚀，同时展现了更低的过电势，并且将氧气换成空气气氛后锂铝合金负极仍然保持稳定运行，展现出了远超使用金属锂负极的锂空电池性能[88]。

为解决 Na 负极枝晶生长和氧化/腐蚀问题，中国科学院长春应用化学研究所张新波课题组制备了一种 Li-Na 合金复合负极（图 5.11），通过优化合金的 Na/Li 值并与电解液添加剂 1.3-二氧戊环（DOL）协同作用来有效减少负极的枝晶和腐蚀问题，进一步提升金属空气电池性能。作者通过简单的熔融混合方法制备了 Li-Na 合金复合负极，这种负极在沉积过程中，在 Li^+强静电屏蔽作用下，Na^+只能在远离尖端的相邻区域上均匀沉积，可以有效减少 Na 枝晶的形成。此外，体积变化也是 Li-Na 合金不可避免的问题，它会导致 SEI 膜破裂进而降低库仑效率、消耗电解液等。作者发现通过添加 DOL 可以有效与合金负极反应形成坚固且具有高弹性的 SEI 膜，得到了能够抑制枝晶生长、抗氧化、无裂纹的 Li-Na 合金负极，并实现了有机双金属 Li-Na 合金-O_2 电池的稳定长效循环（137 圈）。此外，该研究还为双金属电池的开发提供了方向，它们可能具有新的化学性质，并且表现出比单金属电池更好的电化学性能[89]。

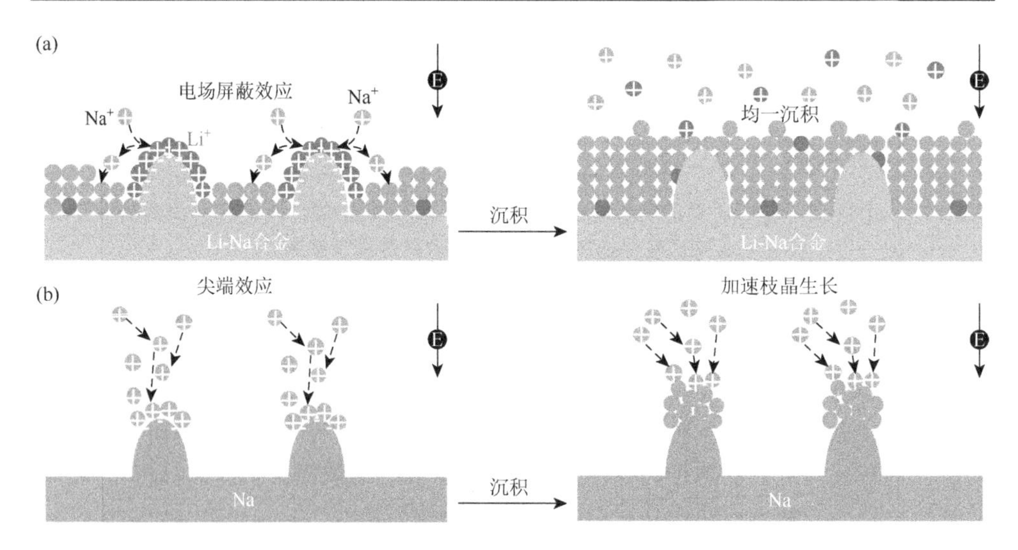

图 5.11 （a）Li-Na 合金负极沉积过程中抑制枝晶生长的原理示意图；（b）未经过保护的纯金属钠沉积过程示意图[89]

美国俄亥俄州立大学吴屹影课题组报道了一种高容量合金负极，即制备一种具有立方体形貌的 K-Sb 合金负极，通过调整合金相的比例发现 K_3Sb 展现了高达 650 mA·h/g 的可逆存储容量，这种合金负极可以以高达 98%的库仑效率循环 50 圈以上，通过电化学阻抗谱可证明 K-Sb 合金负极相比纯钾具有更好的界面稳定性。将这种负极材料应用于 K_3Sb-O_2 电池中，展现了较高的工作电压、较低的过电势、大大提高的安全性以及界面稳定性[90]。清华大学深圳研究院康飞宇课题组报道一种无枝晶液体钠钾合金负极应用到室温 K-O_2 电池中，其独特的液液接触可以提供均一稳固的负极与电解液界面，有效消除枝晶不可控生长的问题，稳定了负极/电解液界面，同时得益于钾元素极强的还原性以及 KO_2 相比于 NaO_2 更好的热力学稳定性，使得钠钾合金负极更适用于 K-O_2 电池而不是 Na-O_2 电池，组装的 K-O_2 电池展现了极长的循环寿命（620 h 以上）以及极低的过电势（0.05 V）[91]。

韩国庆熙大学 Lee 课题组报道了一种 Zn-Bi 合金负极，作者通过不同球磨时间制备了不同配比的锌铋合金，铋元素的掺入并没有改变锌的晶体结构，所有的 Zn-Bi 合金材料都表现出了 90%以上的放电容量保持率，其中 Bi 含量 2 wt%的合金负极表现出了最高的防腐蚀率（91.501%）和最低的腐蚀电流（0.326 mA/cm^2），有效防止锌负极溶解、析氢腐蚀以及自放电现象的发生。组装成锌空电池之后表现出了高达 99.50%的放电容量，显著提升锌空电池寿命[92]。

北京航空航天大学范亮等报道了一种商业铝合金材料作为铝空电池负极，作者采用 4 M NaOH 和 4 M KOH 碱性电解液，从各个方面测试了这种合金负极的腐蚀行为及电化学特性，最终发现 8011 型铝合金具有最佳的电化学性能，这种合金负极具有较低的极化阻抗以及高负极利用率、高放电能量密度与高功率密度，在 50 mA/cm^2 的大电流下能量密度和功率密度高达 2243.8 mW·h/g 和 49 mW/cm^2，同时 8011 型铝合金也是最廉价、性能最好的铝空电池负极材料并有助于铝空电池的大规模产业化生产[93]。

中南大学朱华龙课题组通过热挤压-退火法制备了一种 Mg-6 wt.%Al-1 wt.%Sn 镁合金材料应用于镁空电池中，在 200 ℃下将 Mg-Al-Sn 材料进行退火处理形成了球状的、尺寸在 50～100 nm 的材料，并在 3.5 wt% NaCl 电解液中展现了杰出的性能，精细的 Mg_2Sn 相的形成以及微观结构的重结晶可以促使合金电极对腐蚀物进行自剥离。所组装的镁空电池表现出了优异的放电电势以及负极利用率，即使在高电流下也保持着良好的性能[94]。

5.2.4　电解液调控

电解液调控策略是一种非常有效的金属负极保护策略，通过调节溶剂、盐及电解液添加剂种类来调控电解液对金属负极的反应活性，以及帮助金属在负极表面形成稳定的 SEI 膜，稳定负极/电解液界面，减少负极腐蚀以及枝晶不可控生长。同时通过电解液的优化，还可以在稳定负极的同时，促进正极反应过程，拓宽电化学稳定窗口等，更全面地提升电池性能。主要的电解液调控策略包括调控溶剂、盐、添加剂，以及设计新型电解质等。

1. 调控锂盐、溶剂等

选用一种合适的电解液盐对于帮助稳定金属/电解液界面有非常积极的作用。中国科学院长春应用化学研究所彭章泉课题组报道了一种新型锂盐 $Li[(CF_3SO_2)(n\text{-}C_4F_9SO_2)N]$，这种锂盐可以有效阻止金属锂的严重副反应和不可控枝晶生长问题，可以有效提升锂氧气电池的可逆性。作者通过微分电化学质谱等设备证实了这种新型锂盐有助于形成稳定、均一、可以阻挡氧气的 SEI 膜，有效防止金属锂枝晶的不可控生长以及严重腐蚀，稳定金属锂/电解液界面。此外，这种锂盐还可以有效拓宽锂氧气电池的电化学稳定窗口，有效改善锂氧气电池的长循环性能，电池可逆性高达 95.7%[95]。日本国立材料科学研究所 Kubo 课题组报道了一种 LiBr-$LiNO_3$ 双阴离子电解液，在这种电解液中，Br^- / Br_3^- 作为氧化还原介体可以有效降低锂氧气电池的充电过电势至 3.6 V 以下，而 NO_3^- 可以有效钝化金属锂表面，避免 Br^- / Br_3^- 的穿梭效应对金属锂的腐蚀。令人惊奇的是，在这种双阴离子电解液中，金属锂电沉积过程呈现出了至少 10 μm 的外延生长现象，同时没有不可控枝晶产生。在外延生长的金属锂表面生长着均匀的 SEI 膜薄层（＜100 nm），除了可以阻止不可控枝晶生长还对腐蚀有很大缓解作用，有效稳定金属锂/电解液界面，组装的对称电池可以在 0.5 mA/cm^2 电流下稳定运行 900 h 以上[96]。美国俄亥俄州立大学吴屹影课题组报道了一种对金属钾及超氧化物的反应过程均稳定的新型电解液（图 5.12），作者提出，虽然 FSI$^-$对金属钾有钝化作用，但是 FSI$^-$中较弱的 S—F 键会使 FSI$^-$阴离子更易于受到亲核攻击，最终副产物会覆盖碳正极引起电池失效，为解决上述问题，作者引入 TFSI$^-$电解液并在金属钾表面搭配保护膜实现了高库仑效率（100%）下循环 200 圈（800 h）[97]。

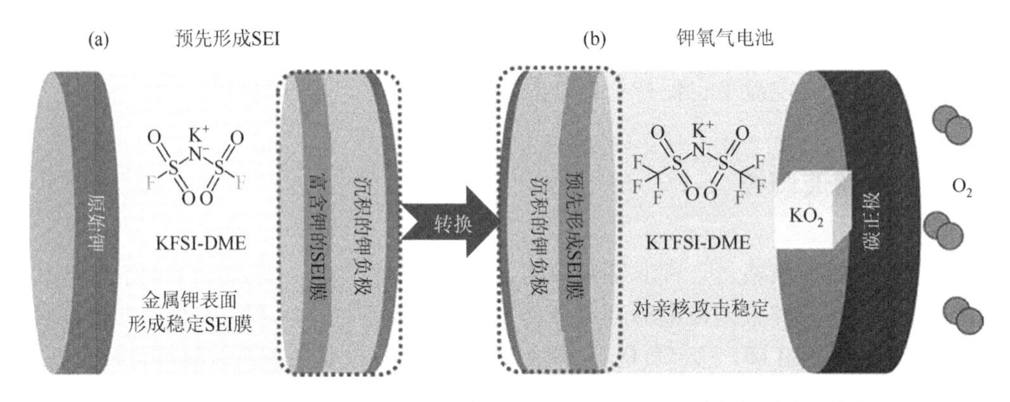

图 5.12　（a）金属钾预先形成 SEI 膜过程示意图；（b）将经过保护的金属钾组装成钾氧气电池的运行示意图[97]

中国科学院长春应用化学研究所张新波课题组提出了一种新型的电解液设计准则来稳定金属锂负极，将 DMA 基电解液复兴于锂氧气电池中并实现长效稳定循环。通过调控电解液中锂离子的溶剂化结构来实现在较低电解液浓度下阴离子衍生的 SEI 膜的形成和较少的溶剂分子存在，克服了目前高浓度电解液的缺点（如动力学和传质性较差、倍率性能不好等），同时实现了高浓度电解液的优点。最终筛选出的 2 M LiTFSI/1 M $LiNO_3$ DMA 基电解液可以有效阻止锂枝晶的形成和严重腐蚀的发生，同时改善了电解液的电极反应动力学和传质情况。2 M LiTFSI/1 M $LiNO_3$ DMA 基电解液在锂/锂对称电池中实现了长达 1800 h 的循环寿命，在锂氧气电池中获得了长达 180 圈的循环寿命，同时获得了较低的过电势及很好的倍率性能[98]。

德国克劳斯塔尔工业大学 Endres 课题组报道了一种 1-乙基-3-甲基咪唑乙酸盐与水的混合体系作为锌空电池的新型电解液。随着水加入量的增多，电解液的黏度降低，离子电导率有所提升。同时，研究发现 1-乙基-3 甲基咪唑乙酸盐与水之间存在相互作用且这种相互作用会随着水的含量不同而变化。通过一系列不同水添加量的电化学性能测试，作者发现在 1 M $Zn(OAc)_2$/[EMIm]OAc 体系中，至少 20%水的添加量对于稳定锌沉积是必要的，有助于调控均匀的锌电极/电解液界面的纳米结构，最终将其应用在锌空电池中，可以在高达 97%的库仑效率下循环 50 圈之久，并保持电池电位在 1.45 V 左右[99]。

2. 调控电解液添加剂

康奈尔大学 Archer 课题组报道了一种溴化离聚物电解液添加剂应用于 1 M $LiNO_3$-DMA 电解液中，这种添加剂可以与金属锂原位发生反应，帮助锂氧气电池中的金属锂表面形成稳定的 SEI 膜。形成的含 LiBr 的保护层可以均化物质与离子的传输，有效阻止金属锂的严重腐蚀以及不可控枝晶的生长。此外，这种含溴电解液添加剂还可以作为一种氧化还原介体作用于正极，在 Br_3^-/Br^- 还原电对的帮助下有助于形成大块 Li_2O_2 放电产物，并将锂氧气电池充电过电势从 4.45 V 降到 3.7 V，电池放电容量高达 6.5 mA·h，并可以平稳循环 30 圈以上[100]。华中科技大学黄云辉课题组报道了将硼酸作为一种 SEI 成膜电解液添加剂（图 5.13），随着少量硼酸添加剂的加入，在金属锂表面生成了富含硼化锂、碳酸锂、氟化锂以及一些有机物的 SEI 膜，这种保护膜具有较高的机械强度以及离子传导通道，并可以有效阻止金属锂与氧气、水、电解液等的一系列严重副反应，同时可以抑制不可控锂枝晶生长，稳定金属锂/电解液界面，组装的锂/锂对称电池的循环性能从 100 h 提高到 860 h，锂氧气电池的循环寿命也提升到六倍以上（从 23 圈提升到 148 圈）[78]。

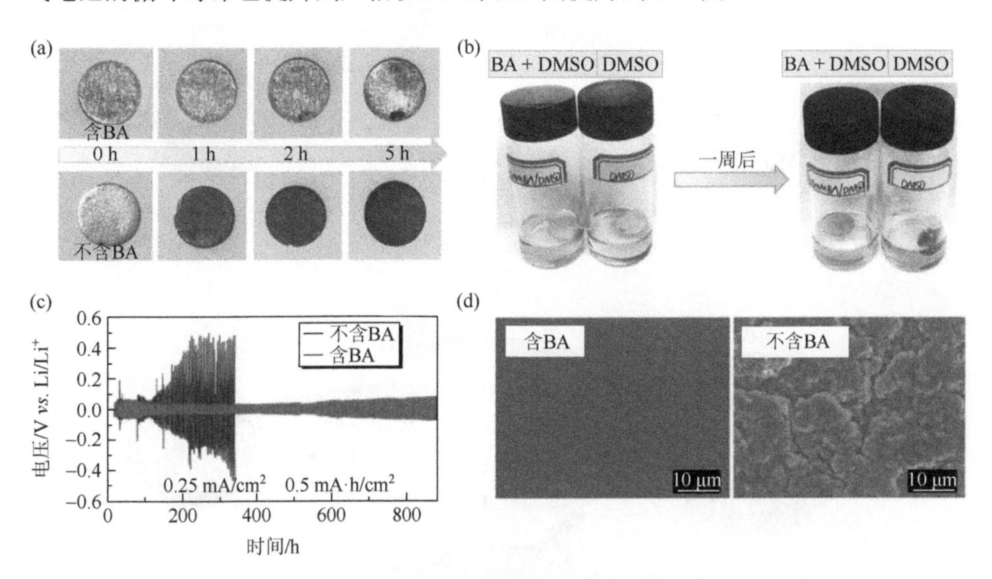

图 5.13 （a）未经和经过 BA 保护的金属锂暴露在空气中的腐蚀实验；（b）未经和经过 BA 保护的金属锂与二甲基亚砜的反应实验；（c）未经和经过 BA 保护的金属锂的对称电池循环性能；（d）未经和经过 BA 保护的金属锂表面腐蚀情况的扫描电镜图[78]

中国科学院长春应用化学研究所张新波课题组通过利用金属锂负极表面不可避免生成的副产物氢氧化锂，通过原位与正硅酸四乙酯电解液添加剂反应生成富含硅的保护膜进行金属锂负极的防腐。值得一提的是，这种保护膜具有良好的自修复特性，保护膜一旦在电池长时间循环过程中发生破裂，裸露的腐蚀物氢氧化锂会继续和电解液中的正硅酸四乙酯添加剂原位反应进行保护膜的修复。相比普通的金属锂保护层策略，这种电解液添加剂提供的动态修复作用可以有效防止金属锂的持续消耗，大幅度提升锂氧气电池的电化学性能[101]。南京大学周豪慎课题组报道了一种 2, 2, 2-三氯乙基氯甲酸酯作为锂氧气电池的电解液添加剂，可同时稳定锂氧气电池中的正极与负极，这种电解液添加剂可以帮助在金属锂表面形成富含 LiCl 的均一稳定的 SEI 保护层，这层 SEI 膜可以减少锂沉积/剥离过程中的电子传输，有效阻止副反应的发生，显著稳定金属锂/电解液界面[102]。周豪慎课题组还报道了一种“自防御型”氧化还原介体（图 5.14），由于普通的 LiI 氧化还原介体对金属锂有强烈的腐蚀作用并不断消耗，因此作者引入 InI_3，在充电过程中 In^{3+}在金属锂表面电化学还原形成稳定含铟保护膜，来避免 I_3^- 离子对金属锂的腐蚀，同时还可以有效避免枝晶不可控生长，稳定金属锂/电解液界面，电池整体的能量效率以及循环寿命都得到了很大的提升[71]。

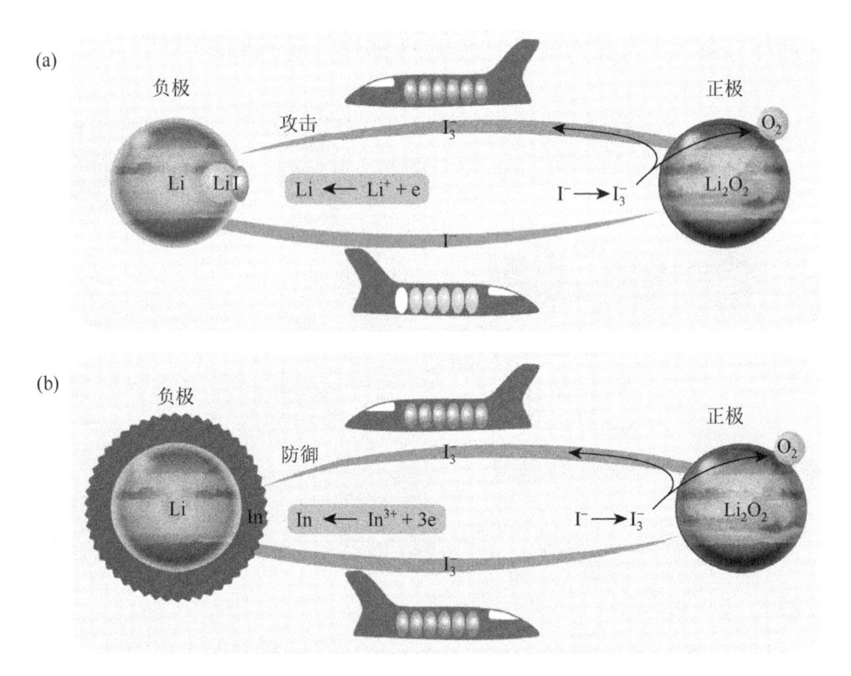

图 5.14　锂氧气电池使用普通氧化还原介体（a）和自防御氧化还原介体（b）的对比图[71]

南开大学李福军课题组报道了一种双功能阳离子添加剂（TBA^{+}），这种软路易斯酸有机阳离子可以吸附在钠金属表面，通过静电屏蔽作用帮助减少在氩气及氧气条件下钠枝晶的不可控生长，稳定钠负极，对称电池循环寿命高达 400 h 以上。将其应用在钠氧气电池中，可以有效提高库仑效率（95.5%）以及倍率性能（3000 mA/g），在 TBA^{+}较大离子半径的帮助下，超氧根离子具有快速的脱溶剂化动力学，并阻止歧化反应的发生，显著提高电池的循环寿命[103]。

泰国朱拉隆功大学 Kheawhom 课题组将乙醇作为一种电解液添加剂加入到 KOH 水系电解液中改善锌空液流电池的性能。在向 8 M KOH 中添加（0～50% *V*/*V*）乙醇的过程中作者发现，在添加量为 5%～10% *V*/*V* 过程中锌负极的沉积过程得到了很大稳定性，并且还有效阻止了锌负极的腐蚀，同时还避免了锌负极活性位点的钝化。尽管乙醇的添加增加了溶剂阻抗并降低了放电的过电势，但是明显提升了放电容量以及能量密度，在 10% *V*/*V* 乙醇电解液体系中获得了最佳的性能（放电容量增加了 30%，比能量提升了 16%）[104]。

韩国庆熙大学 Kim 课题组报道了一种将醇盐和乙酸盐离子作为电解液添加剂应用于可充放二次锌空电池中，这种电解液添加剂可以阻止影响电池性能的有害产物 ZnO 的形成，电解液中生成的 $Zn(OH)_4^{2-}$ 中间体在醇盐和乙酸盐离子存在的情况下可以避免形成有害的 ZnO，增加锌空电池的可逆性，显著提升电池的容量保持率[105]。印度 Rangasamy 理工大学 Kaler 课题组报道了一种新型水溶性石墨烯电解液添加剂应用于 NaCl 基电解液来提升镁空电池的电化学性能，使用这种电解液组装镁空电池可以将电池电流密度从 13.24 mA/cm^2 提升至 19.33 mA/cm^2，放电容量提升至 1030.71 mA·h/g，循环寿命提升 30.95%，并且有效阻止自放电的产生、腐蚀的产生及表现出了放电过程中的高电化学活性[106]。

3. 设计新型电解质

美国俄亥俄州立大学吴屹影课题组将高浓度电解液的策略应用于钠氧气电池中，同样以 NaTFSI-DMSO 电解液体系为基础，配制了 NaTFSI 浓度大于 3 mol/kg 的高浓度电解液，通过拉曼光谱以及从头算分子动力学模拟等解释了随着浓度增加，DMSO 周围的钠离子数目发生变化并形成了 $Na(DMSO)_3(TFSI)$状溶剂化结构。DMSO 自由溶剂分子的大量络合大大减少了金属钠的副反应并有助于形成阴离子主导的 SEI 膜，有效帮助缓解钠枝晶的不可控生长以及严重的副反应，明显改善钠金属/电解液界面稳定性，组装的钠氧气电池循环寿命提高至 150 圈以上[107]。中国科学院长春应用化学研究所张新波课题组通过静电作用原位耦合 $CF_3SO_3^-$ 阴离子与疏水纳米二氧化硅颗粒制备一种胶体电解液（HSCE）（图 5.15），二氧化硅胶体粒子的晶种效应和电解液体现出的类似固态的流变学性质可以有效改善不可控枝晶的生长，而由于电解液更低的扩散系数以及纳米颗粒本征的疏水特性，对金属锂的腐蚀也有很好的防御作用。通过静电作用被固定在二氧化硅纳米粒子周围的 $CF_3SO_3^-$ 可以提高电解液锂离子迁移数并有效抑制由阴离子耗尽而产生的强空间电荷效应，进而帮助抑制枝晶的产生。将这种电解液应用于锂氧气电池中，使用胶体电解液的锂氧气电池的长循环性能高达 168 圈。锂氧气电池的负极寿命被延长至 550 圈，有效提升金属锂的抗腐蚀能力[108]。

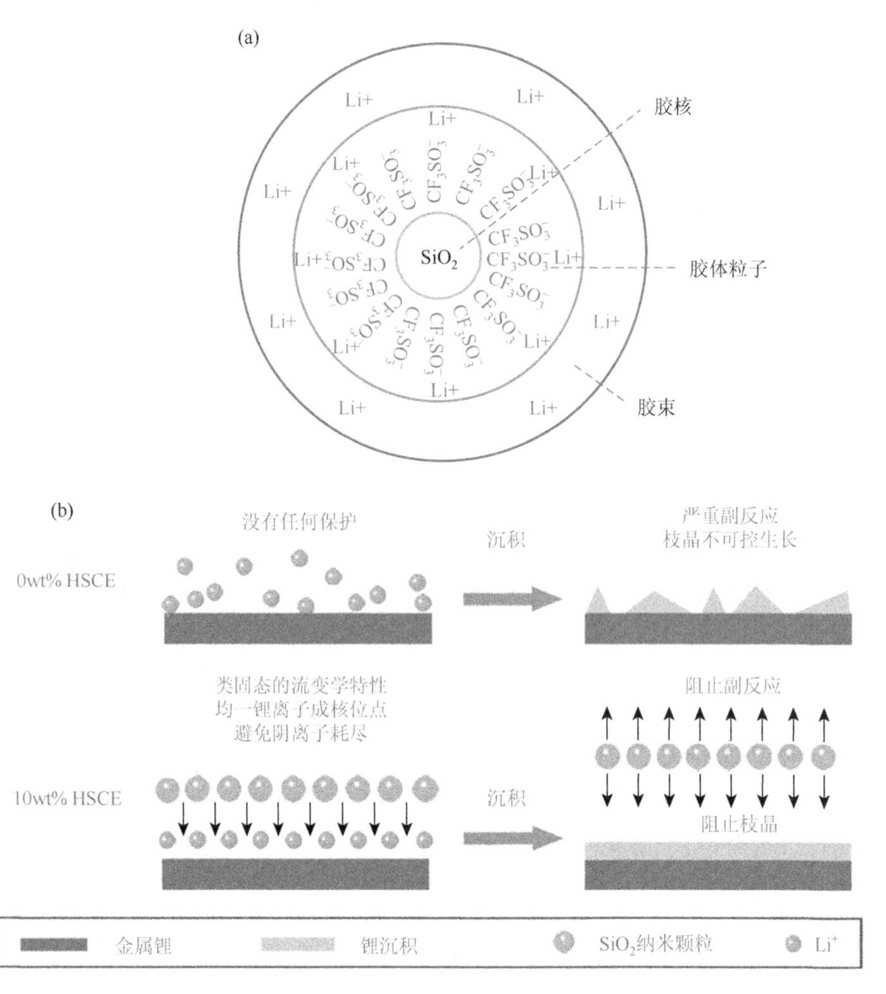

图 5.15　纳米粒子胶体电解液结构（a）及与普通液态电解液中金属锂沉积过程比较示意图（b）[108]

近年，离子液体基电解液也得到了长足发展，离子液体具有液态范围宽、较好的热稳定性及化学稳定性、蒸气压小、不挥发、电导率较高、电化学窗口较宽、阴阳离子可设计空间较高等许多优点，在电解液领域有广阔的应用前景。中国科学院长春应用化学研究所彭章泉课题组报道了一种新型聚离子液体基混合电解质，使用 $P[C_5O_2N_{MA,11}]FSI$ 作为溶剂并添加 TEGDME 以及高度解离的 LiFSI。这种电解液有助于在负极表面形成富含 Li_3N 的保护层，这种保护层具有高离子导率以及较好的机械强度，可以有效防止不可控枝晶的生长以及锂氧气电池中严重的腐蚀，有效稳定金属锂/电解液界面。此外，这种电解液本身还具有非常优异的抗氧化性，营造了稳定的正极/电解液界面，使锂氧气电池的可逆性（94.4%）以及循环寿命得以提高（35 圈）[109]。悉尼科技大学汪国秀课题组报道了一种 TEMPO 接枝离子液体新型电解液，这种电解液同时还提供负极保护，作为氧气载体以及氧化还原介体。这种电解液体系比普通醚类电解液的放电容量高出 33 倍，并且保持着极低的过电势（0.9 V）。与此同时，这种电解液对于光滑平整的金属锂沉积有很大促进作用，并可以帮助形成稳定 SEI 膜，减少金属锂副反应的发生。较高的离子液体添加量可以有效帮助形成无定型 Li_2O_2 放电产物，并且显著延长锂氧气电池循环寿命至 200 圈，甚至可以允许电池在 70 ℃高温或者空气中运行[110]。

以色列理工学院 Ein-Eli 课题组首次报道了一种 $EMIm(HF)_{2.3}F$ 室温离子液体的非水系铝空电池电解液，这种离子液体具有黏度低、离子导率高、化学稳定性好等特点，在这种新型电解液的帮助下，金属铝可以稳定地电化学沉积/溶解，并避免了副反应的发生，组装的铝空电池可以在 1.5 mA/cm^2 达到 140 $mA·h/cm^2$ 的高容量，并实现了 70%以上的理论铝容量，电池获得的能量密度高达 2300 W·h/kg 和 6200 W·h/L[111]。Ein-Eli 课题组还报道了一种 $EMIm(HF)_{2.3}F$ 室温离子液体电解液，搭配纯铝负极应用于铝空气电池中，金属铝负极会与离子液体电解液发生反应生成 Al-O-F 界面层，既可以起到活化铝负极的作用，又降低其腐蚀速率，活化后的铝负极电位约为−1.15 V，自放电电流在 40 $μA/cm^2$ 以内，显著改善铝空电池的电池性能[112]。

澳大利亚迪肯大学 Forsyth 课题组将一种磷氯离子液体/水混合物电解质应用在镁空电池中。这种电解液有助于在镁负极表面形成一层无定型凝胶状界面层，可以在电池处于开路状态时有效钝化镁负极，而当其放电时这层钝化层可以有效传导，允许金属镁长时间稳定放电，保护膜还可以有效防止阻抗的剧烈增加，当电池未在运行时可以有效阻止金属镁的副反应。使用$[P_{6,6,6,14}][Cl]$离子液体搭配 8 wt% H_2O 作为电解液，电池可以在 1 mA/cm^2 的电流下放电（电压为−1.6 V），显著提高镁空电池的电化学性能[113]。

5.2.5　其他策略

除了以上几种常见策略外，还有一些极具创新性的手段可以稳定金属空气电池中的负极。美国俄亥俄州立大学吴屹影课题组通过简单地将钾氧气电池应用在钾空电池中，既减少了金属钾的腐蚀又延长了电池寿命，金属钾在氧气占比更少的空气体系中可以更稳定地存在，明显减少副反应，而正极方面 KO_2 在 CO_2 以及水含量极低的干燥空气中也是非常稳定的。与传统的钾氧气电池相比，氧气分压更小的钾空电池拥有更低的过电势（74 mV）、平稳的放电平台（2.40 V）、更高的库仑效率（99.0%）和循环寿命（100 圈 500 h）[114]。

美国西北太平洋国家实验室张继光课题组报道了一种在氩气条件下预充电的方法来保护锂氧气电池中的金属锂，将组装好的 Li-CNT 电池充电到 4.3 V 并保持 10 分钟左右，会在金属锂与 CNT 电极表面形成 3～4 nm 的薄膜，这个保护膜的成分包含着溶剂和盐的分解成分。在简单的预充电处理后，正极表面的保护膜可以保护正极免于被强氧化性物质氧化分解，负极表面的保护膜可以防止金属锂腐蚀，稳定电极/电解液界面。锂氧气电池的循环圈数从 43 圈提升到了 110 圈[79]。

复旦大学王永刚课题组报道了一种在负极表面原位固化的技术来保护钠负极（图 5.16），表面的锂作为牺牲层与乙二胺（EDA）反应形成 LiEDA 层并与四乙二醇二甲醚分子发生交联，进而完成整个电解液的凝胶化，可以同时抵御水和氧气的穿梭，减少钠负极的腐蚀以及避免电解液的分解，确保电池可以在潮湿环境下运行。凝胶化后的钠负极可以在没有明显极化的情况下循环 300 h 以上，体系中存在的少量锂可以通过静电屏蔽效应来帮助阻止钠枝晶的不可控生长。通过这种策略，电池可以在空气环境下循环超过 2000 h。这种电池附带的柔性特质还可以应用在可穿戴设备中[115]。

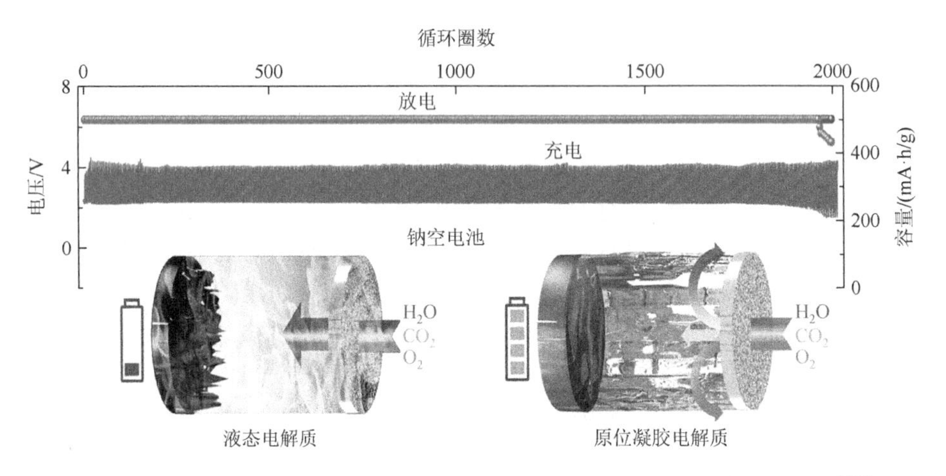

图 5.16　使用液态电解液和电解液原位固化技术的锂氧气电池的充放电性能[115]

德国波鸿鲁尔大学 Wolfgang 课题组报道了一种脉冲充电策略来保护金属锌免于枝晶不可控生长。通过调控扩散控制区域的电沉积行为而改善传质特征，通过脉冲策略提供的间歇休息可以有效恢复建立锌负极表面锌盐浓度，避免电极附近锌盐间竞争，有效阻止锌枝晶的产生。这种策略可以实现初期高锌成核覆盖度，稳定锌/电解液界面，有效改善电池性能[116]。

5.3 未来展望

目前空气电池中金属负极面临最大的问题就是锂枝晶不可控生长而造成短路，进而引发火灾等安全问题，另一个就是由于不稳定的SEI膜的形成而造成金属严重的腐蚀，进而引发体积膨胀，降低库仑效率，严重影响空气电池性能的发挥。锂氧气电池负极保护应该关注以下几点：①锂氧气电池的正极需要处在开放或者半开放体系，因此避免负极被从正极一侧扩散过来的污染物腐蚀是一个非常重要的挑战。②为了避免金属锂与正极产物发生反应，锂氧气电池一般采用醚基电解液，然而这种电解液本身面临着较窄的电化学稳定窗口和副反应依然存在的问题。③在使用氧化还原介体如LiI时，金属锂会发生副反应而被腐蚀。对于独特的腐蚀问题，科研工作者们主要通过合金化原位或非原位制备SEI膜策略来解决。针对电化学稳定窗口问题，最佳的解决方式是使用固态电解质，固态电解质不仅可以阻止锂枝晶的生长还可以拓宽电化学稳定窗口。近年来，无机陶瓷或有机聚合物固态电解质作为锂氧气电池的一种十分有前景的新型电解质吸引了众多研究工作者的目光，用来代替易挥发、易燃的有机溶剂。固态电解质锂氧气电池具有安全、宽工作温度、长服务时间、成本低、可以抑制枝晶及腐蚀的发生等特点。而固态电解质较低的离子导率及较大的固固界面阻抗是阻碍其发展的最大挑战。未来固态锂空电池的前景非常广阔，同时也是一个巨大的挑战。

此外，发展无负极锂氧气电池也是一个非常有前途且具有挑战性的课题。无负极电池将金属元素储存于正极材料中，通过放电的金属离子沉积过程在负极集流体上作为充电过程中的离子源，无负极电池由于其更轻质的质量以及更高的安全性吸引了广大研究工作者的目光，同时由于没有金属负极的存在，可以避免枝晶不可控生长引起的短路火灾等安全事故。但是，由于负极没有过量的金属源，所以要求电池具备极高的库仑效率才能保持电池正常运行；而且，锂氧气电池强烈的腐蚀环境对于金属源的消耗也是非常致命的。正极方面高效地储存金属元素也面临着效率低等问题，因此在锂氧气电池中实现无负极金属锂要面临十分大的挑战。

同时，为了对锂枝晶成长、腐蚀发生及SEI膜演变过程具有更全面的认识，高端详尽的表征也非常重要，有助于揭示枝晶与腐蚀发生的机理，提出相应有效的解决策略。每种不同的表征手段都有其独特的优势与一定的劣势，显微技术（扫描电子显微镜、透射电子显微镜、原子力显微镜、冷冻电镜等）可以实现原子结构可视化却受限于只能局部探查，谱学技术（X 射线光电子能谱、红外光谱、拉曼光谱、核磁共振谱、X 射线吸收光谱、中子衍射等）对化学位移、官能团、分子结构、电子结构很敏感，但是探测深度很有限，因此将这些表征技术联用起来可以更好地对金属锂的性质进行深入理解。

尽管锂氧气电池的发展面临着很多困难的挑战，但是科研工作者们已经取得了一定的进展，提出了一些行之有效的金属负极保护策略。一方面，合金化、负极结构设计以及固态电解质可以帮助抑制枝晶生长；另一方面，原位和非原位 SEI 膜的构建以及电解液添加剂可以帮助稳固 SEI 膜。但是值得注意的是，在锂氧气电池的构建中，正极与电解液的性能与负极同样重要，例如在固态锂氧气电池中正极与固态电解质界面的稳定性就是十分重要的。因此，优异的正极、负极、电解液、界面等都是获得良好锂氧气电池性能的先决条件。尽管实现锂氧气电池长效稳定的循环是非常困难的，但是随着研究的深入和对科学问题的更多理解，会设计出更好的策略来优化锂氧气电池体系，最终移植到空气体系，可以将其真正应用于生活。

参考文献

[1] Cheng X B，Zhang R，Zhao C Z，et al. Toward safe lithium metal anode in rechargeable batteries：A review[J]. Chem Rev，2017，117：10403-10473.

[2] Lin D，Liu Y，Cui Y. Reviving the lithium metal anode for high-energy batteries[J]. Nat Nanotechnol，2017，12：194-206.

[3] Gao H，Gallant B M. Advances in the chemistry and applications of alkali-metal-gas batteries[J]. Nat Rev Chem，2020，4：566-583.

[4] Luo Z，Qiu X，Liu C，et al. Interfacial challenges towards stable Li metal anode[J]. Nano Energy，2021，79：105507.

[5] Li Y，Lu J. Metal-air batteries：Will they be the future electrochemical energy storage device of choice[J]. ACS Energy Lett，2017，2：1370-1377.

[6] Rahman M A，Wang X，Wen C. High energy density metal-air batteries：A review[J]. J. Electrochem. Soc.，2013，160：A1759-A1771.

[7] Schmickler W，Santos E. The crucial role of local excess charges in dendrite growth on lithium electrodes[J]. Angew Chem Int Ed，2021，133：2-7.

[8] Armand M，Tarascon J M. Building better batteries[J]. Nature，2008，451：652-657.

[9] Tikekar M D，Archer L A，Koch D L. Stability analysis of electrodeposition across a structured electrolyte with immobilized anions[J]. J Electrochem Soc，2014，161：A847-A855.

[10] Tu Z，Nath P，Lu Y，et al. Nanostructured electrolytes for stable lithium electrodeposition in secondary batteries[J]. Acc Chem Res，2015，48：2947-2956.

[11] Zhang P，Zhao Y，Zhang X. Functional and stability orientation synthesis of materials and structures in aprotic Li-O_2 batteries[J]. Chem Soc Rev，2018，47：2921-3004.

[12] Zhao Z W，Huang J，Peng Z Q. Achilles' heel of lithium-air batteries：Lithium carbonate[J]. Angew Chem Int Ed，

2018，57：3874-3886.

[13] Zheng J，Zhao Q，Tang T，et al. Reversible epitaxial electrodeposition of metals in battery anodes[J]. Science，2019，366：645-648.

[14] Xu W，Wang J，Ding F，et al. Lithium metal anodes for rechargeable batteries[J]. Energy Environ Sci，2014，7：513-537.

[15] Oguzie E E. Corrosion inhibition of aluminium in acidic and alkaline media by Sansevieria trifasciata extract[J]. Corros Sci，2007，49：1527-1539.

[16] Elia G A，Marquardt K，Hoeppner K，et al. An overview and future perspectives of aluminum batteries[J]. Adv Mater，2016，28：7564-7579.

[17] Nestoridi M，Pletcher D，Wood R J K，et al. The study of aluminium anodes for high power density Al/air batteries with brine electrolytes[J]. J Power Sources，2008，178：445-455.

[18] Song G，Atrens A. Understanding magnesium corrosion—A framework for improved alloy performance[J]. Adv Eng Mater，2003，5：837-858.

[19] Chen L D，Nørskov J K，Luntz A C. Theoretical limits to the anode potential in aqueous Mg-air batteries[J]. J Phy Chem C，2015，119：19660-19667.

[20] Hang B T，Hayashi H，Yoon S H，et al. Fe_2O_3-filled carbon nanotubes as a negative electrode for an Fe-air battery[J]. J Power Sources，2008，178：393-401.

[21] Hang B T，Watanabe T，Egashira M，et al. The effect of additives on the electrochemical properties of Fe/C composite for Fe/air battery anode[J]. J Power Sources，2006，155：461-469.

[22] Hosseini S，Masoudi S S，Li Y Y. Current status and technical challenges of electrolytes in zinc-air batteries：An in-depth review[J]. Chem Eng J，2021，408：127241.

[23] Lee J S，Tai K S，Cao R，et al. Metal-air batteries with high energy density：Li-air versus Zn-air[J]. Adv Energy Mater，2011，1：34-50.

[24] Song Y W，Shi P，Li B Q，et al. Covalent organic frameworks construct precise lithiophilic sites for uniform lithium deposition[J]. Matter，2021，4：253-264.

[25] Chazalviel J. Electrochemical aspects of the generation of ramified metallic electrodeposits[J]. Phys Rev A，1990，42：7355-7367.

[26] Monroe C，Newman J. Dendrite growth in lithium/polymer systems[J]. J Electrochem Soc，2003，150：A1377-A1384.

[27] He Y，Ding F，Lin L，et al. Influence of interfacial concentration polarization on lithium metal electrodeposition[J]. Acta Phys-Chim Sin，2020，2：2009001.

[28] Xiao J，Li Q，Bi Y，et al. Understanding and applying coulombic efficiency in lithium metal batteries[J]. Nat Energy，2020，5：561-568.

[29] Tong Z，Bazri B，Hu S F，et al. Interfacial chemistry in anode-free batteries：Challenges and strategies[J]. J Mater Chem A，2021，9：7396-7406.

[30] Fang C，Li J，Zhang M，et al. Quantifying inactive lithium in lithium metal batteries[J]. Nature，2019，572：511-515.

[31] Gunnarsdóttir A B，Amanchukwu C V，Menkin S，et al. Noninvasive *in situ* NMR study of “dead lithium” formation and lithium corrosion in full-cell lithium metal batteries[J]. J Am Chem Soc，2020，142：20814-20827.

[32] Ye L，Liao M，Sun H，et al. Stabilizing lithium into cross-stacked nanotube sheets with an ultra-high specific capacity for lithium oxygen batteries[J]. Angew Chem Int Ed，2019，58：2437-2442.

[33] Huang G, Han J, Yang C, et al. Graphene-based quasi-solid-state lithium-oxygen batteries with high energy efficiency and a long cycling lifetime[J]. NPG Asia Mater, 2018, 10: 1037-1045.

[34] Li C, Wei J, Li P, et al. A dendrite-free Li plating host towards high utilization of Li metal anode in Li-O_2 battery[J]. Sci Bull, 2019, 64: 478-484.

[35] Guo F, Kang T, Liu Z, et al. Advanced lithium metal-carbon nanotube composite anode for high-performance lithium-oxygen batteries[J]. Nano Lett, 2019, 19: 6377-6384.

[36] Luo N, Ji G J, Wang H F, et al. Process for a free-standing and stable all-metal structure for symmetrical lithium-oxygen batteries[J]. ACS Nano, 2020, 14: 3281-3289.

[37] Sun B, Li P, Zhang J, et al. Dendrite-free sodium-metal anodes for high-energy sodium-metal batteries[J]. Adv Mater, 2018, 30: 1801334.

[38] He X, Jin S, Miao L, et al. A 3D hydroxylated MXene/carbon nanotubes composite as a scaffold for dendrite-free sodium-metal electrodes[J]. Angew Chem Int Ed, 2020, 59: 16705-16711.

[39] Liu S, Tang S, Zhang X, et al. Porous Al current collector for dendrite-free Na metal anodes[J]. Nano Lett, 2017, 17: 5862-5868.

[40] Hu K, Qin L, Zhang S, et al. Building a reactive armor using S-doped graphene for protecting potassium metal anodes from oxygen crossover in K-O_2 batteries[J]. ACS Energy Lett, 2020, 5: 1788-1793.

[41] Parker J F, Nelson E S, Wattendorf M D, et al. Retaining the 3D framework of zinc sponge anodes upon deep discharge in Zn-air cells[J]. ACS Appl Mater Interfaces, 2014, 6: 19471-19476.

[42] Parker J F, Chervin C N, Nelson E S, et al. Wiring zinc in three dimensions re-writes battery performance—Dendrite-free cycling[J]. Energy Environ Sci, 2014, 7: 1117-1124.

[43] Li C S, Ji W Q, Chen J, et al. Metallic aluminum nanorods: Synthesis via vapor-deposition and applications in Al/air batteries[J]. Chem Mater, 2007, 19: 5812-5814.

[44] Yu Y, Chen M, Wang S, et al. Laser sintering of printed anodes for Al-air batteries[J]. J Electrochem Soc, 2018, 165: A584-A592.

[45] Li W, Li C, Zhou C, et al. Metallic magnesium nano/mesoscale structures: Their shape-controlled preparation and Mg/air battery applications[J]. Angew Chem Int Ed, 2006, 45: 6009-6012.

[46] Qian H, Li X. Progress in functional solid electrolyte interphases for boosting Li metal anode[J]. Acta PhysChim Sin, 2020, 2: 2008092.

[47] Lopez J, Pei A, Oh J Y, et al. Effects of polymer coatings on electrodeposited lithium metal[J]. J Am Chem Soc, 2018, 140: 11735-11744.

[48] Li N W, Shi Y, Yin Y X, et al. A flexible solid electrolyte interphase layer for long-life lithium metal anodes[J]. Angew Chem Int Ed, 2018, 57: 1505-1509.

[49] Tu Z, Choudhury S, Zachman M J, et al. Designing artificial solid-electrolyte interphases for single-ion and high-efficiency transport in batteries[J]. Joule, 2017, 1: 394-406.

[50] Liu F, Xiao Q, Wu H B, et al. Fabrication of hybrid silicate coatings by a simple vapor deposition method for lithium metal anodes[J]. Adv Energy Mater, 2018, 8: 1701744.

[51] Sun Y, Zhao Y, Wang J, et al. A novel organic "polyurea" thin film for ultralong-life lithium-metal anodes via molecular-layer deposition[J]. Adv Mater, 2019, 31: 1806541.

[52] Zhou S, Zhang Y, Chai S, et al. Incorporation of LiF into functionalized polymer fiber networks enabling high capacity and high rate cycling of lithium metal composite anodes[J]. Chem Eng J, 2021, 404: 126508.

[53] 于越，张新波. 金属有机框架材料作为锂负极保护层助力长循环锂氧气电池[J]. Acta Chim Sinica, 2020, 78:

1434-1440.

[54] Jo Y N，Kang S H，Prasanna K，et al. Shield effect of polyaniline between zinc active material and aqueous electrolyte in zinc-air batteries[J]. Appl Surf Sci，2017，422：406-412.

[55] Miyazaki K，Lee Y S，Fukutsuka T，et al. Suppression of dendrite formation of zinc electrodes by the modification of anion-exchange ionomer[J]. Electrochemistry，2012，80：725-727.

[56] Kozen A C，Lin C F，Pearse A J，et al. Next-generation lithium metal anode engineering via atomic layer deposition[J]. ACS Nano，2015，9：5884-5892.

[57] Chen L，Connell J G，Nie A，et al. Lithium metal protected by atomic layer deposition metal oxide for high performance anodes[J]. J Mater Chem A，2017，5：12297-12309.

[58] Luo W，Lin C F，Zhao O，et al. Ultrathin surface coating enables the stable sodium metal anode[J]. Adv Energy Mater，2016，7：1601526.

[59] Zhao Y，Goncharova L V，Zhang Q，et al. Inorganic-organic coating via molecular layer deposition enables long life sodium metal anode[J]. Nano Lett，2017，17：5653-5659.

[60] Schmid M，Willert-Porada M. Zinc particles coated with bismuth oxide based glasses as anode material for zinc air batteries with improved electrical rechargeability[J]. Electrochimi Acta，2018，260：246-253.

[61] Schmid M，Schadeck U，Willert-Porada M. Development of silica based coatings on zinc particles for improved oxidation behavior in battery applications[J]. Surf Coat Tech，2017，310：51-58.

[62] Dudney N J. Addition of a thin-film inorganic solid electrolyte（Lipon）as a protective film in lithium batteries with a liquid electrolyte[J]. J Power Sources，2000，89：176-179.

[63] Cao Y，Meng X，Elam J W. Atomic layer deposition of Li_xAl_yS solid-state electrolytes for stabilizing lithium-metal anodes[J]. ChemElectroChem，2016，3：858-863.

[64] Kim Y，Koo D，Ha S，et al. Two-dimensional phosphorene-derived protective layers on a lithium metal anode for lithium-oxygen batteries[J]. ACS Nano，2018，12：4419-4430.

[65] Yin Y C，Wang Q，Yang J T，et al. Metal chloride perovskite thin film based interfacial layer for shielding lithium metal from liquid electrolyte[J]. Nat Commun，2020，11：1761.

[66] Ye H，Xin S，Yin Y X，et al. Stable Li plating/stripping electrochemistry realized by a hybrid Li reservoir in spherical carbon granules with 3D conducting skeletons[J]. J Am Chem Soc，2017，139：5916-5922.

[67] Xie J，Liao L，Gong Y，et al. Stitching h-BN by atomic layer deposition of LiF as a stable interface for lithium metal anode[J]. Sci Adv，2017，3：eaao3170.

[68] Yu Y，Huang G，Wang J Z，et al. *In situ* designing a gradient Li^+ capture and quasi-spontaneous diffusion anode protection layer toward long-life Li-O_2 batteries[J]. Adv Mater，2020，32：2004157.

[69] Ye S，Wang L，Liu F，et al. g-C_3N_4 derivative artificial organic/inorganic composite solid electrolyte interphase layer for stable lithium metal anode[J]. Adv Energy Mater，2020，10：2002647.

[70] Liang X，Pang Q，Kochetkov I R，et al. A facile surface chemistry route to a stabilized lithium metal anode[J]. Nat Energy，2017，2：17199.

[71] Zhang T，Liao K，He P，et al. A self-defense redox mediator for efficient lithium-O_2 batteries[J]. Energy Environ Sci，2016，9：1024-1030.

[72] Xu Z X，Yang J，Zhang T，et al. Stable Na metal anode enabled by a reinforced multistructural SEI layer[J]. Adv Funct Mater，2019，29：1901924.

[73] Bai M，Xie K，Yuan K，et al. A scalable approach to dendrite-free lithium anodes via spontaneous reduction of spray-coated graphene oxide layers[J]. Adv Mater，2018，30：1801213.

[74] Chen L，Yan R Y，Oschatz M，et al. Ultrathin 2D graphitic carbon nitride @ metal films：Underpotential sodium deposition in adlayers for sodium-ion batteries[J]. Angew Chem Int Ed，59：9067-9073.

[75] Wang H，Wang C L，Matios E，et al. Critical role of ultrathin graphene films with tunable thickness in enabling highly stable sodium metal anodes[J]. Nano Lett，2017，17：6808-6815.

[76] Li G，Gao Y，He X，et al. Organosulfide-plasticized solid-electrolyte interphase layer enables stable lithium metal anodes for long-cycle lithium-sulfur batteries[J]. Nat Commun，2017，8：850.

[77] Yan C，Cheng X B，Tian Y，et al. Dual-layered film protected lithium metal anode to enable dendrite-free lithium deposition[J]. Adv Mater，2018，30：1707629.

[78] Huang Z，Ren J，Zhang W，et al. Protecting the Li-metal anode in a Li-O_2 battery by using boric acid as an SEI-forming additive[J]. Adv Mater，2018，30：1803270.

[79] Cao W, Lu J, Zhou K, et al. Organic-inorganic composite SEI for a stable Li metal anode by *in-situ* polymerization[J]. Nano Energy, 2022, 95: 2211-2855.

[80] Lee H，Lee D J，Kim Y J，et al. A simple composite protective layer coating that enhances the cycling stability of lithium metal batteries[J]. J Power Sources，2015，284：103-108.

[81] Liao K，Wu S，Mu X，et al. Developing a “water-defendable” and “dendrite-free” lithium-metal anode using a simple and promising $GeCl_4$ pretreatment method[J]. Adv Mater，2018，30：1705711.

[82] Abrha L H，Zegeye T A，Hagos T T，et al. $Li_7La_{2.75}Ca_{0.25}Zr_{1.75}Nb_{0.25}O_{12}$@$LiClO_4$ composite film derived solid electrolyte interphase for anode-free lithium metal battery[J]. Electrochimi Acta，2019，325：134825.

[83] Pei A，Zheng G，Shi F，et al. Nanoscale nucleation and growth of electrodeposited lithium metal[J]. Nano Lett，2017，17：1132-1139.

[84] Guo W，Han Q，Jiao J，et al. *In situ* construction of robust biphasic surface layers on lithium metal for lithium-sulfide batteries with long cycle life[J]. Angew Chem Int Ed，2021，133：7343-7350.

[85] Ma L，Kim M S，Archer L A. Stable artificial solid electrolyte interphases for lithium batteries[J]. Chem Mater，2017，29：4181-4189.

[86] Tang W，Yin X，Kang S，et al. Lithium silicide surface enrichment：A solution to lithium metal battery[J]. Adv Mater，2018，30：1801745.

[87] Hassoun J，Jung H G，Lee D J，et al. A metal-free，lithium-ion oxygen battery：A step forward to safety in lithium-air batteries[J]. Nano Lett，2012，12：5775-5779.

[88] Guo Z，Dong X，Wang Y，et al. A lithium air battery with a lithiated Al-carbon anode[J]. Chem Commun，2015，51：676-678.

[89] Ma J L，Meng F L，Yu Y，et al. Prevention of dendrite growth and volume expansion to give high-performance aprotic bimetallic Li-Na alloy-O_2 batteries[J]. Nat Chem，2019，11：64-70.

[90] McCulloch W D，Ren X，Yu M，et al. Potassium-ion oxygen battery based on a high capacity antimony anode[J]. ACS Appl Mater Interfaces，2015，7：26158-26166.

[91] Yu W，Lau K C，Lei Y，et al. Dendrite-free potassium-oxygen battery based on a liquid alloy anode[J]. ACS Appl Mater Interfaces，2017，9：31871-31878.

[92] Jo Y N，Prasanna K，Kang S H，et al. The effects of mechanical alloying on the self-discharge and corrosion behavior in Zn-air batteries[J]. J Ind Eng Chem，2017，53：247-252.

[93] Fan L，Lu H，Leng J，et al. The study of industrial aluminum alloy as anodes for aluminum-air batteries in alkaline electrolytes[J]. J Electrochem Soc，2015，163：A8-A12.

[94] Xiong H，Yu K，Yin X，et al. Effects of microstructure on the electrochemical discharge behavior of

Mg-6wt%Al-1wt%Sn alloy as anode for Mg-air primary battery[J]. J Alloy Compd，2017，708：652-661.

[95] Tong B，Huang J，Zhou Z，et al. The salt matters：Enhanced reversibility of Li-O_2 batteries with a Li[(CF_3SO_2)(n-$C_4F_9SO_2$)N]-based electrolyte[J]. Adv Mater，2018，30：1704841.

[96] Xin X，Ito K，Dutta A，et al. Dendrite-free epitaxial growth of lithium metal during charging in Li-O_2 batteries[J]. Angew Chem Int Ed，2018，57：13206-13210.

[97] Xiao N，Gourdin G，Wu Y. Simultaneous stabilization of potassium metal and superoxide in K-O_2 batteries on the basis of electrolyte reactivity[J]. Angew Chem Int Ed，2018，57：10864-10867.

[98] Yu Y，Huang G，Du J Y，et al. A renaissance of *N,N*-dimethylacetamide-based electrolytes to promote the cycling stability of Li-O_2 batteries[J]. Energy Environ Sci，2020，13：3075-3081.

[99] Ghazvini M S，Pulletikurthi G，Cui T，et al. Electrodeposition of zinc from 1-ethyl-3-methylimidazolium acetate-water Mixtures：Investigations on the applicability of the electrolyte for Zn-air batteries[J]. J Electrochem Soc，2018，165：D354-D363.

[100] Choudhury S，Wan C T C，Sadat W I A，et al. Designer interphases for the lithium-oxygen electrochemical cell[J]. Sci Adv，2017，3：e1602809.

[101] Yu Y，Yin Y B，Ma J L，et al. Designing a self-healing protective film on a lithium metal anode for long-cycle-life lithium-oxygen batteries[J]. Energy Storage Mater，2019，18：382-388.

[102] Wang D，Zhang F，He P，et al. A versatile halide ester enabling Li-anode stability and a high rate capability in lithium-oxygen batteries[J]. Angew Chem Int Ed，2019，58：2355-2359.

[103] Zhao S，Wang C，Du D，et al. Bifunctional effects of cation additive on Na-O_2 Batteries[J]. Angew Chem Int Ed，2021，60：3205-3211.

[104] Hosseini S，Han S J，Arponwichanop A，et al. Ethanol as an electrolyte additive for alkaline zinc-air flow batteries[J]. Sci Rep，2018，8：11273.

[105] Lee J，Hwang B，Park M S，et al. Improved reversibility of Zn anodes for rechargeable Zn-air batteries by using alkoxide and acetate ions[J]. Electrochimi Acta，2016，199：164-171.

[106] Mayilvel D M，Saminathan K，Selvam M，et al. Water soluble graphene as electrolyte additive in magnesium-air battery system[J]. J Power Sources，2015，276：32-38.

[107] He M F，Lau K C，Ren X D，et al. Concentrated electrolyte for the sodium-oxygen battery：Solvation structure and improved cycle life[J]. Angew Chem Int Ed，2016，55：15310-15314.

[108] Yu Y，Zhang X B. *In situ* coupling of colloidal silica and Li salt anion toward stable Li anode for long-cycle-life Li-O_2 batteries[J]. Matter，2019，1：881-892.

[109] Liu Z，Huang J，Zhang Y，et al. Taming interfacial instability in lithium-oxygen batteries：A polymeric ionic liquid electrolyte solution[J]. Adv Energy Mater，2019，9：1901967.

[110] Zhang J，Sun B，Zhao Y，et al. A versatile functionalized ionic liquid to boost the solution-mediated performances of lithium-oxygen batteries[J]. Nat Commun，2019，10：602.

[111] Gelman D，Shvartsev B，Wallwater I，et al. An aluminum-ionic liquid interface sustaining a durable Al-air battery[J]. J Power Sources，2017，364：110-120.

[112] Gelman D，Shvartsev B，Ein-Eli Y. Aluminum-air battery based on an ionic liquid electrolyte[J]. J Mater Chem A，2014，2：20237-20242.

[113] Khoo T，Howlett P C，Tsagouria M，et al. The potential for ionic liquid electrolytes to stabilise the magnesium interface for magnesium/air batteries[J]. Electrochimi Acta，2011，58：583-588.

[114] Qin L，Xiao N，Zhang S，et al. From K-O_2 to K-air batteries：Realizing superoxide batteries on the basis of dry

ambient air[J]. Angew Chem Int Ed，2020，59：10498-10501.

[115] Liu X，Lei X，Wang Y G，et al. Prevention of Na corrosion and dendrite growth for long-life flexible Na-air batteries[J]. ACS Cent Sci，2021，7：335-344.

[116] Garcia G，Ventosa E，Schuhmann W. Complete prevention of dendrite formation in Zn metal anodes by means of pulsed charging protocols[J]. ACS Appl Mater Interfaces，2017，9：18691-18698.

第6章 金属空气电池隔膜的设计

在使用固态电解质的金属空气电池中，电解质能起到隔膜的作用，也就不再单独有隔膜这一组分。因此，本章的讨论是基于液态电解质金属空气电池中使用的隔膜展开的。目前为止，关于金属空气电池隔膜的研究并不广泛，一方面是由于离子电池比空气电池发展得充分，电池隔膜的一些共性让人们可以基于前人的工作更快地推进金属空气电池的研究；另一方面，更多的研究者认为在目前的研究阶段，对电池其他组分如空气正极和电解液等的改进能更好地提升电池的性能，关于这些问题本书已经在前面的对应部分作了详细的论述。

但实际上，隔膜是电池的重要组分，与正极、负极和电解液都有接触，其与正极或负极之间的接触需要在保障电子绝缘的同时保证化学与电化学稳定性，相比而言其与电解液的相互作用显得更为重要。隔膜决定了电池中电解液的许多性能，如电池中电解液的保有量、电解液层的厚度、金属离子的传输路径等，对电池的能量密度、功率密度、循环寿命和安全性都有影响。总之，性能优异的隔膜材料对提高电池的综合性能具有十分重要的意义。

金属空气电池中的隔膜与离子电池中的隔膜有许多共性，但是空气电池是一个开放的体系，其隔膜面对着更加复杂的使用环境，研究者也希望能够通过隔膜解决一些棘手的问题，这些问题是通过改进电池的其他部分解决起来比较困难甚至难以解决的，如电解液的长期保存，以及如何保障在正极氧气传输畅通的情况下阻止水等物质与金属负极的接触或如何阻碍一些离子在正负极之间的穿梭等。没有一种隔膜能适用于所有的电池环境，金属空气电池中使用的隔膜必将与其他电池中使用的隔膜有所区别。并且，随着金属空气电池的愈发成熟，开发适用于金属空气电池中的隔膜必将得到越来越多研究者的重视。本章将着眼于通过隔膜的设计来提高金属空气电池的性能。

6.1 金属空气电池隔膜的分类

按照组成材料可以将金属空气电池隔膜分为有机隔膜和有机-无机混合隔膜。其中有机隔膜主要是一些含氟聚合物膜，如一些基于 PVDF 的膜，聚烯烃微孔膜如聚乙烯（PE）膜、聚丙烯（PP）膜及一些二者的复合物。膜上微孔的制备则是隔膜制备过程中的核心，通常这是在制得基膜后通过拉伸的方式得到的。有机隔膜由于组分可燃，存在安全隐患。为了更好地应对这个问题，人们开发了有机-无机混合隔膜。按无机颗粒的分散方式可以分为两类，一种是在有机聚合物表面涂覆一层陶瓷颗粒，另一种则是将陶瓷颗粒分散在有机物基体中。当温度较高时，有机组分熔融而堵塞隔膜孔道，使隔膜拥有了闭孔的功能，而无机组分的耐高温性能能够使其在隔膜中形成刚性骨架，防止隔膜在热失控条件下收缩、熔融，同时无机组分能进一步防止电池中热失控点扩大形成整体热失控，提高电池的安全性。此外，无机组分还能够提高隔膜对电解液的亲和性，改善电池的充放电性能和使用寿命[1]。

根据隔膜所在的电解液体系可以将隔膜分为水系和非水系两类。不同的电解液主要是对隔膜的浸润性有着不同的要求。也可以根据隔膜是否具有离子选择性将隔膜分为有选择性（membrane）和没有选择性（separator）两类，如一些隔膜能在保障金属离子正常传导的同时，阻隔空气中的水、二氧化碳等杂质的传输。锌空、铁空、镁空及铝空电池通常使用碱性的水系电解液，在这些电池中氢氧根离子在正极侧生成，在负极侧与金属离子相互作用生成放电产物，如在锌空电池中生成氧化锌（这些电池中锌空电池早已有商业化的产品，研究得比较充分，后文中也主要以锌空电池举例）。而锂空、钠空、钾空电池则一般是使用有机电解液，在正极侧生成对应的放电产物如在锂空电池中生成过氧化锂（同理，将主要以锂空电池来举例）。

6.2 金属空气电池隔膜的作用

事实上，原电池装置并不是一定要有隔膜这一组分才能放电。如果能将正负极机械固定，也就不需要隔膜了。由于液态电解液无法传递电子，在这种情况下正负极之间的电解液就起到了隔膜的作用。机械固定的正负极直接决定了电池中的电解液含量，正负极之间的电解液太厚有以下缺点：一是电池的质量会大大增加，从而降低了电池的能量密度，在电池能量密度锱铢必较的今天这是不可接受的；二是太厚的液体会大大增加电池的内阻，这不但会削弱电池向外输出能量的能力，在大电流放电时还会使电池放热增加，引发安全事故。因此在实际的商业电池中往往会尽可能少地使用电解液，进而要求正负极之间的间距比较小。如果使用机械固定的方法，在电池的外包装尽量轻的情况下，电池很难在正常的使用需求下保持绝对的刚性，电池稍一受力，正负极一接触，电池就会短路失效进而引发严重的安全问题，因此隔膜的使用就几乎是必然的，而金属空气电池中使用的隔膜通常有以下几种作用。

首先是要阻隔电子。只有隔膜绝缘电池才能实现电子的传导与离子的传导分离，借以实现电池将化学能转化为电能的目的。从电路的角度分析，隔膜的电阻是与外载并联后再和电池内阻串联，内阻可忽略的情况下，虽然负载和隔膜电阻的相对大小并不会使负载两端的电势差显著偏离预期值，但是隔膜的电阻还是应当越大越好，这样可以减少对电池能量的损耗。

其次是要保障正负极之间离子的传导。为此隔膜应当能容纳足量的电解液、对电解液传导离子的阻碍足够小并且能使其中的电解液均匀分布。这对实现电流密度的均匀分布、面内离子的均匀分布，进而对负极侧枝晶形成的抑制、正负极材料的充分利用起到了决定性的作用。

一些经过特殊设计的隔膜能对一些离子、分子起到选择性通过的作用。在水系电池中，通常放电产物扩散到正极侧会引起放电电压的降低和电池容量的衰减[2]。为了避免这种情况的发生，人们开发了一些阴离子交换膜（AEM）作为电池的隔膜。如锌空电池中使用商业隔膜 A201®（Tokuyama Corporation，日本）和 FAA-3®（FumaTech，德国）来达到只传递氢氧根离子的目的。又如在锂氧电池中，一些隔膜在设计时希望能通过调节孔的尺寸来使空气中氧气、二氧化碳和水（也包括正极侧电解液分解产生的水）等无法穿过进而保护负极，实现电池更好的性能。

保证电池的安全运行是隔膜的又一作用。随着近些年电池发生的事故越来越多，人们对电池的安全性能也越发关注。正负极材料以及电解液基本确定了电池对外做功的能力，并且通常在已经成熟的技术上做出调整意味着电池性能的下降，隔膜就成了提升电池安全性能的一个重要着手点。科技工作者们希望通过在有机隔膜里添加无机组分在隔膜里形成一种三维的刚性骨架，防止隔膜在高温下发生收缩、熔融，进而防止热失控面积扩大[3]。

6.3 金属空气电池隔膜性能要求

要想制备出的隔膜能够起到前述作用，需要隔膜的性能达到一定的要求，这些要求可以通过下面一些指标来衡量[4-5]。

（1）厚度：通常电池隔膜的厚度只有不到 25 μm，越大的电池要求隔膜的厚度越厚，因为越厚的隔膜力学强度和穿刺强度越高。但是隔膜会挤占电池包装内电极活性物质的空间，降低电池的质量能量密度与体积能量密度。增加隔膜的厚度还会增加电池内阻，对电池的容量以及倍率性能都有不利的影响。因此在保证电池安全的情况下隔膜应该越薄越好。

（2）浸润性：隔膜与电解液之间应当有良好的浸润性，否则会使电解液分布不均匀，增加枝晶形成、副反应发生的可能性；浸润性不好还会增加电池的内阻，影响电池的充放电能力、缩短电池寿命。目前还没有一个已经标准化了的测试方法来定量测试，测试结果受人为因素和环境因素影响，一致性和重现性都比较差。

（3）Gurley 值（气体透过率评价指标）：透气性是表征隔膜气体透过能力的一个指标，通过测量隔膜的气体透过率，可以定性地了解隔膜的孔隙率和弯曲度。Gurley 值是其评判标准，是将隔膜置于透气度检测仪内，测试一定压力下一定体积的空气通过一定面积隔膜的时间，它的单位是 s/100 mL。Gurley 值越小意味着空气透气率越高，孔道的导通性越好，电解液在其内的流通性越好，因而电阻越小。

（4）孔隙率：孔隙率的定义为隔膜中微孔的体积与隔膜总体积的比值，通常锂离子电池有 40%的孔隙率。控制孔隙率对于电池的隔膜非常重要，理论上其余的参数如透气性、吸液率、电化学阻抗等都与此相关。另外如果孔隙分布不均匀，那么电流密度分布也不均匀，从而会导致电池单体电极加速老化。

（5）化学稳定性及电化学稳定性：隔膜必须能够在电解液中长时间保持稳定。隔膜在金属空气电池中往往需要面对强碱性（电解液）、强氧化性（正极）以及强还原性（负极）的环境，并且，在电池使用过程中可能遇到的高温更会增加隔膜发生反应的可能性。隔膜不仅仅要在这些条件下保证不发生反应，还要保证本节提到的其他指标达到要求。例如，一些聚合物会在一些有机溶剂中快速溶胀变形，在这种情况下，隔膜的尺寸和孔道结构等都会远远偏离预期值，难以维持隔膜应有的作用。

（6）电解液的保留及吸收性能：隔膜中的离子传导是靠吸收在其中的电解液实现的，因此隔膜对于电解液的吸收极大地影响着电池的性能。而在金属空气电池这样的开放体系中，隔膜对电解液的保留能力更是尤为重要，一旦电解液挥发到一定程度，电池将直接失效。尽管在电池中通常会使用浓度比较高的电解液（根据液体饱和蒸气压与其内难挥发溶质的浓度的关系，电解液的挥发一定程度上会得到抑制），但是一些电解液仍可能在不长的一段时间内就减少到不可接受的程度。如在锂空电池的研究过程中，人们发现 DMSO 有相对较高的氧气扩散能力[6]（在同样使用 1M LiTFSI 作为锂盐的情况下，DMSO 中氧气的扩散系数要比 TEGDME 中氧气的扩散系数高两个数量级），而用它组装出来的电池在倍率性能方面很有优势。然而使用 DMSO 的电池可能在比预估短得多的时间里就失效了，电解液挥发过快正是其中一个很重要的原因。事实上隔膜本身的结构对电解液的保留也会起到不可忽视的作用，根据描述弯曲液体表面上蒸气压的 Kelvin 定律[7]，保留在隔膜内的电解液为凹液面，曲率半径为负值，隔膜内电解液的饱和蒸气压将小于平面液体的饱和蒸气压，且隔膜孔径越小蒸气压越低，越不容易挥发。对隔膜合理的设计能最大限度地增加电解液的保留时间，不单单是设计隔膜的微观孔结构，也在于选择更合适的材料使隔膜与电解液的相互作用力更强。提高本指标必将是未来金属空气电池隔膜的一大发展方向。金属空气电池的正极侧都涉及固液气的三相界面，正极上理想的三相界面应该保证电解液既不过多也不太少[8]。电解液太多会使正极被淹没，这将堵塞气体的传输通道，严重影响电池的放电容量与倍率性能[9]。电解液太少将会使离子在正极的传输过于困难，严重影响电池的充放电能力。要想实现上述的理想三相界面，隔膜应当起到电解液的蓄水池的作用，在电解液不过多的情况下界面上电解液的量应当取决于隔膜与正极之间争夺电解液能力的差值。遗憾的是，在目前的研究中，人们往往只考虑了电解液与正极材料之间相互作用，忽略了隔膜在其中扮演的重要角色。

（7）穿刺强度：在电池的实际制造过程中可能会出现电极表面涂覆不够平整、电极边缘有毛刺、装配过程工艺水平有限等情况；此外，电池在使用过程中也难免受到损伤。为了避免起火爆炸等严重后果，一定的穿刺强度对隔膜来说是必需的。穿刺强度是一个表征隔膜力学性能的物理参数，测试的是在给定针形物上用来戳穿隔膜样本的质量，用它来表示隔膜在装配过程中发生短路的趋势。迄今为止，金属空气电池负极的稳定性还没有得到很好地解决，在电池循环的过程中负极的表面会形成枝晶（铁空电池的枝晶问题不太严重[10]），一旦枝晶穿过隔膜电池就短路了，因此隔膜的穿刺强度得到了越来越多的重视。

（8）热稳定性：这一性能对于非水系金属空气电池的隔膜更为重要，通常这些电池的隔膜需要在真空中 80 ℃下干燥，在这些情形中隔膜的面积不能显著缩小，不能褶皱。电池的通常使用温度为−20～60 ℃，隔膜需要在此温度范围内保持热稳定性。

（9）混合针刺强度：在电池的生产与使用过程中，电极材料颗粒难免会从电极表面脱落，这可能会引发严重的后果，混合针刺强度就是描述隔膜对颗粒穿透抗性的指标。

（10）关断性能：当电池发生短路与过充电时，隔膜在某种程度上起到了保护的作用。电池短路时会严重发热，当温度上升到 130 ℃时隔膜的阻抗大幅度增加，有效地阻止了离子在电极间的传输。在 130 ℃以上时隔膜的完整性越好，就能给电池提供越好的保护。如果隔膜失去了完整性，电极就会直接接触，发生化学反应，造成热损失。隔膜的关断性能可以通过在对隔膜加热的同时检测隔膜的电学阻抗来表征。

6.4　金属空气电池隔膜设计实例

在锌空电池中，最大的挑战是实现电池的电化学可充，而锌酸根离子 $Zn(OH)_4^{2-}$ 从锌负极到正极的穿梭极大地阻碍了这一过程。为了最大限度地削弱这一不利影响，科技工作者们提出了很多方法试图解决这一问题。如在有机隔膜内填充无机粒子、在隔膜表面涂覆一层阴离子选择聚合物等，然而这些方法往往会大大增加隔膜的阻抗或者实际上难以执行。目前最广为认可的方法是设计一种阴离子交换膜来选择性地传导氢氧根离子[11]。在碱性金属空气电池中使用阴离子交换膜有许多优点，尤其是在锌空电池中[2]：①能减小或者避免锌酸根离子从负极向正极渗透；②能够减弱形成枝晶和枝晶性状改变的趋势；③阻止催化剂分解后形成的金属离子从正极到负极的传递。此外，离子交换膜能增强正极的稳定性，使正极的三相界面更稳定。

Abbasi 等[12]使用聚 2, 6-二甲基-1, 4-亚苯基氧化物（PPO）作为基底合成了一种用于锌空电池的氢氧根离子交换膜。用三甲胺（TMA）、1-甲基吡咯烷胺（MPY）和 1-甲基咪唑（MIM）等三种叔胺对 PPO 进行季铵化，并将其浇铸成分离膜。通过质子核磁共振和傅里叶变换红外光谱证实了合成工艺的成功，并用热重分析法考察了其热稳定性。此外，还研究了它们的水/电解质吸收能力以及电解质吸收引起的尺寸变化。用电化学阻抗谱法测定了 PPO-TMA、PPO-MPY 和 PPO-MIM 的离子电导率分别为 17.27 mS/cm、16.25 mS/cm 和 0.29 mS/cm。锌酸盐交叉评估试验显示，锌酸盐扩散系数非常低，PPO-TMA 和 PPO-MPY 的值分别为 $1.13\times10^{-8}cm^2/min$ 和 $0.28\times10^{-8}cm^2/min$。此外，用 PPO-TMA 和 PPO-MPY 组装的原电池的恒流放电性能测试表明，其比容量和比功率分别为 $800\ mA\cdot h/g_{Zn}$ 和 $1000\ mW\cdot h/g_{Zn}$。低锌酸盐交叉和高放电容量的隔膜使其成为锌空气电池的潜在材料。

加拿大滑铁卢大学陈忠伟等[13]首次制备出了一种高柔性、高传导率的多孔隔膜。这种隔膜由功能化的纤维素纳米纤维制得，与市售碱性阴离子交换膜（A201）相比，该膜具有优良的氢氧根离子导电性能、纳米孔结构内的保水性以及低的各向异性溶胀性，提高了电池的比容量和循环稳定性。制作了柔性锌空电池装置，进一步证明了膜的优异电化学和机械性能，在弯曲条件下，电池的放电和充电过程几乎没有功率密度衰减和极化现象。因此，利用天然纤维素纳米纤维制备高持水性氢氧化物导电固体电解质的新思路，将为开发高性能、柔性、环保、经济的锌空二次电池开辟新的可能性。

Kim 等[14]通过一种简单易行、可拓展的方法解决了离子传输的问题。这是一种新的人为设计的，阴离子传导相与阴离子阻碍相双连续的共混聚合物(PBE 膜)。其中的阴离子传导相是使用静电纺丝工艺制备的聚乙烯醇(PVA)/聚丙烯酸(PAA)垫，而其中的阴离子阻碍相则是带有磺酸悬挂基团的 Nafion，得到的双连续 PBE 薄膜对离子起到了选择的作用。例如，在只对氢氧根离子的传导有微弱阻碍的情况下，有效地抑制了锌酸根离子 $Zn(OH)_4^{2-}$ 的穿梭，最终有效地提升了电池的循环稳定性。

Hwang 等[15]将聚合物离子液体包覆在了商业聚丙烯隔膜（PP 膜）上，随后将之用在了可充电的二次锌空电池上，得到了良好的循环稳定性。涂覆物允许阴离子传输通过隔膜的同时，尽量减少锌酸根离子向正极区的迁移，这降低了电解液的传导能力并且可能会生成氧化锌覆盖在催化剂表面，从而降低催化剂的催化活性。EDS 数据表明共聚物涂覆的隔膜里锌元素更少，说明了锌元素更难穿过隔膜。ICP-OES 证实锌元素的穿过率降低了 96%。在循环性能的测试中，涂覆有该种共聚物的隔膜较之普通的 PP 膜，能极大地提升电池的循环稳定性。在循环过程中的电化学阻抗（EIS）谱说明了电池的过早失效是由锌离子交叉导致的，并且说明了盐酸控制的重要性。

多年来，在发展稳定和导电的阴离子交换膜（AEM）方面取得了许多进展和改进。据报道，AEM 具有高导电性，特别是在高温下[16-17]。然而 AEM 还面临着许多挑战，在碱性电解液中低的稳定性和氢氧根离子传导率是其中最主要的问题。膜的高生产成本仍然是决定大规模和工业应用可行性的一个非常重要的方面。缺乏用于测试 AEM 的标准化协议是另一个需要解决的关键问题。最后但并非最不重要的是，缺乏专门为此应用准备的高性能合适的阴离子交换膜（碱金属-空气电池）限制了其在这些电池中的潜在应用。

隔膜对于碱性环境的不稳定，主要是由于亲核的氢氧根离子既能够进攻阳离子又能够进攻聚合物骨架。阳离子是降解的最薄弱点，为此，它受到了最多的关注。许多阳离子官能团，包括季铵盐、咪唑鎓盐、季膦盐和胍盐都曾被用来制备 AEM。其中季铵盐又是使用得最为广泛的。苄基碳和 α 碳上的霍夫曼（Hofmann）消除和取代是大多数基于季铵基（QA）的 AEM 的降解途径之一。减少碱性化学降解的最典型方法是制备能抵抗霍夫曼消除的 AEM，方法是使季铵基团的 β 位上没有氢原子。如在 Couture 等[18]的工作中论证了电子受体三氟氯乙烯（CTFE）与功能乙烯基醚交替共聚是制备高功能含氟共聚物的有效方法，目的是利用环碳酸酯胺反应从含环碳酸酯的共聚物中制备具有 Hofmann 消除不敏感季铵基团的共聚物，高产率地合成了两种功能性乙烯基醚 GcEV（含环氧化物）和 CCEV（含环碳酸酯）单体，并与 CTFE 共聚。GcEV 和 CTFE 的共聚合形成了一种近乎完美的交替共聚物，而 CCEV 和 CTFE 的共聚合形成了具有结构缺陷的共聚物。环氧化物和环碳酸酯的官能团似乎不受聚合条件的影响。聚（CTFE-alt-GcEV）的碳化反应以接近定量的产率进行。环碳酸酯与 *N*, *N*, 2, 2 四甲基丙烷-1, 3-二胺的开环反应相对有效，得到了一种合适的胺官能化共聚物，该共聚物可以用碘甲烷进行季铵化而无副反应。然而，制备不溶于水的高分子量共聚物还需要更多的工作。这种供体-受体共聚与环碳酸酯的胺开环相结合是一种很有前途的合成方法，可以在共聚物主链上引入一系列官能团。

另一种避免 S_N2 反应的方法是在阳离子与聚合物主链之间引入一条间隔链，使阳离子远离聚合物主链。Hibbs[19]合成了一系列基于 Diels-Alder 聚苯（DAPP）

主链并具有多种不同连接阳离子的 AEMs。五种隔膜在高温下暴露于 KOH 溶液前后都能保持稳定性和柔韧性。带有共振稳定阳离子（苄基胍基和咪唑基）的膜和带有己烷-1-酮-6-三甲基铵侧链的膜在碱性条件下表现出较差的稳定性（1 天后电导率损失＞50%）。含有己烷-6-三甲基铵侧链的膜是唯一一种比先前报道的含有 BTMA 阳离子的 AEM 具有更高稳定性的膜（14 天后电导率损失 5%对 33%）。因此，将苄基亚甲基间隔基替换为六亚甲基间隔基，尽管可能会引入霍夫曼消除反应这样新的副反应，但是隔膜的稳定性仍然有了较大的提升，这意味着其他类型的副反应发生的可能性大幅度降低了。Marino 等[20]研究了 26 种不同季铵基（QA）在温度高达 160 ℃、NaOH 浓度高达 10 mol/L 时的碱性稳定性，为碱性燃料电池氢氧化物交换膜功能基的选择和碱性条件下稳定的离子液体阳离子的选择提供依据。除芳香阳离子外，大多数 QAs 表现出出乎意料的高碱性稳定性。发现 b-质子对亲核攻击的敏感性远低于先前的建议，而苄基、附近杂原子或其他吸电子物种的存在显著促进降解反应。环 QAs 被证明是非常稳定的，基于哌啶的 6-氮杂螺环[5.5]十一烷在所选条件下具有最高的半衰期。本文给出的绝对和相对稳定性与文献数据形成对比，差异归因于溶剂对降解的影响。

此外，在聚合物主链和阳离子之间加入一个长链间隔基可以增强亲水域和疏水域之间的微相分离，这在决定 AEM 降解速率方面起着至关重要的作用。李南文等[21]设计、合成并表征了一类新型梳状阴离子交换膜聚合物。梳状聚合物表现出纳米级有组织的相分离形态，相对于典型的由三甲胺胺化的碳氢化合物基 AEM 而言，导电性增强。这些结果表明，他们提出的梳状结构的 AEM 能有效地减轻水膨胀和改善氢氧化物导电性。梳状膜在某些低沸点水溶性溶剂中具有良好的溶解性和优异的碱性稳定性，这使得梳状膜成为燃料电池应用的 AEM 材料。目前他们正在对这类梳状 AEM 材料进行进一步的研究。未来的工作将集中在研究它们在操作条件下的功效和研究不同长度的接枝链聚合物主链的 AEMs。随着越来越多的水分子溶解氢氧化物，其亲核性和碱性受到阻碍，QA 降解明显减慢。这是由于 OH^- 的反应性不仅取决于温度，还取决于水的浓度。因此，在适当的水量和低温下，即使是被认为较少或不稳定的 QA 盐，其使用寿命也显著提高[22]。

与较典型的四烷基铵和咪唑类化合物相比，杂环和螺环铵分子具有更好的碱性稳定性。这被认为是由其几何因素的限制使自身发生霍夫曼消除或者开环反应过程中过渡态的能量很高，反应难以进行引起的。因此，开发含 N-螺环氨基的水不溶性 AEM 材料是一个很有前途的研究方向。然而，将这些分子连接到聚合物主链是一个挑战，这就导致了目前为止使用杂环和螺环分子制备 AEM 的报道还很少。Strasser 等[23]的工作以二烯丙基哌啶氯化铵为原料，采用光敏剂进行环聚合，设计了具有螺环重复单元的遥爪聚合物。将末端官能化的聚二烯丙基哌啶低聚物与聚砜单体共聚，制备了一系列具有不同离子交换容量的疏水-亲水性多嵌段共聚物。多嵌段共聚物以六氟磷酸盐形式从DMAc溶液浇铸而成，得到机械坚固、无色透明的膜。结果表明，该多嵌段共聚物具有很高的导电性，在80 ℃时的氢氧化物电导率高达102 mS/cm，吸水率为45%。对聚二烯丙基哌啶低聚物和多嵌段共聚物的热重分析表明，材料具有很高的热稳定性，氢氧化物形式的多嵌段共聚物在360 ℃时的失重率为5%。在1 M KOH/甲醇-d4溶液中，在80 ℃下1000小时后，通过质子NMR未观察到聚二烯丙基哌啶的降解。研究发现，在80 ℃的1M KOH中处理5天后，膜至少保持92%的氢氧化物电导率。

氢氧根离子的传导能力是AEM的关键参数，因为在金属空气电池中，氢氧根离子是主要的载流子。要想得到高性能的电池，AEM的高离子传导能力是必需的。因此科技工作者做了大量的努力。首先，人们详细地探讨了氢氧根离子传输的机制，发现氢氧根离子的传导能力受到温度、水含量、相对湿度和薄膜形貌的影响。这与质子在质子交换膜中的传输十分类似，因此人们认为二者有着相似的传输机制[24]。然而，随着AEM对氢氧根离子传导能力的增加，选择性和力学性能会有所下降。东华大学乔锦丽团队[25]采用戊二醛（GA）和吡咯-2-甲醛（PCL）作为二元交联剂，制备了一种新型的二元交联策略，用于制备由聚乙烯醇/瓜尔豆羟丙基三氯化铵（PGG-GP）组成的高导电性、柔性和薄AEM。合成的PGG-GP膜在室温下具有0.123 S/cm的优异氢氧化物导电性，同时保持了高的抗溶胀性、优异的机械强度和优异的热稳定性。包含PGG-GP聚合物电解质的柔性全固态锌空电池显示出50.2 mW/cm^{2}的峰值功率密度和优异的循环稳定性（9 h @2 mA/cm^2）。这些优点使得PGG-GP膜在全固态超级电容器和柔性可充电锌空电池中的应用非常有前景，为提高全固态器件的离子导电性提供了新的机会。

而目前为止，关于镁空电池与铁空电池的隔膜研究不甚广泛，并且部分文章中电池的测试装置都将正极与负极机械固定[26-27]，并没有使用隔膜，因此这里不再讨论了。

在锂氧气电池中由于双功能的氧化还原介体（RM）具有能将过氧化锂的分解与形成由表面机理调控到溶液机理的效果，因此有效地提升了电池的放电容量，降低了充电过电势。这说明使用氧化还原介体是得到高性能锂空电池的一种有效的策略。然而，氧化还原介体的引入不但会与负极发生反应还可能会在正极与负极之间传递电子，导致氧化还原介体的失效。为了解决这一问题，南京大学周豪慎课题组[28]利用金属有机框架（MOF）的小尺寸窗口，制备了可以作为RM分子筛限制其穿梭效应的隔膜。这种隔膜将RM的优势最大化地发挥了出来，从而得到了性能优异的电池，在1000 mA/g的电流密度，限制容量5000 mA·h/g的条件下电池能够稳定循环100圈。同样是为了解决RM的穿梭效应，Lee等[29]设计一种用带负电荷的聚合物修饰的隔膜。在他们的研究中，DMPZ被用作RM。在研究中他们发现，这种隔膜有效地抑制了 DMPZ 从空气正极到锂负极的迁移。凭借这一优势，隔膜将 RM 的催化效果最大化利用，从而实现了电池以 90%的循环效率运行 20 圈的性能。

由于循环寿命相当短，尽管锂空电池有极高的理论能量密度，却一直停留在实验室阶段。随着人们对电极-电解液界面发生反应的理解的不断深入以及对不同催化剂的开发，锂空电池正极侧可逆性得到了显著的提升，然而对于电池的锂负极人们多有轻忽。由于电池是开放的体系，空气中的水和氧气一旦穿过电解液到达负极，不但会引起负极的副反应，还会影响空气正极的可逆性。为了解决这一问题，Kim 等[30]报道了一种价格低廉的无孔聚氨酯隔膜，这种隔膜能在有效抑制上述穿梭效应的同时选择性地允许锂离子自由地扩散。聚氨酯隔膜还保护锂金属阳极免受氧化还原介体的影响，增加了空气正极的可逆性。基于锂负极保护，电池实现了在限制 600 mA·h/g 的容量下循环 200 圈以上。并且该方法可以很容易地使用到其他受到类似问题困扰的电池体系中。

图 6.1 的（a）图和（b）图展示了聚氨酯（PU）膜是如何在金属空气电池中起作用的，以及与 PE 膜相比的优越性。在该实验中 Gurley 时间定义为 100 cm^3

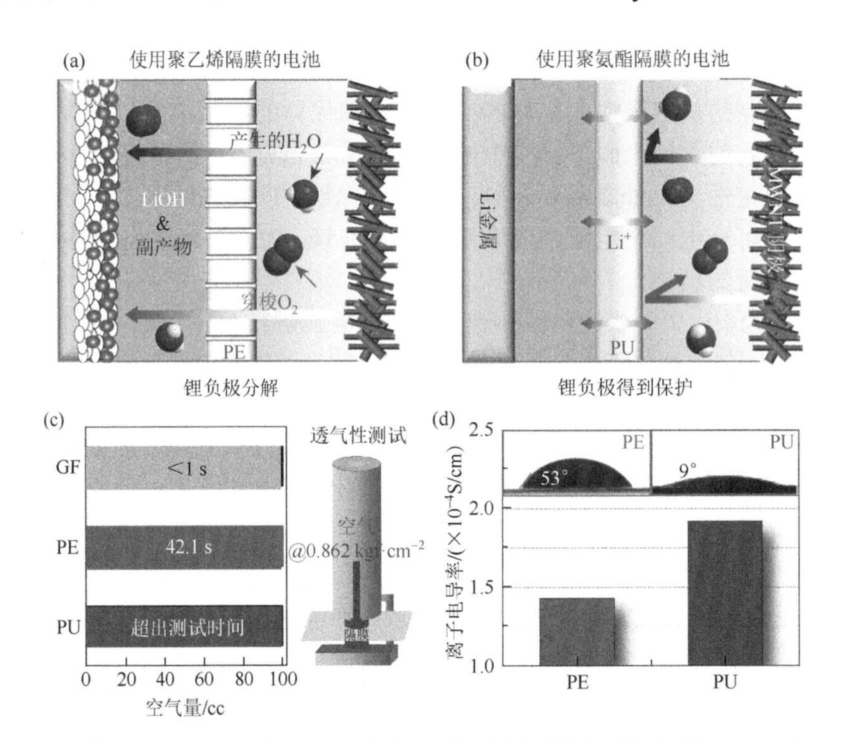

图 6.1　（a）使用常规多孔 PE 膜和（b）无孔 PU 膜的锂空电池的对比示意图；（c）从 Gurley 试验中得到的各种隔膜的透气性结果；（d）在相同的电解液浸泡条件下，PE 膜和 PU 膜的锂离子电导率的比较。插图：电解液滴下 5 秒后，电解液与隔膜的接触角

空气在 8.45 N/cm^2 气压下通过隔膜所需的时间。PE 膜和 GF 膜的 Gurley 时间分别为 42.1 s 和<1 s，PU 膜的 Gurley 时间超出检测范围，说明 PU 膜完全不透气，能很好地从开放系统中保护锂负极。电解液也不能渗透 PU 膜，说明了 PU 膜的液体不渗透性。尽管具有不渗透电解质的特性，PU 膜仍能实现良好的锂离子传输，如图 6.1（d）中的离子电导率所示。事实上，PU 膜的离子电导率是电解液浸泡的多孔 PE 膜的 1.34 倍。这种较高的离子电导率可归因于 PU 膜的结构特征，这有助于良好的电解质润湿。一旦 PU 膜被电解液（1 M $LiClO_4$ 为锂盐的四乙二醇二甲醚溶液）浸泡，由于电解液与极性官能团之间的亲水性相互作用，电解液通过 PU 膜的链间空间湿润隔膜。尽管电解液可以通过链间空间渗透，但氧气和水分子太大，无法通过。虽然聚氨酯隔膜吸收电解质，但由于聚合物链及其网络的致密，它仍然是电解质不渗透的。

6.5　未来展望

在现在这个能源危机越来越严重的年代，电能作为一种可再生的清洁能源显得越来越重要了，而电池作为电能的重要载体之一，已经广泛地渗透进我们的生活。尽管在早些年隔膜相比而言并没有引起研究者们广泛的研究热情，但是随着电池研究工作的不断深入，隔膜已经开始越发为人们所重视。理想的电池隔膜应该对电解质中的离子传输没有任何阻力以尽可能地减少电池内部的电能消耗与尽可能地提升电池的倍率性能；对电子传导有无限的阻力以保障电池不会内短路；有良好的力学性能可以防止枝晶生长，并且对化学反应能长期保持惰性。特别地，对金属空气电池这个开放性体系来讲，电解液的挥发或泄露是一大问题，而作为电解液的有机溶剂往往是有毒的，即使是水系电池也往往使用高浓度的碱液，这会对使用者造成极大的伤害。因此，隔膜对电解液的保有能力对于金属空气电池尤为重要。另外，随着可穿戴设备的蓬勃发展，柔性电池发展的呼声也越来越高涨，与此对应，隔膜的柔性也就必须得提上日程。作为电池性能与安全的一大保障，隔膜也应当在反复变形后能很好地扮演其在电池中应有的角色。隔膜还有许多值得注意和发展的方面，但总的来说是要在适应金属空气电池不断发展的需求的同时，尽量地易于加工与降低成本。相信在广大科技工作者的共同努力下，金属空气电池会不断快速进步，为电能更好地服务人们的生活做出更大的贡献。

参考文献

[1] Thackeray M M，Wolverton C，Isaacs E D. Electrical energy storage for transportation-Approaching the limits of, and going beyond，lithium-ion batteries[J]. Energy Environ Sci，2012，5：7854-7863.

[2] Tsehaye M T，Alloin F，Iojoiu C. Prospects for anion-exchange membranes in alkali metal-air batteries[J].

Energies，2019，12：4701-4726.

[3] 肖伟. 锂离子电池隔膜技术进展[J]. 储能科学与技术，2016，5：188-196.

[4] Venugopal G. Characterization of microporous separators for lithium-ion batteries[J]. J Power Sources，1999，77：34-41.

[5] Arora P，Zhang Z J. Battery separators[J]. Chem Rev，2004，104：4419-4462.

[6] Gittleson F S，Jones R E，Ward D K，et al. Oxygen solubility and transport in Li-air battery electrolytes：Establishing criteria and strategies for electrolyte design[J]. Energy Environ Sci，2017，10：1167-1179.

[7] 傅献彩. 物理化学[M]. 北京：高等教育出版社，2005：323-324.

[8] Xia C，Bender C L，Bergner B，et al. An electrolyte partially-wetted cathode improving oxygen diffusion in cathodes of non-aqueous Li-air batteries[J]. Electrochem Commun，2013，26：93-96.

[9] Read J，Mutolo K，Ervin M. Oxygen transport properties of organic electrolytes and performance of lithium/oxygen battery[J]. J Electrochem Soc，2003，150：A1351-A1356.

[10] McKerracher R D，Ponce de Leon C，Wills R G A，et al. A review of the iron-air secondary battery for energy storage[J]. Chem Plus Chem，2015，80：323-335.

[11] Li Y，Dai H. Recent advances in zinc-air batteries[J]. Chem Soc Rev，2014，43：5257-5275.

[12] Abbasi A，Hosseini S，Somwangthanaroj A，et al. Poly(2, 6-dimethyl-1, 4-phenylene oxide)-based hydroxide exchange separator membranes for zinc-air battery[J]. Int J Mol Sci，2019，20：3677-3693.

[13] Fu J，Zhang J，Song X，et al. A flexible solid-state electrolyte for wide-scale integration of rechargeable zinc-air batteries[J]. Energy Environ Sci，2016，9：663-670.

[14] Kim H W，Lim J M，Lee H J，et al. Artificially engineered，bicontinuous anion-conducting/-repelling polymeric phases as a selective ion transport channel for rechargeable zinc–air battery separator membranes[J]. J Mater Chem A，2016，4：3711-3720.

[15] Hwang H J，Chi W S，Kwon O，et al. Selective ion transporting polymerized ionic liquid membrane separator for enhancing cycle stability and durability in secondary zinc-air battery systems[J]. ACS Appl Mater Interfaces，2016，8：26298-26308.

[16] Mandal M，Huang G，Kohl P A. Highly conductive anion-exchange membranes based on cross-linked poly（norbornene）：Vinyl addition polymerization[J]. ACS Appl Energy Mater，2019，2：2447-2457.

[17] Wang L，Bellini M，Miller H A，et al. A high conductivity ultrathin anion-exchange membrane with 500 + h alkali stability for use in alkaline membrane fuel cells that can achieve 2 W/cm^2 at 80 ℃[J]. J Mater Chem A，2018，6：15404-15412.

[18] Couture G，Ladmiral V，Améduri B. Comparison of epoxy-and cyclocarbonate-functionalised vinyl ethers in radical copolymerisation with chlorotrifluoroethylene[J]. J Fluorine Chem，2015，171：124-132.

[19] Hibbs M R. Alkaline stability of poly (phenylene)-based anion exchange membranes with various cations[J]. J Polym Sci B Polym Phys，2013，51：1736-1742.

[20] Marino M G，Kreuer K D. Alkaline stability of quaternary ammonium cations for alkaline fuel cell membranes and ionic liquids[J]. ChemSusChem，2015，8：513-523.

[21] Li N，Yan T，Li Z，et al. Comb-shaped polymers to enhance hydroxide transport in anion exchange membranes[J]. Energy Environ Sci，2012，5：7888-7892.

[22] Shin D W，Guiver M D，Lee Y M. Hydrocarbon-based polymer electrolyte membranes：Importance of morphology on ion transport and membrane stability[J]. Chem Rev，2017，117：4759-4805.

[23] Strasser D J，Graziano B J，Knauss D M. Base stable poly（diallylpiperidinium hydroxide）multiblock copolymers

for anion exchange membranes[J]. J Mater Chem A，2017，5：9627-9640.

[24] Grew K N，Chiu W K S. A dusty fluid model for predicting hydroxyl anion conductivity in alkaline anion exchange membranes[J]. J Electrochem Soc，2010，157：B327-B337.

[25] Wang M，Xu N，Fu J，et al. High-performance binary cross-linked alkaline anion polymer electrolyte membranes for all-solid-state supercapacitors and flexible rechargeable zinc-air batteries[J]. J Mater Chem A，2019，7：11257-11264.

[26] Zhang Y，Wu X，Fu Y，et al. Carbon aerogel supported Pt-Zn catalyst and its oxygen reduction catalytic performance in magnesium-air batteries[J]. J Mater Res，2014，29：2863-2870.

[27] Ojefors L，Carlsson L. An iron-air vehicle battery[J]. J Power Sources，1977，2：287-296.

[28] Qiao Y，He Y，Wu S，et al. MOF-based separator in an Li-O_2 battery：An effective strategy to restrain the shuttling of dual redox mediators[J]. ACS Energy Lett，2018，3：463-468.

[29] Lee S H，Park J B，Lim H S，et al. An advanced separator for Li-O_2 batteries：Maximizing the effect of redox mediators[J]. Adv Energy Mater，2017，7：1602417-1602422.

[30] Kim B G，Kim J S，Min J，et al. A moisture-and oxygen-impermeable separator for aprotic Li-O_2 batteries[J]. Adv Funct Mater，2016，26：1747-1756.

第7章　气体组分对电池的影响

7.1　氧气/二氧化碳电池

经过科学家二十多年的努力，锂空电池的研究已经越来越成熟，人们对锂氧电池的认识也越来越深入。从一次锂氧电池的偶然发现，到可充锂氧电池，再到可逆锂氧电池，锂氧电池也不仅仅再局限于有机系，固态电解质锂空电池、混合电解质锂空电池也都得到了发展。但是之前的研究也都有一定的局限性，一个基本的问题是，之前的测试都是在纯氧气条件下测试，而锂氧电池的最终目标是在空气中运行。因此，从严格意义上来说，之前大多学术研究中所谓的锂空电池应该叫作锂氧电池。如果要实现在空气中的平稳运行，就要考虑到空气中的复杂成分，比如二氧化碳、水、二氧化硫、氮氧化合物等，这些成分如何影响分子水平上电池的充放电反应机理，对电池的性能（容量大小、循环寿命、倍率性能）会有什么样的影响，这都是我们关心的问题。在众多的空气成分中，二氧化碳和水的含量是相对较多的，再加上它们与锂氧电池放电产物的反应活性较高，因此研究这些成分对锂氧电池的影响至关重要，Li-O_2/CO_2 电池的研究便应运而生。

但是在完全模拟空气中 O_2 和 CO_2 的比例的条件下来进行研究，还是存在着一定的困难。一方面，因为空气中的 CO_2 含量只有 400 ppm 左右，我们需要研究少量 CO_2 或者痕量 CO_2 对锂空电池的影响，这更加接近实际应用中的情况；另一方面，由于 CO_2 含量的降低，在反应中参与的反应就更少，这也就意味着在实验室中研究基本电化学过程的手段就需要更高的灵敏度。考虑到这种情况下 CO_2 的含量少，在短时间内它对电池的影响比较小，测试信号也不明显，这就增大了实验的难度。因此，将 CO_2 的比例提高有利于放大 CO_2 对电池的影响，很多研究都是基于 CO_2 含量在 10%以上进行的。当然，这种研究还能够拓展我们对 CO_2 作用的认识，例如，CO_2 在锂氧电池中的作用都是负面的吗？而经过研究，CO_2 是可以起到正面作用的，比如增大电池的放电容量，以及提升正负极和电解液的稳定性。

2011 年，日本丰田中央研发实验室 Takechi 等最早报道 Li-O_2/CO_2 电池[1]，所用的电池结构和锂氧电池是完全相同的。利用世伟洛克（Swagelok）型电池，他们研究了不同比例的 CO_2 加入到 O_2 中引起电池容量的变化。结果显示气体中含有 50%的 CO_2 时，电池放电容量最大，为 6750 mA·h/g，而在纯氧气中的放电容量为 2000 mA·h/g，在纯 CO_2 中电池放电容量可以忽略不计，仅有 66 mA·h/g（图 7.1）。

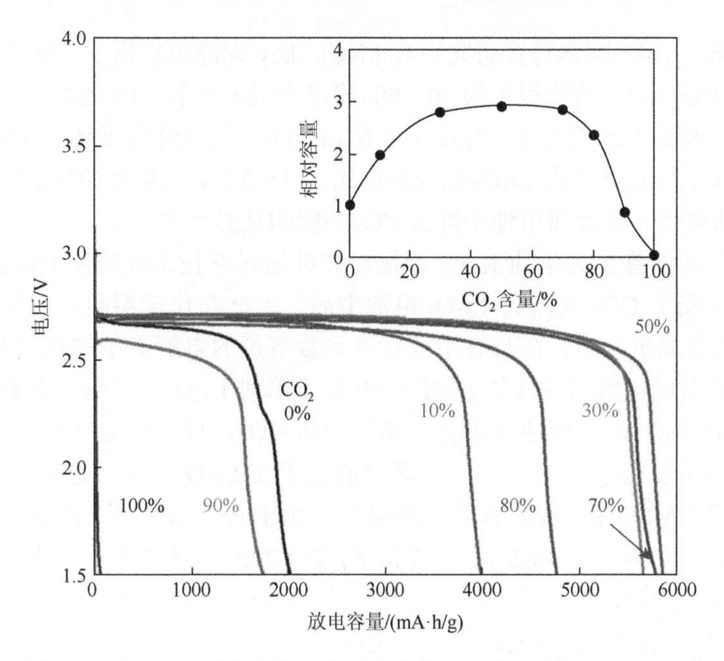

图 7.1　不同 CO_2 比例的气体的放电曲线，电流密度为 0.2 mA/cm^2

此外，作者用红外光谱验证了 Li-O_2/CO_2 电池的放电产物为 Li_2CO_3。作者推测放电反应的过程是

$$4O_2 + 4e^- \longrightarrow 4O_2^{\cdot -} \tag{7.1}$$

$$O_2^{\cdot -} + CO_2 \longrightarrow CO_4^{\cdot -} \tag{7.2}$$

$$CO_4^{\cdot -} + CO_2 \longrightarrow C_2O_6^{\cdot -} \tag{7.3}$$

$$C_2O_6^{\cdot -} + O_2^{\cdot -} \longrightarrow C_2O_6^{2-} + O_2 \tag{7.4}$$

$$C_2O_6^{2-} + 2O_2^{\cdot -} + 4Li^+ \longrightarrow 2Li_2CO_3 + 2O_2 \tag{7.5}$$

那么放电过程的总反应为

$$4Li + O_2 + 2CO_2 \longrightarrow 2Li_2CO_3 \tag{7.6}$$

作者将 CO_2 引入之后的容量变化归结于反应速率的控制。反应式（7.1）与锂氧电池中的反应一致，但是反应式（7.2）要快于锂氧电池中的如下反应

$$O_2^{\cdot -} + Li^+ \longrightarrow LiO_2^{\cdot -} \tag{7.7}$$

因此所有的 $O_2^{\cdot -}$ 会被 CO_2 消耗，接着进行式（7.5）中形成 Li_2CO_3 的过程。作者猜测，中间产物 $C_2O_6^{2-}$ 相对稳定，可以在电解液中扩散，并让碳酸锂的沉积速率明显慢于锂氧电池中过氧化锂的沉积速率。

2013 年，IBM 阿尔马登研究中心 McCloskey 课题组报道了 CO_2 对锂氧电池的影响[2]，CO_2 和 O_2 的体积比为 10∶90。作者指出，尽管 CO_2 的加入能够提升电池的容量，但是 CO_2 会与 Li_2O_2 反应生成 Li_2CO_3，其分解电压高于 4 V，而传统的锂氧电池中的放电产物 Li_2O_2 的分解电压为 3～3.5 V，因此 CO_2 的加入导致能量效率有所降低，在锂氧电池中除去 CO_2 的影响是必要的。

同年，韩国首尔大学的 Kang 课题组和韩国科学技术高等研究院的 Kim 课题组合作研究了 CO_2 加入到 Li-O_2 电池中后，电池在化学层面上的反应路径的变化[3]。结果显示，CO_2 在具有不同介电系数溶剂的电解液中的作用是不同的。在低介电系数的电解液中（如 DME），倾向于形成 Li_2O_2，在高介电系数的电解液中（如 DMSO），可以通过电化学路径激活 CO_2，只产生 Li_2CO_3。2017 年，法国国家科学研究中心 Tarascon 课题组研究了在 Li-O_2/CO_2（体积比 70∶30）电池中，用 DMSO 和 DME 作为电解液时，由于它们 DN 值不同引起放电反应路径的不同（*J.Phys.Chem.Lett*，2017，8∶214-222）。具体地，在两种电解液中都是先进行 O_2 的还原，成为 O_2^-。之后，在 DMSO 中，因为 Li^+ 与 DMSO 有更强的溶剂化作用，O_2^- 先和 CO_2 结合为 CO_4^-，再和 Li^+ 结合，最后产物为 Li_2CO_3；而在 DME 中，DME 与 Li^+ 的溶剂化能力更弱，O_2^- 是先和 Li^+ 结合，然后生成 Li_2O_2，再与 CO_2 反应生成 Li_2CO_3。也就是说，在 DMSO 中，Li_2CO_3 的形成过程是电化学进行的，而 DME 中 Li_2CO_3 的形成是化学过程。

以上的两个研究产生了分歧，到底是电解液的介电系数还是 DN 值影响了放电的路径呢？为了解决这个问题，2019 年，中国科学院长春应用化学研究所彭章泉课题组利用原位增强拉曼光谱对反应过程进行了研究[4]。他们选取的是 DMSO（DN = 30，$\varepsilon = 47.2$）和 CH_3CN（DN = 14，$\varepsilon = 38.8$），两者的介电系数相差不大，但是 DN 值相差很大。他们发现，在高 DN 值的电解液中，Li_2CO_3 是通过电化学路径进行的，$C_2O_6^{2-}$ 是关键中间体；而低 DN 值电解液中，Li_2CO_3 的形成是通过化学路径，即 Li_2O_2 与 CO_2 的反应。在高 DN 的电解液中，O_2 的存在充当一个“准催化剂”的作用来活化 CO_2。因此，他们得出结论，是电解液 DN 值直接影响了放电的反应路径。

2014 年，中国科学院物理研究所李泓课题组利用 KB 碳为正极，在 30 mA/g 的电流下，Li-CO_2/O_2（体积比 2∶1）电池的放电可以达到 1808 mA·h/g，并且在 940 mA·h/g 的容量下实现了 13 圈的循环[5]。同年，丹麦科技大学的 Vegge 课题组利用 DFT 计算来说明 CO_2 对锂氧电池的“毒化”效果[6]，结果显示即使低浓度的 CO_2 也可以吸附在 Li_2O_2 表面，生成 Li_2CO_3，堵塞成核位点，改变 Li_2O_2 的形状。作者进一步用实验验证了 CO_2 的引入会导致充电过电势增加，但是容量会有略微提升。2015 年，浙江大学谢健课题组研究了空气中的水和 CO_2 对锂空电池的影响[7]，利用 Au/δ-MnO_2 作为催化剂，将电池在空气环境下运行，在模拟的干燥空气中电池可以在 400 mA/g 的电流下循环 200 圈，与纯氧中的性能差别不大，而在开放的空气中，在 200 mA/g 的电流下只能循环 30 圈，这说明了空气中的水对电池的影响要比 CO_2 的影响要更大。

为了解决充电过程中电势高的问题，2018 年，日本国立产业技术综合研究所周豪慎团队调节了电解液中 DMSO 和 LiTFSI 的比例[8]，结果发现，在 DMSO∶LiTFSI 摩尔比为 3∶1 的时候，此时电解液中形成的是紧密离子对结构，即 DMSO 对 Li^+的溶剂化并不会阻隔 Li^+与 $TFSI^-$的成键，这种超浓度电解液可以稳定中间体 $C_2O_6^{2-}$，使其不会进一步还原为 Li_2CO_3，此时放电产物可以被调控为 $Li_2C_2O_6$，因此充电的电位从 4.2 V 降低到了 3.5 V（图 7.2），这一工作开创性地进行了放电产物的调节，避免了 Li_2CO_3 的形成，对后续的工作具有借鉴意义。

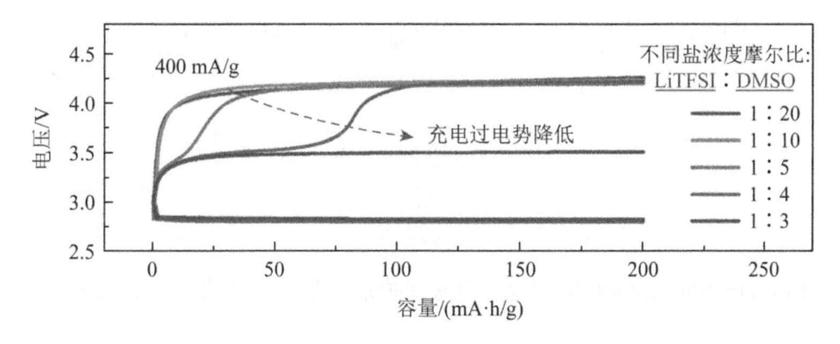

图 7.2　不同比例的电解液成分在 Li-O_2/CO_2（1∶1）的充放电曲线

除了改变放电产物，利用正极催化剂也能够有效降低 Li-O_2/CO_2（体积比 1∶4）电池的充电电位。2019 年，厦门大学孙世刚院士课题组报道了负载了 Ru 和 NiO 的 CNT（Ru/NiO@Ni/CNT）用于 Li-CO_2/O_2 电池中[9]，在 100 mA/g 电流下，容量为 1000 mA·h/g，电池可循环 105 圈，而 Ru/CNT 和 NiO@Ni/CNT 分别只能循环 75 圈和 44 圈，这证明了 Ru 和 NiO 之间具有协同作用，有效地促进 Li_2CO_3 的分解。2020 年，中国科学院长春应用化学研究所张新波课题组研究了 Pd/CNT 在 Li-O_2/CO_2（体积比 1∶1）电池中的催化效果[10]，此外作者还发现了 CO_2 的引入能够稳定正负极和电解液，因为 CO_2 会捕获放电过程中的 O_2^-，而 O_2^- 是具有攻击性的中间体，也是生成单线态氧（$^1O_2$）的根源。CO_2 捕获 O_2^-，生成的 CO_4^- 攻击性大大降低，因此电解液和正极能够稳定，而负极表面能够通过式（7.8）这个反应在负极表面生成 Li_2CO_3 保护层来保护负极（图 7.3）。

$$2Li + CO_2 + H_2O \longrightarrow Li_2CO_3 + H_2 \tag{7.8}$$

因为正极催化剂的催化效果与各部分的稳定性增强，Li-O_2/CO_2 电池在 500 mA/g

电流下，固定容量为 500 mA·h/g，获得了 715 圈的稳定循环。本工作的意义在于深入地研究了 CO_2 在 Li-O_2 电池中的作用，打破了之前对于 CO_2 不利于 Li-O_2 电池循环的刻板印象。此外，这种策略对 Na-O_2/CO_2 和 K-O_2/CO_2 也适用，在同样的电流密度和容量下，Na-O_2/CO_2 和 K-O_2/CO_2 分别可以循环 129 圈和 294 圈，而对应的 Na-O_2 和 K-O_2 电池分别只能循环 62 圈和 5 圈。

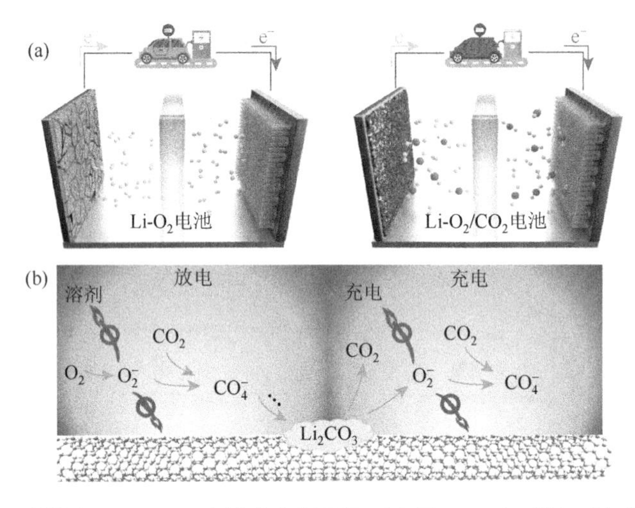

图 7.3　Li-O_2 电池和 Li-O_2/CO_2 电池中负极保护示意图（a）和正极一侧反应机理（b）

在 M-O_2/CO_2 电池中，Li-O_2/CO_2 受到的关注是最多的，其他的 M-O_2/CO_2 研究较少。Na-O_2/CO_2 的研究主要是美国康奈尔大学 Archer 团队做过。2012 年，他们发表研究称 Na-O_2/CO_2 的能量密度比 Na-O_2 电池高 2～3 倍，经过 FTIR 和 XRD 对产物进行鉴定，放电产物是 Na_2O_2、$Na_2C_2O_4$、Na_2CO_3 的混合物[11]。但是本工作主要研究的是 Na-O_2/CO_2 电池作为一次电池，作为固定 CO_2 的一种策略，文中还给出了 Mg-O_2/CO_2 电池的放电曲线，其容量要比 Mg-O_2 电池和 Mg-CO_2 电池都要高。2014 年，Archer 组在 Na-O_2/CO_2 电池中使用了有机-无机杂化电解液[12]，即在 PC 和离子液体的混合电解液中加入 SiO_2 纳米颗粒（1 M NaTFSI SiO_2-IL-TFSI/PC），与 PC-NaTFSI 电解液相比，该杂化电解液的高压稳定性大大提升（5.8 V）。此外作者还验证了放电产物是 $NaHCO_3$，利用杂化电解液的 Na-O_2/CO_2 电池在 200 mA/g，容量为 800 mA·h/g 的条件下，循环了 30 圈。2016 年，他们用同样的电解液，利用泡沫镍为正极进行了 Na-O_2/CO_2 电池的测试，实现了超过 100 圈的循环[13]。

2020 年，美国俄亥俄州立大学吴屹影课题组研究了钾氧电池在干燥的空气中的性能[14]，文章指出了在干燥的空气下，放电产物超氧化钾十分稳定，不会受到二氧化碳的影响，钾空电池的性能不会受到影响，实现了 K 空电池 100 圈的循环。文中使用的是干燥的空气，排除了水的影响，因为水与 K-O_2 电池放电产物 KO_2 会发生反应，造成电池的不可逆。

2016 年，Archer 课题组提出了用 Al-O_2/CO_2 电池进行固定 CO_2 同时放出电能[15]。这种 Al-O_2/CO_2 电池采用离子液体(氯化 1-乙基-3 甲基咪唑)与 $AlCl_3$ 配成电解液，这对整个电池反应是至关重要的。该电池放电产物是 $Al_2(C_2O_4)_3$，即草酸铝，它可以被进一步转化成草酸，实现 CO_2 的高值利用。之后，经过计算 CO_2 足迹，比较了生产铝产生的 CO_2 和在该电池中铝可固定的 CO_2 的量，作者发现该过程能够使 CO_2 的净排放量降低（图 7.4）。

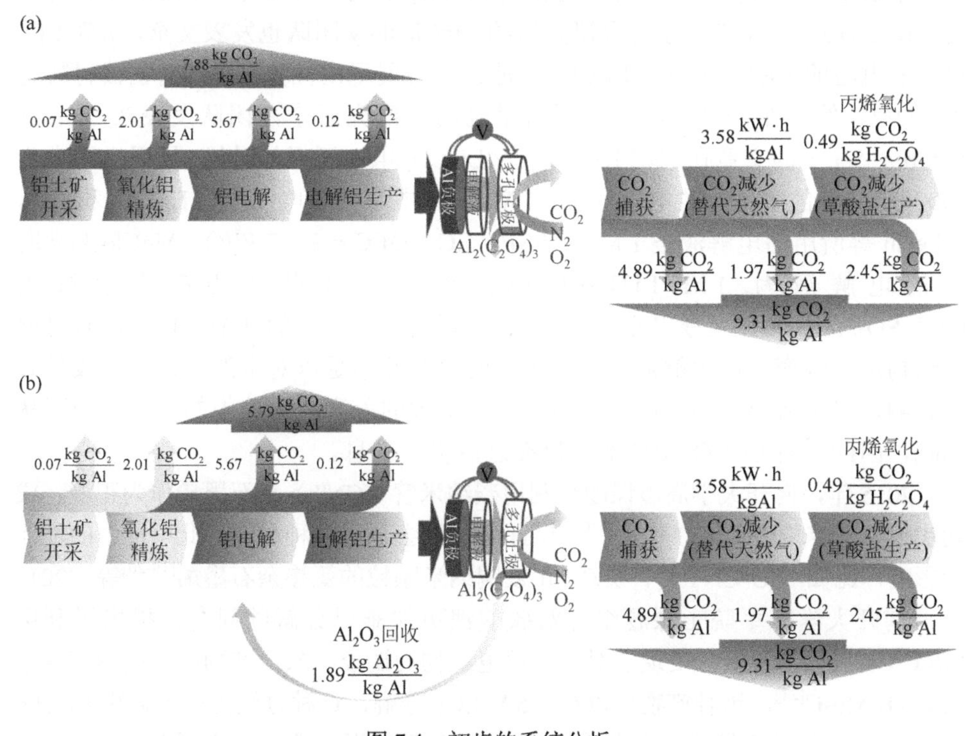

图 7.4　初步的系统分析

（a）原始铝/80%二氧化碳电化学系统捕获/减少的二氧化碳排放与铝金属生产排放的总体平衡；（b）二氧化碳排放的总体平衡，允许回收 Al_2O_3 用于生产铝金属

7.2　金属-二氧化碳电池

除了氧气，二氧化碳也可以单独作为金属空气电池正极一侧的活性物质。将二氧化碳用于正极侧，替代氧气，实现 CO_2 的回收利用有利于低碳社会的发展。

此外，火星上的 CO_2 含量高达 96%，氩气和氮气含量分别为 1.93%和 1.89%，还含有痕量的氧气和水，因此金属-二氧化碳电池也被认为是“火星电池”。但是金属-二氧化碳电池的发展也面临着种种问题，如何发挥其最大性能及电池的反应机理等问题仍然等待着我们去解决。

7.2.1 锂-二氧化碳电池

正如前文所提到的，2011 年，Takechi 等报道 Li-O_2/CO_2 电池的时候[1]，他们研究了不同比例的 CO_2 加入到 O_2 中引起电池容量的变化。结果显示，在纯 CO_2 中电池放电容量可以忽略不计，也就是 Li-CO_2 电池没有性能，所用的正极材料为 KB。2013 年，美国阿尔马登研究所的 McCloskey 团队也发表文章，研究 CO_2 对锂氧电池的影响，文中的 Li-CO_2 电池也没有展现出性能，所用的正极材料为 XC-72[2]。然而在 2014 年，中国科学院物理研究所李泓团队发表在 *Energy Environ. Sci.*上的文章在利用 KB 碳作为 Li-CO_2 电池正极的时候，展现出了大于 1000 mA·h/g 的容量且放电电位在 2.7 V 左右，电池的放电产物为 Li_2CO_3 和 C[5]。Takechi 等所用的电解液是 1 M LiTFSI/（EC：DEC = 3：7 *V/V*），McCloskey 所用的电解液为 1 M LiTFSI/DME，而李泓团队所用的电解液为 $LiCF_3SO_3$/TEGDME（摩尔比为 1：4）。可以看到，以上的几个工作并没有对电池结构进行改变，而电解液和电池正极的改变并不足以对电池的性能造成显著的影响，但是所展现出来的电池性能却有很大的差别，这其中的原因我们无从知晓，因此，对 Li-CO_2 电池的争议在之后仍未平息。

2015 年，南开大学周震课题组利用碳纳米管（CNT）和石墨烯作为正极，成功实现了高容量的 Li-CO_2 电池[16-17]，此后他们尝试了各种材料对此电池中的性能的影响，比如 NiO-CNT[18]、负载 Ni 或铜纳米颗粒的氮掺杂石墨烯[19-20]等。2017 年，南开大学陈军院士课题组针对碳酸锂更加难以分解的问题，提出了利用 Mo_2C/CNT 作为正极，实现了对电池放电产物的调控。放电产物由碳酸锂变成了 $Li_2C_2O_4$-Mo_2C[21]，这种产物可以在 3.5 V 以下分解，这种办法提供了解决 Li-CO_2 电池能量效率低的策略。此外，他们课题组还利用了聚甲基丙烯酸酯/聚(乙二醇)-$LiClO_4$-3%wt SiO_2 做成复合聚合物电解质[22]，与 CNT 正极搭配，组装了软包柔性电池，实现了 993.3 mA·h 的可逆容量，并且在弯折 0～360 度、55 ℃下，都能保持 220 h 的运行时间。

此外，复旦大学王永刚课题组也报道了一种凝胶电解质(GPE)[23]，利用这种电解质组装成 Li-CO_2 电池，在 100 mA/g 电流、容量为 1000 mA·h/g 下，实现了 60 圈的循环，远远高于之前的报道。

南京大学周豪慎课题组在 *Joule* 上发表文章提出这样的观点[24]：当 Li-CO_2

电池的正极是多孔金的时候，正极放电产物为Li_2CO_3和C，但是在分解过程中，只有Li_2CO_3参与，C不参与，这样的过程表现为一个固碳过程，此时的电池总反应为

$$3CO_2 \longrightarrow 2CO_2 + C + O_2 \tag{7.9}$$

而当正极的多孔金上负载了Ru催化剂后，C和Li_2CO_3会同时进行反应，此时电池进行的是可逆的反应[图7.5(a)]

$$4Li + 3CO_2 \rightleftharpoons 2Li_2CO_3 + C \tag{7.10}$$

他们用原位拉曼光谱来表征充电过程放电产物的变化。在充电的时候，当存在Ru催化剂，充电的过电势要比Au正极的电位要更低，原位拉曼测试的结果表明，Li_2CO_3的峰以及碳的D带和G带峰强都在逐渐减弱。在进行LSV测试的时候，含Ru的电池的氧化峰出现在更低的电压位置，与之对应的，在氧化开始的时候，碳酸锂的峰和碳的G带峰同时减弱。而在Au中，进行的是固碳的反应，反应不可逆，在氧化进行过程中碳的G峰强度大致不变，只有碳酸锂的峰在不断减弱，这说明了Ru催化剂对反应可逆性具有决定作用，见图7.5（b）。

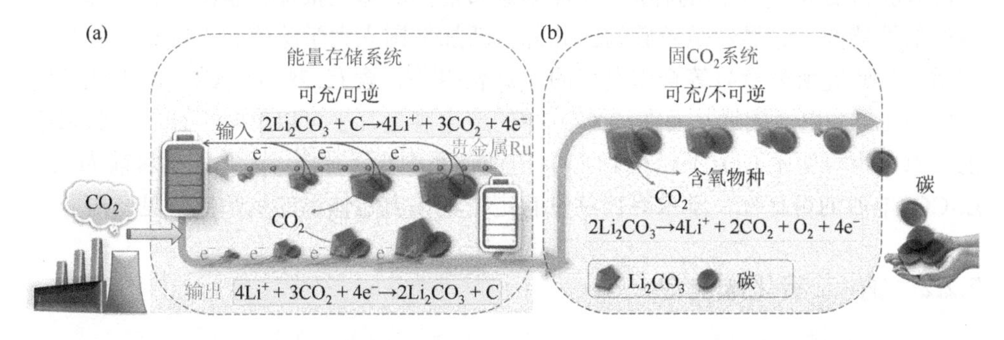

图7.5　使用（a）Ru催化剂和（b）Au催化剂的Li-O_2电池反应过程示意图

此外，很多课题组对正极的催化剂进行了研究。比如，美国凯斯西储大学戴黎明课题组利用B, N掺杂的多孔石墨烯作为正极[25]、周豪慎课题组用负载Ru纳米颗粒的Super P[26]、北京理工大学王博课题组做了一系列的金属有机框架[27]和负载MoO纳米颗粒的碳材料[28]来提升Li-CO_2电池的性能。马里兰大学胡良兵课题组用木头做成柔性正极，实现了柔性的电池[29]。伊利诺伊大学Curtiss和Salehi-Khojin课题组用MoS_2纳米片实现了Li_2CO_3和C的可逆分解，即“碳中和”[30]。法国科学院院士Tarascon课题组发现奎宁的衍生物1, 4-二叔丁基苯（DBBQ）能够促进CO_2的还原，并鉴定了Li_2CO_3作为放电产物[31]，不过作者也

提到，NMR 的结果证实了 DBBQ 在放电过程中的分解，这也使得该电池体系更加复杂，难以理解。

2019 年，麻省理工学院 Gallant 课题组发表了溶剂对 Li-CO_2 电池放电过程的影响[32]，结果显示，相比于 DMSO 和碳酸丙烯酯，具有中等 Li^+浓度（0.3～1 M）的 TEGDME 基的电解液对 CO_2 的活化能力最强，通过电化学分析、光谱表征和计算，他们确定，与其他候选溶剂相比，聚乙烯醚类对 Li^+具有更低的脱溶剂能，而高盐浓度增加了周围的 CO_2 和还原中间物 Li^+的局部密度。这些特性共同增加了 Li^+的反应活性，从而突破了使 CO_2 活化的门槛。放电电压和反应速率对碱阳离子的性质也很敏感，进一步激发了它在激活或抑制反应活性方面的关键作用。

近几年，Li-CO_2 电池的研究主要还是集中在正极材料的优化上，比如，MnO 纳米颗粒分散在 N 掺杂的三维碳骨架上[28]，CVD 法原位生长 B-CNT 在钛丝上[33]，热冲击法在纳米纤维上生长 Ru 纳米颗粒催化剂[34]，等等。然而，真正涉及反应机理的工作还是不多，比如放电过程都有哪些决定性的中间体，中间体的性质如何，中间物又是如何一步步转化为 Li_2CO_3 和 C 的。

在正极材料研究得火热的同时，对 CO_2 可行性的质疑仍然没有停止，但是相比之下，文章的数量要少了很多。2013 年，康奈尔大学的 Archer 课题组在室温下并没有获得 Li-CO_2 电池的容量[35]，而本章节前面的那些报道在室温下测试都是有很好的性能的，这显然是矛盾的。此外，新加坡国立大学陈伟和中国科学院长春应用化学研究所彭章泉等合作发表的文章表明[36]，含有 2% O_2/CO_2 的电池放电性能与 Li-O_2 电池接近，而在纯 CO_2 中的放电容量几乎可以忽略不计。在彭章泉的文章中也表明了 CO_2 不能在 Li-CO_2 电池体系中被还原[4]。因此，到目前为止，Li-CO_2 电池的可行性，学术界仍然没有定论，该电池体系的复杂性可见一斑。

7.2.2 钠–二氧化碳电池

钠和锂的性质相似，因此也能与 CO_2 组成电池，理论计算显示 Na-CO_2 电池具有 1.1 kW·h/kg 的能量密度，可以与 Li-O_2 电池相提并论，而 Na-CO_2 电池的反应式（7.11）的吉布斯自由能为 $\Delta rG_m^{\ominus} = -905.6\text{kJ/mol}$，这说明了该反应在理论上是可行的。

$$4Na + 3CO_2 \longrightarrow 2Na_2CO_3 + C \tag{7.11}$$

Li-CO_2 电池的反应式（7.10）的 $\Delta rG_m^{\ominus} = -1081\,\text{kJ/mol}$。这意味着 Na-$CO_2$ 电池充电可以用更低的电压，这样能减缓电解液的分解。

2013 年，Archer 课题组首先将 CO_2 引入到 Na-O_2 电池中[11]，但是在纯 CO_2 环境下，Na-CO_2 电池几乎没有性能，并且电压下降得非常快，没有观察到放电平台。该文章中用的是 Super P 正极，电解液是 1 M $NaClO_4$/TEGDME，或者是 0.75 M $NaCF_3SO_3$/1-乙基-3-甲基咪唑三氟甲磺酸盐。

2016 年，南开大学陈军院士课题组，利用钠金属为负极，1 M $NaClO_4$/TEGDME 为电解液，多壁碳纳米管（MWCNTs）为正极，实现了可充的 Na-CO_2 电池[12]。在 1 A/g 的电流下，电池的放电容量达到 60000 mA·h/g，在限定容量为 2000 mA·h/g 时，电池可以循环 200 圈。作者利用原位拉曼光谱证实了 Na_2CO_3 在放电时产生，在充电时分解。为了证明 C 的生成，作者设计了 Ag 纳米线作为正极，在放电之后，用电子能量损失谱验证了 C 的存在。

2017 年，针对 Na-CO_2 电池使用液态电解质和钠金属存在安全问题，陈军院士课题组设计了一种复合聚合物电解质（CPE）[37]，这是一种准固态电解质（图 7.6），成分为 PVDF-HFP-4% SiO_2/$NaClO_4$-TEGDME 和还原氧化石墨烯负载钠金属（RGO-Na）作为负极，准固态电解质的阻燃性能和 RGO-Na 的防枝晶和防腐蚀能力能够提升电池的安全性。电解质具有高离子电导率（1.0 mS/cm），能够使电池的倍率性能提升。正极材料是活化的碳纳米管（a-CNT），最终实现了在 500 mA/g 的电流下，容量为 1000 mA·h/g，循环了 400 圈。

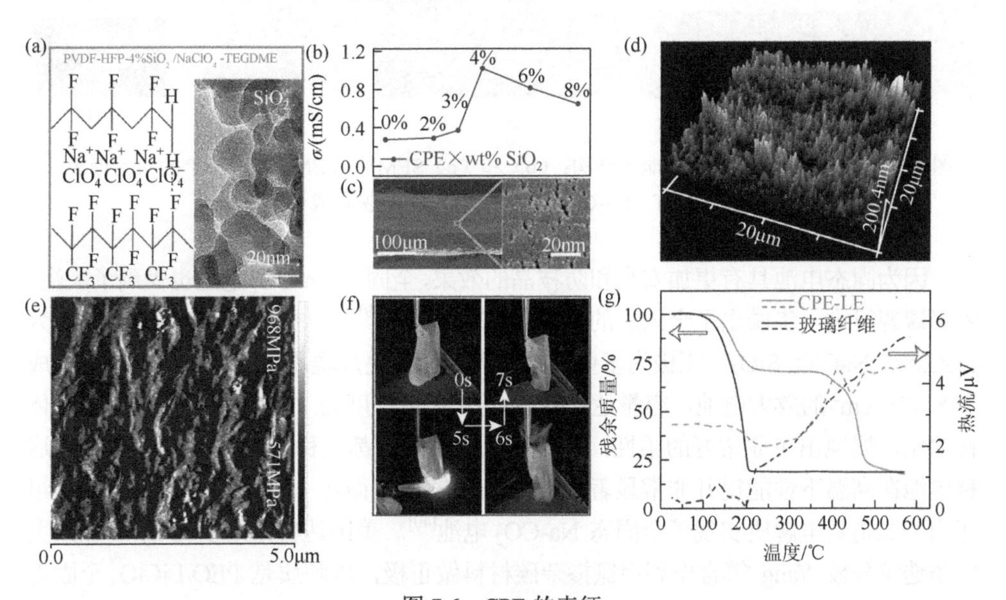

图 7.6　CPE 的表征

（a）聚合物的组成和透射电镜图中 SiO_2 的分布；（b）CPE 的离子电导率与 SiO_2 含量的关系；（c）CPE 的 SEM 照片，厚度为 160 μm；（d）和（e）原子力显微镜表征 CPE 的形貌和杨氏模量；（f）阻燃性能测试；（g）CPE 和玻璃纤维隔膜润湿 TEGDME 后的热重和热流测试

2018 年，受到研究火热的无负极锂金属电池的启发，陈军课题组在 *Research* 期刊上发表文章[38]，展示了一种无负极 Na-CO_2 电池，也就是负极上没有预先装载的

钠金属，钠的来源在正极，正极是Na_2CO_3和CNT的混合物（图7.7）。在充电过程中，Na_2CO_3分解，在负极沉积上Na，并在正极生成CO_2气体，这样就构成了一个可充的Na-CO_2电池。无钠金属的电池结构使电池组装更加简单，电池更加安全，保存时间可以更加长久。在0.05 mA/cm^{2}的电流下，容量为0.3 mA·h/cm^2，电池可以循环100圈，组装成的软包电池的能量密度可达183 W·h/kg。但是，这种电池也面临着能量密度低的问题，之前的钠源是钠金属，而变成碳酸钠之后，比能量显著降低，而且，使用前预先充电会给使用场景加以限制，不利于大规模推广。

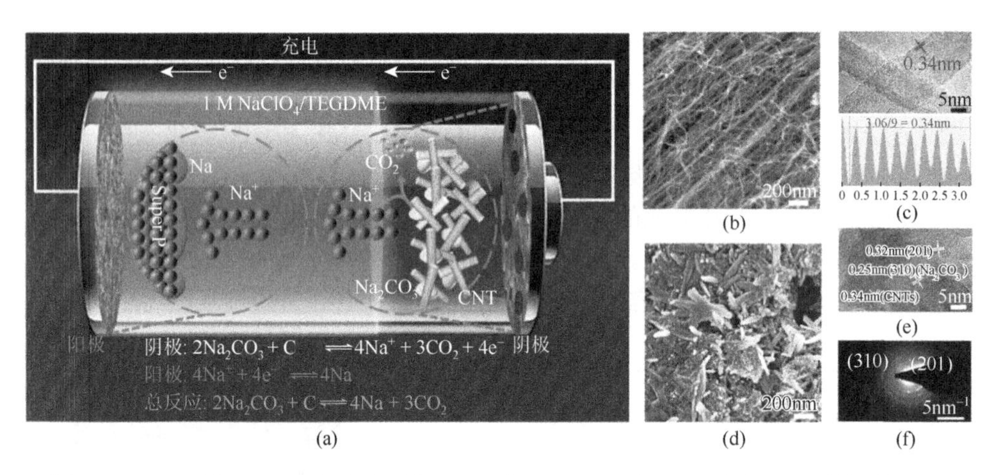

图7.7　（a）可充Na-CO_2电池的结构；（b）和（c）SEM和TEM表征CNT的初始形貌；（d）～（f）Na_2CO_3/CNT复合物的形貌和成分表征

因为固态电池具有更加安全和防枝晶的效果，全固态Na-CO_2电池也受到了关注。陈军课题组进一步做出了全固态的柔性Na-CO_2电池[39]，负极为Na金属，电解质为聚乙烯醇/$NaClO_4$/SiO_2，正极为多壁碳纳米管，经过叠片辊压成一体化的电池，做成了8×16 cm^{2}的放大电池，容量达450 mA·h，能量密度为173 W·h/kg。此外，一体化的电池展现出了非常好的柔性，在不同的弯折角度都能稳定循环80 h。而且，这种电池在高温下性能提升非常显著，70 ℃下能够稳定循环240圈。之后，该课题组还用丁二腈基电解质实现了全固态Na-CO_2电池[40]。美国达特茅斯学院Li和加州大学圣迭戈分校Yang等合作利用氮掺杂碳材料做正极，电解质是PEO/$LiClO_4$全固态电解质，实现了长循环和大容量的Na-CO_2电池[41]。

7.2.3　钾–二氧化碳电池

相对于Li-CO_2和Na-CO_2电池，K-CO_2电池的研究相对较少，但是K-CO_2又有自己独特的优势。地壳中钾元素的含量大约是锂的880倍，这意味着钾的价格要远远低于锂。与 Na 相比，K/K^+电对的标准电势（−2.92 V *vs.* SHE）低于 Na/Na^+的标准电势（−2.71 V *vs.*SHE），而 K_2CO_3 的形成能 $\Delta_f G^\ominus(K_2CO_3) = -1069.12$ kJ/mol，Na_2CO_3 的形成能为 $\Delta_f G^\ominus(Na_2CO_3) = -1047.67$ kJ/mol，说明具有 K 负极的电池可能具有更高的电压。另外，由于 K^+的 Lewis 酸度比 Li^+和 Na^+弱，所以 K^+在电解质中和电解质与电极之间的界面迁移速率更快，从而使电池的性能更好[42]。

首次报道 K-CO_2 电池的是燕山大学黄建宇课题组[43]，他们用畸变校正环境透射电子显微镜（AC-ETEM）来进行原位测试，通过在电镜样品杆上构建微电池，可以原位地观察到电池的放电产物生成和分解的过程，而电镜还可以进行电子衍射的测试和能量损失谱的测试，对产物进行检测，实现了产物的鉴定。电池的结构如图 7.8（a），微电池的负极为 K，在表面的氧化层 K_2O 作为固态电解质，另一极用生长在基底上的碳纳米管与固态电解质接触，这样就构成了一个微电池，接着在电池两端施加偏压，使反应发生。

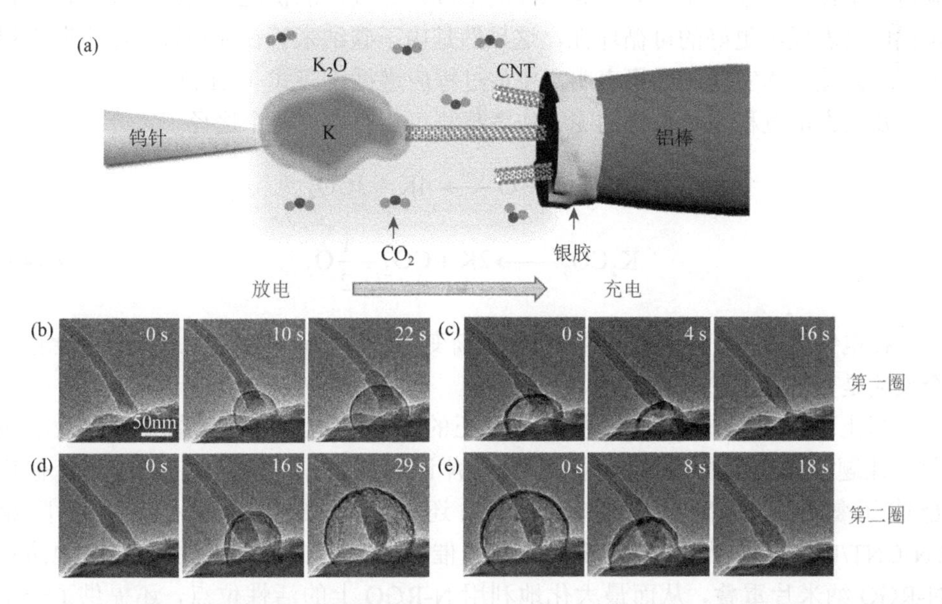

图 7.8　（a）实验装置示意图，用钨尖刮制的 K，钝化 K_2O 层和碳纳米管分别作为的阳极、电解质和 CO_2 阴极，该装置暴露在 1 mbar 的二氧化碳气体压力下。K-CO_2 纳米电池中空气阴极随时间推移结构演变；（b）在第一次放电反应中，CNT/K_2O 接触点在 10 s 时出现一个小球，然后在恒定的负偏压下生长；（c）由于反向施加偏压，发生了充电反应，球不断收缩，直到完全消失；（d）和（e）分别为（b）和（c）过程的重现

从图 7.8（b）中可见，放电产物生长在 CNT、K_2O 和 CO_2 的界面处，生长的形状是一个气泡，随着放电进行，气泡不断地增大，而充电的时候，气泡慢慢变小，直至消失[图 7.8（c）]。这种现象具有很好的重现性[图 7.8（d），（e）]。通

过对放电产物进行电子衍射分析，发现放电产物为 K_2CO_3，而当充电进行的时候，对应区域的电子衍射结果表明有 K 的出现，当气泡完全消失时，对应区域只有 K 的信号，没有 K_2CO_3 的信号，证明了 K_2CO_3 到 K 的转变。一般来说，在 SEI 外面，不应该出现 K，但是这里的 SEI 并不完全绝缘，所以出现了金属 K。但是到这里，电池的反应过程还没有完全厘清，放电产物除了 K_2CO_3，还有什么生成呢？因为生成的产物是气泡状，作者猜测在放电过程中有气体产生，反应为式（7.12）

$$2K^+ + 2e^- + 2CO_2 \longrightarrow K_2CO_3 + CO \tag{7.12}$$

为了验证放电产物中没有 C 的产生，作者用 Ag 纳米线来代替 CNT 作为正极，但是在放电过程中并没有观察到有 C 在 Ag 线上生成，与陈军课题组的结论[44]不一致。其原因可能是：①本工作是在全固态的条件下进行，而陈军课题组的工作是在液态电解质中放电；②在本实验中，Ag 电极表现出了较差的可循环性，这可能是由于在放电过程中没有观察到碳的形成，导致碳的供应不足。相反，碳电极比银电极表现出更好的可循环性，这显然是由于碳纳米管在充电过程中不断地提供碳。因此，本实验的结果表明，排放过程应遵循反应式（7.12）。

那么充电过程是什么样的呢？作者猜测可能有以下两个途径

$$2K_2CO_3 + C \longrightarrow 4K + 3CO_2 \tag{7.13}$$

$$K_2CO_3 \longrightarrow 2K + CO_2 + \frac{1}{2}O_2 \tag{7.14}$$

在电镜实验中，作者观察到 CNT 逐渐变少，说明碳在不断地消耗，因此第一个反应是充电发生的过程。

以上的实验只是一个模型验证，真正的 K-CO_2 电池由美国凯斯西储大学戴黎明课题组和澳大利亚伍伦贡大学郭再萍课题组合作完成[42]。2020 年，他们合成了氮掺杂的碳纳米管和氮掺杂还原氧化石墨烯复合三维碳网络（N-CNT/RGO）作为 K-CO_2 电池的正极催化剂，N-CNT 不仅能够有效地防止 N-RGO 纳米片重叠，从而最大化地利用 N-RGO 上的活性位点，还提供了一个机械稳定的多孔结构和三维导电途径，有利于电子/电解液/二氧化碳的充分接触，同时有足够的空间来容纳放电产物。将该正极与 K 负极、1 M KTFSI/TEGDME 用作电解液组装成电池后，在 N-CNT/RGO 电池中，在 50 mA/g，100 mA/g 和 200 mA/g 电流下表现为相对平坦的放电平台，放电至 500 mA·h/g 时的电压分别为 2.39 V、2.31 V、2.01 V，而充电电压曲线不能保持相对平缓的平台，并随着充电过程逐渐升高，表明 K_2CO_3 的分解速率较慢。利用 N-CNT/RGO 为正极的电池在限定容量为 300mA·h/g 和 500 mA·h/g 的容量下能够分别循环 250 圈和 40 圈。可惜的是，本文并没有就反应机理进行探讨，比如，放电产物除了 K_2CO_3，是否有其他产物（C，CO）的生成。因此，K-CO_2 电池的研究进行得非常初步，依然有很多的问题等待解决，比如放电产物的鉴定、充放电的过程和机理、电解液的影响、产物的生长过程等。

7.2.4　锌–二氧化碳电池

锌-二氧化碳（Zn-CO_2）电池不同于以上的非水系碱金属-二氧化碳电池。Zn-CO_2 电池是用的水系电解液，相比于非水系电池，水系 Zn-CO_2 电池电解液不仅更加具有经济上的优势，还能够提供质子，使 CO_2 转化成现代化学工业的基础——烃类化合物、酸和醇等成为可能。而在非水系中，放电产物是固体沉积在正极表面，这一方面也限制了电池的容量。水系 Zn-CO_2 电池的研究者主要是中国科学院福建物质结构研究所王要兵研究员和温珍海研究员。

首先来考虑一下水系电池的可行性，CO_2 还原有这样几种路径[45]，电位为相对于标准氢电极（V *vs.* SHE）

$$CO_2 + 2e^- + 2H^+ \longrightarrow CO + H_2O \qquad E^\ominus = 0.11V \quad (7.15)$$

$$CO_2 + 2e^- + 2H^+ \longrightarrow HCOOH \qquad E^\ominus = 0.20V \quad (7.16)$$

$$2CO_2 + 12e^- + 12H^+ \longrightarrow C_2H_4 + 4H_2O \qquad E^\ominus = 0.07V \quad (7.17)$$

$$2CO_2 + 12e^- + 12H^+ \longrightarrow C_2H_5OH + 3H_2O \qquad E^\ominus = 0.08V \quad (7.18)$$

负极的反应电位为

$$Zn(OH)_4^{2-} + 2e^- \longrightarrow Zn + 4OH^- \qquad E^\ominus = -1.20V \quad (7.19)$$

由上面的反应电位可知，正极的反应电位在 0 V 附近，而负极的电位为–1.2 V，因此从热力学上来说，利用以上的半反应组成一个电池是可能的。但是需要设计合适的催化剂来促进电池的充放电反应，无论是 CO_2 的还原还是 CO_2 的生成都需要催化剂来降低反应能垒，提升反应效率。接下来介绍的工作也都紧紧围绕催化剂的设计。

1. 一次水系 Zn-CO_2 电池

2019 年，温珍海课题组提出了利用 Cu_3P/C 催化剂来进行一次的 Zn-CO_2 电池[46]，正极侧的电解液为 0.1 M CO_2 饱和的 $NaHCO_3$ 溶液，负极的电解液为 4.0 M 的 NaOH 溶液，中间用双极膜隔开，防止两侧电解液交叉污染[图 7.9(a)]。

反应的方程式为

$$Zn+4OH^- + CO_2 + 2H^+ \longrightarrow Zn(OH)_4^{2-} + CO+H_2O \qquad (7.20)$$

图 7.9（b）记录了 Zn-CO_2 电池的开路电压，可以提供稳定的 1.5 V 开路电压。单节 Zn-CO_2 电池的极化曲线及相应的功率密度曲线如图 7.9（c）所示，从图中可以看出，在电流密度为 10 mA/cm^2 时，最大功率密度为 2.6 mW/cm^2。他们还展示了 Cu_3P/C 作为 Zn-CO_2 电池阴极可以供能，三个串联的 Zn-CO_2 电池可以使两个红色发光二极管（LED）发光[图 7.9（d）]。

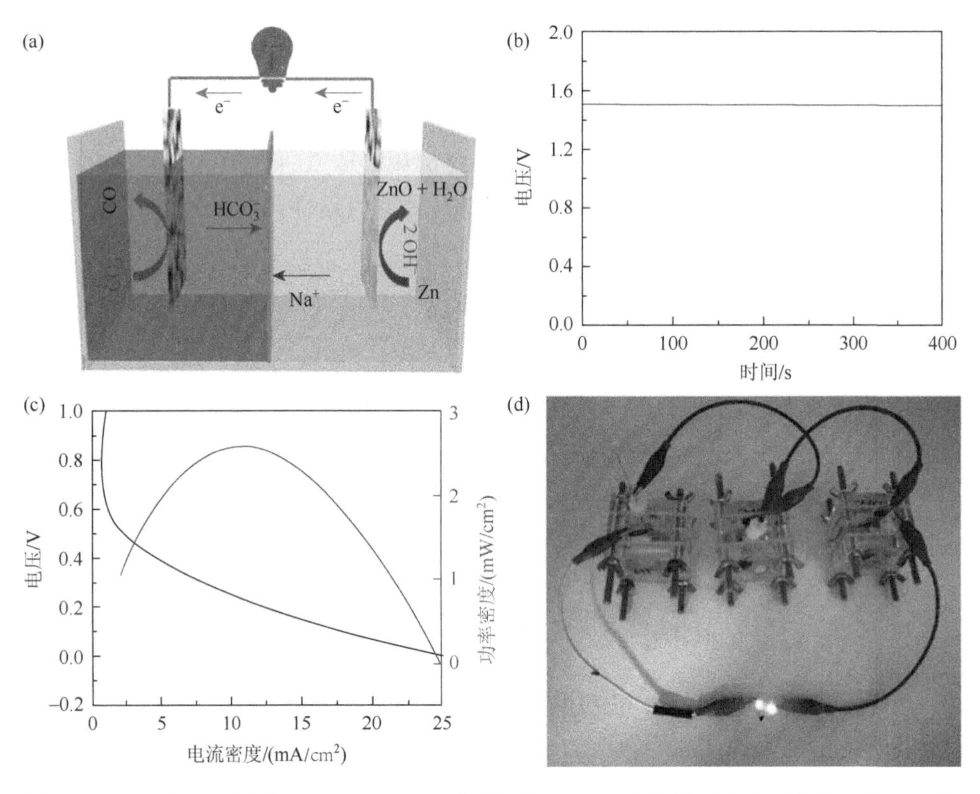

图 7.9　（a）电池示意图；（b）以 Cu_3P/C 为阴极的 Zn-CO_2 电池的开路电压曲线及其（c）极化曲线和功率密度曲线示意图；（d）由三节 Zn-CO_2 电池串联供电的两个红色小 LED 照片

2. 可逆水系 Zn-CO_2 电池

相比于一次电池，二次电池具有更长的寿命，应用场景也更加丰富，但是也对催化剂提出了更高的要求。一次电池的催化剂只需要有还原催化活性即可，而二次电池的催化剂需要具有双功能活性（还原活性和氧化活性）。因此，

2018 年，王要兵课题组合成了枝晶状的 Pd 催化剂[47]，三维多孔的 Pd 纳米片具有丰富的边缘和孔结构，具有高电化学活性的表面，便于在低过电势下同时选择性地还原 CO_2 和氧化 HCOOH，实现了在中性溶液中 CO_2 与 HCOOH 的可逆转化。反应方程式为

$$Zn+4OH^- + CO_2 + 2H^+ \rightleftharpoons Zn(OH)_4^{2-} + HCOOH \tag{7.21}$$

从 Zn-CO_2 电池的放电和充电极化曲线上可以看出，在 0.1 mA/cm^2 电流下的电压差为 0.161 V，在 1 mA/cm^2 电流下的电压差为 0.337 V，这表明该电池有良好的可逆性。在放电电流密度分别为 5.6 mA/cm^2，8.3 mA/cm^2 和 11.1 mA/cm^2 时，电池电压分别为 0.59 V、0.55 V 和 0.52 V 左右，同时 HCOOH 的产量都高于 80%，说明 CO_2 到 HCOOH 的转化在 CO_2 还原中占主导。在恒定 5 mA/cm^2 的电流下，放电的电压从 0.1 h 处的 0.67 V 降低到了 10 h 处的 0.61 V；而在充电时，充电电压从 0.1 h 处的 1.07 V 增加到了 10 h 处的 1.15 V。电压变化都非常小，证明了 Pd 正极具有非常好的双功能催化活性。在长循环测试中，初始的放电电压和充电电压分别为 0.78 V 和 0.96 V，获得了 81.2%的能量效率。在循环 100 圈之后，电池的性能只稍微下降，能量效率降低为 73.5%。

3. 可充电水系 Zn-CO_2 电池

可充电水系 Zn-CO_2 电池，在放电期间催化 CO_2 还原反应和在充电期间催化 O_2 生成反应，与可逆 Zn-CO_2 电池的区别就是充电过程中是否有 CO_2 的生成。可充 Zn-CO_2 电池相当于是一个固定 CO_2 的过程，还原反应消耗的是 CO_2，氧化反应生成的是 O_2。虽然这两种反应已经在许多催化剂上分别进行了研究，但很少有针对这两种反应的双功能催化剂的研究。王要兵课题组对此进行了一系列的催化剂的合成与应用，包含贵金属催化剂、过渡金属催化剂和无金属碳基催化剂。

贵金属催化剂方面，作者选择了将两种反应中的优秀催化剂，即 CO_2 还原的催化剂 Au 和析氧反应的催化剂 Ir 进行耦合，合成 Ir@Au，经过材料合成方法的优化，作者获得的 Ir@Au 催化剂的析氧活性和 CO_2 还原活性都得到了保持[48]。在三电极还原测试中，Ir@Au 的 CO 生成的分电流与 Au 一致，远远优于 Ir 催化剂。此外，用 Ir 为催化剂时，CO_2 还原的竞争反应氢析出非常严重；在氧化测试中，Ir@Au 具有比 Ir/C 和 Au 更好的析氧活性，这验证了 Ir@Au 可以作为 CO_2 还原和析氧的双功能催化剂。在实际的电池中，CO 生成的法拉第效率（FE）最高可达 90%，而且电池还表现出了超过 90 圈的稳定循环。

以上的贵金属催化剂的成功鼓舞了他们对元素掺杂耦合的尝试。之前有报道表

明 P（-O）在金属和碳材料中的掺杂能够促进 OER/ORR，Ni（-N）的掺杂能够促进 CO_2 还原（CDRR），因此他们将 Ni-N 和 P-O 掺杂进了石墨烯中（NiPG）[49]，合成的催化剂表现出三功能催化活性，有效促进 OER/ORR/CDRR。利用该催化剂组成的电池可以在 CO_2 和 O_2 中都能正常运行，因此称之为双模电池。在 Zn-CO_2 电池中，0.25 mA 时的放电电位为 0.47 V，当放电电流增加到 1.5 mA 时仍保持在 0.29 V；另一方面，电池在 0.25 mA 时的充电电位为 2.58 V，在 1.5 mA 时缓慢增加到 2.70 V，这说明了 NiPG 对 CDRR 和 OER 良好的催化活性，与预期一致。此外，Zn-CO_2 电池在 0.5 mA 放电电流下，产生 CO 的法拉第效率（FE）为 42%，在 1.5 mA 放电电流下，随着电化学反应过电势的增加，FE 逐渐增加到 66%。此外，电池在放电和充电 150 min 以上表现出较高的稳定性。可充电 Zn-CO_2 电池的循环曲线上显示，其电压能够稳定 12 h 以上。

2018 年，戴黎明课题组和王要兵课题组利用牺牲模板热解合成了 Si，N 共掺杂的碳（SiNC）[50]，它比 Si 掺杂的 C（SiC）和 N 掺杂的 C（NC）具有更好的双功能催化活性。SiNC 具有最高的比表面积、电化学活性表面积和最高的本征活性，在低过电势下，SiNC 对 CO_2 到 CO 的转化和中性溶液中生成 O_2 具有最高的活性。在 Zn-CO_2 电池中，利用 SiNC 催化剂的电池来还原 CO_2，在 0.4～1.2 mA/cm^2 的电流下，表现出了大于 50%的选择性。此外，电池在 15 h 内循环性能稳定，这种无金属的催化剂能够实现低成本的可充水系 Zn-CO_2 电池。进一步地，王要兵课题组合成了 Si，N，F 共掺杂的碳（SiNFC）作为催化剂，SiNFC 在低电位下表现出了超高的将 CO_2 转化为 CO 的选择性 [51]。SiNFC 可用于组装固态锌-二氧化碳电池。当放电电流高达 1 mA/cm^2 时，固态电池可以实现放电时产生 CO 的法拉第效率超过 50%。

7.3　金属-氮气电池

氮气是空气中成分最多的气体，体积分数占比为 78%，而研究最多的金属氧气电池的氧气在空气中占比为 21%，而所谓的二氧化碳电池所用的 CO_2 只占 0.031%，尽管 CO_2 的浓度在不断上升，但是其在空气中的浓度还是很低。目前对氧气电池的研究是最多的，认识也最深入，但是如果将电池在空气下运行的话，那么不得不考虑空气中成分最多的氮气的影响。如果能够将 N_2 用到空气电池里，那么空气电池的使用环境限制能够进一步减小。因此无论是从研究 N_2 对金属氧气电池的影响，还是从研究金属氮气电池的性能角度看，都是有很大意义的。此外，氮气电池的放电产物为氮化物，可以进一步转化成氨，如何降低成本，实现经济循环也是很有意思的研究方向。

金属氮气电池的研究要从 2017 年中国科学院长春应用化学研究所张新波课题组发表在 *Chem* 上的文章谈起[52]。作者以锂片为负极，1 M $LiCF_3SO_3$/TEGDME 为电解液，碳布为正极，实现了可充的 Li-N_2 电池，并通过 SEM、XRD、FTIR、XPS 等多种手段验证了 Li_3N 的生成与分解（图 7.10），还用 Nessler 试剂对产物进行了定量分析，原理如下

$$Li_3N + 3H_2O = NH_3 + 3LiOH \tag{7.22}$$

$$2[HgI_4]^{2-} + NH_3 + 3OH^- = NH_2Hg_2OI + 7I^- + 2H_2O \tag{7.23}$$

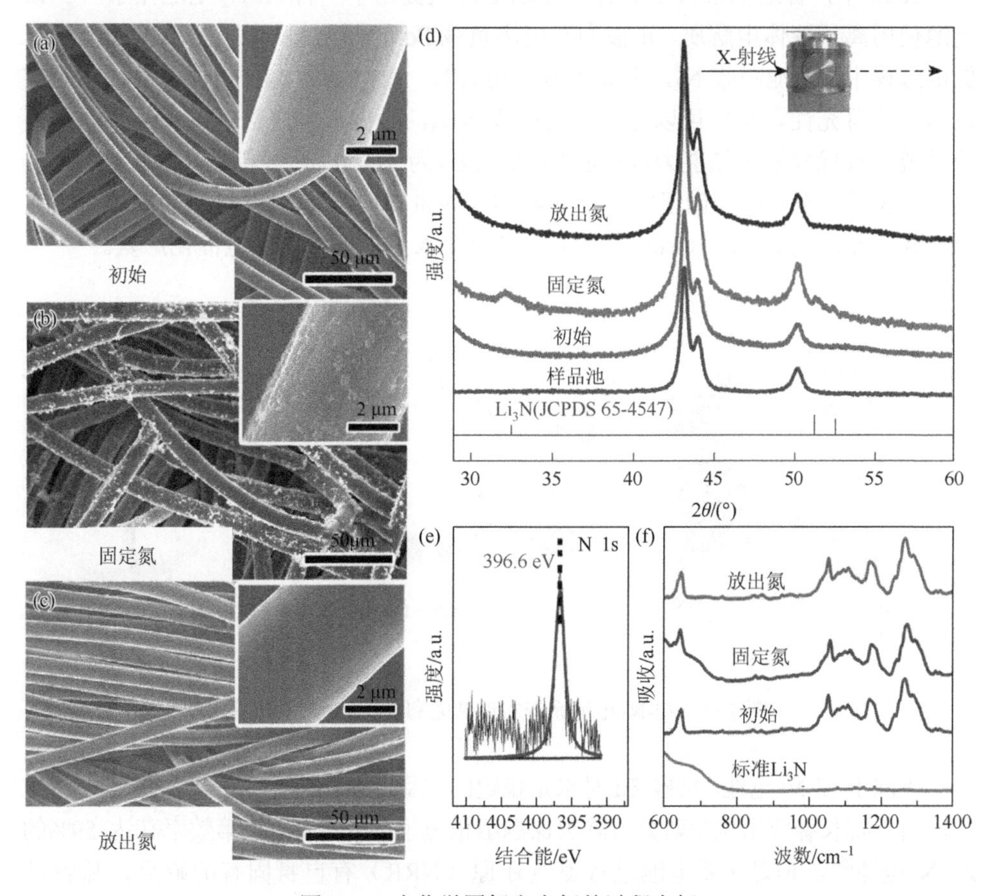

图 7.10　电化学固氮和产氮的过程表征

（a）初始正极；（b）放电后的正极；（c）充电后的正极；（d）充放电前后的正极 XRD 表征；（e）放电后的正极 XPS 表征；（f）充放电前后正极的 FTIR 表征

NH_2Hg_2OI 络合物在 425 nm 处有吸收，所以可以用紫外吸收光谱进行定量。2019 年，南开大学周震课题组将石墨烯引入到 Li-N_2 电池中，并指出放电产物 Li_3N

的不稳定性和吸湿性导致了电池反应的不可逆，电池只可充电[53]。

2019 年，燕山大学彭秋明课题组报道了 Na-N_2 电池[54]，作者使用 α-MnO_2 纳米线为正极催化剂，放电产物为 Na_3N，在 50 mA/g 的电流下实现了 600 mA·h/g 的可逆比容量，并且在限容 400 mA·h/g 时实现了 80 圈的循环。此外，该工作还用了环境透射电镜来原位表征放电的过程。但是该工作中 Na-N_2 电池所展示的放电电位与理论值相差很大，透射电镜结果也没有明确的证据证明 Na_3N 的生成，所以该体系发生的究竟是什么反应还有待探究。

2020 年，香港城市大学支春义课题组首次提出了一种 Al-N_2 电池体系[55]。该电池使用离子液体电解质，正极为石墨烯负载 Pd 的催化剂，负极是 Al（图 7.11）。放电过程中，电池吸收 N_2，生成放电产物 AlN，充电过程 AlN 可以分解，从而实现电池的可充性。AlN 可以进一步转化成 NH_3，为低成本产氨创造了条件。该电池系统具有优异的固氮能力，法拉第效率（FE）为 51.2%，远远超过其他系统（FE～5%）。这项工作不仅开创了第一个能够实现能量转换的 Al-N_2 电池系统，而且有望替代高能耗的 Haber-Bosch 产氨工艺以及在水系电解液中的电催化产氨。

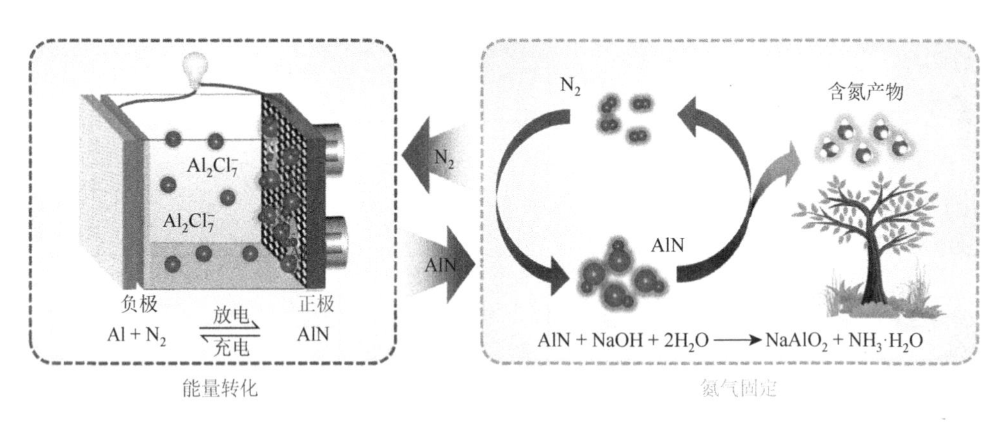

图 7.11　Al-N_2 电池系统实现储能和 N_2 固定的示意图

不同于 Li-N_2 电池，负极 Zn 对水是稳定的，因此 Zn-N_2 电池是水系的。2019 年，中国科学院长春应用化学研究所陈卫课题组报道了 N_2 还原法拉第效率高达 59%的 Zn-N_2 电池[56]。但是水系电池进行氮气还原（NRR）有自身固有的缺点，那就是氮气还原的竞争反应——析氢反应。

$$H_2O + e^- \longrightarrow H^* + OH^- \tag{7.24}$$

$$\text{HER：} H_2O + e^- + H^* \longrightarrow H_2 + H_2O \tag{7.25}$$

$$H^* + H^* \longrightarrow H_2 \tag{7.26}$$

$$\text{NRR: } N_2 + H^* \longrightarrow {}^*NNH \qquad (7.27)$$

$$^*NNH \longrightarrow NH_3\text{（多步反应）} \qquad (7.28)$$

因此提高 NRR 反应的选择性是至关重要的，这就需要对催化剂进行适当的设计。为了达成这个目的，催化剂要对反应（7.24）的活性很小来减缓 H^*的产生，来抑制析氢反应。此外，由于表面传输阻力引起的扩散梯度的存在，极大地降低了催化剂表面的 N_2 浓度。而析氢反应在碱性电解液中的决速步骤是反应（7.24），因此降低传输阻力来提升催化剂表面的 N_2 浓度能够促进 NRR 反应。因为 Cu 有很好的抑制析氢的能力，作者在本工作中选择 Cu 催化剂，此外，通过控制 Cu 层的厚度能够调控表面的运输性质，最终该催化剂在 H 型电解池中获得了 33%的 NRR 法拉第效率，在 Zn-N_2 电池中获得了 59%的法拉第效率。2020 年，浙江大学侯阳课题组利用剥离的二硫化铌（NbS_2）纳米片作为电催化剂进行 NRR 研究[57]，在−0.5 V(*vs.* RHE)电位下，获得了 10.12%的法拉第效率，产量为 37.58 μg/(h·g_{cat})。之后作者将这种催化剂用于 Zn-N_2 电池中，正极为负载 NbS_2 纳米片的碳纸，负极为锌箔，负极一侧电解液为碱性，正极侧电解液为酸性，中间用双极膜隔开。从 Zn-N_2 电池的性能来看，NbS_2 纳米片比块体材料的过电势要低，实现了最高 0.31 mW/cm^2 的功率密度，倍率性能有待提升，连续放电 10 h 依然能保持相对稳定的电压。最后作者还对这种 Zn-N_2 电池进行了点亮灯泡和驱动 NRR 和 OER 的实验。

金属-氮气电池的发展还处在萌芽阶段，尽管有一些报道已经进行了初步的研究，但是其中仍然有很多问题没有解决。首先，N_2 的键能非常高，难以打破，导致电池的放电产物量非常少，这就给检测带来了困难，无法准确地定性和定量。其次，金属-氮气电池的反应过程和机理的研究很难进行，从目前氮气还原的研究来看，N_2 的还原过程还是主要依靠理论计算来进行。最后，金属氮气电池的放电电位较低，这限制了它作为储能器件的发展。如何利用金属-氮气电池来进行固氮，以及提高产量、降低成本，是值得思考的问题。

参 考 文 献

[1] Takechi K，Shiga T，Asaoka T. A Li-O_2/CO_2 battery[J]. Chem Commun，2011，47：3463-3465.

[2] Gowda S R，Brunet A，Wallraff G M，et al. Implications of CO_2 contamination in rechargeable nonaqueous Li-O_2 batteries[J]. J Phys Chem Lett，2013，4：276-279.

[3] Lim H K，Lim H D，Park K Y，et al. Toward a lithium-“air” battery：The effect of CO_2 on the chemistry of a lithium-oxygen cell[J]. J Am Chem Soc，2013，135：9733-9742.

[4] Zhao Z，Su Y，Peng Z. Probing lithium carbonate formation in trace O_2-assisted aprotic Li-CO_2 batteries using *in-situ* surface enhanced Raman spectroscopy[J]. J Phys Chem Lett，2019，10：322-328.

[5] Liu Y，Wang R，Lyu Y，et al. Rechargeable Li/CO_2-O_2（2 ∶ 1）battery and Li/CO_2 battery[J]. Energy Environ Sci，

2014，7：677-681.

[6] Mekonnen Y S，Knudsen K B，Mýrdal J S G，et al. Communication：The influence of CO_2 poisoning on overvoltages and discharge capacity in non-aqueous Li-Air batteries[J]. J Chem Phys，2014，140：121101.

[7] Wang G，Huang L，Liu S，et al. Understanding moisture and carbon dioxide involved interfacial reactions on electrochemical performance of lithium-air batteries catalyzed by gold/manganese-dioxide[J]. ACS Appl Mater Interface，2015，7：23876-23884.

[8] Qiao Y，Yi J，Guo S，et al. Li_2CO_3-free Li–O_2/CO_2 battery with peroxide discharge product[J]. Energy Environ Sci，2018，11：1211-1217.

[9] Zhang P，Zhang J Y，Sheng T，et al. Synergetic effect of Ru and NiO in electrocatalytic decomposition of Li_2CO_3 for enhancing the performance of Li-CO_2/O_2 battery[J]. ACS Catal，2020，10：1640-1651.

[10] Chen K，Huang G，Ma J L，et al. The stabilization effect of CO_2 in lithium-oxygen/CO_2 batteries[J]. Angew Chem Int Ed，2020，59：16661-16667.

[11] Das S K，Xu S，Archer L A. Carbon dioxide assist for non-aqueous sodium-oxygen batteries[J]. Electrochem Commun，2013，27：59-62.

[12] Xu S，Lu Y，Wang H，et al. A rechargeable Na-CO_2/O_2 battery enabled by stable nanoparticle hybrid electrolytes[J]. J Mater Chem A，2014，2：17723-17729.

[13] Xu S，Wei S，Wang H，et al. The sodium-oxygen/carbon dioxide electrochemical cell[J]. ChemSusChem，2016，9：1600-1606.

[14] Qin L，Xiao N，Zhang S，et al. From K-O_2 to K-air batteries：Realizing superoxide batteries on the basis of dry ambient air[J]. Angew Chem Int Ed，2020，59：10498-10501.

[15] Al Sadat W I，Archer L A. The O_2-assisted Al/CO_2 electrochemical cell：A system for CO_2 capture/conversion and electric power generation[J]. Sci Adv，2016，2：e1600968.

[16] Zhang X，Zhang Q，Zhang Z，et al. Rechargeable Li-CO_2 batteries with carbon nanotubes as air cathodes[J]. Chem Commun，2015，51：14636-14639.

[17] Zhang Z，Zhang Q，Chen Y，et al. The first introduction of graphene to rechargeable Li-CO_2 batteries[J]. Angew Chem Int Ed，2015，54：6550-6553.

[18] Wang R，Yu X，Bai J，et al. Electrochemical decomposition of Li_2CO_3 in NiO–Li_2CO_3 nanocomposite thin film and powder electrodes[J]. J Power Sources，2012，218：113-118.

[19] Zhang Z，Wang X G，Zhang X，et al. Verifying the rechargeability of Li-CO_2 batteries on working cathodes of Ni nanoparticles highly dispersed on N-doped graphene[J]. Adv Sci，2018，5：1700567.

[20] Zhang Z，Zhang Z，Liu P，et al. Identification of cathode stability in Li-CO_2 batteries with Cu nanoparticles highly dispersed on N-doped graphene[J]. J Mater Chem A，2018，6：3218-3223.

[21] Hou Y，Wang J，Liu L，et al. Mo_2C/CNT：An efficient catalyst for rechargeable Li-CO_2 batteries[J]. Adv Funct Mater，2017，27：1700564.

[22] Hu X，Li Z，Chen J. Flexible Li-CO_2 batteries with liquid-free electrolyte[J]. Angew Chem Int Ed，2017，56：5785-5789.

[23] Chen X，Liu B，Zhong C，et al. Ultrathin Co_3O_4 layers with large contact area on carbon fibers as high-performance electrode for flexible zinc-air battery integrated with flexible display[J]. Adv Energy Mater，2017，7：1700779.

[24] Qiao Y，Yi J，Wu S，et al. Li-CO_2 electrochemistry：A new strategy for CO_2 fixation and energy storage[J]. Joule，2017，1：359-370.

[25] Qie L，Lin Y，Connell J W，et al. Highly rechargeable lithium-CO_2 batteries with a boron-and nitrogen-codoped holey-graphene cathode[J]. Angew Chem Int Ed，2017，129：7074-7078.

[26] Yang S，Qiao Y，He P，et al. A reversible lithium-CO_2 battery with Ru nanoparticles as a cathode catalyst[J]. Energy Environ Sci，2017，10：972-978.

[27] Li S，Dong Y，Zhou J，et al. Carbon dioxide in the cage：Manganese metal-organic frameworks for high performance CO_2 electrodes in Li-CO_2 batteries[J]. Energy Environ Sci，2018，11：1318-1325.

[28] Li S，Liu Y，Zhou J，et al. Mono-dispersed MnO nanoparticles in graphene-interconnected N-doped 3D carbon framework as highly efficient gas cathode in Li-CO_2 batteries[J]. Energy Environ Sci，2019，12：1046-1054.

[29] Xu S，Chen C，Kuang Y，et al. Flexible lithium-CO_2 battery with ultrahigh capacity and stable cycling[J]. Energy Environ Sci，2018，11：3231-3237.

[30] Ahmadiparidari A，Warburton R E，Majidi L，et al. A long-cycle-life lithium-CO_2 battery with carbon neutrality[J]. Adv Mater，2019，31：1902518.

[31] Yin W，Grimaud A，Azcarate I，et al. Electrochemical reduction of CO_2 mediated by quinone derivatives：Implication for Li-CO_2 battery[J]. J Phys Chem C，2018，122：6546-6554.

[32] Khurram A，Yin Y，Yan L，et al. Governing role of solvent on discharge activity in lithium-CO_2 batteries[J]. J Phys Chem Lett，2019，10：6679-6687.

[33] Li X，Zhou J，Zhang J，et al. Bamboo-like nitrogen-doped carbon nanotube forests as durable metal-free catalysts for self-powered flexible Li-CO_2 batteries[J]. Adv Mater，2019，31：1903852.

[34] Qiao Y，Xu S，Liu Y，et al. Transient，*in situ* synthesis of ultrafine ruthenium nanoparticles for a high-rate Li-CO_2 battery[J]. Energy Environ Sci，2019，12：1100-1107.

[35] Xu S，Das S K，Archer L A. The Li-CO_2 battery：A novel method for CO_2 capture and utilization[J]. RSC Adv，2013，3：6656-6660.

[36] Wang L，Dai W，Ma L，et al. Monodispersed Ru nanoparticles functionalized graphene nanosheets as efficient cathode catalysts for O_2-assisted Li-CO_2 battery[J]. ACS Omega，2017，2：9280-9286.

[37] Hu X，Li Z，Zhao Y，et al. Quasi-solid state rechargeable Na-CO_2 batteries with reduced graphene oxide Na anodes[J]. Sci Adv，2017，3：e1602396.

[38] Sun J，Lu Y，Yang H，et al. Rechargeable Na-CO_2 batteries starting from cathode of Na_2CO_3 and carbon nanotubes[J]. Research，2018，2018：1-9.

[39] Wang X，Zhang X，Lu Y，et al. Flexible and tailorable Na-CO_2 batteries based on an all-solid-state polymer electrolyte[J]. ChemElectroChem，2018，5：3628-3632.

[40] Lu Y，Cai Y，Zhang Q，et al. A compatible anode/succinonitrile-based electrolyte interface in all-solid-state Na-CO_2 batteries[J]. Chem Sci，2019，10：4306-4312.

[41] Hu X，Joo P H，Matios E，et al. Designing an all-solid-state sodium-carbon dioxide battery enabled by nitrogen-doped nanocarbon[J]. Nano Lett，2020，20：3620-3626.

[42] Zhang W，Hu C，Guo Z，et al. High-performance K-CO_2 batteries based on metal-free carbon electrocatalysts[J]. Angew Chem Int Ed，2020，59：3470-3474.

[43] Zhang L，Tang Y，Liu Q，et al. Probing the charging and discharging behavior of K-CO_2 nanobatteries in an aberration corrected environmental transmission electron microscope[J]. Nano Energy，2018，53：544-549.

[44] Hu X，Sun J，Li Z，et al. Rechargeable room-temperature Na-CO_2 batteries[J]. Angew Chem Int Ed，2016，55：6482-6486.

[45] Xie J，Wang Y. Recent development of CO_2 electrochemistry from Li-CO_2 batteries to Zn-CO_2 batteries[J]. Acc

Chem Res，2019，52：1721-1729.

[46] Peng M，Ci S，Shao P，et al. Cu_3P/C nanocomposites for efficient electrocatalytic CO_2 reduction and Zn-CO_2 battery[J]. J Nanosci Nanotechnol，2019，19：3232-3236.

[47] Xie J，Wang X，Lv J，et al. Reversible aqueous zinc-CO_2 batteries based on CO_2-HCOOH interconversion[J]. Angew Chem Int Ed，2018，57：16996-17001.

[48] Wang X，Xie J，Ghausi M A，et al. Rechargeable Zn-CO_2 electrochemical cells mimicking two-step photosynthesis[J]. Adv Mater，2019：1807807.

[49] Yang R，Xie J，Liu Q，et al. A trifunctional Ni-N/P-O-codoped graphene electrocatalyst enables dual-model rechargeable Zn-CO_2/Zn-O_2 batteries[J]. J Mater Chem A，2019，7：2575-2580.

[50] Ghausi M A，Xie J，Li Q，et al. CO_2 overall splitting by a bifunctional metal-free electrocatalyst[J]. Angew Chem Int Ed，2018，57：13135-13139.

[51] Wang X，Xie J，Ghausi M A，et al. Solid-state Zn-CO_2 batteries based on metal-free carbon materials towards artificial photosynthesis[J]. Unpublished，2019.

[52] Ma J L，Bao D，Shi M M，et al. Reversible nitrogen fixation based on a rechargeable lithium-nitrogen battery for energy storage[J]. Chem，2017，2：525-532.

[53] Zhang Z，Wu S，Yang C，et al. Li-N_2 batteries：A reversible energy storage system？[J]. Angew Chem Int Ed，2019，58：17782-17787.

[54] Zhu Y，Feng S，Zhang P，et al. Probing the electrochemical evolutions of Na-CO_2 nanobatteries on Pt@NCNT cathodes using *in-situ* environmental TEM[J]. Energy Storage Mater，2020，33：88-94.

[55] Guo Y，Yang Q，Wang D，et al. A rechargeable Al-N_2 battery for energy storage and highly efficient N_2 fixation[J]. Energy Environ Sci，2020，13：2888-2895.

[56] Du C，Gao Y，Wang J，et al. Achieving 59% faradaic efficiency of the N_2 electroreduction reaction in an aqueous Zn-N_2 battery by facilely regulating the surface mass transport on metallic copper[J]. Chem Commun，2019，55：12801-12804.

[57] Wang H，Si J，Zhang T，et al. Exfoliated metallic niobium disulfate nanosheets for enhanced electrochemical ammonia synthesis and Zn-N_2 battery[J]. Appl Catal，B，2020，270：118892.

第8章　氧化还原介体

8.1　氧化还原介体概要

氧化还原介体（RM）是一种具有电化学活性的化学物质，被广泛应用于生物医学、能源存储转化、环境治理等诸多领域。氧化还原介体在电化学循环过程中可以发生可逆氧化还原反应，作为电子载体，其可以加速反应动力学或通过形成更稳定的中间态来改变反应路径。

在能源领域，氧化还原介体（RM）具有重要作用。离子电池中，氧化还原介体可以改善电极材料电导率，同时还被用作化学过充保护剂；在超级电容器方面，氧化还原介体可有效地提高离子电导率并增加电容比容量；在液流电池领域，电解液中的氧化还原活性物质是实现其电化学储能的核心要素；在微生物燃料电池中，氧化还原介体可以提高微生物催化剂的电子传递能力，帮助管理复杂的多相反应，即碳氢化合物、多元醇和生物质在燃料电池中的反应[1]。而在金属空气电池领域，氧化还原介体同样起到了关键作用：改善关键的氧还原（ORR）和氧析出（OER）反应动力学，同时抑制副反应[2]。

目前主要以锂氧气电池领域中对氧化还原介体的研究最为广泛和深入，因此将对其进行重点介绍。其他金属空气电池体系中的氧化还原介体研究，也会在后文进行简要介绍。

8.1.1　作用和机理

氧化还原介体的引入，是为了针对性解决锂氧气电池体系固有的电化学反应动力学差引起的电势极化增加的问题。同时，部分氧化还原介体可以改变反应中间路径。从锂氧气电池的主要副反应因素来看，绝缘性过氧化锂导致的过大充电过电势和反应过程产生的超氧阴离子、单线态氧等活性氧物种导致的碳材料、黏结剂和电解液的电化学分解及化学分解，以及由此产生或由外界进入的二氧化碳、水等杂质物质进一步改变反应途径和放电产物，是导致电池循环性能衰退的主要原因。由此，氧化还原介体的使用，可以从源头上抑制副反应发生的条件。可以说，合理选择充放电氧化还原介体是提高电池氧化还原反应能力、降低充放电过电势、抑制活性氧物种引起的副反应的最有效策略[3]。

下面我们将分别对氧还原和氧析出过程中氧化还原介体的作用和机理进行说明。

1. 氧析出反应中的充电氧化还原介体 RMc

就氧析出反应而言，普通的正极催化剂与放电产物之间固-固界面接触处的活性位点有限，导致催化活性普遍较低。此外，某些正极催化剂也促进了电解质溶剂的严重分解[4]。氧化还原介体与常规的固体催化剂相比具有很大的优势，通常表现出更高的能量转换效率。

如图 8.1 和式（8.1）～式（8.4）所示，氧化还原介体在充电过程中的机理，主要涉及电化学和化学反应两步过程。在电极表面附近的充电过程中，氧化还原介体会被优先电化学氧化[式（8.1）]。氧化态的氧化还原介体在电解质中自由扩散并与放电过程生成的产物过氧化锂（Li_2O_2）发生化学反应，最终将其分解为锂离子和氧气，而氧化还原介体会同时被化学还原回到其初始状态[式（8.4）]。在整个过程中，可能会经过式（8.2）和式（8.3）所示的过程。氧化还原介体的电化学氧化过程决定了电池的充电电压平台，因此选择合适的氧化还原介体可以有效地降低充电极化[5]。

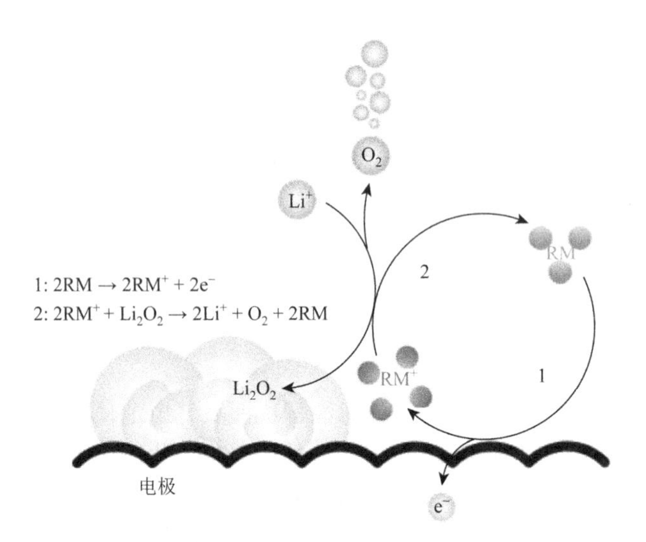

图 8.1　氧化还原介体在充电过程中的反应机理[5]

$$RM - e^- \longrightarrow RM^+ \tag{8.1}$$

$$Li_2O_2 + RM^+ \longrightarrow LiO_2 + RM + Li^+ \tag{8.2}$$

$$LiO_2 + RM^+ \longrightarrow Li^+ + O_2 + RM \tag{8.3}$$

$$Li_2O_2+2RM^+ \longrightarrow 2Li^+ +O_2+2RM \quad (8.4)$$

上述的氧化还原穿梭的机理是充电氧化还原介体 RMc（charging redox mediator）中的主要作用方式，此外少数的充电氧化还原介体 RMc 也会在氧析出反应（OER）过程中形成某些有利的中间态。但是需要注意的是，并非所有液相催化剂都是氧化还原介体。以一种多吡啶钌类有机物（RuPC）为例，在含 RuPC 的锂氧气电池中，过氧化锂的氧化电位（3.73 V）在 RuPC 氧化电位（4.64 V）之前，在这种情况下氧析出反应的过电势改善的机制与氧化还原介体的机制并不相同。因此，RuPC 在这里不起氧化还原介体的作用，氧析出反应过电势改善归因于 RuPC 对过氧化锂分解的催化活性。其充电过程的第一步是过氧化锂到超氧化锂过渡中间体的单电子脱锂，在 RuPC 和二甲基亚砜（DMSO）的辅助下进一步转化为 RuPC（LiO_2-3DMSO）中间体；之后 RuPC（LiO_2-3DMSO）中间体将第二次氧化以释放氧气并再生形成 RuPC，以完成整个二电子转移的氧析出反应过程。由于过氧化锂的脱锂途径比传统的双电子途径在动力学上更有利且可逆性更高，因此 RuPC 催化的锂氧气电池可以有效地降低充电过电势[6]。

2. 氧还原反应中的放电氧化还原介体 RMd

锂氧气电池中放电反应生成过氧化锂的过程通过两种机制进行，通常称为表面吸附路径和溶剂化路径（详见第二章）。一般来说，高 DN 值的电解液会由溶剂化路径介导形成放电产物，并得到较大的放电容量；而低 DN 值的电解液则会由表面吸附路径介导放电产物生成，容量相对较低。但是，由于在高 DN 值电解液中超氧阴离子等中间态活性氧存在时间更长，因此往往对应的电解液更不稳定。

面对稳定性和放电容量之间的潜在矛盾，除了电解液和电极设计等途径之外，另一种有效兼顾稳定性和放电容量的途径就是使用放电氧化还原介体（discharging redox mediator，RMd）。在具有放电氧化还原介体 RMd 的条件下，放电过程将利用 RMd 代替溶液中的超氧阴离子携带电子，从而形成稳定性更高的中间态，并改善放电反应动力学。同时，RMd 的使用使反应可以发生在远离电极活性位点的地方，这避免了固态的放电产物过氧化锂在电极表面的活性位点中心产生积聚而出现骤死现象[7]。

实际上，放电氧化还原介体参与氧还原反应（ORR）过程的反应机理与我们直观理解的利用氧化还原穿梭机制[8]往往具有差异，我们这里将之称为形成复杂中间体的氧化还原机制。

关于直观的氧化还原穿梭机制如下所示：

$$2RM+2e^- \rightleftharpoons 2RM^- \quad (8.5)$$

$$Li^+ + RM^- + O_2 \rightleftharpoons RM + LiO_2 \qquad (8.6)$$

$$LiO_2 + RM^- + Li^+ \rightleftharpoons RM + Li_2O_2 \qquad (8.7)$$

图 8.2 直观地描述了在氧化还原穿梭机制中放电氧化还原介体 RMd 的作用方式。RMd 优先通过电化学反应得到电子，然后作为电子供体和锂离子、氧气等发生化学反应。从公式中也可以看出，氧化还原穿梭将通过加速第二还原步骤将放电容量提高。根据反应机理，氧化还原介体得电子过程和氧还原反应过程具有竞争性，同时氧化还原介体的还原电位应该低于氧气还原为超氧化锂中间体的电位。

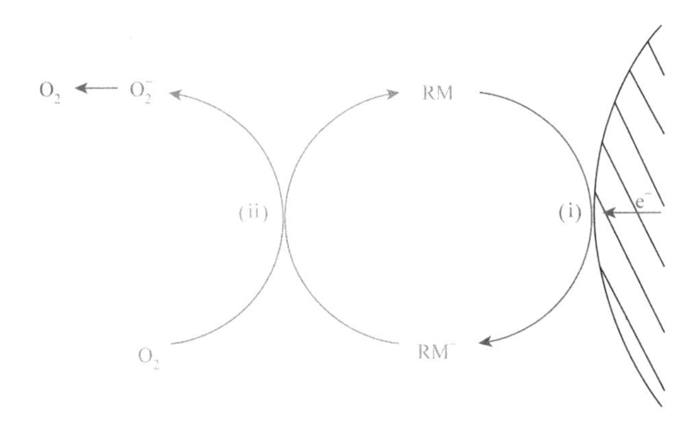

图 8.2 氧化还原介体在放电过程中的反应机理[9]

上述直观反应路径是带负电的还原态 RMd 先和氧气反应生成超氧根阴离子，超氧根阴离子再和锂离子结合生成过氧化锂，放电氧化还原介体 RMd 再和锂离子、氧气等发生反应的过程。但是需要注意的是，更多的真实 RMd 反应过程是会形成某些中间过渡态的结合物，也就是所说的形成复杂中间体的氧化还原机制。绝大多数放电氧化还原介体，比如 2, 5-二叔丁基-1, 4-苯醌（DBBQ），辅酶 Q10（CoQ10），酞菁铁（FePc），聚（2, 2, 6, 6-四甲基哌啶基氧基-4-甲基丙烯酸甲酯）（PTMA）等都是通过这种机理作用。与直接形成氧化还原穿梭的机理相比，这些氧化还原介体通过形成新的复杂中间体代替超氧化锂过渡中间体来提高放电性能。

如图 8.3 和式（8.8）～式（8.11）所示，以 2, 5-二叔丁基-1, 4-苯醌（DBBQ）为例来说明该类氧化还原介体的作用机理。放电时，DBBQ 首先被还原为 LiDBBQ [式(8.8)]，与氧气结合形成 $LiDBBQO_2$，形成新的中间体[式(8.9)]。之后 $LiDBBQO_2$ 要么歧化分解产生过氧化锂[式（8.10）]，要么被另一个 LiDBBQ 还原形成过氧化锂[式（8.11）]；这两个过程都会使 DBBQ 实现自我恢复[10]。且如图所示，很显然地，$LiDBBQO_{2(sol)}$ 的形成在能量上明显比超氧化锂过渡中间体更加有利。

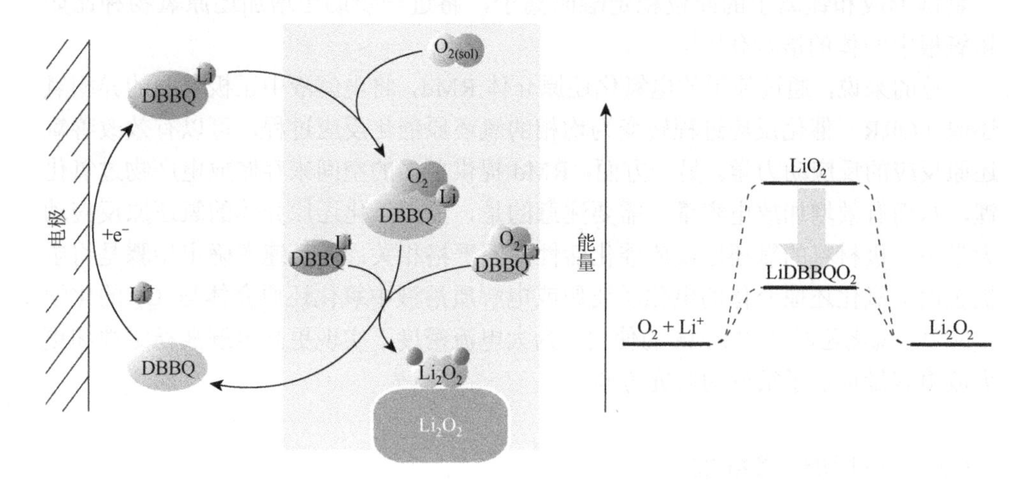

图 8.3　DBBQ 通过形成中间态在氧还原反应过程中的作用机理[10]

$$DBBQ_{(sol)} + Li^+ + e^- \longrightarrow LiDBBQ_{(sol)} \tag{8.8}$$

$$LiDBBQ_{(sol)} + O_{2(sol)} \rightleftharpoons LiDBBQO_{2(sol)} \tag{8.9}$$

$$2LiDBBQO_{2(sol)} \longrightarrow Li_2O_{2(s)} + O_{2(sol)} + 2DBBQ_{(sol)} \tag{8.10}$$

$$LiDBBQ_{(sol)} + LiDBBQO_{2(sol)} \longrightarrow Li_2O_{2(s)} + 2DBBQ_{(sol)} \tag{8.11}$$

在形成复杂中间体的情况下，放电氧化还原介体 RMd 不能简单地视为仅在氧气和电极之间转移电子的氧化还原穿梭，而是会通过形成新的中间体复合物 RM-LiO_2 代替超氧化锂过渡中间体。因此，与直观的氧化还原穿梭路径相比，整个路线在反应热力学和动力学上是有很多关键差异的。一般地，氧化还原介体将锂离子溶剂化形成第一中间态 RM-Li^+的过程步骤热力学有利，但是当继续结合氧阴离子形成 RM-LiO_2 中间态后，从吸附能来看其热力学往往结构不稳定，因此可以自动释放 LiO_2 并回收氧化还原介体[11]。要注意的是，第二中间态 RM-LiO_2 的形成过程可能会比第一中间态 RM-Li^+的形成更慢一些，但这是有利的，这将有利于 RM-LiO_2 从电极表面扩散开，并在更远的溶液位置中形成过氧化锂而不会钝化电极表面。此外，正如上文所述，超氧化锂是反应性中间体并且是电解质分解的主要贡献者之一，由于 RM-LiO_2 的能量低于超氧化锂，它的反应性可能低于超氧化锂，从而抑制了副反应[8]。水和醌可以一起用于非水 Li-O_2

电池，过氧化锂晶体可以长到 30 μm，比单独使用醌或不添加任何添加剂的情况大一个数量级以上。醌单阴离子对氧气的催化还原本身具有积极作用，而水通过氢键形成和锂离子的配位稳定醌阴离子，将进一步助于增加还原氧物种比如超氧根中间体的溶剂化[12]。

总的来说，通过使用放电氧化还原介体 RMd，将电解液中正极表面的异相氧还原（ORR）催化反应过程转变为均相的氧还原催化反应过程，可以有效改善氧还原反应的反应动力学。另一方面，RMd 提供更多的空间来存储放电产物过氧化锂，从而有效增加放电容量。需要注意的是，使用氧化还原介体的氧还原反应动力学与正极材料的氧还原反应催化活性并不严格相关，并且速率确定步骤是将电极表面上氧化还原介体的电化学还原或电解质溶液中氧化还原介体与 O_2 的化学反应[9]。氧化还原介体 RMd 的使用，为大电流密度下实现更高电解液稳定性和更大放电容量提供了很好的研究方向。

8.1.2　设计和选择标准

锂氧气电池中，氧化还原介体的设计需要兼顾考虑其功能性和稳定性，理想的氧化还原介体的选择标准包括如下几点。

1. 合适的氧化还原电位

热力学因素是一个重要的考量方面。实际上，根据前面表述的反应机理，氧化还原介体的氧化还原电位应成为选择氧化还原介体候选物的首要标准。

对于充电反应的氧化还原介体 RMc，其氧化电位应在放电产物过氧化锂的理论形成电位 2.96 V（*vs.* Li^+/Li，本章内余同）以上，以保证其可以化学分解过氧化锂。但是该电位需要更加具体的考虑：首先，考虑到溶剂环境影响，氧化还原介体的氧化电位应不仅仅高于 2.96 V，而是要至少保证在特定电解液环境中满足氧化过氧化锂所需的最低实际电位标准；其次，在符合该条件的基础上，氧化还原介体对应的氧化电位应尽可能地接近 2.96 V，以实现充电电势的降低和能效的最大化。

需要注意的是，合适的氧化还原电位同时也意味着氧化态的氧化还原介体（这里仅以 RM^+代表氧化态）应该对电解液稳定。部分 RM^+可能在分解 Li_2O_2 的同时也会氧化电解液，导致电解液在长循环过程中的不断消耗。RM^+的 SOMO 轨道能量相对于电解质的 HOMO 轨道能量的相对位置可作为这方面预测 RM 的有用标准。如图 8.4 所示，粗线条表示在充电过程中被氧化时 RM 重新分配的 SOMO 和 LUMO 含量，细线表示溶剂四乙二醇二甲醚（TEGDME）的 HOMO 能量。RM^+的 SOMO 能量应高于电解液的 HOMO 能量；否则，氧化态 RM^+将可以通过氧化

电解液而不是分解 Li_2O_2 恢复到原始状态 RM[5]。

同样地，对于放电反应的氧化还原介体 RMd，合适的氧化还原电位也非常重要。RMd 的氧化电位应略低于并接近过氧化锂的理论平衡电势 2.96 V，使其能够将氧气化学还原为 Li_2O_2，同时不会从形成的放电产物中释放出氧气，这代表着单独用于放电反应的氧化还原介体设计在充电期间应无效。

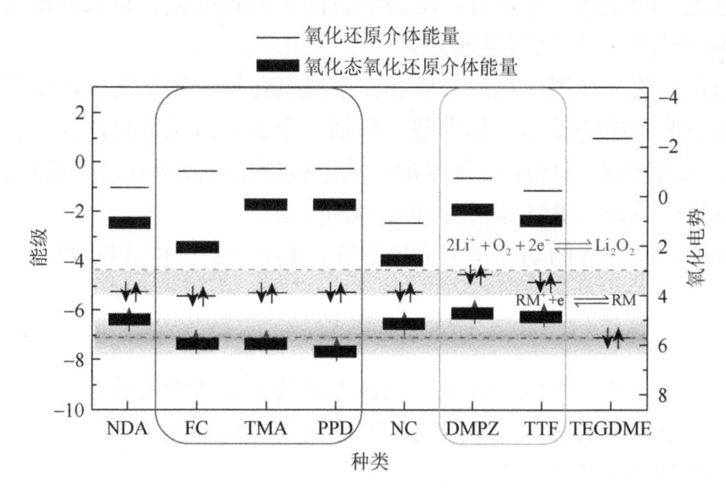

图 8.4　氧化还原介体和四乙二醇二甲醚（TEGDME）的分子轨道能级关系[5]

2. 氧化还原反应完全可逆

由于氧化还原介体作为中间电子载体使用，因此要求在完成一次氧化还原循环反应之后，其自身物质结构和性质不应发生改变。因此，在能源系统中，氧化还原介体需要在电化学氧化还原反应过程中完全可逆。进一步地对于锂氧气电池，需要保证其在氧气环境下的电化学反应过程完全可逆。

电化学可逆稳定性是氧化还原介体重要的稳定性标准，因此在设计和应用氧化还原介体时，进行电化学稳定性检测是必要的。一般的方法是在氩气和氧气环境下，分别采用循环伏安方法测试含有氧化还原介体的电解液是否具有可逆稳定的氧化还原峰。Salehi-Khojin 团队研究了使用二甲基亚砜（DMSO）和四乙二醇二甲醚（TEGDME）电解质的 $Li-O_2$ 电池系统中的 20 种氧化还原介体，并使用循环伏安法测量了它们的电化学特性，例如氧化还原峰的位置和电流强度，对其中六种物质检查了连续循环后的电化学响应以进行稳定性测试。研究发现卤化物氧化还原介体相比有机金属氧化还原介体表现出更高的稳定性。虽然有机氧化还原介体在循环伏安测试中显示出高可逆性，但电池循环结果却较差，这和其他化学稳定性因素影响相关[13]。

3. 较快的反应动力学

虽然氧化还原电位的设计选择是先决条件，但是对于充电氧化还原介体 RMc 来说，这并不能保证其具有有利于放电产物分解的快速的动力学。例如，尽管 I_3^-/I^- 氧化还原对的电势超过 3 V，但是从动力学方面考量氧化过氧化锂的过程仍旧存在争议。总之，即使热力学可行，动力学方面也应足够快，以保证即使在大电流密度下 RMc 介导的过氧化锂迅速分解。

迄今为止，关于在氧化还原介体存在下过氧化锂分解动力学的研究仍相对较少。该反应需要考虑的动力学标准整体包括三个部分：①氧化还原介体在电极表面的电氧化；②氧化态氧化还原介体 RM^+ 从电极附近向过氧化锂附着位置的转移；③氧化态氧化还原介体 RM^+ 氧化过氧化锂的反应。

关于氧化还原介体的动力学方面的研究，将在 8.2 节中详细说明。

4. 匹配电池系统的一般化学稳定性要求

将氧化还原介体引入电池系统，应该保证其对电解液足够稳定。同时，由于锂氧气电池中所采用的金属锂负极是具有非常高还原活性的物质，所以氧化还原介体自身应该对金属锂足够稳定。

当充电过程中氧化还原介体被氧化为氧化态氧化还原介体 RM^+ 时，在电场作用下其倾向于往金属阳极侧移动并增加了和金属锂发生副反应的容易程度，这种现象被称为氧化还原穿梭效应。尽管绝大多数出于锂金属阳极表面保护角度考虑的抑制氧化还原介体穿梭效应影响的方法（无论是人工保护膜的设计还是电解液组分原位成 SEI 膜）都不能真正阻止氧化还原介体副反应[14]，但是通过合理设计来抑制氧化还原穿梭效应仍然起到了明显改善的作用。

由于正极区的氧化还原介体穿梭到负极要穿过隔膜，因此为了研究氧化还原介体穿梭效应在隔膜区域的渗透性，研究人员设计了一种精确的测量穿膜速率的方式。采用配有玻碳工作电极的“世伟洛克”电池，使用方波伏安法评估了氧化还原物质在隔膜上的渗透性，该技术以非常高的精度评估穿梭的氧化还原物质的浓度[15]。

尽管在研究氧化还原介体自身特性过程中，一些研究人员选用了磷酸铁锂等材料作为电池负极，在提供锂源的同时有效避免氧化还原介体氧化还原穿梭效应和负极发生副反应，但是磷酸铁锂作为电池负极所展现的是一种伪电压。虽然在认识掌握氧化还原介体特性的过程中，这种方法是有效的，但是从金属空气电池的发展角度考虑，标准电极电势足够低，并且可以提供充足离子源的金属电极的使用是其重要条件之一。因此采取磷酸铁锂作为负极测试的同时，一些研究者同样提出了在实际的锂氧气电池中，需要相应地使用固态锂离子膜等方法保护锂阳极进行测试[16]。不过，由此导致的阻抗增加问题也需要纳入考虑。

考虑到氧化还原穿梭效应在常规使用氧化还原介体的锂氧气电池中是一种常见的副反应现象，因此通过拓展有效方法来抑制氧化态氧化还原介体 RM^+发生穿梭效应和金属锂反应是必要的，这将具有拓宽考虑把对金属锂稳定性相对较差的物质选作氧化还原介体的可能性（如果是通过高效限域方式避免氧化还原介体和金属锂负极接触的设计方法）。但是仍应该优先将和锂金属的化学稳定性作为理想氧化还原介体设计选择时的优选标准之一。

5. 对活性氧物种稳定

由于锂氧气电池中特殊的活性氧物种的存在，这对氧化还原介体的化学稳定性提出了额外的要求。对于超氧化物和过氧化物的稳定是实现氧气环境电解液中氧化还原介体稳定性的先决条件之一。因此，和电解液设计思路相似，耐亲核攻击稳定性也应该作为氧化还原介体设计和选择时的重要考量。

此外，近年来锂氧气电池系统中关于单线态氧对整体电池系统的攻击和由此导致的组分降解的观点被提出以及相关验证，使得对单线态氧稳定性也成了重要的验证标准之一。

需要注意的是，一种观点认为，氧化还原介体穿梭效应并不是导致电池极化电势不断随循环增加的主要原因。在穿梭效应中，和电池充放电电势密切相关的电化学活性物种实际上没有损失——氧电极上产生的氧化还原介体自由基向锂金属阳极扩散，被锂金属阳极还原成氧化还原介体，还原后的氧化还原介体之后可以再次扩散回氧电极，这意味着氧化还原介体仍旧可以在氧电极上保持其电活性和浓度，因此，导致含有氧化还原介体的电池循环过程中性能衰退的关键因素，可能包括氧化还原介体自由基的高反应性或其暴露于高反应性的氧衍生物而引起的副反应损失其电化学活性，以及一些氧化还原介体和锂金属阳极发生的明显的降解副反应，这些副反应对应的电荷贡献无法进行有效校正，因此，当用含氧化还原介体的系统对 $Li\text{-}O_2$ 电池充电时，每个氧分子转移的电子数量始终高于 $2e^-/O_2$ 的标准转移数[17]。一些研究人员认为，氧化还原介体自由基的化学稳定性对氧化还原介体锂氧气电池电化学性能的影响大于电化学可逆性[18]。如果是这样的话，那么电解液溶剂的优化对含氧化还原介体的锂氧气电池的长周期性能具有重要意义。

6. 其他物性要求

除了上述对功能性和稳定性的设计标准外，还有其他必要的物性要求。比如：

溶解性方面，氧化还原介体应该完全可溶于电解液；流动性方面，作为液相催化剂氧化还原介体应该具有较好的流动性；此外，作为应用向发展的需要，氧化还原介体应该尽可能具备经济友好和环境友好的特点。

8.1.3　分类

氧化还原介体可以从多个角度进行划分，不同划分方法可以全面地体现各种氧化还原介体之间的共性和异性。下面将从功能作用分类、电子结构变化分类、组成分类等几方面分别进行介绍。

1. 根据功能作用分类

氧化还原介体根据其功能作用，一般分为充电氧化还原介体、放电氧化还原介体和双功能氧化还原介体。

充电氧化还原介体包括四硫富瓦烯（TTF）、四甲基哌啶氧化物（TEMPO）、甲氧基四甲基哌啶氧化物（Methoxy-TEMPO）、酞菁铁（FePc）、5, 10-二甲基吩嗪（DMPZ）、*N*-甲基吩噻嗪（MPT）、三[4-(二乙基氨基)苯基]胺（TDPA）、硝酸锂（$LiNO_3$）衍生的 $NO_2/LiNO_2$、溴化锂（LiBr）、碘化锂（LiI）等。在锂氧气电池研究中，第一个充电氧化还原介体是四硫富瓦烯（TTF），其典型的氧化还原电位约为 3.56 V[19]。进一步研究发现，TTF 的效果和电极材料及形貌关系密切。后来研究的多种充电氧化还原介体基本可以有效地将充电电势从 4.3～4.5 V 降低至 3.3～3.6 V。充电氧化还原介体 RM 的研究非常广泛和深入，将在后续章节中进行详细介绍。

放电氧化还原介体包括 2, 5-二叔丁基-1, 4-对苯醌 DBBQ、乙基紫精 EtV^{2+}等；双功能氧化还原介体包括酞菁铁 FePc 等。乙基紫精是早期提出的放电氧化还原介体，它可以将 O_2 还原为 O_2^-，这可以通过增加还原电流来证明。在电解质中存在 EtV^{2+}的情况下，Li-O_2 电池的放电容量几乎是没有 EtV^{2+}时的两倍，并且表现出 2.4 V 平稳的放电平台，这对应于 EtV^{2+}/EtV^{+}的氧化还原对[20]。醌类衍生物是最典型的促进氧还原反应的氧化还原介体，醌衍生物的放电电位为 2.7 V 左右，并且显示出快速的氧还原动力学[21]。

然而单独使用放电氧化还原介体存在着其他问题。虽然放电氧化还原介体有效拓展了放电产物生成的空间，但是远离电极表面所形成的过氧化锂电化学分解会更加困难，因此具有高的充电过电势。因此，同时使用放电氧化还原介体和充电氧化还原介体，或者开发同时具有促进氧还原反应和氧析出反应过程双功能的氧化还原介体是利用氧化还原介体的趋势之一。例如，一种血红素分子，由卟啉与铁离子中心结合的血红蛋白，作为双功能氧化还原介体被应用于锂氧电池体系。在放电反应中，血红素（Fe^{3+}）可以接受一个电子，或结合 O_2^-，形成(Fe^{2+})-O_2。充电时，血红素(Fe^{2+})-O_2络合物释放出氧气，并将电子直接转移到电极（氧化还原介体），从而恢复为血红素（Fe^{3+}）的状态。血红素（Fe^{3+}）可以接受任何由 LiO_2 或 Li_2O_2 的氧化生成的超氧化物，并再次形成血红素(Fe^{2+})-O_2 络合物。这些过程可能会循环进行，直到大多数放电产物被氧化分解[22]。

同时具有改善氧析出和氧还原功能的双功能氧化还原介体，可能在氧析出反应过程和氧还原反应过程中与所对应的反应机理存在差异。例如，乙酰丙酮钒是一种高效的双功能可溶催化剂，作为氧化还原介体，其中心钒离子具有的 V(Ⅲ)/V(Ⅳ)氧化还原对在电势 3.9 V 附近实现氧析出反应过程的改善，而其在氧还原过程中，锂离子和乙酰丙酮钒相互作用形成 $Li^+V(acac)_3$，其与超氧化物中间体具有强亲和力，导致了 $V(acac)_3$-LiO_2 的形成。该配合物在 Li^+存在下会继续经历电子转移以形成 $V(acac)_3$-Li_2O_2，然后离解成 Li_2O_2 和 $V(acac)_3$。这种氧还原反应路径的重要意义在于，将高活性的 O_2 还原中间体变成了其他相对稳定的中间体，从而有效减少了由于活性氧亲核攻击或质子消除反应导致的放电过程中出现的不良的副反应[23]。具体在氧还原反应过程中，判断采用的物质是通过利用和外界交互电子的氧化还原介体特性参与反应还是通过亲和力强弱差异改变反应中间体形态等方式（当然这种过程也包含着电子云密度的变化）参与反应，可以根据其是否在充放电电势窗口范围内具有对应的自身氧化还原峰位来判断。例如，一种典型的双功能氧化还原介体铜离子氧化还原对，即是典型的双功能氧化还原介体。与 DBBQ 的情况类似，Cu^+/Cu^0 氧化还原的还原电位高于放电过程中的实际工作电位，而类似于 TTF 的情况，Cu^+/Cu^{2+}的氧化电势低于过氧化锂的实际分解电势。因此，在初始放电过程中，Cu^{2+}在阴极首先还原为 Cu^+，然后进一步还原为 Cu^0。在存在 Cu^0 的情况下，Cu^0 迅速与周围的 O_2 和 Li^+相互作用，转移电子以形成过氧化锂，然后返回到 Cu^+。在氧析出反应期间，Cu^+在阴极首先被氧化为 Cu^{2+}，然后用于辅助过氧化锂分解[24]。

双功能氧化还原介体的开发虽然是未来趋势之一，但是作为研究需要，一些学者采用了可以相互良好兼容的充电氧化还原介体和放电氧化还原介体共同作用以从氧析出、氧还原反应两方面同时优化电池性能，也达到了良好的效果。DBBQ 和 TEMPO 作为两种典型、高效的放电和充电氧化还原介体，其相互配合已经在多种综合设计的锂氧电池体系中实现了良好的电池性能[16,25]。

2. 根据电子结构变化分类

除了根据功能分类外，根据氧化还原过程中电子结构变化，氧化还原介体可以进一步细分为四种不同类型的氧化还原介体，它们受到溶剂因素的影响也各不相同[26]。

$$RM^{m+} + me^- \rightleftharpoons RM \tag{8.12}$$

第一种情况如式（8.12）所示，氧化态物质带正电，还原态物质为电中性。这类氧化还原介体包括 TDPA/TDPA$^+$，TTF/TTF$^+$和 TEMPO/TEMPO$^+$等。由于带正电的物质和溶剂之间的相互作用强度与溶剂的 DN 值相关，因此对于该种氧化还原介体，氧化还原电位将和溶剂的 DN 值密切相关。

$$RM + me^- \rightleftharpoons RM^{m-} \tag{8.13}$$

第二种情况如式（8.13）所示，氧化态物质为中性，还原态物质带负电荷。这类氧化还原介体包括 DBBQ/DBBQ$^-$，I_2/I^-和 NO_2 / NO_2^-。带负电的物质和溶剂之间的相互作用强度与溶剂的 AN 值相关。

$$RM^{n+} + me^- \rightleftharpoons RM^{(n-m)+} \tag{8.14}$$

第三种情况如式（8.14）所示，氧化态和还原态物质均带正电。这类氧化还原介体包括 TDPA$^+$/TDPA^{2+}，血红素 Fe^{2+}/Fe^{3+}和 EtV$^+$/EtV^{2+}。对于这种情况，当氧化还原介体的分子空间体积较大时，其溶剂化程度差别不大，溶剂对氧化还原介体的氧化还原电势影响较小。这正是将 Fc/Fc$^+$作为有机系溶剂内标物用于校准氧化还原电势的原因。

$$RM^{n-} + me^- \rightleftharpoons RM^{(n+m)-} \tag{8.15}$$

第四种情况如式（8.15）所示，氧化态和还原态物质都带负电。与第三种情况相似，当氧化还原介体的分子空间体积较大时，溶剂对氧化还原介体的氧化还原电势影响也较小。但是，当氧化还原介体分子空间结构较小时，溶剂的 AN 值将对氧化还原电势起到重要作用，例如 I^- / I_3^- 氧化还原对。

3. 根据组成分类

更加普遍的一种分类方式就是将氧化还原介体根据组成进行分类，划分为有机物氧化还原介体、金属有机配合物氧化还原介体和无机物氧化还原介体。有机物氧化还原介体是具有双键和/或芳香性质的分子（例如 TTF），它们通过使用非共价键或共振结构进行电子交换来进行氧化还原反应[27]。金属有机配合物氧化还原介体则是以过渡金属离子作为活性中心，周围存在有机配体的组合，通过改变中心金属离子的氧化态参与氧化还原反应。无机物氧化还原介体最常见的是卤化物氧化还原介体和硝酸锂。卤化物氧化还原介体可以通过卤离子（如 I^-或 Br^-）的价态变化参与氧化还原反应。此外，还有少数的金属化合物利用金属阳离子（Mo^{2+}，Cu^{2+}）的变价来实现参与氧化还原反应。由于它们的不同反应机理，氧化还原介体的电化学性质彼此不同。

典型的有机物氧化还原介体包括 TTF、TEMPO、DMPZ、MPT（10-甲基-10H-吩噻嗪），DEQ(1, 4-二甲基-喹喔啉)、MOPP[10-(4-甲氧基苯基)-10H-吩噻嗪]、TMA(4, *N*, *N* 三甲基苯胺)、PPD(1-苯基吡咯烷)、三[4-(二乙基氨基)苯基]胺(TDPA)等。

通常有机物氧化还原介体在非质子有机溶剂中的溶解性相对良好，并且通过合理的有机配体结构的设计可以进一步调节其氧化还原电位。但是，一些有机物由于邻近 O 或 N 原子的碳氢键的存在，其结构可能对活性氧物种稳定性不足。进一步地，溶液中存在的碱金属阳离子可能促进副分解过程。此外，有机物氧化还原介体的分子空间结构体积一般较大，这将会使其迁移率相对降低，动力学扩散较慢[27]。

典型的金属有机配合物氧化还原介体包括酞菁铁（FePc）、叔丁基钴酞菁（tb-CoPc）、二联吡啶钴[$Co(Terp)_2$]等。

此类氧化还原介体主要利用了中心金属离子价态变化，因此氧化还原电势主要由金属离子自身决定。一方面氧化态的中心金属离子可以将放电产物过氧化锂氧化；另一方面，通过调节有机化合物配体结构也可以精细调节氧化还原电位。金属有机氧化还原介体可能同时对改善氧析出和氧还原反应有作用，这是由于金属有机氧化还原介体除了通过自身中心金属离子的价态变化来改善氧析出反应外，其往往和氧气的亲和力较高，可以通过增加氧气和锂氧化合物在溶液中的溶解度来提高氧还原反应活性。

最常见的无机化合物氧化还原介体包括 LiI、LiBr、$LiNO_3$（实际是其在锂氧气电池中还原生成的 $NO_2/LiNO_2$ 氧化还原对），此外也有少数对含有可变价的 Cl^-，Mo^{2+}，Cu^{2+}等无机物作为氧化还原介体的研究。

卤化物氧化还原介体如碘化锂和溴化锂，反应涉及两个氧化还原对：X^-/X_3^- 和 X_3^-/X_2。而由于 I_2 和 Br_2 具有腐蚀性，因此第一个电对用于参与锂氧气电池反应。

卤化物氧化还原介体具有诸多优势；相比有机（金属有机）氧化还原介体，其具有更强的化学稳定性和电化学稳定性。同时，其空间结构更小，传质速率相对更快。更重要的是，以碘化锂为代表的卤化物氧化还原介体的氧化还原电位相对较低，有较高的能量转换效率。但是，卤化物氧化还原介体也存在一些问题。尽管期望使用第一氧化还原对，但是溴化锂氧化还原介体仍然在电池环境中容易生成溴单质，导致器件腐蚀，降低循环寿命。这一点，通过观察溴化锂存在下的与电池不锈钢部分接触的阳极电流的明显增加得到了证实[14]。而碘化锂氧化还原介体可能促进副反应发生。另外，当有质子性添加剂（比如水）的存在时，放电产物将会转变为存在争议的氢氧化锂。关于碘化锂的深入研究，将在下一节中详细介绍。

以 $LiNO_3$ 而不是单纯的 $NO_2/LiNO_2$ 作为介绍对象，是由于硝酸锂的使用具有多重作用。作为一种在锂氧气电池电解液体系中可以很好兼容各类溶剂的锂盐，硝酸锂可以作为主盐或添加剂使用。NO_3^- 在充电过程中很容易被氧化成 NO_2，所形成的 $NO_2/LiNO_2$ 可以作为稳定的氧化还原介体使用。

硝酸锂还具有其他多种有利作用。锂离子和硝酸根离子的相互作用，降低了锂离子的亲电性，进而稳定了溶液相中的超氧化物中间态结构（由氧还原形成），促进了自上而下的过氧化锂沉淀机制[28]。由此，即使在低 DN 值溶剂比如四乙二醇二甲醚（TEGDME）中，也可以利用硝酸锂盐实现高 DN 值电解液所对应的溶液介导的过氧化锂生成路径。此外，硝酸锂还很容易在负极表面形成有利的氧化锂 SEI 膜作为负极保护层。这种原位生成的氧化锂 SEI 膜具有高离子传导率、致密、均匀的特点，可以对金属锂起到明显的保护作用。

但是，硝酸锂也存在一些问题。首先，不同于双三氟甲基磺酰亚胺锂（LiTFSI）等有机锂盐，硝酸锂在一些常见的非质子有机溶剂中的溶解度很有限，其传质动力学方面也受到局限。其次，硝酸锂虽然可以在金属锂表面形成良好的 SEI 层，但是在电池长循环过程中硝酸锂将会被不断消耗，最终导致电池失效。最后，就作为氧化还原介体的氧化还原电势而言，硝酸锂相比于其他一些有机物氧化还原介体或无机物氧化还原介体均不具有明显的优势。

8.2 氧化还原介体的应用

8.2.1 研究进展

在氧化还原介体的基础选择和设计标准之上，为了使其能够在特定电解液环境中发挥特定作用，近年来众多学者对氧化还原介体进行了更深入的研究。

1. 溶剂在确定氧化还原介体氧化还原电势中所起的作用[26]

正如前面关于氧化还原介体根据电子结构的分类所说，不同氧化还原介体和溶剂的相互作用会对其氧化还原电势产生完全不同的影响。与中性物质相比，阳离子具有较高的受体性，而阴离子具有较高的供体性，并且电荷限域越强、相互作用越大。对于氧化态物质带正电、还原态物质为电中性的氧化还原介体，要通过合理选择调控溶剂或盐阴离子的 DN 值来调节电解液 DN 值，从而调控氧化还原介体的氧化还原电势。对于氧化态物质为中性、还原态物质带负电荷的氧化还原介体，可以通过调控溶剂的 AN 值来调节氧化还原介体的氧化还原电势。对于氧化态和还原态物质均带正电的氧化还原介体，其氧化还原电势和 DN 值相关，但是受影响的程度和其自身空间体积大小密切相关。体积越大时，溶剂 DN 值差异所导致的氧化还原介体氧化还原电势的差异将变小。最后，对于氧化态和还原态物质都带负电的氧化还原介体，氧化还原电势和溶剂 AN 值相关，但是受影响程度也和氧化还原介体自身的空间体积大小相关。DN 和 AN 所代表的溶剂化壳层的相互作用强度，可以通过实验测量，也可以使用 DFT 密度泛函理论计算[29]。

2. 关于碘化锂氧化还原介体的深入研究

碘化锂一直是 Li-O_2 电池最常报告的氧化还原介体之一。碘化锂，以及由碘离子对作为氧化还原介体引申出的无机和有机碘化物，被广泛研究。作为一种价格低廉的试剂，它可以在大多数无机化学实验室中找到，并且理论上 I^-可以在 3 V 被氧化为 I_3^-，在 3.55 V 时被进一步氧化为 I_2[7]。因此，碘化锂被视为适用于过氧化锂氧化。

碘化锂的研究，贯穿了锂氧气电池中氧化还原介体领域的研究历史。2014 年，Kang 组将碘化锂引入锂氧电池作为氧化还原介体使用[30]，2015 年，Sun 组深入研究了碘化锂参与的锂氧电池体系反应及产生的相关副产物，发现高浓度的碘化锂会促进副反应产物氢氧化锂的形成。在非常低的碘化锂浓度下，氧气会还原为过氧化锂[31]。但是，考虑到碘化锂的存在促进了与杂质水（即使是痕量的）和醚基电解质溶液中不可逆地在阴极上形成氢氧化锂沉淀的副反应[14]，碘化锂的应用是需要格外谨慎的。

关于碘化锂和痕量水的作用机理引发了大量研究。2015 年，剑桥大学刘韬等在 *Science* 上发表重要文章，他们使用碘化锂配合痕量水，将锂空电池的放电产物成功转变为氢氧化锂。由于避免了高反应活性的超氧化物中间体过渡态和难以分解的过氧化锂放电产物参与电池循环过程，以氢氧化锂为基础的锂空电池循环性能很理想，1000 mA·h/g 限容量循环长达 2000 圈。同时，作者也提出了基于氢氧化锂的充放电反应机理[32]。

但是，随即而来的是争议。Viswanathan 等于 2016 年对 2015 年上文提出质疑，氢氧化锂的最低分解电位为 3.34 V，而 I^-/I_3^- 的氧化电位为 3 V，因此 I_3^- 是不可能氧化氢氧化锂的。基于热力学的分析 Viswanathan 等认为，氢氧化锂在充电过程中消失有可能是因为其他的反应发生[33]。

与之同时的争议还包括，通过计算发现，2015 年 *Science* 文章中的电池的充放电容量仅为 I^-/I_3^- 可贡献容量的 1%左右，即使在充电过程中氢氧化锂没有氧化分解，电池依然能够通过氧化还原对进行充电。因此，即使在充电期间，氢氧化锂没有被氧化，I^-的氧化过程也可以维持反应。

科学的进步需要不断争论的精神。同年，刘韬等回应 Viswanathan 等人质疑，他们认为氢氧化锂能够与 I_3^- 反应生成 IO_3^- 和 I^-，并且其化学反应速率受电解液中水含量及锂盐浓度的影响。紫外光谱验证了这一推断。但是，由于生成 IO_3^- 的充电过程是一个不断消耗碘的过程，同时该反应也不能可逆地释放出氧气，因此基于这种机理的锂空电池实际上也是不可逆的[34]。

关于碘化锂和水的协同作用研究仍在继续。麻省理工学院的邵阳课题组在2017年研究发现，LiI 介导了基于 1, 2-二甲氧基乙烷(DME)的电解质中过氧化锂对水的去质子作用，从而导致氢氧化锂或水合氢氧化锂的形成，而该反应会阻碍锂空电池的循环寿命提高[35]。2018 年，刘韬等则深入研究了碘化物在促进氢氧化锂形成中的主要作用与其在分解 H_2O_2 或 HO_2^- 中的催化作用有关，其作用效果和水含量密切相关，同时反应过程是名义上的四电子氧还原反应[36]。2019 年，邵阳课题组研究了碘化锂氧化还原对的氧化能力对溶剂的溶剂化能力的依赖性[37]。2020 年，刘韬等通过将离子液体引入包含碘化锂和痕量水的醚类电解质中，展示了一种可逆的基于氢氧化锂的锂氧气电池，该电池反应过程为四电子反应过程，并具有低充电电压（低于 3.5 V）。离子液体的添加会增加 I_3^- 的氧化能力，从而将电池充电机理过程从 IO^-/IO_3^- 形成过程转移到氧气释放过程[38]。

尽管以氢氧化锂作为放电产物的锂空电池研究仍然前路漫漫，但是关于碘化锂和痕量水作用的相关研究和争论，却为深入认识锂空电池反应机理提供了坚实的基础。

3. 抑制氧化还原穿梭效应的方法

正如 8.1 节所提到的，氧化还原穿梭效应是使用精心选择设计的氧化还原介体时所难以避免的问题，因此，在对氧化还原介体进行严格的筛选基础上，设计高效合理的抑制氧化还原介体氧化还原穿梭效应也是非常重要的。

一种常见的方法是使用电解质添加剂。在和锂金属阳极接触时，添加剂可以改善 SEI，从而防止氧化态氧化还原介体 RM^+和锂金属接触反应。氧化还原介体硝酸锂同样是一种很常用的 SEI 稳定剂。而碘化铟[39]和碘化铯[40]中的阳离子和锂金属形成的合金层也可以发挥类似的功能，因此他们被称为自修复氧化还原介体。从这种思路延伸开来，可以设计一系列多功能添加剂。例如，采用碘代三甲基硅烷添加剂，在阳极和氢氧化锂反应形成锂氧硅烷用于保护负极，同时利用碘离子实现氧化还原介体功能[41]。

但是，正如前面所指出的，这种方法并不能长效抑制氧化还原介体的穿梭效应。同时，添加剂会在循环过程中不断消耗。因此，许多学者也在探索其他高效的方法。尽管在前述中一般将氧化还原介体视为和常见的电极固体异相催化剂对应的可溶性均相催化剂，出于抑制负极穿梭效应的原因，锚定于隔膜或正极上的固相的具有氧化还原介体作用的材料也被开发，并且往往具有明显的功能改善效果。

通过在正极进行修饰设计的方法来限域氧化还原介体是一种直接的方法。例如，使用气体扩散层通过简单的浸涂制备固定有 TEMPO 的空气阴极，其中将聚多巴胺用作连接中间体。如图 8.5 所示，在这种方法中，固定在阴极上的 TEMPO 不会与负极发生穿梭效应[42]。

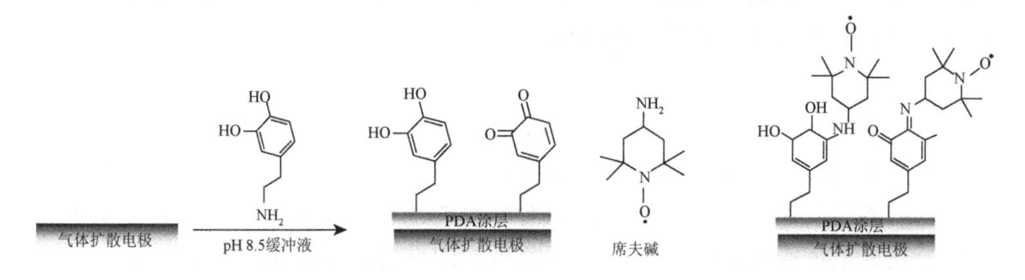

图 8.5 固定有 TEMPO 的阴极的结构示意图[42]

氯化锂作为锂盐配合四硫氟乙烯（TTF）使用，是将氧化还原介体限域的一种新策略。当 TTF 在 Cl^-存在下被氧化，会形成覆盖在正极表面的固态导电有机化合物（TTF^+CLX^-），这一方面改善了过氧化锂的充电性能，另一方面同时也避免了 TTF 的穿梭效应[43]。

类似地，使用一种表面活性剂十二烷基硫酸钠（SDS）在正极表面形成阴离子层，可以促使氧化态氧化还原介体 RM^+被捕获在正极区以维持电中性平衡。表面活性剂分子在表面重排，将使分子的阴离子区域保持 RM^+物质被捕获，从而防止它们的移动朝向负极[44]。虽然通过阴极表面的阴离子吸附层来减少穿梭可能无法完全避免穿梭效应，但是使用表面活性剂构建电荷层，利用库仑力来抑制穿梭效应是一种便捷、高效的方法。此外，仍旧需要验证表面活性剂的使用在 $Li-O_2$ 电池中是稳定的。

特殊设计的隔膜是隔离包括氧化态 RM^+、氧气、痕量水、二氧化碳等物质向高反应活性的锂金属负极转移并反应的重要器件结构。例如，周豪慎组开发了一种以金属-有机骨架（MOF）为基础的金属-有机骨架隔膜，该隔膜具有较窄的孔径窗口，可作为氧化还原介体分子筛来抑制其流动。选择 $Cu_3(BTC)_2$ 来制作 MOF

基隔膜，它的三维通道结构包含高度有序的微孔，其尺寸窗口约为 6.9～9Å，小于特定氧化还原介体分子的直径，而锂离子则能顺利地通过[45]。Sun 组提出了一种带负电荷的聚合物改性的隔膜，主要利用库仑力来防止氧化还原介体向锂的阳极侧迁移。当使用 5, 10-二甲基吩嗪（DMPZ）作为氧化还原介体时，改性的隔膜有效抑制了 DMPZ 向锂金属阳极的迁移[46]。

此外，还有通过对器件结构的特殊设计来杜绝氧化还原穿梭效应的策略。Sun 组提出了一种优化的双室电池，完全避免了阴极和阳极之间的有害穿梭反应[47]。正负极由可以自由运输锂离子但隔离其他物质通过的固态陶瓷电解质 LICGC 隔离。这种方法有效阻止了氧气、二氧化碳、痕量水和氧化态氧化还原介体的穿梭，增加了锂氧气电池的循环寿命及其能量效率。不过，昂贵的 LICGC 隔膜的使用以及复杂的双室电池的构建，仍然只是锂氧气电池迈向实用化道路上的一个有助于机理研究的中间步骤。

4. 赝容量问题

在使用氧化还原介体的锂氧电池体系中，可能会出现由于充放电过程中处于各过渡态的氧化还原介体的不稳定而导致的电化学反应，该过程将提供和电池理论充放电反应无关的额外电化学容量。而这种赝容量的贡献，被认为是电池体系不稳定的体现，并且将会对电池长效循环下评估其有效稳定的充放电容量带来困难。

虽然认为利用磷酸铁锂可以有效避免穿梭效应导致的氧化态氧化还原介体 RM^+的副反应，但是也有研究人员提出与之相关的赝容量现象。具有 TEMPO 的以磷酸铁锂作为负极的锂氧气电池在第一次充电中显示出大的过充电容量。将此过度充电归因于磷酸铁锂阳极处 $TEMPO^+$的大量降低[48]。在这种情况下，固有的 SEI 钝化层不足以完全阻止阳极表面 RM^+的还原。因此，直接的选择是人造 SEI，即具有可忽略不计的电子导电性的 Li^+离子选择性固体电解质作为负极保护方式是一种方法。

关于赝容量的问题，还反映在氧化还原介体自身氧化还原反应可以贡献的电化学容量上。正如前文提过的，2015 年氢氧化锂基的电池的充放电容量仅为 I^-/I_3^- 可贡献容量的 1%左右，即使在充电过程中氢氧化锂没有氧化分解，电池依然能够通过氧化还原对进行充电。当采用过高浓度的氧化还原介体而在过低限容量下循环时，赝容量就会带来争议。

5. 关于 RM 自身稳定性的深入研究

在当前所研究和测试的氧化还原介体中，稳定性问题始终是一个关键制约因素。实验方面已经验证，即使采用双室电解池避开锂金属阳极影响，并且避开在锂氧气电池环境下具有高反应性的活性氧物种存在的电化学测试，所有的氧化还原介体仍旧会在单纯的电化学循环过程中使伏安电流出现明显降低，氧化还原介体的电化学响应性降低。并且，通过进一步地更换正极进行对比，验证了副反应产物堵塞导致的正极的钝化现象并不是氧化还原介体电化学响应降低的原因[14]。由此，反映出了一种内在的氧化还原介体的降解机制，即氧化还原介体会在惰性气体气氛下单纯因为在所选定的电解液（如在含锂盐的醚基电解质溶液）中进行电化学循环而降解。这种本征不稳定性对使用氧化还原介体时的长效循环要求造成了根本性的阻碍。当电压窗口在一个相当窄的范围内进行伏安循环时，才能表现出氧化还原介体的相对稳定。但是，这种窄电压范围的稳定，对于锂氧气电池充放电过程所涉及的较宽的电压范围而言，目前仍不具备实际意义。总体来说，在这种氧化还原介体内在降解机制存在的情况下，一种传统的观点，即“在电解液中添加少量氧化还原介体原则上可以完成长循环过程中理想的充电反应”是不正确的。

6. 关于充电类氧化还原介体 RMc 反应动力学的研究

目前关于充电型氧化还原介体 RMc 反应动力学的深入研究仍旧较少，但是动力学标准是设计和使用氧化还原介体的重要因素。

牛津大学陈宇辉等关于 RMc 进行充电反应的动力学研究发现，对于 RM^+氧化放电产物的反应，Li_2O_2 的氧化是大多数 RMc 的决定速率的步骤[49]。

以典型的电解质溶液（含 1M LiTFSI 的 TEGDME 溶液）为例，虽然放电产物过氧化锂的表面部分被副产物碳酸锂覆盖，但碳酸锂的氧化分解速率比过氧化锂低四个数量级，因此仍然是过氧化锂氧化起主导作用。结合表观速率常数 k_{app} 的值比相应的标准异质电子传输速率常数 k^o 值小一个数量级，表明氧化过氧化锂的介体反应最有可能是整个充电过程的速率决定步骤。

如图 8.6 所示，通过测量反应的表观速率常数 k_{app}，发现 RM^+的表观反应速率常数和标准异质电子传输速率常数 k^o 之间并没有明显的相关性。这说明 RM 参与的过氧化锂的氧化过程并非外球电子转移反应，而是内球反应，即涉及氧化还原介体在过氧化锂表面上的吸附过程。进一步发现，RM^+的分子立构在其与过氧化锂相互作用过程中起到重要的作用，影响整个反应动力学。不过，他们也发现尽管表观速率常数独立于标准氧化还原电势 $E^\ominus$，但是标准氧化还原电势较低的氧化还原介体都不具有较快的表观速率常数。这可能是由于较高的标准氧化还原电势激活了一条特殊的氧化路径。如果存在这样一条以标准氧化还原电势为标准的界限，这也许可以解释 I^-/I_3^- 在动力学上太慢而无法实际分解过氧化锂的现象。

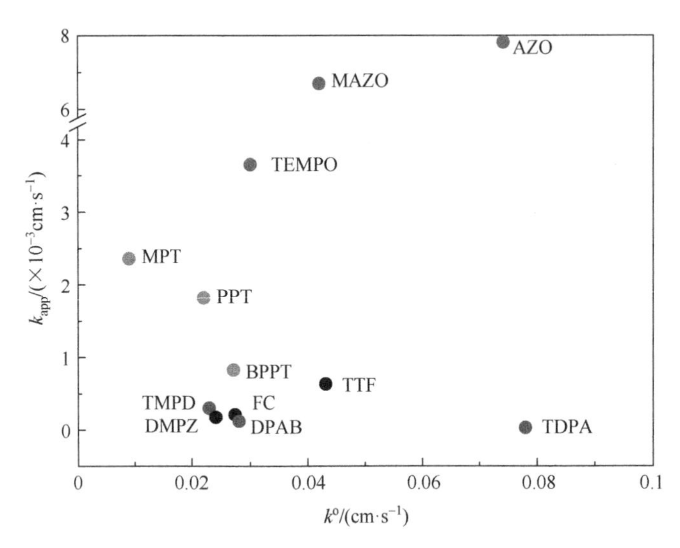

图 8.6　表观速率常数 k_{app} 对介体的标准异质电子传输速率常数 k^o 的依赖性不明显[49]

但是，内球反应机制的阐明，进一步带来了更深层次的问题。以硝氧基自由基为例，那些进入到过氧化锂表面的空间位阻较低的自由基和分子氧化剂引起的 Li_2O_2 氧化机理尚不十分清楚，这种理解对于为优化氧化介体的设计提供参考非常重要。

另外，在实际电池测试中，氧化还原介体的反应动力学也会对电池性能造成影响，从而呈现出特殊的放电曲线。例如，当引入氧化还原介体 5, 10-二甲基吩嗪（DMPZ）时，锂氧气电池可以获得降低的充电电势。然而，在第一圈循环之后可能会出现异常高电势放电过程(＞2.96 V)[50]。这种现象主要的因素有两个，一个是 DMPZ 和过氧化锂之间的反应速率不足，导致在充电容量达到放电容量之后仍然存在有 $DMPZ^+$的残留物。另一个原因是，在放电期间因为副反应并存而导致低的过氧化锂产率，因此其不能消耗与放电期间相同容量的充电过程中所产生的所有 DMPZ。这种不被希望的过程被认为取决于电解质的性质，例如其电化学/化学稳定性、电导率、黏度等。此外，放电和充电速率也应影响该现象。较低的放电速率导致 LiO_2/Li_2O_2 与电解质之间的副反应时间较长，过氧化锂的产率较低，$DMPZ^+$的残留量较大；而过高的充电速率则会由于氧化还原介体自身的动力学反应速率不足导致过氧化锂与 $DMPZ^+$之间的反应时间更短，残余的 $DMPZ^+$也更多。

上述的 RM^+在充电过程中的残留问题属于一种相对常见的问题。这不仅会降低氧化还原介体在循环过程中的效率，也会导致 RM^+穿梭并和锂金属反应的加剧。为了有效抑制这种现象，一些研究者采用了在每次充放电循环之后进行恒电位电化学还原 RM^+的特殊处理步骤[25]。而这种措施从实用角度来看也是可以接受的。

总的来说，尽管目前氧化还原介体相关的反应动力学方面的研究仍不充分，却是未来设计和应用氧化还原介体的重要研究内容。

7. 关于氧化还原介体结构对氧化还原介体介导的反应速率的影响

除了溶剂化等外界环境影响因素之外，氧化还原介体自身的电子结构和空间结构都会极大地影响氧化还原介体的催化性能[51]。

在 8.1 节中，介绍了通过电子结构变化来划分氧化还原介体的方法。实际上，根据氧化还原介体氧化过程中转移的电子数，氧化还原介体还可以分为如下两类，即连续的多个电子反应氧化还原介体（ME-RM，如 TTF 和 LiBr）和单电子反应氧化还原介体（SE-RM，如 TEMPO）。彭章泉课题组研究了两类氧化还原介体各自的反应活性，发现单电子反应 SE-RM 的电势通常比多电子反应 ME-RM 的电势更稳定。此外，具有较小空间效应和较高供电子能力的氧化还原介体分子表现出较高的催化活性，因此具有较低的充电超电势。以四硫富瓦烯和溴化锂为例，虽然其第一氧化还原对在热力学上足以实现氧化还原介体的功能，但在这一阶段的实际电池测试中，电池并没有保持稳定的充电平台并且迅速转化为更高的电压。

氧化还原介体的空间结构也对其催化活性有着重要影响。以氮氧化物化合物为例，尽管 2-氮杂金刚烷-N-氧基(AZADO)和 2, 2, 6, 6-四甲基哌啶氧化物(TEMPO)都是单电子反应型氧化还原介体，同时也是氮氧化物，但 AZADO 显示出的充电过电势比 TEMPO 低得多。对于过氧化锂不同解离能的差异可以合理地归因于它们不同的分子结构。在 AZADO 的结构中，与亚硝基相连的碳原子与两个氢原子和两个亚甲基相连，而在 TEMPO 中，四个甲基围绕着与氮原子相邻的碳原子。较小的位阻效应使 AZADO 的硝酰基自由基更具反应性。此外，通过侧基的相对较高的给电子配体可以替代地实现较低的氧化还原电势。

总之，氧化中心周围的分子结构极大地影响了 SE-RM 的催化反应性。所以，降低氧化电位的一般策略可包括使用给电子基团（即—NH_2 ,—OH, —NR_2 等）。

8. 关于高稳定性金属有机配合物类氧化还原介体的专门设计

目前研究的大多数金属有机配合物氧化还原介体都不具有在锂氧电池体系中的长效稳定性，这促使研究人员进一步设计和开发具有稳定结构的新型氧化还原介体。设计新型的金属有机配合物氧化还原介体的基础在于深入理解氧化还原介体的分子结构及配位环境对电子云密度以及氧化还原电位的影响，这在前面进行了介绍。

9. 关于氧化还原介体在其他金属空气电池中的研究

在前面的介绍中，都是以氧化还原介体在锂氧气电池中的研究作为出发点，这是由于其具有典型性和普遍性。实际上，在其他金属空气电池体系中，对于氧化还原介体的适用性也开展了一些研究。

作为锂氧气电池潜在的替代选择之一，钠氧气电池近年来也有了广泛的研究，其可以克服基于金属锂的氧化还原系统固有的一些困难。锂氧气电池中常见的碘化物氧化还原介体，也以碘化钠的形式作为氧化还原介体，在钠氧气电池中进行了测试，发现放电期间形成的过氧化钠在存在碘化钠的充电过程中被更有效地去除[52]。另外值得注意的是，超氧化钠是最常报告的钠氧气电池的放电产物，使用碘化钠氧化还原介体所导致的过氧化钠的出现，可能和 Na^+的利用率和水分的增加密切相关。

关于钠氧气电池的放电反应过程，也有氧化还原介体的应用。以 EtV^{2+}为例，其有助于提高放电容量并降低氧还原反应过电势，并且证实了超氧化钠是在乙基紫精存在下氧还原反应期间产生的唯一放电产物。总的来说，乙基紫精被证明可以很大限度地提高钠氧气电池的电化学性能[53]。

然而，关于氧化还原介体如何促进钠氧气电池氧析出反应改善的机理阐述尚不十分清晰。此外，一些关于钠氧气电池的对比实验在没有氧化还原介体的情况下具有非常差的可充电性，这令人感到疑惑[7]。因此，关于氧化还原介体在更多的金属空气电池系统中进行更广泛深入的研究，对于明确确认这些氧化还原介体的积极作用是非常必要的。

10. 关于氧化还原介体向大容量电池应用的研究

在实验室中研究的大多数锂氧气电池都是在低面积容量条件下的。在电池未来的实际应用中，可能需要超过 10 $mA{\cdot}h/cm^2$ 的超高面积容量。然而，由于在低容量研究电池的电解质溶液中氧化还原介体的含量经常大量过剩，在转移到实际大容量电池循环过程中不可避免地受到还原介体耗尽的影响也非常关键。

出于这种考虑，研究人员研究了基于多孔石墨烯支架的高质量负载的空气正极，并以碘化锂（LiI）为模型，对其循环性能、催化能力和氧化还原穿梭动力学进行了详细研究[54]。发现在大容量循环下，碘化锂确实可以随着其浓度增加而显著改善循环性，但随着 LiI 浓度的升高，I_3^-/I_2 的氧化还原介导能力降低，这很可能是氧化还原介体由于氧化还原穿梭副反应而导致了较高的面积容量耗损的结果。

这要求未来的研究过程格外谨慎，即使在实验室规模中可以通过尽量减小氧化还原介体浓度来降低其理论副反应赝容量来说明其实际性能，但是当放大到一定规模，氧化还原介体以较大的浓度才能有效改善电池循环性能时，有多少充电/放电容量可真正归因于典型的氧气电化学则需要深度考量。特别是电解液中 I^-的总量，在解释和展示实验结果时，应仔细考虑浓度和循环深度，以避免 Li/O_2 电化学对和纯碘电化学之间的混淆。

11. 关于单线态氧对氧化还原介体影响的研究

氧化还原介体的稳定性对于提高能效、可逆性和循环寿命至关重要。但是导致氧化还原介体失活的因素很多，包括电化学降解、氧化还原穿梭以及对活性氧物种不稳定等。近年来，单线态氧对锂氧气电池体系的影响开始引起人们的广泛关注。Sun 课题组研究表明，有机氧化还原介体的主要降解是由电池循环过程中形成的单线态氧所造成的[55]，即使用例如固体电解质保护阳极并选择对电解质呈惰性稳定的氧化还原介体时，氧化还原介体仍然逐渐降解并且能量效率降低。为此，他们研究了有机氧化还原介体对溶解氧（O_2）、超氧化物（KO_2）、过氧化锂（Li_2O_2）和单线态氧（$^1O_2$）的反应活性，并证明造成氧化还原介体失活的主要原因是 $^1O_2$。并且在研究中发现，即使氧化态 RM^+在 $^1O_2$ 存在下相对稳定，许多 RM/RM^+氧化还原对整体仍然会被 $^1O_2$ 明显降解，这是因为还原态的氧化还原介体与单线态氧强烈反应。

抑制单线态氧成了重要的研究课题。单线态氧可以被化学阱或物理猝灭剂中和。但是，化学阱被不可逆地消耗，因此仅在有限的时间内起作用。而常见的物理猝灭剂因为缺乏氧化稳定性，无法满足通常所需的充电电位。为此，研究者们从不同角度进行了设计，包括设计具有高电化学氧化稳定性的 DABCOnium 以及采取氧化还原介体和猝灭剂结合使用的策略。Freunberger 课题组在典型单线态氧猝灭剂 1, 4-二氮杂双环[2.2.2]辛烷(DABCO)的结构基础上，进一步设计了单烷基化的 DABCOnium，可提高叔胺部分的氧化稳定性，从 DABCO 约 3.6 V 的电势稳定极限提高约 0.6～4.2 V[56]。Sun 组则同时采用二甲基吩嗪作为氧化还原介体和单线态氧物理猝灭剂 1, 4-二氮杂双环[2.2.2]辛烷，起到了相互促进稳定性的作用[57]。DMPZ 在 DABCO 的稳定性极限内很好地降低了充电过电势，因此物理猝灭剂可以减轻电化学氧化分解。同时，物理猝灭剂保护氧化还原介体免受单线态氧的攻击。但是，研究同时发现，浅循环是实现更长循环寿命以研究介体和猝灭剂对 $^1O_2$ 引起的化学降解的影响的可行方法，因为深度放电会导致单线态氧之外的副反应因素影响的加剧。

氧化还原介体和单线态氧之间的作用关系实际上更为复杂。卢怡君课题组研究发现，使用氧化还原介体本身就是抑制 $^1O_2$ 活性的有效策略。对单线态氧的抑制作用归因于氧化还原介体引起的单线态氧的系间窜越（ISC）速率的增加，由此加速了单线态氧中间态至三重态的转变过程。介导的 ISC 过程可以通过两种机制增强，包括通过由振动模式引起的不同多重性状态之间的耦合（即自旋振动耦合）提高 ISC 速率和通过自旋角动量与电子的轨道角动量之间的相互作用（自旋轨道耦合）提高 ISC 速率。后者的动量由核电荷决定，这种类型的耦合取决于原子序数的四次方，因此在存在重原子的情况下通常会起重要影响。在介导的氧化中，如果氧化还原介体中最重原子的原子序数很大，比如含有碘原子等，则可以通过这种作用进一步增强 ISC。这一观点得到了实验证实，在多种氧化还原介体的 $^1O_2$ 抑制能力进行的系统比较中，发现具有更多原子或重原子的氧化还原介体表现出更高的 $^1O_2$ 抑制率，这与通过增强自旋振动耦合和自旋轨道耦合促进系间窜越相一致[58]。

12. 利用特殊表征手段研究 RM 作用

在研究锂氧气电池正极电化学反应中，负极失效过程中采用了很多特殊表征手段，同样，对于氧化还原介体的深入作用机理和作用方式，研究者们同样采用了一些特殊的表征方法进行研究。

Lee 等使用液相透射电子显微镜实时监控 Li-O_2 电池的放电反应。以 TTF 作为氧化还原介体，利用原位的透射电镜观察，揭示了放电时氧化还原介体在电解液中促进了溶液路径生成的环形过氧化锂放电产物的逐渐分解过程，证实了 TTF 在促进过氧化锂的分解中起真正的作用[59]。研究同时指出，第一，实用的锂氧气电池不应该在完全放电模式下工作，因为完全放电的电极表面会被固态过氧化锂完全钝化，从而明显抑制氧化还原介体的作用。第二，氧化还原介体应设计为具有高扩散效率，该介体在电场中应具有快速扩散能力。对于多孔阴极，理想的是具有互相连通的孔隙通道，以有效利用氧化还原介体。考虑到观察到的放电反应产物存在于电极/电解质界面，因此放电过程中过氧化锂的不均匀生长将有益于随后的氧化还原介导的过氧化锂氧化。从这个角度讲，理想的锂氧气电池系统中应将固溶相过氧化锂的形成与氧化还原介体辅助的过氧化锂的氧化相结合，因为固溶机理有利于形成大的过氧化锂颗粒而不会形成严重钝化电极表面的薄膜状产物。

8.2.2 发展方向

正如前面所提到的，未来在设计和选择氧化还原介体时，对稳定性的考虑将不仅包括电化学可逆稳定性和对金属电极、电解液的化学稳定性验证，对电池环境中的强氧化性物质将需要更加严格和规范的验证，包括对活性氧物种（超氧阴离子自由基、具有特殊质子源条件的羟基自由基、单线态氧等）的稳定性测试。

未来氧化还原介体的研究，将会辅助以更广泛、更先进的表征和分析手段进行。例如，利用原位电子显微镜观察正极固体催化剂二氧化钌和液相催化剂 TTF 的相互协同作用[60]；利用石英晶体微量天平（QCM）检测在氧化还原介体四硫富瓦烯作用下，在中等放电深度时电池循环的可逆性和还原过程中形成的产物，并评估反应的可逆性[61]，发现了可溶性超氧化锂是氧还原反应的第一产物，它可以通过歧化反应或进一步电化学还原超氧化锂进一步反应形成过氧化锂。

未来的氧化还原介体设计使用时，热力学和动力学的影响因素需要综合考虑。RM 的氧析出和氧还原反应活性与其物理化学性质密切相关，如它们的氧化还原电位、分子量、极性和溶剂中的浓度[62]。而氧化还原电位又和溶剂化环境、氧化还原介体自身的电子结构和空间结构密切相关。可以说，虽然诸多的影响因素导致了对氧化还原介体效果的预测和设计变得复杂，却也为调控氧化还原介体在电池系统中的精准作用提供了更加广泛的视角。

未来氧化还原介体的设计，将更多地向多功能化发展。兼具对过氧化锂的氧还原反应、氧析出反应过程改善能力的双功能氧化还原介体已不足以完全满足复杂电池环境的要求。未来的多功能化设计主要包括两个思路：第一个思路是以氧化还原介体自身为出发点，在其基础上进行修饰改性，将其作为多功能性添加剂或溶剂的组分之一，与其他功能组分相结合，共同组成高效多功能添加剂或溶剂。例如前述的多种具有实现负极保护的自修复能力的氧化还原介体，实际上就是这种多功能添加剂；再比如一种新型接枝的离子液体 IL-TEMPO，作为一种电解液溶剂，就同时具有了氧化还原介体的氧化还原活性、助氧溶解的氧梭能力以及实现负极保护的能力[63]，过氧化锂的中间反应路径也被更稳定的方式所替代。第二个思路是在固有的电池体系中，电极、隔膜或电解液组分中，将被赋予传统氧化还原介体的活性基团或离子部分，以配合系统使用。具有氧化还原介体功能基团所修饰的隔膜、氧化还原介体改性的凝胶电解质及在正极限域固定的氧化还原介体，都属于这种设计思路。

除了上述两种主要的结构多功能设计思路之外，氧化还原介体还可以从机理角度挖掘其多功能化。例如，中国科学院长春应用化学研究所张新波团队研究了一种具有三功能的氧化还原介体，2, 5-二叔丁基-1, 4-二甲氧基苯(DBDMB)对 Li^+ 和 O_2^- 有很强的溶剂化作用，因此不仅可以减少副产物的形成，而且可以促进大尺寸 Li_2O_2 颗粒的溶液生长，实现了大容量放电。同时，DBDMB 可促进过氧化锂的氧化和主要副产物碳酸锂和氢氧化锂的高效分解[64]。

实际上，锂氧气电池未来的发展阶段仍旧是面向真实空气环境下的金属空气电池，同时考虑到碳酸锂等副产物是不可避免的电池内部副反应产物，因此关于这种可以同时促进过氧化锂和碳酸锂、氢氧化锂等副产物分解的氧化还原介体的研究，具有很重要的意义。遗憾的是，目前所提出的大多数有机类氧化还原介体，都由于其氧化还原电势设限而无法达到氧化碳酸锂等副产物的电位[65]。不过，除了上述介绍的 DBDMB 类氧化还原介体之外，也有一些氧化还原介体研究工作是面向副产物分解的。Marques Mota 等发现，溴化锂除了分解过氧化锂之外，Br_3^-/Br_2

氧化还原对还可以在 O_2/CO_2 混合气条件下使碳酸锂在 4.1 V 时被氧化分解[66]。不足的是，溴化锂容易在正极中积累 Br_2 单质，并且通过 Br_2 钝化正极从而导致循环过程的快速容量衰减。另外，一些研究者也研究了有机氧化还原介体在放电过程中捕获二氧化碳。例如，醌[67]和 2-乙氧基胺[68]形成 RM-CO_2 络合物并增强了放电容量。总之，氧化还原介体可以辅助锂空气电池中与水分和二氧化碳的反应的变化，而这意料之中地会使充电过程复杂化。因此，未来需要进一步研究环境空气系统中金属空气电池的氧化还原介体作用机制。

未来氧化还原介体在金属空气电池中的使用范围将会得到不断的拓展。目前除了在常见的非质子有机系电解液体系的锂氧电池中使用氧化还原介体之外，在近真实环境的锂空电池研究中同样也将氧化还原介体作为一种重要手段。此外，一些研究人员发现，氧化还原介体也可以在聚合物基的锂氧气电池中工作。凝胶聚合物电解质（GPE）能够保护金属锂阳极免受氧气影响并抑制 RM 的自放电。在采用混合聚合物电解质的准固态锂氧气电池体系中，通过将无机填料，液体增塑剂和氧化还原介体掺入聚合物中，可以获得具有增强的电化学性能的杂化聚合物电解质。例如，一种基于石墨烯的准固态可充电锂电池，该电池由 3D 纳米多孔石墨烯阴极、TTF 修饰的准固态凝胶聚合物电解质和含有锂粉的纳米多孔石墨烯阳极组成[69]。不过需要注意，在有机系电解液中常见的可溶性的氧化还原介体仅适用于含有少量电解液的半固态锂氧电池体系，对于全固态的聚合物电解质，研究人员应寻找可溶于聚合物并能在聚合物中迁移的氧化还原介体[70]。Hernandez 等通过将具有氧化还原活性的抗衡阴离子掺入聚（离子液体）中合成氧化还原聚合物，通过简单的阴离子交换，可以实现氧化还原活性聚离子液体。这个新的氧化还原聚合物家族可能会扩大聚合物电池中氧化还原介体的选择范围[71]。对于具有巨大潜力的、安全的固态金属空气电池体系，氧化还原介体的设计和引入将会是一种很有价值的研究方向。

未来氧化还原介体在金属空气电池的使用将结合多种辅助场的协同调节作用。由于氧化还原介体的电性特点，因此使用内电场形成局部库仑力调节设计将是一种利用氧化还原介体的高效方式。同样地，已有报道表明，磁场的引入对于锂金属负极的离子均匀沉积、抑制锂枝晶形成产生了积极作用，对于正极也有通过引入外部光磁场来协同产生光生电子和空穴并抑制载流子复合的实例。其是否可能对氧化还原介体的传质过程产生积极影响也应纳入考虑。另一方面，在光辐照辅助下结合氧化还原介体来调控锂氧气电池性能的研究已经得到了较多关注。例如，通过使用碘离子氧化还原介体将光染料敏化的二氧化钛光电极与氧电极耦合以对锂氧气电池进行光辅助充电，已经实现了非常低的充电过电势[72]。未来考虑进一步设计具有光响应性的氧化还原介体将具有一定意义。

未来的氧化还原介体迈向实用化的趋势，将是在一个整体设计的电池系统中作为关键组成的一部分，与其他各部分协同作用。精心设计的氧化还原介体将和正极修饰的固态催化剂共同作用，产生更加积极的效果。例如，固态催化剂二氧化钌和可溶性氧化还原介体四硫富瓦烯可以体现出协同作用。RuO_2 不仅表现出对 $Li-O_2$ 反应的双功能催化作用，而且有利于同时提高 TTF 的催化效率。TTF 在活化被过氧化锂钝化的 RuO_2 催化剂和帮助 RuO_2 在充电过程中有效氧化放电产物方面同样起着重要作用。固体和液体催化剂的协同作用，相比于传统的单一固态催化剂或单一液相催化剂的双功能催化设计，明显增加了锂氧气的正极氧反应动力学和充放电能量效率[60]。

从迈向实用化的角度出发，氧化还原介体的使用将不可避免地面对大容量电池使用过程中的功效适配性问题。在实验室规模中存在的氧化还原介体的稳定性，穿梭效应以及动力学反应速率不足的各种问题，在大容量电池测试中将会更加突出地显现出来。这意味着，未来氧化还原介体的应用和相关问题的解决，应该以更加高远的视角来看待，应该明确实验室规模研究中出现的哪些问题是会被放大的，以及对于出现的问题所采用的解决方案哪些在规模放大后仍然是行之有效的。

总体来说，虽然氧化还原介体传统意义上不被认为是能源存储和转化系统中的主体组成部分，但是其在相关系统中仍然起到了明显提高效率和稳定性的关键作用。它可以在亚纳米到米的跨度范围内，在能源系统的多种界面位置进行高效工作[2]。但是使用这种高反应性的介体物质时，仍然有诸多因素需要考虑。对于具有复杂影响因素和反应环境的金属空气电池尤其是锂空气电池而言，氧化还原介体是未来解决其瓶颈问题的重要希望。

参考文献

[1] Anson C W，Stahl S S. Mediated fuel cells：Soluble redox mediators and their applications to electrochemical reduction of O_2 and oxidation of H_2，alcohols，biomass，and complex fuels[J]. Chem Rev，2020，120：3749-3786.

[2] Tamirat A G，Guan X，Liu J，et al. Redox mediators as charge agents for changing electrochemical reactions[J]. Chem Soc Rev，2020，49：7454-7478.

[3] Zhang P，Ding M J，Li X X，et al. Challenges and strategy on parasitic reaction for high-performance nonaqueous lithium-oxygen batteries[J]. Adv Energy Mater，2020，10：2001789.

[4] McCloskey B D，Scheffler R，Speidel A，et al. On the efficacy of electrocatalysis in nonaqueous $Li-O_2$ batteries[J]. J Am Chem Soc，2011，133：18038-18041.

[5] Lim H D，Lee B，Zheng Y，et al. Rational design of redox mediators for advanced $Li-O_2$ batteries[J]. Nat Energy，2016，1：16066.

[6] Lin X D，Yuan R M，Cao Y，et al. Controlling reversible expansion of Li_2O_2 formation and decomposition by modifying electrolyte in $Li-O_2$ batteries[J]. Chem，2018，4：2685-2698.

[7] Landa-Medrano I，Lozano I，Ortiz-Vitoriano N，et al. Redox mediators：A shuttle to efficacy in metal-O_2 batteries[J]. J Mater Chem A，2019，7：8746-8764.

[8] Shen X，Zhang S，Wu Y，et al. Promoting $Li-O_2$ batteries with redox mediators[J]. ChemSusChem，2019，12：104-114.

[9] Li F J，Chen J. Mechanistic evolution of aprotic lithium-oxygen batteries[J]. Adv Energy Mater，2017，7：1602934.

[10] Gao X，Chen Y，Johnson L，et al. Promoting solution phase discharge in Li-O_2 batteries containing weakly solvating electrolyte solutions[J]. Nat Mater，2016，15：882-888.

[11] Wan H，Sun Y，Li Z，et al. Satisfying both sides：Novel low-cost soluble redox mediator ethoxyquin for high capacity and low overpotential Li-O_2 batteries[J]. Energy Storage Mater，2021，40：159-165.

[12] Liu T，Frith J T，Kim G，et al. The effect of water on quinone redox mediators in nonaqueous Li-O_2 batteries[J]. J Am Chem Soc，2018，140：1428-1437.

[13] Zhang C，Dandu N，Rastegar S，et al. A comparative study of redox mediators for improved performance of Li-oxygen batteries[J]. Adv Energy Mater，2020，10：2000201.

[14] Kwak W J，Kim H，Jung H G，et al. Review—A comparative evaluation of redox mediators for Li-O_2 batteries：A critical review[J]. J Electrochem Soc，2018，165：A2274-A2293.

[15] Meddings N，Owen J R，Garcia-Araez N. A simple，fast and accurate *in-situ* method to measure the rate of transport of redox species through membranes for lithium batteries[J]. J Power Sources，2017，364：148-155.

[16] Balaish M，Gao X W，Bruce P G，et al. Enhanced Li-O_2 battery performance in a binary "liquid teflon" and dual redox mediators[J]. Adv Mater Technol，2019，4：1800645.

[17] Bawol P P，Reinsberg P，Bondue C J，et al. A new thin layer cell for battery related DEMS-experiments：The activity of redox mediators in the Li-O_2 cell[J]. Phys Chem Chem Phys，2018，20：21447-21456.

[18] Tsao C H，Lin Y T，Hsu S Y，et al. Crosslinked solidified gel electrolytes via *in-situ* polymerization featuring high ionic conductivity and stable lithium deposition for long-term durability lithium battery[J]. Electrochim Acta，2020，361.

[19] Chen Y，Freunberger S A，Peng Z，et al. Charging a Li-O_2 battery using a redox mediator[J]. Nat Chem，2013，5：489-494.

[20] Lacey M J，Frith J T，Owen J R. A redox shuttle to facilitate oxygen reduction in the lithium air battery[J]. Electrochem Commun，2013，26：74-76.

[21] Matsuda S，Hashimoto K，Nakanishi S. Efficient Li_2O_2 formation via aprotic oxygen reduction reaction mediated by quinone derivatives[J]. J Phys Chem C，2014，118：18397-18400.

[22] Ryu W H，Gittleson F S，Thomsen J M，et al. Heme biomolecule as redox mediator and oxygen shuttle for efficient charging of lithium-oxygen batteries[J]. Nat Commun，2016，7：12925.

[23] Zhao Q，Katyal N，Seymour I D，et al. Vanadium（Ⅲ）acetylacetonate as an efficient soluble catalyst for lithium-oxygen batteries[J]. Angew Chem Int Ed，2019，58：12553-12557.

[24] Deng H，Qiao Y，Zhang X P，et al. Killing two birds with one stone：A Cu ion redox mediator for a non-aqueous Li-O_2 battery[J]. J Mater Chem A，2019，7：17261-17265.

[25] Gao X W，Chen Y H，Johnson L R，et al. A rechargeable lithium-oxygen battery with dual mediators stabilizing the carbon cathode[J]. Nat Energy，2017，2：17118.

[26] Pande V，Viswanathan V. Criteria and considerations for the selection of redox mediators in nonaqueous Li-O_2 batteries[J]. ACS Energy Lett，2016，2：60-63.

[27] Park J B，Lee S H，Jung H G，et al. Redox mediators for Li-O_2 batteries：Status and perspectives[J]. Adv Mater，2018，30：1704162.

[28] Sharon D，Hirsberg D，Afri M，et al. Catalytic behavior of lithium nitrate in Li-O_2 cells[J]. ACS Appl Mater Interfaces，2015，7：16590-16600.

[29] Husch T，Korth M. Charting the known chemical space for non-aqueous lithium-air battery electrolyte solvents[J]. Phys Chem Chem Phys，2015，17：22596-22603.

[30] Lim H D，Song H，Kim J，et al. Superior rechargeability and efficiency of lithium-oxygen batteries：Hierarchical air electrode architecture combined with a soluble catalyst[J]. Angew Chem Int Ed，2014，53：3926-3931.

[31] Kwak W J，Hirshberg D，Sharon D，et al. Understanding the behavior of Li-oxygen cells containing LiI[J]. J Mater Chem A，2015，3：8855-8864.

[32] Liu T，Leskes M，Yu W，et al. Cycling Li-O_2 batteries via LiOH formation and decomposition[J]. Science，2015，350：530-533.

[33] Viswanathan V，Pande V，Abraham K M，et al. Comment on "cycling Li-O_2 batteries via LiOH formation and decomposition" [J]. Science，2016，352：667.

[34] Liu T，Kim G，Carretero-González J，et al. Response to comment on "cycling Li-O_2 batteries via LiOH formation and decomposition[J]. Science，2016，352：667.

[35] Tulodziecki M，Leverick G M，Amanchukwu C V，et al. The role of iodide in the formation of lithium hydroxide in lithium-oxygen batteries[J]. Energy Environ Sci，2017，10：1828-1842.

[36] Liu T，Kim G，Jónsson E，et al. Understanding LiOH Formation in a Li-O_2 Battery with LiI and H_2O Additives[J]. ACS Catal，2018，9：66-77.

[37] Leverick G，Tulodziecki M，Tatara R，et al. Solvent-dependent oxidizing power of LiI redox couples for Li-O_2 batteries[J]. Joule，2019，3：1106-1126.

[38] Temprano I，Liu T，Petrucco E，et al. Towards reversible and moisture tolerant aprotic lithium-air batteries[J]. Joule，2020，4：2501-2520.

[39] Zhang T，Liao K M，He P，et al. A self-defense redox mediator for efficient lithium-O_2 batteries[J]. Energy Environ Sci，2016，9：1024-1030.

[40] Lee C K，Park Y J. CsI as multifunctional redox mediator for enhanced Li-air batteries[J]. ACS Appl Mater Interfaces，2016，8：8561-8567.

[41] Zhao X H，Sun Z，Yao Z G，et al. Halosilane triggers anodic silanization and cathodic redox for stable and efficient lithium-O_2 batteries[J]. J Mater Chem A，2019，7：18237-18243.

[42] Baik J H，Lee S Y，Kim K，et al. Enhanced cycle stability of rechargeable Li-O_2 batteries using immobilized redox mediator on air cathode[J]. J Ind Eng Chem，2020，83：14-19.

[43] Zhang J，Sun B，Zhao Y，et al. Modified tetrathiafulvalene as an organic conductor for improving performances of Li-O_2 batteries[J]. Angew Chem Int Ed，2017，56：8505-8509.

[44] Xu C，Xu G，Zhang Y，et al. Bifunctional redox mediator supported by an anionic surfactant for long-cycle Li-O_2 batteries[J]. ACS Energy Lett，2017，2：2659-2666.

[45] Qiao Y，He Y，Wu S，et al. MOF-based separator in an Li-O_2 battery：An effective strategy to restrain the shuttling of dual redox mediators[J]. ACS Energy Lett，2018，3：463-468.

[46] Lee S H，Park J B，Lim H S，et al. An advanced separator for Li-O_2 batteries：Maximizing the effect of redox mediators[J]. Adv Energy Mater，2017，7：1602417.

[47] Kwak W J，Jung H G，Aurbach D，et al. Optimized bicompartment two solution cells for effective and stable operation of Li-O_2 batteries[J]. Adv Energy Mater，2017，7：1701232.

[48] Bergner B J，Busche M R，Pinedo R，et al. How to improve capacity and cycling stability for next generation Li-O_2 batteries：Approach with a solid electrolyte and elevated redox mediator concentrations[J]. ACS Appl Mater Interfaces，2016，8：7756-7765.

[49] Chen Y，Gao X，Johnson L R，et al. Kinetics of lithium peroxide oxidation by redox mediators and consequences

for the lithium-oxygen cell[J]. Nat Commun，2018，9：767.

[50] Wu S，Qiao Y，Deng H，et al. Minimizing the abnormal high-potential discharge process related to redox mediators in lithium-oxygen batteries[J]. J Phys Chem Lett，2018，9：6761-6766.

[51] Dou Y Y，Lian R Q，Chen G，et al. Identification of a better charge redox mediator for lithium-oxygen batteries[J]. Energy Storage Mater，2020，25：795-800.

[52] Yin W W，Shadike Z，Yang Y，et al. A long-life Na-air battery based on a soluble NaI catalyst[J]. Chem Commun，2015，51：2324-2327.

[53] Frith J T，Landa-Medrano I，Ruiz de Larramendi I，et al. Improving Na-O_2 batteries with redox mediators[J]. Chem Commun，2017，53：12008-12011.

[54] Lin Y，Martinez-Martinez C，Kim J W，et al. Shuttling induced starvation of redox mediators in high areal capacity rechargeable lithium-oxygen batteries[J]. J Electrochem Soc，2020，167：080522.

[55] Kwak W J，Kim H，Petit Y K，et al. Deactivation of redox mediators in lithium-oxygen batteries by singlet oxygen[J]. Nat Commun，2019，10：1380.

[56] Petit Y K，Leypold C，Mahne N，et al. DABCOnium：An efficient and high-voltage stable singlet oxygen quencher for metal-O_2 cells[J]. Angew Chem Int Ed，2019，58：6535-6539.

[57] Kwak W J，Freunberger S A，Kim H，et al. Mutual conservation of redox mediator and singlet oxygen quencher in lithium–oxygen batteries[J]. ACS Catal，2019，9：9914-9922.

[58] Liang Z，Zou Q，Xie J，et al. Suppressing singlet oxygen generation in lithium-oxygen batteries with redox mediators[J]. Energy Environ Sci，2020，13：2870-2877.

[59] Lee D，Park H，Ko Y，et al. Direct observation of redox mediator-assisted solution-phase discharging of Li-O_2 battery by liquid-phase transmission electron microscopy[J]. J Am Chem Soc，2019，141：8047-8052.

[60] Hou C，Han J，Liu P，et al. Synergetic effect of liquid and solid catalysts on the energy efficiency of Li-O_2 batteries：Cell performances and operando STEM observations[J]. Nano Lett，2020，20：2183-2190.

[61] Schaltin S，Vanhoutte G，Wu M，et al. A QCM study of ORR-OER and an *in situ* study of a redox mediator in DMSO for Li-O_2 batteries[J]. Phys Chem Chem Phys，2015，17：12575-12586.

[62] Zhang P，Zhao Y，Zhang X. Functional and stability orientation synthesis of materials and structures in aprotic Li-O_2 batteries[J]. Chem Soc Rev，2018，47：2921-3004.

[63] Zhang J，Sun B，Zhao Y，et al. A versatile functionalized ionic liquid to boost the solution-mediated performances of lithium-oxygen batteries[J]. Nat Commun，2019，10：602.

[64] Xiong Q，Huang G，Zhang X B. High-capacity and stable Li-O_2 batteries enabled by a trifunctional soluble redox mediator[J]. Angew Chem Int Ed，2020，132：19473-19481.

[65] Kang J H，Lee J，Jung J W，et al. Lithium-air batteries：Air-breathing challenges and perspective[J]. ACS Nano，2020，14：14549-14578.

[66] Marques Mota F，Kang J H，Jung Y，et al. Mechanistic study revealing the role of the Br_3^-/Br_2 redox couple in CO_2-assisted Li-O_2 batteries[J]. Adv Energy Mater，2020，10：1903486.

[67] Yin W，Grimaud A，Azcarate I，et al. Electrochemical reduction of CO_2 mediated by quinone derivatives：Implication for Li-CO_2 battery[J]. J Phys Chem C，2018，122：6546-6554.

[68] Khurram A，He M，Gallant B M. Tailoring the discharge reaction in Li-CO_2 batteries through incorporation of CO_2 capture chemistry[J]. Joule，2018，2：2649-2666.

[69] Huang G，Han J H，Yang C C，et al. Graphene-based quasi-solid-state lithium-oxygen batteries with high energy efficiency and a long cycling lifetime[J]. Npg Asia Mater，2018，10：1037-1045.

[70] Li B J，Li Y J，Zhan X Y，et al. Hybrid polymer electrolyte for Li-O_2 batteries[J]. Green Energy Environ，2019，4：3-19.

[71] Hernandez G，Isik M，Mantione D，et al. Redox-active poly (ionic liquid)s as active materials for energy storage applications[J]. J Mater Chem A，2017，5：16231-16240.

[72] Yu M，Ren X，Ma L，et al. Integrating a redox-coupled dye-sensitized photoelectrode into a lithium-oxygen battery for photoassisted charging[J]. Nat Commun，2014，5：5111.

第 9 章　理论计算在金属空气电池中的应用

随着超级计算机和高性能计算多年来的快速发展，计算机模拟在材料科学领域已日益凸显出重要的作用，是当前研究中不可或缺的组成部分[1]。目前国内外有许多研究人员根据研究的时间和长度尺度，通过不同的软件来模拟实际的材料，这些软件主要划分为四个部分：量子力学计算、经典/分子力学、介观模拟、有限元分析和工程设计，也是从亚原子级的微观尺度跨越到宏观尺度[2]。

在电池基础研究领域，目前应用最多的是量子力学和分子动力学，同时辅以有限元分析和机器学习等研究方法。美国加州大学伯克利分校的 Ceder、加州大学圣地亚哥分校 Shyue Ping Ong 和马里兰大学的莫一非等团队对 Li/Na 离子电池与固态电解质都有相当深的理论研究，国内东南大学王金兰、上海大学施思齐等团队也在能源电池领域有自己的独到见解。为了更好地理解反应和机理，密度泛函理论计算和分子动力学已经被广泛地应用于空气电池的基础研究中。最近几年利用大数据挖掘材料即机器学习也在能源领域扮演着越发重要的角色，在本章节中，我们将从密度泛函理论计算、分子动力学和机器学习三个角度来阐释理论计算方法在空气电池中的应用。

9.1　密度泛函理论计算应用于空气正极机理的研究

9.1.1　密度泛函理论基本介绍

密度泛函理论（density functional theory，简称 DFT）是研究多关联体系的理论，它是 1964 年由法国巴黎高等师范学院 Hohenberg 和美国加州大学圣地亚哥分校 Kohn 首次提出[3]。现代的密度泛函理论以 Hohenberg 与 Kohn 证明的两个数学定理和 Kohn 与同校的 Sham 推演的一套方程为基础，成为凝聚态物质电子结构计算的主要工具[4]。两个定理中第一个定理是：对于任意一个在外场为 $V_{ext}(\boldsymbol{r})$ 的粒子相互作用系统（$\boldsymbol{r}$ 为距离矢量），除常数外，$V_{ext}(\boldsymbol{r})$ 由基态粒子密度 $n_0(\boldsymbol{r})$ 唯一确定，而这也可以得到系统的所有性质都由基态密度 $n_0(\boldsymbol{r})$ 决定的结论。Hohenberg-Kohn 第二个定理：可以用密度 $n(\boldsymbol{r})$ 定义能量 $E[n]$ 的通用泛函，对任何外部势 $V_{ext}(\boldsymbol{r})$ 有效。对于任何特定的 $V_{ext}(\boldsymbol{r})$，系统实际的基态能量是这个泛函的全局最小值，使泛函最小的密度 $n(\boldsymbol{r})$ 就是基态密度 $n_0(\boldsymbol{r})$ [5]。在 Hohenberg-Kohn

定理下：求解多粒子体系基态能量的方程式如下：

$$E[\{\psi_i\}] = E_{\text{known}}[\{\psi_i\}] + E_{\text{XC}}[\{\psi_i\}] \tag{9.1}$$

其中，将能量通用泛函 $E[\{\psi_i\}]$ 分开为能够写成简单解析形式的一项 $E_{\text{known}}[\{\psi_i\}]$ 和交换关联泛函 $E_{\text{XC}}[\{\psi_i\}]$（$\psi$ 为哈密顿量的本征值）。$E_{\text{known}}[\{\psi_i\}]$（式 9.2）这项共包含四个方面的内容：电子的动能、电子与原子核之间的库仑作用、电子之间的库仑作用和原子核之间的库仑作用[6]。

$$E_{\text{known}}[\{\psi_i\}] = -\frac{h^2}{m}\sum_i \int \psi_i^* \nabla^2 \psi_i \, \mathrm{d}^3\boldsymbol{r} + \int \mathrm{V}(\boldsymbol{r}) n(\boldsymbol{r}) \, \mathrm{d}^3\boldsymbol{r}$$
$$+ \frac{\mathrm{e}^2}{2} \iint \frac{n(\boldsymbol{r}) n(\boldsymbol{r}')}{\boldsymbol{r}-\boldsymbol{r}'} \mathrm{d}^3\boldsymbol{r} \, \mathrm{d}^3\boldsymbol{r}' + E_{\text{ion}} \tag{9.2}$$

Hohenberg-Kohn 方程[式（9.1）]中并没有给出 $E_{\text{XC}}[\{\psi_i\}]$ 的确切表达方式，而 1965 年 Kohn 和 Sham 提出了 Kohn-Sham 方程[式（9.3）]解决了这一难题。

$$\left[-\frac{h^2}{m}\nabla^2 + V(\boldsymbol{r}) + V_{\text{H}}(\boldsymbol{r}) + V_{\text{XC}}(\boldsymbol{r})\right]\psi_i(\boldsymbol{r}) = \varepsilon_i \psi_i(\boldsymbol{r}) \tag{9.3}$$

其中，一共有三个势能项 V、V_{H}、V_{XC}。第一个定义的是一个电子与所有原子核之间的相互作用；第二个称为 Hatree 势能，这个势能是所研究的电子与总的电荷密度库仑作用产生的势能，但是其包含了此电子与自身的自作用，所以这一块的修正将交由 V_{XC}[式（9.4）]这一部分来解决；交换关联能 V_{XC} 是真实相互作用多体系统的动能和内部相互作用能与虚拟的独立粒子系统的电子-电子相互作用的动能和内部相互作用能的差值[5]。

$$V_{\text{XC}}(\boldsymbol{r}) = \frac{\delta E_{\text{XC}}(\boldsymbol{r})}{\delta n(\boldsymbol{r})} \tag{9.4}$$

求解 Kohn-Sham 方程，必须给定交换关联泛函 $E_{\text{XC}}[\{\psi_i\}]$，但是确定 $E_{\text{XC}}[\{\psi_i\}]$ 是非常困难的，而且我们并不清楚交换关联泛函的真实形式。接下来简要介绍两种解决这个问题的方法[6]。方法一是采用局域密度近似（local density approximation，简称 LDA），这种近似原子均匀电子气的研究。我们需要注意的是，求解 Kohn-Sham 方程中，只是采用了近似的方法，并没有使用真正的交换关联泛函。而且，这个 LDA 有其局限性，它只适用于电子气均匀的体系，比如金属体系，但是对于小分子体系，LDA 方法就会产生较大的误差。在 20 世纪 80 年代，广义梯度近似（generalized gradient approximation，简称 GGA）被开发出来表示交换相关泛函。相比于 LDA，GGA 包含更多的物理信息，一般来讲应该更加精确，但是也有些例外，比如过渡金属氧化物和稀土元素化合物等强关联体系，它们一般需要加“U”校正[7-8]。

密度泛函理论一经提出，便成了大家关注的焦点，尤其是随着计算机特别是超级计算机的兴起与发展，密度泛函理论有了更加长足的进步，本小节也只是简单介绍了密度泛函理论和起源过程。以目前的超级计算机的计算能力，利用 DFT 对物质的性质和结构进行预测可以大大缩短研发的时间和成本，所以 DFT 计算也被经常运用到空气电池当中，比如探讨正极氧还原和氧析出的机理，空气正极催化剂的设计与筛选，后面的章节将对这些进行详细的讨论。

9.1.2 氧正极模型与理论过电势

前面的章节我们已经了解到，空气电池，由于它独特的半开放系统、非常高的能量密度、环境友好和资源丰富等优点，代表非常有前景的下一代全球投资组合存储技术。但是其氧还原（ORR）和氧析出（OER）在放电与充电过程中反应缓慢，因此，低循环寿命和低能量转换效率是制约可充电空气电池商业化的主要瓶颈[9-10]。空气电池根据电解液可以划分为水系电解液和非水系电解液，而电解液的不同，也会造成空气正极有不同的氧化还原反应机理。因此，本小节将详细地讨论水系和非水系情况下，利用 DFT 建立氧正极模型的方法。

在水系电解液中，最常见的都是基于 Nøskov 等人提出的计算氢电极模型［式（9.5）］[11]。

$$\Delta G(U)=\Delta G(U=0)+\Delta G_U=\Delta E_{\mathrm{DFT}}+\Delta ZPE-T\Delta S+\Delta G_U+\Delta G_{\mathrm{pH}} \tag{9.5}$$

其中，ΔE_{DFT} 是经过 DFT 计算得到的反应前后总能的变化，ΔZPE 是反应零点能的变化，T 是反应温度，ΔS 为熵变，ΔG_U 为电极电势 U 对自由能变化的贡献，其具体的表达形式为 $\Delta G_U=-\mathrm{e}U$，e 表示电荷，U 是相对于标准氢电极（standard hydrogen electrode，简称 SHE）的电极电势，而 ΔG_{pH} 是溶液的酸碱度 pH 对自由能变化的贡献，其表达形式为 $\Delta G_{\mathrm{pH}}=k_{\mathrm{B}}T\times\ln 10\times\mathrm{pH}$，$k_{\mathrm{B}}$ 为玻尔兹曼常数。这一模型反应的是基元反应中自由能变化和电极电势 U 呈线性关系[12]。

水系电解液中空气正极的半反应为

$$O_2+2H_2O+4e^- \rightleftharpoons 4OH^- \text{(碱性或中性电解液体系)} \tag{9.6}$$

$$O_2+4H^++4e^- \rightleftharpoons 4OH^- \text{(酸性电解液体系)} \tag{9.7}$$

以水系锌空气电池正极为例，韩国汉阳大学 Shinde 等报道了一种新型的三维双链六氨基苯金属有机框架（Mn/Fe-HIB-MOF）基双功能电催化剂［图（9.1（a）］的锌空气电池[13]。一般来说过电势较低的催化剂被认为具有较高的催化活性，而过电势理论上来源于电势决定步骤，即在标准的反应电势下（OER/ORR 在碱性电解液的标准反应电势 $U=0.402$ V）连续的氧析出和氧还原基元反应步骤中，最大的吸热自由能变化的反应步骤便是电势决定步骤，如图 9.1（b）、（c）所示。图 9.1（b）中是 OER 反应途径，其过电势决定步骤就是由 O* 到 OOH* 决定的（*表示吸附的基底），这是因为当 $U=0.77$ V 时，基元反应 O* 到 OOH*

的步骤是决定其能否自发的关键，而在标准反应电势 $U = 0.40$ V 下，OER 是不能自发进行的，因此其过电势大小为 $\eta=0.37$ V。同理可得，ORR 反应的过电势是在 O_2 到 OOH^* 这一基元反应步骤，其过电势大小为 $\eta=0.43$ V。

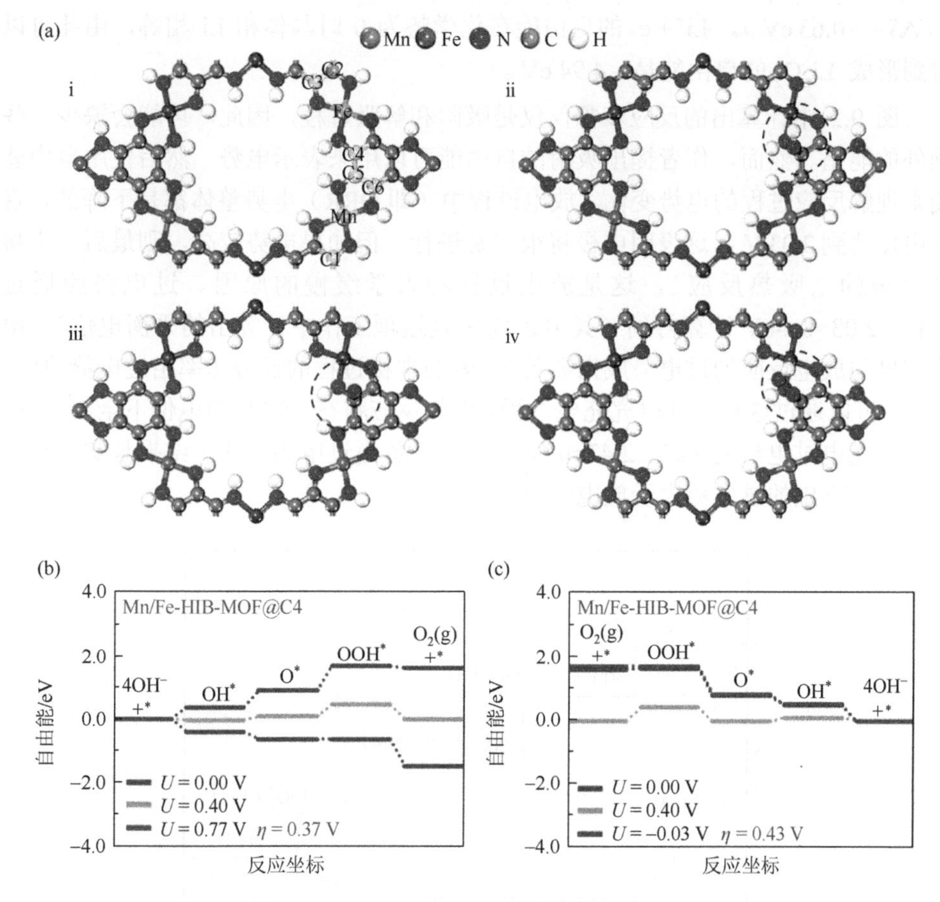

图 9.1　OER 和 ORR 双功能催化剂的机理研究

（a）Mn/Fe-HIB-MOF 初始结构（i）和吸附 OH^*（ii）、O^*（iii）及 OOH^*（iv）中间体后的结构；碱性环境下 Mn/Fe-HIB-MOF 的自由能图：（b）OER 路径，（c）ORR 路径

而在非水系体系中，丹麦技术大学 Hummelshøj 等首次在 Li_2O_2 (100) 表面上模拟 ORR，以通过计算研究非质子型 Li-O_2 电池中的反应机理[14]。他们所认为的反应机理如下

$$Li \longrightarrow Li^+ + e^- \tag{9.8}$$

$$Li^+ + e^- + O_2 + * \longrightarrow LiO_2^* \tag{9.9}$$

$$Li^+ + e^- + LiO_2^* \longrightarrow Li_2O_2 \quad (9.10)$$

通过计算每一个中间体的自由能，可以确定放电/充电过程中过电势的可能来源。在自由能的估计中，忽略了固相的熵，而考虑了气相 O_2 的熵（在标准状态下，$-T\Delta S = -0.63$ eV）。$Li^+ + e^-$ 的自由能在化学势为 0 时与体相 Li 相等，由此可以得到形成 Li_2O_2 的自由能是 -4.94 eV。

图 9.2 中计算出的反应步骤仅仅是吸附和解吸过程，因此，可能会缺少一些额外的能垒。然而，作者提出吸附的自由能可以用来表示电势，然后使用自由能图来理解反应过程的电势变化。放电过程中（即 ORR）电势整体都是下降的，直到电位达到 2.03 V，这表明电极将很容易进行。但如果电势较高，则最后一步将是上坡的（吸热反应），这是放电过程动力学缓慢的原因。过电势应通过 2.47 − 2.03=0.44 V 计算得到（其中 2.47 V 是这项工作中计算出的平衡电位）。电流密度与放电反应的过电势成指数关系，表明电极过程的反应速率由过电势决定。同样，可以通过这种方式研究充电过程。电极反应将在 3.07 V 的电位下全部下降。因此，充电过电势为 3.07 − 2.47=0.60 V，高于放电过电势。这一结果与实验结果一致，即充电的过电势大于放电的过电势。

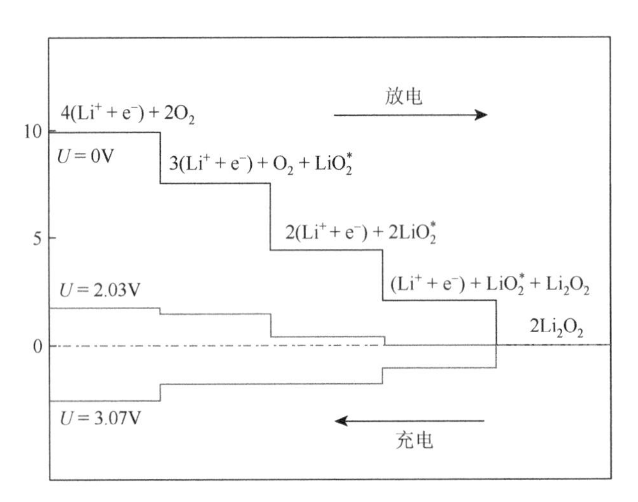

图 9.2　计算锂空电池中氧气正极反应的自由能图

从左到右的过程视为放电路径，从右到左的过程视为充电路径。$U = 0$ V 为开路电压，$U = 2.03$ V 为各阶段均为下坡时的最高放电电压，$U = 3.07$ V 为各阶段均为下坡的最低充电电压。

通过以上两个例子我们介绍了水溶液和非水溶液中金属空气电池氧正极反应过程的模型。使用 DFT 计算来估计反应中间产物的自由能，对于电池放电和充电的过电势理解有重要作用。当然实际反应中，过电势的形成往往比这还要复杂得多，比如电解质在溶液中的迁移速率、在界面反应时周围环境的影响等对过电势的产生都会有不小的影响，因此一个更为复杂、更为准确的氧正极反应过程模型需要被建立。

除了上述的两种模型外，还有探讨正极放电产物电荷传输的模型。以钠空电池为例，瑞典乌普萨拉大学 Araujo 等便尝试揭示钠空电池中 Na_2O_2 电荷迁移的机理[15]。Na_2O_2（空间群：*P*62*m*，六方晶系）是空气电池中常见的放电产物，它有一个特点——绝缘体，因此 Na_2O_2 的较差的电导率限制了电池的功率密度，这就有必要研究一下 Na_2O_2 的电荷传输机制。他们一共建立了四种模型：空穴极化子传输模型（给 Na_2O_2 晶胞移除一个电子，记作 P^+），电子极化子传输模型（给 Na_2O_2 晶胞添加一个电子，记作 P^-），Na^+缺陷传输模型（给 Na_2O_2 晶胞移除一个 Na^+，记作 V_{Na}^-）以及 Na 缺陷传输模型（给 Na_2O_2 晶胞移除一个 Na 原子，记作 V_{Na}）。四种模型的形成能被列在表 9.1 中，从表中可以看到 P^-的形成能达到了 1.82 eV，是所有模型中形成能最高的，也就意味着，电子极化子模型是最不容易形成的，其他三种模型形成能相差不大，V_{Na} 是其中最小的，为 0.74 eV。

表 9.1　四种传输模型平衡时的形成能 E_f

（$\alpha=0.35$，形成能由杂化泛函计算得到，α 表示杂化泛函的混合参数取值为 0.35）

传输模型	E_f（EV）
P^+	0.81
P^-	1.82
V_{Na}^-	0.81
V_{Na}	0.74

随后 Araujo 等研究了四种模型的电荷扩散机制。对于 V_{Na}^- 和 V_{Na}，作者设想了三种迁移路径[图 9.3(a)]，并采用爬坡弹性带方法(climbing image nudged elastic band，简称 CI-NEB）计算迁移的能垒，从表 9.2 中可以看到路径 3 的迁移能垒分别达到了 1.92 eV 和 1.99 eV，也就是说路径 3 是最不可能的迁移路径。对于 V_{Na}^- 而言，路径 1 与路径 2 仅相差 0.01 eV，所以这两种路径是都有可能的；而对于 V_{Na}，路径 2 比路径 1 多了 0.12 eV，说明 V_{Na} 模型更倾向于路径 1。而对于 P^+和 P^-两种模型，则设想了两种电荷传递路径[图 9.3（b）]，一种是层间传递，一种是层内传递。作者分别计算了 $\alpha=0.25$ 及 0.35 时两种模型电荷传递时迁移过程的活化能垒[因为利用杂化泛函计算，混合参数 α 取 0.35 时得到的能带值最为准确，所以以 $\alpha=0.35$ 得到的结果为准（表 9.3）]，P^+模型中层内的迁移能垒是 0.38 eV，层间能垒是 0.32 eV；而 P^-模型中层内的迁移能垒是 1.8 eV，层间是 0.92 eV，说明了 P^+模型的能垒要比 P^-模型的能垒低不少，同时也比两种钠缺陷模型低。结合之

前四种模型的形成能大小比对，因此在 Na_2O_2 晶体中空穴极化子传输模型是最有可能发生的。

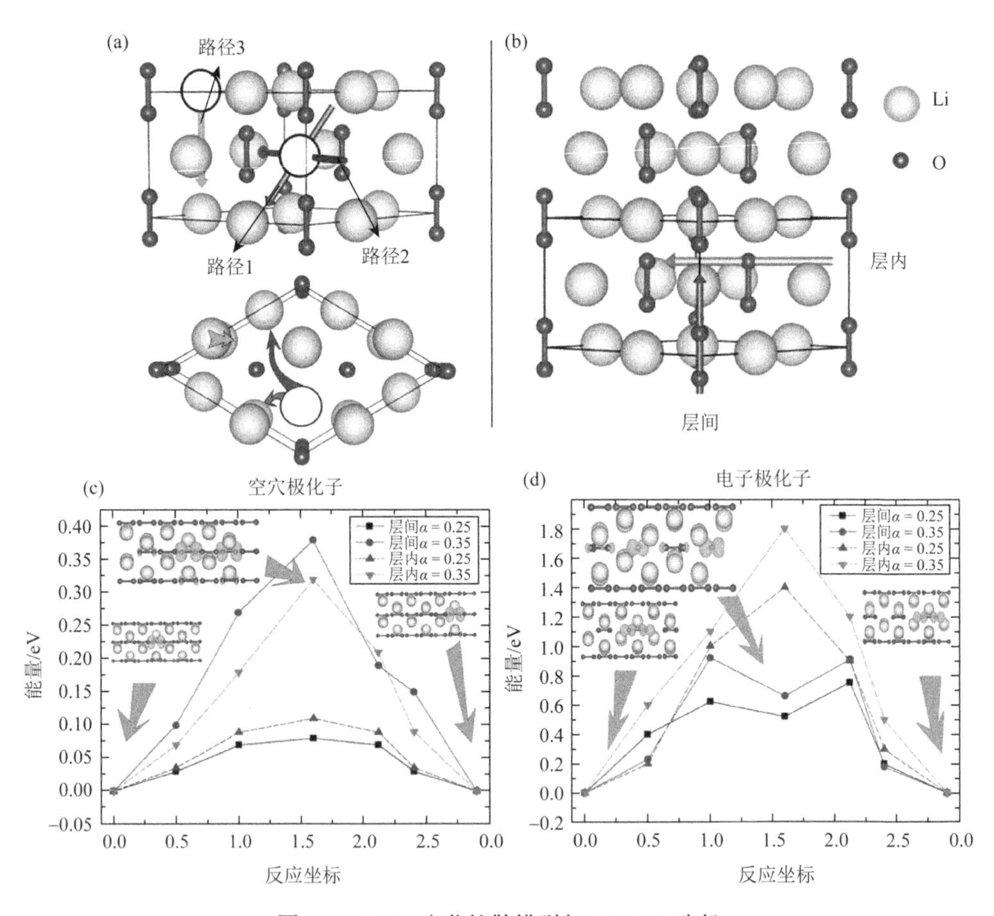

图 9.3　Na_2O_2 电荷扩散模型与 CI-NEB 路径

（a）表示 V_{Na}^- 和 V_{Na} 的三种路径示意图（侧视图位于上方，俯视图位于下方）；（b）表示 P^- 和 P^+ 的层内和层间共两种迁移路径的示意图；（c）与（d）分别表示 P^+ 和 P^- 在 α = 0.25 及 0.35 下的活化能垒。同时初态、中间态和末态的差分电荷图也分别置于（c）和（d）中。可以看到空穴及电子初末态均局域在过氧根离子附近，而在中间态时会出现离域的情况。红球（小）与黄球（大）分别表示氧原子和钠原子

采用 CI-NEB 过渡态研究方法探讨电荷在 Na_2O_2 晶体中电荷迁移路径，分别讨论了可能发生的四种电荷迁移模型，由于空穴极化子模型最低的活化能垒（层内 0.32 eV 和层间 0.38 eV），同时还有较低的形成能（0.81 eV）都是支持空穴极化子是 Na_2O_2 中电荷迁移的方式。而通过这种方法从而延伸到其他的放电产物和其他的空气电池，也就知道什么样的放电产物最有利于电荷传递，这样对构筑电池材料的选择有很大的指导意义。

表 9.2 钠缺陷模型 V_{Na}^{-} 和 V_{Na} 的三种路径的迁移能垒（$\alpha = 0.35$）

		E_a（eV）		E_a（eV）
路径 1	V_{Na}^{-}	0.51	V_{Na}	0.52
路径 2	V_{Na}^{-}	0.50	V_{Na}	0.64
路径 3	V_{Na}^{-}	1.92	V_{Na}	1.99

表 9.3 电子缺陷模型 P^{-} 和 P^{+}的迁移活化能垒

		E_a（eV）（P^{-}）	E_a（eV）（P^{+}）
层间	$\alpha = 0.25$	0.75	0.11
	$\alpha = 0.35$	0.92	0.32
层内	$\alpha = 0.25$	1.40	0.08
	$\alpha = 0.35$	1.80	0.38

9.1.3 正极催化剂的选择与设计

由于金属空气电池的正极反应通常是电催化过程，因此空气电池中的电催化剂在确定电极性能方面起着至关重要的作用。多年来 ORR 催化剂一直是燃料电池技术中广泛研究的主题，原则上讲，大多数适用于燃料电池的催化材料也可以用于金属空气电池，因此可以作为提高空气正极效率的策略和技术。目前多种材料已用作正极催化剂，范围从贵金属和金属合金到碳、过渡金属氧化物/硫族化物和金属大环化合物，但是高效廉价的正极催化剂一直都是研究者们的目标。

DFT 计算可用于揭示催化反应机理，这一点也在上一节中进行了说明。许多模拟和理论研究集中于对 M-O（M 表示 Li、Na、K、Mg 和 Zn 等金属）产物和中间体在催化剂上的吸附进行建模，在此基础上可以确定实际的反应过程，并阐明决定反应性质的关键因素。小的 Li-O 团簇与催化材料之间的相互作用是模拟关注的对象。考虑到存在一些中间相，不同的物质可以在不同的反应步骤上引起催化作用，并且催化机理可能大不相同，这也是我们应从原子水平上进行研究的重要课题。因此本小节主要说明常见的空气正极催化剂的设计原则和方法。

空气电池正极上氧还原反应会产生相当大的过电势和缓慢的速率，这限制了空气电池产生的电流和功率。氧气的吸附能是 ORR 活性良好的描述符。贵金属催化剂中，比如铂（Pt），已作为 ORR 催化剂进行了数十年的深入研究，并因其已知的高稳定性和出色的电催化活性而不断引起人们的兴趣。因此，在当前替代催化剂研究中，经常选择 Pt 作为基准材料。当表面结合氧的强度为 0～0.4 eV，即比 Pt（111）弱时，其活性应高于 Pt，最佳值约为 0.2 eV。Dather 等对几种金属进行了比较研究，发现 Au，Ag，Pt，Pd，Ir 和 Ru 的 ORR 活性相当于氧的吸附能形成了火山状的分布[如图 9.4（a）][16]。理论分析表明，过强的氧金属相互作用（Ru 和 Ir）会降低氧与锂的键合能力，而过弱的氧金属相互作用（Au 和 Ag）会阻碍 O_2 活化和氧锂键合。

山东大学张进涛课题组合成了一种氮磷共掺杂碳球（nitrogen and phosphorous co-doped carbon spheres，简称 NPCSs）催化剂用于水系锌空电池[17]。他们的 NPCSs 展现了比 Pt 更好的氧还原活性以及比 RuO_2 更好的氧析出活性。为了更好地理解 N、P 两种元素对 NPCSs 性能的影响，多种 N、P 掺杂不同位置的模型被建立[图 9.4（c），（d）]。DFT 计算表明边缘吸附模型（$\eta=0.45$ V）具有比内部吸附模型（$\eta=1.11$ V）更小的 ORR 过电势，与此同时边缘吸附模型（$\eta=0.46$ V）具有比内部吸附模型（$\eta=1.51$ V）更小的 OER 过电势。以氢氧根的吸附能为模型构建了火山图曲线[图 9.4（b）]，边缘掺杂模型比内部掺杂模型具有更好的催化活性和降低过电势的能力。

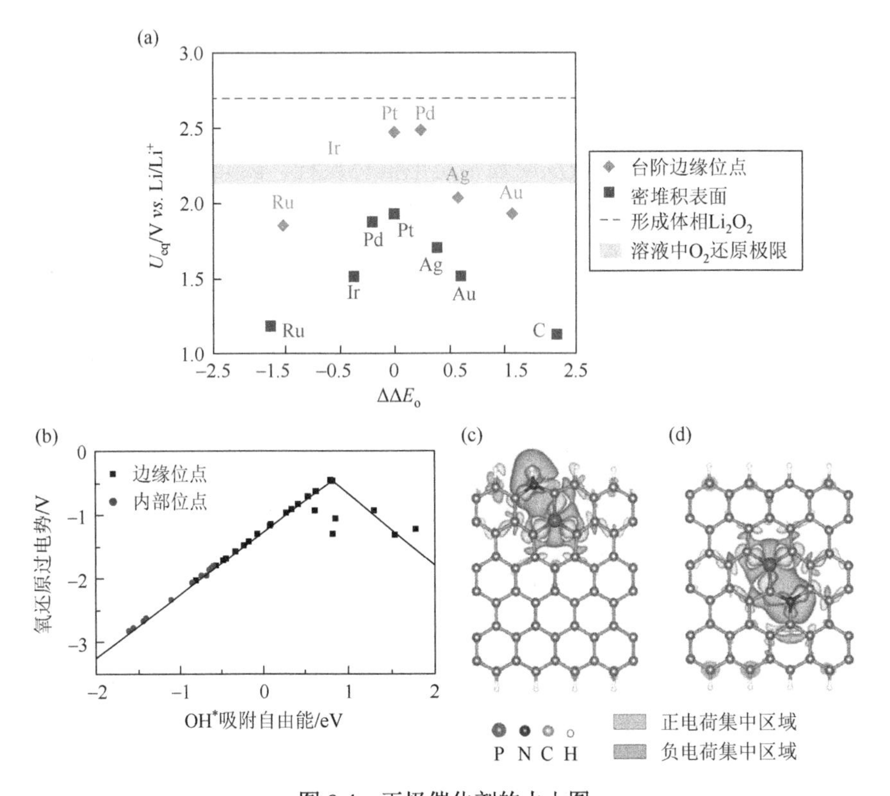

图 9.4　正极催化剂的火山图

（a）6 种金属 ORR 反应第一步平衡电势分别与氧原子在金属密堆积表面及台阶边缘位点上相对于 Pt 金属的吸附能成正比，绘制成了火山图曲线；（b）在石墨烯上，N 和 P 在边缘和内部位点共掺杂的过电势与 OH^- 吸附能的火山图曲线；在边缘（c）和内部（d）位置 N 和 P 共掺杂的石墨烯差分电荷密度图除了吸附能可以作为催化活性的描述符以外，中国科学院上海硅酸盐研究所温兆银团队报道了表面酸度可以用作 Li-O_2 电池中 OER 催化活性的描述符[18]。表面酸度（V_{sa}）定义为

$$V_{sa}=\frac{S_0}{S}\frac{E_{(Q_0+q_S/S_0)}-E_{Q_0}}{e} \tag{9.11}$$

其中，E_{Q_0} 和 $E_{(Q_0+q_S/S_0)}$ 分别是特定催化剂和具有某些添加电子的表面的总能量；S 表示的是表面模型区域面积，S_0 为比表面积。结果表明，O_2 的脱附势垒与表面酸度呈线性相关[图 9.5（a）中虚直线]，而 Li^+ 脱附能具有二次曲线[图 9.5（a）中虚曲线]。此外，充电电压还显示出与表面酸度的二阶相关性[图 9.5（a）中实曲线]。根据氧气的解析能量和充电电压，研究人员预测表面酸性为 2.4～3.1 V 的化

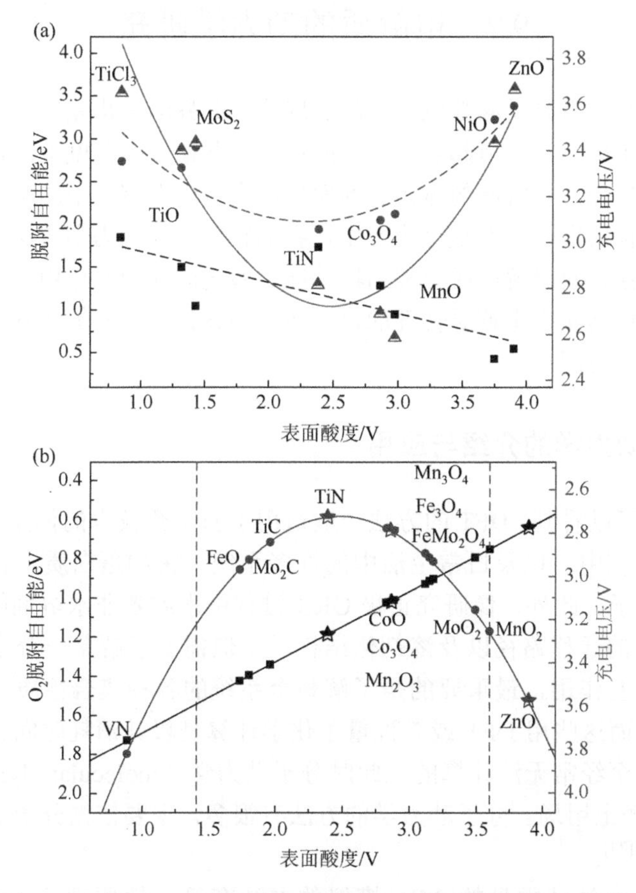

图 9.5　表面酸度与脱附自由能的关系曲线

（a）Li^+和 O_2 脱附的能量与充电电压随表面酸度的变化；（b）根据 O_2 脱附和充电电压与表面酸度的相关性预测了一些过渡金属化合物的催化活性

合物具有最高的催化活性，计算了 O_2 解吸能[图 9.5（b）中实直线]和充电电压[图 9.5（b）中实曲线]与表面酸度的相关曲线，并预测了几种过渡金属化合物（例如 CoO，Co_3O_4 和 Mn_2O_3）会对 Li-O_2 电池的 OER 具有很高的活性。重要的是，实验中还证实了那些具有高活性的化合物。

氧气的电化学还原和析出是空气电池能够实现可充电的基础反应。然而，这些反应的动力学很慢，因此需要活性双功能氧电催化剂来减少这些反应的过电势。在过去的几十年里，研究人员已经探索了多种催化剂材料，为设计低成本和高性能的双功能催化剂开辟了新的机会[19-22]。DFT 计算不仅比实验更加高效和低成本，而且不管是在反应机理探索方面还是提供设计催化剂的指导原则方面一直被用于空气电池正极的研究当中，而在后续其也将扮演着越来越重要的角色。

9.2　电解质的动力学研究

在电解质和具有高反应性电极之间实现稳定的界面是构建安全高能量电池的先决条件，其中电解质调节起着决定性的作用，并在很大程度上决定了电池的长期性能和倍率性能。电解质的体相和界面性质直接由电解质中的基本相互作用和衍生的微观结构决定[23]。在这一小节中，我们将以分子动力学方法为主，辅以其他理论计算方法，对电解质成分和结构功能关系之间的相互作用进行全面而深入的理解，概述如何实现电解质合理的自下而上的设计，从而加快安全高能量密度金属空气电池的应用。

9.2.1　分子动力学的介绍与应用

由 9.1 节可以看到，DFT 的方法一般适用于原子数较少的体系。但是实际上我们实验的过程中，以及日常生活中的许多系统，譬如蛋白质、合金等均含大量的原子与电子。此外，像研究正极 ORR 过程中水或者非水溶剂的作用，电解质中金属离子的迁移路径以及溶剂化结构，不但需要了解单一分子的性质及了解分子间的相互作用，最重要的是了解整个系统的各种集合性质、动态行为与热力学性质。而这些用 DFT 或者说量子化学计算是极其消耗时间并且利用现有的计算资源甚至经常无法计算的，此时分子动力学（molecular dynamics，简称 MD）便可以派上用场。分子动力学的方法有很多，主要依据分子的力场计算分子的各种特性[24]。

一般在电池领域常见的 MD 模拟的方法有第一性原理分子动力学（first principles molecular dynamics，简称 FPMD，有时也被称作 AIMD）和经典分子动力学（classical molecular dynamics，简称 CMD）。二者的主要区别在于：FPMD

通过量子力学的方法直接计算分子内和分子间的相互作用，能同时准确模拟物理作用和化学键作用。但是由于采用了量子力学方法，计算量大，因此模拟的体系一般都比较小。CMD 模拟需要设置一些力场参数来描述分子内和分子间相互作用，但是不能准确模拟化学成键和断键的作用，而是胜在可以模拟更大的体系以及运算速度更快，因此应用也是最广的[25]。实际上，MD 模拟可以划分为很多种方法，而不同的方法也都适用于不同的模型和领域。

MD 模拟都要进行系综的选择，常见的系综有微正则系综（恒 NVE，N：系综的总粒子数，V：系综的体积，E：系综的总能量），正则系综（恒 NVT, T：系综的温度），等温等压系综（恒 NpT，p：系综的压强）以及巨正则系综（恒 μVT，μ：系综的化学势）等。为了使 MD 模拟达到以上其中一个系综的条件，通常使用 Berendsen、Nosé-Hoover 和 Andersen 等热浴方法。在许多情况下，采用 Berendsen 热浴法通过温度修正来改变粒子的速度和位移，使得系统达到初始的平衡温度，然后再切换到其他的热浴方法。Andersen 热浴通过选取粒子进行随机碰撞以维持恒温条件，而 Nosé-Hoover 热浴法则是最常用的实现真实的恒温 MD 模拟的方法，除此之外还有 Nosé-Hoover 链以及 Langevin 动力学等方法[26]。

由于 MD 模拟是系统一段时间内的一个状态的变化，因此这些原子每一步的位置、速度、能量以及压力等都会被记录下来。接下来就简单讲一下从这些信息当中可以得到的结论。

因为知道了原子运动每一步的速度和位置，所以我们可以知道原子运动的轨迹，比如说我们可以得到如图 9.6 所示的扭转角运动轨迹分布[27]。除了可以研究键角，还可以用来研究目标原子周围的化学环境，为此需要引入径向分布函数[radial distribution function，简称 RDF，式（9.12）]这一概念。其中 N 是系统的分子数目，ρ 为系统的密度，r 为距离参考分子中心的距离，RDF 可以解释为系统的区域密度与平均密度的比。参考原子的附近区域密度不同于系统的平均密度，但当 r 越大，离参考分子越远，此时的区域密度越接近平均密度，RDF 的值应接近 1。而对 RDF 进行积分，便可得到参考分子的配位数，掌握其配位环境的信息。

$$g(r) = \frac{\mathrm{d}N}{\rho 4\pi r^2 \mathrm{d}r} \tag{9.12}$$

除了径向分布函数，还有一个常常用到的概念——均方位移（mean square displacement，简称 MSD）。式（9.13）中，$r_{i(t_1)}$ 表示 t_1 时刻粒子 i 的位置，$r_{i(t_2)}$ 表示 t_2 时刻粒子 i 的位置，N_{atoms} 表示总的粒子数。只要分子数目够多，计算时间够长，所计算的平均值应相同。而且通过均方位移结合爱因斯坦的扩散定律便可得到粒子的扩散系数。

$$\mathrm{MSD}=\frac{\sum_{i=1}^{N_{\mathrm{atoms}}}\left(\boldsymbol{r}_{i(t_1)}-\boldsymbol{r}_{i(t_2)}\right)^2}{N_{\mathrm{atoms}}} \tag{9.13}$$

以上介绍了分子动力学两个简单的应用，除此之外，分子动力学还有得到系统的自由能和相对自由能的变化等应用。如果想进一步深入地了解，可以阅读陈正隆老师的《分子模拟的理论与实践》。后面小节中就围绕着利用分子动力学研究溶液中各种粒子的相互作用以及溶液与电极界面的相互作用而展开。

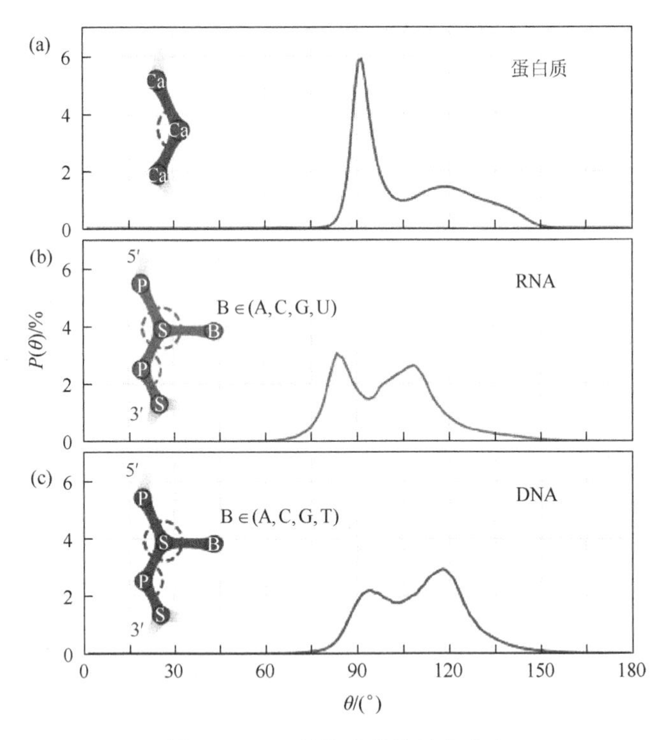

图 9.6　PDB 结构中粗粒键角分布

分别分析蛋白质（a）、RNA（b）和 DNA（c）的键角。在图中分别展示了粗粒度分子的拓扑结构，其中统计中使用的键角用虚线弧标记

9.2.2　电解质中的相互作用

溶剂和溶液的实验和理论探测分析是物理化学中比较困难的课题，因为溶剂或溶液中的物种之间相互作用比气体中的相互作用强得多，动力学理论可以很好地处理气体但不能很好地处理液体；然而相比较固体，溶液中的作用力又弱得多，也无法用固体物理学定律很好地描述[28]。并且，由于溶液中短程有序、长程无序的结构特征，这种情况有时甚至很复杂，很难用一个简单的公式来定量地描述。

在空气电池电解液中，阳离子一般与溶剂分子或阴离子配位，形成较强的相互作用，而阴离子如双三氟甲基磺酸亚胺阴离子（$TFSI^-$），在有机体系中，一般与溶剂的作用就比较弱，但在水系中，像小一点的阴离子如SO_4^{2-}和NO_3^-等与溶剂分子由于氢键作用也会产生较强的作用力。局部有序的溶剂化结构主要受阳离子-溶剂分子和阳离子-阴离子的强相互作用的调节，而溶剂化的物质由于已配位的阳离子/游离的溶剂分子/阴离子等之间的弱的相互作用导致长程无序。这些相互作用属于分子间的力，包括离子-离子（ion）、离子-偶极（dipole）和偶极-偶极等作用力[23]。在经典物理模型中，这三个力的势能如下

$$U_{\text{ion-ion}} = -\frac{1}{4\pi\varepsilon}\frac{z_1 z_2 e^2}{r} \tag{9.14}$$

$$U_{\text{ion-dipole}} = -\frac{1}{4\pi\varepsilon}\frac{ze\mu\cos\theta}{r^2} \tag{9.15}$$

$$U_{\text{dipole-dipole}} = -\frac{1}{(4\pi\varepsilon)^2}\frac{2\mu_1^2\mu_2^2}{3k_B T r^6} \tag{9.16}$$

其中，ε表示介电常数，z_1与z_2分别表示离子1与离子2的电荷数目，ze表示离子的电荷量，μ表示瞬时偶极矩，r表示离子或偶极中心之间的距离，θ是相对于连接离子和偶极子中心线的偶极角，μ_1与μ_2分别表示偶极子1与偶极子2的瞬时偶极距，k_B是玻尔兹曼常数，T是绝对温度。

中国科学院长春应用化学研究所张新波团队曾用AIMD模拟来证明Li^+在电解质中可能存在的溶剂化结构[29]。他们分别模拟了在质子惰性的溶剂N,N-二甲基乙酰胺（DMA）中3 M LiTFSI，2 M LiTFSI 1 M $LiNO_3$，5 M $LiNO_3$和4 M LiTFSI电解质体系。在3 M LiTFSI电解质中存在大量的接触离子对（contact ion pairs，简称CIPs）的Li^+溶剂化结构，如图9.7（a）。而在加入$LiNO_3$来制备2 M LiTFSI 1 M $LiNO_3$混合电解质时，一些团簇形成如图9.7（b），溶剂化效应得到了增强。这一点可以通过核磁共振^{7}Li谱[图9.7(f)]和核磁共振^{19}F谱[图9.7(g)]比较2 M LiTFSI 1 M $LiNO_3$和3 M LiTFSI得到。对于高浓度电解质（4 M LiTFSI和5 M $LiNO_3$），更多的团簇出现，Li^+与溶剂/阴离子的相互作用进一步增强，然而这样会不可避免阻碍物质迁移和电极动力学。较强的溶剂化效果并不总是有利于较好的电化学性能，因此中等浓度的电解液是比较合适的选择。类似的结果也可以从径向分布函数获得，在图9.7（c）中2 M LiTFSI 1 M $LiNO_3$的电解质中展现出类似于高浓度电解液的强的溶剂化效应，与3 M LiTFSI电解液Li^+的溶剂化环境大不相同。在2 M LiTFSI 1 M $LiNO_3$的电解液中[图9.7（d）]，2.7Å处出现了Li–N峰，4.1Å处峰的强度减弱，这证明了NO_3^-确实比$TFSI^-$更容易进入Li^+的第一溶剂化结构层中。而这样溶剂化结构的改变可能会影响电解质的最低分子空轨道，最终导致阴离子源的SEI膜的形成[30]。而均方位移[图9.7（e）]的结果表明2 M LiTFSI 1 M $LiNO_3$的电解液具有更好的扩散性质，这也与前人的实验结果相一致[31-32]。

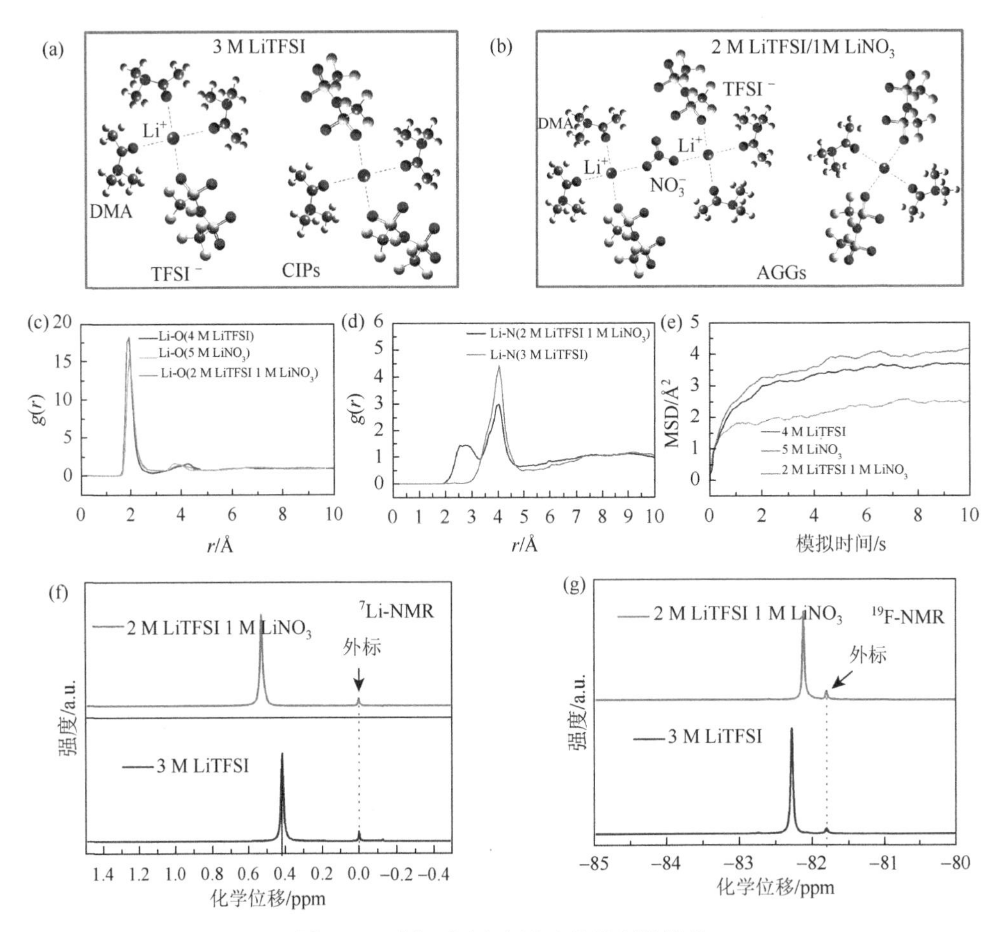

图 9.7 Li$^+$在不同电解液中的溶剂化结构

3 M LiTFSI（a）和 2 M LiTFSI 1 M LiNO$_3$（b）电解质溶剂化结构示意图；Li-O（c）和 Li-N（d）在不同电解质中的径向分布函数；（e）不同类型电解质的均方位移随模拟时间的变化；3 M LiTFSI 和 2 M LiTFSI 1 M LiNO$_3$ 电解质的 ^{7}Li 核磁共振图谱（f）和 ^{19}F 核磁共振图谱（g）

除了研究电解质中离子的溶剂化结构，华中科技大学黄云辉课题组进一步将其应用于得到离子的配位数和水合能[33]。一种极简设计的自搅拌电池被他们设计了出来[图 9.8（a）]，采用重力驱动的自分层结构，底部是锌负极，中间是水溶液电解质，顶部是有机阴极电解质。他们采用经典分子动力学研究了在 0.5 M 的锂盐溶液中水与四种阴离子[NO_3^-、BF_4^-、$CF_3SO_3^-$（OTf^-）和 $TFSI^-$]的相互作用。阴离子与水的径向分布函数第一个峰的位置便出现在了 0.34 nm 附近，表明了水分子紧紧地包裹着 NO_3^-，而 BF_4^- 和 OTf^- 配位水分子的情况就要比 NO_3^- 松散许多。除此以外，$TFSI^-$ 与水分子的径向分布函数第一个峰在 0.53 nm，是所有阴离子中最远，峰值最小的[图 9.8（b）]。因此，四个阴离子的第一个溶剂化层的半径大

小趋势是 NO_3^- < BF_4^- < OTf^- < $TFSI^-$。根据径向分布函数第一个峰出现的位置时的累积分布函数（cumulative distribution function，简称 CDF）可以估算得到 NO_3^-、BF_4^-、OTf^- 和 $TFSI^-$ 与水分子的配位数分别为 9.02、10.22、28.64 和 40.42。基于径向分布函数和配位数，第一溶剂化层内平均一个阴离子与一个水分子的水合能的计算结果在图 9.8（b）中被展现出来。水合能从 NO_3^- 到 BF_4^-、OTf^- 和 $TFSI^-$ 依次降低[图 9.8(c)]，分别为−41.99 kJ/mol、−26.69 kJ/mol、−12.77 kJ/mol 和−6.57 kJ/mol，这表明了 $TFSI^-$ 与水的作用是最弱的，甚至比纯水中水分子与水分子的作用力（−14.58 kJ/mol）还弱。$TFSI^-$ 阴离子显然是四个阴离子中最疏水的。此外，离子与水的相互作用分为两部分：范德瓦尔斯相互作用和库仑相互作用。可以看到，库仑相互作用主导了离子与水之间的缔合，即水和离子的接近可能导致范德瓦尔斯力产生排斥作用，也将水驱向离子。具有分散负电荷的较大阴离子与水的库仑相互作用较弱，因此更具疏水性。

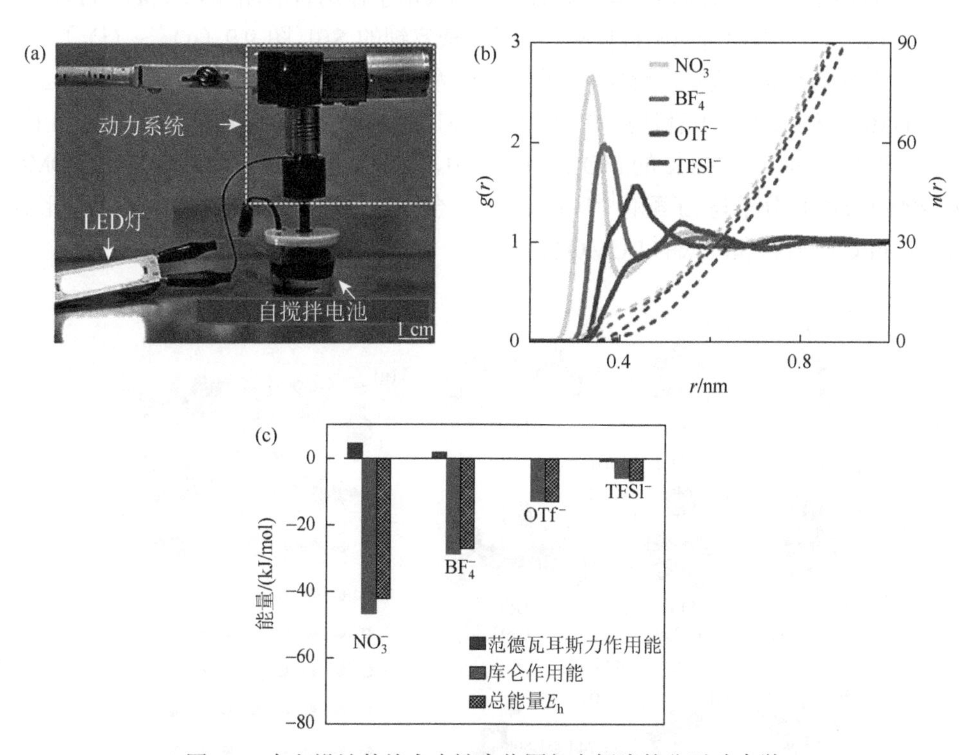

图 9.8　自主设计的锌空电池实物图与电解液的分子动力学

（a）自搅拌电池数码照片；（b）单个离子周围水分子的径向分布函数（实线）和累积分布函数（虚线）；（c）不同阴离子周围结合一个水分子的范德瓦尔斯力、库仑作用力分别贡献的能量以及总的水合能

通过分子动力学，我们可以深入地了解微观状态下各个粒子周围的化学环境以及其本身的运动行为，然后来解释其宏观现象，比如水合能等，为调控电解质

浓度以及种类提供理论指导。而且金属离子以及阴离子在水系和有机体系中其运动行为是大不相同的，因此非常有必要通过分子动力学模拟来研究不同电解质中粒子的运动行为和化学环境。

9.2.3 电极界面的反应

界面反应是电池中非常值得研究的课题，因为其不仅决定了电池的高能量转换效率和电池的寿命，而且也因为正极与溶液和负极与溶液的界面反应复杂性，而导致至今未有对其中的反应过程讨论清楚。因此研究溶剂与电极界面的反应来优化电池的性能一直是一种常用的手段。而通过理论计算则可以预测并判断出电极界面可能发生的反应，从而去规避有害反应和利用有益性能的反应，例如，氟化碳酸乙烯酯（FEC）具有较低的 LUMO 能级，比碳酸乙烯酯（EC）和碳酸二乙酯（DEC）具有更低的LUMO能级，因为F原子具有很强的吸电子作用官能团[图9.9(a)～(f)][34]。结果，FEC 优先与锂金属阳极反应并诱导生成富锂的 SEI[图 9.9（g）～（j）]，据报道，它可以有效地稳定电解质-阳极界面并诱导均匀的 Li 沉积。此外，与碳酸二甲酯（DMC）和 1, 2-二甲氧基乙烷（DME）等其他酯和醚溶剂相比，FEC 优先与 Li^+ 配位。具体而言，在 298 K 的 MD 模拟过程中，有 39%的 FEC，但只有 27%的 DMC 和 20%的 DME 分子与 Li^+配位[35]。FEC 与 Li 金属负极的反应性更强，这是由于形成了 Li^+-FEC 络合物和降低的 LUMO 能级。

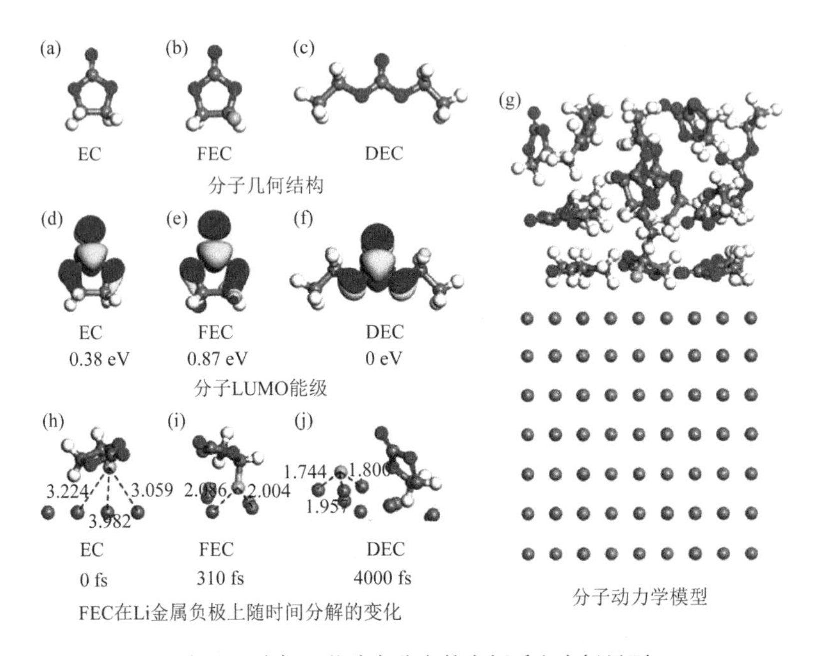

图 9.9 溶剂调节建立稳定的电解质和电极界面

伊利诺大学芝加哥分校 Asadi 等曾用理论计算研究类空气气氛下 Li-O_2 电池中界面可能发生的副反应[36]。通过计算表明，在弛豫的 Li_2CO_3/Li 界面上，Li_2CO_3 的碳终端将与 Li 接触，而随后的过渡态计算表明，碳酸锂中的氧需要克服 1.1 eV 的壁垒才能进入锂负极。而对于正极，作者研究了 CO_2 和 H_2O 是否能通过 Li_2O_2（100）面而分解，但是 Li_2O_2 对二者吸附能分别为 0.27 eV 和 0.77 eV，这也说明了在没有考虑溶剂分子作用的模型中，Li_2O_2 并不会对 CO_2 和 H_2O 的分解产生影响。而随后的分子动力学计算也验证了这一点，如图 9.10（a）、（b）所示，初始时建立的模型分别是一个 CO_2 和一个 H_2O 单独吸附在 Li_2O_2（100）表面，然后当运行 2 ps 后，在电解液/Li_2O_2 界面的模拟中，并没有显示出 CO_2[图 9.10（c）]或 H_2O[图 9.10（d）]在表面吸附或留在电解液中的任何特定位置。这些结果与 H_2O 和 CO_2 在离子液体/DMSO 电解质中溶剂化能的计算一致，表明在离子液体中有较强的结合。溶液中的溶剂化能至少与 Li_2O_2 表面的结合力相同或更强。此外，在电解质存在的情况下，界面上的吸附种不会与 Li_2O_2 表面发生反应。随后 Li_2O_2 表面做了一个锂缺陷，然后再按照原先的思路建立电解液/Li_2O_2 模型。运行的结果表明，CO_2 吸附在 Li_2O_2（100）表面[图 9.10（e）]，且键角发生了弯曲，而 H_2O 也吸附在 Li_2O_2（100）表面上[图 9.10（f）]，但其键角和键长几乎没受影响，这也表明缺陷虽然会对 H_2O 或 CO_2 得到电极界面的存在状态发生变化，但是不会使其分解，这也与实验相一致。

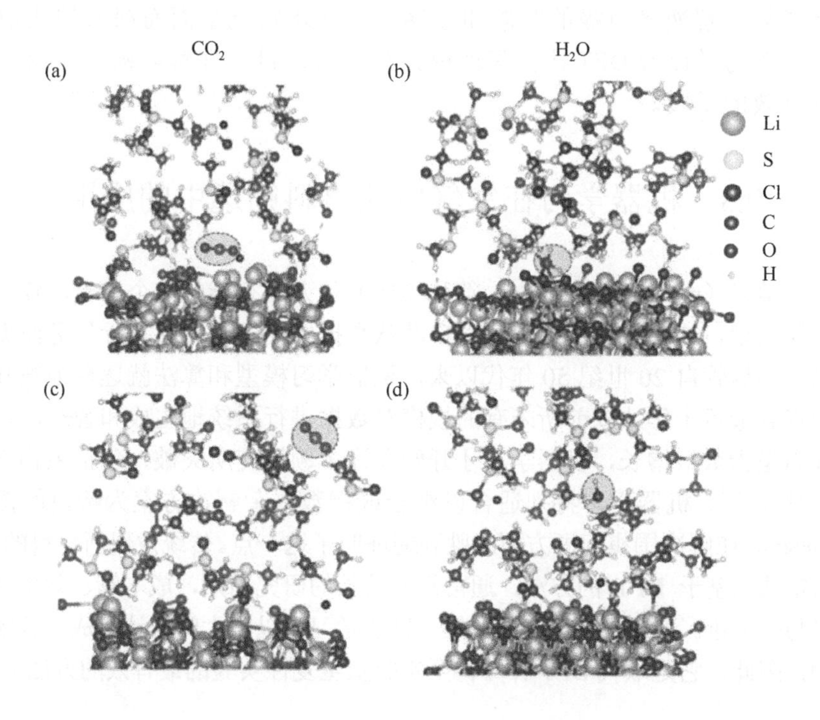

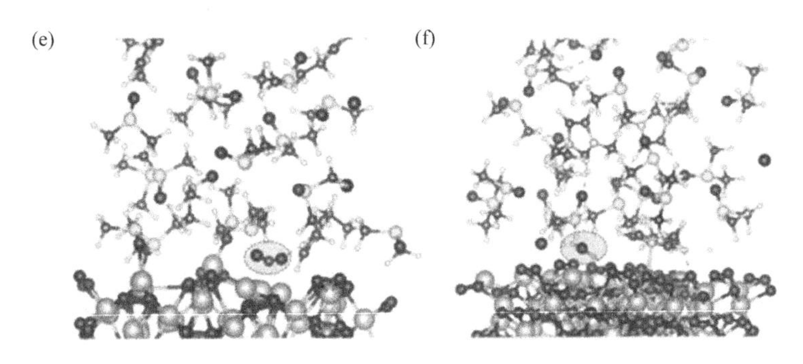

图 9.10　AIMD 模拟了 CO_2/H_2O 分子与 Li_2O_2（100）表面和 DMSO-25% [EMIM]Cl 电解质混合物的相互作用

一个 CO_2 分子在 AIMD 运行时最初吸附在表面[图 9.10（a）]，最终在电解质中[图 9.10（c）]；一个 H_2O 分子在 AIMD 运行时最初吸附在表面[图 9.10（b）]，最终在电解质中[图 9.10（d）]；AIMD 模拟研究了 CO_2/H_2O 分子与 Li_2O_2（110）表面最上层含 Li 空位和 DMSO-25% [EMIM]Cl 电解质混合物的相互作用。在 300 K 的 AIMD 模拟得到了 1 ps 后的构型，CO_2[图 9.10（e）]和 H_2O[图 9.10（f）]。为了清晰可见，CO_2 和 H_2O 分子用阴影的椭圆突出显示

以往的研究大多基于体相电解质模型，而对电解质-电极模型的考虑较少。电极表面的电解质溶剂化结构与电解质本相结构有很大的不同，这是因为电极表面吸附了特定的离子，形成了双电层，直接决定了界面的电化学和化学反应。电极表面对界面吸附和反应也有很大的影响。此外，有机电解质在电极表面分解形成 SEI 或者 CEI，使界面结构和反应更加复杂。因此，对于阳离子从电解液到电极的脱溶和迁移，目前还缺乏全面而深入的认识，而使用分子动力学以及 DFT 计算等理论计算方法是目前理解电极界面反应的一种非常有效的手段。

9.3　机器学习在空气电池材料筛选中的应用

机器学习（machine learning，简称 ML）是人工智能的一个分支，致力于处理算法和模型，这些算法和模型可以自动从数据中学习模型并执行任务而无须明确的指令。尽管自 20 世纪 50 年代以来，机器学习模型和算法就逐渐地被开发出来，但直到最近十年才以前所未有的规模对数据进行系统地生成和管理，再加上计算能力呈指数级增长，机器学习才开始在许多领域有所突破，包括生物学、物理学和化学[37]。机器学习特别适合以组合或指数复杂解决方案为特色的探索任务，AlphaGo 在解决围棋问题方面的胜利便证明了这一点。传统发现新材料的方法，例如试错法和基于 DFT 的方法，通常需要较长的研究周期，成本高、效率低，并且难以与时俱进。当今材料科学的发展，机器学习可以大大降低计算成本并缩短研发周期，因此，它是取代 DFT 计算甚至实验室重复性实验的最有效的方法之一。

为了建立性能优良、预测准确的机器学习模型，一般一个完整的机器学习过程是由数据处理、建立模型和模型验证三个部分组成[38]。具体流程见图 9.11。

图 9.11　机器学习流程图

数据处理部分是整个机器学习的根基，如果选择的数据过少，或者数据质量不高（比如存在部分缺失），或者数据本身误差大都会导致构建的机器学习模型性能不佳，更不必谈进一步推广到其他体系。数据处理分为两个步骤，一个是数据选择，另一个是特征工程。数据选择中使用高质量的数据可以防止考虑错误、遗漏或冗余的信息，因此，研究人员必须从权威数据库或其他可信的渠道收集数据。目前也已建立了许多大型的计算材料科学数据库，比如 Open Quantum Material Database、Material Project、Computational Materials Repository、Harvard Clean Energy Project、Inorganic Crystal Structure Database 和 AFLOWLIB 等[39-46]。材料科学的数据大致上可以分为四类：①从实验与模拟得到的材料性质（如物理性质、化学性质和结构等）；②化学反应数据（如反应速率和反应温度）；③图像数据（材料的扫描电子显微镜图像和材料表面照片等）；④文献数据[47]。由于数据以不同的格式存储于不同的数据库中，因此很难考虑来自多个数据库的数据。此外所需的数据格式取决于所应用的机器学习算法，这就要求在数据处理中有必要统一数据格式，并为机器学习算法选择合适的数据读取方式。在数据选择后，特征工程则是从原始数据中提取特征以实现算法应用的过程。王金兰课题组曾从 30 个初始特征中筛选出 14 个特征训练机器学习模型来挖掘未发现的杂化有机无机钙钛矿材料[48]。然而实际上，人工提取特征，将数据库的数据有效提取并转化为机器学习输入数据，并不是一个理想的处理数据的方式。因为限于研究人员自身的经验，我们很难识别出最适合预测目标的特征。此外，人工特征工程需要更高的劳动力，但最近深度学习（deep learning）的发展就不需要这一过程了，而这也可能成为材料科学中机器学习的发展趋势[49]。

有了可以用于机器学习恰当格式的数据，就可以建立分析数据的模型了。建模步骤包括选择合适的算法、从训练数据中进行训练，以及做出准确的预测。一般而言，机器学习模型主要分为这几类：监督学习、非监督学习、强化学习等。除此之外还可以分为浅度机器学习和深度机器学习[37-38]。到目前为止，在计算化学领域中最常见的机器学习类型是监督学习，其中模型通过实例“输入输出对”来学习输入特征（如晶体/分子结构和组成）和输出类标（如能量、带隙等特性）

之间映射关系。在非监督学习模型中，其目标是从没有输入类标的数据中识别数据间的联系与隐藏信息。莫一非课题组就曾采用非监督学习方法寻找合适的固态锂离子导体，然后再利用分子动力学计算验证其离子电导率，大大缩小目标化合物的范围，降低了计算成本和时间[50]。最后，强化学习模型模拟了人类如何通过与环境互动来学习，该算法通过奖励或惩罚形式的反馈来改进其执行特定任务的能力。例如，加拿大多伦多大学钟苗等采用主动机器学习的模型发现 Cu-Al 合金具有非常高的 CO_2 电还原催化活性[51]，同时实验上也合成了相应结构的 Cu-Al 合金，确实发现其活性达到 73%。目前常见的机器学习算法有支持向量机、决策树、人工神经网络以及最近越来越被广泛使用的深度学习（卷积神经网络、循环神经网络）。在选择模型的时候，一般会提到这一定理——“没有免费的午餐”，也就是没有一个模型是能够一本万利适用所有情形的，是否适合自己的研究体系也是需要多种尝试的，模型也不是越复杂就越适合自己的体系，如果简单的模型就能说明问题，比如浅度学习里的一些模型支持向量机、决策树等，是没有必要选择深度学习模型的。

当一个机器学习模型训练完成后，通过使用一些未使用过的数据来评估模型的准确性，这些数据与训练数据不同。许多机器学习方法将原始数据划分为训练集和测试集，用训练集进行模型训练，用测试集进行模型验证。K-折交叉验证是一种常用的验证方法，它是将原始数据随机分成 K 个部分，每轮使用 $K-1$ 个部分进行模型训练，同时保留剩余的一个部分进行模型验证，一共进行 K 轮。这样所有的部分都被用于模型验证，并计算验证结果的平均值作为最终评估结果。K-折交叉验证的一个缺点是它需要建立 K 个模型，这对于一个大的数据集来说是非常耗时的。除此之外还有留一交叉验证（leave-one-out cross-validation）、重复学习测试（repeated learning test）等验证方法。

以上简单地介绍了有关机器学习方面的内容。在空气电池领域，当下还没有多少利用机器学习涉及该领域的研究，但是也出现了一些具有指导性意义的工作。施思齐团队曾用机器学习探索空气电池中常用溶剂的溶剂化效应[52]，把溶剂中官能团的原子性质（比如电负性）和分子性质（比如偶极矩、HOMO 轨道和 LUMO 轨道）作为机器学习的特征，然后分别建立了梯度递增决策树（gradient boosting decision tree，简称 GBDT），最小绝对收敛和选择算子（least absolute shrinkage and selection operator，简称 LASSO）以及支持向量回归（support vector regression，简称 SVR）三种机器学习模型用来预测 28 种溶剂分子与 LiOH 的键合能大小[如图 9.12（a）所示]。由于 GBDT 具有更低的均方根差（root mean square error，简称 RMSE），因此 GBDT 模型具有更好的预测性能。为了验证机器学习模型的有效性，然后又预测了五个样本的键合能大小，GBDT 的 RMSE 只有 0.045[图 9.12（c）]，因此这更加证明了 GBDT 具有更高的可靠性。然后，他们为了进一步评价不同官能团的溶剂化效应，使用 GBDT 来评估特征重要性。图 9.12（d）中 1_P 这种含磷的官能团在所有官能团中占比重是最高的，这也表明了含磷的溶剂具有更好的性能。

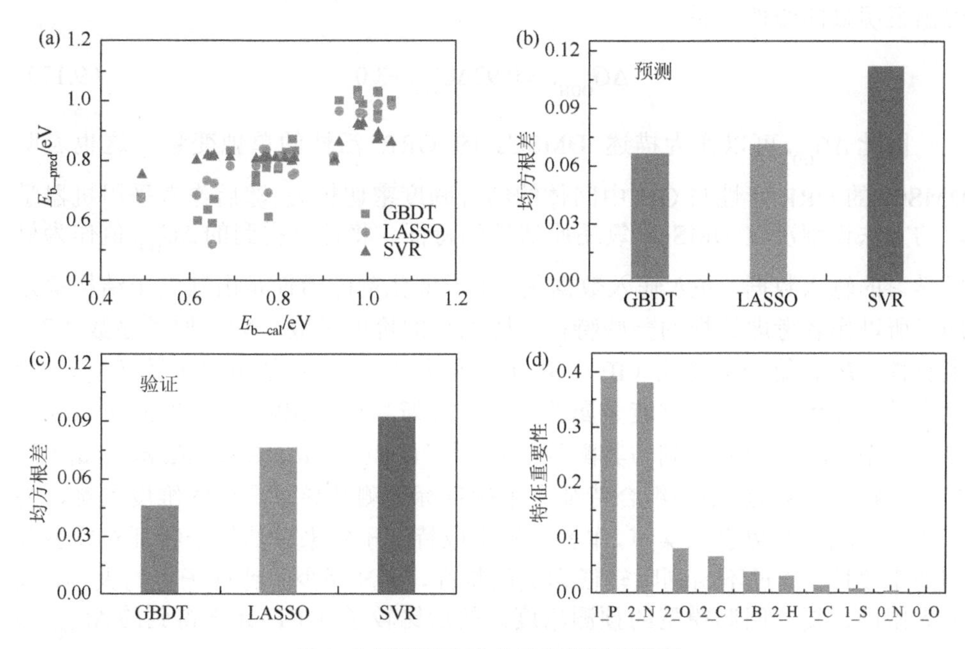

图 9.12 预测溶剂化效应机器学习模型

（a）将不同机器学习模型的预测 E_{b_pred} 与训练集中溶剂的计算 E_{b_cal} 绘制在一起；（b）和（c）是模型在预测和验证过程中的均方根差；（d）是不同特征对官能团的重要程度排序

除了研究如何筛选最合适的有机溶剂，美国卡耐基梅隆大学 Ahmad 等采用图像卷积神经网络算法根据无机晶体的体积模量和剪切模量来筛选能够抑制负极枝晶形成的固态电解质[53]。而对于正极而言，由于双金属位点催化剂（dual-metal-site catalysts，简称 DMSCs）是氧还原领域的一个新前沿，目前缺乏对 DMSCs 的内在性质与催化活性之间关系的统一设计原则。南京师范大学李亚飞课题组通过密度泛函理论计算和机器学习，确定了氧还原活性的起源，并揭示了基于石墨烯的 DMSCs 的设计原则[54]。他们是将 TM_1(过渡金属 1)-TM_2(过渡金属 2)-N_6（六个 N 原子）以如图 9.13（a）所示的方式嵌入石墨烯晶格中，分别对 11 种金属共计 66 种结构进行优化，并且通过优化的结果发现了一些不稳定的结构，比如 Pd-Rh-N_6 这样的结构，由于较大的原子半径，金属原子并没有嵌入石墨烯平面，而是凸出于石墨烯平面。将这些不稳定的结构剔除后，随后计算了这些表面发生氧还原的可能路径。计算结果表明，反应路径中初始形成 OOH*及 OH*最后生成水的步骤均有可能成为速率决定步骤，作者将 DMSCs 速率决定步骤的电势（U_L）与金属 Pt（111）的 U_L 进行了比较，并将大于 Pt（111）的 U_L 的 8 种 DMSCs 催化剂的反应路径的自由能展示了出来[图 9.13（c）]。随后比较了 ΔG_{OOH^*} 和 ΔG_{OH^*} 的关系[图 9.13（d）]，两者呈现出很明显的线性关系：

$$\Delta G_{OOH^*} = 0.92\Delta G_{OH^*} + 3.0 \tag{9.17}$$

因此 ΔG_{OH^*} 可以作为描述 DMSCs 的 ORR 活性的单独变量，这也表明 DMSCs 的 ORR 活性与 OH^* 中间体的结合强度密切相关。随后作者采用机器学习的方法识别决定 DMSCs 氧还原活性的特征，将计算得到的 ΔG_{OH^*} 值作为机器学习的输入数据，并入输入数据集。由于催化剂的活性是由其电子结构决定的，所以作者考虑这样的一些特征，比如总的价电子数（N）、原子序数（Z）、电负性（P）、第一电离能（IE）、电子亲和力（EA）、d-轨道电子数（N_d）。除此之外，还考虑了两个过渡金属的范德瓦耳斯半径（vdW）、两者的间距 L，以及两个过渡金属原子到与其配位的 N 原子的距离（d_1, d_2, d_3, d_4, d_5 和 d_6）等 33 个特征。然而过多的组合特征会干扰目标预测并导致严重的维度灾难，为了防止低相关参数引入噪声，作者随机生成特征子集来评估每个特征对模型预测的重要性。通过不断删除较低相关的特征，逐渐减少了特征子集的大小，以最大限度地提高回归模型的预测精度。随后比较了 DFT 计算得到的 ΔG_{OH^*} 与梯度递增回归（GBR）机器学习预测的 ΔG_{OH^*} [图 9.13（e）]，两者之间具备较低的均方根差（RMSE），只有 0.036 eV，决定系数（R^2）高达 0.993，这说明了 GBR 算法在学习了原始数据上的隐藏信息后，有效地训练了模型，实现了准确预测。根据平均影响因子（mean impact value，MIV），图 9.13（f）列出了最重要的 7 个特征。分别为两个过渡金属原子的电子亲和力（EA_1 和 EA_2）、两个过渡金属原子的范德瓦耳斯半径之和（$R_1 + R_2$）、两个金属原子电负性差值的绝对值（$|P_1-P_2|$）、两个金属原子的电负性和的绝对值（P_1+P_2）、在催化过程中作为主导的过渡金属的电离能（IE_1）与两个过渡金属之间距离（L）的乘积（$IE_1 \times L$）以及两个过渡金属原子到与其配位的 N 原子的距离（$\frac{d_1 + d_2 + d_3 + d_4 + d_5 + d_6}{6}$）。值得一提的是，这七个特征中，有五个均与过渡金属的电子性质相关，这也确实说明了催化活性与催化剂的电子结构是高度相关的。总而言之，他们的机器学习研究表明，DMSCs 的氧还原活性本质上受一些基本因素的控制，如电子亲和力、电负性和嵌入金属原子半径。更重要的是，他们提出了具有可接受精度的预测方程来定量描述 DMSCs 的 ORR 活性。他们的工作将加速 ORR 和其他电化学反应的高活性 DMSCs 的寻找。

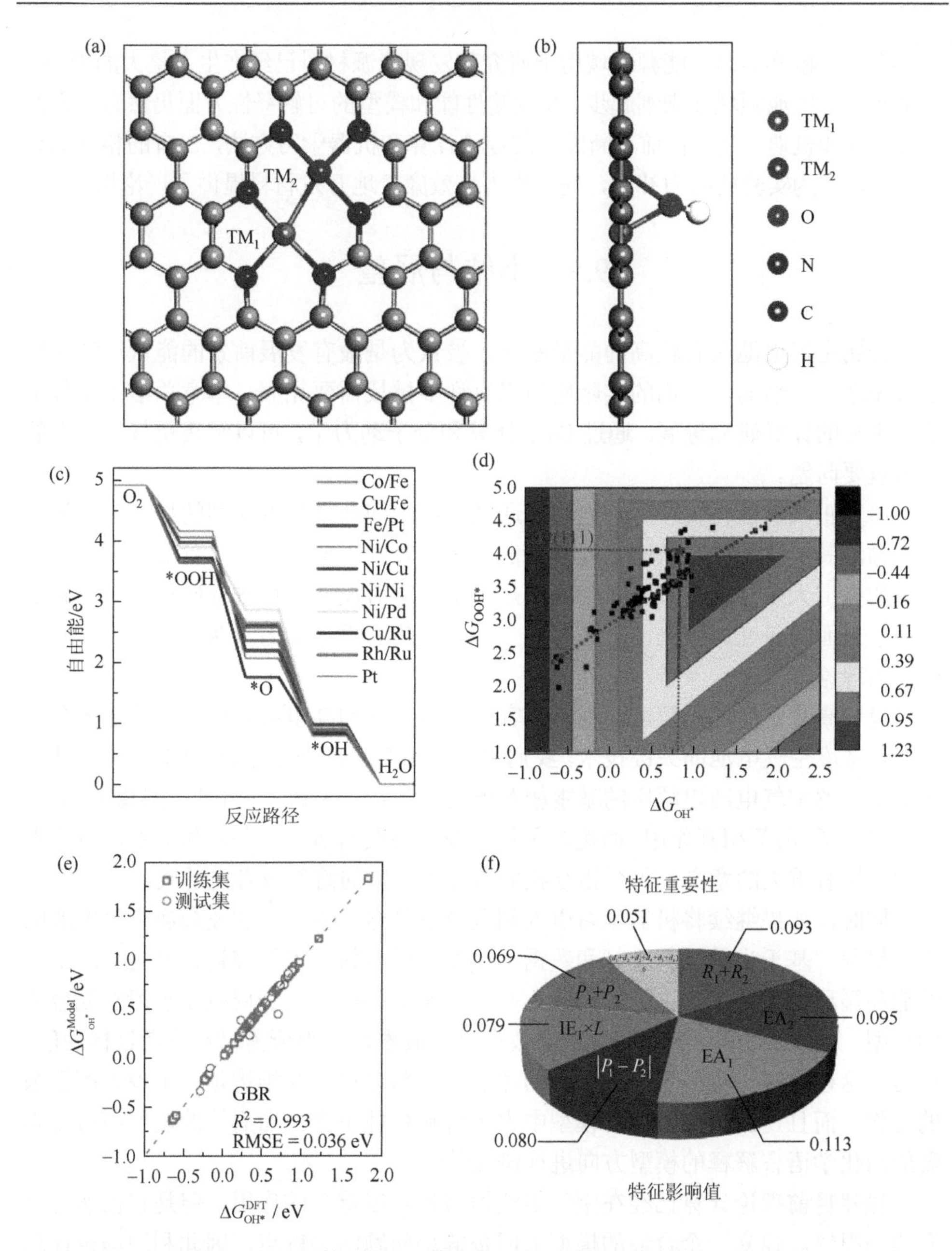

图 9.13　DFT 计算 DMSCs 催化剂 ORR 与机器学习筛选影响因子

(a) DMSCs 催化剂几何构型以及 (b) 吸附 OH^*的 DMSCs 的几何构型，H、C、N 和 O 分别用白色、灰色、蓝色和红色的球表示，两个过渡金属原子用紫色和棕色表示；(c) 8 种被选出来的 DMSCs 催化剂以及 Pt(111) 面 ORR 自由能图；(d) DMSCs 的 ORR 活性趋势绘制为 ΔG_{OOH^*} 和 ΔG_{OH^*} 的函数，同时标记了 Pt (111) 的值以进行比较；(e) DFT 计算得到的 ΔG_{OH^*} 与 GBR 算法预测得到的 ΔG_{OH^*} 的比较结果；(f) 基于平均影响因子的特征重要性结果当下，机器学习在能源领域用于研究和发现能源材料已经产生了重大的影响，但是在空气电池领域才刚刚起步。在预测性能和模型的可解释性方面仍然有很大的发展空间和机遇。对于目前不断发展的理论计算和机器学习方法，二者的相互结合不仅可以作为实验的有力补充，同时也为高效廉价地开发材料提供了理论指导。

9.4 小结与展望

金属空气电池具有较高的能量密度，被认为是最有发展前景的能量存储和转换系统之一。然而，它们的实际应用仍有许多挑战需要克服。本章总结了空气电池中主要的计算研究进展。通过 DFT 计算和分子动力学，可以解决空气电池中的许多重要问题。

研究正极的催化机理时，也可以通过计算中间产物与催化剂的相互作用等性质来预测其催化性能，从而缩短新型催化剂的开发周期。此外，目前有关正极催化剂的报道大多基于吉布斯自由能从热力学角度对反应过程进行研究，而忽略了动力学方面的研究。因此，有必要建立一个从热力学和动力学两个方面研究催化机理的理论模型。

设计高稳定性的电解液并用于高容量金属负极和高电势正极，是构建安全、高能量密度空气电池的关键技术。我们主要利用分子动力学结合 DFT 计算上从原子水平了解空气电池电解质的基本相互作用，包括了阳离子-溶剂、阳离子-阴离子和阴离子-溶剂相互作用，而这对于我们理解溶剂与溶质的关系和溶液在电极界面的作用有重大的意义，可以指导我们选择更合适的溶剂或者电解质。

同时，如果继续将机器学习引入到金属空气电池中，会加速金属空气电池的研发进程。基于当前已有文献和数据，比如正极材料、电池容量、过电势及倍率性能和循环性能等，可以把它们输入并储存在数据库中，利用机器学习建立合适的模型，那就可以更大范围地、更高效和更低成本地获得所需材料或者目标性能。但是，这也存在一个问题，数据库的建立与不断地更新和维护是一个庞大而繁杂的工作。而且，当下机器学习模型中大多可解释性不强，而后续的发展中可以朝着能用化学语言解释的模型方向进行研究[55]。

虽然目前理论计算已经在空气电池领域起着很重要的作用，但是它仍然有许多的局限性。建立一个合适的模型依旧是解决问题的关键点，因此利用理论计算在空气电池领域建立一个完美的模型，仍旧有许多工作要做。

参 考 文 献

[1] Zhang X, Chen A, Jiao M G, et al. Understanding rechargeable Li-O_2 batteries via first-principles computations[J]. Batteries Supercaps, 2019, 2: 498-508.

[2] Choudhary K，Garrity K F，Reid A C E，et al. The joint automated repository for various integrated simulations（JARVIS）for data-driven materials design[J]. npj Comput Mater，2020，6：1-13.

[3] Hohenberg P，Kohn W. Inhomogeneous electron gas[J]. Phys Rev，1964，136：B864.

[4] Kohn W，Sham L J. Self-consistent equations including exchange and correlation effects[J]. Phys Rev，1965，140：A1133.

[5] Martin R M. Electronic structure：Basic theory and practical methods[M]. United Kingdom：Cambridge University Press，2006.

[6] Sholl D S，Steckel J A. 密度泛函理论[M]. 李健，周勇，等译. 北京：国防工业出版社，2014.

[7] Anisimov V V，Solovyev I I，Korotin M A，et al. Density-functional theory and NiO photoemission spectra[J]. Phys Rev B，1993，48：16929-16934.

[8] Anisimov V I，Zaanen J，Andersen O K. Band theory and Mott insulators：Hubbard *U* instead of Stoner *I* [J]. Phys Rev B，1991，44：943-954.

[9] Zhang M D，Dai Q B，Zheng H G，et al. Novel MOF-derived Co@N-C bifunctional catalysts for highly efficient Zn–air batteries and water splitting[J]. Adv Mater，2018，30：1705431.

[10] Han S C，Hu X Y，Wang J C，et al. Novel route to Fe-based cathode as an efficient bifunctional catalysts for rechargeable Zn–air battery[J]. Adv Energy Mater，2018，8：1800955.

[11] Nørskov J K，Rossmeisl J，Logadottir A，et al. Origin of the overpotential for oxygen reduction at a fuel-cell cathode[J]. J Phys Chem B，2004，108：17886-17892.

[12] 孙晓旭. 非贵金属掺杂石墨烯体系氧还原反应机理理论研究[D]. 合肥：中国科学技术大学，2019.

[13] Shinde S S，Lee C H，Jung J Y，et al. Unveiling dual-linkage 3D hexaiminobenzene metal–organic frameworks towards long-lasting advanced reversible Zn–air batteries[J]. Energy Environ Sci，2019，12：727-738.

[14] Hummelshøj J S，Blomqvist J，Datta S，et al. Communications：Elementary oxygen electrode reactions in the aprotic Li-air battery[J]. J Chem Phys，2010，132：071101.

[15] Araujo R B，Chakraborty S，Ahuja R. Unveiling the charge migration mechanism in Na_2O_2：Implications for sodium–air batteries[J]. Phys Chem Chem Phys，2015，17：8203-8209.

[16] Dathar G K P，Shelton W A，Xu Y. Trends in the catalytic activity of transition metals for the oxygen reduction reaction by lithium[J]. J Phys Chem Lett，2012，3：891-895.

[17] Chen S，Zhao L L，Ma J Z，et al. Edge-doping modulation of N，P-codoped porous carbon spheres for high-performance rechargeable Zn-air batteries[J]. Nano Energy，2019，60：536-544.

[18] Zhu J Z，Wang F，Wang B Z，et al. Surface acidity as descriptor of catalytic activity for oxygen evolution reaction in Li-O_2 battery[J]. J Am Chem Soc，2015，137：13572-13579.

[19] Chen P Z，Zhou T P，Xing L，et al. Atomically dispersed iron–nitrogen species as electrocatalysts for bifunctional oxygen evolution and reduction reactions[J]. Angew Chem，Int Ed，2017，56：610-614.

[20] Park M G，Lee D U，Seo M H，et al. 3D ordered mesoporous bifunctional oxygen catalyst for electrically rechargeable Zinc–air batteries[J]. Small，2016，12：2707-2714.

[21] Jiang Y，Deng Y P，Fu J，et al. Interpenetrating triphase cobalt-based nanocomposites as efficient bifunctional oxygen electrocatalysts for long-lasting rechargeable Zn–air batteries[J]. Adv Energy Mater，2018，8：1702900.

[22] Aijaz A，Masa J，Rösler C，et al. Co@Co_3O_4 encapsulated in carbon nanotube-grafted nitrogen-doped carbon polyhedra as an advanced bifunctional oxygen electrode[J]. Angew Chem，Int Ed，2016，55：4087-4091.

[23] Chen X，Zhang Q. Atomic insights into the fundamental interactions in lithium battery electrolytes[J]. Acc Chem Res，2020，53：1992-2002.

[24] 陈正隆，徐为人，汤立达. 分子模拟的理论与实践[M]. 北京：化学工业出版社，2007.

[25] 李雪娇. 多尺度模拟方法研究固体电解质材料中质子的传输性质和机理[D]. 上海：上海大学，2018.

[26] Frenkel，Smit. 分子模拟：从算法到应用[M]. 汪文川，等译. 北京：化学工业出版社，2002.

[27] Tan C，Jung J，Kobayashi C，et al. A singularity-free torsion angle potential for coarse-grained molecular dynamics simulations[J]. J Chem Phys，2020，153：044110.

[28] Reichardt C. Solvents and Solvent Effects in Organic Chemistry[M]. Weinheim：John Wiley & Sons，2002.

[29] Yu Y，Huang G，Du J，et al. A renaissance of *N*，*N*-dimethylacetamide-based electrolytes to promote the cycling stability of Li–O_2 batteries[J]. Energy Environ Sci，2020，13：3075-3081.

[30] Yamada Y，Wang J，Ko S，et al. Advances and issues in developing salt-concentrated battery electrolytes[J]. Nat Energy，2019，4：269-280.

[31] Wang X E，Chen F F，Girard G M A，et al. Poly（ionic liquid）s-in-salt electrolytes with Co-coordination-assisted lithium-ion transport for safe batteries[J]. Joule，2019，3：2687-2702.

[32] Bai S，Sun Y，Yi J，et al. High-power Li-metal anode enabled by metal-organic framework modified electrolyte[J]. Joule，2018，2：2117-2132.

[33] Meng J，Tang Q，Zhou L，et al. A stirred self-stratified battery for large-scale energy storage[J]. Joule，2020，4：953-966.

[34] Zhang X Q，Cheng X B，Chen X，et al. Fluoroethylene carbonate additives to render uniform Li deposits in lithium metal batteries[J]. Adv Funct Mater，2017，27：1605989.

[35] Zhang X Q，Chen X，Cheng X B，et al. Highly stable lithium metal batteries enabled by regulating the solvation of lithium ions in nonaqueous electrolytes[J]. Angew Chem，Int Ed，2018，57：5301-5305.

[36] Asadi M，Sayahpour B，Abbasi P，et al. A lithium–oxygen battery with a long cycle life in an air-like atmosphere[J]. Nature，2018，555：502-506.

[37] Chen C，Zuo Y，Ye W，et al. A critical review of machine learning of energy materials[J]. Adv Energy Mater，2020，10：1903242.

[38] Wei J，Chu X，Sun X Y，et al. Machine learning in materials science[J]. InfoMat，2019，1：338-358.

[39] Hachmann J，Olivares Amaya R，Atahan Evrenk S，et al. The Harvard Clean Energy Project：Liarge-scale computational screening and design of organic photovoltaics on the world community Grid[J]. J Phys Chem Lett，2011，2：2241-2251.

[40] Hachmann J，Olivares Amaya R，Jinich A，et al. Lead candidates for high-performance organic photovoltaics from high-throughput quantum chemistry — The Harvard Clean Energy Project[J]. Energy Environ Sci，2014，7：698-704.

[41] Jain A，Ong S P，Hautier G，et al. Commentary：The materials project：A materials genome approach to accelerating materials innovation[J]. APL Mater，2013，1：011002.

[42] Saal J E，Kirklin S，Aykol M，et al. Materials design and discovery with high-throughput density functional theory：The Open Quantum Materials Database（OQMD）[J]. JOM，2013，65：1501-1509.

[43] Kirklin S，Saal J E，Meredig B，et al. The Open Quantum Materials Database（OQMD）：Assessing the accuracy of DFT formation energies[J]. npj Comput Mater，2015，1：15010.

[44] Curtarolo S，Setyawan W，Wang S，et al. AFLOWLIB.ORG：A distributed materials properties repository from high-throughput ab initio calculations[J]. Comput Mater Sci，2012，58：227-235.

[45] Allen F H. The Cambridge Structural Database：A quarter of a million crystal structures and rising[J]. Acta Crystallogr，Sect B：Struct Sci，2002，58：380-388.

[46] Kalidindi S R，De Graef M. Materials data science：Current status and future outlook[J]. Annu Rev Mater Res，2015，45：171-193.

[47] Agrawal A，Choudhary A. Perspective：Materials informatics and big data：Realization of the “fourth paradigm” of science in materials science[J]. APL Mater，2016，4：053208.

[48] Lu S，Zhou Q，Ouyang Y，et al. Accelerated discovery of stable lead-free hybrid organic-inorganic perovskites via machine learning[J]. Nat Commun，2018，9：3405.

[49] Jha D，Ward L，Paul A，et al. Elemnet：Deep learning the chemistry of materials from only elemental composition[J]. Sci Rep，2018，8：17593.

[50] Zhang Y，He X，Chen Z，et al. Unsupervised discovery of solid-state lithium ion conductors[J]. Nat Commun，2019，10：5260.

[51] Zhong M，Tran K，Min Y，et al. Accelerated discovery of CO_2 electrocatalysts using active machine learning[J]. Nature，2020，581：178-183.

[52] Wang A，Zou Z，Wang D，et al. Identifying chemical factors affecting reaction kinetics in Li-air battery via *ab initio* calculations and machine learning[J]. Energy Storage Mater，2021，35：595-601.

[53] Ahmad Z，Xie T，Maheshwari C，et al. Machine learning enabled computational screening of inorganic solid electrolytes for suppression of dendrite formation in lithium metal anodes[J]. ACS Cent Sci，2018，4：996-1006.

[54] Zhu X，Yan J，Gu M，et al. Activity origin and design principles for oxygen reduction on dual-metal-site catalysts：A combined density functional theory and machine learning study[J]. J Phys Chem Lett，2019，10：7760-7766.

[55] Pflüger P M，Glorius F. Molecular machine learning：The future of synthetic chemistry？[J]. Angew Chem，Int Ed，2020，59：18860-18865.

第 10 章　金属空气电池的组装

当今学术界对锂空气电池、铝空气电池、锌空气电池、镁空气电池等体系的研究方兴未艾，但目前投入商业化运作的只有锌空气电池，其在助听器电源上已经获得了良好的应用。而铝空气电池、镁空气电池还处于商业化的前期，高性能的锂空气电池仍处于实验室研究阶段。

金属空气电池的模具，按外形分类，主要有纽扣式、圆柱形、方形；按使用途径分类，分为助听器用、实验室用、特殊测试用；但不论是何种形态的电池模具，其核心还是离不开空气电池的基本结构，即空气正极、金属负极、电解质与隔膜。

本章内容聚焦于金属空气电池的组装，主要分为两大部分：一部分是工业级的空气电池组装，以锌空气电池为例，介绍工业级的锌空气电池的结构、生产与组装；另一部分是实验室的金属空气电池组装，介绍当前实验前沿的金属空气电池的模具分类，包括纽扣式、世伟洛克型、模块型、原位表征等及其组装方式。

10.1　工业级的锌空气电池组装

10.1.1　锌空气电池的商业化

锌具有储量丰富、成本低、高安全性、环境友好、电极电势低、能量密度高等优点，是一种应用广泛的电池负极材料。早在 1866 年，法国工程师 Georges Leclanché 就用锌混合物作负极材料，氯化铵作电解质，二氧化锰和碳混合物作正极，制备了锌锰电池，并在 19 世纪 80 年代开始投入工业化生产。目前我国普通锌锰电池的年产量约为 600 亿支，占各类电池总产量的 80%左右。

锌空气电池的研究工作比锌锰电池略晚。1878 年，Maiche 将碳和少量铂粉代替二氧化锰作为空气电极的载体，以氯化铵溶液作为电解质制成了最早的中性锌空气电池。由于其正极活性物质是空气中的氧，理论上正极容量是无限的，在同型号的其他锌基电池中，锌空气电池比能量最高。其实际容量是当时锌锰干电池的两倍以上。正极活性物质在电池之外，省去了正极的二氧化锰等原料，使有限的电池空间可以填充更多的负极活性物，降低了成本。该电池在 20 世纪初已应用到电子通信、轨道信号和报警系统中当作电源，但当时放电电流密度很小，仅为 0.3 mA/cm^2。在世界大战期间，尤其是第一次世界大战期间，由于 Leclanché 原电池主要的电极材料二氧化锰供应中断，锌空气电池的研发得到了进一步推动[1]。1932 年 Heise 和

Schumacher[2]设计了碱性锌空气电池，引入了浸没石蜡进行防水处理后的多孔碳块作正极，汞齐化锌作负极，氢氧化钠作电解液，进一步开发了锌空气电池。它的电流密度为 0.1～3.5 mA/cm^2，被应用于铁路遥控信号设备和助航设备中。但因为进入碳电极内部孔隙的空气受到石蜡的限制，所以功率输出低且体积较大，阻碍了其扩大应用。20 世纪 60 年代，随着常温燃料电池研究的迅速发展，人们对高性能的气体电极的研究为高性能锌空气电池发展带来了契机，使其性能得到又一次突破。美国率先研发了聚四氟乙烯作黏结剂的薄型气体扩散电极[3-4]，经逐步发展，此类电极在空气中的电流密度甚至可达几百毫安每平方厘米，从而使锌空气电池大范围进入了应用领域。近年来，纽扣式锌空气电池主要应用于医疗设备和助听器，相比于锂离子电池，锌空气电池具有无比的安全特性。

10.1.2　锌空气电池的结构及组装

锌空气电池的结构一般包括以下部件：正极、负极、电解质、隔膜、集流网、密封圈、外壳等。以方形锌空气电池为例，结构如图 10.1 所示。

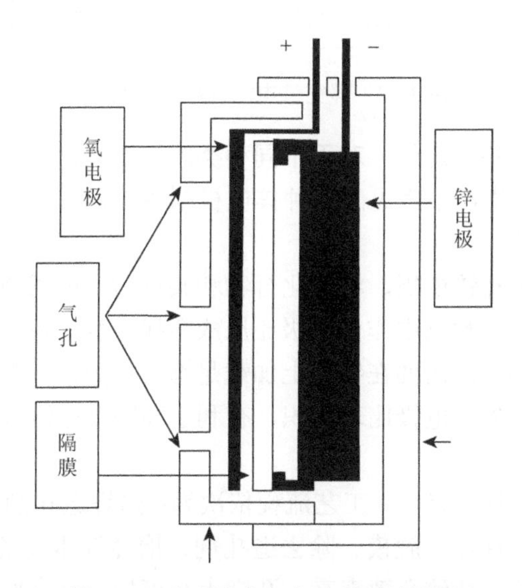

图 10.1　方形锌空气电池剖面结构图

锌空气电池的构成如下所述：

通常在阴极上，起催化作用的碳从空气中吸收氧；阳极则由锌粉和电解液的糊状混合物组成；电解液通常是高浓度的氢氧化钾水溶液或氯化铵水溶液；隔膜用于浸润电解液和阻隔两极间固体粉粒的移动；绝缘和密封衬垫主要是橡胶或尼龙材料；电池外表面通常采用镍金属，是具有良好的防腐性的导体。锌在阳极端，起催化作用的碳在阴极。电池壳体上的孔可让空气中的氧进入腔体，附着在阴极的碳上，同时阳极的锌被氧化。

1. 锌电极制造方法

对于锌空气电池的阳极材料，一般可用如下流程来制备：首先将锌粉和无水硫酸钠机械混合，之后加入固化胶溶于酒精混合成膏状，然后将其涂在集流网上压成薄板，在经过简单处理后，制备成锌电极。具体如图 10.2 所示。

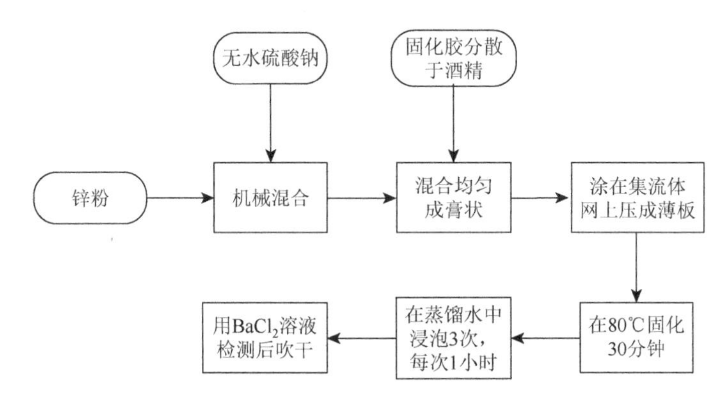

图 10.2　锌空气电池锌电极的制备

除了这种电极制备工艺外，对于不同种类的电池其锌电极制备工艺也不尽相同。下面简单总结了生产中常见的几种锌电极制备工艺。

（1）电解还原法

电解还原制造多孔锌电极，将锌化合物和某种适当的溶液混合成膏状，涂于金属集流网上，放在电解槽中作为阴极还原成金属。为了保证制成的电极有足够的强度和多孔性，还原时需要在锌膏上加载足够的压力。此种方法制备的锌电极因其多孔的结构，增大了电极比表面积，有利于高密度电流放电。

（2）铸造法

铸造法制取多孔锌电极，其工艺流程依次为：焙烧造孔剂、筛分、预热铸型、浇注金属液、加压、保压、脱模、除去造孔剂、惰性气体气氛下烘干、保存。用铸造渗流工艺制备的多孔锌孔隙率高、孔隙大小可控、强度好。

（3）金属喷涂法

用原子化的熔融锌喷在基板表面，待锌沉积后，从基板上取下。此种方法制备的锌孔隙率较小。

（4）无压烧结法

将金属粉末在适当的气体上加热，可以把粉末烧结起来。该方法要求去掉锌表面的氧化膜，但是在实际制备工艺中很难去掉。

（5）冷压后烧结法

将金属粉末在一定压力下压紧，使颗粒表面氧化膜发生机械破坏，使纯金属在高压下互相结合。随着压力升高，金属结合强度增强，但孔隙率随之下降。

（6）用可溶填充物冷压

在金属粉末中添加可溶耐压的无机盐粉末，高压成型，溶去无机盐形成孔隙。

（7）活性物质循环法

活性物质循环法是将锌粉和电解液的混合物用泵机械地输入电池阳极室而发生反应。反应后的产物用泵送入电解槽，经还原处理后再进入电池。通过这种方式，流动的电解液减少了锌极的极化，使电池可以在较高的电流下工作，此外避免了电解液碳酸化、过饱和等一系列问题，且充电在电池体系外进行，可以使活性物质快速还原。因此，许多科研机构对此电池体系进行了详细研究，其中法国 CGE 公司设计的电池综合性能最好，但能量转化率较低，仅为 40%，制约了其产业化应用。Foiler 对 CGE 体系的电解液组成、活性物质再生等进行了改进，大大提高了能量转化效率。目前这种电池可以到达 115 W·h/kg 左右。

（8）机械再充方法

美国设计了一种以锌粒填充床为阳极的机械再充式锌空气电池。这种电池体系的锌电极周围布有电解液通道。放电时由于锌的溶解使阳极室内的电解液密度高于通道中的电解液密度，因此电解液会产生自然对流，从而提高电池内部的反应物传输速度，无须动力驱动。电池结构得到简化，降低了能耗，提高能量效率。此种方法生产的锌空气电池比功率 132 W/kg，比能量达 333 W·h/kg。

美国 Lawrence Livermore 国家实验室的 Copper 设计出了一种具有楔形阳极室的填充床锌空气电池，锌粒随着反应的进行而自动从电池上部的加料室进入楔形阳极室。通过公交车对这种锌空气牵引电池进行了性能测试，其每英里（1 mi≈1.609km）的运行电费比铅酸电池低 16%，比能量达 140 W·h/kg，远高于铅酸电池，并且燃料的补充可在 10 分钟内完成。以色列电燃料公司（EFL）也研制出了机械再充式锌空气牵引电池，并在德国 Deutsche 邮政车队和美国进行了性能测试。德国的测试结果表明，在技术上锌空气电池完全可用于驱动中型汽车，每次补充燃料后，可驱动汽车行驶 400 km 以上。美国电能研究所（EPRI）的初步评估结果表明，以 EFL 生产的锌空气电池和高功率 Cd/M 电池驱动的混合电动汽车的操作费用与目前的燃油汽车相当。

2. 气体扩散电极制备方法

气体扩散电极由防水透气层、催化层和导电网组成。根据所用憎水剂不同，有聚四氟乙烯型电极和聚乙烯型电极。

聚四氟乙烯型电极制造工艺流程如图 10.3 所示。此类电极一般采用滚压式制造，先分别制成防水层、导电骨架和催化层，再加热压合而成。

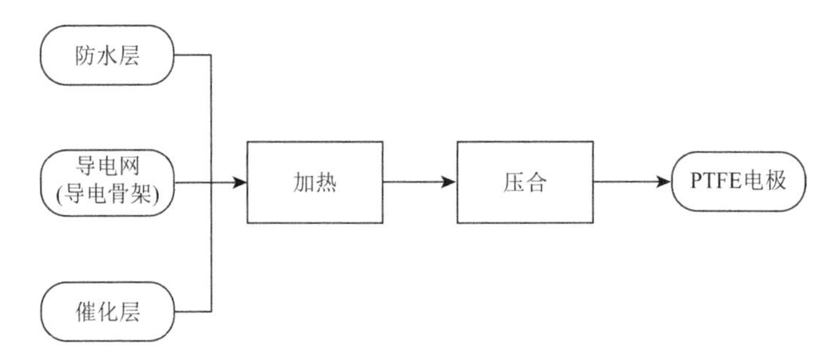

图 10.3　聚四氟乙烯型电极制造工艺

催化层制造工艺流程如图 10.4 所示。催化层配方为活性炭与聚四氟乙烯，质量比为 3∶1。导电网的制造工艺流程如图 10.5 如示，制造工艺过程是在氢气炉中将 0.1 mm 厚的铜箔退火后冲网，在点焊机上将 0.2 mm 厚的银箔焊在铜网上，在冲床上压平，然后电镀银。

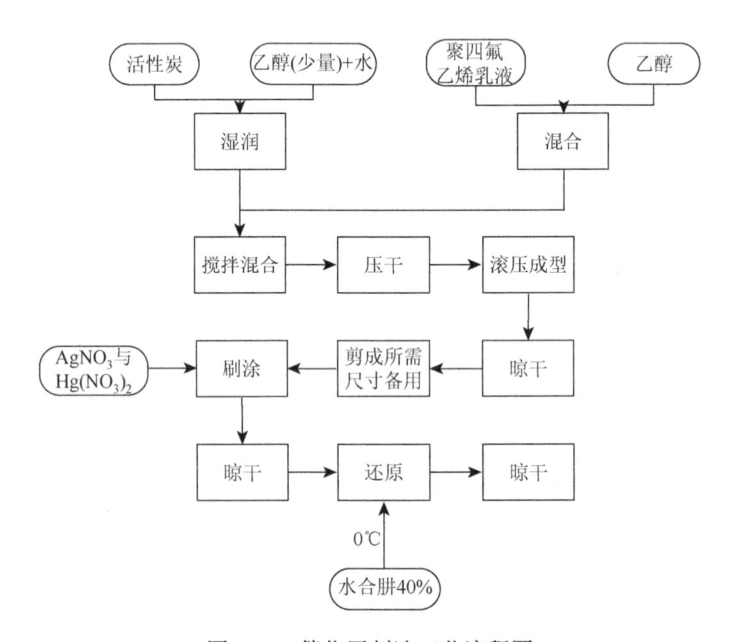

图 10.4　催化层制造工艺流程图

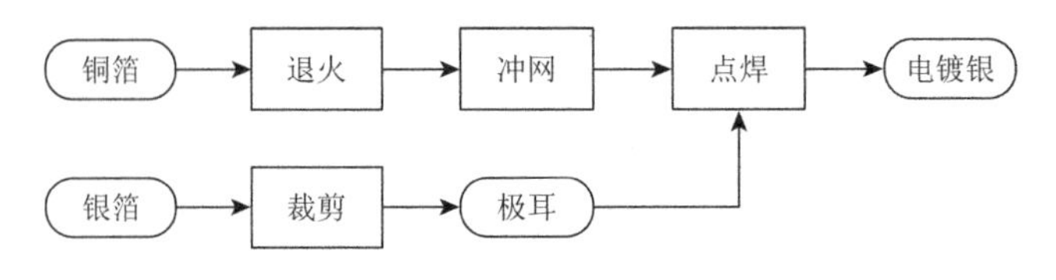

图 10.5　导电网制造工艺流程图

3. 隔膜的制备方法

隔膜的作用除将电池的正负极隔离以防止短路外，还能吸附电池中的电解液，确保电化学反应的顺利进行，确保高的离子电导率。有的隔膜还能防止对电极有害的物质在电极间迁移，保证在电池反应异常时使电池反应停止，提高电池的安全性能。隔膜所具有的基本特性如下：

（1）电绝缘性好；

（2）对电解质离子有很好的透过性，电阻低；

（3）对电解质有电化学稳定性和化学稳定性；

（4）对电解液润湿性好；

（5）具有一定的机械强度。

称取等质量的聚乙烯醇和氢氧化钾（7 mol/L 的溶液折算），将聚乙烯醇溶于水，再缓慢滴加氢氧化钾溶液，不断搅拌溶解后倒入表面中，在自然状态下，缓慢蒸发形成薄膜，过程如图 10.6 所示。

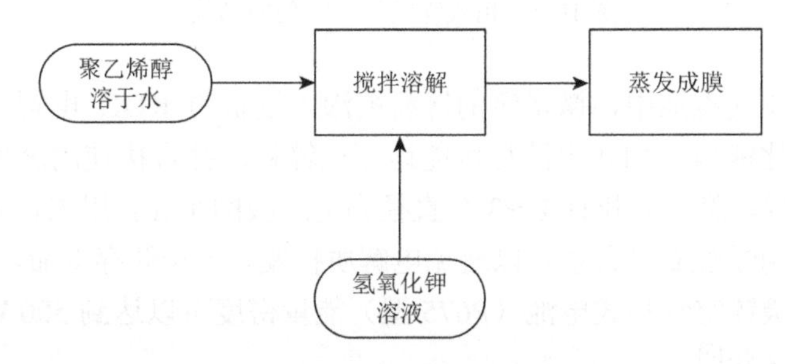

图 10.6　隔膜的制备流程

将同样尺寸的不同隔膜，包括丙纶无纺布、醋酸玻璃纸、PE、PP 微孔膜及自制隔膜浸于水溶液中，充分浸泡后取出，擦干表面水膜称取前后隔膜重量，可以看到自制新型隔膜吸水率最高。将所有隔膜在自然条件下晾干，随时称取隔膜质量直至不再减少，记下时间，结果表明自制新型隔膜保水效果最好，需要 40 小时以上才能将其中的水分蒸发掉，而其他隔膜只需几小时。这是由于聚乙烯醇分子链上的羟基具有亲水性，而且内部含有的氢氧化钾（本身易溶于水，与聚乙烯又可以形成相界面）所以形成的薄膜可以吸收碱液。该方法制成的聚乙烯醇隔膜保水能力强，有益于缓解锌空气电池中电解液向环境中蒸发。

10.1.3　纽扣式锌空气电池

纽扣式（简称“扣式”）电池是小型电子设备及实验室中最为常见的电池形

态，其体积小、结构简单，便于批量组装及性能评估。扣式电池的组装工艺相对成熟，其主要部件包括：正极、负极、电解质、隔膜、外壳、密封圈等。以已经商业化的扣式锌空气电池为例，其结构如图 10.7 所示。

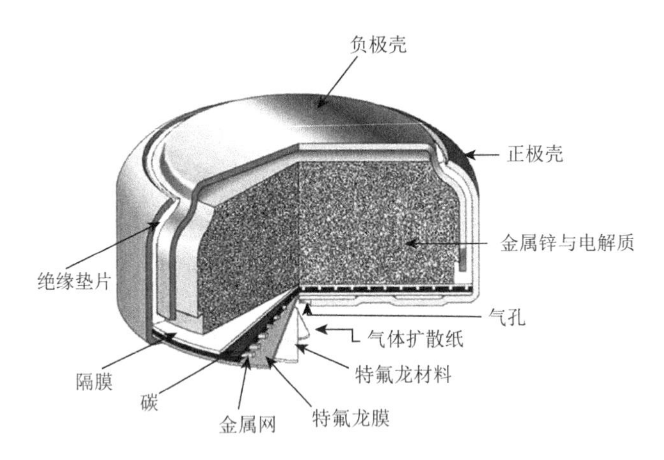

图 10.7　扣式锌空气电池剖面结构

在锌空气扣式电池中，微米级的锌粉被渗入胶状的 KOH 电解液中。为了最大限度地提高比能量，扣式电池尽可能地填充锌粉，并直接使用金属外壳作为集流体。一般来说，盖子上开有 1～3 个直径为毫米级的小孔，用来输入氧气。电池在储存状态下用黏性石膏覆盖，以避免电解质挥发，延长储存寿命。例如，Power One 设计的初级锌空气扣式电池（P675 型）能量密度可以达到 500 W·h/kg 以上，储存寿命达到 3 年[5]。

扣式锌空气电池构造原理与干电池相似，所不同的只是它的氧化剂取自空气中的氧。锌空气电池用活性炭吸附空气中的氧或纯氧作为正极活性物质，以锌为负极，以 NH_4Cl 或 KOH 溶液为电解质的一种原电池，又称为锌氧气电池。分为中性和碱性两个体系的锌空气电池，分别用字母 A 和 P 表示，其后再用数字表示电池的型号。

通常锌空气电池反应产生的电压是 1.4 V，但放电电流和放电深度可引起电压变化。在阴极壳体上开有小孔以便氧气源源不断地进入，使电池产生化学反应。

扣式电池的应用有不同的尺寸，并且高倍率和低倍率的构造形式不同，容量范围为 80～400 mA·h。通常，高倍率电池适用于电流较大且寿命短的应用，如助听器；低倍率电池则是为电流低、寿命长的应用而设计，如电子手表。扣式锌空气电池最显著的优势在于极高的体积比能量，可以达到 920 W·h/L，放电时间为锌-氧化汞电池和锌-氧化银电池的 2 倍。

10.1.4 方形锌空气电池

方形锌空气电池结构紧凑，比较容易形成电池模块，实现电池配组，满足不同用电设备需要，在国外已经应用到电动车及军事领域。

方形锌空气电池特点如下：

（1）容量优势：在现有的一次电池体系中，比容量最高；

（2）价格优势：其结构与碱性锌锰电池基本相似，不同之处主要在正极。当其产量达到一定的规模时，其价格能与碱性锌锰电池差不多。当然这种价格与蓄电池每次充电所耗的费用比还是高出很多，但其方便性对于旅游、出差或野外工作的人员来说，是一个很好的选择；

（3）环保优势：锌空气电池的主要材料是锌，在锌无汞化的问题上，可以继承碱性锌锰电池锌电极无汞化的技术与经验，而且该电池使用后的主要产物是氧化锌，空气电极和外部包装也较易除去，因此回收与处理都较方便；

（4）缺点与使用范围：普通用电器（例如传呼机、玩具和手机）要能正常工作，电池需输出一定强度的电流。无论采用何种催化剂，锌空气电池单位面积上的电流密度都有一个极限值。由于很多电器的功率比较高，在目前极限电流条件下，此种锌空气电池还很难承担。

10.1.5 圆柱形锌空气电池

目前市场上销售的一次电池多为锌锰电池，包括碱性锌锰电池和普通锌锰电池。以 AA 型为例，普通锌锰电池的容量为 400～600 mA·h，碱性锌锰电池的容量也不超过 2000 mA·h，其工作电压多为 0.9～1.2 V，且工作电压不平稳。另外普通锌锰电池因其材料来源广泛、制作工艺简单等特点影响，大量假冒伪劣产品充斥市场，使广大消费者利益受到极大伤害。圆柱形锌空气电池较普通锌锰电池和碱性锌锰电池而言有如下几方面的优势：

（1）容量：圆柱形锌空气电池在中、小电流密度条件下，放电容量分别较普通锌锰电池和碱性锌锰电池高出 1.5～3.5 倍，是一种真正的高容量产品；

（2）价格：圆柱形锌空气电池结构与碱性锌锰电池相似，不同之处主要在正极。由于锌空气电池正极采用了独特的一次热压成型工艺，其成本目前仅为碱性锌锰电池正极的 60%。整个电池成本较碱性锌锰电池低 15%～20%。而且随着研究工作的深入，进一步提高空气电极性能和机械强度，去掉钢壳而直接以空气电极作外壳的可能性极大。届时，整个电池结构将更加简化，成本更加低廉，接近于普通锌锰电池，因此该产品在价格上具有极强的竞争力；

（3）工艺：如前所述，该空气电极制造工艺先进、加工方便、质量稳定、可靠性高、易于实现规模化工业生产，并且技术含量高，不易被仿冒；

（4）环保：上述锌空气电池正极主要材料均不对环境构成危害，负极锌材也借鉴无汞或微汞碱性锌锰电池的技术与经验，达到环保要求。在整个生产过程中，为去除电极中的杂质仅正极抽提过程采用了丙酮。为排除丙酮可能产生的气体污染，特别在工艺上设计了全密封自动蒸发冷凝循环系统，使丙酮能够重复使用，有效控制了丙酮外泄。因此，在产品整个制作过程中均不存在环境污染问题。

可以相信，在中小功率用电器具和场所，圆柱形锌空气电池有着其他类型电池无可比拟的优势，而且当前用电器具正在向小型化、小功耗方向发展，锌空气电池的应用范围将会越来越广泛，有望替代或部分替代目前一次电池主导产品——锌锰及碱性锌锰电池，并在21世纪电池领域中占有一席之地。

圆柱形锌空气电池结构如图10.8所示。

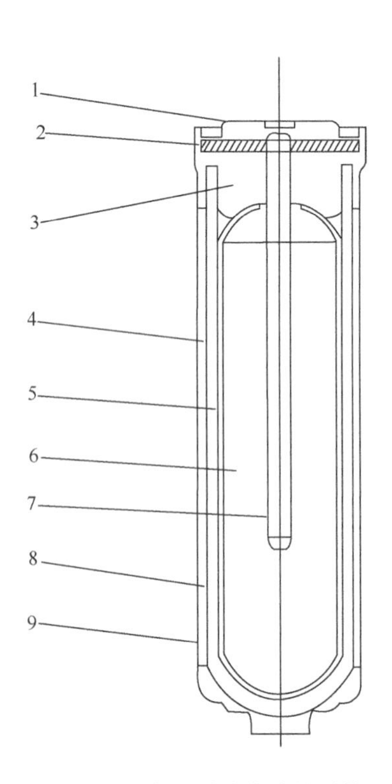

图10.8　圆柱形锌空气电池结构

1-负极盖；2-支撑片；3-密封圈；4-碳正极；5-隔膜筒；6-锌膏；7-铜钉；8-发泡镍；9-钢壳

10.2　实验室的金属空气电池组装

10.2.1　纽扣式空气电池

纽扣式电池，其体积大小与硬币相仿，又名硬币电池。常见型号有 2025 和 2032 等，数字的前两位 20 代表电池的直径，后两位代表电池的厚度。例如，2025 即电池直径为 20mm，厚度为 2.5mm。纽扣式电池体积小、结构简单、一致性好、便于批量组装，且为一次性使用，适用于实验室标准化评估电池性能。

以锂空气纽扣式电池的组装为例，锂空气电池在充满氩气保护气氛的手套箱中进行组装，其中水和氧的含量应低于 0.1 ppm。该空气电池壳基于常见的纽扣式电池模具，正极壳上具有均匀分布的小孔以供 O_2 扩散，以适用于开放体系的锂空气电池。电池的组装顺序依次为：电池负极壳、金属锂负极片、隔膜、正极片、电解液、多孔正极壳，如图 10.9 所示。组装好的纽扣式空气电池从手套箱中取出后，还需经过气氛交换，在一定气氛下的电池测试箱内进行测试。

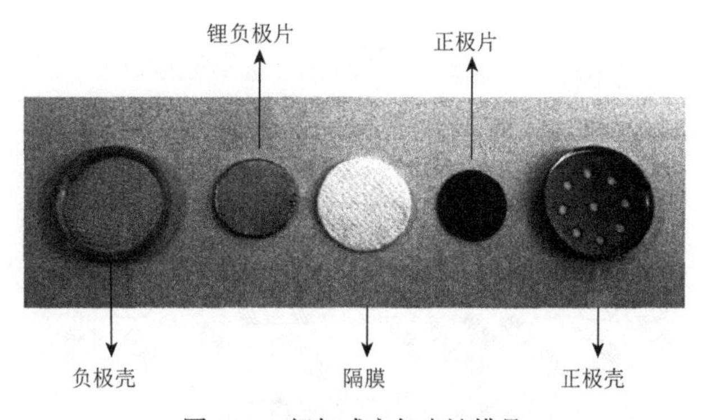

图 10.9　纽扣式空气电池模具

空气电池测试箱见图 10.10，箱体采用透明材质，具有良好密封性，可在一定的正负压下使用，其优点在于可以将多粒纽扣式电池同时进行充放电及其他电化学性能测试。通过箱体上的气口，多次交替抽真空与通氧气后能够达到较高程度的纯氧气环境。但此测试箱的缺点也很显而易见，笨重、空间利用率低、携带不方便、价格昂贵、不能高气压使用等限制了其当前仅用于实验研究。

10.2.2　世伟洛克型空气电池

二次锂空气电池使用的世伟洛克型电池模具如图 10.11 所示，模具整体呈管状，外壳由带有螺纹的螺母管道、连接管组成，该模具壳体占整个电池体积相对较小，提高了模具空间利用率。模具内部放置空气正极、隔膜、锂片、垫片及弹簧，空气正极侧具有较大空间作为气体通道，可以较好地保证氧气的供应。但其也面临包括空气及氧气只能通过自然对流、其外同样需要配置氧气环境等问题。这种电池设计虽然空间利用率有大幅度提升，但是仍需进行进一步改善。

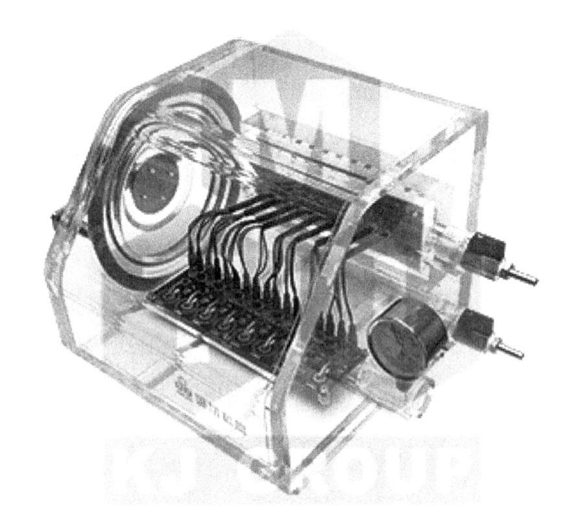

图 10.10　空气电池测试箱

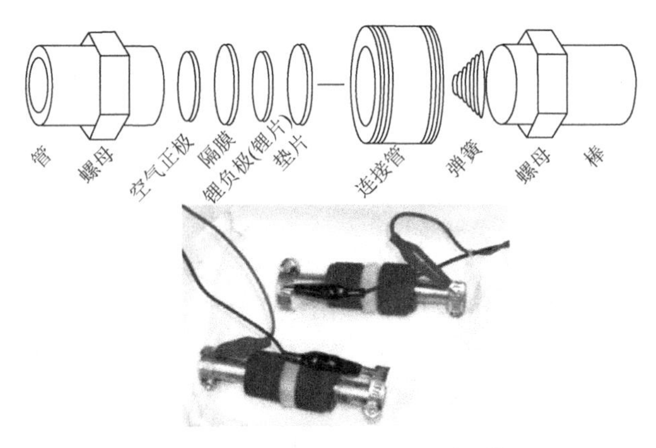

图 10.11　世伟洛克型电池模具[6]

传统的世伟洛克型模具中锂空气电池的组装通常是在无水无氧的充满氩气的手套箱中完成。于是，当完成组装后电池转移到测试氛围中（通常为氧气）时电池正极腔中仍然会充满氩气，然而在进行电池的性能测试之前需要将这些残余的氩气完全排出并置换成氧气，但是由于氧气的密度低于氩气的密度，因此氩气不易被置换排出，即使采取长时间静置也很难保证氩气的完全排出，从而导致电池的测试环境为氩气/氧气的混合气氛，不仅无法正确评价电池在纯氧气氛下的真实性能，而且多次测试过程中很难保证测试气氛的一致性，大大增加了测试结果的不可靠性。

麻省理工学院邵阳[7]课题组和清华大学高勇[8]等对传统的世伟洛克型模具进行了改进，如图 10.12 所示。他们在世伟洛克型模具的正极壳体上设计了进出气通道，其中进气通道延伸至正极极片上方。该模具在一定程度上解决了难以彻底排出氩气的问题，但是在置换氩气时氧气垂直吹扫正极表面，这样会加快电池工作过程中电解液的挥发，从而影响锂空气电池的充放电性能和循环稳定性。

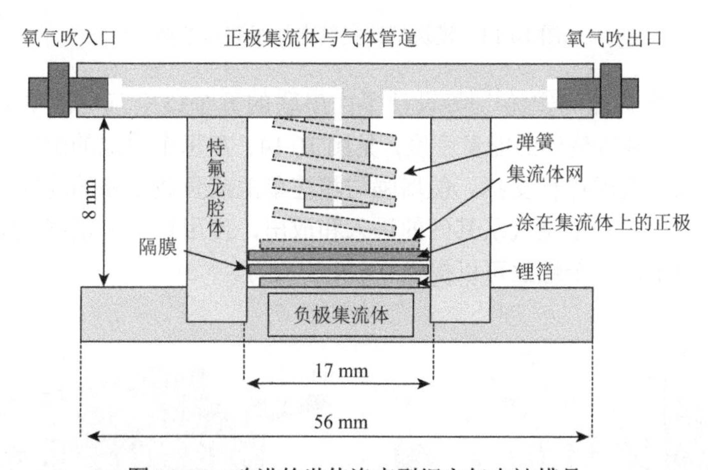

图 10.12　改进的世伟洛克型锂空气电池模具

10.2.3　模块型空气电池

图 10.13 为模块型锌空气电池组装示意图[9]。模具主要以聚甲基丙烯酸甲酯材料[poly（methyl methacrylate），PMMA]为主体，螺钉和螺母为固定组件，密封垫片辅助提高密封性。模具可重复使用，可快速组装与拆卸，便于更换电解液与极片，可以进行长时间稳定地充放电。

电池组装前，应将金属锌片打磨去除表面氧化层，冲压成圆片。泡沫镍作为导体，裁剪成长条形保证与正负极、电池测试夹充分接触；电池组装顺序根据示意图从左至右，依次是：带螺钉的底部模块、泡沫镍导体与锌片负极、疏水透气膜、橡胶垫片、电解液模块、疏水透气膜、催化剂与疏水碳纸正极、泡沫镍导体、顶部模块、螺母；均匀地将四个螺母拧紧，保证电池模具整体压实，从电解液腔体模块上的孔加注电解液，然后将孔密封，即可进行电池测试。

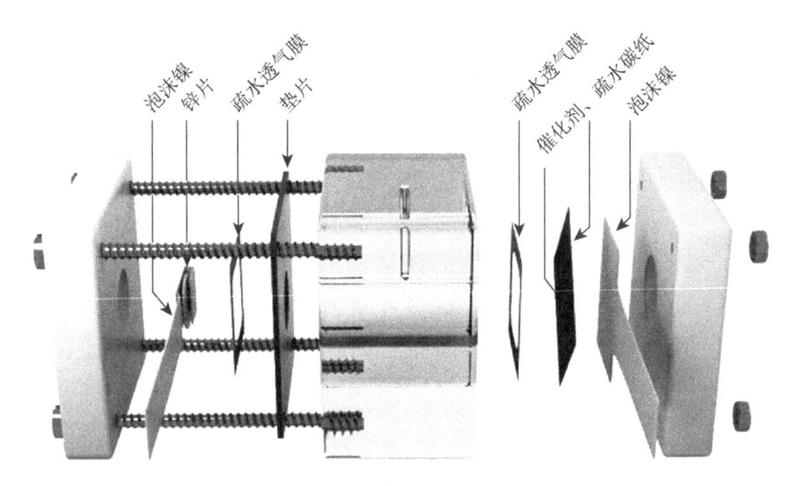

图 10.13　模块型锌空气电池组装示意图

新加坡科技研究局安涛[10]等设计了由串联的五个锌空气电池单池组成的电池堆，可以提高电池整体的能量密度，见图 10.14。在每个单池的空气正极背后都使用了不锈钢双极板进行支撑，能增强与相连单池或负载电路的连接性，双极板上的沟槽通道也有利于空气从其间的进入和放出，使用螺丝来紧固电池叠层易于维护，通过扳手，每个螺丝可以提供 0.6 N 的应力。

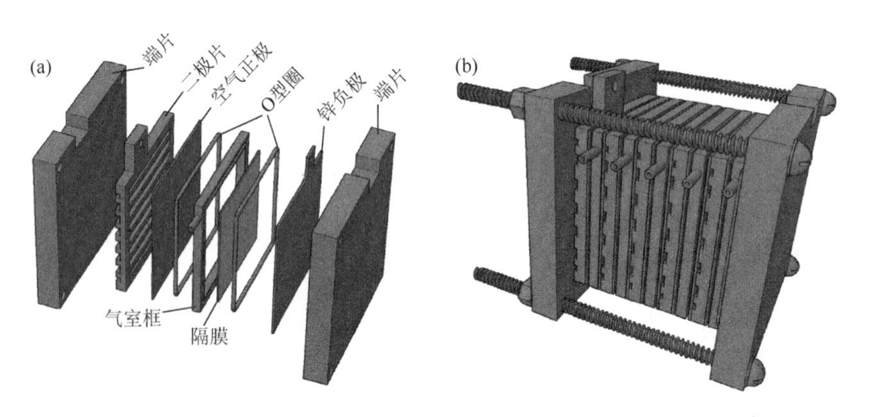

图 10.14　（a）锌空电池单池的分解图图示，其中与端板相邻的锌阳极（和双极板）具有突出的部件，易于与外部电路的电连接；（b）由五个电池单体组装的电池堆

Amendola[11]等申请了一种水平电池结构的专利，用于可充电金属空气（如锌空气）电池系统，见图 10.15。这种新颖的电池堆通过注射成型的塑料框架简化了电池的组装过程。这种电池结构最大的特点是在阴极和阳极之间不需要隔膜，因为重力有助于防止较低位置的金属电极与上面的空气电极接触，缓解了短路问题。此外，取消隔膜也大大降低了电池的成本。上侧电池的金属电极和

下侧电池的空气电极之间的气流通道是为了促进氧气输送和电池的冷却。在 pH 为 3～10 的水溶液中，该电池系统能够运行至少 500 个循环而不出现明显的性能下降。

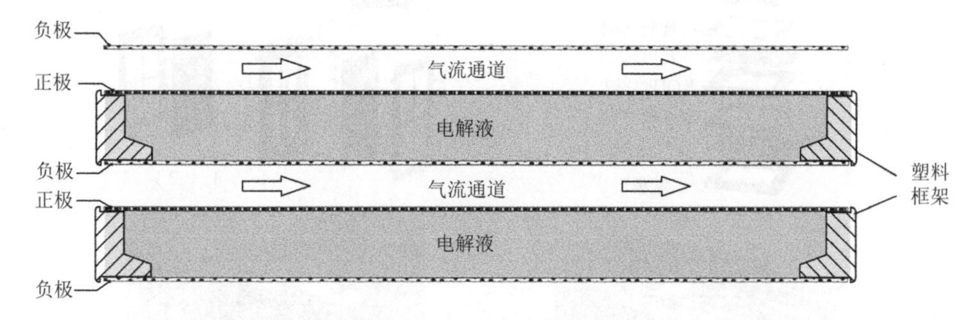

图 10.15　由两块电池单体堆叠在一起的水平电池结构

天津大学钟澄团队[12]，设计了一种无螺栓的、易于组装的紧凑型锌空气电池结构。在硅胶垫圈优化变形范围内，紧凑型锌空气电池可以通过电池本体上的机械紧固件固定空气电极实现良好的密封效果，避免了常用的传统结构中人为固定螺栓时应力不均造成的电解液泄漏风险（图 10.16）。与传统的锌空气电池模具相比，紧凑型锌空气电池的质量效率比前者高将近 2.5 倍。紧凑型锌空气电池可以稳定地工作，具有良好的放电性能。该电池可以通过电池主体上的连接孔进行叠加，通过固定长度的金属连接器可以构建不同连接类型的电池堆。五个锌空气电池串联的电池堆的体积能量密度和质量能量密度分别为 117.3 W·h/L 和 68.0 W·h/kg，超过了商用铅酸电池的数值，证明了锌空气电池在移动供电和规模储能方面的未来商业潜力。

10.2.4　原位电化学池装置

科学前沿探究中，需要对金属空气电池的反应机制以及固体/液体/气体界面的电化学和化学过程有深入的了解。各种电池的原位表征技术的逐渐发展和应用，使我们对这些过程的理解也逐步取得了进展。与离位表征方法不同的是，原位表征需要在电池组装运行状态下对电池反应进行表征，保证实验结果不会受到电池拆卸或体系暴露在外部环境下的干扰，尤其是锂空电池等非水系金属空气电池体系对空气和水分的敏感性的干扰。关于电化学过程的离位测量结果，如价态变化、表面和界面反应，可能不能完全反映真实发生的情况，因此，在实时的电池运作条件下获得信息对金属空气电池的发展是至关重要的。

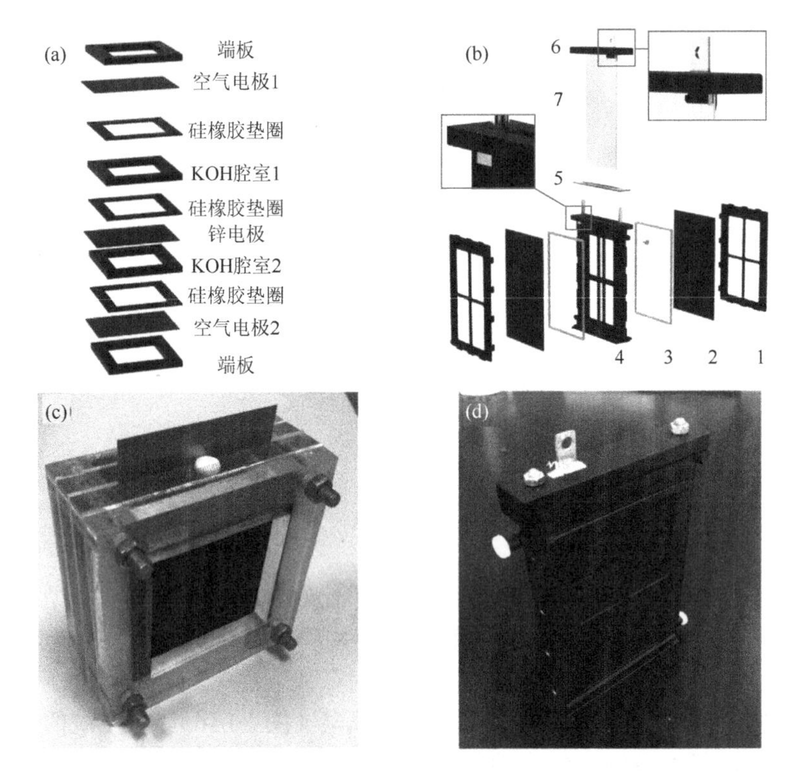

图 10.16　(a) 传统锌空电池模具和 (b) 无螺栓紧凑型锌空电池模具的组件示意图 (1-压板，2-空气电极，3-硅胶环，4-电池主体，5-上侧硅胶环，6-电池盖，7-锌电极)；(c) 传统锌空电池模具和 (d) 无螺栓紧凑型锌空电池模具的外观照片

目前，已有许多仪器设备被用于原位研究锂氧气电池电极结构演变、氧化还原机制、界面反应等关键问题。如 X 射线衍射（X-ray diffraction，XRD）[13-16]、拉曼光谱（Raman spectroscopy）[17-18]、紫外可见吸收光谱（ultraviolet visible absorption spectroscopy）[19-21]、傅里叶变换红外光谱（Fourier-transform infrared spectroscopy，FTIR）[22-23]、微分电化学质谱（differential electrochemical mass spectrometry，DEMS）[24-25]等。

1. 原位 X 射线衍射谱测试装置

X 射线表征技术通过散射、光谱和成像技术提供电子和晶体结构信息。其中，XRD 是基于 X 射线的散射，其干涉产生来自晶体或部分晶体结构材料的衍射图案。X 射线衍射作为直接有效的方法可用于检测电极材料晶体结构、充放电产物的变化，在研究中被广泛应用。已有多种电化学电池用于 X 射线的原位研究，包括扣式电池、18650 电池、“咖啡袋”电池、多用途原位 X 射线电化学电池、放射性可接触的管状 X 射线电池、世伟洛克电池及定制的管状电池等。为了便于 X

射线的测量，改进的扣式电池被广泛用于原位实验。

Ryan 等[14]在锂空气扣式电池上进行原位 XRD 表征。模具结构示意图见图 10.17，模具基于 2032 扣式电池组件，正极壳上有一个 7 毫米的孔用于与循环舱进行气体交换，而为了表征负极的原位变化，在负极壳上有一个 3 毫米的孔，以便 X 射线能够穿透，并使用对 X 射线具有很高透射率的 Kapton 窗口材料。电池循环舱由一个直径 5 厘米的不锈钢圆柱体组成，见图 10.18，两边都有不锈钢法兰，并用橡胶 O 型圈密封。循环舱的前后两侧，都有 Kapton 窗口，以允许入射的 X 射线光束进入，从样品中散射并离开室。通气口和电路与法兰连接。锂空气扣式电池被安装在一个聚四氟乙烯（PTFE）衬板上，通过铜触点连接电路。

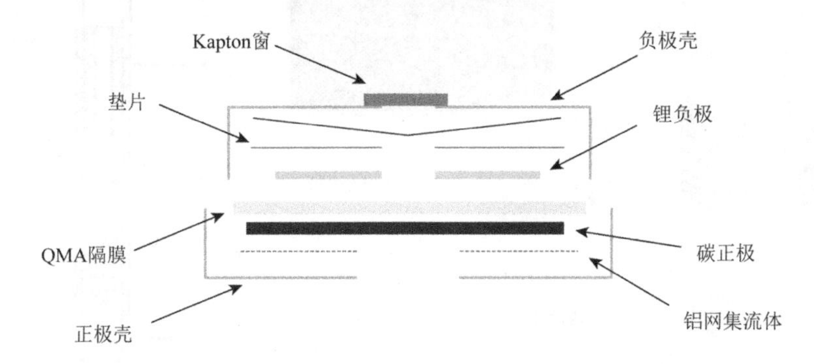

图 10.17　用于原位衍射的改良扣式电池模具的示意图

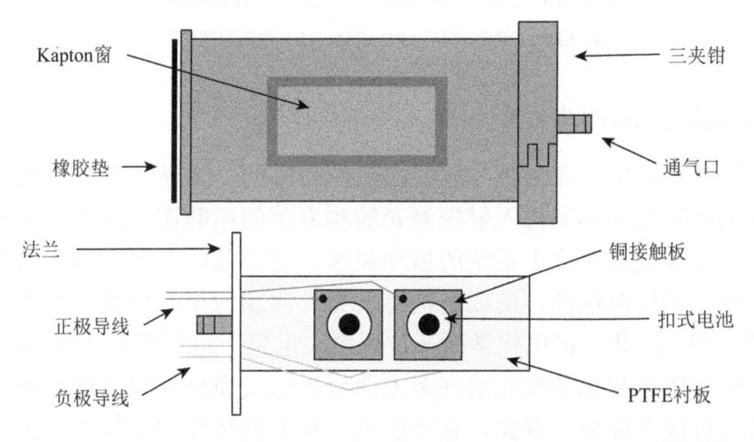

图 10.18　原位衍射实验中使用的循环舱示意图

与实验室光源相比，基于同步加速器的 X 射线源提供了更高的强度和更大的光子能量，这导致了更大的穿透力、更短的测量时间和更好的信噪比。Shui 等[26]发展了基于世伟洛克电池的原位 XRD 电池设计，与普通的测试电池外形一样，只是大小管的直径略小一些，正负极与隔膜密封在聚酰亚胺管中，模具无须特别设置窗口也可进行表征。不锈钢管与棒分别作为正极和负极的集流体，正极侧留有氧气腔室。在实验过程中，放电-充电循环在原位电池上进行，同时以 20 毫米的空间分辨率逐层收集从正极到负极的 X 射线衍射图案（图 10.19）。

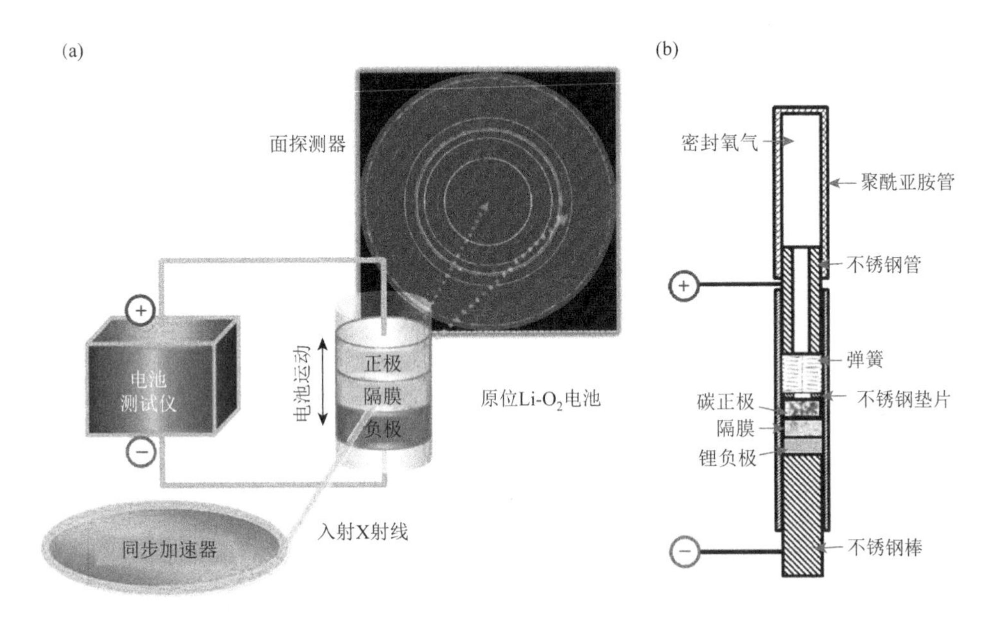

图 10.19　同步辐射原位 X 射线衍射装置示意图

（a）$Li-O_2$ 电池的原位 XRD 研究；（b）电池原理图设计

2. *原位拉曼光谱测试装置*

拉曼效应是由单色探测光与材料相互作用时的非弹性散射产生的。典型的拉曼光谱是散射光的强度与入射探测光的频率差的函数图，这种频率差被称为拉曼位移。拉曼位移对应于系统的振动能级，这是某些分子或晶体的拉曼活动模式的特征。晶体对称性、键或结构有（无）序和应变等参数可以影响分子的振动模式[27-28]。因此，在电化学循环过程中，电极、电解质和电极/电解质界面的结构、机械变化和化学变化的许多方面可以通过原位拉曼光谱来研究。原位拉曼技术具有很多优势。首先，它可以是一种非破坏性和非侵入性的技术，这将允许在接下来的研究中继续使用其他技术来研究同一样品。其次，由于拉曼光谱不需要长程结构排序，它可以用来分析无定形化合物，或结晶度较差的电极材料，这类物质很难使用 XRD 进行研究。

表面增强拉曼光谱（SERS）探针通过它们对入射激光束非弹性散射的振动特性影响来探测可极化的物质。在某些金属表面上，散射信号可以得到增强，以便能够检测到低浓度的表面物质。Galloway 等[17]进行原位表面增强拉曼测试的装置如图 10.20 所示。所有设备均放置在氩气气氛的手套箱里。电化学池通过铁架台与拉曼光谱仪保持固定。电化学池主体为玻璃材质，五口对应三个电极，以及进气口和出气口。经过干燥的氧气和氩气线管通过鼓泡或者吹扫电解液的方式来最大限度减少水对测试的污染。图 10.20（c）是电化学池底面照片，透过蓝宝石材质的窗口可以清晰地看见金工作圆盘电极及侧边的铂对电极和银参比电极。

电化学池连接同样位于氩气手套箱中的恒电位仪，测试过程中，拉曼测试仪的激光束将从此处进入电化学池，到达金电极表面后与电极表面物质发生作用，反射回来的瑞利线、斯托克斯线与反斯托克斯线经由仪器探测器收集，最终获得电极表面的拉曼光谱信息。

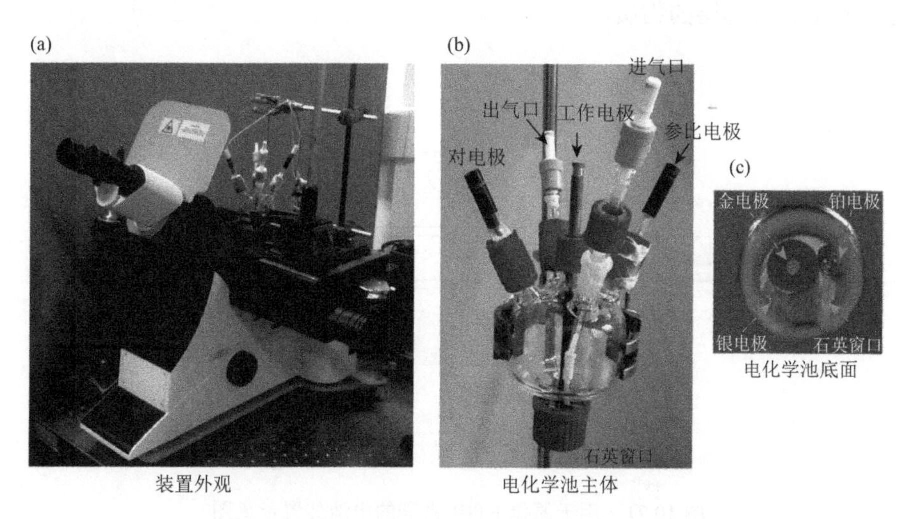

图 10.20 原位表面增强拉曼测试装置

3. 原位红外光谱测试装置

傅里叶变换红外光谱是基于对宽光谱范围内的红外光束的吸收，通过测量与样品作用前后的光强度来实现的。红外光谱的吸收峰信号记录着分子振动、旋转/振动或晶格振动模式的激发，或其组合的信息。这些红外峰的强度与样品中的物种数量呈线性相关，依据波数可以识别特定的官能团，所以傅里叶红外光谱可以提供关于分子组成和结构的重要信息。衰减全反射（attenuated total reflection，ATR）是一种收集 FTIR 光谱的强大技术，它基于红外透明晶体中的多重内反射几何，在晶体表面和样品的界面上多次反射红外光束。几次反射后收集的红外信号包含了红外光束穿透深度内的样品光谱。傅里叶变换红外光谱仪可用于界面分析，因为它可以在电化学过程中检测分子水平的物种。由于其对有机分子的高灵敏度，

FTIR 已被广泛用于分析锂电池中电极和电解质之间的界面反应，包括研究许多不同电极材料的电解质分解、反应机制、气体产生、溶剂插层和 SEI 形成。

原位傅里叶变换红外光谱已被证明是一种有效的、非破坏性的技术，可以直接实时研究界面反应。Horwitz 等[22]利用定制的特氟龙材质的三电极电化学池对锂氧电池反应产物进行原位红外光谱研究。参见图 10.21，其中电化学池的主体外形经过定制，与 FTIR 测试仪的固定托槽相匹配。多晶金圆盘工作电极与 CaF_2 红外窗口对准，并通过螺丝调整工作电极与 CaF_2 窗口的间距，形成几微米厚度的电解液薄层。测试过程中 IR 光束从 CaF_2 棱镜窗口进入，至金电极表面反射而出，两次穿过电解液薄层。工作电极电位采用步进式扫描，每步时间内通过 FTIR 设备多次采集红外光谱信息，由此实时检测在电化学反应过程中形成或分解、吸附或迁移到电解质薄层的物质。

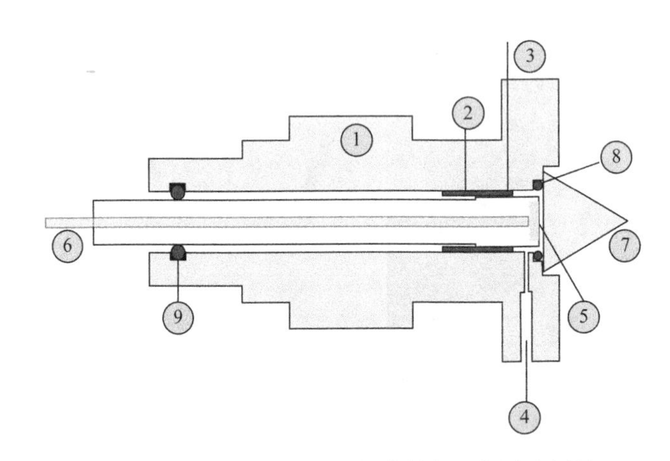

图 10.21　用于原位 FTIR 光谱的电池装置示意图

1-电池主体；2-铂箔对电极；3-铂丝对电极触点；4-参比电极孔；5-金圆盘工作电极；6-工作电极调节螺丝；7-CaF_2 棱镜窗口；8、9-O 型圈

4. 原位紫外-可见吸收光谱测试装置

紫外-可见吸收光谱也是吸收光谱的一种，具有快速分析样品、适用于多种分析物、操作简便等优点。含有 π 电子或非结合电子（n 电子）的分子可以吸收紫外线和可见光区域的能量，将这些电子激发到更高的反结合分子轨道上[20]。紫外-可见吸收光谱已被证明是分析基于溶液的电化学反应的一个强大的表征工具。

原位紫外-可见吸收光谱也被应用于研究电池体系循环时的反应产物与中间媒介。日本东北大学叶深团队[21]基于商用的比色皿进行修改，用于原位的紫外-可见电化学池构造如图 10.22 所示。电化学池主体采用石英玻璃材质，电极的位置经过调整，从而不会阻挡测试光路。因为多孔碳工作电极比表面积较大，

溶解在电解液中的 O_2 不足以支撑电极反应，测试过程中需要持续通入样品，另外在多孔碳表面覆盖 PTFE 膜，以使工作电极表面 O_2 的流速保持均衡。

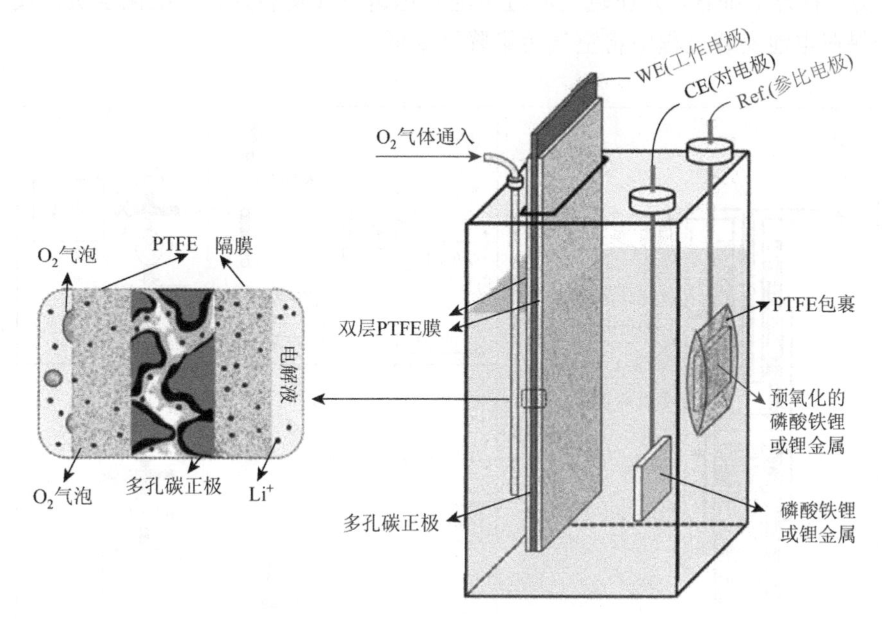

图 10.22　原位紫外-可见吸收光谱电化学池

5. 原位质谱测试装置

微分电化学质谱（DEMS）本质上是一种分析技术，它将电化学半电池实验与质谱法相结合，这允许对气态或挥发性的电化学反应物、反应中间体或产物进行原位质量解析。通过将法拉第电极电流与相关的质量离子电流联系起来，可以阐明模糊的电化学反应过程。微分电化学质谱法不仅可以用来识别连续法拉第反应的产物或中间产物，而且还可以通过其解吸作用确定不同电极表面的吸附物（亚层或单层）的数量[27-28]。在某些情况下，非反应性解吸可以通过与第二种吸附物的置换来诱导，产生额外的信息。

McCloskey 等[25]基于典型的世伟洛克模具设计了用于微分电化学质谱的 $Li\text{-}O_2$ 电池模具。如图 10.23（a）所示，组件包括锂箔阳极，Celgard 2500 隔膜，碳纸阴极和一个不锈钢环垫片，可在阴极上方产生 1 毫米高的顶部空间（约 125 μL）。该模具采用熔融石英管作为外壳，外壳密封在不锈钢的阳极和阴极集流体上，并通过橡胶 O 型圈密封压实。进气口和出气毛细管硬焊到阴极集流体中，并在其表面抛光，因此模具整体具有很强的密封性。

电池的组装全部在氩气气氛手套箱中进行。将碳纸电极在纯异丙醇中洗涤，并在组装电池之前将其干燥/储存在 130 ℃下，以最大限度地减少 H_2O 污染。最后，在组装好的干电池中加入 40～60 μL 电解质，并在从手套箱中取出之前，将毛细管盖好。打开毛细管，并在氩气流过电池时迅速将其安装到微分电化学质谱仪中，以确保在电池安装过程中将空气污染降至最低。

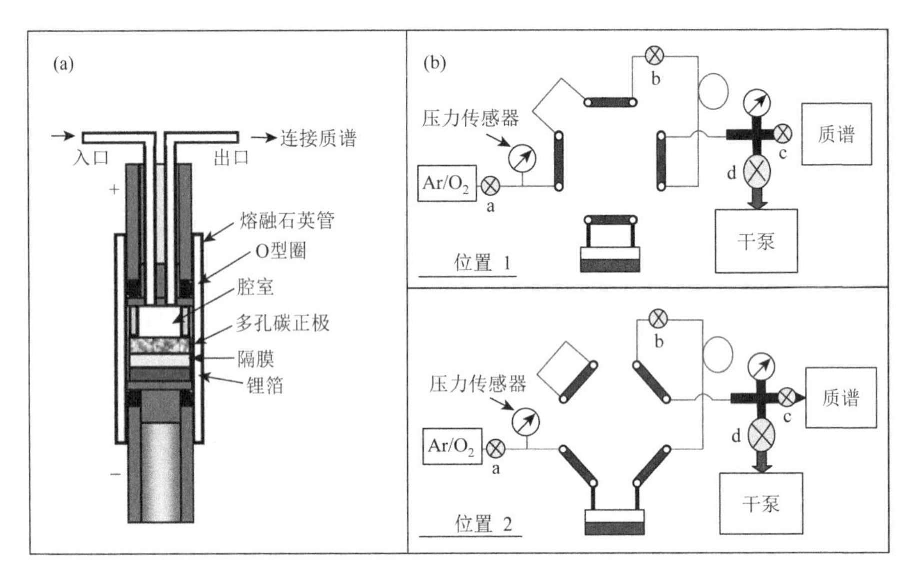

图 10.23　(a) DEMS 原位电池装置结构图；(b) DEMS 原理和操作，阀门：a-进气阀，b-放气阀，c-漏阀，d-抽空阀（位置 1：样品收集位置；位置 2：线路负载气体和放电位置）

而 Bawol 等[24]设计了一种用于 DEMS 的薄层电池模具。图 10.24 示出了（a）电池主体的俯视图和（c）组装电池的截面图示意图。电池主体和 T 型件均由聚三氟氯乙烯材料制成。工作电极（WE）以及三个对电极（CE1，CE2 和 CE3）由金制成。对电极位于薄层电池的外部。CE 与 WE 之间的距离约为 25 毫米。金对电极和参比电极（RE）通过 T 型件连接到电解质。

PTFE 多孔膜压在电池主体的上部[图 10.24（c）]和锥形电池支架之间。PTFE 膜的孔隙率为 50%，平均孔径为 20 nm。图 10.24（b）是连接管示意图，用于工作电极隔室的氧气饱和以及用于将挥发性物质转移到质谱仪中。使用旋转叶片泵将薄层电池上方的连接管排空，再使用计量阀将少量氧气添加到该体积中。压力变化由压力传感器记录。电极前的挥发性物质会蒸发到质谱管的真空中。因此，可以通过质谱仪的离子电流检测电化学实验过程中产生或消耗的挥发性物质的变化。电池本身放置在手套箱中，以避免电解液中有大量水。所有实验均在手套箱中完成。为了能够在手套箱外部进行实验，使用 O 型圈将电池的下部与外部环境隔绝。毛细管[见图 10.24（a）]用于通过氩气冲洗 PTFE 垫片。

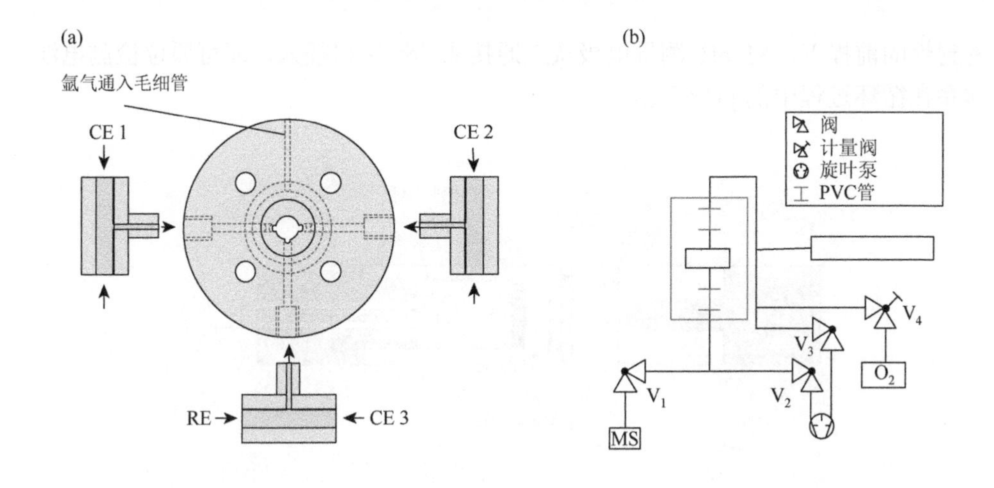

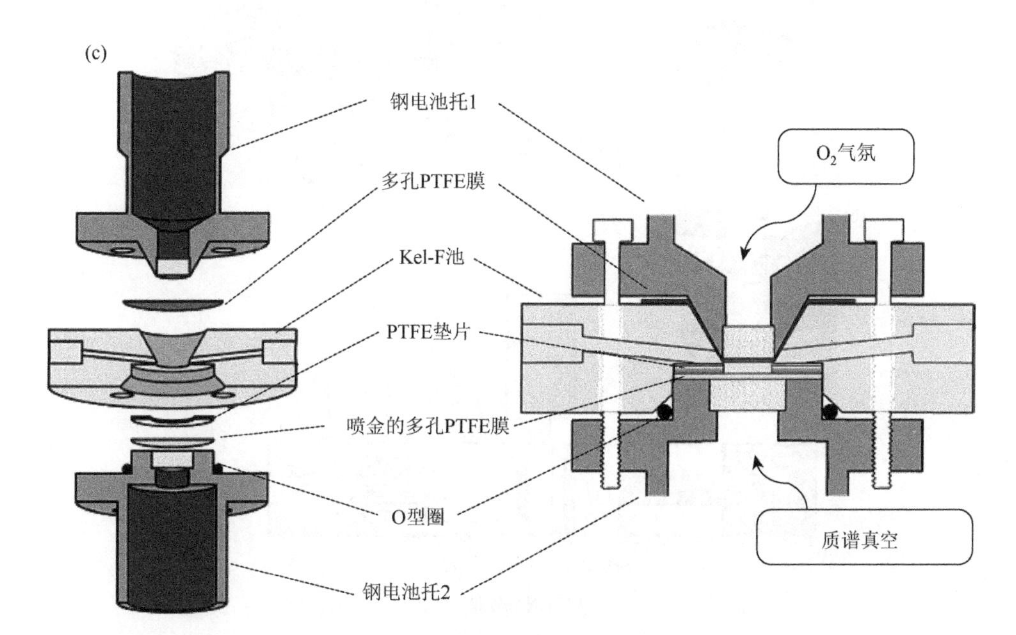

图 10.24　(a) 用聚三氟氯乙烯材料构建的电池主体的俯视图，其中有对电极（CE 1，CE 2 和 CE 3）和参比电极（RE）的连接；(b) 连接管的示意图，该连接管用于使电解质充满氧气并将挥发性物质转移到质谱仪腔室的真空中；(c) 组装好的电池的横截面图

6. 原位 pH 测试装置

德国明斯特大学孙威等[16]基于世伟洛克模具进行了自主改良，使用 pH-监控电池对锌空气电池体系的循环过程 pH 变化进行监控。改良世伟洛克模具构造如图 10.25 所示，通过引入一个 1.27cm 大小的世伟洛克三通接头，在保证体系整体

密封性的前提下，将 pH 测量电极从三通接头的侧端口插入，即可原位检测电池体系在循环过程中的 pH 变化。

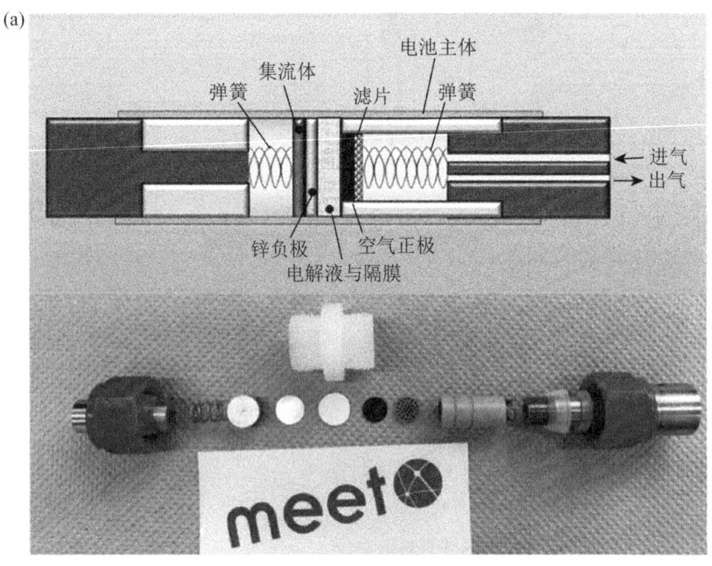

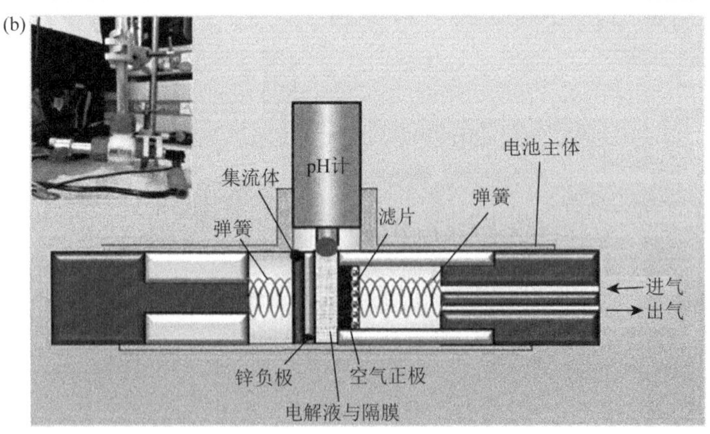

图 10.25　(a) 改良的世伟洛克型锌空气电池，以及 (b) 配有 pH 监测功能的锌空气电池装置和组件的示意图和插图照片

10.2.5　其他新型空气电池模具

吉林大学赵娟娟[29]在实验过程中发现，锌片厚度较大或以很大电流密度进行放电时，锌电极会产生钝化现象，会在锌片表面形成氧化膜而终止反应。将生成氧化膜的锌片取出，放入一定浓度的氢氧化钾水溶液中，超声振荡 10 s，就会发现在锌片表面致密的氧化膜溶解在电解液中。由此提出了一种电解液可流动的带

有超声设备的锌空气电池概念，见图 10.26，在锌空气电池底部设置一个超声波发生器，用来产生超声振荡。该结构的电池可以在需要的时候随时开启超声振荡，并在电解液中积累一定的放电产物后，通过循环流动更换电解液，保证电池的连续工作。该电池结构适合应用在电动车上的高效锌空气电池中。

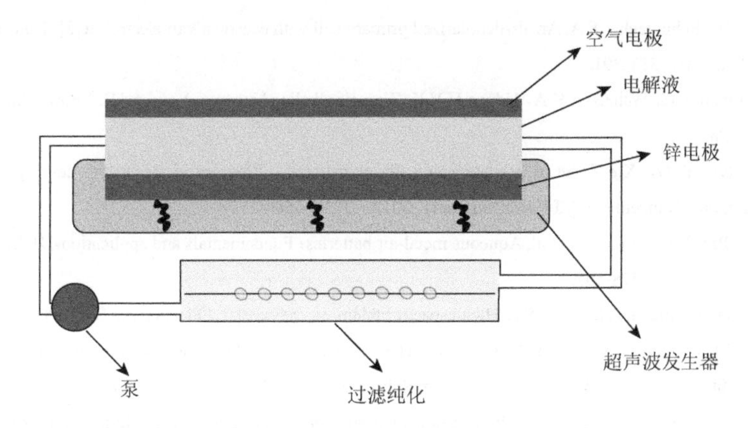

图 10.26　超声锌空气电池结构图

10.3　小　　结

本章将章节内容划分为两大部分，分别讲述了金属空气电池的工业级组装与实验室级组装。

对于工业级金属空气电池的组装，电池的结构、壳体及零部件、电极的外形尺寸及制造工艺、两极物质的配比、电池组装的松紧度对电池的性能都有不同程度的影响。因此，电池的模具首先应考虑尺寸、质量以及整机系统的用电要求，其次还应寻找可行的工艺路线，以及考虑如何最大限度地降低电池成本。以锌空气电池为例，目前市场上主流的锌空气电池还主要是用于助听器的纽扣式电池形态。

对于科学研究领域的金属空气电池模具，以严格、实验、说明问题为主。在实验研究中常用的电池形态主要是纽扣式电池、世伟洛克电池和模块型电池三种。而用于原位测试的金属空气电化学池，则主要在以上三种形态的基础上进行改良。通常需要增加支撑配件，以获得足够的测试空间；有时需要重新设计电池结构，以实现原位测试；为了与现有仪器结合，可能需要调整电化学池的外形；对于非接触式的光路，需要设置特殊材质的窗口，以使光路通过；对于接触式原位测试，需要考虑如何将测试探头部件置入电池体系，同时还要保证体系密封性良好。

参 考 文 献

[1] Yadav G G, Wei X, Meeus M.Chapter3-Primary zinc-air batteries//Arai-H, Garche J, Colmenares L.Electrochemical Power Sources: Fundamentals, Systems, and Applications[M]. Section 3.Amsterdam: Elsevier, 2021, 23-45.

[2] Heise G W, Schumacher E A. An air-depolarized primary cell with caustic alkali electrolyte[J]. Trans Electrochem Soc, 1932, 62: 383-391.

[3] Chakkaravarthy C, Waheed A K A, Udupa H V K. Zinc-air alkaline batteries-A review[J]. J Power Sources, 1981, 6: 203-228.

[4] Xu M, Ivey D G, Xie Z, et al. Rechargeable Zn-air batteries: Progress in electrolyte development and cell configuration advancement[J]. J Power Sources, 2015, 283: 358-371.

[5] Liu Q F, Pan Z F, Wang E D, et al. Aqueous metal-air batteries: Fundamentals and applications[J]. Energy Storage Mater, 2020, 27: 478-505.

[6] Beattie S D, Manolescu D M, Blair S L. High-capacity lithium–air cathodes[J]. J Electrochem Soc, 2009, 156: A44-A47.

[7] Lu Y C, Gasteiger H A, Parent M C, et al. The influence of catalysts on discharge and charge voltages of rechargeable Li-oxygen batteries[J]. Electrochem Solid-State Lett, 2010, 13: A69-A72.

[8] Gao Y, Wang C, Pu W H, et al. Preparation of high-capacity air electrode for lithium-air batteries[J]. Int J Hydrogen Energy, 2012, 37: 12725-12730.

[9] Li L F, Chen B L, Zhuang Z Y, et al. Core-double shell templated Fe/Co anchored carbon nanospheres for oxygen reduction[J]. Chem Eng J, 2020, 399: 125647.

[10] An T, Ge X M, Tham N N, et al. Facile one-pot synthesis of CoFe alloy nanoparticles decorated N-doped carbon for high-performance rechargeable zinc-air battery stacks[J]. ACS Sustain Chem Eng, 2018, 6: 7743-7751.

[11] Amendola S, Binder M, Black P J, et al. Electrically rechargeable, metal-air battery systems and methods: US, US20120021303A1 [P]. 2010-07-21.

[12] Zhao Z Q, Liu B, Fan X Y, et al. An easily assembled boltless zinc-air battery configuration for power systems[J]. J Power Sources, 2020, 458: 228061.

[13] Liang Z, Zou Q, Wang Y, et al. Recent progress in applying *in situ*/operando characterization techniques to probe the solid/liquid/gas interfaces of Li-O_2 batteries[J]. Small Methods, 2017, 1: 1700150.

[14] Ryan K R, Trahey L, Okasinski J S, et al. *In situ* synchrotron X-ray diffraction studies of lithium oxygen batteries[J]. J Mater Chem A, 2013, 1: 6915-6919.

[15] Yang Z, Trahey L, Ren Y, et al. *In situ* high-energy synchrotron X-ray diffraction studies and first principles modeling of α-MnO_2 electrodes in Li–O_2 and Li-ion coin cells[J]. J Mater Chem A, 2015, 3: 7389-7398.

[16] Sun W, Wang F, Zhang B, et al. A rechargeable zinc-air battery based on zinc peroxide chemistry[J]. Science, 2021, 371: 46-51.

[17] Galloway T A, Hardwick L J. Utilizing *in situ* electrochemical SHINERS for oxygen reduction reaction studies in aprotic electrolytes[J]. J Phys Chem Lett, 2016, 7: 2119-2124.

[18] Han X B, Kannari K, Ye S. *In situ* surface-enhanced Raman spectroscopy in Li–O_2 battery research[J]. Curr Opin Electrochem, 2019, 17: 174-183.

[19] Yu Q, Ye S. *In situ* study of oxygen reduction in dimethyl sulfoxide (DMSO) solution: A fundamental study for development of the lithium-oxygen battery[J]. J Phys Chem C, 2015, 119: 12236-12250.

[20] Zhang L，Qian T，Zhu X，et al. *In situ* optical spectroscopy characterization for optimal design of lithium-sulfur batteries[J]. Chem Soc Rev，2019，48：5432-5453.

[21] Qiao Y，Ye S. Spectroscopic investigation for oxygen reduction and evolution reactions with tetrathiafulvalene as a redox mediator in Li–O_2 battery[J]. J Phys Chem C，2016，120：15830-15845.

[22] Horwitz G，Calvo E J，Mendez De Leo L P，et al. Electrochemical stability of glyme-based electrolytes for Li-O_2 batteries studied by in situ infrared spectroscopy[J]. Phys Chem Chem Phys，2020，22：16615-16623.

[23] Burba C M，Frech R. *In situ* transmission FTIR spectroelectrochemistry：A new technique for studying lithium batteries[J]. Electrochim Acta，2006，52：780-785.

[24] Bawol P P，Reinsberg P，Bondue C J，et al. A new thin layer cell for battery related DEMS-experiments：The activity of redox mediators in the Li-O_2 cell[J]. Phys Chem Chem Phys，2018，20：21447-21456.

[25] McCloskey B D，Bethune D S，Shelby R M，et al. Solvents'critical role in nonaqueous lithium-oxygen battery electrochemistry[J]. J Phys Chem Lett，2011，2：1161-1166.

[26] Shui J L，Okasinski J S，Kenesei P，et al. Reversibility of anodic lithium in rechargeable lithium-oxygen batteries[J]. Nat Commun，2013，4：2255.

[27] Wang H，Yang Y，Liang Y，et al. Rechargeable Li–O_2 batteries with a covalently coupled $MnCo_2O_4$–graphene hybrid as an oxygen cathode catalyst[J]. Energy Environ Sci，2012，5：7931-7935.

[28] Li F J，Chen Y，Tang D M，et al. Performance-improved Li-O_2 battery with Ru nanoparticles supported on binder-free multi-walled carbon nanotube paper as cathode[J]. Energy Environ Sci，2014，7：1648-1652.

[29] 赵娟娟. 电动车用锌空动力电池的研究[D].吉林大学，2014.

第 11 章　柔性金属空气电池

11.1　可穿戴设备及其电池

可穿戴设备，即可直接穿戴在身上，或是整合到用户的衣服或者配件上的一种便携式电子设备。其设计往往追求不突出异物感，并结合计算机、通信等技术使其能成为使用者在行进动作中处理信息的工具。最早的可穿戴设备可以追溯到便携式计算器时代，从穿戴式计算机到穿戴式设备，业界对可穿戴的定义进一步明确：认为可穿戴设备需要包含“可穿戴的形态”、“独立的计算能力”、“专用的程序或功能”这三类基本属性。例如在 2006 年 Eurotech 公司推出的手腕式电阻触屏计算机（电脑）[1]。2013 年是可穿戴设备的崛起之年，谷歌眼镜、三星智能手表等设备的发布标志着互联网时代硬件创新达到了新的高峰。而近些年，小米手环系列、Huawei Mate X 等产品更是得到了市场的广泛认可。2020 年 3 月，国际数据公司（IDC）发布了《中国可穿戴设备市场季度跟踪报告，2019 年第四季度》，报告显示 2019 年全年中国可穿戴设备市场出货量 9924 万台，同比增长 37.1%，这些数据都显示出其巨大的发展前景。

可穿戴设备按照产品的形态可分为以下几类。头戴类：智能眼镜、智能头盔和无线耳机等；手戴类：智能手表或手环等；衣服类：外衣、内衣和鞋类等。按照产品的功能可以分为人体健康、运动追踪和智能终端等。随着时间的推移，相信可穿戴设备的种类会越来越丰富，能够满足人们越来越多的需要。

可穿戴设备之所以发展如此迅猛，是因为它确实极大地方便了人们的生活，创造了巨大的价值。如可穿戴医疗设备，一个典型可穿戴医疗设备包含一个或多个生物传感器，这些传感器可以检测人的生理学信号来预防疾病、提供早期诊断、促进治疗和居家康复[2]。数字医疗可穿戴设备通常和其他可穿戴设备如活动监视器、智能手表、智能衣服等协同作用，这些设备在取得人体关键数据方面发挥了重要的作用[3]。

为了让人不在穿戴的过程中产生异物感，有最舒适的体验，可穿戴设备的普遍发展趋势是轻薄化、柔性化和功能化，显然这一趋势就对电池有轻薄并且具有柔性的要求。可穿戴设备往往本身较小，很难装载大体积的电池，且往往这些设备会保持频繁的计算和网络通信。而实际的使用过程往往要求充一次电至少要能满足一天的使用需求。这些都提高了对电池的容量和能量密度的要求。实际使用的电源容量有限，已经成为制约可穿戴设备实际应用的重要因素之一，人们不得不更频繁地充电来维持其使用，造成了诸多不便。

因此，科研人员投入了许多精力来研究高性能的柔性电池。在过去的十几年中，已经开发了不少种类的电源，如柔性锂离子电池、柔性太阳能电池、柔性超级电容器等。在各种各样的柔性电池中，锂离子电池由于其高的相对能量密度、良好的倍率性能得到了最广泛的认可和使用。锂离子电池自其被发明出来到现在，能量密度已经得到了巨大的提升，但还是不能满足功能越来越繁多、功耗越来越大的电子设备的长时间用电需求。在诸多锂离子电池的可能替代者中，金属空气电池由于其活性物质氧气可以直接从空气中获取，有着极高的理论能量密度，受到了广泛的关注。金属空气电池根据其使用的负极的不同有许多种类，目前用作柔性电池研究比较多的是非水系锂空气电池、水系锌空气电池和水系铝空气电池[4]。尽管人们已经对不同类型的金属空气电池做了大量研究，但被研究最多的还是刚性的、大体积的扣式电池或者世伟洛克型电池，很难满足柔性设备的实际需要。为了持续推动柔性可穿戴设备的发展，一方面我们应该继续提升电池的固有电化学性能，另一方面我们应该对电池的柔性做出改良，以使电池能满足更多场景的使用需求。

要想从普通的金属空气电池出发制备出对应的柔性金属空气电池，关键在于给电池的各个组分找到柔性的替代品。就负极材料来说，目前科技工作者们通常在电池里直接使用商业的金属箔、金属带或者金属丝。这主要基于以下几点考量[5]：①首先，对于大多数与柔性金属空气电池相关的报道，他们通常集中在正极设计上，以强调新提出的催化剂对促进 ORR 和 OER 动力学的重要性。因此为了简化工艺和降低成本，推动金属空气电池更快速地发展，科研人员往往倾向于利用商业化的金属产品来组装柔性电池装置。②在一定程度上，这些金属材料已经有相当的力学性能和柔韧性，并且可以比较容易地加工成需要的形状。③与反应所需的实际金属量相比，目前使用的商业化产品用作金属空气电池负极时是过量的。但是，一些研究者也认为由于金属空气电池的负极具有较高的活性，在半开放式柔性金属空气电池中使用时存在一些安全问题，因此也有一些研究工作致力于通过各种方法来提高金属空气电池中金属负极的稳定性和安全性，例如应用人工合成 SEI 层和凝胶聚合物电解质、加入添加剂等。除了这些问题之外，金属负极容易产生裂纹，在反复弯曲过程还有可能断裂，导致电池安全性差或者使部分金属处于断路状态。为了解决这一问题，中国科学院长春应用化学研究所张新波等提出将大片的金属锂分割成若干小块锂片，再通过铜线连接起来，结果表明，该策略能有效地解决金属锂的弯曲开裂问题[6]。

负极的柔性有比较好的解决方案，我们还需要再找到柔性的正极、电解质和电池包装材料才能组装成柔性的金属空气电池。下面几节我们将从上面提到的几个方面来展开讨论。

11.2 柔性正极

众所周知，空气正极由集流体、活性物质组成。制备柔性金属空气电池正极的关键点在于设计和发展柔性集流体。作为柔性空气电池的集流体，既要像普通的离子电池中使用的集流体那样有良好的导电性、高化学稳定性与电化学稳定性，又要满足要在金属空气电池中使用所需的高气体透过性，当然还要有良好的柔性。金属空气电池的正极是发生氧气还原反应 ORR 和氧气析出反应 OER 的场所。这两个反应有着复杂的机理，如果没有合适的催化剂，不但反应会进行得相当慢，还会在充放电过程中损失大量能量。想要得到高性能的柔性金属空气电池，就必须选择对 ORR 和 OER 都有良好催化效果的双功能催化剂。人们已经对这类双功能催化剂作了许多研究，本节将按这些活性物质的种类把柔性正极分为碳基正极和非碳基正极。活性物质被负载至柔性集流体上就构成了柔性空气正极。商用碳素纺织品、合适的棉纺织品和不锈钢网是最常使用的集流体。

11.2.1 碳基正极

碳基催化剂有着非常好的导电性，特别是一些杂原子掺杂后的碳材料（尤其是氮原子掺杂）。掺杂后的碳材料的电子结构和电负性会发生一定程度的改变，从而催化活性有了显著的提升[7]。目前，一些掺杂的碳材料已经显示出了强劲的 ORR 活性[8]。近些年来，碳材料被广泛应用于燃料电池催化剂并取得了很多突破。然而在高 OER 电位下，碳材料可能发生腐蚀问题，严重影响了电池的长期运行，这使碳材料在使用过程中受到了一些研究者的质疑。但也有研究者认为碳材料中的一些种类如高度石墨化的石墨烯纳米片、碳纳米管以及部分介孔碳材料由于其内部碳键的紧密排列以及 sp^2 轨道高度杂化，表现出了优异的电化学稳定性。并且这类材料合成过程往往十分简便、价格低廉。使用碳材料可以容易地构建出 3D 结构，大大增加了正极的电化学活性表面积，这对电池电化学性能的提升有很好的促进作用。为了进一步提升正极的催化性能，人们也尝试在碳材料上负载一些金属氧化物、氮化物，也已经取得了很好的效果。制备柔性空气电池正极最常用的方法就是将活性物质与黏结剂研磨均匀后喷涂到碳织物上，由于活性物质通常是细小的颗粒，因此不影响正极的柔性。华中科技大学夏宝玉团队[9]报道了一种金属-有机骨架衍生的二维氮化碳纳米管/石墨烯杂化材料作为锌空气二次电池电催化剂。该杂化材料由于其层状结构和杂原子掺杂的协同效应，对氧气的电化学反应具有良好的催化活性和稳定性，甚至可以与商业的铂碳催化剂相比较。在将活性物质负载到碳布上后他们最终制得了性能优异的柔性锌空气电池正极。

但是使用喷涂的方法就必须使用黏结剂，否则活性物质将在电池反复变形的过程中从集流体上脱落使电池直接失效。黏结剂的存在不但会增加电池的质量、削弱正极的导电能力，还会在电池运行的过程中与一些活性含氧物种发生副反应[10]，严重影响电池的循环寿命。为了解决这些问题，人们尝试用化学或者电化学的方法将活性物质直接生长在柔性基底上，或者直接合成一些自支撑的活性物质。再者，喷涂所得的正极活性物质颗粒之间的孔道往往是杂乱无序的，而自支撑的材料却可以通过研究者的精心设计形成需要的结构，从而能够实现氧气和金属离子更好地传输。考虑到这些情况，孟凡陆等[11]设计了一个概念验证实验，他们首先提出了一种能够原位将 Co_4N 和 N-C 纤维耦合起来的策略，即采用热解法制备了以碳布为基体的新型珍珠状 ZIF-67/聚吡咯纳米纤维网络。由于 Co_4N 和 Co-N-C 的协同效应实现了对 ORR 和 OER 良好的促进作用，再加之稳定的三维互联导电网络结构，最终使用这种无黏结剂的柔性锌空气电池展现出了长的循环寿命。

碳织物是一种非常好的柔性集流体，在金属空气电池中已经被广泛地研究过了。但是碳织物的催化活性往往比较低，并且自身的质量并没有得到充分的利用。近几年，自支撑的空气正极开始被引入金属空气电池，取得了一些不错的成果。张新波团队[12]从蟾蜍产卵的过程中获得了灵感，将静电纺丝技术与模板法结合设计制造出了无黏结剂的自支撑多级孔结构碳纤维电极。获得的正极材料展现出了高的电导率、优异的力学性能和热力学性能，并且拥有非常好的柔韧性且价格低廉，最终制得的柔性锂空气电池拥有超高的放电容量与良好的循环性能。

11.2.2 非碳基正极

尽管碳材料有许多优点，但 OER 过程的工作电势经常会超出碳材料的电化学稳定窗口，并且，虽然碳材料已经在金属空气电池中广泛应用，但其在 OER 领域内的应用还处于研究的初级阶段，其表面的 OER 机制目前还充满争议。这些都阻碍了碳材料在柔性金属空气电池中的应用。因此，人们非常迫切地希望能找到一种能替代碳的材料。最先被大量报道的是金属氧化物，这也是 ORR 和 OER 领域研究非常多的一类材料。这类材料在金属空气电池的电解液体系中有不错的化学稳定性，并展现出不错的催化活性，有的甚至能与贵金属催化剂相当。然而，有柔性的非碳基正极还很少被报道。杨晓阳团队[13]将金红石型的二氧化钛纳米线阵列均匀地生长到了柔性的碳织物上，得到了一种无黏结剂的正极。扫描电镜图片表明了二氧化钛阵列是垂直地生在基底上的，尽管织物表面覆盖了二氧化钛，但是其柔性并没有受到太大影响，并且电池也有着不错的性能。图 11.1（a）是他们构建的电池的组装示意图，三氟磺酸锂（$LiCF_3SO_3$）作为锂盐的四乙二醇二甲醚

（TEGDME）溶液被用作电解质，该电解液对超氧物具有较高的稳定性，有利于电池的长期运行。在 TiO_2 NAs/CT 正极的帮助下，锂氧气电池的首次放电容量得到了显著提高。而图 11.1（b）说明了这种正极提高了电化学储能装置的往返效率，这对电化学储能装置来说非常重要。具体而言，与使用纯 CT 正极的锂氧气电池相比，使用 TiO_2 NAs/CT 正极的锂氧气电池的放电电压高出了 60 mV 而充电电压降低了 495 mV。而二者的循环伏安图进一步支持了这一结果[图 11.1（c）]。与使用纯 CT 正极的电池相比，使用 TiO_2 NAs/CT 正极的电池具有更高的峰电位，这表明 TiO_2 NAs/CT 具有更好的 ORR 催化活性，然而，TiO_2 NAs/CT 正极的峰值电流低于纯 CT 正极的峰值电流，这可能是由于 TiO_2 的导电性能弱于 CT 导致的。此外，使用 TiO_2 NAs/CT 正极的锂氧气电池显示出比使用纯 CT 正极的锂氧气电池更高的放电容量（3000 mA·h /g *vs.* 770 mA·h /g）[图 11.1（d）]。显然，在测试的电压范围内，基底提供的放电容量可以忽略不计，这表明上述锂氧电池增加的放电容量来自氧还原。倍率性能研究表明，在每个电流密度下，TiO_2 NAs/CT 正极的放电电压平台都高于纯 CT[图 11.1（e）]。此外，使用 TiO_2 NAs/CT 正极的电池可以放电/充电超过 356 个周期，放电终止电压为 2.0 V，比使用原始 CT 正极的电池长约 30 倍[图 11.1（f）]。

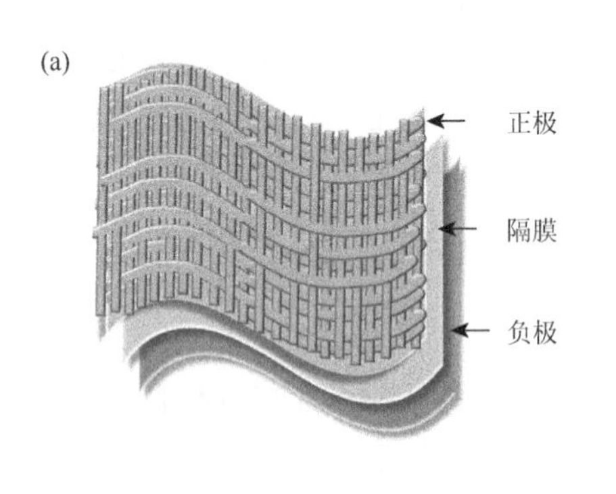

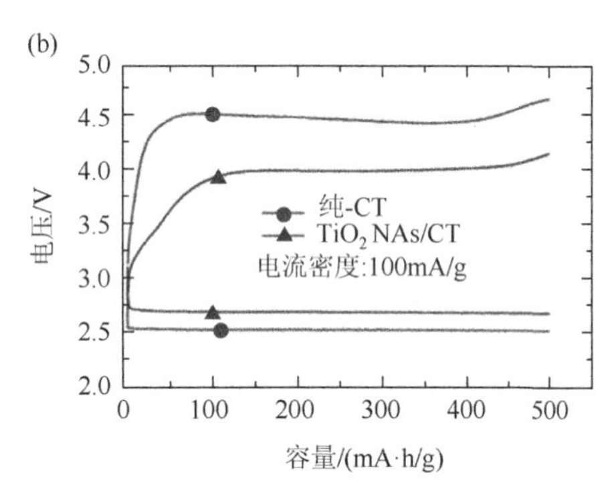

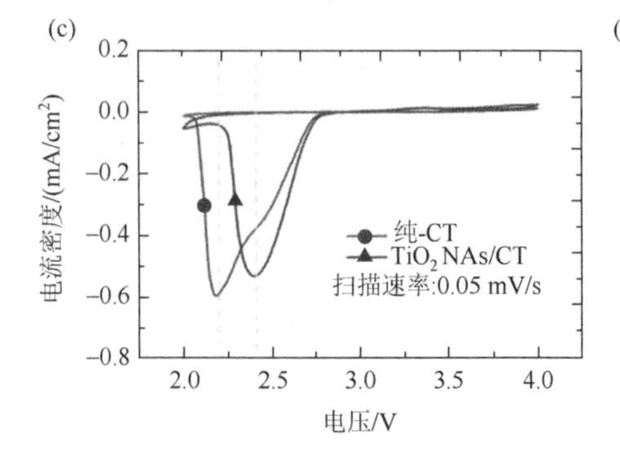

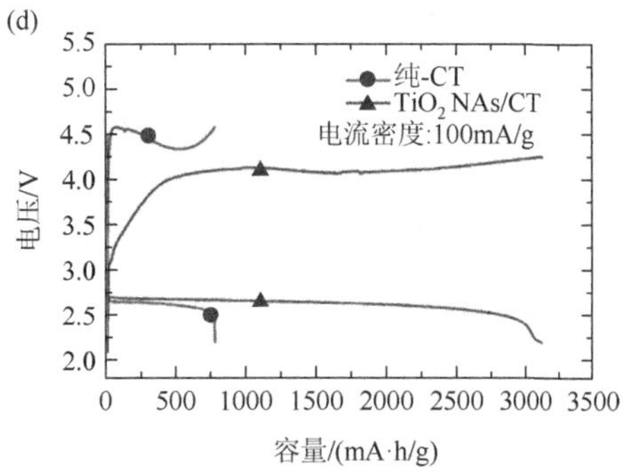

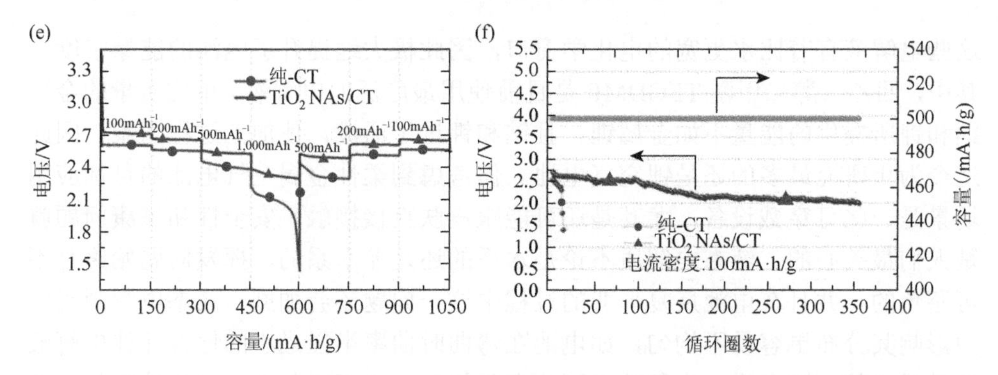

图 11.1　(a) 由 TiO_2 NAs/CT（正极）、玻璃纤维（隔膜）和锂箔（负极）组成的电池组件示意图；(b) 电流密度为 100 mA/g 时，使用纯 CT 正极和 TiO_2 NAs/CT 正极的 Li-O_2 电池的首次放电-充电曲线。比容量限制为 500 mA·h/g；(c) 以 0.05 mV/s 的恒定扫描速率扫描两种类型正极的锂氧电池的 CV；(d) 在电流密度为 100 mA/g 的情况下，使用纯 CT 正极和 TiO_2 NAs/CT 正极对 Li-O_2 电池进行全充全放测试。这些被测试正极的截止电压限制在 2.2V，然后用等容量重新充电；(e) 使用两种正极的锂氧电池在不同电流密度下的倍率性能；(f) 使用 TiO_2 NAs/CT 正极的 Li-O_2 电池放电终止电压与循环数

11.3　柔性金属空气电池中的电解质

电解质是电池运行过程中金属离子与氧气传输的媒介。金属空气电池中使用的电解质应该有以下一些特点[14]：①低的挥发性和可燃性；②高的氧气溶解性能和扩散性能；③与锂反应能生成稳定的固体电解液界面 SEI；④良好的化学与电化学稳定性。除此之外，对柔性金属空气电池来说，电解质必须还要能承受各种各样的变形。随着金属空气电池的发展，许多电解质都被探索过，总的来说这些电解质可以分为液态电解质（电解液）和固态电解质两类。

11.3.1　液态电解质

金属空气电池中的液态电解液通常可以分为水系和非水系两种。碱性的水系电解液通常使用氢氧化钾、氢氧化钠、氢氧化锂等作为主盐，它们能提供不错的导电性能，并且能在一定程度上抑制负极析氢反应的发生。在它们之中，氢氧化钾基的电解液凭借比氢氧化钠基和氢氧化锂基电解液更高的稳定性，成了人们最普遍的选择。尽管水系电解液已经在金属空气电池中被广泛地研究过了，但目前为止电池工作的电势窗口还是非常窄，不能满足能量密度的要求。

近年来，非水系的金属空气电池如锂空电池、钾空电池和钠空电池引起了人们的兴趣。金属空气电池中使用的非水系电解液通常有砜类、醚类和酰胺类，

这些电解液有着比水更宽的电化学窗口，因此极大地提升了电池的能量密度。其中，四乙二醇二甲醚 TEGDME 是目前使用最广泛的电解液。单位质量的金属钠和钾所提供的能量不如金属锂，且钠和钾过于活泼，使加工过程困难，因此迄今为止研究最多的还是锂空气电池。但考虑到柔性金属空气电池的目标应用场景是一些可穿戴设备，尤其是还可能跟皮肤直接接触，安全性和健康问题就是人们最关心的。液态电解质不论是水系的还是非水系的，挥发问题始终是不可避免的，并且在电池反复形变的过程中这一问题还会加剧。液态电解液受应力影响其分布更容易不均匀，如电池在弯曲时曲率半径最小的地方往往电解液也是最少的，这会进一步导致电流分布不均匀，进而引起电池更快地失效。此外，尽管经过不断地探索，现在使用的有机电解液已经有着相当不错的电化学稳定性，但是对于锂空气电池这类放电产物是固态的电池来说，充电电压经常会超过 4.5 V 并且会伴随着电解液的分解。总的来说，液态电解质并不是特别适合用于柔性金属空气电池。

11.3.2　固态电解质

凝胶聚合物电解质被认为有希望解决上述问题从而推动柔性金属空气电池走向商业化。科技工作者们已经在这一领域投入了许多精力，并取得了不少成果。陆俊团队[5]比较了已经用于柔性锌空气电池中的凝胶聚合物电解质，从组分、离子传导率、优缺点几个方面进行了比较。简而言之，聚乙烯醇（PVA）、聚环氧乙烷（PEO）、聚丙烯腈（PAN）、聚丙烯酸（PAA）、聚丙烯酰胺（PAM）是通常被选用为基质的聚合物。人们也尝试了在凝胶聚合物电解质中加入各种各样的添加剂来增强他们的力学性能和电化学性能。如天津大学钟澄团队的工作中[15]报道了一种新颖的基于季铵碱的聚合物电解质。四乙基氢氧化铵（TEAOH）作为离子导体，聚乙烯醇（PVA）作为聚合物的主体，具有良好的保水性能，不仅使柔性锌空气电池具有良好的储存寿命，而且具有良好的循环寿命。所制备的聚合物电解质即使在两周后仍保持其 30 mS/cm 的高离子电导率。此外，基于 TEAOH-PVA 电解液组装的锌空气电池与基于 KOH-PVA 电解液组装的锌空气电池相比，前者具有优异的放电性能和循环寿命，并且在两周后没有观察到明显的退化。天津大学胡文彬团队[16]的工作中合成了一种新型多孔结构聚乙烯醇（PVA）基纳米复合凝胶聚合物电解质（GPE），并将其应用于可弯曲夹层型锌空气电池。制备出的多孔 PVA 基纳米复合 GPE 具有较高的离子电导率（57.3 mS/cm）、良好的水分保有率及良好的力学性能，组装的柔性锌空气电池具有良好的循环稳定性、放电性能和功率密度。

相较于锌空气电池，使用在锂空气电池中的凝胶聚合物电解质种类要少得多，因为大部分聚合物基质都难以在锂空气电池的环境中保持稳定。比如，PEO基电解质的电化学窗口相当窄并且室温下的离子电导率相当低，而 PAN 基的电解质与锂负极接触会发生显著的副反应。至于聚甲基丙烯酸甲酯 PMMA 基的电解质又由于力学性能非常差，难以应用在柔性金属空气电池中。在各种各样的聚合物中，聚偏氟乙烯-六氟丙烯（PVDF-HFP）因其结晶度低、离子迁移通道丰富、化学性能稳定、加工性能好、阻燃性高等优点，被广泛用作锂空气电池 GPE 的基底。除此之外，聚酰亚胺（PI），乙二胺（EDA）、聚乙二醇二甲醚（PEGDME）和热塑性聚氨酯（TPU）等也都曾被用于柔性锂空气电池[5]。孙学良团队[17]开发了一种新型纳米线薄膜增强的混合凝胶聚合物电解质（HGPE），互连的多孔纳米线薄膜作为骨架不仅增强了 GPE 的力学结构，而且保证了 Li^+ 传导的连续性。所设计的 HGPE 可以在实现对锂枝晶的抑制的同时实现高的离子电导率，厚度可控的薄膜为制备具有优异力学性能的超薄 HGPE 提供了可能。由于这些优点，锂-锂对称电池能在超过 2100 小时的时间内保持低的过电势，并且循环稳定性显著增强。使用 HGPE 的锂氧电池还具有超长的循环寿命，最多可循环 494 次。复旦大学王永刚团队[18]采用四乙二醇二甲醚（TEGDME，G4）凝胶电解液，通过液体 G4 与锂负极表面生长的乙二胺锂（LiEDA）的交联反应原位形成凝胶。实验结果表明，该凝胶能有效地减缓锂负极的腐蚀，实现了超过 1175 小时（湿度 10%～40%）的循环性能，明显优于以往的报道。此外，原位形成的凝胶优化了界面上电极/电解质的接触，使该电缆型的锂氧气电池具有很好的柔韧性。Kim 等[19]成功地制备了具有凝胶结构的有机-无机杂化基底，表现出高离子导电性，从而提高了锂氧电池的放电容量，并且凝胶正极电化学稳定性的提高促进了电池的长期可循环性。具有凝胶结构的有机-无机杂化基底在提高离子导电性和长期循环性以及减少电解质蒸发方面都起到了促进作用。实验和理论结果均表明，非晶态 SiO_2 与 PEGDME 溶剂之间的优先结合导致了固态凝胶电解质的形成，提高了循环过程中的电化学稳定性，同时提高了准固态 $Li\text{-}O_2$ 电池的稳定性。

固态电解质除了上述提到的聚合物类，还有一类是无机固态电解质。这类电解质也已经被研究了很多年，在电池中使用这类电解质将是解决电解液泄露的一种很有效的方法。除此之外，这类电解质比聚合物有更高的电化学稳定性和安全性。无机固态电解质通常可以分为 LISICON 型、NASICON 型、钙钛矿型和石榴石型等[20]。然而，上述提到的这些无机固态电解质都是刚性的，不适合用于组装柔性金属空气电池，并且这些电解质的离子电导率（硫化物的固态电解质有着接近液态电解质的水平，但其在空气中不稳定）还不够高，且该类电解质与正负极之间接触的界面问题目前还没有很好的解决办法，在此不再多做介绍。

11.4 封 装 材 料

在电池能量密度锱铢必较的今天，柔性金属空气电池的外包装自然也应该越轻越好，柔性金属空气电池中使用的封装材料应该遵循以下一些原则[4]：①出色的柔韧性及强度；②与其他组件高的兼容性；③低的密度；④容易获取并且价格低廉。目前为止，铝塑膜、热塑材料、聚对苯二甲酸二乙酯（PET），聚二甲基硅氧烷（PDMS）等已经被用在了柔性储能领域。

铝塑膜主要是由外层尼龙层、中间铝箔层、内层热封层构成的复合材料，层与层之间通过黏合剂进行结合。铝塑膜有良好的防护性能：化学性质十分稳定，能很好地应对金属空气电池中复杂的化学环境；拥有的高强度、高韧性能够满足柔性电池的形变需求。与硬壳电池相比，使用铝塑膜的电池质量更轻、设计更灵活。

聚对苯二甲酸二乙酯（PET）是由对苯二甲酸二甲酯与乙二醇酯交换或以对苯二甲酸与乙二醇酯化先合成对苯二甲酸双羟乙酯，然后再进行缩聚反应制得，属结晶型饱和聚酯，为乳白色或浅黄色、高度结晶的聚合物，表面平滑有光泽，是生活中常见的一种树脂。其在较宽的温度范围内具有优良的物理机械性能，长期使用温度可达 120 ℃，电绝缘性优良，甚至在高温高频下，其电性能仍较好。并且 PET 耐有机试剂，无毒无味，也是一种优秀的柔性电池封装材料。

聚二甲基硅氧烷（PDMS），是一种高分子有机硅化合物，通常被称为有机硅。固态的二甲基硅氧烷为一种硅胶，无毒、疏水性好且为惰性物质，还有不易燃、透明弹性体的特点。二甲基硅氧烷的制程简便且快速，材料成本远低于硅晶圆，且其透光性良好、生物相容性佳、易与多种材质室温接合，以及由低杨氏模量而具有的结构高弹性。PDMS 也已在柔性电池生产中被广泛采用。

11.5 柔性金属空气电池的构型

本章的前面几节是按照电池的各个组分来展开讨论的，本节将从柔性电池结构的角度来展开讨论。由于可穿戴设备总是有着各种各样的应用场景，进而就要有各种不同的构型，与之对应，柔性电池也就必须有各种不同的形状与构型。从实际使用的角度出发，无论什么形状的柔性电池都需要承受各种各样的形变，但电池各个组分的力学性能很难与传统的柔性材料相媲美。在这种情况下，某些结构相比而言能够在保持电池正常运行的前提下承受更大的机械形变。通常，可以将柔性金属空气电池分为一维柔性电池和二维柔性电池，其中一维柔性电池的结构相对固定，而二维柔性电池又可以根据其实现柔性的构型不同分为岛-桥型的柔性电池和薄膜型的柔性电池。

11.5.1　一维柔性金属空气电池

近年来一种新的一维纤维状的能量储存设备引起了人们的广泛关注。它们织成的储能织物薄、轻、高度灵活，甚至可拉伸、可承受剧烈和复杂的形变。将它们集成到新兴的智能系统中也是有效的，这些智能系统需要在成熟的编织方法的基础上进行小型化[21]。一般来说电缆型的金属空气电池从里到外依次是作为负极的金属棒、凝胶聚合物电解质、包含有气体扩散层的柔性空气正极，最后再使用打有小孔的封装材料将他们紧密地包装起来。Park 等[22]第一次制备出了一维柔性金属空气电池。他们使用了螺旋状的锌箔作为负极，自支撑的凝胶聚合物作为电解质，使用了非贵金属替代金属铂作为催化剂，该催化剂极大地提升了电池的电化学性能。他们利用明胶对碱性 GPE 的良好凝胶性能和离子导电性，将其作为含有大量 OH^- 离子的 KOH 溶液的凝胶剂，这也是锌空气电池的首次关于碱性明胶基的聚合物电解质的报道。香港城市大学支春义团队[23]通过设计一种耐碱的双网络的水系凝胶电解质，首次开发出了超拉伸的扁平（800%可拉伸）和纤维状（500%可拉伸）的锌空气电池。在双网络的水凝胶电解质中，聚丙烯酸钠（PANa）链有助于形成软域，羟基中和的羧基以及纤维素作为氢氧化钾稳定剂有助于大大增强耐碱性。获得的可拉伸扁平锌空气电池具有 108.6 mW/cm^2 的高功率密度，在拉伸 800%时增加到 210.5 mW/cm^2。由于开发出了高度柔软、耐碱的水凝胶电解质，使得器件在严重变形后仍能保持稳定的输出功率。复旦大学彭慧胜团队[24]报道了一种柔性、可伸缩并且可充电的纤维状锌空气电池，这种电池使用顺排的交错堆叠的 CNT 层作为电池的空气正极。同时，正极上负载有二氧化钌基的催化剂，这样正极同时对氧气还原反应和氧气析出反应都有良好的催化效果。电池的负极和电解液分别使用的是弹簧形的锌丝和自支撑的水凝胶电解质。在放电过程中，氧气在 CNT 层上被还原成氢氧根离子；在充电过程中，氢氧根离子在二氧化钌基催化剂上重新被氧化为氧气。CNT 层也同时起着气体扩散层和电子集流体的作用，帮助电池从空气中吸收氧气和向活性物质传递电子。碳纳米管基的空气正极在弯曲和拉伸条件下具有稳定的电化学性能，在 10 A/g 的电流密度下能稳定放电，在 2 A/g 电流密度下放电/充电性能良好。在清华大学张强团队[25]的工作中，提出了一种基于柔性碳布表面改性的无金属电催化剂。采用简易的氢气刻蚀方法原位制备了碳纤维骨架包覆纳米多孔富缺陷石墨烯的同轴电缆结构。纳米碳壳包覆的碳布具有丰富的杂原子和缺陷作为活性中心，其具有优异的 OER/ORR 双功能活性。石墨烯膜改性碳纤维的 OER 和 ORR 电流密度分别是原碳纤维的 20 倍和 3 倍。这种新兴的碳布衍生的具有多孔石墨烯膜的电催化剂也可用作具有聚合物凝胶电解质的可充电柔性固态锌空气电池的空气电极，并且即使在弯曲条件下也能显示出稳定的充放电循环。

11.5.2 岛–桥结构柔性金属空气电池

岛-桥结构是另一种可以实现柔性的结构设计。有的文献中也把类似的结构叫作点阵互联结构、电池阵结构等。在这类结构中将刚性或者柔性不够好的电池材料用柔性材料连接起来得到了具有良好柔性的电池。这类结构往往不需要对电池的各个组成材料做出改变，仅需要将单个电池适当缩小再找到合适的柔性连接物就可以制备出性能优良的柔性电池了，因此这类结构是非常有意义的。例如，美国伊利诺伊大学黄永刚团队[26]介绍了一套可充电锂离子电池技术的材料和设计概念，该技术利用薄的低模量硅弹性体作为基底，在活性材料中采用分段设计，并且它们之间具有不同寻常的“自相似”互连结构。得到电池的水平可逆拉伸性高达 300%，同时保持容量密度 1.1 mA·h/cm^2 左右。可伸缩无线电力传输系统提供了一种无须直接物理接触即可为这些类型的电池充电的方法，如图 11.2 所示。

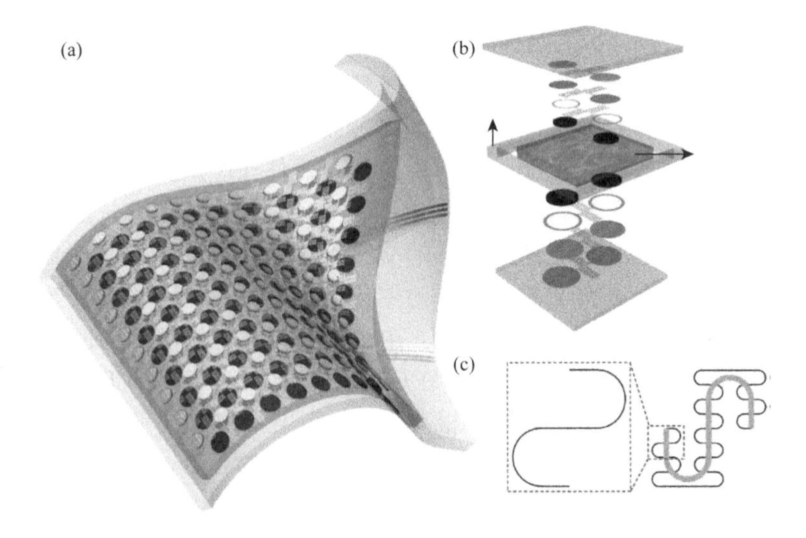

图 11.2　(a) 处于拉伸和弯曲状态的一种岛一桥结构柔性金属空气电池完整装置的示意图；(b) 电池结构中各层的分解图；(c) 用于互连的“自相似”蛇形几何图形的图示（左：第一级蛇形；右：第二级蛇形）

在张新波团队的工作中[6]，他们提出并演示了一种“化整为零”的策略来构建一种新型的分段式锂氧气电池，其中电极由更小的电极排成阵列组成，另外在电池中没有使用气体扩散层。由于这种独特的结构，这种新型 $Li\text{-}O_2$ 具有超薄、质量轻、耐磨、坚固（即使在 10000 次折叠/拉伸循环后也不会退化）的优点，并且具有优异的电化学性能，包括低充放电过电势、良好的倍率性能、优异的循环稳定性，特别是高质量/体积能量密度。这一新策略将促进柔性锂氧气电池的广泛应用，使其成为未来高度灵活的储能装置。如图 11.3 所示，正极由铜线连接的碳正极小圆盘组成，而负极由圆盘形的金属锂阵列组成。

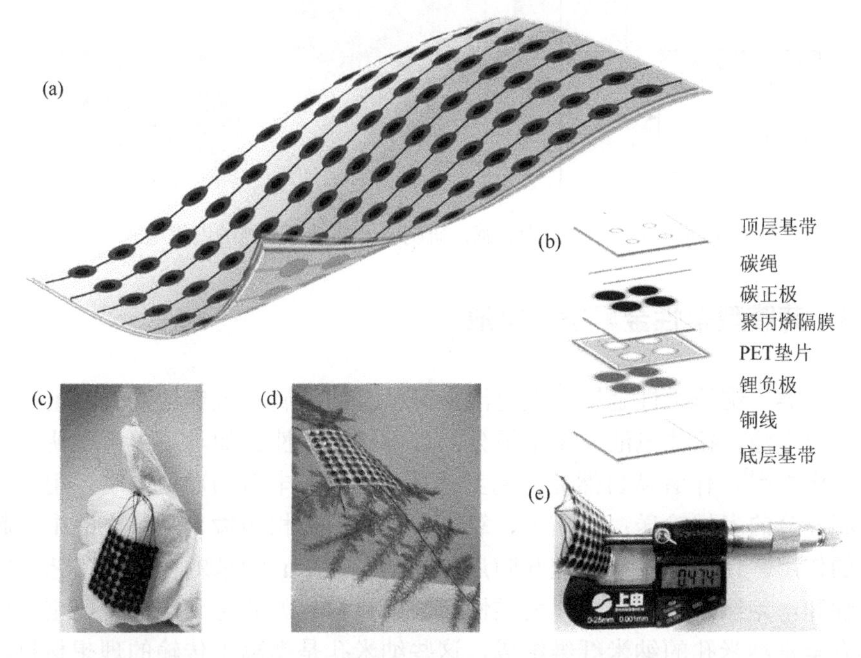

图 11.3　（a）超薄、轻便、可穿戴的锂氧气电池弯曲状态示意图；（b）可穿戴锂氧气电池结构分层示意图；（c）编织成手套，为商用发光二极管供电；（d）该电池能被芦笋蕨类植物的一个小树枝所托起；（e）用螺旋测微计测试电池厚度

还有一些电池结构形式不完全与上述两个电池相同，但是其柔性主要依靠其结构组元之间连接体的柔性，笔者也将这些电池归到本节中来。刘清朝等[27]受到了中国传统竹简的启发开发了一种新的柔性结构，图 11.4 展示了柔性锂氧气电池的制造过程，其中制造的负极和空气正极编织在一起，类似于竹简中的“竹片”和“隐藏绳索”。由于其组装方法，这种锂氧气电池比以往报道的其他柔性锂氧气电池更适合“可穿戴”应用，这是编织组装法首次被引入到锂氧气电池领域。其电化学性能特性，包括比容量、倍率性能和循环性能，即使在各种弯曲和扭转条件下也不受影响。此外，本工作中使用的 GPE 还赋予了这种

柔性锂氧气电池耐水性能，确保了电池在潮湿环境下工作时的安全性。出乎意料的是，该柔性锂氧气电池的能量密度达到了创纪录的 523 W·h/kg，是现有锂离子电池的 2～3 倍。

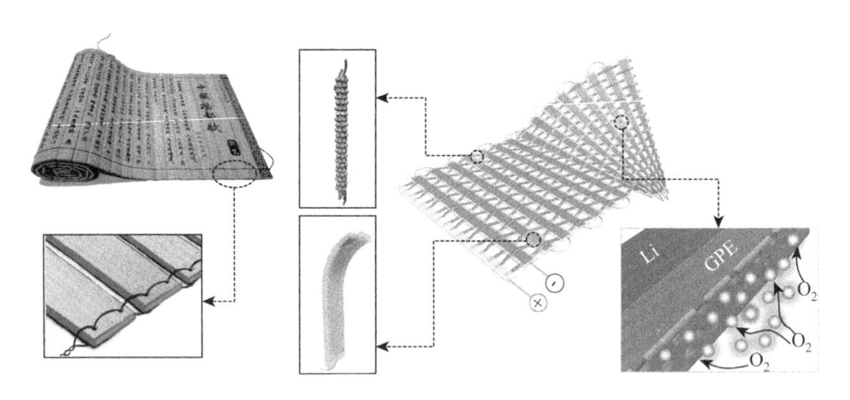

图 11.4　以古代竹简为灵感，研制了一种灵活坚固的锂氧电池

11.5.3　薄膜型柔性金属空气电池

另一类二维的柔性金属空气电池是薄膜型的金属空气电池，这类电池不同于上一类电池，往往电池的每个组分都有不错的柔性。如马里兰大学胡良兵团队的工作中[28]，作者从自然界得到灵感——树木有丰富的通道网络，用于水、离子和养分的多相输送；而离子、氧气和电子的多相传输在锂氧电池中也起着重要的作用。使用脱木素处理和随后的碳纳米管/Ru 纳米颗粒涂层工艺，能够将刚性和电绝缘木材薄膜转化为柔性和导电材料。如此得到柔性金属空气电池由具有丰富纳米孔的纳米纤维组成，这些纳米孔是锂离子传输的理想材料，而未受干扰的木材管腔则充当氧气传输的通道。三相界面的设计使该木质正极在 100 mA/g 电流密度下的过电势低至 0.85 V，并且实现了 67.2 mA·h/cm^2 的创纪录的高面积容量、220 次循环的长循环寿命及优越的电化学和力学稳定性。又如邸江涛团队[29]报道了一种柔性双功能氧催化剂薄膜，该薄膜由嵌入碳纳米管（CNT）网络中的 Co–N–C 双功能催化剂组成。该催化剂可通过在碳纳米管网络中原位合成的钴基沸石咪唑盐骨架（ZIF-67）的热解来制备。这种催化剂膜对氧还原（起始电位：0.91 V，半波电位：0.87 V *vs*. RHE）和氧析出（1.58 V 时为 10 mA/cm^2）反应具有非常高的催化活性、高的耐甲醇性和长期稳定性（97% 的电流保持率）。该集成催化剂薄膜显示出非常好的柔性和力学性能。基于所获得的薄膜空气电极，柔性锌空气电池在弯曲试验中表现出较低的充放电过电势和良好的结构稳定性。

11.6　挑战与前景

柔性金属空气电池在过去的几年里有了迅猛的发展，电池能量密度不断地升高，不同的柔性结构层出不穷。尽管如此，我们还是应当看到其中的一些挑战。因为柔性金属空气电池还在发展的初始阶段，以及安全性能还有待验证、电池的能量密度还是无法满足现在日益增长的电子设备功耗需求等多种原因，柔性金属空气电池离商业化还十分遥远。未来可以在下面这些方面做更多的探索[30]：第一，开发自支撑的高效稳定柔性空气正极，或将其建造在柔性基底上，以提高电池的整体性能；第二，探索具有界面接触性好、离子导电性高、防水、阻燃、抑制枝晶生长、负极金属保护等多功能特性的聚合物电解质，提高电学性能和安全性；第三，开发基于多策略协同工作的柔性金属空气电池，避免使用储氧设备，提高其实际能量密度；第四，设计不同结构的柔性锂空气电池，以满足不同应用场景的需要，如拉伸、折叠等。随着对其机理研究的深入、性能的大幅度提高及组装工艺的不断升级，我们相信柔性锂空气电池在不久的将来能取得更大的进展。

参 考 文 献

[1] 封顺天. 可穿戴设备发展现状及趋势[J]. Research & Development，2020：52-57.

[2] Patel S，Park H，Bonato P et al. A review of wearable sensors and systems with application in rehabilitation[J]. J Neuroeng Rehabi，2012，9：21-37.

[3] Mardonova M，Choi Y. Review of wearable device technology and its applications to the mining industry[J]. Energies，2018，11：547-560.

[4] Liu Q. Flexible metal-air batteries：Progress，challenges，and perspectives[J]. Small Methods，2018，2：1700231.

[5] Zhou J，Cheng J，Wang B，et al. Flexible metal–gas batteries：A potential option for next-generation power accessories for wearable electronics[J]. Energy Environ Sci，2020，13：1933-1970.

[6] Liu T，Xu J J，Liu Q C，et al. Ultrathin，lightweight，and wearable Li-O_2 battery with high robustness and gravimetric/volumetric energy density[J]. Small，2017，13：1602952.

[7] Tang Q，Wang L，Wu M，et al. Achieving high-powered Zn/air fuel cell through N and S co-doped hierarchically porous carbons with tunable active-sites as oxygen electrocatalysts[J]. J Power Sources，2017，365：348-353.

[8] 徐能能，乔锦丽. 锌-空气电池双功能催化剂研究进展[J]. 电化学，2020，26：531-562.

[9] Xu Y，Deng P，Chen G，et al. 2D nitrogen-doped carbon nanotubes/graphene hybrid as bifunctional oxygen electrocatalyst for long-life rechargeable Zn–air batteries[J]. Adv Funct Mater，2019，30：1906081.

[10] Papp J K，Forster J D，Burke C M，et al. Poly（vinylidene fluoride）（PVDF）binder degradation in Li-O_2 batteries：A consideration for the characterization of lithium superoxide[J]. J Phys Chem Lett，2017，8：1169-1174.

[11] Meng F，Zhong H，Bao D，et al. *In situ* coupling of strung Co_4N and intertwined N-C fibers toward free-standing bifunctional cathode for robust，efficient，and flexible Zn-air batteries[J]. J Am Chem Soc，2016，138：10226-10231.

[12] Yin Y B，Xu J J，Liu Q C，et al. Macroporous interconnected hollow carbon nanofibers inspired by golden-toad

eggs toward a binder-free, high-rate, and flexible electrode[J]. Adv Mater, 2016, 28: 7494-7500.

[13] Liu Q C, Xu J J, Xu D, et al. Flexible lithium-oxygen battery based on a recoverable cathode[J]. Nat Commun, 2015, 6: 7892.

[14] Liu T, Vivek J P, Zhao E W, et al. Current challenges and routes forward for nonaqueous lithium-air batteries[J]. Chem Rev, 2020, 120: 6558-6625.

[15] Li M, Liu B, Fan X, et al. Long-shelf-life polymer electrolyte based on tetraethylammonium hydroxide for flexible zinc-air batteries[J]. ACS Appl Mater Interfacess, 2019, 11: 28909-28917.

[16] Fan X, Liu J, Song Z, et al. Porous nanocomposite gel polymer electrolyte with high ionic conductivity and superior electrolyte retention capability for long-cycle-life flexible zinc–air batteries[J]. Nano Energy, 2019, 56: 454-462.

[17] Zhao C, Liang J, Zhao Y, et al. Engineering a "nanonet"-reinforced polymer electrolyte for long-life Li-O_2 batteries[J]. J Mater Chem A, 2019, 7: 24947-24952.

[18] Lei X, Liu X, Ma W, et al. Flexible lithium-air battery in ambient air with an *in situ* formed gel electrolyte[J]. Angew Chem Int Ed, 2018, 57: 16131-16135.

[19] Kim H, Kim T Y, Roev V, et al. Enhanced electrochemical stability of quasi-solid-state electrolyte containing SiO_2 nanoparticles for Li-O_2 battery applications[J]. ACS Appl Mater Interfaces, 2016, 8: 1344-1350.

[20] Chen R, Qu W, Guo X, et al. The pursuit of solid-state electrolytes for lithium batteries: From comprehensive insight to emerging horizons[J]. Mater Horiz, 2016, 3: 487-516.

[21] Ye L, Hong Y. Recent advances in flexible fiber-shaped metal-air batteries[J]. Energy Stor Mater, 2020, 28: 364-374.

[22] Park J, Park M, Nam G, et al. All-solid-state cable-type flexible zinc-air battery[J]. Adv Mater, 2015, 27: 1396-1401.

[23] Ma L, Chen S, Wang D, et al. Super-stretchable zinc–air batteries based on an alkaline-tolerant dual-network hydrogel electrolyte[J]. Adv Energy Mater, 2019, 9: 1803046.

[24] Xu Y, Zhang Y, Guo Z, et al. Flexible, stretchable, and rechargeable fiber-shaped zinc-air battery based on cross-stacked carbon nanotube sheets[J]. Angew Chem Int Ed, 2015, 54: 15390-15394.

[25] Wang H F, Tang C, Wang B, et al. Defect-rich carbon fiber electrocatalysts with porous graphene skin for flexible solid-state zinc-air batteries[J]. Energy Stor Mater, 2018, 15: 124-130.

[26] Xu S, Zhang Y, Cho J, et al. Stretchable batteries with self-similar serpentine interconnects and integrated wireless recharging systems[J]. Nat Commun, 2013, 4: 1543.

[27] Liu Q C, Liu T, Liu D P, et al. A flexible and wearable lithium-oxygen battery with record energy density achieved by the interlaced architecture inspired by bamboo slips[J]. Adv Mater, 2016, 28: 8413-8418.

[28] Chen C, Xu S, Kuang Y, et al. Nature-inspired tri-pathway design enabling high-performance flexible Li-O_2 batteries[J]. Adv Energy Mater, 2019, 9: 1802964.

[29] Lv B, Zeng S, Yang W, et al. *In-situ* embedding zeolitic imidazolate framework derived Co–N–C bifunctional catalysts in carbon nanotube networks for flexible Zn-air batteries[J]. J Energ Chem, 2019, 38: 170-176.

[30] Liu T, Yang X Y, Zhang X B. Recent progress of flexible lithium–air/O_2 battery[J]. Adv Mater Technol, 2020, 5: 2000476.

第12章　金属空气电池技术的应用

12.1　金属空气电池应用要求

电子设备的需求在很大程度上推动了化学电源（尤其是电池）的技术进步。近几年电池行业发展迅速，包括新体系、新结构、新工艺、高性能（高能量密度、高功率密度、高安全性和长寿命）等各方面的提高。但还没有一种电池能完美地符合所有电子产品在任何环境下的应用需求。电池的性能直接影响电子产品的规格、质量、使用/贮存寿命等。金属空气电池的应用前景依赖于市场对电池性能需求的提升。

12.1.1　电芯的性能参数

电芯的关键性能参数有以下几点：

（1）电池的种类：一次电池（原电池）或二次电池；

（2）电压：标称电压、开路电压、截止电压；

（3）容量：标称容量、比容量；

（4）功率：标称功率、比功率；

（5）温度：使用温度范围、贮藏温度范围；

（6）寿命：使用寿命、循环寿命、贮藏寿命；

（7）安全性、可靠性、适应性：可能失效原因及控制条件、可能的危害物质、可能发生的危险、环境适应性；

（8）成本：原料成本、制备成本、回收成本。

12.1.2　电池应用的技术指标

根据电子产品的要求，电池（电芯、模组、复合电源）的物理性能、电化学性能、机械性能等技术指标决定了它们的应用领域。

电芯主要技术指标如下：

（1）电芯电压；

（2）放电曲线；

（3）容量；

（4）能量转换效率；

（5）自放电；

（6）安全性。

电池组的主要技术指标：

（1）电池模组的能量密度；

（2）电池组功率特性；

（3）电池组安全性、环境适应性；

（4）电池组成本（原料成本、制造成本）。

电池组的能量密度、功率密度很大程度上取决于电芯的本征电化学性能，但同时要考虑热控制单元、结构单元、电气系统单元等配合器件的影响。虽然这些单元降低了电池的总能量密度，增加了电池的复杂性，但出于电池安全性和寿命考虑，大部分都是必不可少的。

12.1.3 金属空气电池应用特点

金属空气电池由具有反应活性的金属负极、电解质和高催化活性的空气正极组成。一般情况下金属空气电池的正极来源于空气，通常被认为反应物是取之不尽的。因此金属空气电池具有比普通离子电池高很多的质量比能量和体积比能量。同时，研究发现金属空气电池具有较稳定的电压曲线，但由于其倍率性能较差，所以其应用场景多是小空间内以恒定的低功率放电的场景。表 12.1 列举了金属空气电池的主要优点及技术瓶颈。

表 12.1 金属空气电池的技术优势和瓶颈

技术优势	技术瓶颈
质量比能量和体积比能量较高	电解液受开放环境影响严重
放电电压平稳	倍率性能差导致输出功率低
极板寿命长	金属负极保护技术
环保无污染	适应温度范围窄，低温倍率差

12.2 金属空气电池应用进展

金属空气电池具有非常高的比能量，吸引了国内外众多学者进行深入研究。目前，金属空气电池主要应用有一次电池（原电池）、二次电池、贮备电池和机械电池等。金属空气电池的研发应用方向是为电动汽车、电动机械、电动自行车和摩托车、电动工具等提供动力。在碳达峰、碳中和的背景下，高比能电池的发展已成为一种必然趋势。

根据 3C 电子设备的小型化发展趋势，对高能量密度、清洁和低成本电池的需求不断增长也驱动着金属空气电池的快速发展。同时随着电动汽车的迅猛发展，高压（36V/48V）电池需求快速增长。金属空气电池具有能量密度高、使用寿命长、功率较高等优点，在电动汽车领域有着巨大的应用潜力。未来，金属空气电池由于其具有高能量密度、低成本、安全、环保等性能，将可能成为电动汽车领域首选电源。

欧洲经济发达，金属空气电池的研发和市场发展迅速。自 2014 年起，欧盟就开展了基于锌空气电池储能系统的示范项目（ZAESS-ZINC-AIR FLOW BATTERIES ENERGY STORAGE SYSTEM），拟建立一个基于锌空气电池的低成本、环境友好型储能系统的示范技术，旨在整合可再生能源。2015 年，欧洲九个成员国合作建立了 ZAS（Zinc-Air Secondary）项目，旨在开发基于新型纳米技术的高效储能的锌空气二次电池，并实现从材料研发、生产到电池制造和最终产品的全链布局。同时，欧盟资助了配电网用锌空气液流电池的项目（POWAIR），旨在开发一种具有高能量密度、模块化、快速响应和低成本的新型电能存储系统。这些项目都将有助于推动欧洲地区金属空气电池行业的发展。

随着中国电动车市场的崛起，未来中国金属空气电池市场将持续高速增长，预计会达到引领地位。根据国际研究机构 Markets and Markets 发布的市场研究报告称，到 2025 年全球金属空气电池市场规模有望增至 8.42 亿美元。报告中认为，对大容量、高安全、经济高效且环保的储能技术的需求是推动市场增长的重要因素之一。

考虑到电池的实用性、成本和安全等问题，金属空气电池的开发前期主要集中在锌空气电池和铝空气电池上。锂、钠、钾等空气电池具有诱人的能量密度，是目前电池领域的研究热点，但成本、极化、枝晶、倍率性能低等限制了这些电池的发展。铁空气电池的电压和比能量相对较低，但其寿命较长，适于应用在大规模的电力系统。铝空气电池的优势主要是铝含量丰富、成本低且相对安全。尽管金属空气电池在一些产品上得到了应用，但大规模金属空气电池的推广仍有许多瓶颈有待解决。

12.2.1 锌空气电池

在众多的金属空气电池候选材料中，锌空气电池最受关注。选用合适的抑制剂，锌可以实现在水性和碱性电解质中相对稳定且无明显腐蚀。锌在碱性电解液中的相对稳定性，以及它是可从水性电解液中电沉积的最活跃的金属的特质，使锌空气电池是制备可充电金属空气系统的优选。开发具有长循环寿命的可充电锌空气电池，有可能为许多便携式电子产品、甚至电动汽车提供大容量电源。但是枝晶、锌溶解、不均匀沉积、反应产物溶解度有限及空气电极性能不理想等问题限制了可充电锌空气电池的商业化发展。

锌空气电池的商业化已有百年历史，一次锌空气系统的发展过程可分为四代。第一代锌空气电池推出于 20 世纪 30 年代，被用于浮标和铁路信号的电源。这些电池倍率低，但能量密度较高，可使用多年。第二代锌空气电池是扣式电池，推出于 20 世纪 70 年代，主要用于助听器电源。这些电池的比能量超过 400 W·h/kg，通常功率限制在 10 mW 左右，使用寿命大于 1 个月。第三代锌空气电池采用塑料作为电池外壳，用环氧黏合剂连接密封，电池功率可达 50 W，使用寿命可达几个月，可为军用无线电设备提供长达一周以上的工作时间。第四代于 20 世纪 90 年代末开始发展。通过薄电极的开发，锌空气电池被应用于助听器、传呼机和微型耳机等小型高容量原电池。随着 3C 电子产品和电动汽车的快速发展，二次锌空气电池得到广泛关注。但高效的双功能空气电极设计仍是阻碍其发展的瓶颈。现有方案是设计第三个析氧电极进行充电，或者在电池外部进行充电，以避免需要双功能空气电极。这种方案仍面临许多问题。采用物理移除并更换废锌电极是实现锌空气电池的又一策略。但在充电过程中如何控制锌的重新注入仍然没有得到完美解决。

扣式锌空电池发展成熟。通常锌空气电池的研发过程都会采用扣式电池的形式。圆柱形和棱柱形等其他形式空气电池的开发缓慢，主要原因：一是电池经济性瓶颈，二是锌空气电池中正极气氛控制的问题。空气电池的倍率性能跟电池正极与空气接触的界面息息相关。因此，当锌空气电池大倍率放电时，空气湿度的影响就变成一个不可忽略的问题，水分增加或损失都会对电池造成不利影响，并且在空气与电解质界面处碳酸盐的积聚会导致电池的寿命降低。

与诸多商业扣式电池类似，锌空气扣式电池的设计要点是在规定体积内尽量提升电池容量。由于电池体系不需要金属氧化物正极来完成电池反应，电池可以在相同的体积中装入更多的锌。锌负极材料一般是用电解质混合的疏松粉末，通常用胶凝剂来固定混合物，以提高电解质与锌颗粒之间的接触面积。同时锌粒子的形貌调控对保证其与负极部分形成的界面电阻较低起着重要作用。锌粒子具有高的比表面积，有利于提高电池的性能。为了更好地理解锌空气电池特点，我们将典型的锌空气电池与金属氧化物电池的结构进行了对比，如图 12.1 所示。

如图 12.1 所示，锌空气电池的结构设计十分紧凑，每一部分都要尽可能小巧，并兼具更多的功能。理论上金属空气电池的容量只是由负极容量决定。因此锌空气电池的容量主要由锌的含量所决定，所以锌空气电池的容量要比锌/氧化汞电池的能量增加很多。锌空气电池负极的外壳要兼具防水外壳、集流体、密封结构件和电气连接端子的作用。电池正极的外壳顶部要设计有导气口，使空气可以进入正极。同时它也要兼具集流体、密封结构件和电气连接端子的作用。正负极连接处要用绝缘垫圈隔开，同时要作为防止电解质泄漏的密封层，这样才不会造成短路。垫圈通常由硬质聚合物材料制成，常见为工程塑料，如聚酰胺，并可涂覆额外的密封剂以增强其抗泄漏性。

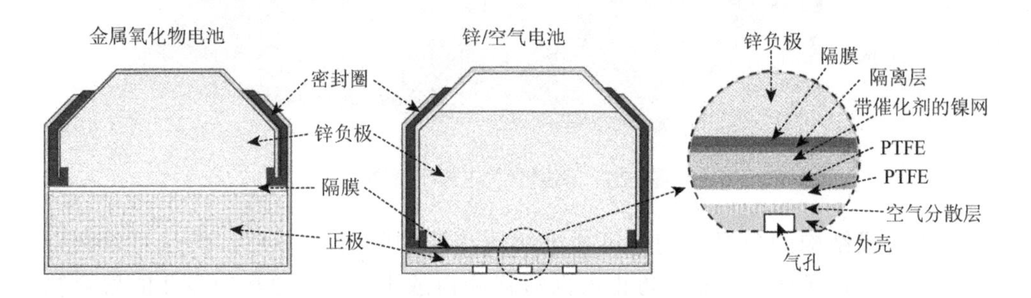

图 12.1　金属氧化物电池与锌空气电池的截面对比

根据锌空气电池正极部分的放大剖面图可以看出，正极结构包括隔膜、催化层、金属网、疏水膜、扩散膜和空气分散层。其中，催化层是由锰的氧化物和导电碳组成；电极的疏水膜的主要成分是聚四氟乙烯微粒；金属网既是结构支架也是集流体；疏水膜可以使气体透过和防止水的进入；扩散膜主要用于调节空气扩散速率（如果采用多孔设计，可以取消该膜）；空气分散层的功能是将氧气均匀地分散到正极表面[1-2]。

随着技术的进步，空气电极引进了双层结构而得到改进（图 12.2），这种结构中的第一层是在集流网上涂覆一层低表面积碳与聚四氟乙烯颗粒的混合物，以形成具有与集流网电接触良好的正极疏水层，可以促进与集流网保持良好的电接触，提供更好的疏水界面，防止电解质穿透并降低水的蒸发损失。第一层在正极涂覆之前，有些制造商还对集流网进行表面粗化处理，增加其表面积，以便与正极混合物实现更好地接触。第二层是在电池中与电解液接触的一面，由电解质浸湿的碳和催化剂的导电混合物组成，能够促使电解质通道增加，提高催化性能。同时，这为氧附着在活性位点上提供了一定的环境，从而使电解质中产出氢氧根的电化学反应能够进行，进而消耗电解质中的水。这需要有电子源来维持此反应的顺利进行。这些电子自外接回路引入，并由负极中锌的电势所驱动。电流的电子路径是经过集流体的，而集流体通常为金属网或膨胀金属层压入正极活性材料中。

空气是通过在壳底的进气孔进入正极的。空气的进入通过进气孔的大小和数量来控制，另外还与 PTFE 薄膜的多孔程度有关。这些薄膜与正极材料相邻，在部件的生产过程中经过了阻隔或压缩处理。根据电池的用途以及电流的需要，进气口的尺寸、数量以及正极的倍率性能可以根据应用需求进行增减调整。

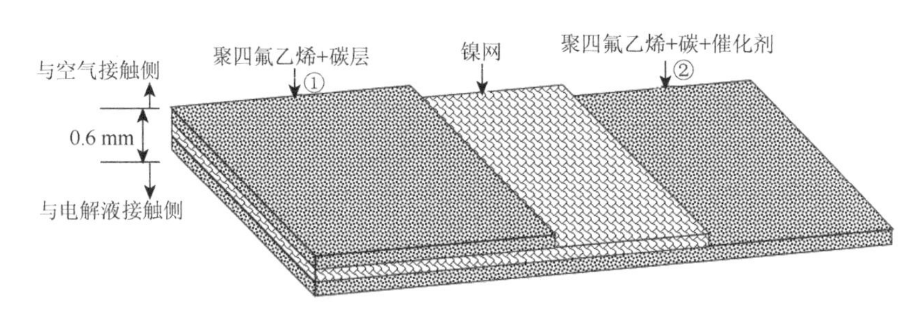

图 12.2　薄层空气电极示意图

在正极结构的负极一侧是可被电解质浸湿的隔膜/屏障层，但是可以阻止锌或氧化锌直接接触正极，防止内部短路和自放电。隔膜通常为多孔的聚合物膜，在强碱的环境下具有良好的稳定性，且在放电过程中为良好的离子导体。纤维素膜通常被用于锌空气电池隔膜，它对电解质有很强的吸收性并能阻止枝晶短路。

纽扣电池的负极端容纳所有的锌以及大部分电解质。由于疏水层的作用，只有一小部分的电解质会渗到正极。氧化锌的密度大约 5.47 g/mL，而锌金属的密度大约 7.14 g/mL（约为氧化锌密度 1.3 倍）。在开始向电池中装负极材料时，必须事先考虑生长的空间。在平衡条件下，在充电过程中，电解质的质量不会变化，从而在电池充电结束后，电解质所占的体积实质上和开始组装时没有什么变化。电池负极活性组分主要是高纯锌，通常以完全分离、雾化颗粒的形式均匀分散。在一些实例中，锌合金化可降低金属的催化腐蚀趋势。利用少量的汞（每只电池小于 25 mg）进行汞齐化来减小氢的过电势，这主要由于痕量金属阻隔了锌在固化作用（发生在锌原子化过程中）时的颗粒界面，汞倾向于在颗粒界面富集。由于汞不溶于氧化锌，因而其趋向富集于残留的锌中，从而最终以液态金属的液珠形式释放，并悬浮于已放完电的负极中。2011 年零汞锌空气电池得到推广，目前在大部分商品电池中都最大限度降低汞的用量。

锌空气电池的电解质通常为浓度 30%的 KOH 水溶液，电解质具有较高的电导率，并且可以很好地浸润正极。室温下电解质的水蒸气平衡湿度为 50%。如果水流失过快将影响锌空气电池的性能，在负极中的干燥条件会加速部分放电负极提前凝固，通常会增加电池内部阻抗。

锌空气电池的化学和结构设计需要平衡四种主要的电气性能：开路电压、工作电压（闭路电压）、电池内部阻抗和极限电流。

开路电压表示电池在断路时，正极电极电势与负极的电极电势之差。对于商用锌空气电池，开路电压通常为 1.4～1.5 V。闭路电压是指在电路接通负载后的端电压，也就是电池所能维持的实际电压。电池的输出功率是为闭路电压和电流的乘积。对于锌空气纽扣电池，通常在几毫瓦的范围内。对于新的锌空气纽扣电池，当任何一个量进入低频，阻抗就会上升。锌空气纽扣电池主要用于助听设备，而硬币电池则用于寻呼装置。随着耳蜗植入物的发展，人们设计出一种特高功率的 PR44（675 耳蜗）用于此类应用。对于用于助听设备的锌空气电池，在过去的几年里通过不断提高和完善来满足精密设备和使用者的需求。随着 20 世纪 90 年代后期电子助听设备的出现，电池设计则趋向于适应高电流和脉冲需求。现在用于助听的锌空气电池提供的容量能达到 20 世纪 70 年代后期最初设计的 2 倍。主要是通过对内负极体积最优化来实现的[3-4]。

扣式锌空气电池结构仅适用于小尺寸包装，尺寸放大可能会导致性能和泄漏问题，而方形设计可以克服这些问题。典型的方形电池采用金属或者塑料托盘来盛装金属负极/电解质混合物。隔膜和正极则粘接于托盘的边缘。锌空气电池的负极/电解质混合物与锌碱原电池中使用的负极混合物类似，都在凝胶化的氢氧化钾电解质中含有锌粉。电池正极的薄层气体扩散电极主要包含活性层和防水层两层。与电解质相接触的正极活性层采用高比表面积碳和金属氧化物催化剂，并用 Teflon 粘接在一起。高比表面碳是氧还原所需，金属氧化物（如 MnO_2）为过氧化氢分解所需。防水层与空气相接触，由 PTFE 粘接的碳组成。高浓度 PTFE 防止电解质从电池中渗出。方形锌空气电池已经实现中等放电倍率和高容量设计。电池厚度决定了负极的容量，而端面面积决定最大放电倍率[5-6]。

方形锌空气电池能用于多种应用。这些电池的持续时间约为同样体积的碱电池的 3 倍。由于使用了锌空气电池，这些应用需要快速消耗能量来显示其全容量优势。表 12.2 总结了这些方形电池的设计参数及性能。

表 12.2　方形锌空气电池参数

型号	长度（mm）	宽度（mm）	厚度（mm）	体积（cm^3）	质量（g）	倍率性能极限（mW）	额定容量（mA·h/g）
PP425	36.0	22.0	5.0	3.96	11.7	200	3600
PP355	32.2	14.7	5.0	2.37	6.8	100	1800
PP255	22.6	10.3	5.0	1.16	3.4	50	720

锌空气电池的额定开路电压约为 1.4 V。不同厂家的正负极的化学组分有所区

别，开路电压值在 1.4～1.5 V 的范围内变化。在 20 ℃下，初始闭路电压随着放电负荷变化而在1.15～1.35 V波动，放电相对平稳，一般的终止电压降低到0.9～1.1 V。为了保证电池的活性和贮存寿命，锌空气电池的气孔需要用胶贴密封，以减弱空气的进入而达到降低开路电压的目的。如果胶贴设计不合理导致空气进入，开路电压则高于 1.4 V。如果将锌空气电池长期暴露于空气中，电池可能会变干而导致其不能工作。锌空气电池的电压-电流关系主要由氧气进入正极的程度和正极材料的催化活性所决定。氧气进入越多，电池输出功率越大。增加氧气进入量可通过提高电池壳上空气进入面积调控。如果固定空气进入面积，可通过提升正极的极限电流来提高电池的输出功率。考虑到水蒸气对电池的影响，空气进入需要保持很好的平衡。低湿度环境下，水蒸气的快速流失将加速电解液干涸；高湿度环境下，水蒸气将快速占满锌电极放电膨胀的空间而引起电池鼓胀甚至漏液。

12.2.2 铝空气电池

铝作为电池负极具有较高的理论容量、电压和比能量，加之铝的低成本及安全性，因此受到人们关注。由于铝和空气电极过电势的存在，以及放电反应中水的消耗，这些值在实际情况中均有下降，但其实际体积比能量仍高于大多数电池系统。由于铝负极在水系电解质中会析出氢气，所以铝空气电池通常在使用前注入电解质，或者在放电结束后更换铝负极（机械式充电）。可充电的铝空气电池一般情况下不采用水系电解质。

铝可以在中性或苛性碱电解液中放电。但采用中性电解质时，开路腐蚀速率较低，环境危害小，更具优势。能够满足低功率应用的中性电解质电池系统在进一步开发中。例如，海洋浮标以及便携式电源，其质量比能量可高达 800 W·h/kg。

碱性体系的优点在于碱性电解质的电导率高，反应产物氢氧化铝的溶解度较高，适用于高功率电池应用，例如备用电池、水下无人航行器的推进动力以及电动车辆推进动力，其质量比能量可达 400 W·h/kg。铝空气电池因其较高的体积比能量也可以作为储能电池，应用于电网不能到达的偏远地区。

1） 中性电解质铝空气电池

采用中性电解质的铝空气电池已经在便携式设备、固定电源和海洋用途等方面应用。铝空气电池正极发展正相对完善。通常采用氯化钠溶液作为中性电解质，当其浓度约为 12 wt.%时，电导率接近最大值。由于电导率的限制，电池的电流密度被限定在 30～50 mA/cm²。这种电池也可以在海水中使用，其电流密度同样受海水电导率制约。

需要注意的是，反应产物氢氧化铝在电解质中开始出现沉淀时易形成凝胶状。当总放电容量超过 0.1 A·h/cm³ 时，电解质流动困难，需要将电解质与反应产物倒出电池并重新注入新的电解质来继续放电。如果不排空电解质，电池也可以完好地放电到总容量约 0.2 A·h/cm^3，此时电池内部将变成固体状。为了减小电解质用量，可以利用往复方式搅拌电解质，减少凝胶产物的形成并使产物很好地分散在电解质中。采用 20% KCl 电解质往复循环时，电解质总容量可以达到 0.42 A·h/cm^3。另一种设计是通过在电池底部通入脉冲空气流，达到类似搅拌的效果。同时还可以将电池内部产生的氢气吹出，降低氢气积累危险。目前许多便携式铝空气电池都已经采用中性电解质的电池的设计。通常铝空气电池被用于贮备电池，使用时通过注入电解质来激活。

与其他电池相比，铝空气电池的显著优点是可以利用海水中的溶解氧。铝空气海水电池除负极材料以外，所有反应物都来源于海水，如图 12.3 所示。电池的正极包裹在负极周围，并直接置于海洋中。因此，电池的反应产物可以直接散入海水。受限于海水中的氧浓度，电池功率密度较低，需要增大电极面积满足功率要求。同时，海水的电导率较低，电池组需要采用 DC-DC 转换器的方式获得较高的电压。一般情况下，海洋设备需要几个月甚至几年时间长期放电，铝空气电池无疑是首选之一。

图 12.3　铝空气电池-盐水电池

2） 碱性电解质铝空气电池

具有高能量以及高比功率的铝空气电池的运行原理早已明确，但其商业化一直受限于一些技术瓶颈：①铝合金在碱性电解质中开路腐蚀速率高；②大面积薄层空气电极制备技术；③电池反应产物氢氧化铝去除困难。

铝合金在碱性电解质中腐蚀对电池有很大的影响。电池在开路状态下产生大量氢气和热量，甚至需要排空电解质来防止电解质沸腾。在开路情况下含有锰和锡的铝合金腐蚀电流较之前降低大约 2 个数量级，并且在较宽的电流密度范围内其库仑效率超过 98%。即使是在开路情况下，合金自放电速率仍比较低。电池通过专门的系统进料，将 1～5 mm 铝微颗粒加入电池系统使其维持在最佳的状态。为了使铝能够以片状或小球状连续地添加进电池，通常将电极设计为口袋状，由可拉伸的镀镉钢网构成。电解质中的反应产物需要及时去除。因为随着反应产物浓度的增加，电解质电导率下降。如果不移除反应产物，电池的电压下降。

碱性铝空气电池已经应用于许多方面，包括紧急备用动力供应、偏远地区的便携式电源和水下交通工具。大部分被设计成使用前进行激活的备用电源，或者通过更换已消耗尽的铝负极进行机械式充电的模式。

（1）备用电源装置。备用电源装置通常与传统的铅酸蓄电池联用，使备用电源具有长久的工作寿命。相同电量的铝空气电池大约是铅酸蓄电池质量的 1/10，体积的 1/7。铝空气电池包括四个部分：电池堆、电解质池、电解质循环冷却系统和空气辅助循环系统。电解质通常是添加锡酸盐的 8 mol/L 的 KOH 溶液。在电池放电期间，电解质中铝酸钾逐渐累积饱和，电解质电导率逐渐降低，直至电池无法满足工作要求。通过更换电解质，电池可继续放电直至铝负极耗尽。这种备用电源通常先让铅酸蓄电池供电 1～3 小时，在铅酸蓄电池电压下降后，将电池内的电解质泵入干的电池堆内，激活铝空气电池工作。一旦铝空气电池达到全功率输出，在满足所有负载的功率要求的同时也可对铅酸电池进行充电。铝空气电池的二次启动能力较弱，需要更换干电池堆和电解质来恢复启动。

（2）战场电源器件。铝空气电池可以作为特殊军事用途电源。比较著名的是专为支持特殊军事通信用途而开发的备用电源系统 SOFAL 电池。SOFAL 电池激活后质量大约 7.3 kg，可以提供 12 V 和 24 V 的直流电，峰值电流为 10 A，持续放电电流为 4 A，总容量为 120 A·h。为了减小质量，电池以干态携带，可以通过任何水源来激活。

SOFAL 电池组包括 16 只串联的单体电池，单体电池与印刷电路板相连接。电源系统通过管路将水注入各个单体电池从而激活整个电池堆，并溶解添加锡酸盐的 KOH，形成电解质。激活后单电池的电压为 1.7 V，整个电池堆电压为 27.2 V。KOH 溶解与铝腐蚀提供的热量可以使系统在低温下也能正常工作。按照设计，电池组需要空气来进行低功率输出。如果常用空气流量不足，系统会激活一个小风扇来提供所需要的气流量，并排出高功率输出时的余热。SOFAL 电池组激活后最高可以工作 2 周。

（3）水下推进器。碱性铝空气电池的应用领域是用于水下交通工具如无人潜艇、扫雷装置、长程鱼雷、潜水员运输工具和潜艇辅助电源等方面的自支持、长时间的电源。在这些应用中，氧气可以用高压或低温容器中贮存携带或者通过过氧化氢分解或氧烛来获得。因为铝氧气电池的工作电压为 1.2～1.4 V，约为燃料电池的 2 倍。因此每千克氧可提供的能量几乎是氢氧燃料电池的 2 倍。此电池采用自主管理电解质系统，即电解质的循环以及产物沉积发生在电池室内部，不需要电解质循环泵。每个单体电池都是独立的，因而不存在分路电流，而且单电池间不存在电解质通道。此外，电池可以设计成各种形状以适应系统需要。

12.2.3　锂/钠/钾空气电池

锂/钠/钾空气电池结构类似。以锂空气电池为例，锂空气电池的理论比能量达到 3500 W·h/kg，是金属空气电池中最高的，被誉为下一代电池的首选。锂空气电池机理研究在前文已经做了详细的介绍。其缺点是倍率性能差、循环稳定性差等。对锂空气电池的应用来说，电池材料及结构设计都需要革命性的创新。近年来应用技术的发展主要体现在非水系锂空气一次电池和二次电池。

锂空气电池的结构设计形式有硬币型、软包型、装配型和塑料壳型。最普遍的结构是硬币型和软包型。大多数材料设计验证都采用硬币型。小型电池的设计多采用软包结构。对于锂空气电池而言，软包结构设计简单、易于制备，并适合在不同环境下测试。其结构主要是将金属锂负极、隔膜、电解质和空气正极密封在铝塑膜内（图 12.4）。其中空气正极的面积平面尺寸要超过铝塑膜开孔尺寸并密封。

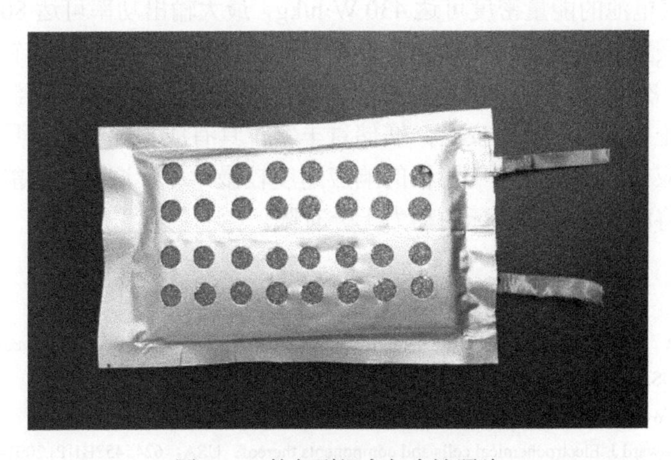

图 12.4　软包型锂空气电池照片

趋于商业化设计的锂空气电池单体，多为塑料板夹片式。电芯两面用高强度塑料板压紧固定，两侧塑料板均有开孔。电芯为三明治结构，负极两面均有空气正极与之叠层。塑料板固定可以用高压力架子或焊接铆钉。锂空气电池单体可以串联设计成电池组。其设计与燃料电池类似，主要要考虑间隔以保证空气进出顺畅。

12.2.4　镁空气电池

镁空气电池距离实现商业化还需要技术的进一步发展。人们正努力将镁空气电池应用于水下系统，该系统使用海水中的溶解氧作为反应物。这种电池采用镁合金负极、催化膜正极，并以海水来激活。与铝空气盐水电池相同，这种系统的优点主要是除镁以外所有的反应物均由海水提供，所以其理论质量比能量可高达 700 W·h/kg。正极也必须采用开放式结构来保证与海水充分接触。由于海水的电导率较低，镁空气电池只能采用单体电池结构，用 DC-DC 转换器来提高电池的输出电压。

据报道，韩国研发的一辆搭载完整镁空气电池的电动汽车能成功行驶 800 千米。日本多家机构包括古河电池、尼康、日产汽车、日本东北大学、宫城县日向市等产学研机构和政府部门正积极推进镁空气电池的大容量化研究。据日本 AguaPower 公司称，该公司已可实现镁空气电池设计、制造和商业化路线，现已注册专利 16 个。

国内而言，中国科学院宁波材料技术与工程研究所动力锂电池工程实验室成功研制出 1000 W·h 镁空气电池样机。该电池由 5 个单体电池串联而成，以 AZ31 镁合金为阳极，10%的 NaCl 溶液为电解液，空气扩散电极和锰氧化物催化剂为阴极。该镁空气电池的能量密度可达 430 W·h/kg，最大输出功率可达 80 W。国内某公司生产的镁空气电池使用水作为电解液，可供自带的 LED 灯可持续照明 90～100 小时，一次可为 20 部智能手机充电。镁空气电池可作为应急电源使用，能量密度高、理论电压高、清洁安全。镁储量丰富，具有成本优势。不足之处在于，镁阳极的反应效率较低，空气阴极的响应速度较慢，尽管这种电池能够储存很多能量，但是将能量转换成实际的动力十分有限。

参 考 文 献

[1] Elmore G W，Tanner H A. Fuel cells with alkali metal hydroxide electrolyte and electrode containing fluorocarbon polymer：USA，US60998566A[P]. 1968-12-31.

[2] Moos A M. Water heating apparatus：USA，US36114664A[P]. 1966-08-23.

[3] Oltman，Edward J. Electrochemical cells and components thereof：USA，6245452B1[P].2001-06-12.

[4] Energizer zinc air prismatic handbook. [2009-01-08]. http：//www/energizer.com.

[5] Aiwater T，Putt R，Bouland D，et al. High-energy density primary zinc/air battery characterization[J]. 36th Power Sources Conference，Cherry Hill，New Jersey，U. S. A. 1994.

[6] Putt R，Naimer N，Koretz B，et al. Advanced zine-air primary batteries [J]. 6th Workshop for Battery Exploratory Development，Williamsburg，Virginia，U. S. A. 1999.